Lecture Notes in Mathematics

Edited by A. Dold, B. Eckmann and F. Takens
Subseries: Institut de Mathématiques, Université de Strasbourg
Adviser: P. A. Meyer

1426

J. Azéma P.A. Meyer M. Yor (Eds.)

Séminaire de Probabilités XXIV 1988/89

Springer-Verlag
Berlin Heidelberg New York London Paris Tokyo Hong Kong

Editeurs

Jacques Azéma
Marc Yor
Laboratoire de Probabilités
4, Place Jussieu, Tour 56, 75252 Paris Cedex 05, France

Paul André Meyer
Département de Mathématique
7, rue René Descartes, 67084 Strasbourg, France

Mathematics Subject Classification (1980): 60G, 6OH, 6OJ

ISBN 3-540-52694-3 Springer-Verlag Berlin Heidelberg New York
ISBN 0-387-52694-3 Springer-Verlag New York Berlin Heidelberg

Printing and binding: Druckhaus Beltz, Hemsbach/Bergstr.
2146/3140-543210 – Printed on acid-free paper

SEMINAIRE DE PROBABILITES XXIV

TABLE DES MATIERES

A note on large deviations for Wiener chaos

by *Michel Ledoux*

The result of this note is well-known and familiar (it is presented for example, using standard techniques, in the recent work [D-S]). Its purpose is to describe the usefulness and interest of *isoperimetric* methods in large deviation theorems and we present here a simple isoperimetric proof of the large deviation properties for homogeneous Gaussian chaos (even vector valued). The approach suggests some possible further use of isoperimetry in this type of question.

The proof we give is based on, and may be considered as a simple outgrow of, the study by C. Borell [Bo3], [Bo5]. This exposition was actually the opportunity for the author to try to understand and hopefully clarify for the possible readers some aspects of the deep and unfortunately somewhat difficult to read work by C. Borell that develops all the necessary material for the study of this problem.

Let (E, H, μ) be an abstract Wiener space. That is, let E be a real Banach space with Borel σ-algebra $\mathcal{B}$ and dual space E'. Let further μ denote a centered Gaussian Radon probability measure on $(E, \mathcal{B})$ in the sense that the law of $\xi \in E'$ under μ is a real mean zero normal variable with variance $\int \langle \xi, x\rangle^2 d\mu(x)$. By the closed graph theorem, the injection map $E' \to L^2(\mu; \mathbb{R}) = L^2((E, \mu); \mathbb{R})$ is continuous. Since μ is Radon (i.e. supported by a separable subspace of E), it follows further that for each ξ in E', the weak integral $\int x\langle \xi, x\rangle d\mu(x)$ defines an element of E. By density, one can map any element φ of the closure E_2' of E' in $L^2(\mu; \mathbb{R})$ into an element $\Lambda(\varphi) = \int x\varphi(x) d\mu(x)$ of E and this map is linear and injective. Define then H to be the range of Λ. Equipped with the natural scalar product $\langle \Lambda(\varphi), \Lambda(\psi)\rangle_H = \langle \varphi, \psi\rangle_{L^2(\mu;\mathbb{R})}$, H is a separable Hilbert space (with norm denoted by $|\cdot|$), dense in the support of μ and known as the reproducing kernel Hilbert space of the measure μ. Its unit ball $\mathcal{O}$ is a compact subset of E. For any orthonormal basis $(e_k)_{k\in\mathbb{N}}$ of E_2', μ has the same distribution as $\sum_k e_k \Lambda(e_k)$. (This fact puts forward the fundamental Gaussian measurable structure consisting of the canonical Gaussian product measure on $\mathbb{R}^{\mathbb{N}}$ with reproducing kernel Hilbert space ℓ^2). If $h = \Lambda(\varphi)$ is an element of H, we set for simplicity $\widetilde{h} = \Lambda^{-1}(h) = \varphi$; under μ, $\widetilde{h}$ is Gaussian with variance $|h|^2$. Recall finally the Cameron-Martin translation formula [C-M] that indicates that, for any h in H, the probability measure $\mu(\cdot + h)$ is absolutely continuous with respect to μ, with density $\exp(\widetilde{h}(\cdot) - |h|^2/2)$.

This classical construction (see e.g. [Ne1], [Ku], [Fe], etc) may be extended to locally convex Hausdorff vector spaces E equipped with a Gaussian Radon probability measure μ ([Bo2]), but, for the modest purposes of this note, we restrict ourselves to the preceding setting. As an example also, let us mention the classical Wiener space associated with Brownian motion, say on [0,1] for simplicity. Let thus E be the Banach space $C_0([0,1])$ of all real continuous functions x on [0,1] vanishing at the origin and let μ be the distribution of a standard Brownian motion $(B(t))_{t\in[0,1]}$ starting at the origin . If m is a finitely supported measure on [0,1], $m = \sum_i c_i \delta_{t_i}$, $c_i \in \mathbb{R}$, $t_i \in [0,1]$, clearly $h = \Lambda(m)$ is the element of E given by

$$h(t) = \sum_i c_i (t_i \wedge t), \quad t \in [0,1];$$

it satisfies

$$\int_0^1 h'(t)^2\, dt = \int \langle m, x\rangle^2 d\mu(x).$$

By a standard extension, the reproducing kernel Hilbert space H associated to μ on E may be identified with the absolutely continuous elements h of $C_0([0,1])$ such that $\int_0^1 h'(t)^2\, dt < \infty$ and $\widetilde{h} = \int_0^1 h'(t) dB(t)$.

Let $(e_k)_{k\in\mathbb{N}} \subset E'$ be any fixed orthonormal basis of E_2' (take any weak-star dense sequence of the unit ball of E' and orthonormalize it with respect to μ using the Gramm-Schmidt procedure; we choose it in E' for convenience and without any loss in generality). Denote by $(h_k)_{k\in\mathbb{N}}$ the sequence of the Hermite polynomials defined from the generating series

$$\exp(\lambda x - \lambda^2/2) = \sum_{k=0}^{\infty} \lambda^k h_k(x), \quad \lambda, x \in \mathbb{R}.$$

$(\sqrt{k!}\, h_k)$ is an orthonormal basis of $L^2(\gamma; \mathbb{R})$ where γ is the canonical Gaussian measure on $\mathbb{R}$. If $\alpha = (\alpha_0, \alpha_1, \ldots) \in \mathbb{N}^{(\mathbb{N})}$, i.e. $|\alpha| = \alpha_0 + \alpha_1 + \cdots < \infty$, set

$$H_\alpha = \sqrt{\alpha!} \prod_k h_{\alpha_k} \circ e_k$$

(where $\alpha! = \alpha_0! \alpha_1! \cdots$). Then the family (H_α) constitutes an orthonormal basis of $L^2(\mu; \mathbb{R})$.

Let now B be a real separable Banach space with norm $\|\cdot\|$. $L^p((E,\mu); B) = L^p(\mu; B)$ $(0 \le p < \infty)$ is the space of all Bochner measurable functions f on (E, μ)

with values in B ($p = 0$) such that $\int \|f\|^p d\mu < \infty$ ($0 < p < \infty$). For each integer d, set

$$\mathcal{H}^{(d)}(\mu; B) = \{f \in L^2(\mu; B); \langle f, H_\alpha \rangle = \int f H_\alpha d\mu = 0 \text{ for all } \alpha \text{ such that } |\alpha| \neq d\}.$$

$\mathcal{H}^{(d)}(\mu; B)$ defines the B-valued homogeneous Wiener chaos of degree d [Wi]. An element f of $\mathcal{H}^{(d)}(\mu; B)$ can be written as

$$f = \sum_{|\alpha|=d} \langle f, H_\alpha \rangle H_\alpha$$

where the multiple sum is convergent (for any finite filtering) μ-almost everywhere and in $L^2(\mu; B)$. (Actually, as a consequence of [Bo3], [Bo4], or the subsequent main result, this convergence also takes place in $L^p(\mu; B)$ for any p.) To see it, let, for each n, $\mathcal{B}_n$ be the sub-σ-algebra of $\mathcal{B}$ generated by the functions $e_0, \ldots, e_n$ on E and let f_n be the conditional expectation of f with respect to $\mathcal{B}_n$. Recall that $\mathcal{B}$ may be assumed to be generated by $(e_k)_{k \in \mathbb{N}}$. Then

$$f_n = \sum_{\substack{|\alpha|=d \\ \alpha_i = 0, i > n}} \langle f, H_\alpha \rangle H_\alpha \tag{1}$$

as can be checked on linear functionals, and therefore, by the vector valued martingale convergence theorem (cf. [Ne2]), the claim follows.

As a consequence of the Cameron-Martin formula, we may define for any f in $L^0(\mu; B)$ and h in H, a new element $f(\cdot + h)$ of $L^0(\mu; B)$. Further, if f is in $L^2(\mu; B)$, for any $h \in H$,

$$\int \|f(x+h)\| \, d\mu(x) \leq \exp(|h|^2/2) \left(\int \|f(x)\|^2 d\mu(x) \right)^{1/2}. \tag{2}$$

Indeed,

$$\int \|f(x+h)\| \, d\mu(x) = \int \exp(\widetilde{h}(x) - |h|^2/2) \, \|f(x)\| \, d\mu(x)$$

from which (2) follows by Cauchy-Schwarz inequality and the fact that $\widetilde{h}(\cdot)$ is Gaussian with variance $|h|^2$.

Let f be in $L^2(\mu; B)$. By (2), for any h in H, we can define an element $f^{(d)}(h)$ of B by setting

$$f^{(d)}(h) = \int f(x+h) \, d\mu(x).$$

If $f \in \mathcal{H}^{(d)}(\mu; B)$, $f^{(d)}(h)$ is homogeneous of degree d. To see it, we can work by approximation on the f_n's and use then the easy fact (checked on the generating series for example) that, for any real number λ and any integer k,

$$\int h_k(x+\lambda)\, d\gamma(x) = \frac{1}{k!}\lambda^k.$$

Actually, $f^{(d)}(h)$ can be written as the convergent multiple sum

$$f^{(d)}(h) = \sum_{|\alpha|=d} \langle f, H_\alpha \rangle\, h^\alpha$$

where h^α is meant as $e_0(h)^{\alpha_0} e_1(h)^{\alpha_1} \cdots$.

Given thus f in $\mathcal{H}^{(d)}(\mu; B)$, for any s in B, set $I_f(s) = |h|^2/2$ whenever $s = f^{(d)}(h)$ for some h in H and $I_f(s) = +\infty$ otherwise. For a subset S of B, set $I_f(S) = \inf_{s \in S} I_f(s)$.

We can now state the large deviation properties for the elements f of $\mathcal{H}^{(d)}(\mu; B)$ (see thus [D-S]). We give a new and isoperimetric proof of this result. The case $d = 1$ of course corresponds to the classical large deviation result for Gaussian measures (cf. e.g. [Az], [St1], [D-S], ...). In order to emphasize the interest of isoperimetric methods in this context, we briefly describe below the proof of the upper bound in the case $d = 1$ (and for μ itself, that is for f the identity map on $E = B$). The proof for higher order chaos will be simply an appropriate extension of this argument.

THEOREM. *Let $\mu_\varepsilon(\cdot) = \mu(\varepsilon^{-1/2}(\cdot))$, $\varepsilon > 0$. Let d be an integer and let f be an element of $\mathcal{H}^{(d)}(\mu; B)$. Then, if F is a closed subset of B,*

(i) $$\limsup_{\varepsilon \to 0} \varepsilon \log \mu_\varepsilon(x; f(x) \in F) \leq -I_f(F).$$

If G is an open subset of B,

(ii) $$\liminf_{\varepsilon \to 0} \varepsilon \log \mu_\varepsilon(x; f(x) \in G) \geq -I_f(G).$$

The proof of part (ii) of the theorem follows rather easily from the Cameron-Martin translation formula. Part (i) is rather easy too, but our approach thus rests on the deeper tool of isoperimetric inequalities (first used in the context of large deviations by S. Chevet [Ch]). The *isoperimetric property* of Gaussian measures μ indicates that if A is a Borel set with measure $\mu(A) = \gamma((-\infty, a])$, $a \in [-\infty, +\infty]$, where γ is the canonical Gaussian measure on $\mathbb{R}$, then, for all $t \geq 0$,

(3) $$\mu_*(A + t\mathcal{O}) \geq \gamma((-\infty, a+t])$$

where $\mathcal{O}$ is the unit ball of H and $A + t\mathcal{O} = \{a + th; a \in A, h \in \mathcal{O}\}$ (that is not necessarily measurable justifying therefore the use of the inner measure). In other words, half-spaces are extremal sets for the isoperimetric property on Gauss spaces (E, μ). The isoperimetric inequality (3) has been established independently in [Bo1] and [S-T] as a consequence of the isoperimetric inequality on the sphere via the Poincaré limit (see [MK]); a more intrisic proof was given by A. Ehrhard [Eh]. We will use it in its following simple consequence : if $\mu(A) \geq 1/2$, for all $t \geq 0$,

$$\mu_*(A + t\mathcal{O}) \geq 1 - \exp(-t^2/2) \tag{4}$$

(take $a = 0$ in (3)). In this form, or in a slightly weaker formulation, it may be obtained from rather simple considerations (using for example stochastic calculus) as was shown by B. Maurey and G. Pisier (cf. [Pi], [Le]).

As announced, let us briefly show, using (4), the upper bound (i) for μ, with for simplicity $B = E$ and f the identity map. Let thus F be closed in E and take $0 < r < \inf_{h \in F} |h|^2/2$ so that $(2r)^{1/2}\mathcal{O} \cap F = \emptyset$. Since $\mathcal{O}$ is compact in E, there is $\delta > O$ such that

$$((2r)^{1/2}\mathcal{O} + \delta U) \cap F = \emptyset$$

where U is the unit ball of E. We can then simply write that, for all $\varepsilon > 0$,

$$\mu_\varepsilon(F) \leq \mu^*(x; x \notin \delta\varepsilon^{-1/2}U + (2r/\varepsilon)^{1/2}\mathcal{O}).$$

Since, for ε small enough, $\mu(\delta\varepsilon^{-1/2}U) \geq 1/2$, we immediately get that

$$\mu_\varepsilon(F) \leq \exp(-r/\varepsilon)$$

which gives the result since $r < \inf_{h \in F} |h|^2/2$ is arbitrary.

The proof of (i) also sheds some light on the structure of Gaussian polynomials as developed by C. Borell, and in particular the homogeneous structures. As is clear indeed from [Bo3], [Bo5] (and the proof below), the theorem may be shown to hold for all Gaussian polynomials, i.e. elements of the closure in $L^0(\mu; B)$ of all continuous polynomials from E into B of degree less than or equal to d. As we will see, $\mathcal{H}^{(d)}(\mu; B)$ may be considered as a subspace of all *homogeneous* Gaussian polynomials of degree d (at least if μ is infinite dimensional), and hence, the elements of $\mathcal{H}^{(d)}(\mu; B)$ are μ-almost everywhere d-homogeneous. In particular, (i) and (ii) of the theorem are equivalent to say that (changing moreover ε into t^{-2})

$$\limsup_{t \to \infty} \frac{1}{t^2} \log \mu(x; f(x) \in t^d F) \leq -I_f(F) \tag{i'}$$

and

$$\liminf_{t \to \infty} \frac{1}{t^2} \log \mu(x; f(x) \in t^d G) \geq -I_f(G), \tag{ii'}$$

and these are the properties we will actually establish.

Before turning to the proof of the theorem, let us mention a few applications and illustrations. If we take F and G in the theorem to be the complement U^c of the (open or closed) unit ball U of B, one checks immediately that

$$I_f(U^c) = \frac{1}{2}\left(\sup_{|h|\leq 1} \|f^{(d)}(h)\|\right)^{-2/d}$$

so that

$$\lim_{t\to\infty} \frac{1}{t^{2/d}} \log \mu(x; \|f(x)\| > t) = -\frac{1}{2}\left(\sup_{|h|\leq 1} \|f^{(d)}(h)\|\right)^{-2/d}.$$

In particular, when $d = 1$,

$$\sup_{|h|\leq 1} \|f^{(1)}(h)\| = \sup_{\|\xi\|\leq 1} \left(\int \langle \xi, f(x)\rangle^2 d\mu(x)\right)^{1/2}.$$

In the setting of the classical Wiener space $E = C_0([0,1])$ equipped with the Wiener measure μ, *and when* $B = E$, K. Itô [It] (see also [Ne1] and the recent approach [St2]) identified the elements f of $\mathcal{H}^{(d)}(\mu; E)$ with the multiple stochastic integrals

$$f = \left(\int_0^t \int_0^{t_1} \cdots \int_0^{t_{d-1}} g(t_1, \ldots, t_d)\, dB(t_1) \cdots dB(t_d)\right)_{t\in[0,1]}$$

where g deterministic is such that

$$\int_0^t \int_0^{t_1} \cdots \int_0^{t_{d-1}} g(t_1, \ldots, t_d)^2 dt_1 \cdots dt_d < \infty.$$

If h belongs to the reproducing kernel Hilbert of the Wiener measure, then

$$f^{(d)}(h) = \left(\int_0^t \int_0^{t_1} \cdots \int_0^{t_{d-1}} g(t_1, \ldots, t_d)\, h'(t_1) \cdots h'(t_d)\, dt_1 \cdots dt_d\right)_{t\in[0,1]}.$$

Proof of the theorem. Let us start with the simpler property (ii). Recall f_n from (1). We can write (explicitely on the Hermite polynomials), for all x in E, h in H and t real number,

$$f_n(x + th) = \sum_{k=0}^{d} t^k f_n^{(k)}(x, h).$$

If $P(t) = a_0 + a_1 t + \cdots + a_d t^d$ is a polynomial of degree d in $t \in \mathbb{R}$ with vector coefficients $a_0, a_1, \ldots, a_d$, there exist real constants $c(i,k,d)$, $0 \le i,k \le d$, independent of P, such that, for all $k = 0, \ldots, d$,

$$a_k = c(0,k,d)P(0) + \sum_{i=1}^{d} c(i,k,d)P(2^{i-1}).$$

Hence, for all h,

$$f_n^{(k)}(\cdot,h) = c(0,k,d)f_n(\cdot) + \sum_{i=1}^{d} c(i,k,d)f_n(\cdot + 2^{i-1}h)$$

from which we deduce together with (2) that, for all $k = 0, \ldots, d$,

$$\int \|f_n^{(k)}(x,h)\| \, d\mu(x) \le C(k,d;h) \left(\int \|f_n(x)\|^2 d\mu(x) \right)^{1/2}$$

for some constants $C(k,d;h)$ thus only depending on k, d and $h \in H$. In the limit, we conclude that there exist, for every h in H and $k = 0, \ldots, d$, elements $f^{(k)}(\cdot,h)$ of $L^1(\mu;B)$ such that

$$f(\cdot + th) = \sum_{k=0}^{d} t^k f^{(k)}(\cdot,h)$$

for all $t \in \mathbb{R}$, with

$$\int \|f^{(k)}(x,h)\| \, d\mu(x) \le C(d,k;h) \left(\int \|f(x)\|^2 d\mu(x) \right)^{1/2}$$

and $f^{(0)}(\cdot,h) = f(\cdot)$, $f^{(d)}(\cdot,h) = f^{(d)}(h)$ (since $\int f(x+th)\, d\mu(x) = t^d f^{(d)}(h)$). As a main consequence, we get that, for all h in H,

$$\lim_{t\to\infty} \frac{1}{t^d} \int \|f(x+th) - t^d f^{(d)}(h)\| \, d\mu(x) = 0. \tag{5}$$

This limit can be made uniform in $h \in \mathcal{O}$ but we will not use this observation in this form later (that is in the proof of (i); we use instead a stronger property, (7) below).

To establish (ii), let $s = f^{(d)}(h)$, $h \in H$, belong to G (if no such s exists, then $I_f(G) = +\infty$ and (ii) then holds trivially). Since G is open, there is $\delta > 0$ such that the ball $B(s,\delta)$ of center s and radius δ is contained in G. Therefore, if $A = A(t) = \{x; f(x) \in t^d B(s,\delta)\}$, by Cameron-Martin,

$$\mu(x; f(x) \in t^d G) \ge \mu(A) = \int_{A-th} \exp(t\tilde{h}(x) - t^2|h|^2/2) d\mu(x).$$

Further, by Jensen's inequality,

$$\mu(A) \geq \exp(-t^2|h|^2/2)\mu(A-th)\exp\left(\frac{t}{\mu(A-th)}\int_{A-th}\widetilde{h}(x)d\mu(x)\right).$$

By (5),

$$\mu(A-th) = \mu(x; \|f(x+th) - t^d f^{(d)}(h)\| \leq \delta t^d) \geq \frac{1}{2}$$

for all $t \geq t_0$ large enough. By centering and Cauchy-Schwarz,

$$\int_{A-th}\widetilde{h}(x)d\mu(x) = -\int_{(A-th)^c}\widetilde{h}(x)d\mu(x) \geq -|h|\mu((A-th)^c)^{1/2} \geq -\frac{|h|}{\sqrt{2}}.$$

Thus, for all $t \geq t_0$,

$$\frac{t}{\mu(A-th)}\int_{A-th}\widetilde{h}(x)d\mu(x) \geq -\sqrt{2}\,t|h|,$$

and hence, summarizing,

$$\mu(x; f(x) \in t^d G) \geq \frac{1}{2}\exp\left(-\frac{1}{2}t^2|h|^2 - \sqrt{2}\,t|h|\right).$$

It follows that

$$\liminf_{t\to\infty}\frac{1}{t^2}\log\mu(x; f(x) \in t^d G) \geq -\frac{|h|^2}{2} = -I_f(s)$$

and since s is arbitrary in G, property (ii′) is satisfied. As a consequence of what we will develop now, (ii) is satisfied as well.

We now turn to (i) and in the first part of this investigation, we closely follow C. Borell [Bo3], [Bo5]. We start by showing that every element f of $\mathcal{H}^{(d)}(\mu; B)$ is limit (at least if the dimension of the support of μ is infinite), μ-almost everywhere and in $L^2(\mu; B)$, of a sequence of d-homogeneous polynomials. In particular, f is μ-almost everywhere d-homogeneous justifying therefore the equivalences between (i) and (ii) and respectively (i′) and (ii′). Assume thus in the following that μ is infinite dimensional. We can actually always reduce to this case by appropriately tensorizing μ, for example with the canonical Gaussian measure on $\mathbb{R}^{\mathbb{N}}$. Recall that f is limit almost surely and in $L^2(\mu; B)$ of the f_n's of (1). The finite sums f_n can be decomposed in their homogeneous components as

$$f_n = f_n^{(d)} + f_n^{(d-2)} + \cdots,$$

where, for any x in E,

(6) $$f_n^{(k)}(x) = \sum_{i_1,\ldots,i_k=0}^{\infty} b_{i_1,\ldots,i_k}\, e_{i_1}(x)e_{i_2}(x)\cdots e_{i_k}(x)$$

with only finitely many $b_{i_1,\dots,i_k}$ in B non zero. The main observation is that the constant 1 is limit of homogeneous polynomials of degree 2; indeed, simply take

$$p_n(x) = \frac{1}{n+1} \sum_{k=0}^{n} e_k(x)^2.$$

Since p_n and $f_n^{(k)}$ belong to $L^p(\mu;\mathbb{R})$ and $L^p(\mu;B)$ respectively for all p, and since $p_n - 1$ tends there to 0, it is easily seen that there exists a subsequence m_n of the integers such that $(p_{m_n} - 1)(f_n^{(d-2)} + f_n^{(d-4)} + \cdots)$ converges to 0 in $L^2(\mu;B)$. This means that f is limit in $L^2(\mu;B)$ of $f_n^{(d)} + p_{m_n}(f_n^{(d-2)} + f_n^{(d-4)} + \cdots)$, that is limit of a sequence of polynomials f'_n whose decomposition in homogeneous polynomials

$$f'_n = f'^{(d)}_n + f'^{(d-2)}_n + \cdots$$

is such that $f'^{(1)}_n$, or $f'^{(0)}_n$ and $f'^{(2)}_n$, according as d is odd or even, can be taken to be 0. Repeating this procedure, f is indeed seen to be limit in $L^2(\mu;B)$ of a sequence (g_n) of d-homogeneous polynomials (i.e. polynomials of the type of (6)).

The important property in order to establish (i′) is the following. It improves upon (5) and claims that, in the preceding notations, i.e. if f is limit of the sequence (g_n) of d-homogeneous polynomials,

$$\lim_{t\to\infty} \frac{1}{t^d} \sup_n \int \sup_{|h|\le 1} \|g_n(x+th) - t^d g_n(h)\|^2 d\mu(x) = 0. \tag{7}$$

To establish this property, given

$$g_n(x) = \sum_{i_1,\dots,i_d=0}^{\infty} b^n_{i_1,\dots,i_d}\, e_{i_1}(x) e_{i_2}(x) \cdots e_{i_d}(x)$$

(with only finitely many $b^n_{i_1,\dots,i_d}$ non zero), let us consider the (unique) multilinear symmetric polynomial $\widehat{g}_n$ on E^d such that $\widehat{g}_n(x,\dots,x) = g_n(x)$; $\widehat{g}_n$ is given by

$$\widehat{g}_n(x_1,\dots,x_d) = \sum_{i_1,\dots,i_d=0}^{\infty} \widehat{b}^n_{i_1,\dots,i_d}\, e_{i_1}(x_1)\cdots e_{i_d}(x_d), \quad x_1,\dots,x_d \in E,$$

where

$$\widehat{b}^n_{i_1,\dots,i_d} = \frac{1}{d!} \sum_{\sigma} b^n_{\sigma(i_1),\dots,\sigma(i_d)},$$

the sum being running over all permutations σ of $\{1,\dots,d\}$. As is well-known [M-O], [B-S], we have the following polarization formula : letting $\varepsilon_1,\dots,\varepsilon_d$ be independent symmetric Bernoulli random variables and denoting by $\mathbb{E}$ expectation with respect to them,

$$\widehat{g}_n(x_1,\dots,x_d) = \frac{1}{d!} \mathbb{E}(g_n(\varepsilon_1 x_1 + \cdots + \varepsilon_d x_d)\, \varepsilon_1 \cdots \varepsilon_d). \tag{8}$$

We adopt the notation $x^{d-k}y^k$ for $(x,\dots,x,y,\dots,y)$ in E^d where x is repeated $(d-k)$-times and y k-times. Then, for any x,y in E, we have

$$g_n(x+y) = \sum_{k=0}^{d} \binom{d}{k} \widehat{g}_n(x^{d-k}y^k). \tag{9}$$

To establish (7), we see from (9) that it suffices to show that for all $k=1,\dots,d-1$,

$$\sup_n \int \sup_{|h|\le 1} \|\widehat{g}_n(x^{d-k}h^k)\|^2 d\mu(x) < \infty. \tag{10}$$

Let k be fixed. By orthogonality,

$$\begin{aligned}
&\sup_{|h|\le 1} \|\widehat{g}_n(x^{d-k}h^k)\|^2 \\
&\le \sup_{\|\xi\|\le 1} \sup_{|h_1|\le 1,\dots,|h_k|\le 1} \langle \xi, \widehat{g}_n(x,\dots,x,h_1,\dots,h_k)\rangle^2 \\
&\le \sup_{\|\xi\|\le 1} \sum_{i_{d-k+1},\dots,i_d=0}^{\infty} \left| \sum_{i_1,\dots,i_{d-k}=0}^{\infty} \langle \xi, \widehat{b}^n_{i_1,\dots,i_d}\rangle e_{i_1}(x)\cdots e_{i_{d-k}}(x)\right|^2 \\
&= \sup_{\|\xi\|\le 1} \int\cdots\int \langle \xi, \widehat{g}_n(x,\dots,x,y_1,\dots,y_k)\rangle^2 d\mu(y_1)\cdots d\mu(y_k) \\
&\le \int\cdots\int \|\widehat{g}_n(x,\dots,x,y_1,\dots,y_k)\|^2 d\mu(y_1)\cdots d\mu(y_k).
\end{aligned}$$

By the polarization formula (8),

$$\widehat{g}_n(x,\dots,x,y_1,\dots,y_k) = \frac{1}{d!}\mathbb{E}(g_n((\varepsilon_{k+1}+\cdots+\varepsilon_d)x+\varepsilon_1 y_1+\cdots+\varepsilon_k y_k)\,\varepsilon_1\cdots\varepsilon_k)).$$

Therefore, we obtain from the rotational invariance of Gaussian distributions and homogeneity that

$$\begin{aligned}
&(d!)^2 \int \sup_{|h|\le 1} \|\widehat{g}_n(x^{d-k}h^k)\|^2 d\mu(x) \\
\le&\mathbb{E} \int\int\cdot\int \|g_n((\varepsilon_{k+1}+\cdot+\varepsilon_d)x+\varepsilon_1 y_1+\cdot+\varepsilon_k y_k)\|^2 d\mu(x)d\mu(y_1)\cdot d\mu(y_k) \\
=&\mathbb{E}\int \|g_n(((\varepsilon_{k+1}+\cdots+\varepsilon_d)^2+k)^{1/2}x)\|^2 d\mu(x) \\
=&\mathbb{E}(((\varepsilon_{k+1}+\cdots+\varepsilon_d)^2+k)^{d/2})\int \|g_n(x)\|^2 d\mu(x).
\end{aligned}$$

Hence (10) and therefore (7) are established.

We can now conclude the proof of (i′) and thus of the theorem. It is intuitively clear that

(11) $$\lim_{n\to\infty} \sup_{|h|\le 1} \|g_n(h) - f^{(d)}(h)\| = 0.$$

This property is an easy consequence of (7). Indeed, for all n and $t > 0$,

$$\begin{aligned}
&\sup_{|h|\le 1} \|g_n(h) - f^{(d)}(h)\| \\
&\le \sup_m \sup_{|h|\le 1} \|g_m(h) - \frac{1}{t^d}\int g_m(x+th)\, d\mu(x)\| \\
&\qquad + \sup_{|h|\le 1} \frac{1}{t^d}\|\int g_n(x+th) - f(x+th)\|\, d\mu(x) \\
&\le \sup_m \int \sup_{|h|\le 1} \|g_m(h) - \frac{1}{t^d} g_m(x+th)\|\, d\mu(x) \\
&\qquad + \sup_{|h|\le 1} \frac{1}{t^d}\int \|g_n(x+th) - f(x+th)\|\, d\mu(x)
\end{aligned}$$

and, using (2) and (7), the limit in n and then in t yields (11). Let now F be closed in B and take $0 < r < I_f(F)$. The definition of $I_f(F)$ indicates that $(2r)^{d/2} f^{(d)}(\mathcal{O}) \cap F = \emptyset$ where we recall that $\mathcal{O}$ is the unit ball of H, compact in E. Therefore, since $f^{(d)}(\mathcal{O})$ is clearly seen to be compact in B by (11), and since F is closed, one can find $\delta > 0$ such that

(12) $$((2r)^{d/2} f^{(d)}(\mathcal{O}) + 2\delta U) \cap (F + \delta U) = \emptyset$$

where U is the (closed) unit ball of B. By (11), there exists $n_0 = n_0(\delta)$ large enough such that for all $n \ge n_0$,

(13) $$(2r)^{d/2} g_n(\mathcal{O}) \subset (2r)^{d/2} f^{(d)}(\mathcal{O}) + \delta U.$$

Let thus $n \ge n_0$. For any $t > 0$, we can write

(14) $$\begin{aligned}
&\mu(x; f(x) \in t^d F) \\
&\le \mu(x; \|f(x) - g_n(x)\| > \delta t^d) + \mu(x; g_n(x) \in t^d(F + \delta U)) \\
&\le \mu(x; \|f(x) - g_n(x)\| > \delta t^d) + \mu^*(x; x \notin A + t\sqrt{2r}\mathcal{O})
\end{aligned}$$

where

$$A = A(t,n) = \{a;\ \sup_{|h|\le 1} t^{-d}\|g_n(a + t\sqrt{2r}h) - t^d(2r)^{d/2} g_n(h)\| \le \delta\}.$$

To justify the second inequality in (14), observe that if $x = a + t\sqrt{2r}h$ with $a \in A$ and $|h| \le 1$, then

$$\frac{1}{t^d} g_n(x) = \frac{1}{t^d}[g_n(a + t\sqrt{2r}h) - t^d(2r)^{d/2} g_n(h)] + (2r)^{d/2} g_n(h),$$

so that the claim follows by (12), (13) and the definition of A. By (7), let now $t_0 = t_0(\delta)$ be large enough so that, for all $t \geq t_0$,

$$\sup_n \frac{1}{t^d} \int \sup_{|h|\leq 1} \|g_n(x + t\sqrt{2r}h) - t^d(2r)^{d/2} g_n(h)\|^2 d\mu(x) \leq \frac{\delta^2}{2}.$$

That is, for all n and all $t \geq t_0$, $\mu(A(t,n)) \geq 1/2$. By (4), it follows that

$$\mu^*(x; x \notin A + t\sqrt{2r}\mathcal{O}) \leq \exp(-rt^2). \tag{15}$$

Fix now $t \geq t_0 = t_0(\delta)$. Choose $n = n(t) \geq n_0 = n_0(\delta)$ large enough in order that

$$\mu(x; \|f(x) - g_n(x)\| > \delta t^d) \leq \exp(-rt^2).$$

Together with (14) and (15), it follows that for all $t \geq t_0$,

$$\mu(x; f(x) \in t^d F) \leq 2\exp(-rt^2).$$

$r < I_f(F)$ being arbitrary, the proof of (i′) and therefore of the theorem is complete.

Note that it would of course have been possible to work directly on f rather than on the approximating sequence (g_n) in the preceding proof; this approach however avoids several measurability questions and makes everything more explicit.

References

[Az] R. Azencott. Grandes déviations et applications. Ecole d'Eté de Probabilités de St-Flour 1978. Lecture Notes in Math. 774, 1–176 (1978). Springer-Verlag.

[B-S] J. Bochnak, J. Siciak. Polynomials and multilinear mappings in topological vector spaces. Studia Math. 39, 59–76 (1971).

[Bo1] C. Borell. The Brunn-Minskowski inequality in Gauss space. Invent. Math. 30, 207–216 (1975).

[Bo2] C. Borell. Gaussian Radon measures on locally convex spaces. Math. Scand. 38, 265–284 (1976).

[Bo3] C. Borell. Tail probabilities in Gauss space. Vector Space Measures and Applications, Dublin 1977. Lecture Notes in Math. 644, 71–82 (1978). Springer-Verlag.

[Bo4] C. Borell. On polynomials chaos and integrability. Prob. Math. Statist. 3, 191–203 (1984).

[Bo5] C. Borell. On the Taylor series of a Wiener polynomial. Seminar Notes on multiple stochastic integration, polynomial chaos and their integration. Case Western Reserve University, Cleveland (1984).

[C-M] R. H. Cameron, W. T. Martin. Transformations of Wiener integrals under translations. Ann. Math. 45, 386–396 (1944).

[Ch] S. Chevet. Gaussian measures and large deviations. Probability in Banach spaces IV, Oberwolfach 1982. Lecture Notes in Math. 990, 30–46 (1983).

[D-S] J.-D. Deuschel, D. Stroock. Large deviations. Academic Press (1989).

[Eh] A. Ehrhard. Symétrisation dans l'espace de Gauss. Math. Scand. 53, 281–301 (1983).

[Fe] X. Fernique. Gaussian random vectors and their reproducing kernel Hilbert spaces. Technical report, University of Ottawa (1985).

[It] K. Itô. Multiple Wiener integrals. J. Math. Soc. Japan 3, 157–164 (1951).

[Ku] H.-H. Kuo. Gaussian measures in Banach spaces. Lecture Notes in Math. 436 (1975). Springer-Verlag.

[Le] M. Ledoux. Inégalités isopérimétriques et calcul stochastique. Séminaire de Probabilités XXII. Lecture Notes in Math. 1321, 249–259 (1988). Springer-Verlag.

[MK] H. P. McKean. Geometry of differential space. Ann. Probability 1, 197–206 (1973).

[M-O] S. Mazur, W. Orlicz. Grundlegende Eigenschaften der polynomischen Operationen. Studia Math. 5, 50–68, 179–189 (1935).

[Ne1] J. Neveu. Processus aléatoires gaussiens. Presses de l'Université de Montréal (1968).

[Ne2] J. Neveu. Martingales à temps discret. Masson (1972).

[Pi] G. Pisier. Probabilistic methods in the geometry of Banach spaces. Probability and Analysis, Varenna (Italy) 1985. Lecture Notes in Math. 1206, 167–241 (1986). Springer-Verlag.

[St1] D. Stroock. An introduction to the theory of large deviations. Springer-Verlag (1984).

[St2] D. Stroock. Homogeneous chaos revisited. Séminaire de Probabilités XXI. Lecture Notes in Math. 1247, 1–7 (1987). Springer-Verlag.

[S-T] V. N. Sudakov, B. S. Tsirel'son. Extremal properties of half-spaces for spherically invariant measures. J. Soviet. Math. 9, 9–18 (1978); translated from Zap. Nauch. Sem. L.O.M.I. 41, 14–24 (1974).

[Wi] N. Wiener. The homogeneous chaos. Amer. Math. J. 60, 897–936 (1930).

Institut de Recherche Mathématique Avancée,
Laboratoire associé au C.N.R.S.,
Université Louis-Pasteur,
7, rue René-Descartes, F-67084 Strasbourg.

A Probabilistic Approach to the Boundedness of Singular Integral Operators

Richard F. Bass*
Department of Mathematics, University of Washington
Seattle, WA 98195, U.S.A.

1. Introduction.

Suppose K is a real-valued function and the linear operator T is defined formally by

$$Tf(x) = \int_{\mathbb{R}} K(x-y)f(y)dy.$$

A central area of harmonic analysis has been to find conditions on K so that T is a bounded operator on $L^p(dx), p \in (1,\infty)$. A typical theorem is

Theorem 1.1. *Suppose K is an odd integrable function and suppose that there exist $c_1, c_2 > 0$ and $\delta \in (0,1)$ such that*

$$(1.1) \qquad |K(x)| \leq c_1 |x|^{-1}, \quad x \in \mathbb{R} - \{0\},$$

and

$$(1.2) \qquad |K(y) - K(x)| \leq c_2 \frac{|y-x|^\delta}{|x|^{1+\delta}}, \quad |y-x| \leq \frac{7}{8}|x|.$$

Then for all $p \in (1,\infty)$, there exists a constant $c_3(p)$, depending on p, c_1, and c_2, but not on the L^1 norm of K, such that

$$(1.3) \qquad \|Tf\|_{L^p(dx)} \leq c_3(p)\|f\|_{L^p(dx)}.$$

There are two main approaches to proving Theorem 1.1. One involves the Calderón-Zygmund decomposition, establishing a weak $(1,1)$ inequality, and using the Marcinkiewicz interpolation theorem (see Stein [17], Ch. 2). The other involves Littlewood-Paley functions and Fourier multiplier techniques (see [17], Ch. 4).

The purpose of this paper is to give a probabilistic proof of Theorem 1.1 For $\alpha \in (0,\delta)$ and $r > 0$, define $w_r(x)$ by

$$(1.4) \qquad w_r(x) = c_\alpha r^{-1}(1 + \frac{|x|^2}{r^2})^{-((1+\alpha)/2)},$$

* Partially supported by NSF grant DMS 87-01073.

where c_α is chosen so that $\int_{\mathbb{R}} w_r(x)dx = 1$. In Section 2 we use the Burkholder-Davis-Gundy inequalities and another well-known inequality from probability theory to show that to prove Theorem 1.1, it suffices to obtain the L^2 inequality

$$(1.5) \qquad \|Tf(\cdot) - \int Tf(v)w_r(v)dv\|_{L^2(w_r(x)dx)} \le c_4\|f\|_{L^2(w_r(x)dx)}$$

with c_4 depending on c_1 and c_2 but not on r or the L^1 norm of K. (We also give an analytic proof of this fact.)

In Section 3 we prove (1.5). The tool we use is the elementary Cotlar's lemma (see Theorem 3.2), which reduces the proof of (1.5) to obtaining suitable estimates for certain nonsingular kernels. These estimates are obtained in Section 4.

A side benefit of our method is that with virtually no extra work we obtain the H^1 and BMO boundedness of the operator T. Also, although we do the case $d = 1$ for simplicity, our method extends, with only minor modifications, to the case $K : \mathbb{R}^d \to \mathbb{R}$, $d > 1$.

Ours is by no means the first probabilistic approach to singular integrals. A probabilistic proof of the L^p boundedness of the Hilbert transform has been known for some time (see Durrett [8] or Burkholder [5]). The Riesz transforms have been studied by Meyer [15], Gundy-Varopoulos [12], Gundy-Silverstein [11], Bañuelos [1], and Bennett [2]. The Littlewood-Paley approach has been viewed probabilistically by Meyer [15], Varopoulos [19], McConnell [14], Marias [13], Bouleau-Lamberton [3], and Bourgain [4]. Our approach is quite different from all of these. In particular, we make no use of Littlewood-Paley functions, Fourier multipliers, nor the method of rotation. Rubio de Francia [16] has some results related to our Theorem 2.1.

The letters c and β will denote constants whose value is unimportant and may change from line to line. We will henceforth denote both the operator T and the function K by T. The adjoint of T will be denoted T^*. When we write $f * g$, we mean the convolution of f and g in the usual sense, i.e., with respect to Lebesgue measure.

2. Probability

In this section we show that to prove Theorem 1.1 it suffices to establish (1.5). We prove

Theorem 2.1. *Suppose T is odd and integrable, let $\alpha \in (0,1)$, and suppose there exists a constant c_4 independent of r and the L^1 norm of T such that*

$$(2.1) \qquad \|Tf(\cdot) - \int Tf(v)w_r(v)dv\|_{L^2(w_r(x)dx)} \le c_4\|f\|_{L^2(w_r(x)dx)}, r > 0,$$

where w_r is defined by (1.4). Then there exists a constant $c_5(p)$ depending only on α, c_4 and p, but not the L^1 norm of T, such that

$$\|Tf\|_{L^p(dx)} \leq c_5(p)\|f\|_{L^p(dx)}. \tag{2.2}$$

We first give a probabilistic proof, then an analytic proof.

In this section we work in the half space $\mathbb{R} \times [0, \infty)$ with points $z = (x, y)$, $x \in \mathbb{R}^d$, $y \in [0, \infty)$. Let X_t be a standard Brownian motion on $\mathbb{R}$ and let Y_t be a Bessel process of index γ on $[0, \infty)$, independent of X_t, where $\gamma = 2 - \alpha$. Thus Y_t is a strong Markov process with continuous paths and infinitesimal generator $\frac{1}{2}f''(y) + \frac{\gamma-1}{2y}f'(y)$. Since $\gamma \in (1, 2), Y_t$ hits 0. Let

$$\tau = \inf\{t : Y_t = 0\}.$$

We will only need to consider Y_t up to time τ, so its boundary behavior at 0 is irrelevant.

Write $Z_t = (X_t, Y_t)$. The infinitesimal generator L of Z_t is given by

$$Lf(z) = \frac{1}{2}\Delta f(z) + \frac{\gamma - 1}{2y}\frac{\partial f}{\partial y}(z), \quad z = (x, y). \tag{2.3}$$

We first compute the $P^{(0,y)}$ distribution of X_τ.

Lemma 2.2. *(cf. Marias [13]).* $P^{(0,r)}(X_\tau \in A) = \int_A w_r(x)dx$.

Proof. Since $\tau < \infty$, a.s., then $P^{(0,r)}(X_\tau \in dx)$ is a probability density. So it suffices to show $P^{(0,r)}(X_\tau \in dx) = cw_r(x)dx$. We do this by calculating the characteristic function of X_τ.

Using the independence of X_t and Y_t, hence of X_t and τ,

$$\begin{aligned} E^{(0,y)} \exp(iuX_\tau) &= \int_0^\infty E^{(0,y)} \exp(iuX_t)P^{(0,y)}(\tau \in dt) \\ &= \int_0^\infty \exp(-u^2t/2)P^{(0,y)}(\tau \in dt) \\ &= E^y \exp((-\frac{u^2}{2})\tau). \end{aligned} \tag{2.4}$$

By [10, Prop. 5.7 (i)], (2.4) is equal to $c(ux)^{-\nu}K_\nu(ux)$, where $\nu = 1 - \gamma/2$ and K_ν is the usual modified Bessel function. Lemma 2.1 follows by inverting the Fourier transform (see [9]). □

Next we recall an elementary probability inequality (see [7], for example). For completeness and to emphasize its simplicity, we give a proof.

Lemma 2.3. *Suppose A_t and B_t are two increasing continuous processes with $A_0 \equiv 0$. Suppose for some constant $c_6 > 0$,*

$$E(A_\infty - A_t|\mathcal{F}_t) \leq c_6 E(B_\infty|\mathcal{F}_t), \quad a.s. \text{ for all } t. \tag{2.5}$$

Then for $p \in [1, \infty)$,

$$EA_\infty^p \leq c_7(p) EB_\infty^p,$$

where $c_7(p)$ depends only on p and c_6.

Proof. The case $p = 1$ follows by taking $t = 0$ in (2.5), and then taking expectations, so suppose $p > 1$. Suppose first that A_t is bounded. By integration by parts,

$$\begin{aligned} EA_\infty^p &= pE\int_0^\infty (A_\infty - A_t)dA_t^{p-1} = pE\int_0^\infty E(A_\infty - A_t|\mathcal{F}_t)dA_t^{p-1} \\ &\leq c_6 pE\int_0^\infty E(B_\infty|\mathcal{F}_t)dA_t^{p-1} = c_6 pE\int_0^\infty B_\infty dA_t^{p-1} \\ &\leq c_6 p(EB_\infty^p)^{1/p}(EA_\infty^p)^{\frac{p-1}{p}}. \end{aligned}$$

Dividing through by $(EA_\infty^p)^{\frac{p-1}{p}}$ gives our result with $c_7(p) = (c_6 p)^p$.

If A_t is not bounded, note that the process $A_{t\wedge T_N}$ satisfies (2.5), where $T_N = \inf\{t : A_t \geq N\}$. Apply the above argument to $A_{t\wedge T_N}$ to get $EA_{T_N}^p \leq c_7(p)EB_\infty^p$, let $N \to \infty$, and use monotone convergence. □

Proposition 2.4. *Under the hypotheses of Theorem 2.1,*

$$E^{(x,y)}[Tf(X_\tau) - E^{(x,y)}Tf(X_\tau)]^2 \leq c_4 E^{(x,y)}[f(X_\tau) - E^{(x,y)}f(X_\tau)]^2. \tag{2.6}$$

Proof. Let $f_1(\cdot) = f(\cdot) - \int f(v)w_r(v)dv$. Since T is odd, $T1 \equiv 0$, hence $Tf = Tf_1$. Applying (2.1) to f_1, we get

$$\|Tf(\cdot) - \int Tf(v)w_r(v)dv\|_{L^2(w_r(x)dx)} \leq c_4\|f - \int f(v)w_r(v)dv\|_{L^2(w_r(x)dx)}. \tag{2.7}$$

Using Lemma 2.2, (2.7) can be rewritten as

$$E^{(0,r)}[Tf(X_\tau) - E^{(0,r)}Tf(X_\tau)]^2 \leq c_4^2 E^{(0,r)}[f(X_\tau) - E^{(0,r)}f(X_\tau)]^2. \tag{2.8}$$

Let $f_2(\cdot) = f(\cdot + x)$. By the translation invariance of X_t and of the operator T, applying (2.8) to f_2 gives (2.6). □

Suppose $f \in C_K^\infty$, that is, C^∞ with compact support. Define

$$u_f(z) = E^{(x,y)} f(X_\tau), \quad u_{Tf}(z) = E^{(x,y)} Tf(X_\tau), \quad z = (x, y),$$

and define

$$M_t^f = u_f(Z_{t\wedge\tau}), \quad M_t^{Tf} = u_{Tf}(Z_{t\wedge\tau}).$$

Since T is in L^1, Tf is also, hence u_{Tf} is finite everywhere. As is well-known, u_f is L-harmonic in $\mathbb{R} \times (0, \infty)$, and by Ito's lemma, M_t^f is a local martingale with

$$\langle M_t^f \rangle = \int_0^{t\wedge\tau} |\nabla u_f(Z_s)|^2 ds, \tag{2.9}$$

with a similar statement holding for M_t^{Tf}. Let

$$A_t = \langle M^{Tf} \rangle_t, \quad B_t = \langle M^f \rangle_t. \tag{2.10}$$

Proof of Theorem 2.1 (Probabilistic). Since T is in L^1,

$$\|Tf\|_{L^p(dx)} = \|T * f\|_{L^p(dx)} \leq \|T\|_{L^1(dx)} \|f\|_{L^p(dx)}. \tag{2.11}$$

This is not what we want, since in (2.2) it is important that $c_5(p)$ not depend on the L^1 norm of T. But (2.11) does show that T is a bounded operator on L^p, and so to establish (2.2) for all $f \in L^p$, it suffices to verify (2.2) for $f \in C_K^\infty$. So suppose that $f \in C_K^\infty$.

We do the case $p \geq 2$ first. By the strong Markov property, if $t \leq \tau$,

$$\begin{aligned}(2.12)\; E^{(0,s)}(A_\infty - A_t | \mathcal{F}_t) &= E^{Z_t} A_\infty = E^{Z_t} < M^{Tf} >_\tau \\ &= E^{Z_t}(M_\tau^{Tf} - M_0^{Tf})^2 = E^{Z_t}[Tf(X_\tau) - E^{Z_t} Tf(X_\tau)]^2,\end{aligned}$$

with a similar expression for B_t.

By Proposition 2.4 with $(x, y) = (X_t(\omega), Y_t(\omega))$, we get

$$E^{(0,s)}(A_\infty - A_t | \mathcal{F}_t) \leq c_4 E^{(0,s)}(B_\infty - B_t | \mathcal{F}_t) \leq c_4 E^{(0,s)}(B_\infty | \mathcal{F}_t). \tag{2.13}$$

So by Lemma 2.3, with p replaced by $p/2$.

$$E^{(0,s)} A_\infty^{p/2} \leq c_8(p) E^{(0,s)} B_\infty^{p/2}. \tag{2.14}$$

Now by the Burkholder-Davis-Gundy inequalities (see [7] or [8]),

$$\tag{2.15} \begin{aligned} E^{(0,s)}|Tf(X_\tau)|^p &= E^{(0,s)}|M_\tau^{Tf}|^p \\ &\le cE^{(0,s)}|M_0^{Tf}|^p + cE^{(0,s)} <M^{Tf}>_\tau^{p/2} \\ &= cE^{(0,s)}|M_0^{Tf}|^p + cE^{(0,s)} A_\infty^{p/2}. \end{aligned}$$

Similarly,

$$\tag{2.16} \begin{aligned} E^{(0,s)}B_\infty^{p/2} &= E^{(0,s)} <M^f>_\tau^{p/2} \le E^{(0,s)}(|M_0^f|^2 + <M^f>_\tau)^{p/2} \\ &\le cE^{(0,s)}|M_\tau^f|^p = cE^{(0,s)}|f(X_\tau)|^p. \end{aligned}$$

Putting (2.14), (2.15), and (2.16) together,

$$\tag{2.17} E^{(0,s)}|Tf(X_\tau)|^p \le c|E^{(0,s)}Tf(X_\tau)|^p + cE^{(0,s)}|f(X_\tau)|^p.$$

Note

$$sE^{(0,s)}|f(X_\tau)|^p = \int |f(x)|^p sw_s(x)dx \to c_\alpha \int |f(x)|^p \,dx$$

as $s \to \infty$ by monotone convergence. Similarly, $sE^{(0,s)}|Tf(X_\tau)|^p \to c_\alpha \int |Tf(x)|^p dx$.

Finally, since $T \in L^1$ and $f \in C_K^\infty$, $Tf \in L^1$. Then

$$\begin{aligned} s|E^{(0,s)}Tf(X_\tau)|^p &= s^{1-p}|\int Tf(x)sw_s(x)dx|^p \\ &\le cs^{1-p}(\int |Tf(x)|dx)^p \to 0 \end{aligned}$$

as $s \to \infty$, since $p \ge 2 > 1$.

So multiplying (2.17) by s and letting $s \to \infty$ gives the required result when $p \ge 2$. Since $T^* = -T$, we also have $\|T^*\|_{L^p(dx)} \le c_5(p)$ for $p \ge 2$. The usual duality argument (see [17], p.33) gives (2.2) for $p \in (1,2]$. □

Actually the above proof gives us more.

Corollary 2.6. *Under the hypotheses of Theorem 2.1, there exists c_9 depending only on α and c_4 and not the L^1 norm of T such that*

$$\|Tf\|_{H^1(\mathbb{R})} \le c_9\|f\|_{H^1(\mathbb{R})}, \qquad \|Tf\|_{BMO(\mathbb{R})} \le c_9\|f\|_{BMO(\mathbb{R})}$$

Proof. By an argument very similar to that in [8], the BMO norm of f is equivalent to $\sup_{x,y} E^{(x,y)}[f(X_\tau) - E^{(x,y)}f(X_\tau)]^2$. The BMO boundedness of T follows from (2.6), and the H^1 boundedness follows by duality. □

We also give an analytic proof of Theorem 2.1. Although short, the proof uses the Calderón-Zygmund decomposition implicitly when interpolating between BMO and L^2.

Proof of Theorem 2.1 (Analytic) As in the proof of Corollary 2.6, T is a bounded operator on BMO. Arguing as in the probabilitic proof of Theorem 2.1 (the paragraphs following (2.17)), we multiply (2.1) by r and let $r \to \infty$ to get that

$$\|Tf\|_{L^2(dx)} \leq c_4 \|f\|_{L^2(dx)}$$

for $f \in C_K^\infty$. This says that T is a bounded operator on $L^2(dx)$. Interpolation between L^2 and BMO gives Theorem 2.1 for $p \in [2,\infty)$, and the result for $p \in (1,2]$ follows by duality. □

3. L^2 theory

In this section we prove the following

Theorem 3.1. *Suppose T is an odd integrable function and suppose that there exist $c_1, c_2 > 0$, and $\delta \in (0,1)$ such that (1.1) and (1.2) hold. Suppose $\alpha \in (0,\delta)$. Then there exists a constant c_4 independent of r and the L^1 norm of T such that (2.1) holds.*

In fact, more is true. It is not hard to show that $w_r(x)$ is an A_2 weight (see [18]), and therefore

$$\|Tf\|_{L^2(w_r(x)dx)} \leq c\|f\|_{L^2(w_r(x)dx)}. \tag{3.1}$$

The proof that (3.1) follows from w_r being an A_2 weight is not elementary.

The inequality (2.1) may be shown to be equivalent to the $L^2(dx)$ boundedness of an operator related to T. This operator, does not, however, satisfy the hypotheses of the "$T1$" theorem of David-Journé [6].

The main tool we use to prove Theorem 3.1 is Cotlar's lemma:

Theorem 3.2. *Suppose $\mathcal{H}$ is a Hilbert space and that $T_j, j = -N, \ldots, 0, \ldots, N$ are bounded operators on $\mathcal{H}$. Suppose $a : \mathbb{Z} \to [0,\infty)$ satisfies*

$$c_9 = \sum_{i=-\infty}^{\infty} a^{1/2}(i) < \infty \quad \text{and} \quad \|T_j^* T_k\|_{\mathcal{H}} + \|T_j T_k^*\|_{\mathcal{H}} \leq a(j-k) \text{ for all } -N \leq j,k \leq N.$$

Then $\|\sum_{j=-N}^{N} T_j\|_{\mathcal{H}} \leq c_9$.

The proof of Cotlars lemma is both elementary and short. See [18, pp.285–286], for example.

We will also use the following well-known lemma.

Lemma 3.3. *Suppose $V(x,y)$ is a nonnegative kernel with respect to μ, a σ-finite measure. Suppose*

$$\sup_x \int V(x,y)\mu(dy) \le c_{10}, \quad \sup_y \int V(x,y)\mu(dx) \le c_{11}.$$

Then $\|V\|_{L^2(\mu(dx))} \le (c_{10}c_{11})^{1/2}$.

Proof. By Cauchy-Schwartz,

$$|Vf(x)| = |\int V(x,y)f(y)\mu(dy)| \le (\int V(x,y)\mu(dy))^{1/2}(\int V(x,y)f^2(y)\mu(dy))^{1/2}.$$

Then

$$\begin{aligned}\int |Vf(x)|^2\mu(dx) &\le c_{10}\int\int V(x,y)f^2(y)\mu(dy)\mu(dx)\\ &\le c_{10}c_{11}\int f^2(y)\mu(dy). \qquad \square\end{aligned}$$

Let $\varphi = \varphi_0$ be a nonnegative even C^∞ function with support in $[-1,1]$ satisfying $\int \varphi(x)dx = 1$. Let $\varphi_j(x) = 2^{-j}\varphi(x2^{-j}), j \in \mathbb{Z}$.

Define

$$T_j = T * \varphi_j - T * \varphi_{j+1}.$$

Define the operator U_j^r by

$$U_j^r f(x) = T_j f(x) - \int T_j f(v) w_r(v) dv. \tag{3.2}$$

Since $\int T_j f(v) w_r(v) dv = -\int T_j w_r(v) f(v) dv$, we see that

$$U_j^r f(x) = \int U_j^r(x,y) f(y) w_r(y) dy],$$

where

$$U_j^r(x,y) = -\frac{T_j(y-x) - T_j w_r(y)}{w_r(y)}. \tag{3.3}$$

The key estimate we need is the following. We defer its proof until Section 4.

Proposition 3.4. *There exist constants c_{12} and $\beta_1 > 0$ depending only on α, δ, c_1, and c_2 (and not on the L^1 norm of T) such that*

$$\sup_{r,x} \int |U_0^r(x,y)| w_r(y) dy \le c_{12}; \tag{3.4}$$

$$\sup_{r,y} \int |U_0^r(x,y)| w_r(x) dx \le c_{12}; \tag{3.5}$$

$$\sup_{r,x} \int |(U_0^r)^* U_k^r(x,y)| w_r(y) dy \le c_{12} 2^{-k\beta_1}, \quad k > 0; \tag{3.6}$$

and

$$\sup_{r,y} \int |U_0^r(U_k^r)^*(x,y)| w_r(x) dx \le c_{12} 2^{-k\beta_1}, \quad k > 0. \tag{3.7}$$

With this proposition we can now prove Theorem 3.1.

Proof of Theorem 3.1. By Lemma 3.3, (3.4), and (3.5), we get

$$\sup_r \|U_0^r\|_{L^2(w_r(x)dx)} \le c_{12}. \tag{3.8}$$

Fix j for the moment and let $\widetilde{T}(x) = 2^j T(x2^j)$. Observe that $\widetilde{T}$ satisfies the hypotheses of Theorem 3.1 with the same constants c_1, c_2, δ. Define $\widetilde{U}_0^r$ in terms of $\widetilde{T}$ the same way U_0^r was defined in term of T (see (3.2)). A simple scaling argument (i.e., a linear change of variables) shows that $\|U_j^r\|_{L^2(w_r(x)dx)} = \|\widetilde{U}_0^{r2^{-j}}\|_{L^2(w_{r2^{-j}}(x)dx)}$. Applying (3.8) to $\widetilde{U}_0^*$ yields

$$\sup_r \|U_j^r\|_{L^2(w_r(x)dx)} \le c_{12}. \tag{3.9}$$

Similarly,

$$\sup_{r,x} \int |U_j^r(x,y)| w_r(y) dy \le c_{12} \tag{3.10}$$

and

$$\sup_{r,y} \int |U_j^r(x,y)| w_r(x) dx \le c_{12}. \tag{3.11}$$

Next, observe that by Fubini, (3.4), (3.10), and (3.11),

$$\begin{aligned} \int |(U_0^r)^* U_k^r(x,y)| w_r(x) dx &\le \int\int |U_0^r(v,x)| \; |U_k^r(v,y)| w_r(v) \, dv \; w_r(x) \, dx \\ &\le c_{12} \int |U_k^r(v,y)| w_r(v) dv \le c_{12}^2. \end{aligned}$$

By Lemma 3.3, (3.6), and (3.12),

$$\sup_r \|(U_0^r)^* U_k^r\|_{L^2(w_r(x)dx)} \le c_{12}^{3/2} 2^{-k\beta_1/2}. \tag{3.13}$$

Scaling as in the derivation of (3.9), if $j \le k$,

$$\|(U_j^r)^* U_k^r\|_{L^2(w_r(x)dx)} \le c_{12}^{3/2} 2^{-(k-j)\beta_1/2}. \tag{3.14}$$

Observing that if $j > k$,

$$\|(U_j^r)^* U_k^r\|_{L^2(w_r(x)dx)} = \|((U_j^r)^* U_k^r)^*\|_{L^2(w_r(x)dx)}$$
$$= \|(U_k^r)^* U_j^r\|_{L^2(w_r(x)dx)} \le c_{12}^{3/2} 2^{-(j-k)\beta_1/2}$$

by (3.14).

So in any case we have

$$\|(U_j^r)^* U_k^r\|_{L^2(w_r(x)dx)} \le c_{12}^{3/2} 2^{-|j-k|\beta_1/2}. \tag{3.15}$$

Similarly, starting with (3.7), we get

$$\|U_j^r (U_k^r)^*\|_{L^2(w_r(x)dx)} \le c_{12}^{3/2} 2^{-|j-k|\beta_1/2}. \tag{3.16}$$

We now apply Cotlar's lemma (Theorem 3.2) and obtain

$$\|\sum_{j=-N}^{N} U_j^r\|_{L^2(w_r(x)dx)} \le c_{13}, \tag{3.17}$$

c_{13} independent of N and r.

Finally, observe that

$$(3.18)\quad -\sum_{j=-N}^{N} U_j^r f(x) = [(T * \varphi_{-N})f(x) - \int (T * \varphi_{-N})f(v)w_r(v)dv]$$
$$- [(T * \varphi_N)f(x) - \int (T * \varphi_N)f(v)w_r(v)dv].$$

So to conclude the proof, it suffices to show that for $f \in C_K^\infty$, the right side of (3.18) converges to $Tf(x) - \int Tf(v)w_r(v)dv$ in $L^2(w_r(x)dx)$ norm.

If $f \in C_K^\infty$, then $f \in L^2(dx)$, and since $T \in L^1(dx)$, $Tf \in L^2(dx)$. So $(T * \varphi_{-N})f = Tf * \varphi_{-N} \to Tf$ in $L^2(dx)$ norm. Since $w_r(\cdot)$ is bounded above by a constant, it is not hard to see that this implies that the first term on the right of (3.18) converges to $Tf - \int Tf(v)w_r(v)dv$ as $N \to \infty$ as desired.

On the other hand,

$$T * \varphi_N(z)| \le \int |T(z-v)| 2^{-N} \varphi(v 2^{-N})dv \le 2^{-N} \|\varphi\|_{L^\infty} \|T\|_{L^1(dx)} \to 0$$

as $N \to \infty$, which shows that the second term on the right of (3.18) converges to 0 in $L^2(w_r(x)dx)$ norm. □

Proof of Theorem 1.1. Immediate from Theorem 2.1 and 3.1. □

Remarks. 1. We have shown that T is a bounded operator on $L^p(dx)$ with a bound independent of the L^1 norm of T. So one could dispense with the hypothesis that T is integrable by a suitable limiting process (cf. [17]).

2. Operators such as the truncated Hilbert transform T^ε ([17], p. 38) can be written as a sum $T_1^\varepsilon + T_2^\varepsilon$, where T_1^ε satisfies the hypotheses of Th.1.1 with constants c_1 and c_2 independent of ε and T_2^ε is integrable with L^1 norm independent of ε. Hence Theorem 1.1 and (2.11) shows such operators are bounded on $L^p(dx)$.

3. Only minor modifications are needed to handle the case $T : \mathbb{R}^d \to \mathbb{R}$, $d > 1$. The condition that T be odd gets replaced by

$$\int_{R_1<|x|<R_2} T(x)dx = 0 \qquad \text{for all } 0 < R_1 < R_2.$$

4. The bounds in (3.15) and (3.16) are much stronger than are necessary to obtain convergence in Cotlar's lemma. It would be interesting to see whether our method could be extended to the case where (1.2) is replaced by Hörmander's condition:

$$\sup_{y>0} \int_{|x|\geq 2|y|} |K(x-y) - K(x)|dx \leq c_2.$$

5. Necessary and sufficient conditions are know on a weight function w for T to be a bounded operator on $L^p(w(x)dx)$. Can such theorems be proved by our method? One would need to replace our Brownian motion X_t be another diffusion whose invariant measure is $w(x)dx$.

4. Estimates

In this section we prove Proposition 3.4. It is here that (1.1) and (1.2), unused so far, come into play. Define

$$\rho(x) = (1 + |x|^{1+\delta})^{-1},$$

let $\rho_j(x) = 2^{-j}\rho(x2^{-j})$, and define

$$M(x) = 1 \wedge |x|.$$

We start with an elementary lemma.

Lemma 4.1.
(4.1) $\int M(z)w_r(z)dz \le cM(r^\alpha)$;
(4.2) $\int \rho(z)M(z2^{-k})dz \le c2^{-k\beta}$;
(4.3) if $|x|, r \le 2^{k/2}$, *then* $\int M(\frac{z-x}{2^k})w_r(z)dz \le c2^{-k\beta}$.

Proof. The only one requiring comment, perhaps, is (4.3). If $|x| \le 2^{k/2}$ and $|z| \le 2^{2k/3}$, then $M(\frac{z-x}{2^k}) \le c2^{-k/3}$. So

$$\begin{aligned}\int M(\frac{z-x}{2^k})w_r(z)dz &\le c2^{-k/3}\int_{|z|\le 2^{2k/3}} w_r(z)dz + \int_{|z|>2^{2k/3}} w_r(z)dz \\ &\le c2^{-k/3} + \int_{|z|>r^{-1}2^{2k/3}} w_1(z)dz \le c2^{-k\beta},\end{aligned}$$

since $r^{-1}2^{k/3} \ge 2^{k/6}$. □

Next, we have

Lemma 4.2.

$$U_j^r 1 \equiv 0; \tag{4.4}$$

$$(U_j^r)^* 1 \equiv 0. \tag{4.5}$$

Proof. Since T is odd, using Fubini gives

$$T_j 1(x) = \int T_j(y)dy = \int\int T(y-z)(\varphi_j - \varphi_{j+1})(z)dz\,dy = 0.$$

Substituting in (3.2) gives (4.4),

As for (4.5), recalling (3.3) we have

$$\begin{aligned}(U_j^r)^* 1(x) &= -\int \frac{T_j(x-y) - T_j w_r(x)}{w_r(x)} w_r(y)dy \\ &= -w_r(x)^{-1}[T_j w_r(x) - T_j w_r(x)\int w_r(y)dy] = 0.\end{aligned}$$ □

The next three lemmas give the required estimates on T_j.

Lemma 4.3. *(cf. [6], Lemma 4)*
(4.6) $|T_j(x)| \le c\rho_j(x)$;
(4.7) $|T_j(x) - T_j(y)| \le cM(\frac{x-y}{2^j})[\rho_j(x) + \rho_j(y)]$.

Proof. We will do the case $j = 0$. The case when $j \neq 0$ can be reduced to this one by scaling, as in the derivation of (3.9).

Suppose first that $|x| \geq 8$. Since $\int (\varphi_0 - \varphi_1)(y)dy = 0$ and the support of $\varphi_0 - \varphi_1$ is contained in $[-4, 4]$, we have, using (1.2),

$$
\begin{aligned}
(4.8)\qquad |T_0(x)| &= |\int T(x-y)(\varphi_0 - \varphi_1)(y)dy| \\
&= |\int [T(x-y) - T(x)](\varphi_0 - \varphi_1)(y)dy| \\
&\leq c \int_{|y| \leq 4} \frac{|y|^\delta}{|x|^{1+\delta}} \|\varphi_0 - \varphi_1\|_{L^\infty}\, dy \leq c\rho(x).
\end{aligned}
$$

Suppose now that $|x| \leq 8$. Since T is odd and $(\varphi_0 - \varphi_1)(x - y) = 0$ if $|y| > 16$, we have

$$
\begin{aligned}
(4.9)\qquad |T_0(x)| &= |\int T(y)(\varphi_0 - \varphi_1)(x-y)dy| \\
&= |\int T(y)[(\varphi_0 - \varphi_1)(x-y) - (\varphi_0 - \varphi_1)(x)1_{(|y| \leq 16)}]dy| \\
&\leq \int_{|y| \leq 16} |T(y)|\ |y|\ \|(\varphi_0 - \varphi_1)'\|_{L^\infty}\, dy \leq c,
\end{aligned}
$$

using (1.1). Putting (4.8) and (4.9) together gives (4.6).

To prove (4.7), again when $j = 0$, we observe that if $|x - y| \geq 1$, then

$$|T_0(x) - T_0(y)| \leq |T_0(x)| + |T_0(y)| \leq c[\rho(x) + \rho(y)]$$

by (4.6). If $|x - y| \leq 1$, (with $x < y$, say)

$$(4.10)\qquad |T_0(x) - T_0(y)| \leq |x - y| \sup_{v \in [x,y]} |T_0'(v)|.$$

Now $T_0' = T * (\varphi_0 - \varphi_1)'$ and repeating the proof of (4.6) with $\varphi_0 - \varphi_1$ replaced by $(\varphi_0 - \varphi_1)'$, we get

$$
\begin{aligned}
\sup_{v \in [x,y]} |T_0'(v)| &\leq c \sup_{v \in [x,y]} \rho(v) \\
&\leq c[\rho(x) + \rho(y)],
\end{aligned}
$$

since $|x - y| \leq 1$. □

The most technical lemma is

Lemma 4.4.

$$|T_0 w_r(x) - T_0(x)| \le cM(r^\alpha)\rho(x). \tag{4.11}$$

Proof. If $|x| \le 64$, the proof is easy. Using (4.1),

$$\begin{aligned}|T_0 w_r(x) - T_0(x)| &\le \int |T_0(x-y) - T_0(x)| w_r(y)dy \\ &\le c\int M(y)[\rho(x-y)+\rho(x)]w_r(y)dy \\ &\le cM(r^\alpha),\end{aligned}$$

since ρ is bounded by 1.

So suppose $|x| > 64$, and without loss of generality, assume $x > 0$. Define s_r, t_r, u_r as follows. For $y \in [3x/4, 5x/4]$, let $t_r(y) = w_r(y)$. Define t_r so as to be nonnegative, 0 on $[x/2, 3x/2]^c$, and with $|t_r(y)| \le cw_r(x)$, $|t_r'(y)| \le cx^{-1}w_r(x)$, and $|t_r''(y)| \le cx^{-2}w_r(x)$ for y in $[x/2, 3x/4]$ and $[5x/4, 3x/2]$. Let $s_r(y) = [w_r(y) - t_r(y)]1_{(-x,x)}(y)$ and $u_r(y) = w_r(y) - t_r(y) - s_r(y)$.

Now write

$$\begin{aligned}T_0 w_r(x) - T_0(x) &= \int [T_0(x-y) - T_0(x)]w_r(y)dy \\ &= \int [T_0(x-y) - T_0(x)]s_r(y)dy - \int T_0(x)[w_r(y) - s_r(y)]dy \\ &\quad + \int T_0(x-y)u_r(y)dy + \int T_0(x-y)t_r(y)dy \\ &= I_1 + I_2 + I_3 + I_4.\end{aligned}$$

By the definitions of s_r and t_r, we have $s_r(y) = 0$ unless $y \in [-x, 3x/4]$. For y in this range, $\rho(x-y) \le c\rho(x)$, and so by (4.1)

$$\begin{aligned}|I_1| &\le c\int_{-x\le y\le 3x/4} M(y)[\rho(x-y)+\rho(x)]w_r(y)dy \le c\rho(x)\int M(y)w_r(y)dy \\ &\le cM(r^\alpha)\rho(x).\end{aligned}$$

For all r

$$|I_2| \le c\rho(x)\int_{|y|>x/2} w_r(y)dy \le c\rho(x).$$

And if $r \le 1$,

$$|I_2| \le c\rho(x)\int_{|y|>x/2} w_r(y)dy \le c\rho(x)r^\alpha \int_{|y|>x/2} \frac{dy}{y^{1+\alpha}} \le c\rho(x)r^\alpha.$$

Since $u_r(y) = 0$ unless $y \le -x$ or $y > 5x/4$, and $\rho(x-y) \le c\rho(x)$ for y in this range,

$$|I_3| \le c \int_{y\in[-x,5x/4]^c} \rho(x-y)w_r(y)dy \le c\rho(x)\int_{|y|\ge x} w_r(y)dy$$
$$\le c\rho(x)M(r^\alpha),$$

as in bounding I_2.

Finally, we look at I_4. Write $\overline{\varphi}$ for $\varphi_0 - \varphi_1$. Since t_r is supported in $[x/2, 3x/2]$, then $\overline{\varphi} * t_r$ is supported in $[x/4, 7x/4]$. Since T is odd,

$$(4.12)\qquad |I_4| = |\int T_0(x-y)t_r(y)dy| = |\int T(y)(\overline{\varphi} * t_r)(x-y)dy|$$
$$= |\int_{|y|\le 3x/4} T(y)(\overline{\varphi} * t_r)(x-y)dy|$$
$$= |\int_{|y|\le 3x/4} T(y)[\overline{\varphi} * t_r(x-y) - \overline{\varphi} * t_r(x)]dy|$$
$$\le \int_{|y|\le 3x/4} |T(y)|\ |y| \sup_{z\in[x/4,7x/4]} |(\overline{\varphi} * t_r)'(z)|dy$$
$$\le cx \sup_{z\in[x/4,7x/4]} |(\overline{\varphi} * t_r)'(z)|,$$

using (1.1).

Since $\int \overline{\varphi}(y)dy = 0$ and $\overline{\varphi}$ has support in $[-4, 4]$,

$$|(\overline{\varphi} * t_r)'(z)| = |\int \overline{\varphi}(y)t_r'(z-y)dy|$$
$$= |\int \overline{\varphi}(y)[t_r'(z-y) - t_r'(z)]dy|$$
$$\le \int |\overline{\varphi}(y)||y|dy \sup_{z-4\le v\le z+4} |t_r''(v)|.$$

So

$$(4.13)\qquad \sup_{z\in[x/4,7x/4]} |(\overline{\varphi} * t_r)'(z)| \le c \sup_{x/8\le v\le 2x} |t_r''(v)| \le cx^{-2}w_r(x) \vee w_r''(x).$$

Plugging (4.13) into (4.12) and estimating $w_r''(x)$ (do the cases $x \le r$ and $x > r$ separately), we get $|I_4| \le cM(r^\alpha)\rho(x)$.

Summing our bounds for I_1, I_2, I_3, and I_4 proves the lemma. □

The final estimate we need is

Lemma 4.5. *If* $r \geq 1$,

$$|T_0 w_r(x)| \leq c r^{-1}(r^{-\beta} + M(\frac{|x|}{r})). \tag{4.14}$$

Proof. Since T is odd and φ is even, T_0 is an odd function. Recalling that c_α is the normalizing constant for w_r (see (1.4)), we have

$$T_0 w_r(x) = \int_{|y|\geq r^{1/2}} T_0(y) w_r(x-y)dy + \int_{|y|\leq r^{1/2}} T_0(y)[w_r(x-y) - c_\alpha r^{-1}]dy. \tag{4.15}$$

Since w_r is bounded by c_α/r, the first term on the right of (4.15) is bounded by $cr^{-1-\delta/2}$, using (4.6). For similar reasons, the second term on the right of (4.15) is bounded by c/r for all x. But if in addition $|x| \leq r$, then the elementary inequality

$$(1+a^2)^{\frac{1+\alpha}{2}} \leq 1 + 4a \qquad \text{for } a \in [0,2]$$

yields

$$[w_r(x-y) - c_\alpha r^{-1}] \leq cr^{-2}|x-y| \leq cr^{-2}|x| + cr^{-3/2}$$

when $|y| \leq r^{1/2}$. Substituting this better bound into (4.15) when $|x| \leq r$ and using (4.6) again completes the proof of (4.14). □

We are now ready to prove Proposition 3.4. We break the proof into a number of steps.

Proof of Proposition 3.4.

PROOF OF (3.4). By (4.11) and (4.6),

$$|T_0 w_r(x)| \leq |T_0 w_r(x) - T_0(x)| + |T_0(x)| \leq c\rho(x). \tag{4.16}$$

Using the definition of $U_0^r(x,y)$ in (3.3), (4.6), and (4.16),

$$\int |U_0^r(x,y)| w_r(y)dy \leq \int [|T_0(y-x)| + |T_0 w_r(y)|]dy \leq \int [\rho(y-x) + \rho(y)]dy \leq c,$$

which is (3.4).

PROOF OF (3.5). Since $\sup_{r,y}(\ldots) \leq \sup_{r\leq 1,y}(\ldots) + \sup_{r\geq 1,y}(\ldots)$, it suffices to look at the cases $r \leq 1$ and $r \geq 1$ separately. Suppose $r \leq 1$.

By (4.7) and (4.11),

$$|T_0(y-x) - T_0 w_r(y)| \le |T_0(y-x) - T_0(y)| + |T_0(y) - T_0 w_r(y)| \le cM(x)[\rho(y-x) + \rho(y)] + cM(r^\alpha)\rho(y). \tag{4.17}$$

Then

$$\int |U_0^r(x,y)| w_r(x) dx \le c w_r(y)^{-1} \int_{|x|\le|y|/2} M(x)\rho(y-x) w_r(x) dx + c w_r(y)^{-1} \int_{|x|>|y|/2} M(x)\rho(y-x) w_r(x) dx + c\rho(y) w_r(y)^{-1} \int M(x) w_r(x) dx + c r^\alpha w_r(y)^{-1} \rho(y) \int w_r(x) dx = I_1 + I_2 + I_3 + I_4.$$

Treating these in reverse order, we see that

$$I_4 = c r^\alpha w_r(y)^{-1} \rho(y) \le c$$

by looking at the cases $|y| \le r$ and $|y| > r$ separately and recalling that $\alpha < \delta$.

By (4.1), I_3 reduces to I_4.

When $|x| > |y|/2$, $w_r(x)/w_r(y)$ is bounded by a constant independent of r, and so

$$I_2 \le c \int \rho(y-x) dx \le c.$$

Finally, when $|x| \le |y|/2$, $\rho(y-x)/\rho(y)$ is bounded by a constant. So

$$I_1 \le c w_r(y)^{-1} \rho(y) \int M(x) w_r(x) dx \le c I_3.$$

Summing gives (3.5) when $r \le 1$.

Now suppose $r > 1$. In place of (4.17), we write

$$|T_0(y-x) - T_0 w_r(y)| \le |T_0(y-x)| + |T_0 w_r(y)| \le \rho(y-x) + c(r^{-1} \wedge \rho(y)), \tag{4.18}$$

using (4.6) and either (4.14) or (4.16). Then

$$\int |U_0^r(x,y)| w_r(x) dx \le c w_r(y)^{-1} \int \rho(y-x) w_r(x) dx + c(r^{-1} \wedge \rho(y)) w_r(y)^{-1} \int w_r(x) dx = I_5 + I_6.$$

If $|y| \geq r$, we break up the range of integration in I_5 into $|x| \leq |y|/2$ and $|x| > |y|/2$, we handle the first range similarly to the way we bounded I_1 and we do the second range similarly to the way we bounded I_2. If $|y| \leq r$, we simply observe that $w_r(x)/w_r(y)$ is bounded. To bound I_6, consider the cases $|y| \geq r$ and $|y| < r$ separately.

PROOF OF (3.6), $r \leq 1$.

By (4.5),

$$(4.19) \quad \int |(U_0^r)^* U_k^r(x,y)| w_r(y) dy = \int | \int U_0^r(z,x)[U_k^r(z,y) - U_k^r(x,y)] w_r(z) dz | w_r(y) dy$$
$$\leq \int \int |U_0^r(z,x)| \, |U_k^r(z,y) - U_k^r(x,y)| w_r(z) w_r(y) dy \, dz$$

Substituting from (3.3), we see that we must suitably bound

$$(4.20) \quad I_7 = w_r(x)^{-1} \int \int |T_0(z-x) - T_0 w_r(x)| \, |T_k(z-y) - T_k(x-y)| dy \; w_r(z) dz.$$

Bounding the first factor of the integrand as in (4.17) and the second factor using (4.7), we have

$$(4.21) \; I_7 \leq c w_r(x)^{-1} \int \{M(z)[\rho(z-x) + \rho(x)] + M(r^\alpha)\rho(x)\} M(\frac{z-x}{2^k}) \times$$
$$\int [\rho(z-y) + \rho(x-y)] dy w_r(z) dz$$
$$\leq c w_r(x)^{-1} \int \{M(z)[\rho(z-x) + \rho(x)] + M(r^\alpha)\rho(x)\} M(\frac{z-x}{2^k}) w_r(z) dz$$
$$\leq c w_r(x)^{-1} \int_{|z|>|x|/2} M(z)\rho(z-x) M(\frac{z-x}{2^k}) w_r(z) dz$$
$$+ c w_r(x)^{-1} \int_{|z|\leq|x|/2} M(z)\rho(z-x) M(\frac{z-x}{2^k}) w_r(z) dz$$
$$+ c\rho(x) w_r(x)^{-1} \int M(z) M(\frac{z-x}{2^k}) w_r(z) dz$$
$$+ c r^\alpha \rho(x) w_r(x)^{-1} \int M(\frac{z-x}{2^k}) w_r(z) dz$$
$$= I_8 + I_9 + I_{10} + I_{11}.$$

When $|z| > |x|/2$, $w_r(z)/w_r(x) \leq c$ independently of r, and so

$$I_8 \leq c \int \rho(z-x) M(\frac{z-x}{2^k}) dz \leq c 2^{-k\beta}$$

by (4.2)

When $|z| \le |x|/2$, $\rho(z-x) \le c\rho(x)$, and so $I_9 \le cI_{10}$.

We turn to I_{10}. If $|x| \ge 2^{k/2}$, then $\rho(x)/w_r(x) \le c|x|^{\alpha-\delta} r^{-\alpha} \le c2^{-k\beta} r^{-\alpha}$ and in this case

$$I_{10} \le c2^{-k\beta} r^{-\alpha} \int M(z) w_r(z) dz \le c2^{-k\beta}$$

by (4.1). If $|x| \le 2^{k/2}$, then $\rho(x)/w_r(x) \le cr^{-\alpha}$. But

$$\int M(z) M(\frac{z-x}{2^k}) w_r(z) dz \le c2^{-k\beta} \int_{|z| \le 2^{2k/3}} M(z) w_r(z) dz + c \int_{|z| \ge 2^{2k/3}} w_r(z) dz$$
$$\le c2^{-k\beta} r^{\alpha}.$$

by (4.1). So for $|x|$ in this range also, we have $I_{10} \le c2^{-k\beta}$.

Finally, we look at I_{11}. If $|x| \ge 2^{k/2}$,

$$I_{11} \le c|x|^{\alpha-\delta} \int w_r(z) dz \le c2^{-k\beta}.$$

If $|x| < 2^{k/2}$,

$$I_{11} \le c \int M(\frac{z-x}{2^k}) w_r(z) dz \le c2^{-k\beta}$$

by (4.3).

PROOF OF (3.6), $r \ge 1$.

We bound $|T_0(z-x) - T_0 w_r(x)|$ by $\rho(z-x) + |T_0 w_r(x)|$. Using this bound and arguing as in (4.19), (4.20), and (4.21), we see that it suffices to bound

$$\begin{aligned}
(4.22) \qquad I_{12} &= w_r(x)^{-1} \int [\rho(z-x) + |T_0 w_r(x)|] M(\frac{z-x}{2^k}) w_r(z) dz \\
&= w_r(x)^{-1} \int_{|z| > |x|/2} \rho(z-x) M(\frac{z-x}{2^k}) w_r(z) dz \\
&\quad + w_r(x)^{-1} \int_{|z| \le |x|/2} \rho(z-x) M(\frac{z-x}{2^k}) w_r(z) dz \\
&\quad + |T_0 w_r(x)| w_r(x)^{-1} \int M(\frac{z-x}{2^k}) w_r(z) dz \\
&= I_{13} + I_{14} + I_{15}.
\end{aligned}$$

When $|z| > |x|/2$, $w_r(z)/w_r(x) \le c$, and so $I_{13} \le c2^{-k\beta}$ by (4.2).

Next we look at I_{14}. If $|x| \le r$, again $w_r(z)/w_r(x) \le c$, and we bound I_{14} as we did I_{13}. When $|z| \le |x|/2$, $\rho(z-x) \le c\rho(x)$.

If $r \le |x| \le 2^{k/2}$, then by (4.3),

$$I_{14} \le c\rho(x) w_r(x)^{-1} \int M(\frac{z-x}{2^k}) w_r(z) dz \le c2^{-k\beta}.$$

If $|x| \geq 2^{k/2} \vee r$, then

$$I_{14} \leq c\rho(x)w_r(x)^{-1} \leq c|x|^{\alpha-\delta} \leq c2^{-k\beta}.$$

In any case we have the desired estimate for I_{14}.

Finally, look at I_{15}. First consider the case $|x| \geq r$. Using (4.16),

$$|T_0 w_r(x)|/w_r(x) \leq c\rho(z)/w_r(x) \leq c|x|^{\alpha-\delta}. \tag{4.23}$$

If $|x| \leq 2^{k/2}$, $I_{15} \leq c2^{-k\beta}$ by (4.3). And if $|x| \geq 2^{k/2}$, then $I_{15} \leq c2^{-k\beta}$ by (4.23).

Next consider the case $|x| \leq r$. If $r \leq 2^{k/2}$, we use (4.14) to see that $|T_0 w_r(x)|/w_r(x) \leq c$, and then use (4.3) to get $I_{15} \leq c2^{-k\beta}$. If $|x| \leq r^{1-\delta/4}$ and $r \geq 2^{k/2}$, we use (4.14) to see that

$$|T_0 w_r(x)|/w_r(x) \leq c(r^{-\beta} + |x|/r) \leq c2^{-k\beta}. \tag{4.24}$$

And lastly, if $r \geq 2^{k/2}$ and $r^{1-\delta/4} \leq |x| \leq r$, then by (4.16),

$$|T_0 w_r(x)|/w_r(x) \leq cr\rho(x) \leq cr|x|^{-(1+\delta)} \leq cr^{1-(1-\delta/4)(1+\delta)} \leq c2^{-k\beta}. \tag{4.25}$$

So in any case $I_{15} \leq c2^{-k\beta}$, and the proof of (3.6) is complete.

PROOF OF (3.7), $r \leq 1$.

We write, using (3.3),

$$\begin{aligned}
&\int \Big| \int U_0^r(x,z)(U_k^r)^*(z,y)w_r(z)dz \Big| w_r(x)dx \\
&\leq \int_{|x|\leq 1} \int |U_0^r(x,z)U_k^r(y,z)|w_r(z)w_r(x)dz\,dx \\
&\quad + \int \Big| \int T_0(z-x)U_k^r(y,z)dz \\
&\qquad - \int T_0 w_r(z)U_k^r(y,z)dz \Big| w_r(x)dx \\
&\leq \int_{|x|\leq 1} \int |U_0^r(x,z)U_k^r(y,z)|w_r(z)w_r(x)dz\,dx \\
&\quad + \int_{|x|>1} \int |T_0 w_r(z)|\,|U_k^r(y,z)|w_r(x)dz\,dx \\
&\quad + \int_{|x|>1} \Big| \int_{|z-x|>2^{k/8}} T_0(z-x)U_k^r(y,z)dz \Big| w_r(x)dx \\
&\quad + \int_{|x|>1} \Big| \int_{|z-x|\leq 2^{k/8}} T_0(z-x)U_k^r(y,z)dz \Big| w_r(x)dx \\
&= I_{16} + I_{17} + I_{18} + I_{19}.
\end{aligned} \tag{4.26}$$

By (4.17),

$$I_{16} \le c \int_{|x|\le 1} \int \{M(x)[\rho(z-x)+\rho(z)]+M(r^\alpha)\rho(z)\} w_r(z)^{-1}[\rho_k(y-z)+\rho_k(z)]dz\, w_r(x)dx.$$

Since $|x| \le 1$, $\rho(z-x) \le c\rho(z)$, and by (4.1),

$$\begin{aligned} I_{16} &\le cM(r^\alpha) \int \rho(z) w_r(z)^{-1}[\rho_k(y-z)+\rho_k(z)]dz \\ &\le cM(r^\alpha)\int_{|z|\le 2^{k/2}} + cM(r^\alpha)\int_{|z|>2^{k/2}}. \end{aligned} \tag{4.27}$$

Since $r^\alpha \rho(z)/w_r(z) \le c$ and ρ_k is bounded by 2^{-k}, the first term on the right of (4.27) is bounded by $c2^{-k/2}$. When $|z| \ge 2^{k/2}$, $r^\alpha \rho(z)/w_r(z) \le c|z|^{\alpha-\delta} \le c2^{-k\beta}$. Since $\rho_k(y-z)$ and $\rho_k(z)$ are integrable, the second term on the right of (4.27) is also bounded by $c2^{-k\beta}$; hence so is I_{16}.

Since $\int_{|x|\ge 1} w_r(x)dx \le cr^\alpha$, then using (4.16),

$$\begin{aligned} I_{17} &\le c\int_{|x|>1} \int \rho(z) w_r(z)^{-1}[\rho_k(y-z)+\rho_k(z)]dz\, w_r(x)dx \\ &\le cr^\alpha \int \rho(z) w_r(z)^{-1}[\rho_k(y-z)+\rho_r(z)]dz. \end{aligned}$$

But this is bounded by $c2^{-k\beta}$ by (4.27).

Next,

$$\begin{aligned} I_{18} &\le c \iint_A \rho(z-x) w_r(z)^{-1}[\rho_k(y-z)+\rho_k(z)] w_r(x)dx\, dz \\ &\le c \iint_{A\cap(|x|>|z|/2)} + c\iint_{A\cap(|x|\le|z|/2)}, \end{aligned} \tag{4.28}$$

where $A = (|x|>1, |z-x| \ge 2^{k/8})$. When $|x| > |z|/2$, $w_r(x)/w_r(z) \le c$, and so the first term on the right of (4.28) is bounded by

$$c\int \Big[\int_{|z-x|\ge 2^{k/8}} \rho(z-x)dx\Big][\rho_k(y-z)+\rho_k(z)]dz \le c2^{-k\beta}.$$

If $|x| \le |z|/2$, then $\rho(z-x) \le c\rho(z)$, $|z| \ge 2 \ge r$, and $|z| \ge c2^{k/8}$. So the second term on the right of (4.28) is

$$\begin{aligned} &\le c\int_{|z|\ge c2^{k/8}} \rho(z) w_r(z)^{-1}[\rho_k(y-z)+\rho_k(z)]\Big[\int_{|x|>1} w_r(x)dx\Big]dz \\ &\le cr^\alpha \int_{|z|\ge 2^{k/8}} \rho(z) w_r(z)^{-1}[\rho_k(y-z)+\rho_k(z)]dz, \end{aligned}$$

which is $\le c2^{-k\beta}$ as in (4.27).

We now turn to I_{19}. In the proof of Lemma 4.5 we showed that T_0 is odd. So $\int_{|z-x|\le 2^{k/8}} T_0(z-x)g(x,y)dz = 0$ for any function $g(x,y)$. Hence

$$I_{19} = \int_{|x|>1} \Big| \int_{|z-x|\le 2^{k/8}} T_0(z-x)[U_k^r(y,z) - U_k^r(y,x)]dz \Big| w_r(x)dx$$

$$\le \int\limits_{|x|>1} \int\limits_{B_1} \rho(z-x)|U_k^r(y,z) - U_k^r(y,x)|w_r(x)dz\,dx$$

$$+ \int\int\limits_{B_2} \rho(z-x)|U_k^r(y,z) - U_k^r(y,x)|w_r(x)dz\,dx = I_{20} + I_{21},$$

where $B_1 = (|z-x| \le 2^{k/8}, |z| \le 2^{k/4})$ and $B_2 = (|z-x| \le 2^{k/8}, |z| > 2^{k/4})$. When $|z| \le 2^{k/4}$ and $|z-x| \le 2^{k/8}$, then $|x| \le c2^{k/4}$, $w_r(z)^{-1} \le 1 + \frac{|z|^{1+\alpha}}{r^\alpha} \le c2^{k/2}r^{-\alpha}$, and similarly for $w_r(x)^{-1}$. Since T_k is bounded by $c2^{-k}$, we get

$$I_{20} \le c \int_{|x|>1} \int_{|z|\le 2^{k/4}} 2^{-k/2}r^{-\alpha} w_r(x)dz\,dx \le c2^{-k\beta}.$$

The last integral to bound is I_{21}. We have

(4.29)
$$\left| \frac{T_k(y-z)}{w_r(z)} - \frac{T_k(y-x)}{w_r(x)} \right| \le \frac{|T_k(y-z) - T_k(y-x)|}{w_r(z)} + \frac{|T_k(y-x)||w_r(x) - w_r(z)|}{w_r(x)w_r(z)}.$$

When $|z-x| \le 2^{k/8}$ and $|z| \ge 2^{k/4}$, the first term on the right of (4.29) is bounded by

$$cM(\frac{z-x}{2^k})\frac{\rho_k(y-z) + \rho_x(y-x)}{w_r(z)} \le c2^{-k\beta}\frac{\rho_k(y-x) + \rho_k(y-x)}{w_r(z)}.$$

Routine estimates show that the second term on the right of (4.29) is bounded by $c2^{-k\beta}\rho_k(y-x)/w_r(x)$. Also $w_r(x)/w_r(z) \le c$. Then

$$(4.30) \int\int\limits_{B_2} \rho(z-x)\left| \frac{T_k(y-z)}{w_r(z)} - \frac{T_k(y-x)}{w_r(x)} \right| w_r(x)dx\,dz$$

$$\le c2^{-k\beta} \int\int\limits_{B_2} \rho(z-x)\left\{ \frac{\rho_k(y-z) + \rho_k(y-x)}{w_r(z)} + \frac{\rho_k(y-x)}{w_r(x)} \right\} w_r(x)dx\,dz \le c2^{-}$$

Similarly, using

$$|T_k w_r(z) - T_k w_r(x)| = \Big| \int [T_k(z-v) - T_k(x-v)]w_r(v)dv \Big|$$

$$\le M(\frac{z-x}{2^k}) \int [\rho_k(z-v) + \rho_k(x-v)]w_r(v)dv,$$

we get

$$\iint_{B_2} \rho(z-x)\left|\frac{T_k w_r(z)}{w_r(z)} - \frac{T_k w_r(x)}{w_r(x)}\right| w_r(x)dx \le c2^{-k\beta}. \tag{4.31}$$

Together (4.30) and (4.31) bound T_{21}.

PROOF OF (3.7), $r \ge 1$.

Similarly to (4.26), we write

$$\begin{aligned}
(4.32)\quad &\int\Big|\int U_0^r(x,z)(U_k^r)^*(z,y)w_r(z)dz\Big|w_r(x)dx \\
&\le \iint |T_0 w_r(z)||U_k^r(y,z)|w_r(x)dz\,dx \\
&\quad + \int_{|z-x|\ge 2^{k/8}}\int |T_0(z-x)||U_k^r(y,z)|w_r(x)dz\,dx \\
&\quad + \int\Big|\int_{|z-x|\le 2^{k/8}} T_0(z-x)U_k^r(y,z)dz\Big|w_r(x)dx = I_{22}+I_{23}+I_{24}.
\end{aligned}$$

For I_{22}, we have

$$\begin{aligned}
I_{22} &\le \int |T_0 w_r(z)|w_r(z)^{-1}[\rho_k(y-z)+\rho_k(z)]dz \\
&= \int_{|z|\le 2^{k/2}} + \int_{|z|>2^{k/2}}.
\end{aligned} \tag{4.33}$$

Using either (4.14) or (4.16), $|T_0 w_r(z)|/w_r(z) \le c$. Since ρ_k is bounded by 2^{-k}, the first term on the right of (4.33) is bounded by $c2^{-k/2} = c2^{-k\beta}$. Since $\rho_k(y-z)+\rho_k(z)$ is integrable, to bound the second term on the right of (4.33), it suffices to bound $|T_0 w_r(z)|/w_r(z)$ for $|z| \ge 2^{k/2}$. If $|z| \ge r$, we use (4.23). If $|z| < r$, we use (4.24) and (4.25).

We turn to I_{23}. We see that

$$\begin{aligned}
I_{23} &\le c\int\int_{|z-x|\ge 2^{k/8}} \rho(z-x)\frac{\rho_k(y-z)+\rho_k(z)}{w_r(z)}w_r(x)dx\,dz \\
&= c\iint_{C_1} + c\iint_{C_2},
\end{aligned} \tag{4.34}$$

where $C_1 = (|z-x| \ge 2^{k/8}, |x| \ge |z|/2)$ and $C_2 = (|z-x| \ge 2^{k/8}, |x| < |z|/2)$. When $|x| \ge |z|/2$, $w_r(x) \le cw_r(z)$, and the first term on the right of (4.34) is

$$\le c\int\int_{|z-x|\ge 2^{k/8}} \rho(z-x)[\rho_k(y-z)+\rho_k(z)]dx\,dz \le c2^{-k\beta}.$$

When $|x| < |z|/2$, $\rho(z-x) \le c\rho(z)$ and $|z| \ge c2^{k/8}$, so the second term on the right of (4.34) is

$$\le c \int\int_D \rho(z) w_r(z)^{-1}[\rho_k(y-z) + \rho_k(z)] w_r(x) dx\, dz,$$

where $D = (|x| < |z|/2, |z| \ge c2^{k/8})$. When $|z| \ge r$ and $|z| \ge c2^{k/8}$, then $\rho(z)/w_r(z) \le c|z|^{\alpha-\delta} \le c2^{-k\beta}$. When $|z| \le r$, then $w_r(x)/w_r(z) \le c$, and

$$\int_{D\cap(|z|\le r)} \int \rho(z)[\rho_k(y-z) + \rho_k(z)] dx\, dz \le \int_{|z|\ge c2^{k/8}} |z|\rho(z)[\rho_k(y-z) + \rho_k(z)] dz \le c2^{-k\beta},$$

since $|z|\rho(z) \le |z|^{-\delta} \le c2^{-k\beta}$. So the second term on the right of (4.34), hence I_{23} also, is bounded by $c2^{k\beta}$.

As with I_{19},

$$\begin{aligned} I_{24} &= \int \Big| \int_{|z-x|\le 2^{k/8}} T_0(z-x)[U_k^r(y,z) - U_k^r(y,x)] dz \Big| w_r(x) dx \\ &\le c \int_{|z-x|\le 2^{k/8}} \rho(z-x)|U_k^r(y,z) - U_k^r(y,x)| w_r(x) dz\, dx \\ &= c\int\int_{E_1} + c\int\int_{E_2} = I_{25} + I_{26}. \end{aligned}$$

where $E_1 = (|z-x| \le 2^{k/8}, |z| \le 2^{k/4})$ and $E_2 = (|z-x| \le 2^{k/8}, |z| \ge 2^{k/4})$. When $|z| \le 2^{k/4}$ and $|z-x| \le 2^{k/8}$, then $|x| \le c2^{k/4}$, and both $w_r(z)^{-1}$ and $w_r(x)^{-1}$ are bounded by $cr + c(2^{k/4})^{1+\alpha} \le cr + c2^{k/2}$. Let $F = (|z| \le 2^{k/4}, |x| \le c2^{k/4})$. Since T_k is bounded by 2^{-k},

$$\text{(4.35)} \qquad \begin{aligned} I_{25} &\le c2^{-k} r \int\int_F \rho(z-x) w_r(x) dx\, dz + c2^{-k/2} \int\int_F \rho(z-x) w_r(x) dx\, dz \\ &\le c2^{-k\beta}, \end{aligned}$$

using the fact that $w_r(x) \le cr^{-1}$ to handle the first term on the right of (4.35).

The final term, I_{26}, is handled just as I_{21} was. □

References

1. Bañuelos, R.: Martingale transforms and related singular integrals. Trans. Amer. Math. Soc. **293**, 547–563 (1986).
2. Bennett, A.: Probabilistic square functions and a priori estimates. Trans. Amer. Math. Soc. **291**, 159–166 (1985).
3. Bouleau, N., Lamberton, D.: Théorie de Littlewood-Paley et processus stables. C.R. Acad. Sc. Paris **299**, 931–934 (1984).
4. Bourgain, J.: Vector-valued singular integrals and the H^1-BMO duality. In: Chao, J.A, Woyczynski, W.A. (eds.) Probability Theory and Harmonic Analysis (pp. 1–19) New York: Marcel Dekker 1986.
5. Burkholder, D.L.: A geometric condition that implies that existence of certain singular integrals of Banach-space-valued functions. In: Becker, W., Calderón, A.P., Fefferman, R., Jones, P.W. (eds.) Conference on Harmonic Analysis in Honor of Antoni Zygmund (vol. 1, pp. 270–286). Belmont CA: Wadsworth 1983.
6. David, G., Journé, J.-L.: A boundedness criterion for generalized Calderón-Zygmund operators. Ann. Math. **120**, 371–397 (1984).
7. Dellacherie, C., Meyer, P.-A.: Probabilités et potentiel: théorie des martingales. Paris: Hermann 1980.
8. Durrett, R.: Brownian motion and martingales in analysis, Belmont CA: Wadsworth 1984.
9. Erdelyi, A.: Tables of integral transforms, Vol. 1. New York: McGraw-Hill 1954.
10. Getoor, R.K., Sharpe, M.J.: Excursions of Brownian motion and Bessel processes. Z. Wahrscheinlichkeitstheor. Verw. Geb. **47**, 83-106 (1979).
11. Gundy, R.F., Silverstein, M.: On a probabilistic interpretation for the Riesz transforms. In: Fukushima, M. (ed) Functional analysis in Markov processes (pp. 199–203). New York: Springer 1982.
12. Gundy, R.F., Varopoulos, N.: Les transformations de Riesz et les integrales stochastiques. C.R. Acad. Sci. Paris **289**, 13–16 (1979).
13. Marias, M.: Littlewood-Paley-Stein theory and Bessel diffusions. Bull. Sci. Math. **111**, 313-331 (1987).
14. McConnell, T.R.: On Fourier multiplier transformations of Banach-valued functions. Trans. Amer. Math. Soc. **285**, 739–757 (1984).

15. Meyer, P.-A.: Démonstration probabiliste de certaines inégalités de Littlewood-Paley. In: Meyer, P.-A. (ed.) Séminaire de Probabilités X (pp. 125–183). New York: Springer 1976.

16. Rubio de Francia, J.L.: Factorization theory and A_p weights. Am. J. Math. **106**, 533-547 (1984).

17. Stein, E.M.: Singular integrals and differentiability properties of functions. Princeton: Princeton Univ. Press 1970.

18. Torchinsky, A.: Real variable methods in harmonic analysis. New York: Academic Press 1986.

19. Varopoulos, N.Th.: Aspects of probabilistic Littlewood-Paley theory. J. Funct. Anal. **38**, 25–60 (1980).

PREDICTABLE SETS AND SET-VALUED PROCESSES

by T.J.Ransford

Introduction.

Throughout this article, we suppose that we are given a complete probability space (Ω, Σ, P), together with a filtration $(\mathcal{F}_0, \{\mathcal{F}_t\}_{0\leq t\leq\infty})$ satisfying the usual conditions of right continuity, completeness, and left continuity at ∞. Denote by $\mathcal{P}$ the *predictable σ-field*, namely the σ-field on $[0,\infty] \times \Omega$ generated by all sets of the form

$$\{0\} \times A \quad (A \in \mathcal{F}_{0-}) \qquad \text{and} \qquad (t,\infty] \times B \quad (B \in \mathcal{F}_t, t \geq 0)$$

together with the evanescent sets (which are always to be treated as negligible). Our purpose is to establish analogues of the classical 'analytic implies measurable' and projection theorems for $\mathcal{P}$, even though $\mathcal{P}$ is *not* complete relative to any probability measure. The last section explores some connections with set-valued processes.

We follow the notation of [3] throughout, except for the minor change that out time interval is $[0,\infty]$ rather than $[0,\infty)$ (however, see [**3**, IV.61(b)]). Finally, we remark that, with obvious modifications to the proofs, all the results below remain valid if $\mathcal{P}$ is replaced throughout by $\mathcal{O}$, the optional σ-field.

1. A Measurability Theorem.

Given a measurable space $(E, \mathcal{E})$, denote by $\mathcal{A}(\mathcal{E})$ the class of $\mathcal{E}$-analytic sets (see [**3**, III.7]). Then $\mathcal{E} \subset \mathcal{A}(\mathcal{E})$, with equality if $(E,\mathcal{E})$ is complete relative to some probability measure ([**3**, III.33(a)]), though not however in general. In particular, it is *never* true that $\mathcal{A}(\mathcal{P}) = \mathcal{P}$: for if Z is any analytic subset of $[0,\infty]$ which is not Borel, then $Z \times \Omega \in \mathcal{A}(\mathcal{P}) \setminus \mathcal{P}$. Instead, writing $\mathcal{B}$ for the Borel sets, we have the following theorem.

Theorem 1. *Let $H \subset [0,\infty] \times \Omega$. Then $H \in \mathcal{P}$ if and only if $H \in \mathcal{A}(\mathcal{P})$ and $H \in \mathcal{B}[0,\infty] \otimes \mathcal{F}_\infty$.*

Proof. The 'only if' is clear. For the 'if', suppose that $H \in \mathcal{A}(\mathcal{P}) \cap (\mathcal{B}[0,\infty] \otimes \mathcal{F}_\infty)$. Then the set $H \cap (\{\infty\} \times \Omega)$ belongs to $\{\infty\} \times \mathcal{F}_\infty$, and hence to $\mathcal{P}$, so subtracting it off we may assume that $H \subset [0,\infty) \times \Omega$. Let $X = {}^p(1_H)$, the predictable projection of 1_H (see [**3**, VI.43]). As ${}^p(.)$ is order-preserving we certainly have $0 \leq X \leq 1$, and proving that $H \in \mathcal{P}$ is equivalent to showing that $X = 1_H$, which we now proceed to do.

First we show that $X \geq 1_H$. Suppose, if possible, that this is false. Then there exists $\delta > 0$ such that $H \cap \{X \leq 1 - \delta\}$ is not evanescent. As this set belongs to $\mathcal{A}(\mathcal{P})$, the (proof of) the predictable section theorem ([**3**, IV.85]) shows that there exists a predictable time T, with $P(T < \infty) > 0$, such that

$$[\![T]\!] \quad \subset \quad (H \cap \{X \leq 1 - \delta\}) \cup [\![\infty]\!].$$

By the defining property of predictable projections we have

$$E[1_H(T)1_{(T<\infty)}|\mathcal{F}_{T-}] = X(T)1_{(T<\infty)} \qquad \text{a.s.}$$

Therefore

$$P(T<\infty) = E[1_H(T)1_{(T<\infty)}] = E[X(T)1_{(T<\infty)}] \le (1-\delta).P(T<\infty),$$

which gives the desired contradiction.

Now we show that $X \le 1_H$. Again, suppose, if possible, that this is false. Then there exists $\delta > 0$ such that $\{X \ge \delta\} \setminus H$ is not evanescent. As this set belongs to $\mathcal{B}[0,\infty) \otimes \mathcal{F}_\infty$, the (ordinary) section theorem ([**3**, III.44]) shows that there exists a random time T, with $P(T<\infty) > 0$, such that

$$[\![T]\!] \quad \subset \quad (\{X \ge \delta\} \setminus H) \cup [\![\infty]\!].$$

Define a measure μ on $\mathcal{P}$ by

$$\mu(Q) = E[1_Q(T)1_{(T<\infty)}] \qquad (Q \in \mathcal{P}),$$

and then a $\mathcal{P}$-outer measure μ^* on $[0,\infty) \times \Omega$ by

(1) $$\mu^*(R) = \inf\{\mu(Q) : Q \in \mathcal{P}, Q \supset R\} \qquad (R \subset [0,\infty) \times \Omega).$$

A standard argument shows that μ^* is a $\mathcal{P}$-capacity (see [**3**, III.32]). As $H \in \mathcal{A}(\mathcal{P})$, it follows by Choquet's theorem ([**3**, III.28]) that

(2) $$\mu^*(H) = \sup\{\mu(Q) : Q \in \mathcal{P}, Q \subset H\}.$$

Now on the one hand, if $Q \in \mathcal{P}$ and $Q \supset H$, then $1_Q = {}^p(1_Q) \ge {}^p(1_H) = X$, so

$$\mu(Q) \ge E[X(T)1_{(T<\infty)}] \ge \delta.P(T<\infty),$$

and hence by (1),

$$\mu^*(H) \ge \delta.P(T<\infty) > 0.$$

On the other hand, if $Q \in \mathcal{P}$ and $Q \subset H$, then $1_Q \le 1_H$, so

$$\mu(Q) \le E[1_H(T)1_{(T<\infty)}] = 0,$$

and hence by (2),

$$\mu^*(H) = 0.$$

This gives the desired contradiction, and completes the proof. □

Remark. The proof of Theorem 1 was influenced by [**2**] and by [**3**, IV.76(c)].

2. A Projection Theorem.

To exploit Theorem 1 we use a little topology. Throughout this section, let C be a compact metrizable space. Denote by $\mathcal{P}(C)$ the collection of all subsets J of $C \times [0,\infty] \times \Omega$ such that

(i) J belongs to $\mathcal{B}(C) \otimes \mathcal{P}$, and

(ii) J_ω is compact almost surely, where

$$J_\omega = \{(x,t) \in C \times [0,\infty] : (x,t,\omega) \in J\} \qquad (\omega \in \Omega).$$

The class $\mathcal{P}(C)$ is stable under finite unions and countable intersections.

Theorem 2. *Let $J \in \mathcal{P}(C)$. If $\pi : C \times [0,\infty] \times \Omega \to [0,\infty] \times \Omega$ denotes the canonical projection map, then $\pi(J) \in \mathcal{P}$.*

Proof. As $J \in \mathcal{B}(C) \otimes \mathcal{P}$, it follows by [**3**, III.13] that $\pi(J) \in \mathcal{A}(\mathcal{P})$. We claim that also $\pi(J) \in \mathcal{B}[0,\infty] \otimes \mathcal{F}_\infty$. If so, then applying Theorem 1 yields the desired conclusion that $\pi(J) \in \mathcal{P}$.

To prove the claim, put $H = \pi(J)$. Given $B \in \mathcal{B}[0,\infty]$, set

$$\Omega_B = \pi'((B \times \Omega) \cap H),$$

where $\pi' : [0,\infty] \times \Omega \to \Omega$ is the canonical projection. Then

$$\Omega_B = \pi'\pi((C \times B \times \Omega) \cap J),$$

so since $(C \times B \times \Omega) \cap J \in \mathcal{B}(C \times [0,\infty]) \otimes \mathcal{F}_\infty$, it follows by [**3**, III.13] again that $\Omega_B \in \mathcal{A}(\mathcal{F}_\infty)$. As $\mathcal{F}_\infty$ is P-complete, we therefore have $\Omega_B \in \mathcal{F}_\infty$. In particular, taking $B_{k,n} = [k/n, (k+1)/n]$, we deduce that each of the sets

$$H_n \;=\; \bigcup_{k \geq 0} (B_{k,n} \times \Omega_{B_{k,n}}) \cup (\{\infty\} \times \Omega_{\{\infty\}}) \qquad (n \geq 1)$$

belongs to $\mathcal{B}[0,\infty] \otimes \mathcal{F}_\infty$. Also, since almost every ω-section of J is compact, the same is true of H, and this easily implies that $\bigcap_{n \geq 1} H_n = H$. Hence $H \in \mathcal{B}[0,\infty] \otimes \mathcal{F}_\infty$, justifying the claim. □

We now give an application to the predictability of an uncountable supremum of processes. Note that by this is meant the *actual* supremum, not just an essential supremum in the sense of [1] for example.

Corollary. *Let $\Psi : C \times [0,\infty] \times \Omega \to [-\infty,\infty]$ be a map such that*

(i) Ψ is $\mathcal{B}(C) \otimes \mathcal{P}$-measurable, and

(ii) the map $(x,t) \mapsto \Psi(x,t,\omega)$ is upper semicontinuous almost surely.

Then the process $\Phi : [0,\infty] \times \Omega \to [-\infty,\infty]$ is predictable, where

$$\Phi(t,\omega) = \sup_{x \in C} \Psi(x,t,\omega) \qquad ((t,\omega) \in [0,\infty] \times \Omega).$$

Proof. By upper semicontinuity, the supremum in the definition of Φ is always attained. Hence, given $\alpha \in \mathbb{R}$, we have

$$\{\Phi \geq \alpha\} = \pi(\{\Psi \geq \alpha\}),$$

where π is as in Theorem 2. The hypotheses on Ψ guarantee that $\{\Psi \geq \alpha\} \in \mathcal{P}(C)$, so by Theorem 2 it follows that $\{\Phi \geq \alpha\} \in \mathcal{P}$. Thus Φ is predictable. □

3. Set-Valued Processes.

One way to extend the last corollary is to allow the supremum to be taken over a set which itself varies, namely, a set-valued stochastic process. Set-valued processes arise in a number of contexts, and in [4] at least, such suprema play a fundamental rôle.

As before, let C be a compact metrizable space, and now denote by $\mathcal{K}(C)$ the collection of all compact subsets of C. A set-valued map $K : [0,\infty] \times \Omega \to \mathcal{K}(C)$ is:

(i) *predictable* if for every $F \in \mathcal{K}(C)$

$$\{(t,\omega) \in [0,\infty] \times \Omega : K(t,\omega) \cap F \neq \emptyset\} \in \mathcal{P};$$

(ii) *upper semicontinuous* if, for almost all ω, for every $F \in \mathcal{K}(C)$

$$\{t \in [0,\infty] : K(t,\omega) \cap F \neq \emptyset\} \in \mathcal{K}[0,\infty].$$

These two properties can be characterized very simply in terms of the graph of K.

Theorem 3. *A map $K : [0,\infty] \times \Omega \to \mathcal{K}(C)$ is predictable and upper semicontinuous if and only if $\Gamma(K) \in \mathcal{P}(C)$, where*

$$\Gamma(K) = \{(x,t,\omega) \in C \times [0,\infty] \times \Omega : x \in K(t,\omega)\}.$$

Proof. First suppose that $\Gamma(K) \in \mathcal{P}(C)$. Then given $F \in \mathcal{K}(C)$, we have

$$\{(t,\omega) : K(t,\omega) \cap F \neq \emptyset\} \quad = \quad \pi(\Gamma(K) \cap (F \times [0,\infty] \times \Omega)),$$

so by Theorem 2 it follows that K is predictable. As almost every ω-section of $\Gamma(K)$ is compact, it is plain that K is upper semicontinuous.

Conversely, suppose that K is predictable and upper semicontinuous. In particular it then follows that for each $F \in \mathcal{K}(C)$ we have $J(F) \in \mathcal{P}(C)$, where

$$J(F) \quad = \quad ((C \setminus \mathrm{int}(F)) \times [0,\infty] \times \Omega) \quad \cup \quad (C \times \{(t,\omega) : K(t,\omega) \cap F \neq \emptyset\}).$$

Now as C is compact metrizable, we may choose a sequence (F_n) in $\mathcal{K}(C)$ with the following property: given $C' \in \mathcal{K}(C)$ and $x \in C \setminus C'$, there exists n such that $x \in \mathrm{int}(F_n)$ and $C' \cap F_n = \emptyset$. With this sequence it is then elementary to check that $\Gamma(K) = \cap_{n \geq 1} J(F_n)$. Hence $\Gamma(K) \in \mathcal{P}(C)$. □

Finally we can read off the result that was hinted at earlier.

Corollary. *Let $\Psi : C \times [0,\infty] \times \Omega \to [-\infty,\infty]$ be a map satisfying the same conditions as in the Corollary to Theorem 2. Let $K : [0,\infty] \times \Omega \to \mathcal{K}(C)$ be a predictable, upper semicontinuous process. Then $\Phi : [0,\infty] \times \Omega \to [-\infty,\infty]$ is a predictable process, where*

$$\Phi(t,\omega) = \sup_{x \in K(t,\omega)} \Psi(x,t,\omega) \qquad ((t,\omega) \in [0,\infty] \times \Omega).$$

Proof. This time, given $\alpha \in \mathbf{R}$, we have

$$\{\Phi \geq \alpha\} \quad = \quad \pi(\{\Psi \geq \alpha\} \cap \Gamma(K)).$$

Using Theorem 3, $(\{\Psi \geq \alpha\} \cap \Gamma(K)) \in \mathcal{P}(C)$, so as before $\{\Phi \geq \alpha\} \in \mathcal{P}$ and Φ is predictable. □

References.

[1] C.Dellacherie, 'Sur l'existence de certains ess. inf et ess. sup de familles de processus mesurables', *Séminaire de Probabilités XII*, pp.512–514, Lecture Notes in Mathematics 649, Springer, Berlin, 1978.

[2] C.Dellacherie, 'Supports optionels et prévisibles d'une P-mesure et applications', *Séminaire de Probabilités XII*, pp.515-522, Lecture Notes in Mathematics 649, Springer, Berlin, 1978.

[3] C.Dellacherie and P.A.Meyer, *Probabilities and Potential*, volumes A and B, North-Holland Mathematical Studies Nos. 29 and 72, Amsterdam, 1978 and 1982.

[4] T.J.Ransford, 'Holomorphic, subharmonic and subholomorphic processes', *to appear.*

Department of Pure Mathematics and Mathematical Statistics,
16 Mill Lane,
Cambridge CB2 1SB,
United Kingdom.

Sur le lemme de mesurabilité de Doob

Luca Pratelli

Università di Pisa, Dipartimento di Matematica
Via Buonarroti 2, I - 56100 Pisa

Résumé - On étudie les espaces mesurables G tels que le lemme de mesurabilité de Doob soit valable en toute généralité pour des fonctions à valeurs dans G.

Introduction

Etant donnés un ensemble E, un espace mesurable $(F, \mathcal{F})$ et une application f de E dans F, considérons sur E la tribu $\mathcal{E}$ "engendrée par f", c'est-à-dire constituée par les ensembles de la forme $f^{-1}(A)$, avec A élément de $\mathcal{F}$. Il est bien connu que, dans ces conditions, toute fonction mesurable g sur $(E, \mathcal{E})$ est de la forme

$$g = h \circ f,$$

avec h fonction mesurable sur $(F, \mathcal{F})$.

Ce lemme classique, qui remonte à Doob, n'est démontré habituellement que pour des fonctions à valeurs dans $\mathbb{R}$ (ou dans $\overline{\mathbb{R}}$). Certains auteurs ajoutent cependant que la démonstration s' étend aisément au cas des fonctions à valeurs dans un espace métrique complet et séparable (voir [1], Chap. I, n. 18, p. 18-19).

N. Pintacuda [2] a donné récemment une caractérisation simple des "espaces de Doob": c'est-à-dire des espaces mesurables G tels que le lemme de Doob soit valable, en toute généralité, pour des fonctions à valeurs dans G.

Dans le présent article, après avoir redémontré de manière plus directe le résultat principal de Pintacuda, et avoir remarqué que les espaces de Doob séparables ne sont rien d'autre que les espaces mesurables lusiniens (au sens de [1]), nous passons à étudier les espaces de Doob non séparables. Nous démontrons entre autre qu'étant donné un ensemble I, de cardinal $\aleph_1$, il existe une partition de $\{0,1\}^I$ formée de deux parties, dont l'une n'est pas un espace de Doob, tandis que l'autre est un espace de Doob non isomorphe à aucune partie mesurable d'un produit d'espaces séparables et séparés.

1. Hypothèses, notations, rappels

Un espace mesurable $(E, \mathcal{E})$ est dit *séparable* si la tribu $\mathcal{E}$ de ses parties mesurables possède un système dénombrable de générateurs.

Rappelons que, dans un espace mesurable $(E, \mathcal{E})$, les *atomes* sont les classes d'équivalence définies par l'application $x \mapsto \epsilon_x$ qui à tout élément x de E associe la mesure de Dirac ϵ_x (considérée comme une mesure sur la tribu $\mathcal{E}$). Lorsque cette application est injective (c'est-à-dire lorsque chaque atome est réduit à un point), l'espace $(E, \mathcal{E})$ est dit *séparé.*

Dans la suite, un espace mesurable $(E, \mathcal{E})$ sera souvent appelé *espace*, et désigné simplement par E. Toute partie de E (mesurable ou non dans E) sera considérée comme un sous-espace de E, c'est-à-dire comme munie de la tribu induite par celle des parties mesurables de E. De même, pour toute famille $((E_i, \mathcal{E}_i))_{i \in I}$ d'espaces, le produit cartésien $\prod_{i \in I} E_i$ sera considéré comme muni de la tribu produit $\bigotimes_{i \in I} \mathcal{E}_i$. Enfin, l'ensemble $\{0,1\}$ sera considéré comme muni de la tribu de toutes ses parties.

Etant donnés deux espaces $(E, \mathcal{E}), (F, \mathcal{F})$ et une application f de E dans F, celle-ci sera dite *stricte* si la tribu $\mathcal{E}$ coincide avec la tribu engendrée par f:

$$\mathcal{E} = \{f^{-1}(A) : A \in \mathcal{F}\}.$$

(1.1) Proposition. *Pour tout espace G, les conditions qui suivent sont équivalentes:*

(a) *Etant donnés deux espaces E, F, une application stricte f de E dans F et une application mesurable g de E dans G, celle-ci est constante sur chacune des classes d'équivalence définies par f.*

(b) *Etant donnés un espace E et une application mesurable g de E dans G, celle-ci est constante sur chacun des atomes de E.*

Démonstration. (a) $\Rightarrow$ (b): Il suffit d'appliquer l'hypothèse (a) en prenant

$$F = \{0,1\}^{\mathcal{E}}, \qquad f(x) = (I_A(x))_{A \in \mathcal{E}}$$

(où $\mathcal{E}$ désigne la tribu des parties mesurables de E).

(b) $\Rightarrow$ (c): Il suffit d'appliquer l'hypothèse (b) en prenant $E = G$ et g égale à l'application identique.

(c) $\Rightarrow$ (a): Supposons G séparé, et soit (x, x') un couple d'éléments de E, avec $f(x) = f(x')$. Il s'agit de prouver que $g(x) = g(x')$. Remarquons à cet effet que les images des deux mesures de Dirac ϵ_x, $\epsilon_{x'}$ par l'application mesurable f sont identiques. Puisque f est stricte, ceci implique $\epsilon_x = \epsilon_{x'}$, donc $\epsilon_{g(x)} = \epsilon_{g(x')}$. Il en résulte ($G$ etant séparé) $g(x) = g(x')$.

2. Espaces injectifs

Suivant la terminologie de N. Pintacuda [2], un espace G sera dit *injectif* si, pour tout espace F et toute partie E de F (mesurable ou non dans F), toute application mesurable de E dans G peut être prolongée en une application mesurable de F dans G.

On reconnaît immédiatement que l'espace $\{0,1\}$ est injectif et que le produit d'une famille quelconque d'espaces injectifs est encore un espace injectif.

(2.1) Proposition. *Pour qu'un espace G soit injectif, il suffit qu'il existe un espace H injectif et deux applications mesurables $u : G \to H, v : H \to G$, telles que $v \circ u$ coïncide avec l'identité de G.*

Démonstration. Considérons un espace F, une partie E de F et une application mesurable g de E dans G. Puisque H est injectif, il existe une application mesurable h de F dans H qui prolonge $u \circ g$. On voit alors que $v \circ h$ est une application mesurable de F dans G, qui prolonge g. Cela prouve que G est injectif.

(2.2) Corollaire. *Toute partie mesurable d'un espace injectif est un espace injectif.*

(2.3) Proposition. *Supposons que l'espace G possède un recouvrement dénombrable $(G_i)_{i\geq 1}$ formé de parties mesurables, dont chacune est un espace injectif. L'espace G est alors injectif.*

Démonstration. D'après le corollaire précédent, on pourra supposer, sans diminuer la généralité, que $(G_i)_{i\geq 1}$ est une partition de G.

Considérons un espace F, une partie E de F et une application mesurable g de E dans G. Pour tout i, l'ensemble $g^{-1}(G_i)$ est mesurable dans E: il est donc de la forme $E \cap A_i$, avec A_i partie mesurable de F. Quitte à remplacer A_i par $A_i \cap \left(\bigcap_{j<i} A_j\right)^c$, on pourra supposer les A_i deux à deux disjoints. Désignons par A leur réunion. On a $E \subset A$. Pour tout i, la restriction de g à $E \cap A_i$ peut être prolongée en une application mesurable h_i de A_i dans G_i. En recollant les h_i, on obtient une application mesurable de A dans G, qu'on peut prolonger en une application mesurable de F dans G (en lui donnant une valeur constante sur l'ensemble mesurable $F\backslash A$). Cela prouve que l'espace G est injectif.

(2.4) Proposition. *Soit E un espace séparé (non réduit à un point), et soit x un élément de E, tel que $E\backslash\{x\}$ soit injectif.*

L'ensemble $\{x\}$ est alors mesurable dans E.

Démonstration. L'espace $E\backslash\{x\}$ étant injectif, il existe une application mesurable f de E dans $E\backslash\{x\}$ qui prolonge l'identité de $E\backslash\{x\}$. Puisque E est séparé, et que $f(x)$ est distinct de x, il existe une partie mesurable A de E telle que l'on ait $f(x) \in A$ (c'est-à-dire $x \in f^{-1}(A)$), mais $x \notin A$. L'ensemble A est alors mesurable dans $E\backslash\{x\}$, de sorte que l'ensemble $\{x\} = f^{-1}(A)\backslash A$ est mesurable dans E.

(2.5) Proposition. *Etant donnés les espaces mesurables $(E,\mathcal{E}),(F,\mathcal{F}),(G,\mathcal{G})$ et les applications $f : E \to F, g : E \to G, h : F \to G$, liées par la relation $g = h \circ f$, supposons f stricte et surjective.*

La mesurabilité de h équivaut alors à celle de g.

Démonstration. L'application $A \mapsto f^{-1}(A)$ de $\mathcal{F}$ dans $\mathcal{E}$ est un homomorphisme d'algèbres de Boole. Cet homomorphisme est surjectif (car f est stricte) et injectif (car f est surjective). Il est donc un isomorphisme d'algèbres de Boole, d' où la conclusion.

3. Espaces de Doob

Nous dirons qu'un espace G possède la ***propriété de Doob*** (ou que G est un ***espace de Doob***) si pour toute application stricte f d'un espace E dans un espace F, les applications mesurables de E dans G sont celles de la forme $h \circ f$, avec h application mesurable de F dans G.

En utilisant cette terminologie, le résultat principal de [2] peut être énoncé de la manière suivante:

(3.1) Théorème. *Pour qu'un espace G possède la propriété de Doob, il faut et il suffit qu'il soit séparé et injectif.*

Démonstration. Supposons d'abord que G possède la propriété de Doob. Il résulte alors de (1.1) que G est séparé.

En outre, G est injectif, comme on le voit en appliquant la propriété de Doob au cas particulier où E est un sous-espace de F et f est l'injection canonique de E dans F. (On remarquera que celle-ci est stricte par définition même de sous-espace).

Réciproquement, supposons G séparé et injectif, et démontrons que G possède la propriété de Doob. Considérons à cet effet une application stricte f d'un espace E dans un espace F, et une application mesurable g de E dans G. Puisque G est séparé, il existe, en vertu de (1.1), une application h de $f(E)$ dans G, telle que l'on ait $g = h \circ f$.

Il résulte de la proposition (2.5) (appliquée en prenant $F = f(E)$) que h est mesurable en tant qu'application du sous-espace $f(E)$ de F dans l'espace G. Puisque celui-ci est injectif, h peut être prolongée en une application mesurable de l'espace F tout entier dans G, et cela prouve que G possède la propriété de Doob.

(3.2) Proposition. *Les espaces de Doob séparables sont les espaces mesurables lusiniens(au sens de* [1]*). Par conséquent, tous les espaces de Doob séparables non dénombrables sont isomorphes (en particulier, isomorphes à* $\mathbb{R}$ *ou à* $\{0,1\}^{\mathbb{N}}$*).*

Démonstration. Il est clair, tout d'abord, qu'un espace lusinien est séparable et de Doob, car il est dénombrable ou isomorphe à $\{0,1\}^{\mathbb{N}}$.

Réciproquement, soit E en espace séparable, et supposons qu'il possède la propriété de Doob, c'est-à-dire (voir (3.1)) qu'il soit séparé et injectif. Puisque E est séparable et séparé, on pourra supposer qu'il est un sous-espace de $\{0,1\}^{\mathbb{N}}$ (voir [1], Chap. I, n. 11, p. 15). Puisque E est injectif, l'application identique de E se prolonge en une application mesurable f de $\{0,1\}^{\mathbb{N}}$ dans E.

On a alors

$$E = \{x \in \{0,1\}^{\mathbb{N}} : (x, f(x)) \in \Delta\},$$

où Δ désigne la diagonale de $\{0,1\}^{\mathbb{N}}$. Cela prouve que E est une partie mesurable de $\{0,1\}^{\mathbb{N}}$, donc un espace mesurable lusinien.

Nous nous proposons maintenant de montrer, par des exemples, que la situation est beaucoup plus compliquée pour ce qui concerne les espaces non séparables.

Rappelons tout d'abord un résultat concernant les espaces séparables:

Proposition. *Soit E un espace séparé.*

(a) *Si E est séparable, alors toute partie de E réduite à un point est mesurable* (voir [1], Chap. I, n. 10).

(b) *Si E est un produit d'espaces séparables et séparés, et s'il existe une partie mesurable de E réduite à un point, alors E est séparable.*

Fixons maintenant un ensemble d'indices I *non dénombrable*, et plaçons nous dans l'espace produit $\{0,1\}^I$. Pour tout élément α de I, désignons par X_α l'application coordonnée d'indice α. En outre, désignons par O l'élément de $\{0,1\}^I$ dont toutes les coordonnées sont nulles, et par e_α l'élément dont toutes cordonnées sont nulles, sauf celle d'indice α (égale à 1).

Posons enfin

$$E = \{\sum_{\alpha \in I} X_\alpha \leq 1\} = \{O\} \cup \{e_\alpha : \alpha \in I\}.$$

(3.4) Théorème. *Avec les notations qu'on vient de fixer, on a les conclusions suivantes:*

(a) *Les parties mesurables de E sont les parties dénombrables de $E\backslash\{O\}$ et leurs complémentaires par rapport à E. Par conséquent, $\{O\}$ est la seule partie de E, réduite à un point, qui ne soit pas mesurable.*

(b) *L' espaces obtenu en munissant I de la tribu engendrée par les parties réduites à un point n'est pas injectif.*

(c) *Le complémentaire de E dans $\{0,1\}^I$ n'est pas injectif.*

(d) *Si I a cardinal $\aleph_1$, l'espace E est injectif (donc de Doob).*

(e) *En tout cas, l'espace E n'est pas isomorphe à une partie mesurable d'un produit d'espaces séparables et séparés.*

(f) *Si D_1, D_2 sont deux espaces mesurables lusiniens non équipotents, les deux espaces (non séparables) $D_1 \times E, D_2 \times E$ (qui sont de Doob si I a cardinal $\aleph_1$) ne sont pas isomorphes.*

Démonstration. (a) La tribu des parties mesurables de $\{0,1\}^I$ est engendrée par les ensembles de la forme $\{X_\alpha = 1\}$, de sorte que sa trace sur E est engendrée par les ensembles de la forme

$$\{X_\alpha = 1\} \cap E = \{e_\alpha\}.$$

L'assertion (a) est ainsi démontrée.

(b) L'espace obtenu en munissant I de la tribu engendrée par les parties réduites à un point est isomorphe à l'espace

$$E\backslash\{O\} = \{e_\alpha : \alpha \in I\}.$$

Celui-ci n'est pas injectif, car l'ensemble $\{O\}$ n'est pas mesurable dans E (voir (2.4)).

(c) Pour démontrer que le complémentaire E^c de E dans $\{0,1\}^I$ n'est pas injectif, il suffit (voir (2.2)) de prouver que, pour tout élément α de I, l'espace

$$E^c \cap \{X_\alpha = 1\} = \{X_\alpha = 1\}\backslash\{e_\alpha\}$$

n'est pas injectif. Mais cela résulte aussitôt du fait que l'espace en question est isomorphe à $\{0,1\}^I\backslash\{O\}$ et que $\{O\}$ n'est pas mesurable dans $\{0,1\}^I$ (voir (2.4)).

(d) Supposons que le cardinal de I soit $\aleph_1$. On peut alors munir I d'une relation de bon ordre, par rapport à laquelle tout élément possède un ensemble de prédécesseurs au plus dénombrable.

Pour prouver que l'espace E est injectif, il suffit de construire une application v de $\{0,1\}^I$ dans E, dont la restriction à E coïncide avec l'identité (voir (2.1)). Posons $v(O) = O$ et, pour tout élément x de $\{0,1\}^I\backslash\{O\}$, $v(x) = e_\alpha$, où $\alpha = \min\{\beta \in I : X_\beta(x) = 1\}$.

Il est clair que v coïncide sur E avec l'identité.

En outre, v est mesurable: pour le voir, il suffit de prouver que, pour tout élément β de I, l' énsemble $v^{-1}(e_\beta)$ est mesurable dans $\{0,1\}^I$. Or ceci résulte de la relation

$$v^{-1}(e_\beta) = \{X_\beta = 1\} \cap \bigcap_{\alpha<\beta} \{X_\alpha = 0\},$$

compte tenu du fait que l'ensemble $\{\alpha \in I : \alpha < \beta\}$ est dénombrable.

(e) Puisque l'ensemble $\{O\}$ n'est pas mesurable dans E, l'espace E n'est pas séparable (voir (3.3)(a)). En raisonnant par l'absurde, supposons que E soit isomorphe à une partie mesurable d'un produit d'espaces séparables et séparés. D'après (3.3) (b), cette hypothèse entraîne que E est séparable (car tout ensemble du type $\{e_\alpha\}$ est mesurable dans E). On aboutit ainsi à une contradiction.

(f) Les seules parties de $D_i \times E$ réduites à un point et non mesurables sont celles de la forme $\{(x,O)\}$, avec $x \in D_i$. Il suffit donc de remarquer que l'ensemble de ces parties est équipotent à D_i.

Bibliographie

[1] C. Dellacherie - P.-A. Meyer, *Probabilités et potentiel*, Chap. I à IV. Hermann, 1975.

[2] N. Pintacuda, *Sul lemma di misurabilità di Doob*, Boll. Un. Mat. Ital. (7) 3-A (1989), 237-241.

THÉORIE DES PROCESSUS DE PRODUCTION

par C. Dellacherie

URA D1378, L.A.M.S., Université de Rouen
B.P. 118, 76134 MONT SAINT AIGNAN Cedex

Ce travail, inachevé (en gros, un tiers de ce qui est prévu est écrit), est l'aboutissement d'une longue reflexion sur

les fondements d'une théorie non linéaire du potentiel.

On ne trouvera ici que les deux premiers chapitres, rédigés de manière à peu près définitive si bien qu'ils forment un tout relativement indépendant de l'introduction présente, provisoire.

La démarche axiomatique adoptée va en sens inverse du cheminement historique de la théorie linéaire[1]: partant des objets les plus élémentaires de la théorie, nous nous arrêterons juste en deçà d'un monde de ramifications qu'il reste à explorer[2]. Il y a à cela des raisons mathématiques, explicitées plus loin, et des raisons historiques personnelles.

Au départ, il y a eu une impulsion de Meyer qui, lors de la rédaction des chapitres sur les maisons de jeux de Dubins et Savage[3] du volume III de "Probabilités et Potentiel", avait remarqué qu'on y avait un opérateur de réduite mais point d'opérateur de potentiel. Captivé alors par les problèmes de théorie descriptive, je n'avais pris garde sur le moment à ce manque ; puis, sans doute rebuté et dépité par le maquis dans lequel j'étais arrivé (dont témoigne le terrible mot "ambimesurabilité" introduit au §I), je me suis tourné vers le côté que j'appelai purement algébrique de la théorie, à cause du rôle primordial joué par les opérations élémentaires "+" et "v".

---

1 Schématiquement, de la théorie du potentiel newtonien à celle des noyaux élémentaires de Choquet-Deny.

2 Déjà abordé par d'autres venus d'ailleurs (équations aux dérivées partielles, équations d'évolution, etc.).

3 Et donc de théorie sous-linéaire élémentaire du potentiel.

Puis, après un premier jalon [Della 1][4], et quelques balbutiements qui n'ont pas laissé de traces écrites, il y eut deux interventions décisives :

d'une part, celle de Mokobodzki, qui, ayant déjà lui aussi tâté le terrain, m'a convaincu que les théorèmes à la Hunt sur les principes de la théorie linéaire passaient à une théorie souslinéaire élémentaire, d'où [Della 2],

d'autre part, celle de Bénilan, qui, explorant déjà le domaine en partant d'un autre bout, celui des équations d'évolution non linéaires, m'a amené à adopter le point de vue pris ici,

abandonner tout soupçon véritable de linéaire[5] *;*

les deux ensemble m'ayant finalement amené à

privilégier les générateurs infinitésimaux[6]

après la publication de [Della 3][7].

Enfin, la mise au point finale a été influencée par la notion de *modèle simple de Leontieff* en économie mathématique : c'est linéaire, en dimension finie[8], mais l'intuition en non linéaire s'y sent à l'aise alors que le modèle probabiliste, véhiculant son linéaire obligé, est plutôt un handicap. Ce point de vue est reflété par les néologismes introduits : progression, producteur, amendeur, etc.

---

4 Renvoie à la bibliographie en fin d'introduction ; le texte lui-même ne comporte qu'un renvoi, celui à [Zinsmeister], dont nous conseillons vivement la lecture à tous ceux qui seraient curieux d'apprendre ce qu'est une dérivation en théorie descriptive des ensembles, et comment cela s'emploie sur plusieurs champs de bataille de l'analyse, y compris celui évoqué aux **I-22** et **I-26**.

5 Nous utiliserons abondamment l'addition, mais pas de manière essentielle : on aurait pu employer à la place toute autre application de $\mathbb{R}\times\mathbb{R}$ dans $\mathbb{R}$ continue, et séparément strictement croissante et surjective.

6 Alors que les générateurs infinitésimaux sont les êtres les plus délicats possibles en théorie, linéaire ou non, du potentiel *non* élémentaire, ce sont les êtres les plus simples, et fondamentaux du point de vue "algébrique", dans le cas élémentaire, et cela est souvent obscurci par l'interprétation probabiliste.

7 Dans lequel une trop belle part était encore faite à l'addition, et qui, contrairement aux notes présentes, éludait tout souci de mesurabilité.

8 "En dimension fini" renvoie à "espace d'états fini", si bien que les fonctions sur lesquelles on opère *sont des éléments de* $\mathbb{R}^n$ *et non* des fonctions définies sur $\mathbb{R}^n$!

Voyons de plus près de quoi il s'agit. On a un ensemble fini E "d'activités", identifié au segment $\{1,\cdots,n\}$ de $\mathbb{N}$. Chaque activité i fabrique un produit $\pi(i)$ en utilisant comme matières premières tous les produits fabriqués par les activités. Dans le modèle *simple* de Leontieff, on suppose que chaque produit est fabriqué *par une et une seule* activité[9], si bien qu'on peut identifier l'espace des produits avec celui des activités, donc avec $\{1,\cdots,n\}$. Si l'activité générale est, à un certain moment, à un niveau u, qu'on repère dans $\mathbb{R}^E=\mathbb{R}^n$, il en résulte sur le marché une présence de produits Au, repérée aussi[10] dans $\mathbb{R}^n$. Alors, si niveau d'activité et présence de produits sur le marché sont des grandeurs extensives, et mesurées avec le même étalon (par exemple, des quantités), la différence $u-Au=Nu$ est la part de produits disparue sous forme de matières premières[11].

> C'est N et non $A=I-N$ qui est croissant. Par ailleurs, ce n'est pas tout à fait le générateur "infinitésimal" qui s'introduit naturellement, mais son opposé. Nous notons cet opposé quand même A, mais nous appellerons cela plus tard un *dériveur* (ou un *producteur*, voir ci-dessous la nuance) au lieu d'une dérivation, d'autant plus qu'en théorie descriptive, à la suite de Cantor, c'est N qui serait plutôt appelé une dérivation...

On retrouve, quand A est un opérateur linéaire, une situation familière en économie mathématique linéaire (et en théorie du potentiel élémentaire, ou des chaînes de Markov). Ceci dit, un des problèmes fondamentaux que peut se poser un planificateur est le suivant, où u_o et f_o sont des paramètres :

> pour une demande $f\geq f_o$ sur le marché, à quel niveau $u\geq u_o$ doit être l'activité pour assurer $Au\geq f$?

---

9 En linéaire, il n'y a guère de différence "mathématique" entre l'étude d'un modèle simple de Leontieff et celle d'une chaîne de Markov (à espace d'états fini) menée sous l'angle de la théorie du potentiel ; si on complique le modèle en supposant la production alternative (i.e. π non injective), on se retrouve dans une situation semblable à celle des maisons de jeux, tandis qu'on sort sans doute du domaine de la théorie du potentiel si on suppose la production jointe (i.e. π est "multivoque").

10 A ce stade, $\mathbb{R}$ pourrait être remplacé par n'importe quel ensemble totalement ordonné, en particulier $\mathbb{Z}$ qui, une fois n'est pas coutume, serait beaucoup plus avenant que $\mathbb{R}$ par la suite.

11 Malgré le "à un certain moment" ci-dessus, on n'aborde pas du tout ici la dynamique du processus ; il s'agit d'un bilan global fait au bout d'une certaine période.

C'est un problème de programmation, linéaire si la situation est supposée telle, qui, par ailleurs, n'est pas loin des systèmes rencontrés en analyse numérique quand on discrétise certains problèmes d'équations aux dérivées partielles.

Maintenant, en se départant de toute hypothèse linéaire, il est tout à fait naturel de supposer que notre opérateur de production A est continu[12] sur son domaine (un pavé de $\mathbb{R}^n$) et vérifie la condition $(\mathcal{D})$ suivante :

$(\mathcal{D})$ si le niveau u^i *de l'activité* i *augmente tandis que* u^j *ne change pas pour* $j \neq i$, *alors la présence* Au^j *de chaque* $j \neq i$ *sur le marché, si elle change, ne peut que diminuer (car* i *utilise les* j *comme matières premières, et* j *n'est fabriqué que par* j*).*

Le planificateur, lui, espère être dans le cas $(\mathcal{P})$ suivant :

$(\mathcal{P})$ pour toute demande "raisonnable" f *sur le marché, il pourra toujours augmenter continûment l'activité de production à partir de son niveau actuel* u_0 *pour (au moins) la satisfaire.*

Quand cela est axiomatisé, en dimension finie, $(\mathcal{D})$ donne la notion de *dériveur* introduite au §I, et quand s'y ajoute $(\mathcal{P})$, on obtient celle de *producteur* du §II.

Et lorsque l'on regarde ce que cela donne en linéaire, en dimension finie, on voit que A est une matrice dont tous les coefficients hors de la diagonale sont négatifs ssi $(\mathcal{D})$ est satisfaite, et telle que de plus il existe $u>0$ tel que $Au \geq 0$ ssi de plus $(\mathcal{P})$ est satisfaite (ce qui force les éléments diagonaux à être positifs). On retrouve, au signe près les générateurs infinitésimaux en dimension finie, et aussi des notions très proches des "M-", "P-", "Q-" matrices de [Berman-Plemmons] : un livre comportant, outre une excellente bibliographie, un bon tour d'horizon de l'usage des "matrices positives" en analyse numérique, programmation linéaire, économie mathématique, chaînes de Markov...et rien en théorie du potentiel, vingt ans après la parution de [Choquet-Deny] et [Beurling-Deny].

Mais revenons à notre système en non linéaire :

$$(*) \qquad u \geq u_0 \quad , \quad Au \geq f_0$$

en supposant que les références dans les échelles de lecture du

---

[12] C'est ici que s'insinue le caractère "élémentaire" de notre théorie ; en non linéaire, la situation n'est pas automatiquement élémentaire si on se place en dimension finie : il existe de nombreuses fonctions croissantes à une variable qui ne sont pas continues, mais il n'y en a pas de linéaire...

niveau des activités et de la présence de produits soient telles que A0=0. Si on prend $f_o=0$, et $u_o \geq 0$, on cherche les u produisant quelque chose de positif partout (en bref, les plans) et supérieurs à u_o: si A est un producteur, un tel plan existera toujours, et il y en aura même un plus petit Ru_o, vérifiant donc

$$Ru_o \geq u_o \quad , \quad ARu_o \geq 0,$$

et satisfaisant de plus la "condition aux limites"

$$ARu_o = 0 \quad \text{sur} \quad \{Ru_o > u_o\} \cup \{u_o = 0\}.$$

Autrement dit, Ru_o est la *réduite* de u_o. Si on prend $u_o=0$ et $f_o \geq 0$, on recherche les plans pouvant satisfaire une demande f_o ; on verra que, dès qu'il existe un tel plan, il en existe un plus petit Gf_o, et que celui-ci vérifie "l'équation de Poisson"

$$AGf_o = f_o.$$

Autrement dit, Gf_o est le *potentiel* de f_o. En fait, on peut toujours ramener la résolution du système (*) à un calcul de potentiel, quitte à faire un changement simple d'opérateur et de référence (mais non linéaire, même en linéaire), ce que j'ai appelé la *forme canonique* dans ces notes, mais que j'ai employée avec parcimonie pour rester proche de la formulation linéaire.

Je crois que j'en ai assez dit pour que le lecteur ait une bonne idée de ce qui l'attend dans les deux premiers chapitres rédigés, qui ont de toute manière leur introduction propre. Par ailleurs, à la fin de cette introduction, on trouvera une table des matières[13] et un index terminologique[14] provisoires.

En guise des autres chapitres encore en gestation, voici un peu plus que quelques mots sur ce qu'ils devraient contenir.

§III: Le but final serait l'extension de la correspondance existant, en linéaire, entre générateurs infinitésimaux bornés vérifiant un certain principe de domination et semigroupes uniformément continus de noyaux positifs. La tâche n'est pas simple: les producteurs sont [un peu moins que] continus pour la convergence uniforme, alors que les noyaux sont continus pour la

[13] La pagination est établie à partir de la première page du texte proprement dit.

[14] Les numéros renvoient au numéro de chapitre si nécessaire, et au numéro en marge du texte, indépendants de la pagination.

convergence simple ; de plus, on ne dispose pas ici des théorèmes de Banach-Steinhaus ou Banach-Schauder souvent utilisés en linéaire dans ce genre d'étude. Pour le moment, je sais le faire dans le cas où les producteurs sont lipschitziens (c'est déjà presqu'écrit dans [Della 3]), mais encore mal dans le cas où ils sont seulement continus (pour la convergence uniforme).

§IV: quoique le titre ressemble au précédent, le point de vue est différent. En linéaire, les résolvantes font partie des outils essentiels de la théorie *non* élémentaire : elles sont, au contraire des générateurs infinitésimaux, très régulières, et elles jettent un pont entre l'élémentaire et le non élémentaire du fait qu'écrire la formule (non valable en non linéaire)

$$\forall p,q>0 \quad V_p - V_q = (q-p) V_p V_q$$

revient à écrire la formule (valable en non linéaire)

$$\forall p,q>0 \quad [I-(p-q)V_p][I+(p-q)V_q) = I$$

Cela signifiera pour nous, dans notre jargon, que le dériveur élémentaire $I-(p-q)V_p$ est inversible et que, si l'ambimesurabilité ne joue pas de mauvais tour, son inverse est égal à son potentiel. Le chapitre est alors essentiellement consacré à l'étude de principes tournant autour de celui de domination ou du maximum. On établira en particulier l'analogue non linéaire des *petits* théorèmes de Meyer et de Hunt (caractérisation des noyaux *bornés* vérifiant le principe complet du maximum, renforcé ou non). Cela est déjà écrit dans [Della 3][15].

§V : on devrait y trouver la démonstration, promise depuis quelques temps, d'une version non linéaire du "grand" théorème de Hunt. C'était pour moi la pierre de touche du fait que partir des modèles simples d'une théorie du potentiel en non linéaire avait un quelconque avenir ; mais je ne m'étais jamais résolu à rédiger cela avant d'avoir engrangé les prémices. Ce §V est annoncé par la fin du §II : l'énoncé du théorème y est écrit...

§VI : on devrait y trouver ce qu'on peut faire, en non linéaire, dans l'esprit de [Choquet-Deny] (dualité des principes de domination et du balayage), en gardant cependant le point de vue générateur plutôt qu'opérateur potentiel : du point de vue de l'économie mathématique, c'est de la théorie des prix, ou plus

---

[15] A l'ambimesurabilité près...

exactement, de celle de la valeur au sens de Ricardo, qu'il s'agit ici. Puis, dans l'esprit de [Beurling-Deny], on devrait parler de l'usage des contractions en théorie du potentiel symétrique et donc, si l'on veut, des circuits électriques passifs contenant des résistances non linéaires. Il est possible que, comme chez mes illustres prédécesseurs, cela ne soit fait qu'en dimension finie.

§VII : je voudrais ici écrire un chapitre sur les équations d'évolution associées aux producteurs en dimension finie. Il s'agirait donc de l'étude de systèmes différentiels

$$\dot{u}_t + Au_t = f$$

où la donnée est $f \in \mathbb{R}^n$ et l'inconnue $t \mapsto u_t$ une fonction de $\mathbb{R}_+$ dans $\mathbb{R}^n$, tandis que A est un producteur bijectif. Donc, par rapport à la littérature classique existante, des conditions de monotonie sur l'opérateur A qui font que, si on peut linéariser, on est dans le cas "simple" d'un point asymptotique à l'infini, mais une condition de régularité sur A (seulement la continuité) qui fait qu'a priori on n'est même pas sûr de l'unicité de la solution. Bien entendu, on espère qu'il y a unicité et que la solution est de la forme $t \mapsto P_t^f u_o$ pour un semi-groupe[16] (P_t^f), qui se refuse en général à être prolongé en un groupe.

Est lié à la plupart de ces chapitres non écrits le souci de compréhension du lien unissant, en non linéaire, résolvantes et semi-groupes.

> C'est bien plus compliqué qu'en linéaire : plus de transformée de Laplace. Par contre, on a encore une version non linéaire du théorème de Hille-Yosida fondée sur une version de la formule d'inversion de Hille, et une version du théorème de Trotter-Kato. Voir [Crandall], et attendre le livre de Bénilan-Crandall-Pazy qui, étant donné les préoccupations actuelles de Bénilan et de son école de Besançon, devrait pencher un peu du côté de la théorie du potentiel

Et ce, dans notre cadre, voisin mais différent de celui des spécialistes d'équations d'évolution dans les espaces de Banach généraux[17] : chez nous, on travaille dans le plus mauvais Banach concret, $\mathcal{L}_\infty$, à défaut de travailler dans un espace de fonctions

---

16 Pour f quelconque : un bienfait du non linéaire...

17 Eventuellement uniformément convexes, ou réticulés de type L^p avec $p<+\infty$, etc., pour les meilleurs résultats sur les générateurs, soit des espaces trop réguliers pour nous...

non bornées ; la propriété de productivité est, quand elle est comparable, plus faible que celle d'accrétivité ; mais, par contre, on a de la croissance...

A vrai dire, rien de ce qui est présenté ici n'est techniquement difficile[18], même s'il m'a fallu parfois un temps considérable pour secouer le joug de la tradition linéaire[19]. Pour tout ce qui laisse en dehors les problèmes de mesurabilité, l'ascèse non linéaire permet souvent de deviner de meilleurs énoncés, de trouver de meilleures démonstrations, que dans le cas linéaire. Il en résulte, du moins je l'espère, un effet esthétique indéniable. Ceci dit, je suis conscient qu'il y a pour le moment trop peu de chair mathématique sur ce squelette axiomatique, mais il y en a quand même suffisamment pour rendre pertinente la question suivante :

> la théorie des processus de Markov a connu son heure de gloire en fournissant, si je puis dire, une explication "sensible" aux principes "ésotériques" de la théorie du potentiel linéaire ; maintenant que le potentiel semble échapper au linéaire, si jamais phénix renaît de ses cendres, qu'y a-t-il derrière?

---

18 Il en eût été autrement si j'avais su réellement attaquer les problèmes de mesurabilité ; mais cela n'aurait plus été reconnu comme de la théorie du potentiel. Après tout, les probabilistes ont longtemps manipulé leurs temps d'arrêt sans savoir qu'ils étaient mesurables, et encore, tout juste de l'autre côté de la porte justement close ici par notre axiome d'ambimesurabilité.

19 Six jours pour trouver le bon énoncé **II-14** de la propriété de "support" de la réduite, six ans pour trouver la bonne démonstration du principe complet du maximum en **I-20**.

BIBLIOGRAPHIE PROVISOIRE

BERMAN (A.), PLEMMONS (R.J.) :

Nonegative matrices in the mathematical sciences. Academic Press 1979.

BEURLING (A.), DENY (J.) :

Espaces de Dirichlet. I. Le cas élémentaire. Acta Math. 99, 1958, 203-224.

CRANDALL (M.G.) :

Nonlinear semigroups and evolution governed by accretive operators. Proc. Symposia pure Maths. vol 45, part 1, AMS, Providence 1986.

CHOQUET (G.), DENY (J.) :

Modèles finis en théorie du potentiel. J. Analyse Mathématique (Jerusalem), 1956/57

DELLACHERIE (C.) :

Les sous-noyaux élémentaires. Colloque J. Deny. L.N. in Math. 1096, 183-222, Springer 1984.

Les principes complets du maximum relatifs aux sousnoyaux bornés. Sém. Initiation à l'Analyse. 23e année, 1983/84, 16 p, Publ. Univ. Paris VI.

Théorie élémentaire du potentiel non linéaire. Ibid., 25e année, 1985/86, 32 p

MEYER (P.-A.), DELLACHERIE (C.) :

Probabilités et Potentiel. Chapitres IX à XI. Théorie discrète du potentiel. Hermann 1983.

DENY (J.) :

Les noyaux élémentaires. Sém. Brelot-Choquet-Deny. 4e année, 1959/60, 11 p

ZINSMEISTER (M.) :

Les dérivations analytiques. Sém. Proba. XXIII, L.N. in Math. 1372, 21-46, Springer 1989.

TABLE DES MATIÈRES PROVISOIRE

THÉORIE DES PROCESSUS DE PRODUCTION
MODÈLES SIMPLES DE LA THÉORIE DU POTENTIEL NON LINÉAIRE

I. Dériveurs simples. Réduites et potentiels. Principes de domination et du maximum

II. Producteurs. Etude de la réduite et du potentiel. Amendeurs

EN PRÉPARATION

INDEX PROVISOIRE

MODÈLES SIMPLES DE LA THÉORIE DU POTENTIEL NON LINÉAIRE

par C. Dellacherie

On se donne au départ un ensemble E fini ou infini[1], muni d'une tribu $\mathcal{E}$ admettant les points pour atomes, et donc égale à $\mathcal{P}(E)$ si E est dénombrable ; le cas $\mathcal{E}=\mathcal{P}(E)$ nous sera aussi utile pour E quelconque : des procédés d'extension à $\mathcal{P}(E)$ nous permettront, en travaillant d'abord sur $\mathcal{P}(E)$, d'aborder séparément les délicats problèmes de mesurabilité rencontrés pour $\mathcal{E}\neq\mathcal{P}(E)$.

1 On entendra par *opérateur* une application A d'une partie de $\bar{\mathbb{R}}^E$ dans $\bar{\mathbb{R}}^E$; le domaine (de définition) d'un opérateur A sera noté $\mathcal{D}(A)$ et son image $\mathcal{I}(A)$. On dira qu'une partie $\mathcal{D}$ de $\bar{\mathbb{R}}^E$ est *normale* (relativement à la tribu $\mathcal{E}$) si

a) elle est réticulée,
b) tous ses éléments sont $\mathcal{E}$-mesurables,
c) elle contient toute fonction $\mathcal{E}$-mesurable coincée entre deux de ses éléments.

Le choix du qualificatif "normal" indique clairement que, du côté des fonctions auxquelles seront appliqués les opérateurs, nous ne regarderons pas de propriété de régularité plus fine que la mesurabilité.

I. DÉRIVEURS SIMPLES. RÉDUITES ET POTENTIELS. PRINCIPES DE DOMINATION ET DU MAXIMUM.

On se donne un opérateur A, de domaine $\mathcal{D}(A)$ normal. On va introduire successivement des axiomes portant sur A (axiomes de dérivation, de simplicité et d'ambimesurabilité), en illustrant leurs utilité et usage au fur et à mesure. Cette liste d'axiomes

---

[1] Autrement dit, nous pensons que ce que nous allons présenter est intéressant et non trivial dans l'un et l'autre cas.

sera complétée au §II par l'axiome de dérivation à la frontière et surtout par l'axiome de productivité. L'axiome d'ambimesurabilité est essentiellement technique ; il est sans objet dans le cas où E est dénombrable. Lorsque A est un opérateur linéaire borné de $\mathcal{L}_\infty(\mathcal{E})$ dans $\mathcal{L}_\infty(\mathcal{E})$, l'axiome de dérivation, joint à la continuité de A qui implique l'axiome de simplicité, assure que l'on a affaire à une théorie élémentaire du potentiel : A est de la forme $\lambda(I-N)$ où λ est un réel ≥ 0, I est l'identité et N un noyau borné ; les axiomes d'ambimesurabilité et de dérivation à la frontière sont toujours vérifiés, et l'axiome de productivité assure alors l'existence d'une fonction excessive (éventuellement invariante) strictement positive.

En théorie linéaire, "élémentaire" renvoie à : générateur infinitésimal -A borné, semi-groupe uniformément continu, noyau potentiel élémentaire au sens de Choquet-Deny, soit, après changement d'échelle, à : semi-groupe discret, chaîne de Markov.

L'AXIOME DE DÉRIVATION

2 Pour $u \in \bar{\mathbb{R}}^E$ et $x \in E$, $\varepsilon_x u$ et u^x sont des notations pour $u(x)$; on pose, pour u et x fixés,

$$\mathfrak{F}(u,x)=\{v\in\bar{\mathbb{R}}^E : u^x = v^x\}$$
$$\mathfrak{V}(u,x)=\{v\in\bar{\mathbb{R}}^E : u^y = v^y \text{ pour tout } y\neq x\}$$

($\mathfrak{F}$ pour "fixé en x" et $\mathfrak{V}$ pour "varie en x"). Le lecteur regardera ce que cela donne pour E fini afin de retrouver des choses bien familières sous ces notations barbares.

3 On dira que A est un *dériveur* s'il vérifie l'axiome suivant :

Ax 1 : pour $u,v\in\mathcal{D}(A)$, $u\leq v$ partout implique $Au\geq Av$ sur $\{u=v\}$

qui équivaut à : $v\mapsto\varepsilon_x Av$ est décroissante sur $\mathcal{D}(A)\cap\mathfrak{F}(u,x)$[2]
et implique : $A(u\wedge v)\geq(Au)\wedge(Av)$, $A(u\vee v)\leq(Au)\vee(Av)$.

4 **Stabilité** de l'ensemble des dériveurs.

a) Si A est un dériveur, il en est de même de son opérateur *dual*[3] B défini par $Bu=-A(-u)$, qu'on verra apparaître de temps à

---

[2] Plus loin, l'axiome de productivité impliquera que $v\mapsto\varepsilon_x Av$ est croissante sur $\mathcal{D}(A)\cap\mathfrak{V}(u,x)$.

[3] La terminologie provient de la théorie descriptive des ensembles

autre par la suite (parfois implicitement, en raisonnant par "symétrie"). Tous les axiomes seront "symétriques", *sauf*, hélas, celui d'ambimesurabilité ; on verra pourquoi en temps utile.

b) L'ensemble $E\times\bar{\mathbb{R}}$ étant muni de la tribu produit $\mathcal{E}\otimes\mathcal{B}(\bar{\mathbb{R}})$, on appelle ***changement d'échelle*** une application mesurable Φ d'une partie mesurable U de $E\times\bar{\mathbb{R}}$ dans $E\times\bar{\mathbb{R}}$ telle que, pour tout $x\in E$, la coupe U_x de U selon x soit un intervalle non vide de $\bar{\mathbb{R}}$ et que, pour $(x,t)\in U$, on ait $\Phi(x,t)=(x,\Phi_x(t))$ où Φ_x est un homémorphisme croissant de U_x sur un intervalle de $\bar{\mathbb{R}}$. La composition à droite ou à gauche d'un dériveur avec un changement d'échelle ayant un domaine approprié[4] redonne un dériveur. Parmi les changements d'échelle on trouve les opérateurs de multiplication par une fonction $\mathcal{E}$-mesurable >0 : ce sont ceux qu'on rencontre en théorie linéaire. Les notions introduites dans ce §I sont "invariantes" par changement d'échelle.

c) L'ensemble des dériveurs de même domaine $\mathcal{D}$ est stable pour les sup et inf (ponctuels) et plus généralement pour les liminf et limsup de familles quelconques.

d) Si $A_1,\dots,A_n$ sont n dériveurs de même domaine et $H(x,t_1,\dots,t_n)$ est, pour tout $x\in E$, une fonction croissante en $t_1,\dots,t_n$ définie sur un produit d'intervalles approprié, alors l'opérateur qui à u associe $x\mapsto H(x,\varepsilon_xA_1u,\dots,\varepsilon_xA_nu)$, que l'on notera plus simplement $H(A_1,\dots,A_n)$, est un dériveur sur son domaine de définition. Sont de ce type les dériveurs de la forme $\varphi_1A_1+\varphi_2A_2$, où les φ_i sont des fonctions ≥ 0, utilisés en théorie linéaire.

5 **Exemples** de dériveurs.

Comme on verra de nombreux exemples au fil des pages, je serai ici relativement succinct.

a) Si N est un opérateur croissant ($u\leq v\Rightarrow Nu\leq Nv$) sur $\mathcal{D}(N)\subseteq\mathbb{R}^E$ normal, alors I-N est un dériveur. En particulier, en théorie linéaire, si (V_p) est une résolvante (de noyaux ≥ 0), $\Lambda_p=p(I-pV_p)$ est un dériveur pour tout p>0 et, si (P_t) est un semi-groupe (de noyaux ≥ 0), alors $\Lambda_t=(I-P_t)/t$ est un dériveur pour tout t>0.

---

[4] Il nous arrivera souvent d'utiliser cette formule pour éviter la tâche à la fois pénible et pédante de préciser certains domaines de définition (cf le début de ce b)).

b) si, aux $A_{\bullet}$ précédents, on applique limsup, liminf, (quand $p\to+\infty$ et $t\to0$), on retrouve les exemples fondamentaux donnés en théorie [non élémentaire] du potentiel [linéaire] par Mokobodzki auquel nous avons emprunté l'axiome 1.

c) Soient $\mathcal{D}$ une partie normale de $\bar{\mathbb{R}}^E$ et φ une fonction réelle sur un intervalle de $\bar{\mathbb{R}}$ telle que $\varphi(u)$ soit définie pour tout $u\in\mathcal{D}$. Alors $A: u\mapsto\varphi(u)$ est un dériveur sur $\mathcal{D}$, d'un type assez dégénéré (on a $A(u\wedge v)=Au\wedge Av$ et $A(u\vee v)=Au\vee Av$), souvent utilisé en addition à un autre dériveur comme terme "perturbateur". Plus généralement, on peut se donner une fonction φ sur une partie appropriée de $E\times\bar{\mathbb{R}}$ et définir un dériveur A en posant

$$\varepsilon_x Au = \varphi(x,u(x)).$$

pour $u\in\mathcal{D}$ et $x\in E$.

6 **Extension** d'un dériveur.

On suppose que A vérifie **Ax 1**, mais, exceptionnellement, on ne suppose pas ici que $\mathcal{D}(A)$ est normal. On va étendre A en un dériveur (et même deux!) défini sur $\bar{\mathbb{R}}^E$.

Posons, pour tout $u\in\bar{\mathbb{R}}^E$ et tout $x\in E$,

$$\varepsilon_x A^{\vee}u = \sup\{\varepsilon_x Av,\ v\geq u,\ v^x=u^x,\ v\in\mathcal{D}(A)\}$$
$$\varepsilon_x A^{\wedge}u = \inf\{\varepsilon_x Av,\ v\leq u,\ v^x=u^x,\ v\in\mathcal{D}(A)\}$$

où, comme d'ordinaire, $\sup\emptyset=-\infty$ et $\inf\emptyset=+\infty$. On a $A^{\vee}u\leq A^{\wedge}u$ avec égalité pour $u\in\mathcal{D}(A)$, et on vérifie sans peine que $A^{\vee}$ (resp $A^{\wedge}$) est la plus petite (resp grande) extension de A en un dériveur sur $\bar{\mathbb{R}}^E$. Dans le cas $A=I-N$, avec N croissant, on retrouve les extensions style intégrales supérieure, inférieure.

Remarque. Si l'extension algébrique est facile, on se doute que, sauf cas particuliers [E dénombrable convient magnifiquement !], cela deviendra inextricable quand des hypothèses de mesurabilité amèneront des restrictions sur $\mathcal{I}(A)$.

7 Nous terminons cette présentation de **Ax 1** par une conséquence simple mais fondamentale, qu'on appellera *prototype du principe de domination.*

Proposition. *Si on a* $u\leq v$ *sur* $\{Au>Av\}$, *alors on a*

$$Au\leq A(u\wedge v) \quad \text{et} \quad A(u\vee v)\leq Av$$

D/ Je me contente de démontrer la première inégalité. D'après **Ax 1** on a $A(u\wedge v)\geq Au$ sur $\{u\leq v\}$ et $A(u\wedge v)\geq Av$ sur $\{v\leq u\}$; donc, si $\{Au>Av\}$ est inclus dans $\{u\leq v\}$, on a $A(u\wedge v)\geq Av\geq Au$ sur $\{v<u\}$, d'où

la conclusion (le mieux est de faire un dessin).

Le nom donné sera justifié au 20. Pour le moment, je me borne à noter que, si A est injectif et d'inverse G croissant (ce qui est par exemple le cas, d'après le théorème de point fixe de Banach, lorsqu'on a A=I-N avec N contraction stricte croissante sur $\mathcal{L}_\infty(\mathcal{E})$), alors 7 entraine ce qu'on attend:

$u \le v$ sur $\{Au>Av\}$ implique $u \le v$ partout.

L'AXIOME DE SIMPLICITÉ

8 Cet axiome est ce qui distingue une théorie "élémentaire" du potentiel d'une théorie plus sophistiquée.

On dira que le dériveur A est *simple* s'il vérifie l'axiome suivant, où $1_{\{x\}}$ est l'indicatrice de $\{x\}$ et λ appartient à $\mathbb{R}$:

Ax 2: pour $u \in \mathcal{D}(A)$ et $x \in E$ fixés, $\lambda \mapsto \varepsilon_x A(u+\lambda 1_{\{x\}})$ est s.c.s. à droite et s.c.i. à gauche sur son domaine.

Soit, avec un léger abus de langage, A est s.c.s. à droite et s.c.i. à gauche sur chaque $\mathcal{D}(A) \cap \mathfrak{B}(u,x)$ (cf 2 pour la notation)[5].

On ne perdrait pas grand chose en supposant dans **Ax 2** que $\lambda \mapsto \varepsilon_x A(u+\lambda 1_{\{x\}})$ est continue. Nous ne l'avons pas fait afin de pouvoir dire ci-dessous que I-N est un dériveur simple si N est croissant, en toute généralité.

Nous allons voir que **Ax 2** est assez faible pour passer aux extensions à $\overline{\mathbb{R}}^E$. La démonstration que nous donnons n'utilise pas dans toute sa force l'hypothèse que $\mathcal{D}(A)$ est normal; mais le fait que $\mathcal{D}(A)$ soit (conditionnellement) dénombrablement réticulé joue un rôle essentiel.

9 **Proposition.** *Soit* A *un dériveur simple. Alors les extensions* $A^\vee$ *et* $A^\wedge$ *sont aussi des dériveurs simples.*

<u>D</u>/ On va montrer que, pour $x \in E$ et $u \in \overline{\mathbb{R}}^E$ fixés, $\varepsilon_x A^\vee$ (resp $\varepsilon_x A^\wedge$) est s.c.s. à droite (resp s.c.i. à gauche) sur $\mathfrak{B}(u,x)$; l'inégalité $A^\vee \le A^\wedge$ permettant alors de conclure. Par symétrie, on peut se contenter de s'occuper de $A^\vee$. Soit, pour chaque $t \in \mathbb{R}_+$, u_t la fonction égale à $u(x)+t$ en x et à $u(y)$ pour $y \ne x$, et soit v_t un élément de $\mathcal{D}(A)$ majorant u_t, égal à u_t en x, et tel que l'on ait

---

5 Nous avons déjà dit que l'axiome de productivité entrainera la croissance en λ; il entrainera donc aussi la continuité en λ.

$\varepsilon_x A \cdot u_t = \varepsilon_x A v_t$. L'existence de v_t est assurée par le fait que $\mathcal{D}(A)$ est dénombrablement réticulé ; on peut même supposer, alors que t décrit une suite tendant vers 0, que la suite (v_t) associée est décroissante, minorée par $v_0 = v$. Comme v est alors majorée par la limite de la suite, et égale à celle-ci en x, on conclut grâce à la proposition suivante (et **Ax 1** évidemment).

Et qu'il est assez fort pour assurer une propriété de semi-continuité le long des familles monotones, généralisant celle de son énoncé :

10 **Proposition.** *Soit* A *un dériveur simple. Si* (v_i) *est une famille filtrante décroissante (resp croissante) dans* $\mathcal{D}(A)$, *de limite* v *appartenant à* $\mathcal{D}(A)$, *alors on a*

$$Av \geq \limsup Av_i \quad (\textit{resp } Av \leq \liminf Av_i).$$

D/ On traite le cas décroissant. Fixons $x \in E$ et, pour chaque i, soit w_i l'élément de $\mathcal{D}(A)$ défini par

$$w_i(x) = v_i(x) \quad , \quad w_i(y) = v(y) \text{ pour } y \neq x$$

On a $\varepsilon_x Aw_i \geq \varepsilon_x Av_i$ par **Ax 1**, et $\varepsilon_x Av \geq \limsup \varepsilon_x Aw_i$ par **Ax 2**.

11 Si N est un opérateur croissant sur un domaine normal $\mathcal{D} \subseteq \mathbb{R}^E$, alors, pour $\lambda \in \mathbb{R}_+$, le dériveur $\lambda(I-N)$ est simple ; il sera dit *élémentaire*, conformément à la tradition linéaire. En linéaire, un dériveur sur $\mathcal{L}_\infty(\mathcal{E})$ est élémentaire s'il est continu (pour la convergence uniforme). En non linéaire, ce n'est pas le cas en général : E étant fini, de cardinal n, un dériveur simple sur $\mathbb{R}^n$, continu, et même markovien (cf II-7), peut ne pas être élémentaire même lorsque E n'a qu'un point, ne pas vouloir le devenir, après changement d'échelle à droite et à gauche, quand E n'a que deux points...

On a cependant, que E soit fini ou non :

12 **Proposition:** *Soit* A *un dériveur de domaine* $\mathcal{L}_\infty(\mathcal{E})$, *à valeurs dans* $\mathcal{L}_\infty(\mathcal{E})$. *Si* A *est lipschitzien (pour la norme uniforme), alors* A *est élémentaire. Plus précisément,* $N = I - tA$ *est croissant pour* $t \leq \Lambda_A^{-1}$ *où* Λ_A *est la meilleure constante de Lipschitz de* A.

D/ On doit montrer l'existence d'un $t \in \mathbb{R}_+$ tel que $N = I - tA$ soit croissant. Soient $u, v \in \mathcal{L}_\infty(\mathcal{E})$ tels que $u \leq v$, fixons $x \in E$ et soit w la fonction égale à v(x) en x et à u(y) pour $y \neq x$. On a $u \leq w \leq v$ et, d'après **Ax 1**, $Aw^x \geq Av^x$. Evaluons Nv-Nu au point x : on a

$$Nv^x - Nu^x = (v^x - u^x) - t(Av^x - Au^x) \geq (w^x - u^x) - t(Aw^x - Au^x)$$

Si k est une constante de Lipschitz pour A, on a

$$|Aw^x - Au^x| \le k\|w-u\| \quad \text{avec} \quad \|w-u\| = (w^x - u^x)$$

d'où la conclusion.

LE THÉORÈME FONDAMENTAL.

Nous allons montrer que les axiomes 1 et 2 suffisent pour définir les notions fondamentales de potentiel et de réduite. En vérité, c'est vraiment le cas pour E fini ou dénombrable ; dans le cas général, où il faut, pour être réaliste, introduire une structure mesurable distincte de $\mathcal{P}(E)$, on va à la rencontre de difficiles problèmes de mesurabilité. Cependant comme, du côté algébrique, il n'y a pas de difficulté à étendre un dériveur simple à $\overline{\mathbb{R}}^E$ tout entier, ma philosophie est la suivante :

on prolonge à $\overline{\mathbb{R}}^E$, on travaille dans $\overline{\mathbb{R}}^E$, et on revient comme on peut au domaine restreint de départ.

Conformément à cette doctrine, nous supposons dans ce qui suit, et ce, jusqu'à la rubrique "**l'axiome d'ambimesurabilité**", *que tous les dériveurs simples considérés sont définis sur un même domaine $\mathcal{D}$ normal relativement à $\mathcal{E} = \mathcal{P}(E)$:* tout élément de $\overline{\mathbb{R}}^E$ coincé entre deux éléments de $\mathcal{D}$ appartient à $\mathcal{D}$.

13 **Théorème.** *Soient $u_o, f_o \in \overline{\mathbb{R}}^E$. Si le système d'inégalités*

$$(*) \qquad u \ge u_o \qquad Au \ge f_o$$

a une solution dans $\mathcal{D}$, alors il en a une plus petite $\tilde{u}$ dans $\mathcal{D}$, et cette dernière vérifie, pour tout $x \in E$,

$$\tilde{u}(x) = u_o(x) \quad \text{ou} \quad A\tilde{u}(x) = f_o(x)$$

(autrement dit, les contraintes sont serrées). De plus, on a

$$A\tilde{u} = f_o \quad \textit{sur} \quad \{\tilde{u} > u_o\} \cup \{Au_o \le f_o\}$$

D/ Soit $\mathcal{U}$ la famille, non vide par hypothèse, des solutions de (*) dans $\mathcal{D}$. $\mathcal{U}$ est stable pour l'opération $\wedge$ d'après l'axiome 1, et, d'après la proposition 10, son enveloppe inférieure $\tilde{u}$ est encore solution de (*). Si les contraintes n'était pas serrées en x pour $\tilde{u}$, on pourrait baisser légèrement la valeur de $\tilde{u}$ en x, sans rien changer ailleurs : cela augmenterait $A\tilde{u}^y$ pour $y \ne x$ d'après **Ax 1**, sans diminuer beaucoup $A\tilde{u}^x$ d'après **Ax 2**, d'où $\tilde{u}$ ne pourrait être la solution minimale de (*). Ainsi, on a $A\tilde{u}^x = f_o^x$ pour tout x tel que $\tilde{u}^x > u_o^x$; par ailleurs, pour un x tel que $\tilde{u}^x = u_o^x$, on a $A\tilde{u}^x \le Au_o^x$ d'après **Ax 1**, et donc $A\tilde{u}^x = f_o^x$ si $Au_o^x \le f_o^x$.

Remarques. a) Par symétrie, on a un résultat analogue avec les inégalités dans l'autre sens : si le système d'inégalités

$$(**) \qquad u \le u_1 \qquad Au \le f_1$$

a une solution, il en a une maximale, pour laquelle les contraintes sont serrées.

b) L'étude des systèmes "doubles" du type $u_0 \le u \le u_1$, $f_0 \le Au \le f_1$, bien plus délicate en général, se ramène trivialement aux cas précédents si on a $Au_0 \le f_1$ ou $Au_1 \ge f_0$.

c) Supposons les éléments de $\mathcal{D}$ finis et A de la forme I-N, N croissant : u est solution de (*) ssi on a $u \ge u_0 \vee (f_0 + Nu)$, et la solution $\tilde{u}$ vérifie $\tilde{u} = u_0 \vee (f_0 + N\tilde{u})$, soit encore est un point fixe de l'opérateur $w \mapsto u_0 \vee (f_0 + Nw)$. Ainsi, quand A est élémentaire, on peut déduire **13** du théorème de point fixe de Tarski. On reviendra sur cette présentation de (*), sans supposer I-A croissant, au **14**.

AVATARS DU THÉORÈME FONDAMENTAL

Voici d'abord, à titre d'illustration, une version apparemment plus sophistiquée de **13**, mais que le calcul non linéaire permet de dégonfler.

13a Proposition. *Soient* $A_1, \cdots, A_n$ *des dériveurs simples*, $f_1, \cdots, f_n$ *des éléments de* $\bar{\mathbb{R}}^E$ *et* $\varphi_1, \cdots, \varphi_n$ *des fonctions réelles continues de domaine approprié dans* $\bar{\mathbb{R}} \times \bar{\mathbb{R}}$. *Si l'ensemble des solutions dans* $\mathcal{D}$ *du système de* n *inéquations*

$$A_i u \ge \varphi_i(f_i, u) \qquad \text{pour} \qquad i = 1, \cdots, n$$

n'est pas vide et est minoré dans $\mathcal{D}$, *alors il a un plus petit élément* $\tilde{u}$, *qui vérifie les contraintes serrées.*

D/ Comme chaque $u \mapsto -\varphi_i(f_i, u)$ est un dériveur simple (cf 5), on peut, si on ne rencontre pas de $\infty - \infty$ (voir la remarque sinon), changer les dériveurs A_i et supposer les inéquations de la forme $A_i u \ge 0$, lesquelles se ramènent à la seule $Au \ge 0$ où $A = \inf(A_1, \cdots, A_n)$. Alors, si on note u_0 un minorant de l'ensemble des solutions, on est ramené à l'énoncé du théorème avec $f_0 = 0$.

Remarque. Si on veut garder au calcul toute sa souplesse, on ne peut pas exclure l'apparition de "$\infty - \infty$" lorsqu'on manipule des inégalités, et on a alors trois solutions : ou bien on invente une opération "barbare" remplaçant la soustraction, ou bien, ce qui revient à peu près au même, on fait d'abord un changement d'échelle à l'arrivée pour que toutes les valeurs soient finies, qu'on corrige par le changement inverse à la fin, ou bien encore on laisse tout cela au lecteur, ce qui nous arrivera de temps en temps sans le dire...

14 Et maintenant, voici au contraire une forme plus ramassée de **13**, que nous appellerons sa *forme canonique*, et que, malgré son élégance, nous emploierons peu par la suite du fait que, pour rester lisible, nous tenons à rester proche de l'héritage linéaire dans la présentation des applications de **13** (même si cela amènera un certain nombre de redites, qui ne seront pas toutes volontaires !).

Nous supposons pour simplifier $\mathcal{F}(A)$ contenu dans $\mathbb{R}^E$, hypothèse qui n'est pas invariante par tout changement d'échelle à gauche mais qui nous évite d'introduire une opération "barbare" à la place de la soustraction (cf la remarque précédente). On définit alors un opérateur M sur $\mathcal{D}$ par M=I-A, et, laissant au lecteur le soin de traduire nos deux premiers axiomes en terme de M au lieu de A - il ne sera sans doute pas très surpris de rencontrer des propriétés de croissance -, nous constatons alors que (*) s'écrit maintenant sous la forme d'une seule inégalité

$$u \geq u_o \vee (f_o + Mu)$$

qui, pour u_o et f_o fixés, invite à introduire les opérateurs M° et A° sur $\mathcal{D}$ définis par

$$M^\circ u = u_o \vee (f_o + Mu) \quad , \quad A^\circ u = u - M^\circ u$$

Maintenant, on vérifie sans peine que A° est un dériveur simple, et (*) a alors la *forme canonique*

$$A^\circ u \geq 0$$

dont toute solution majore u_o (qu'on ait un "0" à droite n'a rien de remarquable en non linéaire ; c'est une trace de l'emploi de la soustraction). Dire qu'une solution u de notre système (*) initial vérifie les contraintes serrées équivaut alors à dire que u est un point fixe de M° ou encore que u vérifie l'égalité dans notre (*) final.

INTRODUCTION AUX APPLICATIONS

Afin de présenter quelque chose de substantiel au lecteur avant qu'il ne soit lassé par un défilé d'axiomes, nous esquissons, avant d'aborder au **21** l'ambimesurabilité, les principales applications du théorème fondamental à une théorie "simple" du potentiel non linéaire. Nous reviendrons plus loin sur la plupart d'entr'elles (il nous reste des axiomes à énoncer !). Nous avons cependant pris soin de rédiger de sorte que, à l'exception de **18**, tout puisse s'appliquer plus tard sans changement aux dériveurs simples ambimesurables. Cela amènera quelques apparitions de $\mathcal{D}$ ou $\mathcal{E}$ apparemment superfétatoires ; signalons au passage que, suivant un abus de notation maintenant usuel, nous noterons souvent "$f\in\mathcal{E}$" le fait qu'une fonction f à valeurs dans $\bar{\mathbb{R}}$ est $\mathcal{E}$-mesurable.

15 On appellera *référence* (relative à A) tout couple (η,ξ) de fonctions tel que $\eta\in\mathcal{D}$ et $A\eta=\xi$; bien entendu, η, pour A donné, détermine ξ, et il nous arrivera de définir une référence par sa première composante. En linéaire, on ne considère jamais (sans l'avouer !) que la référence (0,0), puisqu'on peut toujours s'y ramener par translation. Ici aussi, quand "$\infty-\infty$" ne joue pas le trouble-fête, un changement d'échelle par translation à droite et à gauche permet de ramener une référence quelconque à (0,0), mais au prix d'un "léger" changement de dériveur simple (qu'on verra apparaître au **19**), qui, sauf lorsqu'il simplifie les notations, nous semble plutôt opacifier la situation en masquant une part de la structure.

On se donne une référence (η,ξ) *fixée jusqu'à* **21**.

LA NOTION DE RÉDUITE

16 Soit $w\in\mathcal{D}$ tel que $w\geq\eta$. Si le système suivant

$$u\geq w(\geq\eta) \quad , \quad Au\geq\xi$$

a une solution dans $\mathcal{D}$, sa plus petite solution est appelée la *η-réduite* $R^\eta w$ (au dessus) de w. Il est clair que l'opérateur R^η ainsi défini est *croissant*. Le fait que les contraintes soient serrées s'écrit ici (en tenant compte du "De plus" de **13**)

$$AR^\eta w=\xi \quad \text{sur} \quad \{R^\eta w>w\}\cup\{w=\eta\}$$

si bien que $R^\eta w$ est aussi la plus petite solution du système

$$\text{(Red)} \qquad u\geq w \quad , \quad Au=\xi \text{ sur } \{u>w\}$$

Au II-13, les axiomes ultérieurs assureront que $R^\eta w$ est toujours défini pour $w\geq\eta$ (on peut alors prolonger R^η à $\mathcal{D}$ tout entier en posant $R^\eta w=R^\eta(w\vee\eta)$), et que $\inf_{x\in E}(R^\eta w^x-w^x)=0$ (et même mieux). Il y a aussi une notion symétrique de η-réduite au dessous de w, que nous utiliserons peu ; de manière générale, il est de tradition en théorie du potentiel de privilégier les systèmes (*) par rapport aux systèmes (**), et cela sera amplifié par l'axiome d'ambimesurabilité que, bon gré mal gré, nous adopterons[6].

16a A titre d'illustration, et en supposant $(\eta,\xi)=(0,0)$ afin de retrouver la situation familière en linéaire (on écrira alors R au lieu de R^{η}), nous allons étudier le problème suivant : soient $e\in\mathcal{D}$ telle que $Re=e$ (i.e. $e\geq 0$ et $Ae\geq 0$) et B un dériveur simple de domaine $\mathcal{D}(B)=\{h\in\mathcal{D}\colon 0\leq h\leq e\}$, vérifiant pour tout $h\in\mathcal{D}(B)$

(H) $\quad Bh\leq h \quad , \quad Rh=h \Rightarrow Bh=h.$

On se demande si l'on a, pour tout $u,v\in\mathcal{D}(B)$,

(C) $\quad [u\leq v \text{ sur } \{Bu>0\}] \Rightarrow [Ru\leq Rv].$

Voici, provenant de la théorie linéaire mais restant pertinent ici, l'exemple fondamental d'un tel dériveur : on suppose que e est fini, et, ayant fixé un $t\in[0,1[$, on pose

$$Bh=\frac{1}{1-t}(h-tRh), \text{ d'où } \{Bh>0\}=\{tRh<h\} \text{ et } h=(1-t)Bh+tRh$$

Dans ce cas, le membre de gauche de (C) implique $u\leq(1-t)v+tRu$ et donc, si R est convexe, $Ru\leq(1-t)Rv+tRu$ d'où $Ru\leq Rv$ (c'est la démonstration "magique" de Mokobodzki en linéaire), mais, sans hypothèse additionnelle, (C) peut être grossièrement faux même pour E réduit à deux points. Les résultats du genre (H)⇒(C) sont importants pour certains problèmes d'optimisation (problème de l'arrêt optimal en théorie des chaînes de Markov, etc.), mais comme on verra mieux que (H)⇒(C) au **II-14** quand on disposera de l'axiome de productivité, ce qui suit est plutôt un exercice.

Voyons de plus près ce que donne le cas général. Supposons qu'il existe $u,v\in\mathcal{D}(B)$ tel que (C) soit faux ; quitte à remplacer v par $v\wedge u$, on peut supposer que l'on a $v\leq u$, $v=u$ sur $\{Bu>0\}$ et $Rv\neq Ru$, puis, quitte à remplacer v par $\tilde{v}=Rv$ et u par $\tilde{u}=u\vee Rv$, on peut supposer que $v=Rv$: le seul point non évident est que $u=v$ sur $\{Bu>0\}$ implique $\tilde{u}=\tilde{v}$ sur $\{B\tilde{u}>0\}$, mais, sur $\{u\leq Rv\}$, on a $\tilde{u}=\tilde{v}$ tandis que sur $\{u>Rv\}$ on a $B\tilde{u}\leq Bu$ d'après **Ax 1** et donc, comme $u=v$ sur $\{Bu>0\}$, on a $\{B\tilde{u}\leq 0\}$ sur $\{u>Rv\}=\{\tilde{u}>\tilde{v}\}$. Ceci fait, comme on a $Rv=v$ et donc $Bv=v\geq 0$, $\{Bu>0\}$ contient $\{Bu>Bv\}$, et, d'après 7,

6 C'est prêcher pour sa chapelle : cette tradition existe chez les spécialistes de théorie du potentiel proches des probabilistes, mais on peut trouver une tradition inverse chez ceux qui, comme Bénilan, sont spécialistes d'équations d'évolution.

[u=v sur {Bu>Bv}] implique $Bu\le B(u\wedge v)=Bv$. Ainsi, on a $v=Rv\le u$ et $Bv\ge Bu$ et $Rv\ne Ru$. De $BRu=Ru\ge v$ on déduit que la v-réduite $w=R_B^v u$ de u relative à B est $\le Ru$, et, d'après la dernière assertion de **13**, on a Bw=v. Finalement, si (C) n'est pas vrai il existe dans $\mathcal{D}(B)$ un couple v,w tel que

$$(\Gamma) \qquad v\ne w \quad \text{et} \quad v=Rv\le w \quad \text{et} \quad Bw=Bv=v$$

Par conséquent (C) est vrai si $B^2h=Bh$ implique Bh=h (dans le cas de l'exemple, cela revient à dire que si $h=(1-t)a+tRh$ avec a=Ra, alors h=Rh, ce qui est manifestement le cas si R est convexe), et a fortiori si B est injectif (dans le cas de l'exemple, c'est vrai si e est borné et R est sur $\mathcal{D}(B)$ une contraction au sens large, pour la norme uniforme). Nous laissons au lecteur le soin d'établir, par un chemin analogue à celui menant de non (C) à (Γ) - qu'on retrouvera en partie quand, disposant de l'axiome de productivité, on étudiera l'injectivité des dériveurs - que (Γ) est vrai si B n'est pas injectif si bien que la propriété (Γ) est équivalente à la non injectivité de B (ainsi, dans le cas de l'exemple, B est injectif si R est convexe, ce qui ne semble pas évident a priori).

LA NOTION DE POTENTIEL

17 Soit $f\in\mathcal{E}$ tel que $f\ge\xi$. Si le système suivant

$$u\ge\eta \quad , \quad Au\ge f\,(\ge\xi)$$

a une solution dans $\mathcal{D}$, sa plus petite solution est appelée le *η-potentiel* $G^\eta f$ de f. Il est clair que l'opérateur G^η défini ainsi est *croissant*. Les contraintes serrées donnent ici

$$AG^\eta f = f$$

si bien que l'opérateur G^η est un inverse à droite croissant (partiellement défini) de A, et que $G^\eta f$ est aussi la plus petite solution de "*l'équation de Poisson*"

$$(\text{Pot}) \qquad u\ge\eta \quad , \quad Au=f$$

On laisse au lecteur la joie de découvrir qu'au prix d'un changement non linéaire de dériveur (et de référence), la résolution de tout système (*) se ramène au calcul d'un potentiel.

17a A titre d'illustration, et en supposant $(\eta,\xi)=(0,0)$ afin de retrouver la situation familière en linéaire (on écrira alors G au lieu de G^η), nous allons faire un calcul de potentiels qui, si on peut le développer complètement par linéarité, donne une formule bien connue en linéaire, du type "équation résolvante".

On suppose les éléments de $\mathcal{D}$ finis et on se donne un second dériveur simple B sur $\mathcal{D}$ tel que $B0=0$ et que $\Psi=B-A$ soit croissant : par exemple, si A est de la forme $I-N$ avec N croissant, alors $B=I-sN$, avec $s\in\mathcal{E}$ compris entre 0 et 1, convient. On va montrer que, pour tout $f\in\mathcal{D}(G_A)$, on a $f+\Psi G_A f\in\mathcal{D}(G_B)$ et

$$(\alpha) \qquad G_A f = G_B(f+\Psi G_A f) \quad \text{où} \quad \Psi=B-A$$

Posons $u=G_A f$; on a $u\geq 0$ et $Au=f$. De l'identité $Bu=f+\Psi u$ on déduit que $v=G_B(f+\Psi u)$ existe et est majoré par u. Mais, de $Bv=f+\Psi u$ et $v\leq u$, on déduit, grâce à la croissance de Ψ, $Bv\geq f+\Psi v$, d'où $Av\geq f$ et donc $v\geq u$ par minimalité de u. Ainsi (α) est établi. L'analogue (β) de (α), mais avec les rôles de A et B inversés, soit $G_B f=G_A(f-\Psi G_B f)$, est fausse en général. Evidemment, (α) et (β) sont vraies en toute généralité si A et B sont des opérateurs inversibles quelconques d'inverses G_A et G_B.

17b Toujours à titre d'illustration, nous complétons ici ce qui a été dit au **16a** dans le cas de l'exemple, i.e. dans le cas où, pour un $t\in]0,1[$ et pour tout $h\in\mathcal{D}(B)$, on a $Bh=\frac{1}{1-t}(h-tRh)$. On pose $\bar{\mathcal{D}}(B)=\{f\in\mathcal{E} : f\leq e\}$, on prolonge, sans changer de notation, R à $\bar{\mathcal{D}}(B)$ en posant $Rf=R(f\vee 0)$ et finalement B comme on devine. On peut écrire, pour $f,\alpha\in\bar{\mathcal{D}}(B)$ tels que $B\alpha\leq f$, une formule explicite donnant le α-potentiel de f relatif à B :

$$G_B^\alpha f = (1-t)f+tRf$$

En effet, désignons par φ le membre de droite : d'une part un calcul simple montre que $B\varphi=f$; d'autre part, si on a $Bh\geq f$ pour un $h\in\bar{\mathcal{D}}(B)$, alors de $h=(1-t)Bh+tRh$ on déduit $h\geq(1-t)f+tRh$ qui, associé à $h\leq(1-t)h+tRh$, donne $h\geq f$ d'où $Rh\geq Rf$ et finalement $h\geq\varphi$. Ainsi, pour $h\in\bar{\mathcal{D}}(B)$ tel que $Bh\geq\alpha$, le α-potentiel de Bh est égal à $(1-t)Bh+tRBh$. Comme $h=(1-t)Bh+tRh$, on a donc $RBh=Rh$ pour tout $h\in\mathcal{D}(B)$ si B est injectif sur $\mathcal{D}(B)$; on peut en déduire une autre démonstration, plus simple et plus puissante, de la propriété $(H)\Rightarrow(C)$ du **16a** quand B est injectif.

POTENTIEL GÉNÉRALISÉ

Cette rubrique, consacrée à l'extension de la définition de l'opérateur η-potentiel, peut être sautée sans grand dommage ; de toute manière, elle ne passera pas en général à travers le filtre de l'ambimesurabilité.

18 Soit $f\le\xi$ tel que le système symétrique de celui de **17**

$$u\le\eta \quad , \quad Au\le f \text{ (ou } Au=f)$$

ait une solution ; étendant sans ambigüité la terminologie de **17**, nous noterons $G^\eta f$ la plus grande solution de ce système appelée *η-potentiel* de f (mais on réservera la notation $\mathcal{D}(G^\eta)$ au domaine de G^η tel que défini en **17**). Soit alors $\mathcal{D}^g(G^\eta)$ [domaine généralisé du η-potentiel] l'ensemble des $f\in\overline{\mathbb{R}}^E$ telles que $G^\eta(f\wedge\xi)$ et $G^\eta(f\vee\xi)$ existent ; pour $f\in\mathcal{D}^g(G^\eta)$ on dira qu'une solution de

$$\text{(Gen)} \qquad G^\eta(f\wedge\xi)\le u\le G^\eta(f\vee\xi) \quad , \quad Au=f$$

est un *η-potentiel généralisé* de f. Il est clair que, pour $f\le\xi$ ou $f\ge\xi$, la fonction $G^\eta f$ est la seule solution du système ; dans le cas général, le système a une plus petite solution notée $G^\eta_{\leftarrow}f$ (c'est le potentiel de f relativement à la référence $G^\eta(f\wedge\xi)$), et une plus grande notée $G^\eta_{\rightarrow}f$ (potentiel de f relativement à la référence $G^\eta(f\vee\xi)$). Les opérateurs $G^\eta_{\leftarrow}$ et $G^\eta_{\rightarrow}$ ainsi définis sur $\mathcal{D}^g(G^\eta)$ sont croissants, et sont tous deux des inverses à droite de A sur $\mathcal{D}^g(G^\eta)$; contrairement au cas linéaire, ils sont généralement différents (déjà quand E n'a que deux points).

A titre d'exercice, le lecteur pourra s'amuser à montrer qu'une bonne part de (α) de **17a** est encore valable si on y remplace les potentiels par des potentiels généralisés.

PROBLÈME DE DIRICHLET. RÉDUCTION

Quoiqu'il s'agisse d'un sujet important, nous n'aurons pas l'occasion d'utiliser par la suite cette rubrique.

19 Afin de simplifier la présentation, nous supposerons ici que les éléments de $\mathcal{D}$ sont finis et que la référence (η,ξ) est égale à (0,0) ; nous omettrons alors de noter la référence dans les notations de réduites et de potentiels. On peut toujours se ramener à ce cas, si (η,ξ) est finie, quitte à considérer le dériveur simple $\hat{A}$ tel que $\mathcal{D}(\hat{A})=\mathcal{D}(A)-\eta$ et $\hat{A}v=A(v+\eta)-\xi$: on a alors

$$\eta=R^\eta\eta=G^\eta\xi \quad , \quad \hat{R}h=R^\eta(h+\eta)-\eta \quad , \quad \hat{G}h=G^\eta(h+\eta)-\eta \quad , \quad \text{etc.}$$

Soient F une partie de E et $w\in\mathcal{D}$ tel que $w\ge0$; considérons le système de trois inégalités

$$u\ge0 \qquad u\ge w \text{ sur } F \qquad Au\ge0 \text{ sur } E\backslash F$$

qui s'écrit encore sous la forme (1), (2) ou (3) suivante, où J_T est l'opérateur de multiplication par l'indicatrice de $T\subseteq E$ (avec $0\times\infty=0$) et où $\bar{T}$ désigne le complémentaire $E\backslash T$ de T :

(1) $u \geq J_F w \geq 0$ $(J_F + J_{\bar F} A)u \geq 0$

(2) $u \geq 0$ $(J_F + J_{\bar F} A)u \geq J_F w \geq 0$

(3) $u \geq J_F w \geq 0$ $Au \geq f$, où $f=0$ sur F et $=-\infty$ sur $\bar F$

la dernière forme servant au **23** à vérifier l'ambimesurabilité. Si $\tilde A$ est le dériveur $J_F + J_{\bar F}A$, on reconnait en (1) (resp en (2)) le système définissant la réduite $\tilde R J_F w$ (resp le potentiel $\tilde G J_F w$) de $J_F w$ relativement à $\tilde A$. Ainsi, si (1) a une solution (ce qui est le cas si Rw existe), le système a une plus petite solution notée $H_F w$ (en linéaire, H_F est le noyau harmonique associé à F), égale à $\tilde R J_F w$ et à $\tilde G J_F w$, et qui vérifie donc

(Dir) $H_F w = w$ sur F $AH_F = 0$ sur $E \setminus F$

Autrement dit, $H_F w$ est la solution du problème de Dirichlet pour la donnée frontière $w \geq 0$ sur F (et la référence (0,0)). L'opérateur croissant H_F ainsi défini est appelé *opérateur de réduction sur* F. On a évidemment $H_F w \leq R(J_F w)$ pour tout $w \geq 0$; plus remarquable est le fait qu'on ait

$$H_F w = RJ_F w \quad \text{si} \quad Aw \text{ est } \geq 0$$

en effet, si Aw est ≥ 0, on a nécessairement $w = H_F w = RJ_F w$ sur F, d'où $AH_F w \geq ARJ_F w$ sur F et donc partout, chacun d'eux valant 0 sur $E \setminus F$. En théorie linéaire, cette égalité joue un rôle important parce qu'elle permet, pour w excessive (i.e. $w \geq 0$ et $Aw \geq 0$), de remplacer le calcul non linéaire de $RJ_F w$ par le calcul linéaire de $H_F w$; évidemment, cela est perdu dans notre contexte... mais on y gagnera une bien plus simple démonstration du principe de domination que celle donnée traditionnellement en linéaire (qui repose sur un calcul du genre de celui vu au **17a**).

Le superprincipe de domination

On va retrouver ici, comme application du prototype 7 et de la définition 17 des potentiels, l'analogue du principe complet du maximum en théorie linéaire [élémentaire] sous-markovienne. Comme nous n'avons pas fait d'hypothèse "sous-markovienne" (cf cependant II-7, et la remarque b) ci-dessous), cela prend ici la forme d'un principe de domination "super". Bien entendu, il y a un énoncé symétrique en regardant en dessous de la référence au lieu de au dessus.

20 **Théorème.** *Soient* $v \in \mathcal{D}$ *majorant* η *et* $u = G^\eta f$ *avec* $f \in \mathcal{E}$ *majorant* $\xi = A\eta$. *Si on a* $u \leq v$ *sur* $\{Au > Av\}$, *on a* $u \leq v$ *partout.*

D/ D'après la proposition 7, on a $Au \le A(u \wedge v)$, donc $u \wedge v$ est comme u solution du système (en w) $w \ge \eta$, $Aw \ge Au (\ge \xi)$. D'où on a $u = u \wedge v$ par minimalité de l'η-potentiel $u = G^{\eta} Au$.

Remarques. a) Si on a $Av \ge \xi$, il suffit évidemment d'avoir $u \le v$ sur $\{Au > \xi\}$ pour conclure. On établira plus tard, avec des hypothèses additionnelles, que les fonctions $v \ge \eta$ telles que [$u \le v$ sur $\{Au > \xi\}$] implique [$u \le v$ partout] sont celles telles que $Av \ge \xi$.

b) Soit (v_t) une application croissante de $\mathbb{R}_+$ dans $\mathcal{D}$ telle que $v_0 = v$ et $Av_t \ge Av$ pour tout $t \ge 0$. Alors on a $u \le v_t$ partout dès qu'on a $u \le v_t$ sur $\{Au > Av\}$. Si on suppose que A vérifie $A(w+c) \ge Aw$ pour tout $w \in \mathcal{D}$ et tout $c \in \mathbb{R}_+$ (ce qui revient à dire, en linéaire, que N est sousmarkovien si $A = I - N$ avec N croissant), on peut prendre v_t égal à $v+t$, et on retrouve alors l'énoncé familier du principe complet du maximum. Ce remplacement du "$v_t = v+t$" classique par "$t \mapsto v_t$" croissant sera précisé et systématisé au **II-4** lorsque nous aborderons l'axiome de productivité.

c) On montrera plus tard, avec des hypothèses additionnelles assez fortes, que les opérateurs croissants vérifiant divers principes de domination sont des opérateurs potentiels.

L'AXIOME D'AMBIMESURABILITÉ

21 On revient au cas général : la tribu $\mathcal{E}$ n'est pas forcément égale à $\mathcal{P}(E)$, et le domaine $\mathcal{D}(A)$ de notre dériveur simple A est normal par rapport à $\mathcal{E}$. Se pose alors la question : est-ce-que le système en u, de paramètres $u_0 \in \mathcal{D}(A)$ et $f_0 \in \mathcal{E}$,

$$(*) \qquad u \ge u_0 \qquad Au \ge f_0$$

ayant par hypothèse une solution dans $\mathcal{D}(A)$, a une solution minimale dans $\mathcal{D}(A)$? Nous préférons remplacer cette question par une variante plus exigeante et plus aisée à la fois. Désignant par $\tilde{A}$ une extension de A en un dériveur simple sur $\overline{\mathbb{R}}^E$, nous regardons le système en u, de paramètres $u_0 \in \mathcal{D}(A)$ et $f_0 \in \mathcal{E}$,

$$(\tilde{*}) \qquad u \ge u_0 \qquad \tilde{A}u \ge f_0$$

ayant par hypothèse une solution $v_0 \in \mathcal{D}(A)$, et nous nous demandons quand sa solution minimale $\tilde{u}$ dans $\overline{\mathbb{R}}^E$, qui existe d'après **13**, appartient à $\mathcal{D}(A)$ (elle sera alors évidemment solution minimale dans $\mathcal{D}(A)$ pour $(*)$).

22 On va d'abord exhiber un procédé par récurrence transfinie pour "construire" $\tilde{u}$. Pour $x \in E$ et $u \in \overline{\mathbb{R}}^E$ tel que $u_0 \le u \le v_0$, soit

$$\tau_u^x = \inf\{t \in \mathbb{R}_+ : \forall n \in \mathbb{N}\ \exists r \in \mathbb{Q}_+\ r \le t \text{ et } \varepsilon_x \tilde{A}(u + r1_{\{x\}}) \ge f_o^x - \frac{1}{n}\}$$

en convenant que $\inf \emptyset = v_o^x - u_o^x$ (définition qui se simplifie en

$$\tau_u^x = \inf\{t \in \mathbb{R}_+ : \varepsilon_x \tilde{A}(u + t1_{\{x\}}) \ge f_o^x\}$$

si $\lambda \mapsto \varepsilon_x \tilde{A}(u + \lambda 1_{\{x\}})$ est continue ; cette forme simple ne suffit pas en général pour étudier plus loin la mesurabilité de $x \mapsto \tau_u^x$). On a $\tau_u^x \le v_o^x - u_o^x$ d'après **Ax 1**, et $\tau_u^x \le \tilde{u}^x - u^x$ pour $u \le \tilde{u}$. On définit ensuite un élément u_x de $\bar{\mathbb{R}}^E$ par

$$u_x \quad = u + \tau_u^x 1_{\{x\}}$$

et enfin, faisant varier $x \in E$, à $u \in \bar{\mathbb{R}}^E$ tel que $u_o \le u \le v_o$, on associe son "dérivé"[7] $u' \in \bar{\mathbb{R}}^E$ défini par

$$u' = \sup_{x \in E} u_x$$

Pour $u_o \le u \le \tilde{u}$, on a $u \le u' \le \tilde{u}$, et $u = u'$ ssi $u = \tilde{u}$ (la nécessité résulte de **Ax 2**). On peut alors définir une suite transfinie croissante (u_i) d'éléments de $\bar{\mathbb{R}}^E$ coincés entre u_o et $\tilde{u}$ en partant de u_o et en posant $u_{i+1} = u_i'$ pour tout ordinal i et $u_j = \sup_{i<j} u_i$ si j est limite. On a $u_i = \tilde{u}$ si $u_i = u_{i+1}$, et comme, pour une raison évidente de cardinalité, la suite (u_i) finit par stationner, on est sûr d'atteindre "un jour" $\tilde{u}$ de cette façon.

Et nous serions (trivialement) assurés de l'appartenance de $\tilde{u}$ à $\mathcal{D}(A)$ si nous étions dans la situation suivante :

(a) $u \in \mathcal{D}(A)$ implique $u' \in \mathcal{D}(A)$,

(b) la suite (u_i) stationne à partir d'un ordinal $i < \Omega$[8].

Mais, si (a) se vérifie assez bien, (b) est très coriace...

> Dans un contexte que nous ne développerons pas ici, il existe des théorèmes puissants, en théorie descriptive des ensembles, permettant d'établir le stationnement de suites transfinies à partir d'un "petit" ordinal sur une fonction ayant une "honnête" mesurabilité (cf [Zinsmeister]). Ils sont malheureusement mal adaptés à la situation présente (mais sont efficaces dans d'autres situations en théorie du potentiel : cf **24**) ; probablement, les problèmes de mesurabilité que nous nous posons ici ne peuvent pas avoir de solution satisfaisante au sein de la théorie des ensembles habituelle.

---

7 Réminiscent de "dérivé d'un ensemble" au sens de Cantor dans un espace topologique ; à ce propos, le lecteur pourra s'amuser à retrouver la dérivation de Cantor comme exemple d'action d'un dériveur élémentaire sur-additif, l'adhérence d'une partie étant la réduite de son indicatrice relativement à la référence (0,0).

8 Une des notations classiques pour aleph_1.

Prenant nos désirs pour des réalités, nous prendrons donc comme axiome la propriété convoitée, puis, à la rubrique suivante nous exhiberons une classe assez large de dériveurs simples vérifiant cet axiome.

23 Nous dirons que A est *mesurable* si $u\in\mathcal{D}(A)$ implique $Au\in\mathcal{E}$, ce qui implique au 22 la $\mathcal{E}$-mesurabilité de $x\mapsto\tau_u^x$ pour $u\in\mathcal{D}(A)$, et que A est *uniformément mesurable* s'il vérifie plus généralement

> *Si* $(u_t)_{t\in\mathbb{R}}$ *est une famille* $\mathcal{B}(\mathbb{R})\otimes\mathcal{E}$*-mesurable d'éléments de* $\mathcal{D}(A)$*, alors* $(Au_t)_{t\in\mathbb{R}}$ *est aussi* $\mathcal{B}(\mathbb{R})\otimes\mathcal{E}$*-mesurable*

propriétés d'allure assez familière en théorie de la mesure pour paraître naturelles.

C'est là faire l'autruche : notre uniforme mesurabilité est trop faible pour correspondre à la notion ayant même nom en théorie descriptive des ensembles, tandis que la mesurabilité est trop forte pour inclure les dériveurs élémentaires des maisons de jeu boréliennes à coupes non dénombrables.

Nous laissons le lecteur vérifier que le (a) du 22 est vrai si A est uniformément mesurable. Enfin, la résolution du système (*) ressemblant au calcul d'un inverse, nous dirons que A est *ambimesurable* s'il est uniformément mesurable et s'il vérifie

pour tout $u_o\in\mathcal{D}(A)$, $f_o\in\mathcal{E}$, *si le système* $u\geq u_o$, $Au\geq f_o$ *en* u *a une solution dans* $\mathcal{D}(A)$, *la solution minimale dans* $\bar{\mathbb{R}}^E$ *relative à une extension* $\tilde{A}$ *de* A *en un dériveur simple sur* $\bar{\mathbb{R}}^E$ *est* $\mathcal{E}$*-mesurable*[9].

Ce qui nous permet d'énoncer notre axiome de mesurabilité avec concision mais sans excès de fierté :

Ax 3: Le dériveur simple A est ambimesurable

Comme annoncé, nous privilégions (*) par rapport à (**) : il est malheureusement nécessaire de choisir l'un des deux (cf 26). L'axiome 3 sera notre seul axiome "dissymétrique". Par contre, maigre consolation, il est trivialement préservé par les procédés d'extension à $\bar{\mathbb{R}}^E$ vus au 6.

Il reste cependant que cet axiome est bien trop artificiel, et peu performant : A et B étant deux dériveurs simples ambimesurables de même domaine, on est bien incapable de vérifier que $A\wedge B$, ou A+B, etc, en est encore un !

---

[9] Il suffit de le vérifier pour l'extension maximale $A^\wedge$ (cf 6) : en effet celle-ci fournit la plus petite solution minimale.

En particulier, A étant ambimesurable, on est incapable de vérifier que pI+A l'est aussi pour tout p>0 alors que plus tard, si A est un producteur, on définira sa résolvante en prenant les inverses des pI+A ! J'ai pensé un (bon) moment pouvoir remédier à cela en introduisant un paramètre fonctionnel dans le système (*) qui s'écrirait alors, avec un léger changement de notations, $w \geq u$, $Aw \geq \varphi(f,u)$, où $\varphi \in \mathcal{B}(\mathbb{R}\times\mathbb{R})$ vérifie des hypothèses convenables. Malheureusement, il y a alors conflit entre le §I, qui veut des notions invariantes par changement d'échelle, et le §II qui réclame une certaine régularité de φ pour donner des exemples. Il a donc fallu se débrouiller autrement...

Tous ces défauts disparaitront à la rubrique suivante, mais au prix de l'introduction d'une propriété de continuité à gauche des dériveurs pour la convergence simple, fréquemment vérifiée (et toujours vérifiée par hypothèse en linéaire). Elle nous a semblé cependant trop forte pour être prise comme axiome : elle écarte certains opérateurs naturels, qui, construits à l'aide du théorème de point fixe de Banach (cf II-27), ont peu de chance d'être réguliers pour la convergence simple.

A partir du §II, les opérateurs envisagés auront, sauf mention du contraire, leurs domaine et image inclus dans $\mathcal{L}_\infty(\mathcal{E})$: ils seront donc, sans avoir à le dire, $\mathcal{E}$-mesurables. De manière générale, nous aurons rarement, sauf si nous la cherchons, l'occasion de nous pencher sur des problèmes de mesurabilité épineux. C'est d'ailleurs là le seul attrait de **Ax 3**.

DÉRIVEURS MESURABLES MONTANTS

Il est grand temps de donner des exemples intéressants de dériveurs ambimesurables, sans l'être de manière évidente. Nous allons d'abord en décrire, puis en construire.

24 Adaptant à notre convenance un vocable usuel, nous dirons qu'un opérateur K, de domaine normal $\mathcal{D}(K)$, est *montant* si

$$u_n \uparrow u \text{ dans } \mathcal{D}(K) \Rightarrow Ku_n \to Ku$$

(la convergence étant *simple*) même si K n'est pas croissant : si K est un dériveur élémentaire I-N, la montée de N, croissant, au sens usuel équivaut à la montée au sens élargi de K. Nous montrerons ci-dessous qu'un dériveur simple, mesurable et montant est ambimesurable.

La classe $\mathfrak{M}$ des dériveurs simples mesurables et montants de même domaine normal $\mathcal{D}$ a largement les propriétés de stabilité, triviales ici, qui nous manquaient à la fin de 23:

si $H(t_1,\dots,t_n)$ est une fonction continue croissante de domaine approprié dans $\bar{\mathbb{R}}^n$, on a $H(A_1,\dots,A_n)\in\mathfrak{M}$ pour $A_1,\dots,A_n$ dans $\mathfrak{M}$.

qu'on peut aussi compliquer en permettant que H dépende aussi de $x\in E$, tout en étant mesurable en $x,t_1,\dots,t_n$.

Par ailleurs, $\mathfrak{M}$ est stable pour les limites décroissantes: si (A_n) est une suite dans $\mathfrak{M}$ telle que, pour tout $u\in\mathcal{D}$, A_nu tend simplement en décroissant vers une limite $A_\infty u$, alors on a $A_\infty\in\mathfrak{M}$. Le seul fait non évident est que A_∞ soit montant (d'autant plus que cela a l'air d'aller dans le mauvais sens ; il suffit cependant de penser au cas élémentaire $A_n = I-N_n$, N_n croissant, pour retrouver une situation familière) ; or, pour $u_k\uparrow u$ dans $\mathcal{D}$, on a

$$A_\infty u \le \liminf_k A_\infty u_k \le \limsup_k A_\infty u_k \le \limsup_k A_n u_k = A_n u$$

pour tout $n\in\mathbb{N}$, la première inégalité provenant de 10, d'où, en faisant tendre n vers $+\infty$, $A_\infty u = \lim_k A_\infty u_k$.

Enfin, si A est montant, la propriété de montée est conservée par les opérateurs associés à A via les systèmes (*). Soit $Z(u,f)$ la plus petite solution, si elle existe, de $w\ge u$, $Aw\ge f$; si on a $u_n\uparrow u$ et $f_n\uparrow f$, alors tous les $Z(u_n,f_n)$ existent si $Z(u,f)$ existe (et ce qui suit établira aussi la réciproque), la suite des $Z(u_n,f_n)$ est croissante par minimalité de $Z(\cdot,\cdot)$, et, comme A est montant, sa limite est solution minimale de $w\ge u$, $Aw\ge f$. Ceci s'applique en particulier aux opérateurs de réduite et de potentiel, et sera de temps en temps utilisé ultérieurement sans crier gare.

Voici le résultat modeste (dans la construction par récurrence transfinie du 22, nous stationnerons à ω[10]), mais néanmoins très intéressant, d'ambimesurabilité promis ci-dessus :

25 **Théorème.** *Pour que le dériveur simple A soit ambimesurable, il suffit qu'il soit mesurable et montant.*

D/ Supposons donc A mesurable et montant. Nous laissons au lecteur la démonstration du fait que A est uniformément mesurable (analogue à celle de la première moitié du théorème de Fubini), et passons à la résolution d'un système (*). Reprenons la suite

---

10 Une des notations classiques pour aleph_0

transfinie (u_i) vue au 22 et montrons qu'elle stationne dès ω. Nous notons (u_n) la suite obtenue pour $i<\omega$. Par définition, on a $u_\omega = \lim\uparrow u_n$, et donc $Au_\omega = \lim Au_n$ par hypothèse. Par ailleurs, étant donné la définition de l'application $u\mapsto u'$, on a $Au_n^x \geq f_o^x$ pour $x\in\{u_n=u_{n+1}\}$. Donc on a $Au_\omega \geq f_o$ sur $F=\{x:\ \exists n\ u_n^x=u_\omega^x\}$ tandis que, sur $E\setminus F$, on a $Au_n<f_o$ pour $x\in\{u_n<u_{n+1}\}$, d'où $Au_\omega\leq f_o$. Enfin, fixons $x\in E\setminus F$ et désignons par w_n la fonction égale à u_{n+1} en x et à u_n ailleurs (c'est la fonction qui était notée $u^x_{n,x}$ au 22) : par construction de u_{n+1} on a $Aw_n^x\geq f_o^x$ et donc, comme (w_n) tend en croissant vers u_ω, on a $Au_\omega^x = f_o^x$. Tout compte fait, on a $Au_\omega \geq f_o$ sur F et $Au_\omega = f_o$ sur $E\setminus F$ si bien que u_ω est bien la plus petite solution du système.

26 *Remarque.* Supposons E métrisable compact de tribu borélienne $\mathcal{E}$, et soit (P_n) une suite de noyaux (positifs, bornés) sur $(E,\mathcal{E})$ telle que $\sup_n P_n 1$ soit bornée. Posons $N_n = P_1 \vee\cdots\vee P_n$ [11], $A_n = I - N_n$ de domaine $\mathcal{L}_\infty(\mathcal{E})$. Les dériveurs simples A_n sont continus pour la convergence simple (bornée) et le dériveur simple

$$A = \lim\downarrow A_n = I - \sup_n P_n$$

vérifie les conditions du théorème. C'est, quand chaque P_n est markovien (i.e. $P_n 1 = 1$), le type de dériveur simple qu'on rencontre en théorie des maisons de jeux (à coupes dénombrables). Soit maintenant B le dériveur simple dual de A:

$$B = \lim\uparrow B_n = I - \inf_n P_n$$

où $B_n = P_1\wedge\cdots\wedge P_n$. Il est aussi "naturel" que A (par exemple, on le rencontre implicitement, pour E fini, en économie mathématique linéaire), et pourtant il n'est pas forcément ambimesurable. Le mieux qu'on puisse dire en général dans ce cas, à l'aide de la théorie descriptive des ensembles, est que la suite transfinie (u_i) associée en 22 à un système $(*)$ stationne dès Ω, et que u_Ω est une fonction (à surgraphe) analytique, donc universellement mesurable. On comprend donc que que **Ax 3** est trop contraignant, même si, pour E non dénombrable, le théorème ne fournit pas les seuls cas "explicites" de dériveurs simples ambimesurables (cf II-27) ; mais qu'y faire? Si on augmente $\mathcal{D}(A)$ des fonctions analytiques, il faut aussi augmenter $\mathcal{I}(A)$ des différences de telles fonctions, etc : on ne saura finalement plus rien dire, avec les

---

[11] Au sens ponctuel ! N_n n'est pas un noyau.

axiomes habituels de la théorie des ensembles, sur la mesurabilité des solutions de (∗).

27 **Exemples.** Soient $\mathfrak{U}$ la classe de tous les noyaux $\mathcal{E}$-mesurables positifs bornés, et $\mathfrak{B}$ la plus petite classe d'opérateurs sur $\mathcal{L}_\infty(\mathcal{E})$ contenant $\mathfrak{U}$ et vérifiant les propriétés de stabilité suivantes (où ■ désigne une classe d'opérateurs dont on teste la stabilité pour une opération)):

α) Si N_1 et N_2 sont dans ■, le composé $N_1 \circ N_2$ l'est aussi.

β) Si $H(x,t_1,\cdots,t_n) \in \mathcal{E}\times\mathcal{B}(\mathbb{R})$ est, pour $x\in E$ fixé, une fonction continue croissante sur $\mathbb{R}^n$ et si $N_1,\cdots,N_n$ sont dans ■, alors $H(N_1,\cdots,N_n) : u \mapsto (x \mapsto H(x,\varepsilon_x N_1 u,\cdots,\varepsilon_x N_n u))$ l'est aussi.

L'ensemble $\mathfrak{C}$ des $\lambda(I-N)$, pour N parcourant $\mathfrak{B}$ et λ parcourant $\mathbb{R}_+$, est une large classe de dériveurs élémentaires mesurables, continus pour la convergence simple. Soient maintenant $\mathfrak{D}$ la classe obtenue en adjoignant à $\mathfrak{C}$ les opérateurs de la forme

$u \mapsto (x \mapsto \varphi(x,u^x))$, $\varphi \in \mathcal{E}\times\mathcal{B}(\mathbb{R})$ continue sur $\mathbb{R}$ pour $x\in E$ fixé,

et $\mathfrak{E}$ celle obtenue en stabilisant $\mathfrak{D}$ pour β) : $\mathfrak{E}$ est une classe plus large de dériveurs simples, mesurables, et continus pour la convergence simple, non élémentaires en général. Enfin, si, pour définir $\mathfrak{B}$, on adjoint aux clauses α) et β) la clause

γ) Si (N_k) est dans ■, alors $\sup_k N_k$ l'est aussi si $\sup_k N_k h$ est bornée pour tout $h \in \mathcal{L}_\infty(\mathcal{E})$.

$\mathfrak{E}$ devient une vaste classe de dériveurs simples, mesurables et montants, et donc ambimesurables, qu'on pourrait encore élargir en remplaçant dans γ) la fonction $(t_k) \mapsto \sup_k t_k$ par n'importe quelle fonction globalement croissante $H(t_1,\cdots,t_k,\cdots)$ définie sur un domaine approprié de $\overline{\mathbb{R}}^{\mathbb{N}}$, et *globalement montante*, i.e. telle que, si, pour chaque k, (t_k^i) est une suite croissante en i,

$$[\, t_k^i \uparrow_i t_k \text{ pour tout } k \,] \Rightarrow [\, H(t_1^i,\cdots,t_k^i,\cdots) \uparrow_i H(t_1,\cdots,t_k,\cdots) \,]$$

et on pourrait de plus permettre à H de dépendre de $x\in E$, etc.

II. PRODUCTEURS. ÉTUDE DE LA RÉDUITE ET DU POTENTIEL. AMENDEURS

L'espace $\mathcal{L}_\infty(\mathcal{E})$ étant désormais noté $\mathcal{D}$ pour alléger, on se donne un dériveur simple A de domaine $\mathcal{D}(A)$ égal à $\mathcal{D}$ et d'image $\mathcal{I}(A)$ incluse dans $\mathcal{D}$. On suppose $\mathcal{D}(A)$ et $\mathcal{I}(A)$ inclus dans $\mathcal{D}$ à cause du rôle important que va jouer ici la norme uniforme. *Sauf mention additionnelle, tout ce qui touche à la continuité sera relatif à la convergence uniforme.* En théorie linéaire élémentaire, tous les opérateurs rencontrés sont des noyaux ou des différences de noyaux ; ils sont donc continus pour la convergence simple (*on entendra toujours par convergence simple la convergence simple bornée*). Ici, ce n'est pas toujours le cas (cf I-27), ce qui rend l'étude de la convergence simple plus délicate, sauf évidemment si E est fini.

L'égalité supposée de $\mathcal{D}(A)$ et $\mathcal{D}$, outre qu'elle fixe les idées, permettra d'utiliser des notions familières (la convergence à l'infini dans la définition d'une progression, l'addition dans la définition d'une résolvante, etc.) là où il aurait fallu sinon introduire des notions "barbares"[1]. Du point de vue de la théorie du potentiel, un autre choix naturel possible est $\mathcal{D}(A)=\mathcal{D}_+$, avec $A0=0$, mais on perd alors la moitié de la structure vectorielle, ce qui complique l'étude de l'équation résolvante ; de toute manière, on peut facilement ramener le cas $\mathcal{D}(A)=\mathcal{D}_+$ au cas $\mathcal{D}(A)=\mathcal{D}$ en prolongeant A par $Au = A(u^+)-u^-$.

Sauf si E est fini[2], les notions considérées ici ne sont plus invariantes par un changement d'échelle quelconque ; nous laissons au lecteur le soin de voir quels changements d'échelle seront licites ici. Cette perte d'invariance est inévitable si E est infini ; en effet, plus d'une proposition à venir (en premier lieu, l'axiome de dérivation à la frontière) aura la forme, avec $T \subseteq E$ et v fonction de u,

$$[\inf_{x\in T} u(x)=0] \Rightarrow [\inf_{x\in T} v(x)=0]$$

---

1 En fait, le choix même de $\mathcal{D}$ et de la convergence uniforme sont de cet ordre : on a choisi la fonction constante 1 comme étalon et les opérations ordinaires pour définir et effectuer les comparaisons à cet étalon.

2 Il y a aussi une petite restriction dans ce cas, due à $\mathcal{D}(A)=\mathcal{D}$.

avec des inf qui ne sont généralement pas atteints. Ceci dit, il faut considérer cette perte moins comme un défaut que comme la possibilité d'avoir pu choisir initialement des "systèmes de coordonnées" au départ et à l'arrivée adaptés à la situation.

L'AXIOME DE DÉRIVATION À LA FRONTIÈRE

1 L'axiome suivant, qui est une extension naturelle de **Ax 1**, sera nécessaire pour que **Ax 5** soit pleinement efficient :

Ax 4: Soient $u, v \in \mathcal{D}$ tel que $u \leq v$, et $T \subseteq E$ non vide. Alors

$$[\inf_{x\in T} (v^x - u^x) = 0] \Rightarrow [\inf_{x\in T} (Av^x - Au^x) \leq 0]$$

Il implique **Ax 1** et lui est évidemment équivalent si E est fini. Son nom provient du fait que, si $\check{E}$ est le compactifié de Stone-Čech de E, et si A est canoniquement prolongé en une application $\check{A}$ de $\mathcal{C}(\check{E})$ dans $\mathcal{C}(\check{E})$, alors $\check{A}$ est un dériveur ssi A vérifie **Ax 4**.

L'axiome de dérivation à la frontière est toujours vérifié si A est élémentaire, et aussi sous une hypothèse raisonnable :

2 **Théorème.** *Le dériveur* A *vérifie* **Ax 4** *s'il est continu.*

D/ On reprend les notations de l'énoncé de l'axiome. Supposons $\inf_{x\in T} (v^x - u^x) = 0$ et posons pour chaque entier n

$$H_n = T \cap \{v \leq u + \tfrac{1}{n}\}$$

ensemble non vide par hypothèse. Posons aussi

$$u_n = u \text{ sur } H_n^c \quad , \quad u_n = v \text{ sur } H_n$$

On a $u_n \leq v$ partout avec égalité sur H_n, et donc $Au_n \geq Av$ sur H_n en vertu de **Ax 1**. Par ailleurs, u_n converge uniformément vers u, et donc Au_n vers Au par continuité. Donc il ne peut exister $\varepsilon > 0$ tel que $\inf_T (Av - Au) \geq \varepsilon$.

Remarque. Tout dériveur continu est simple ; mais, contrairement à la continuité pour la convergence simple, la continuité est sans influence sur l'ambimesurabilité. Par ailleurs **Ax 1**, **Ax 2** et **Ax 5** entraineront conjointement que, pour chaque $x \in \mathcal{D}$, $u \mapsto \varepsilon_x Au$ est continue, et donc que A est continu si E est fini, et pas loin si E est dénombrable (un changement d'échelle permet de majorer en module les éléments de $\mathcal{I}(A)$ par une fonction tendant vers 0 à l'infini). De plus, en théorie linéaire élémentaire, A est toujours continu (par hypothèse ou en conclusion). On pourrait donc croire ne pas perdre grand chose en prenant comme axiome 4 la continuité des dériveurs. Nous ne l'avons pas fait afin que, comme pour l'axiome 2 en **I-8**, tout dériveur élémentaire soit un exemple, mais, surtout à cause de l'impossibilité en général d'étendre alors, avec conservation de l'axiome, le dériveur à $\mathcal{L}_\infty(\mathcal{P}(E))$, ce qui, étant donnée notre doctrine exposée au **I-13**, aurait constitué une hérésie.

3 **Extension.** Ayant posé $\bar{\mathcal{D}}=\mathcal{L}_\infty(\mathcal{P}(E))$ pour simplifier, nous allons voir que la restriction à $\bar{\mathcal{D}}$ de l'extension maximale (minimale) $A^\wedge$ ($A^\vee$) de A à $\bar{\mathbb{R}}^E$ vue en **I-6** vérifie **Ax 4** si A le vérifie ; nous les noterons respectivement $\bar{A}$ et $\underline{A}$, et ne regarderons que le cas de $\bar{A}$, privilégié à cause de la note de **I-23**. Supposons qu'on ait $\inf_T(\bar{v}-\bar{u})=0$ pour $T\subseteq E$ non vide et $\bar{u},\bar{v}\in\bar{\mathcal{D}}$ avec $\bar{u}\leq\bar{v}$, et soit (x_n) une suite dans T telle que $\inf_n(\bar{v}(x_n)-\bar{u}(x_n))=0$. Vu la définition de l'extension $\bar{A}$, on peut trouver dans $\mathcal{D}$ des éléments u, v tels que $u\leq\bar{u}$, $v\leq\bar{v}$ et que u et $\bar{u}$, Au et $\bar{A}\bar{u}$, v et $\bar{v}$, Av et $\bar{A}\bar{v}$ soient égaux en x_n pour tout n. D'où la conclusion.

L'AXIOME DE PRODUCTIVITÉ

4 Pour alléger l'écriture, nous poserons désormais, pour $v\in\mathcal{D}$,

$$\iota(v) = \inf_{x\in E} v^x$$

Ceci fait, nous dirons qu'une application $\mathfrak{u}: t\mapsto u_t$ de $\mathbb{R}_+$ dans $\mathcal{D}$ est une *ascension issue de* u si on a $u_o=u$ et si $\mathfrak{u}$ est *continue, croissante,* et vérifie les deux conditions suivantes :

$$\forall t>0 \quad \iota(u_t-u_o)>0 \quad , \quad \lim_{t\uparrow+\infty}\iota(u_t)=+\infty$$

Autrement dit, l'ascension croît strictement au départ de u et s'éloigne à l'infini, uniformément.

L'ascension $\mathfrak{u}$ est appelée une *progression issue de* u (relativement au dériveur A) si elle vérifie

$$\forall t\geq 0 \quad Au_t \geq Au$$

Par exemple, si R^u est défini et continu sur $\mathcal{D}\cap\{v: v\geq u\}$, alors $t\mapsto R^u(u+t)$ est, pour $t\geq 0$, une progression issue de u.

L'ascension $\mathfrak{u}$ est *une progression stricte issue de* u (relativement au dériveur A) si

$$\forall t>0 \quad \iota(Au_t-Au_o)>0 \quad , \quad \lim_{t\uparrow+\infty}\iota(Au_t)=+\infty$$

Par exemple, une progression relative à A est une progression stricte relative à pI+A, pour tout réel p>0. Autre exemple : si A vérifie **Ax 4**, si G^u est défini et continu sur $\mathcal{D}\cap\{f: f\geq Au\}$, alors $t\mapsto G^u(Au+t)$ est, pour $t\geq 0$, une progression stricte issue de u, **Ax 4** impliquant aisément que l'on a $\iota[G(Au+t)-u]>0$ pour $t>0$.

Nous utiliserons aussi, mais moins souvent, la notion symétrique appelée *régression* : $t \mapsto u_t$ de $\mathbb{R}_-$ dans $\mathcal{D}$ est une régression (stricte) relative à A si $-t \mapsto -u_{-t}$ est une progression (stricte) relative au dual de A. Le lecteur qui ne s'y retrouverait pas pourra écrire les inégalités afférentes...

5 Nous en arrivons au dernier axiome, indispensable pour faire vraiment de la théorie du potentiel (sans cela, on peut avoir A bijectif, d'inverse décroissant !). Le dériveur A sera dit *productif* s'il vérifie

Ax 5 : Il existe, pour tout $u \in \mathcal{D}$, une progression et une régression issues de u.

et *strictement productif* si progression et régression peuvent être prises strictes dans cet énoncé.

Avant de développer les conséquences de l'axiome de productivité, nous allons regarder ce qu'il donne en linéaire et en profiter pour dégager une classe remarquable de dériveurs.

PRODUCTEURS SOUS-MARKOVIENS

6 Regardons donc ce que donne **Ax 5** dans le cas linéaire : si (u_t) est une progression issue de 0 (progression et régression ici donnent la même chose), on a pour $t>0$ fixé et $\varphi = u_t$,

$$(\Phi) \qquad \iota(\varphi) > 0 \quad \text{et} \quad A\varphi \geq 0$$

Réciproquement, si $\varphi \in \mathcal{D}$ vérifie (Φ), alors, par linéarité, on obtient pour tout $u \in \mathcal{D}$ une progression (u_t) issue de u en posant

$$(U) \qquad u_t = u + t\varphi$$

On retrouve en (Φ) une condition familière en théorie linéaire : existence de $\varphi \in \mathcal{E}$ excessive ($\varphi \geq 0$ et $A\varphi \geq 0$), strictement positive ; le changement d'échelle à droite J_φ permet alors de supposer que $\varphi = 1$ (situation dite sousmarkovienne). Ici, la condition sur l'image de φ est plus forte : on a $m \leq \varphi \leq M$ avec $0 < m < M < +\infty$; c'est un reflet du fait que J_φ doit être compatible avec notre domaine $\mathcal{D}$. Par ailleurs, la progression (u_t) dans (U) est strictement issue de u ssi $\iota(A\varphi)$ est >0, ce qui équivaut à la bornitude du noyau potentiel, et donc à une hypothèse forte de transience.

Revenons à notre situation non linéaire : contrairement à ce qu'il pourrait sembler a priori, la condition que le dériveur A admette une progression du type (U) issue de tout u, avec $\varphi = 1$

(nous ne regarderons que ce cas), est loin d'être artificielle : elle est vérifiée par les dériveurs de maisons de jeux de I-26. Et on verra plus tard que , si A vérifie cette condition sousmarkovienne, -A est le générateur infinitésimal d'un semigroupe de contractions croissantes sur $\mathcal{D}$. Cela justifie pleinement la considération de cette condition que nous reprenons maintenant de manière plus formelle.

7 Adaptant à notre convenance le vocabulaire classique, nous dirons que le dériveur A est *sousmarkovien* (resp est *markovien*) s'il vérifie, pour tout $u \in \mathcal{D}$ et tout $c \in \mathbb{R}_+$,

$$A(u+c) \geq Au \quad (\text{resp } A(u+c) = Au)$$

Il est alors évidemment productif (mais pas forcément élémentaire, même si E est fini), et φA est encore sousmarkovien pour $\varphi \in \mathcal{D}_+$. Nous allons préciser la structure d'un dériveur simple sousmarkovien. Nous montrons d'abord qu'on peut le rendre markovien grâce à un artifice semblable à celui utilisé en théorie des processus de Markov (et aussi, quand E est fini, en économie mathématique linéaire).

Supposons donc notre dériveur A sousmarkovien ; ajoutons un point δ à E, posons $\tilde{E}=E\cup\{\delta\}$ que l'on munit de la tribu $\tilde{\mathcal{E}}$ qu'on devine, et identifions toute fonction u sur E à la fonction sur $\tilde{E}$ égale à u sur E et égale à 0 en δ (la valeur choisie en δ est arbitraire ; cependant le choix intervient aussi dans (V) et (A) ci-dessous) ; on prendra garde que, hors le cas de 0, une fonction constante sur E n'est pas identifiée à une constante sur $\tilde{E}$. Inversement, à v définie sur $\tilde{E}$ on associe v_δ définie sur E par

(V) $$v_\delta(x) = v(x)-v(\delta)$$

si bien qu'on a $v=v_\delta$ pour v définie sur E. On prolonge alors A sur E en un opérateur $\tilde{A}$ sur $\tilde{\mathcal{D}}=\mathcal{L}_\infty(\tilde{\mathcal{E}})$ comme suit : pour $v \in \tilde{\mathcal{D}}$,

(A) $$\varepsilon_\delta \tilde{A}v = 0 \quad , \quad \varepsilon_x \tilde{A}v = \varepsilon_x A v_\delta \quad \text{pour } x \neq \delta$$

Nous laissons au lecteur le soin de vérifier que $\tilde{A}$ est un dériveur simple, ambimesurable et markovien, tel que $\tilde{A}u=Au$ pour $u \in \mathcal{D}$, et de trouver la relation simple existant entre les solutions des systèmes (*) pour $\tilde{A}$ et pour A.

Supposons maintenant A markovien. Fixons $x \in E$, puis posons $E_x=E\setminus\{x\}$, muni de la tribu $\mathcal{E}_x$ qu'on devine, et, à $w \in \mathcal{D}_x=\mathcal{L}_\infty(\mathcal{E}_x)$, associons $w_x \in \mathcal{D}$ définie par

(W) $$w_x(x)=0 \quad \text{et} \quad w_x(y)=-w(y) \text{ pour } y \neq x$$

(c'est une variante de ce qui précède, x jouant le rôle de δ ;

noter cependant le signe "-" dans (W)); définissons enfin une fonction N_x sur $\mathcal{D}_x$ en posant pour $w \in \mathcal{D}_x$

(N) $$N_x w = \varepsilon_x A w_x$$

N_x est croissante d'après **Ax 1**, continue (pour la convergence uniforme) d'après **Ax 2** et le caractère markovien ; de plus on a, avec un léger abus de langage, $\sup_{x \in E} |N_x c| < +\infty$ pour tout $c \in \mathbb{R}$. On peut aussi écrire (N) sous la forme suivante : pour $u \in \mathcal{D}$,

(N') $$\varepsilon_x A u = N_x w \quad \text{où} \quad w^y = u^x - u^y \text{ pour } y \neq x$$

Inversement, si l'on se donne, pour chaque $x \in E$, une fonction *croissante continue* N'_x sur $\mathcal{D}_x$, de sorte que $\sup_{x \in E} |N_x c| < +\infty$ pour tout $c \in \mathbb{R}$, et si on utilise (N') pour définir un opérateur A' sur $\mathcal{D}$, alors A' est une dériveur simple markovien. Nous laissons au lecteur le soin de taquiner l'ambimesurabilité ; par ailleurs nous lui conseillons de regarder le cas où E est fini parce qu'il bénéficie de notations familières, moins barbares que celles que nous avons dû introduire.

PREMIÈRES PROPRIÉTÉS DES PRODUCTEURS

8 On appellera *producteur* tout opérateur sur $\mathcal{D}$ vérifiant nos cinq (ou quatre, puisque **Ax 4** implique **Ax 1**) axiomes. Un tel opérateur sera, comme il va de soi, un *producteur strict* s'il est strictement productif. Il nous arrivera de rencontrer des opérateurs vérifiant ces axiomes *sauf* peut-être celui d'ambimesurabilité (par exemple, le dual d'un producteur) : on dira que c'est *producteur grossier* (éventuellement strict) ; distinction qui n'aura d'importance que quand nous utiliserons **I-13**, soit, concrètement à partir de **13**.

Pour E réduit à un point, la notion de producteur coïncide avec celle de fonction continue croissante sur $\mathbb{R}$, et le calcul des potentiels revient à inverser celle-ci. Dès que E, fini, a au moins deux points, la structure est si riche que nous y consacrerons plus tard un développement.

Revenons un instant à la forme canonique du théorème fondamental sur les dériveurs simples vue au **I-14** et au **I-23a** : pour $u, f \in \mathcal{D}$ fixés, on a posé successivement pour $w \in \mathcal{D}$

$$Mw = w - Aw \quad , \quad M^{\circ}w = u \vee (f + Mw) \quad , \quad A^{\circ}w = w - M^{\circ}w$$

si bien que le système $w \geq u$, $Aw \geq f$ s'écrit $A^{\circ}w \geq 0$. On vérifie aisément que A° est un producteur si A en est un ; on verra au courant du **22** qu'il est strict si A l'est.

Nous voyons maintenant quelques propriétés de régularité des producteurs promises depuis longtemps :

9 **Théorème.** *Si* A *est un producteur, alors, pour tout* $x\in E$, *l'application* $v\mapsto\varepsilon_x Av$ *est continue, et, pour chaque* $u\in\mathcal{D}$, *sa restriction à* $\mathfrak{B}(u,x)$ *est croissante (tandis que celle à* $\mathfrak{J}(u,x)$ *est décroissante ; cf* I-2,3*).*

D/ Nous commençons par étudier les restrictions de $v\mapsto\varepsilon_x Av$ aux divers $\mathfrak{B}(u,x)$. D'abord, comme **Ax 1** équivaut à la décroissance de $v\mapsto\varepsilon_x Av$ sur chaque $\mathfrak{J}(u,x)$, l'existence d'une progression issue de u pour chaque u n'est possible que si $v\mapsto\varepsilon_x Av$ est croissante sur chacun des $\mathfrak{B}(u,x)$, et donc continue d'après **Ax 2**. Ceci fait, nous allons montrer à l'aide des progressions que $v\mapsto\varepsilon_x Av$ est continue "à droite" ; on ferait de même, à gauche, à l'aide des régressions. Fixons $u\in\mathcal{D}$, $x\in E$ et $\varepsilon>0$ puis choisissons, grâce à la continuité et la croissance de $v\mapsto\varepsilon_x Av$ restreint à $\mathfrak{B}(u,x)$, un $\lambda>0$ tel qu'on ait

$$0\leq\varepsilon_x Au-\varepsilon_x A(u-\lambda 1_{\{x\}})<\varepsilon$$

Posons $v=u-\lambda 1_{\{x\}}$ pour simplifier ; on a v=u sauf en x et $v^x<u^x$. Considérons une progression (v_t) issue de v et soit $\tau\in\mathbb{R}_+$ défini par $\tau=\inf\{t\geq 0 : v_t\geq u\}$: par définition d'une progression on a

$$\tau<+\infty \quad , \quad \iota(v_\tau-v)>0 \quad , \quad Av\leq Av_\tau$$

et aussi, comme u=v sauf en x, $\inf_{y\neq x}(v_\tau^y-u^y)>0$ tandis qu'en x on a $v_\tau^x=u^x$ par continuité de (v_t), d'où finalement $\varepsilon_x Av_\tau\leq\varepsilon_x Au$ d'après **Ax 1**. Ainsi, on a $\varepsilon_x Av\leq\varepsilon_x Aw\leq\varepsilon_x Au$ et donc $0\leq\varepsilon_x Au-\varepsilon_x Aw<\varepsilon$ pour w appartenant au voisinage "droit" $\mathfrak{J}(u,x)\cap\{w : u\leq w\leq v_\tau\}$ de u dans $\mathfrak{J}(u,x)$. On en déduit que $v\mapsto\varepsilon_x Av$ est continue à droite sur chaque $\mathfrak{J}(u,x)$, et elle est par ailleurs décroissante ; comme elle est continue et croissante sur chaque $\mathfrak{B}(u,x)$, on conclut sans peine qu'elle est continue à droite sur $\mathcal{D}$. C'est fini.

On suppose désormais que A *est un producteur.*

En absence d'injectivité, on peut avoir $u\leq v$ et $Au\geq Av$ (en théorie linéaire, v-u est alors une fonction dite défective), et même $u\leq v$ et Au=Av (en linéaire, v-u est alors une fonction invariante ≥ 0) ; on verra au **18** que cela caractérise en fait la non injectivité d'un producteur. Le résultat suivant nous permet un modeste contrôle du "débordement" de Au au dessus de Av, plus efficace cependant qu'il n'y paraît ; au **13** une variante nous servira à préciser précieusement le comportement de la réduite tandis qu'une autre au **18** nous servira au §III à démontrer l'injectivité de pI+A pour p>0 (s'il n'est pas grossier!).

10 **Théorème.** *Soient* $u,v\in\mathcal{D}$ *tels que* $u\le v$ *et* $u\ne v$. *On a*

$$\inf_{x\in\{u<v-\varepsilon\}}(Au^x-Av^x)\le 0$$

pour $\varepsilon>0$ *suffisamment petit (a fortiori pour* $\varepsilon=0$*).*

D/ Soient (u_t) une progression issue de u et $\tau=\inf\{t\ge 0: u_t\ge v\}$. On a alors $u_\tau\ge v$ et $\inf(u_\tau-v)=0$. Si l'on prend $2\varepsilon\le\iota(u_\tau-u)>0$, on a plus précisément $\inf_{\{u<v-\varepsilon\}}(u_\tau-v)=0$, d'où, d'après **Ax 4**, $\inf_{\{u<v-\varepsilon\}}(Au_\tau-Av)\le 0$, et on conclut grâce à $Au_\tau\ge Au$.

Voici en corollaire (avec $u\wedge v$, u à la place de u, v) une variante de **I-20**; l'hypothèse est bien plus forte qu'en **I-20** si E est infini, mais, en revanche, l'énoncé ne fait pas intervenir la notion de potentiel, ce qui est ici un avantage.

11 **Corollaire.** *Soient* $u,v\in\mathcal{D}$. *Si pour un* $\eta>0$ *on a* $u\le v$ *sur* $\{Au\ge Av-\eta\}$ *alors on a* $u\le v$ *partout.*

D/ L'hypothèse équivaut à $Au+\eta<Av$ sur $\{u\wedge v<u\}$, avec $\eta>0$. D'après **Ax 1**, on a $A(u\wedge v)\ge Av$ sur $\{v\le u\}$, donc $A(u\wedge v)>Au+\eta$ sur $\{u\wedge v<u\}$. Or, d'après **10**, si $\{u\wedge v<u\}$ n'est pas vide, l'inf de $A(u\wedge v)-Au$ est ≤ 0 sur cet ensemble. D'où la conclusion.

Remarque. Quand E est fini, **Ax 4** ne dit rien de plus que **Ax 1**, l'inf est atteint dans **10**, et on peut prendre $\eta=0$ dans **11** qui eût pu dans ce cas être énoncé à la suite de **I-7**.

12 **Extension.** Nous en arrivons, hélas, à un schisme mettant à mal[3] la doctrine du **I-13**: comme **Ax 5** implique une propriété de continuité d'après **9**, il est utopique de penser qu'en général notre producteur A, même s'il est élémentaire, est *extensible*, i.e. vérifie: la restriction $\bar{A}$ à $\bar{\mathcal{D}}=\mathcal{L}_\infty(\mathcal{P}(E))$ de son extension maximale $A^\wedge$ est un producteur[4]. Il est très rare que cela crée problème (cela n'arrivera dans ce §II qu'en **23** et **27**, où l'on a eu l'imp-(r)udence de considérer un producteur grossier!); par ailleurs, il est clair que *tout producteur sousmarkovien est extensible* et d'extension sousmarkovienne. Voir aussi la remarque de **15**.

---

[3] Quand E n'est pas dénombrable, évidemment

[4] Il en est de même pour l'extension minimale

La première vertu de la productivité est d'assurer l'existence des réduites et d'en permettre une étude assez fine :

13 **Théorème.** *Quelle que soit la référence* $\eta\in\mathcal{D}$, *la* η*-réduite* $R^\eta w$ *de existe pour tout* $w\in\mathcal{D}$ *majorant* η. *De plus, pour* $w\neq\eta$, *on a*

$$\text{(R)} \qquad \inf_{x\in\{w>\eta+\varepsilon\}} (R^\eta w^x - w^x) = 0$$

pour tout $\varepsilon>0$ *suffisamment petit.*

D/ Soit (η_t) une progression issue de η, et posons, comme nous en avons l'habitude maintenant, $\tau=\inf\{t\geq0 : \eta_t\geq w\}$: τ est fini, et >0 pour $w\neq\eta$. De $A\eta_\tau\geq A\eta$ on déduit que $R^\eta w$ existe et est majoré par η_τ, et alors (R) résulte immédiatement $\inf(\eta_\tau^x-w^x)=0$ si on prend 2ε majoré par $\iota(\eta_\tau-\eta)>0$.

Le fait que $\inf(Rw-w)=0$ est bien connu en linéaire (et bien trivial dans tous les cas !) ; cependant, la précision que nous apportons dans (R) en prenant l'inf sur $\{w>\eta+\varepsilon\}$ est loin d'être anodine : on va voir qu'elle permet d'améliorer nettement, même en linéaire alors que je ne l'ai jamais vu énoncée dans ce cadre, la solution du problème qu'on se posait au **I-16a**, qui, rappelons-le, a rapport avec des problèmes d'optimisation.

14 **Théorème.** *Soit* $\eta\in\mathcal{D}$ *une référence et soient* $u,v\in\mathcal{D}$ *majorant* η. *Pour qu'on ait* $R^\eta u\leq R^\eta v$, *il suffit que, pour tout* $T\subseteq E$, *on ait*

$$\text{(H)} \qquad \inf_{x\in T}[(R^\eta u^x-u^x)=0] \Rightarrow [\inf_{x\in T}(v^x-u^x)\geq0]$$

D/ Quitte à remplacer v par $v\wedge u$, on peut supposer $v\leq u$ et donc $R^\eta v\leq R^\eta u$, puis, quitte à remplacer v par $R^\eta v$ et u par $u\vee R^\eta v$, que l'on a $v=R^\eta v$. Si on a $R^\eta v\neq R^\eta u$, on a $v\neq u$ et donc (avec un R^v !) $\inf_{x\in\{u>v+\varepsilon\}}(R^v u^x-u^x)=0$ pour $\varepsilon>0$ suffisamment petit d'après **13**. Mais comme on a $Av\geq\eta$, $R^v u$ majore $R^\eta u$, et il n'y a plus qu'à prendre T égal à $\{u>v+\varepsilon\}$ pour obtenir une négation de (H).

Remarque. Si E est fini, (H) se simplifie évidemment en "$v\geq u$ sur $\{u=R^\eta u\}$", et on peut ramener notre énoncé à cette forme en considérant le compactifié de Stone-Čech. En fait, tout le sel de ce résultat se trouve déjà dans le cas fini.

Nous terminons cet aperçu sur la réduite par un regard sur sa continuité. Cela sera étendu aux solutions des systèmes (*) généraux au 22 quand A est strict.

15 **Théorème.** *Soit* $\eta\in\mathcal{D}$ *une référence. L'opérateur* R^{η} *est toujours continu à droite sur son domaine ; il est continu si* E *est fini ou si* A *est sousmarkovien [ou encore si* A *est strict].*

D/ Soient $u\in\mathcal{D}$ majorant η et (v_t) une progression issue de $v=R^{\eta}u$. Pour $\tau>0$ on a $\iota(v_{\tau}-u)>0$, et donc $v_{\tau}\geq R^{\eta}(u+\varepsilon)$ pour $\varepsilon>0$ suffisamment petit ; la continuité à droite de R^{η} résulte alors de celle de la progression. Si A est sousmarkovien, les progressions du type $t\mapsto w+t$ sont uniformes en w ; on en déduit que R^{η} est uniformément continu à droite, et comme il est croissant, qu'il est continu. Enfin, lorsque E est fini, A est continu, donc montant ainsi que R^{η} (cf I-24), lequel, comme E est fini, est alors continu à gauche, et on conclut encore grâce à la croissance de R^{η}.

Remarque. Si A n'est pas strict, il est difficile, hors le cas E fini, de dégager une propriété simple et générale entraînant la continuité de la réduite, quoiqu'on voie bien ce qui est en jeu : avoir un "champ" $(t,u)\mapsto\pi(u,t)$ de progressions, $\pi(u,\cdot)$ étant issue de u parcourant $\mathcal{D}$ et ayant en t une croissance "uniforme" en u. C'est le même genre de difficulté que celle, non explicitée, du 3, mais en plus simple sans doute.

INJECTIVITÉ ET SURJECTIVITÉ

La situation est bien plus complexe qu'en théorie linéaire Par exemple, même quand E est réduit à un point, une fonction qui se trouve coincée entre deux η-potentiels n'est pas en général un η-potentiel ; ou encore, si E est fini, il n'y a pas de lien entre injectivité et surjectivité. Par contre, il reste que surjectivité et injectivité ont, chacun de leur côté, à voir avec les propriétés de monotonie de A.

La plupart des énoncés seront suivis de remarques en petits caractères où l'on explore la situation lorsqu'on a affaire à un producteur grossier. Elles sont là moins pour ce que nous en ferons que pour les consigner, et on peut donc les sauter sans vergogne.

Nous commençons par établir un résultat sur $\mathcal{I}(A)$; on pose

$$[u,v]=\{w\in\mathcal{D}:\ u\leq w\leq v\}\ \text{pour}\ u,v\in\bar{\mathbb{R}}^{E}\ \text{avec}\ u\leq v$$

Dans tout ce qui suit, pour $\eta\in\mathcal{D}$, G^{η} désigne l'opérateur à valeur dans $[\eta,+\infty]$ défini au I-17 (et non l'extension définie au I-18 ; distinction nécessaire à cause de l'ambimesurabilité qui jouera, en particulier dans 16, un grand rôle muet).

16 **Théorème.** *1) Pour tout* $\eta\in\mathcal{D}$ *et tout* $v\in\mathcal{D}$ *tel que* $A\eta\le Av$, *le domaine de* G^η *contient* $[A\eta,Av]$. *Par conséquent, pour* $u\le v$, $\mathcal{I}(A)$ *contient* $[u,v]$ *dès que* u *et* v *lui appartiennent.*
2) Pour tout $\eta\in\mathcal{D}$, G^η *est un inverse à droite, croissant, de* A *sur* $\mathcal{I}(A)\cap[A\eta,+\infty]$.

D/ La première moitié de 2) entraine le reste. Soit $f\in\mathcal{D}$ coincée entre $A\eta$ et Av. Pour que $G^\eta f$ existe, il suffit qu'il existe $w\in\mathcal{D}$ tel que $w\ge\eta$ et $Aw\ge f$, a fortiori tel que $w\ge\eta$ et $Aw\ge Av$. Et pour cela, il suffit de considérer une progression (v_t) issue de v et de prendre $w=v_t$ avec t assez grand pour que l'on ait $v_t\ge\eta$.

Remarques. a) Il manque à $\mathcal{I}(A)$ d'être réticulé pour être normal ; dans le cas linéaire, que $\mathcal{I}(A)$ soit réticulé équivaut presque à la propreté du noyau potentiel.

b) La connexité par arcs *croissants* de $\mathcal{I}(A)$ impliquée par l'énoncé dépend crucialement de l'ambimesurabilité. Il existe sans doute un grossier producteur injectif, d'inverse continu et croissant, n'ayant pas cette propriété.

17 **Corollaire.** *Le producteur* A *est surjectif ssi on a*

$$\forall f\in\mathcal{D}\ \ \exists u,v\in\mathcal{D}\quad Au\le f\le Av$$

De plus, s'il est surjectif, et si son dual est ambimesurable alors, pour tout $\eta\in\mathcal{D}$, *il existe un inverse à droite de* A *sur* $\mathcal{D}$, *croissant, envoyant* $A\eta$ *sur* η.

D/ Le "ssi" est conséquence de 16, lequel entraine aussi, quand $u\mapsto -A(-u)$ est un producteur, que, pour tout $\eta\in\mathcal{D}$, les opérateurs potentiel généralisé $G^\eta_{\leftarrow}$ et $G^\eta_{\rightarrow}$ définis au I-18 sont des inverses à droite ayant les propriétés requises.

Nous passons maintenant à l'injectivité, et établissons une caractérisation promise plus haut.

18 **Théorème.** *Les propositions suivantes sont équivalentes :*
1) Le producteur A *est injectif*
2) Pour tout $u,v\in\mathcal{D}$ *on a*: $[u\le v \text{ et } Au=Av]\Rightarrow[u=v]$
3) Pour tout $u,v\in\mathcal{D}$ *on a*: $[u\le v \text{ et } Au\ge Av]\Rightarrow[u=v]$

D/ 1)⇒2) est trivial. Quant au reste, nous montrons

$$(non\ 1))\Rightarrow(non\ 3))\Rightarrow(non\ 2))$$

Si, A n'étant pas injectif, on a $A\hat u=A\hat v$ avec $\hat u\ne\hat v$, alors $u=\hat u\wedge\hat v$ et $v=\hat u\vee\hat v$ vérifient $u\ne v$, $u\le v$ et $Au\ge Av$, d'où la première implication. Soient enfin u et v tels que $u\ne v$, $u\le v$ et $Au\ge Av$, et soit w la u-réduite $R^u v$ de v ; comme w est $\ge v$, on a $u\ne w$, $u\le w$, et de $Av\le Au$

on déduit Aw=Au d'après la toute dernière assertion de **I-13**.

Remarques. Nous détaillons en quatre remarques, la preuve de

$$(non\ 1)) \Rightarrow (non\ 3)) \Rightarrow (non\ 2)) \Rightarrow (non\ 1))$$

afin de voir agir de près nos cinq axiomes sur 1)⇒3).

a) **Ax 1** intervient pour déduire Au≥Av de Au=Av. **Ax 2** et **Ax 1** assurent que, si $\tilde{A}$ est une extension de A en un dériveur simple sur $\bar{\mathbb{R}}^E$, alors $\tilde{R}^u v$ existe s'il existe $h \in \bar{\mathbb{R}}^E$ tel que h≥v et $\tilde{A}h \geq Au$. De **Ax 5** on n'utilise que la part sur le comportement à l'infini pour pouvoir dire qu'on a un tel h dans $\mathcal{D}$; du coup, **Ax 4**, qui a affaire avec le comportement local, est sans usage ici.

b) Le "1)⇒2)" est essentiel ici pour boucler la boucle, mais aura peu d'importance par la suite, au contraire du "1)⇒3)" qui nous sera vite indispensable.

c) Enfin, **Ax 3** intervient pour assurer que $\tilde{R}^u v$ appartient à $\mathcal{D}$. Il existe sans doute un producteur grossier et injectif ne vérifiant pas le "1)⇒3)".

d) Cependant, si B est un producteur grossier, injectif, d'inverse K sur $\mathcal{I}(B)$ *croissant*, alors il est clair que "1)⇒3)" est vrai.

19 **Corollaire.** *Si* A *est injectif, son inverse* G *défini sur* $\mathcal{I}(A)$ *est croissant, et recolle tous les* G^η *pour* η *parcourant* $\mathcal{D}$. *On dira alors que* G *est* l'opérateur potentiel de A.

D/ La croissance peut se déduire de la propriété de recollement, qui est évidente, mais je donne aussi une preuve à partir de **18**. Si on a $f,g \in \mathcal{I}(A)$ avec f≤g, et si u=Gf, v=Gg, alors, d'après **Ax 1**, on a $A(u \wedge v) \geq f = Au$ et donc $u \wedge v = u$ d'après "1)⇒3)" de **18**.

Remarques. a) Comme G est croissant, montant si A l'est, G est continu pour la convergence simple si A et son dual sont montants, donc si A est continu pour la convergence simple. De plus si E est fini, $\mathcal{I}(A)$ est un ouvert de $\mathcal{D}=\mathbb{R}^n$ d'après le théorème de Jordan-Brouwer (coup de marteau-pilon sur une noisette récalcitrante), A étant injectif et continu. Noter qu'en linéaire, pour E infini, $\mathcal{I}(A)$ est "ouvert pour l'ordre" lorsque G est propre.

b) Que G recolle les G^η dépend crucialement de l'ambimesurabilité. Il existe sans doute un producteur grossier, injectif (même bijectif), d'inverse croissant et qui ne recolle pas les potentiels.

c) On a ainsi prouvé la réciproque de la remarque **18**-d) : si B est un producteur grossier et injectif, tel que "1)⇒3)" soit vrai, son inverse K sur $\mathcal{I}(B)$ est croissant.

20 On va maintenant regarder l'influence de l'injectivité de A sur un système (*) général, en $w\in\mathcal{D}$,

$$w\geq u,\ Aw\geq f \quad \text{avec } u,f\in\mathcal{D}$$

qui, s'il a une solution dans $\mathcal{D}$, en a, d'après **I-13** (et **Ax 3**), une plus petite, vérifiant les contraintes serrées. Cette plus petite solution sera notée ici $Z^u f$; elle est croissante en u et f sur son domaine $\mathcal{D}(Z)$.

Corollaire. *Si* A *est injectif,* $Z^u f$ *est, pour tout* $(u,f)\in\mathcal{D}(Z)$, *l'unique* $v\in\mathcal{D}$ *solution du système vérifiant partout*

$$v=u \text{ ou } Av=f$$

i.e. les contraintes serrées de (*).

D/ Soit $v\in\mathcal{D}$ vérifiant les conditions de l'énoncé. On a $v\geq Z^u f$, $v=Z^u f$ et donc $Av\leq AZ^u f$ sur $\{v=u\}$, tandis que, sur $\{v>u\}$, on a $Av=f$ et donc aussi $Av\leq AZ^u f$. D'où v=u d'après "1)⟹3)" de **18**.

Remarques. a) En particulier, si (η,ξ) est une référence avec $\eta\in\mathcal{D}$ fixé, alors, pour $w\in\mathcal{D}$ majorant η, la réduite $R^\eta w$ est le seul $v\in\mathcal{D}$ vérifiant $v\geq w$, $Av\geq\xi$ et $Av=\xi$ sur $\{v>w\}$.

b) En terme de forme canonique (cf **8**), on voit aisément que cela équivaut au fait que A° est injectif si A l'est pour un (u,f) ou pour tout $(u,f)\in\mathcal{D}\times\mathcal{D}$.

c) Si on sait G croissant, l'unicité de la solution dans $\mathcal{D}$ ne dépend pas de **Ax 3** d'après la remarque **18-d**).

BIJECTIVITÉ ET CONTINUITÉ DU POTENTIEL

Le résultat suivant est, après l'existence de la réduite, la deuxième vertu de la productivité : permettre (plus tard) de définir la résolvante d'un producteur.

21 **Théorème.** *Le producteur* A *est strict si et seulement s'il est bijectif et d'inverse* G *continu.*

D/ Nous commençons par établir le "seulement si". Supposons que A ne soit pas injectif ; d'après **18** il existe alors $u,v\in\mathcal{D}$ tels que $u\leq v$, $u\neq v$, et $Au\geq Av$. Soit (u_t) une progression stricte issue de u et soit $\tau=\inf\{t\geq 0 : u_\tau\geq v\}$, qui est >0. Il résulte de **Ax 4** que $\iota(Au_\tau - Av)$ est ≤ 0, ce qui, comme Au_τ majore Av, contredit le fait que (u_t) soit une progression stricte issue de u. La surjectivité résulte immédiatement, d'après **18**, du fait que l'image par A d'une stricte progression ou régression s'éloigne résolument vers l'infini. Terminons avec la continuité de G. Fixons $f\in\mathcal{D}$, posons $u=Gf$ et recollons en une seule fonction $\mathbf{u}: t\mapsto u_t$, $t\in\mathbb{R}$, une progression et une régression strictes issues de u ; pour $\varepsilon>0$ fixé, il existe $\delta>0$ tel qu'on ait $\|u_t-u\|<\varepsilon$ pour $|t|\leq\delta$, et, si $f_{\mp\delta}=Au_{\mp\delta}$, on a $u_{-\delta}\leq Gh\leq u_{+\delta}$ pour $f_{-\delta}\leq h\leq f_{+\delta}$ du fait que G est croissant d'après **19**. Il n'y a plus qu'à remarquer que, $\mathbf{u}$ étant strict, $\iota(f_{+\delta}-f)$ et $\iota(f-f_{-\delta})$ sont >0. Passons au "si". Si on sait de plus que G est croissant, c'est trivial, et a été déjà vu au **4**. Vérifions donc que G est croissant. Soient $u,v\in\mathcal{D}$ tels que $Au\leq Av$ et $u\wedge v\neq u$, et soient (v_t) une progression issue de v et $\tau=\inf\{t: v_t\geq u\}$: on a $\iota(Av_\tau-Au)\leq 0$ d'après **Ax 4** et a fortiori $\iota(Av-Au)=0$. Soit $\varepsilon>0$, posons $w=G(Av+\varepsilon)$ et appliquons ce qui précède à u et w : de $\iota(Aw-Au)>0$ on déduit $u\leq w$, d'où finalement $u\leq v$ par continuité de G en faisant tendre ε vers 0.

21a *Remarques*. a) Une subtilité utilisée au **23** : la preuve du "si" ne fait pas intervenir **Ax 3**.

Il en est de même du "seulement si" *quand on sait déjà que* A est surjectif (ce qui importe est que $\mathcal{I}(A)$ soit ouvert), et que son inverse G est croissant.

b) La preuve généralise celle du théorème d'inversion d'une fonction monotone injective d'une variable. On peut pousser la comparaison plus loin : soit φ une fonction croissante sur $\mathbb{R}$, non nécessairement injective, mais telle que $\varphi(-\infty)=-\infty$ et $\varphi(+\infty)=+\infty$ pour fixer les idées, d'inverse généralisé ψ sur $\varphi(\mathbb{R})$ défini par

$$\psi(t)=\inf\{s: \varphi(s)\geq t\}$$

(qui peut s'interpréter comme le potentiel du dériveur φ pour la référence $-\infty$). On sait qu'il y a correspondance (qu'on ne cherchera pas rigoureuse ici) entre les points de croissance stricte de φ (resp ψ) et les points de continuité de ψ (resp φ). Pour notre producteur A, un point de croissance stricte est un u d'où sont issues une progression et une régression strictes, et il lui correspond un point de continuité du potentiel ; à une certaine stricte croissance du potentiel impliquée par **Ax 4** fait miroir une certaine continuité de A (cf **9**) impliquée par **Ax 5**.

22 **Corollaire**. *Si* A *est un producteur strict, alors le système* (*)

$$w\geq u \quad , \quad Aw\geq f$$

en $w\in\mathcal{D}$ *a, pour tout* $u,f\in\mathcal{D}$, *une unique solution* $Z^u f$ *vérifiant*

$$w=u \quad \text{ou} \quad Aw=f$$

De plus l'application croissante $(u,f)\mapsto Z^u f$ *est continue.*

D/ Comme $G^u(f\vee u)=G(f\vee u)$ est solution du système, la première partie résulte de 20. La seconde se démontre plus aisément en utilisant la forme canonique. Considérons donc, pour $u,f\in\mathcal{D}$, le producteur A_f^u défini par

$$A_f^u w = w - u \vee (f+w-Aw)$$

si bien que $Z^u f$ est le u-potentiel de 0 relatif à A_f^u. Montrons d'abord que A_f^u est strict. Fixons w et soit (w_t) une progression stricte issue de w relative à A ; on va vérifier que (w_t) en est encore une relative à A_f^u (on ferait de même avec une régression). En arrangeant un peu les termes, on trouve que $A_f^u w_t - A_f^u w$ est égal à la somme de $(w_t - w)$ et de l'expression E suivante

$$[u\vee(f+w_t-Aw) - u\vee(f+w_t-Aw_t)] - [u\vee(f+w_t-Aw) - u\vee(f+w-Aw)]$$

où $a=f+w_t-Aw$ majore $b=f+w_t-Aw_t$ et $c=f+w-Aw$. On a

$E=0$ si $u\geq b\vee c$; $E=(Aw_t-Aw)$ si $u\leq b\wedge c$; $E=(c-u)\geq 0$ si $a\geq c\geq u\geq b$

et enfin, si $a\geq b\geq u\geq c$,

$$E = (u-b) \geq (c-b) = (Aw_t-Aw) - (w_t-w)$$

d'où finalement

$$A_f^u w_t - A_f^u w \geq (w_t - w) \wedge (Aw_t - Aw)$$

et donc le fait que A_f^u est strict. Ceci fait, on constate que $Z^{u+g}(f+g)$ est, pour $g\in\mathcal{D}$, le u-potentiel de g relatif à A_f^u, et comme l'inverse de A_f^u est continu d'après 21, on conclut alors grâce à la croissance de $(u,f)\mapsto Z^u f$.

Remarque. On a donc vu au passage un point promis au 8 ($A^\bullet$ y est strict si A l'est) et un autre au **15** (la réduite est continue, même en ses deux arguments, si A est strict).

Nous terminons cette rubrique par un subtilité technique, triviale si E est dénombrable. Elle sera utilisée au 27.

23 **Proposition.** *Soit* B *un producteur grossier bijectif*, *d'inverse* K *continu (d'après* **21a**, K *est alors croissant, et* B *strictement productif). Si de plus* B *est extensible (en particulier, sous-markovien, cf 3), alors* K *est son opérateur potentiel au sens où il recolle les* K^η *pour* η *parcourant* $\mathcal{D}$.

D/ Supposons B extensible : par définition, la restriction $\bar{B}$ à $\bar{\mathcal{D}}=\mathcal{L}_\infty(\mathcal{P}(E))$ de l'extension maximale de B à $\bar{\mathbb{R}}^E$ est un producteur relatif à $\bar{\mathcal{D}}$. D'après la note de I-23, nous devons montrer que, pour une référence $\eta\in\mathcal{D}$ donnée, Kf est égal, pour $f\in\mathcal{D}$ majorant $\xi=B\eta$, au η-potentiel $v=\bar{G}^\eta f$. Comme K est bijectif et croissant, on a $\eta=K\xi\leq Kf$ et donc $K\xi\leq v\leq Kf$; reste à montrer $Kf\leq v$. Posons, pour

$\varepsilon>0$ fixé, $u=K(f-\varepsilon)$; on a $u\in\mathcal{D}$ et $\bar{B}u=Bu=f-\varepsilon$, et donc $\bar{B}v-\bar{B}u=\varepsilon$, d'où $u\le v$ sur $\{\bar{B}u>\bar{B}v-\varepsilon\}$ (qui est vide) et donc $u\le v$ partout d'après **11**. Comme K est continu, il n'y a plus qu'à faire tendre ε vers 0 pour obtenir $Kf\le v$, et conclure.

ORDRE ASSOCIÉ À LA PRODUCTIVITÉ. AMENDEURS

On prépare ici l'étude des résolvantes non linéaires qui commencera par celle de la résolvante de notre producteur A au §III, et qui se poursuivra dans un cadre général au §IV.

Dans son acception maximale, une résolvante sera pour nous une famille $(V_\varphi)_{\varphi\in\mathcal{C}}$ d'opérateurs sur $\mathcal{D}$ indexée par une partie non vide $\mathcal{C}$ de $\mathcal{D}$ et vérifiant[5]

(R) $\qquad \forall\varphi,\psi\in\mathcal{C} \qquad V_\varphi = V_\psi[I+(\psi-\varphi)V_\varphi]$

Si on peut développer à droite par distributivité et *si* les opérateurs de multiplication par ψ,φ commutent avec les deux autres, on obtient alors la formule

$$V_\varphi - V_\psi = (\psi-\varphi)V_\psi V_\varphi \qquad \text{d'où} \qquad V_\varphi V_\psi = V_\psi V_\varphi$$

familière en linéaire. Tout cela s'écroule en général en non linéaire, même si $\mathcal{C}$ est un intervalle de $\mathbb{R}$.

Etant donnée la symétrie en φ,ψ, la formule (R) équivaut à

$I-(\varphi-\psi)V_\varphi$ et $I+(\varphi-\psi)V_\psi$ sont inverses l'un de l'autre.

Ainsi s'introduit l'étude des couples d'opérateurs $(M,\hat{M})$ tels que $I-M$ et $I+\hat{M}$ soient inverses l'un de l'autre (on dira que M et $\hat{M}$ sont *conjugués*) : si M est croissant, on revient là à l'étude des dériveurs élémentaires, et si M est une contraction croissante, **23** nous assure, sans supposer $I-M$ ambimesurable, que $I+\hat{M}$ recolle, s'il est continu, les η-potentiels de $I-M$.

Cette rubrique débute par l'étude de la relation d'ordre naturelle entre producteurs (on dira que B est *plus productif que* A si B-A est un opérateur croissant), déjà aperçue au I-**16a**. Elle se termine par un théorème apparemment technique (un résultat d'ambimesurabilité pour les couples d'opérateurs conjugués), mais, comme on le verra plus tard, vecteur d'idées d'une plus grande portée, et dont la démonstration utilisera une bonne part de tout ce qu'on a vu jusqu'ici.

---

5 Très souvent les éléments de $\mathcal{C}$ sont des fonctions constantes, et $\mathcal{C}$ est alors identifiée à une partie de $\mathbb{R}$.

24 Nous préférerons par la suite manipuler les accroissements de productivité plutôt que la relation d'ordre elle-même, et dirons qu'un opérateur Ψ sur $\mathcal{D}$ est un *amendeur [grossier] de* A si Ψ est croissant et si A+Ψ est un producteur [grossier]. La condition "Ψ est croissant" assurant déjà que A+Ψ vérifie **Ax 2**, **Ax 4** et **Ax 5**, la seconde "A+Ψ est un producteur" ne concerne en fait que **Ax 3** pour E non dénombrable, et bien sûr, avant tout autre, **Ax 1**. Pour Ψ croissant donné il n'est pas a priori facile de vérifier si A+Ψ est un dériveur, et, hors le cas où A et Ψ sont montants, s'il est ambimesurable (cf cependant **27**). Ceci dit, en pratique la vérification de **Ax 1** ne pose pas de problème du fait qu'usuellement on se donne un grossier amendeur, de tout producteur, comme suit :

ayant fixé $f\in\mathcal{D}$, on pose $\Psi w = \psi(f,w)$ avec ψ borélienne sur $\mathbb{R}\times\mathbb{R}$ telle que $t\mapsto\psi(z,t)$ soit croissante pour tout $z\in\mathbb{R}$.

Et, pour ce que nous en ferons, notre généralité est surtout affaire de notations...

25 Bien sûr, si Ψ est un amendeur grossier de A, A+Ψ est strict quand A l'est. Sans supposer A strict, il est moins facile de voir si un grossier amendeur Ψ de A est *strict* (i.e. A+Ψ est strict) à moins que Ψ ne vérifie la condition de Lipschitz suivante portant sur son inverse (défini sur $\Psi(\mathcal{D})$) :

il existe une constante a>0 telle qu'on ait

$$\|\Psi v-\Psi u\| \geq a\,\|v-u\| \quad \text{pour tout } u,v\in\mathcal{D}$$

où $\|\bullet\|$ désigne la norme uniforme. Nous en profitons pour ajouter que, pour tout opérateur H sur $\mathcal{D}$, nous désignerons par λ_H et Λ_H les "meilleures" constantes dans $[0,+\infty]$ telles qu'on ait

$$\forall u,v\in\mathcal{D} \quad \lambda_H\|v-u\| \leq \|H(v)-H(u)\| \leq \Lambda_H\|v-u\|$$

Noter que, si H est croissant, la "norme" de Lipschitz Λ_H est encore la plus petite constante b telle qu'on ait

$$\forall u\in\mathcal{D} \quad \forall c\in\mathbb{R}_+ \quad H(u+c) \leq H(u)+bc$$

Ceci fait, complétons la fin du **24**: la manière usuelle de se donner un grossier amendeur strict, de tout producteur, est :

ayant fixé $f\in\mathcal{D}$, on pose $\Psi w=\psi(f,w)$ avec ψ borélienne sur $\mathbb{R}\times\mathbb{R}$ telle que $t\mapsto\psi(z,t)$ soit strictement croissante pour tout $z\in\mathbb{R}$, et d'inverse lipschitzien, uniformément en z.

Un exemple classique a déjà été donné au **4**: pI est strict pour p>0. Plus généralement, pour $\varphi\in\mathcal{D}$, l'amendeur grossier φI est strict si $\iota(\varphi)$ est >0. En non linéaire, il n'y a guère de raison de distinguer le cas où φ est constante : c'est un vestige du linéaire, où, pour $\lambda,\mu\in\mathcal{D}$, $\lambda I+A$ et $\mu I+A$ ne commutent pas en général *sauf* si λ et μ sont constantes *tandis qu'en non linéaire* la règle générale est qu'il n'y a pas d'exception...

L'intérêt majeur des amendeurs stricts réside dans le "si" du résultat suivant, qui n'est qu'une reformulation de **21** :

26 **Théorème.** *Soit* Ψ *est un amendeur de* A. *Le producteur* $A+\Psi$ *est bijectif, d'inverse continu et croissant, ssi* Ψ *est strict.*

Le lecteur attentif aura remarqué la disparition de "grossier" dans cet énoncé : si le "seulement si" ci-dessus est su sûr si Ψ est grossier, on sait le "si", sis avant, sûr seulement si $A+\Psi$ est un "vrai" producteur. Cela est corroboré par le 27.

Nous voilà arrivés au terme de cette session de théorie non linéaire du potentiel. Nous terminons avec un énoncé qui, pour changer, sera écrit entièrement en clair, i.e. ne contiendra aucun concept ou mot nouveau introduit dans les §I et §II. Par contre, nous nous permettrons, dans la démonstration, de revenir à notre jargon pour élargir le cadre (ne serait-ce que pour consigner des résultats techniques). Enfin, l'ordre de présentation dans l'énoncé ne sera pas celui suivi dans la preuve.

27 **Théorème.** *Supposons que l'on ait* $A=I-N$ *où* N *est une contraction croissante de* $\mathcal{L}_\infty(\mathcal{E})$, *et soit* $\psi\in\mathcal{L}_\infty(\mathcal{E})$ *telle que* $\lambda=\inf\psi$ *soit* >0. *Alors, pour tout* $u,f\in\mathcal{L}_\infty(\mathcal{E})$, *le système en* $w\in\mathcal{L}_\infty(\mathcal{E})$

$$w\geq u \quad , \quad Aw+\psi w\geq f$$

a une et une seule solution $Z^u f$ *vérifiant partout*

$$w=u \quad \text{ou} \quad Aw+\psi w=f$$

et l'application $(u,f)\mapsto Z^u f$ *est continue et croissante en* u,f.

De plus, on a $Z^u f\leq w$ *pour toute fonction* $w\geq u$ *non nécessairement* $\mathcal{E}$*-mesurable vérifiant*

$$[\, v\leq w \text{ et } v(x)=w(x)\,] \Rightarrow [\,(Av+\psi v)(x)\geq f(x)\,]$$

pour tout $x\in E$ *et tout* $v\in\mathcal{L}_\infty(\mathcal{E})$.

D/ La seule chose nouvelle est le "de plus" : le grossier producteur strict $A+\psi I$ est en fait ambimesurable. Une fois cela connu, le reste résulte de 22 appliqué à $A+\psi I$.

Nous supposerons plus généralement que A est un producteur

grossier, extensible (cf 12; c'est vrai s'il est sous-markovien), et lipschitzien. D'après I-12, on a $A = \Lambda_A(I-M)$ où M est un opérateur croissant, donc lipschitzien par différence, si bien qu'il existe une constante $\mu \geq 0$ telle que

$A = \Lambda_A(I-\mu N)$ où N est une contraction croissante

et on peut prendre $\mu = 1$ lorsque A est sousmarkovien, par définition. Puis nous nous donnons un grossier amendeur Ψ de A vérifiant $0 < \lambda_\Psi \leq \Lambda_\Psi < +\infty$, et nous posons

$$\frac{1}{k} = \Lambda_A + \Lambda_\Psi \quad , \quad B = k(A+\Psi)$$

Le choix de k assure que $I-B$ est croissant.

Sans utiliser 26 (dont le "si" siffle la grossièreté), nous allons montrer que le grossier producteur $\tilde{B}$ défini par

$$\tilde{B}w = w - u \vee (f+w-Bw)$$

pour $f, u \in \mathcal{D}$ fixés, est bijectif et d'inverse $\tilde{K}$ continu si on a

$$\lambda_\Psi > (\mu - 1),$$

ce qui est toujours le cas si A est sousmarkovien. Si on suppose de plus que $\tilde{B}$ est extensible (ce que nous faisons, mais résulte de l'extensibilité de A si Ψ est l'opérateur de multiplication par $\psi \in \mathcal{D}$), 23 nous permettra de conclure que $\tilde{K}$ est le potentiel de $\tilde{B}$. On aura fini : comme alors, $\tilde{K}0$ est la plus petite solution dans $\mathcal{D}$ du système $w \geq u$, $Bw \geq f$ (et en fait la seule), B est ambimesurable et, finalement, $A+\Psi$ l'est aussi, la constante multiplicative k ne jouant pas de rôle.

Pour $g \in \mathcal{D}$, w est solution dans $\mathcal{D}$ de $\tilde{B}w = g$ ssi il est un point fixe de l'opérateur croissant

$$w \mapsto g + u \vee (f+w-Bw)$$

et il nous suffit donc, d'après le théorème de point fixe de Banach, de montrer que cette application est une contraction stricte, ce qui est le cas si l'opérateur croissant $I-B$ en est une. Or, comme on a

$$I - B = [I - k(\Lambda_A + \Psi)] + k\mu N$$

$(I-B)(w+c) - (I-B)(w)$ est égal, pour $w \in \mathcal{D}$ et $c \in \mathbb{R}_+$, à

$$(1-k\Lambda_A)c - k\Lambda_A[\Psi(w+c) - \Psi(w)] + (k\Lambda_A\mu)[N(w+c) - N(w)]$$

qui est majoré par $[1-k\Lambda_A(1+\lambda_\Psi-\mu)]c$, d'où la conclusion.

Remarque. La démonstration contient deux idées qu'on retrouvera par la suite.

D'une part, alors que le théorème fondamental sur les dériveurs simples était une généralisation du théorème de point fixe de Tarski, l'utilisation ici de celui de Banach : elle remonte à celle faite en théorie linéaire par Hunt pour caractériser les noyaux bornés vérifiant le principe complet du maximum, adaptée plus tard au cas non linéaire au §IV. Il est sans doute possible de démontrer directement la première partie de l'énoncé à l'aide de ce seul théorème de point fixe.

D'autre part, dans la seconde partie, la caractérisation de la solution du problème dans un domaine beaucoup plus vaste que celui de départ. Par exemple, on verra plus tard le résultat suivant, de même facture, où E est un espace localement compact à base dénombrable et $\mathcal{C}_o$ (resp $\mathcal{C}_c$, $\mathcal{C}_c^+$) désigne l'espace des fonctions continues sur E tendant vers 0 à l'infini (resp à support compact, et positives) muni de la convergence uniforme :

Soit N *une contraction croissante de* $\mathcal{C}_o$ *dans* $\mathcal{C}_o$ *telle que* $N0=0$, *et supposons qu'il existe un opérateur* K *de* $\mathcal{C}_c$ *dans* $\mathcal{C}_o$ *tel que* $(I-N)K=I$ *sur* $\mathcal{C}_c$ *et que, pour tout* $\varphi\in\mathcal{C}_c^+$, *l'opérateur* $f\mapsto K(\varphi f)$ *de* $\mathcal{C}_o$ *dans* $\mathcal{C}_o$ *soit lipschitzien. Si* $\tilde{N}$ *est une extension de* N *en une contraction croissante sur* $\mathcal{L}_\infty(\mathcal{P}(E))$, Kf *est alors pour tout* $f\in\mathcal{C}_c$ *la seule fonction (en particulier, la seule fonction borélienne, ou continue)* v *solution de l'équation de Poisson* $(I-\tilde{N})v=f$ *qui soit majorée en module par un élément de* $\mathcal{C}_o$.

Cela entrainera, quand nous en serons au §V, la partie unicité de la version non linéaire du théorème de Hunt sur les noyaux propres vérifiant le principe complet du maximum, version dont voici un énoncé avec les notations introduites ci-dessus :

Si un opérateur V *de* $\mathcal{C}_c$ *dans* $\mathcal{C}_o$ *vérifie le* "principe complet du maximum", *i.e. si, pour tout* $f,g\in\mathcal{C}_c$ *et tout* $c\in\mathbb{R}_+$, *on a*

$$[\,Vf \le Vg + c \text{ sur } \{f>g\}\,] \Rightarrow [\,Vf \le Vg + c \text{ partout}\,],$$

et si V *est propre au sens suivant :* $V0=0$ *(pour simplifier) et*

$$f\mapsto V(\varphi f) \text{ est lipschitzien pour tout } \varphi\in\mathcal{C}_c^+,$$

alors il existe une unique résolvante $(V_p)_{p>0}$, *sousmarkovienne (i.e. chaque* pV_p *est une contraction croissante), sur* $\mathcal{C}_o$ *telle que l'on ait, pour la convergence uniforme,*

$$Vf = \lim_{p\downarrow 0} V_p f \quad \text{pour tout } f\in\mathcal{C}_c$$

Le théorème de Crandall-Liggett (version non linéaire de celui de Hille-Yosida) assurera alors qu'à la résolvante (V_p) est associé un unique semi-groupe continu $(P_t)_{t\ge 0}$ de contractions croissantes dès que $V(\mathcal{C}_c)$ est dense dans $\mathcal{C}_o$. EOF

UNE REPRESENTATION GAUSSIENNE DE L'INDICE D'UN OPERATEUR

Rémi LEANDRE et Michel WEBER

Soit M une variété compacte de dimension n, S_+ et S_- deux fibrés complexes hermitiens sur M. On désignera par φ^+ (resp. φ^-), une section de S_+ (resp. S^-). Soit D_+ un opérateur pseudo-différentiel ([G], chap. 1.3) elliptique d'ordre d de S_+ sur S_-, et soit D_- son adjoint. Puisque M est compacte, il possède un indice fini. On note D^2 l'opérateur sur $S_+ \oplus S_-$ égal à D_-D_+ sur S_+ et D_+D_- sur S_-, préservant la décomposition de $S_+ \oplus S_-$. Alors D_-D_+ et D_+D_- possèdent un spectre discret $\{ \lambda_{i,+} \}$ et $\{ \lambda_{i,-} \}$. Si $\lambda_{i,+}$ est une valeur propre non nulle d'ordre r pour D_-D_+ , $\lambda_{i,+}$ est encore une valeur propre de D_+D_- et de même ordre. De plus, on a classiquement,([G], chap. 1.7)

$$(1)\quad \zeta(s) = \sum_{\lambda_{i,+} \neq 0} (\lambda_{i,+})^{-s} = \frac{1}{\Gamma(s)} \int_0^\infty t^{s-1}(\mathrm{tr}\, \exp[-tD_-D_+] - \dim \mathrm{Ker} D_-D_+)\, dt$$

Lorsque t tend vers zéro, on a ([G], chap. 1.7, lemme 1.7.4),

$$(2)\quad \mathrm{tr}\, \exp[-tD_-D_+] = \Sigma_{i=0}^{n} \int_M a_i^+(x)\, t^{(i-n)/2d}\, dx + o(t);$$

la série dans (1) converge donc pour tout $s > s_0 = n/2d$. Il en est de même pour la série $\sum_{\lambda_{i,-} \neq 0} 1/\lambda_{i,-}^{s}$. Soit m un réel positif. On conclut que

$$(3)\quad \mathrm{Ind}(D_+) = m\{ \sum_i 1/[\lambda_{i,+}^{s} + m] - \sum_i 1/[\lambda_{i,-}^{s} + m] \}.$$

Soit $P_{+,s}$ le champ gaussien sur l'ensemble des sections φ_+ de S_+, de covariance $(m + (D_-D_+))^{-1}$, et $P_{-,s}$ le champ ''symétrique'' sur l'ensemble des sections φ_- de S_- de covariance $(m + (D_+D_-))^{-1}$. Soit $\{ \varphi_i^+ \}$ un système orthonormé de vecteurs propres associé à $\{ \lambda_i^+ \}$; et soit $\{ \eta_i^+ \}$ une suite de variables aléatoires réelles indépendantes gaussiennes centrées réduites. Le champ gaussien $P_{+,s}$ peut-être représenté suivant le développement convergent dans L^2

$$\sum_i [\lambda_{i,+}^{s} + m]^{-1/2}\, \eta_i^+\, \varphi_i^+ .$$

On a une représentation analogue pour le champ $P_{-,s}$.

Théorème: Pour tout $s>s_0$, on a la représentation suivante de l'indice de D_+

$$(4)\quad \mathrm{Ind}(D_+) = m\{ E_{+,s}[\ |\varphi^+|^2\ ] - E_{-,s}[\ |\varphi^-|^2\ ]\ \}.$$

Preuve: Il suffit d'observer que

$$(5)\quad E_{+,s}[\ |\varphi^+|^2\ ] = E[\sum_{i,j} (\lambda_{i,+}^{s} + m)^{-1/2} (\lambda_{j,+}^{s} + m)^{-1/2}\, \eta_i^+\eta_j^+ \langle\varphi_i^+,\varphi_j^+\rangle\ ],$$

$$= \sum_i (\lambda_{i,+}^{s} + m)^{-1} \quad ,$$

puisque la suite $\{ \eta_i^+ \}$ est gaussienne indépendante centrée réduite.
On a de la même façon

$$(5')\ E_{-,s}[\ |\varphi^-|^2\ ] = \sum_i (\lambda_{i,-}^{s} + m)^{-1} \quad .$$

On conclut en appliquant (5) et (5') à (3).

Remerciements: Nous remercions D. Bennequin et P.A. Meyer pour d'utiles suggestions.

References:

[G] GILKEY, P.B. Invariance theory, the heat equation and the Atiyah-Singer theorem. Boston Publish. and Perish, (1984).

Institut de Recherche Mathématique Avancée,
Laboratoire associé au C.N.R.S.,
Université Louis-Pasteur,
67084 Strasbourg Cedex .

On Semi-Martingales Associated with Crossings

B. RAJEEV, Indian Statistical Institute

Introduction. Let $(X_t)_{t\geq 0}$ be a Brownian motion, $X_0 = x$ almost surely, $x < a < b$. Let σ_t be the last exit time of X before t from $(a,b)^c$, defined in sec. 1.1. We note that when $b = \infty$, $X_t - X_{\sigma_t} = (X_t - a)^+$ and by Tanaka's formula it follows that $X_t - X_{\sigma_t}$ and hence X_{σ_t}, are semi-martingales. It is easy to see from Theorem 1 of [6] that when $b < \infty$, $|X_t - X_{\sigma_t}|$ is a semi-martingale given by

$$(b-a)c(t) + |X_t-X_{\sigma_t}| = \int_0^t I_{(a,b)}(X_s)\theta(s)dX_s + \tfrac{1}{2}(L(t,a)+L(t,b))$$

where $c(t)$ is the numbers of crossings of (a,b) in time t, $\theta(s,w)$ is 1 during an upcrossing and -1 during a downcrossing and $L(t,.)$ is the local time of X.

In the case of a continuous semi-martingale $(X_t, \mathcal{F}_t)$, where $\mathcal{F}_t$ is the underlying filtration and σ_t as above, it is an immediate consequence of Tanaka's formula that $(X_{\sigma_t}, \mathcal{F}_t)$, $(X_t-X_{\sigma_t}, \mathcal{F}_t)$ are semi-martingales (Theorem 2.1). In this case, time changing by σ_t does not change the underlying filtration. In this paper, as our main result we determine the martingale and bounded variation parts of $|X_t-X_{\sigma_t}|$ (Theorem 4.1). In sec. 5, we state a few applications of this result. These include Levy's crossing theorem, an asymptotic relationship between local times and crossings of Brownian motion and a probabilistic approximation of the remainder term in the 2nd order Taylor expansion of a function.

1. Preliminaries

Let $(\Omega, \mathfrak{F}, P)$ be a probability space and $(\mathfrak{F}_t)_{t\geq 0}$ a filtration on it satisfying usual conditions. For a continuous adopted process $(X_t)_{t\geq 0}$ and $a < b$, the upcrossing intervals $(\sigma_{2k}, \sigma_{2k+1}]$, $k = 0,1,2,\ldots$, are defined by $\sigma_0 = \inf\{s\geq 0,\ X_s \leq a\}$, $\sigma_{2k} = \inf\{s > \sigma_{2k-1},\ X_s \leq a\}$ and $\sigma_{2k+1} = \inf\{s > \sigma_{2k} : X_s \geq b\}$. As usual the infimum over the empty set is infinity. The down-crossing intervals $(\tau_{2k}, \tau_{2k+1}]$, $k = 0,1,\ldots$ are similarly defined. Let $\theta^u(s) = \sum_{k=0}^{\infty} I_{(\sigma_{2k},\sigma_{2k+1}]}(s)$; $\theta^d(s) = \sum_{k=0}^{\infty} I_{(\tau_{2k},\tau_{2k+1}]}(s)$ and $\theta(s) = \theta^u(s) - \theta^d(s)$. The number of upcrossings in time t, denoted by $U(t)$ is defined as $U(t) = \max\{k : \sigma_{2k+1} \leq t\}$. The number of downcrossings is similarly defined. $C(t) = U(t)+D(t)$ is the total number of crossings. Let $\tau = \inf\{s>0 : X_s \notin (a,b)\}$.

$$\text{Let } \sigma_t = \begin{cases} t & t \leq \tau \\ \max & < s < t : X_s\ t(a,b)^c \quad , t > \tau \end{cases}$$

σ_t is in general not a stop time, but is however $\mathfrak{F}_t$ measurable. Consequently X_{σ_t} is $\mathfrak{F}_t$ measurable.

2. The Semi-Martingale $X_t - X_{\sigma_t}$

From now on we fix a continuous $\mathfrak{F}_t$ - semi-martingale $X_t = X_0 + M_t + V_t$ and $a < b$. Let $L(t,x,w)$ be a jointly (t,x,w) measurable version of the local time of X which is continuous in t and right continuous in x. For the existence of such versions see [10]. Let $Y_t = X_t - X_{\sigma_t}$ and $Z_t = X_{\sigma_t}$.

Theorem 2.1. The process Y_t is an $\mathfrak{F}_t$ semi-martingale and we have

$$Y_t = \int_{\tau_t}^{t} I_{(a,b]}(X_s)dX_s + \tfrac{1}{2}(L(t,a) - L(t,b)) - (b-a)(U(t)-D(t)) \quad (1)$$

Proof. The proof is immediate from Tanaka's formula and the following pathwise identity :

$$(X_{\tau_t} - X_0) + (b-a)[U(t)-D(t)] + (X_t - X_{\sigma_t})$$
$$= (X_t-a)^+ - (X_0-a)^+ - (X_t-b)^+ + (X_0-b)^+ \qquad (2)$$

Remarks.

2.2 It is immediate from Theorem 2.1 that X_{σ_t} is also a semi-martingale whose components can be got by subtracting (X_t) from both sides of eqn. (1).

2.3 The sum of the jumps of Y in time t — $\sum_{s \le t} \Delta Y_s$ — is precisely $(b-a)[D(t)-U(t)]$. Since $|U(t) - D(t)| \le 1$ this implies that Y (and hence Z) is a special semimartingale. Further the representation (1) of Y_t is unique (see [9]). The jump times of these processes are precisely the times of crossings of (a,b) by X and $|\Delta Y_s| = b-a$ or 0.

2.4 Equation (2) and hence Theorem 2.1 are still valid for a semi-martingale (X_t) with $\sum_{s \le t} |\Delta X_s| < \infty \ \forall \ t$, almost surely. Now $(b-a)[U(t)-D(t)]$ is replaced by $- \sum_{s \le t} \Delta Y_s$ and $(X_t-a)^+$, $(X_t-b)^+$ are replaced by $(X_t-a)^+ - \sum_{s \le t} \Delta (X_s-a)^+$, $(X_t-b)^+ - \sum_{s \le t} \Delta(X_s-b)^+$ respectively.

3. Local times of $X_t - X_{\sigma_t}$

We now determine the local times of Y in terms of that of X. We note that the process lives in $[0,b-a)$ during an upcrossing of (a,b) and in $(-(b-a),0]$ during a downcrossing. Also $Y_t = 0$ whenever $X_t = a$ or b . Let $I(t,x)$ denote the local time of the Y process.

<u>Lemma 3.1</u>

(i) For $x \in [0,b-a)$,

$$(Y_t-x)^+ = \int_{\tau_t}^{t} I_{(a,b]}(X_s)I_{(x,\infty)}(Y_{s-})dX_s -(b-a-x)U(t)+ \tfrac{1}{2}I(t,x) \qquad (3)$$

(ii) For $x \in (-(b-a),0]$

$$(Y_t-x)^- = -\int_{\tau_t}^{t} I_{(a,b]}(X_s)I_{(-\infty,x]}(Y_{s-})dX_s-(b-a+x)D(t)+ \tfrac{1}{2}I(t,x)$$

$$+ \tfrac{1}{2}\left(\int_0^t I_{(-\infty,x]}(Y_{s-})L(ds,b)-\int_0^t I_{(-\infty,x]}(Y_{s-})L(ds,a)\right) \qquad (4)$$

<u>Remark</u> 3.2 Observe that in case $x < 0$, the 2nd term on the RHS of (4) is zero whereas when $x = 0$ it is $\frac{1}{2}(L(t,b)-L(t,a))$.

<u>Proof</u>. Tanaka's formula (see [4]) applied to Y at the point $x \in [0,b-a)$ gives

$$(Y_t-x)^+ = (Y_0-x)^+ + \int_0^t I_{(x,\infty)}(Y_{s-})dY_s$$

$$+ \sum_{0<s\leq t} I_{(x,\infty)}(Y_{s-})(Y_s - x)^-$$

$$+ \sum_{0<s\leq t} I_{(-\infty,x]}(Y_{s-})(Y_s-x)^+ + \tfrac{1}{2} I(t,x)$$

$$= I_0 + I_1 + I_2 + I_3 + \tfrac{1}{2} I(t,x) .$$

Since $Y_0 \equiv 0$, $I_0 \equiv 0$. Using eqn. (2) for Y_t and noting that the measures $L(ds,a)$, $L(ds,b)$, $D(ds)$ have no support on the set $s : Y_{s-} > x$ we get

$$I_1(t) = \int_{\tau_t}^{t} I_{(a,b]}(X_s)I_{(x,\infty)}(Y_{s-})dX_s-(b-a)U(t) .$$

Since the jumps of Y occur at the crossing times σ_{2k+1}, τ_{2k+1} it is easy to see that almost surely for $x \in [0,b-a)$, $I_2(t) = x\,U(t)$, $I_3(t) \equiv 0$. This proves the first part of the lemma. The proof of (4) is similar using the Tanaka formula for $(Y_t-x)^-$.

The following theorem gives I in terms of L.

Theorem 3.3

(i) For $x \in (0,b-a)$, almost surely,

$$I(t,x) = \int_0^t \theta^u(s)L(ds,a+x) \qquad (5)$$

(ii) For $x \in (-(b-a),0)$, almost surely,

$$I(t,x) = \int_0^t \theta^d(s)L(ds,b+x) \qquad (6)$$

(iii) For $x = 0$, almost surely,

$$I(t,0) = L(t,a) \qquad (7)$$

Proof.

(i) Let $x \in (0,b-a)$. Fix $k \geq 0$. Let $Y_1(t) = (Y_t - x)^+$ $Y_2(t) = (X_t - (a+x))^+$. We note that, $\forall\, t \in (\sigma_{2k},\sigma_{2k+1})$

$$\int_0^t I_{(\sigma_{2k},\sigma_{2k+1}]}(s)dY_1(s) = \int_0^t I_{(\sigma_{2k},\sigma_{2k+1}]}(s)dY_2(s) \qquad (8)$$

By Tanaka's formula,

$$\int_0^t I_{(\sigma_{2k},\sigma_{2k+1}]}dY_2(s) = \int_0^t I_{(\sigma_{2k},\sigma_{2k+1}]}(s)I_{(a,b]}(X_s)I_{(x,\infty)}(Y_{s-})dX_s$$
$$+ \frac{1}{2}\left(L(t\wedge \sigma_{2k+1},a+x)-L(t\wedge\sigma_{2k},a+x)\right) .$$

By eqn. (3), $\forall\, t \in (\sigma_{2k},\sigma_{2k+1})$

$$\int_0^t I_{(\sigma_{2k},\sigma_{2k+1}]}dY_1(s) = \int_0^t I_{(\sigma_{2k},\sigma_{2k+1}]}(s)I_{(a,b]}(X_s)I_{(x,\infty)}(Y_{s-})dX_s$$
$$+ \frac{1}{2}\left(I(t\wedge \sigma_{2k+1},x)-I(t\wedge \sigma_{2k},x)\right)$$

eqn. (8) now implies that $\forall\, t \geq 0$,

$$I(t\wedge\sigma_{2k+1},x) - I(t\wedge\sigma_{2k},x) = L(t\wedge\sigma_{2k+1},a+x) - L(t\wedge\sigma_{2k},a+x)$$

since $I(ds,x)$ is supported on the upcrossing intervals, the proof of (i) is complete.

(ii) Let $x \in (-(b-a),0)$. Then $Y_1(t) = (Y_t-x)^-$ and

$Y_2(t) = (X_t-(b+x))^-$ agree on the downcrossing intervals. Applying Tanaka's formula for Y_1 and eqn. (4) to Y_2 the proof is completed as in (i) above.

(iii) Let $x = 0$. Proceeding as in case (i) we show that

$$\int_0^t \theta^u(s)I(ds,0) = \int_0^t \theta^u(s)L(ds,a) = L(t,a).$$

To complete the proof we show that $\int_0^t \theta^d(s)I(ds,0) = 0$. To see this we fix k and as in case (ii), compare the expressions for $(X_t-b)^-$ and $(Y_t)^-$ for $t \in (\tau_{2k},\tau_{2k+1})$ given by Tanaka's formula and eqn. (4) respectively. Using Remark 3.2 we see that

$$L(t\wedge\tau_{2k+1},b)-L(t\wedge\tau_{2k},b) + (I(t\wedge\tau_{2k+1},0) - I(t\wedge\tau_{2k},0))$$
$$= L(t\wedge\tau_{2k+1},b) - L(t\wedge\tau_{2k},b)$$

whence $I(t\wedge\tau_{2k+1},0) - I(t\wedge\tau_{2k},0) = 0$.

Remarks.

3.4 We recall from [10] that for the semi-martingale (X_t) with $-\sum_{s\leq t} \Delta X_s + X_t = X_0 + M_t + V_t$, where M and V are the continuous martingale and bounded variation parts respectively, the jumps of the local time $L(t,x)$ is given by the formula : almost surely,

$$L(t,x) - L(t,x-) = \int_0^t I_{\{X_s = x\}} dV_s \tag{9}$$

Using (9) it is easy to see that for $x \in (0,b-a)$, $I(t,x)$ is continuous at x if $L(t,.)$ is continuous at $a+x$. The case $x \in (-(b-a),0)$ is similar. When $x = 0$, it is easy to see that $I(t,0-) = L(t,b-) \neq L(t,a)$.

3.5 Let $\bar{I}(t,x)$ denote the local time process of $Z_t = X_{\sigma_t}$. The martingale, bounded variation part and the jumps of Z_t are easily calculated from eqn. (1). By using Tanaka's formula it is easily verified that $\bar{I}(t,x) = L(t,x)$,

$\forall\, x \in (-\infty,a) \cup [b,\infty)$, $\bar{I}(t,a) = 0$ and $\bar{I}(t,a) = L(\tau \wedge t,x)$, $\forall\, x \in (a,b)$.

4. The Semi-Martingale $|X_t - X_{\sigma_t}|$

We now determine the continuous martingale and the continuous bounded variation parts of $|X_t - X_{\sigma_t}|$. We note that the sum of the jumps upto time t is $-(b-a)c(t)$.

Theorem 4.1 For $a < b$, we have almost surely,

$$(b-a)c(t) + |X_t - X_{\sigma_t}| = \int_0^t \theta(s,w) I_{(a,b)}(X_s)dX_s + \tfrac{1}{2}(L(t,a)+L(t,b-)) \quad (10)$$

Proof. Lemma 3.1 and Theorem 3.3 together give

$$|X_t - X_{\sigma_t}| = (X_t - X_{\sigma_t})^+ + (X_t - X_{\sigma_t})^-$$

$$= \int_{\tau_t}^t (I_{(0,\infty)}(Y_{s-}) - I_{(-\infty,0]}(Y_{s-}))I_{(a,b]}(X_s)dX_s$$

$$- (b-a)c(t) + \tfrac{1}{2}(L(t,a) + L(t,b))$$

$$= \int_0^t \theta(s) I_{(a,b)}(X_s)dX_s - (b-a)c(t)$$

$$+ \tfrac{1}{2}(L(t,a) + L(t,b-))$$

where in the last equality we have used eqn. (9).

Remark 4.2 We refer to [6] for an analogous result on crossings of closed intervals by a continuous martingale.

5. Applications

We now give some applications of the previous results. We mention only the results and refer the proofs to [5], [6] and [7].

Firstly we note that letting $a \uparrow b$ in Theorem 4.1 eqn. (10) yields Levy's crossing theorem. We note that if $\varepsilon_1 \leq \varepsilon \leq \varepsilon_2$ then $\varepsilon_1 C_{\varepsilon_2}(t) \leq \varepsilon\, C_\varepsilon(t) \leq \varepsilon_2\, C_{\varepsilon_1}(t)$ where

$C_\varepsilon(t)$ = number of crossings of $(b-\varepsilon,b)$ in time $t = C((b-\varepsilon,b),t)$. Hence sufficient to let $a \uparrow b$ along a sequence. This is done via the Borel-Cantelli lemma and an estimate due to Yor (Theorem 1, [10]). The following theorem (Levy's (down) crossing theorem) was first proved in the case of a continuous semi-martingale in El Karoui [3] where the discontinuous case is also discussed.

Theorem 5.1 Let (X_t) be a continuous semi-martingale. Then

(a) almost surely, $\underset{a \uparrow b}{\mathrm{Lt}}\ (b-a)C((a,b),t) = L(t,b-)$

$$\underset{b \downarrow a}{\mathrm{Lt}}\ (b-a)C((a,b),t) = L(t,a)$$

(b) If further $(X_t) \in H^p$, $p \geq 1$ then the above limits hold in H^p.

Next let (X_t) be a Brownian motion. We now state a result somewhat related to Theorem 5.1 above and whose proof can be found in [6], [7]. The crossing theorem say, that $(b-a)C(t) \sim L(t,a)$ as $b \downarrow a$, the parameter t being fixed. It is an interesting fact that the same is true when we let $t \longrightarrow \infty$. We have the following theorem.

Theorem 5.2 Let (X_t) be a Brownian motion and $a < b$. Then almost surely,

$$\underset{t \to \infty}{\mathrm{Lt}} \frac{L(t,a)}{C((a,b),t)} = \underset{t \to \infty}{\mathrm{Lt}} \frac{E\,L(t,a)}{E\,C((a,b),t)} = (b-a)$$

Remark 5.3 The proof of the 2nd equality is immediate from Theorem 4.1 and Theorem 2.1

Corollary 5.4 Let $a < b$, $d < e$. Then almost surely,

$$\underset{t \to \infty}{\mathrm{Lt}} \frac{C((a,b),t)}{C((d,e),t)} = \underset{t \to \infty}{\mathrm{Lt}} \frac{E\,C((a,b),t)}{E\,C((d,e),t)} = \frac{b-a}{e-d}$$

We continue with a Brownian motion (X_t). The following result gives the average sojourn time in (a,b) per crossing.

Theorem 5.3 If (X_t) is a Brownian motion and $a < b$, then almost surely,

$$\underset{t \to \infty}{\mathrm{Lt}} \frac{\int_0^t I_{(a,b)}(X_s)ds}{C((a,b),t)} = \underset{t \to \infty}{\mathrm{Lt}} \frac{E\int_0^t I_{(a,b)}(X_s)ds}{E\,C((a,b),t)} = (b-a)^2$$

We refer to [8] for a proof of this result. The 2nd equality is an immediate consequence of Theorem 1, [5] which is also proved in [11]. We refer to [1] for a more general result in the context of Hunt processes and to [2] for related results involving recurrent diffusions. The following is a different generalization of Theorem 5.3 and can be thought off as a random approximation to the remainder term in a 2nd order Taylor expansion for a C^2-function. For the proof of this result see [6], [7].

Theorem 5.4 Let (X_t) be a Brownian motion, $a < b$, and f a C^2-function. Then almost surely,

$$\underset{t \to \infty}{\mathrm{Lt}} \frac{\int_0^t f''(|X_s - X_{\sigma_s}|_-) I_{(a,b)}(X_s)ds}{C((a,b),t)}$$

$$= \underset{t \to \infty}{\mathrm{Lt}} \frac{E\int_0^t f''(|X_s - X_{\sigma_s}|_-) I_{(a,b)}(X_s)ds}{E\,C((a,b),t)}$$

$$= f(b-a) - f(0) - f'(0)(b-a).$$

Acknowledgement : The results of this paper are a part of the author's Ph.D. thesis. I would like to thank my Supervisor Professor B.V. Rao for his continuous guidance in the course of this work.

References

[1] K. Burdzy, J.N. Pitman and M. Yor - Some asymptotic laws for crossings and excursions (preprint).

[2] K. Ito and H.P. Mckean (1965) - Diffusion Processes and their sample paths - Springer Verlag, Berlin.

[3] N. El Karoui (1976) - Sur les montees des semi-martingales, Asterisque 52-53.

[4] P.A. Meyer (1976) - Un Cours les Integrales Stochastique , Seminaire de Probabilite X, Springer Verlag, Berlin.

[5] B. Rajeev (1989) - On Sojourn times of Martingales, Sankhyā , Series A, Vol. 51, Part I, 1989.

[6] B. Rajeev (1989) - Crossings of Brownian motion : A semi-martingale approach, Sankhyā, Series A (to appear).

[7] B. Rajeev (1989) - Semi-Martingales Associated with Crossings (Thesis).

[8] B. Rajeev and B.V. Rao (1989) - A ratio limit theorem for Martingales (preprint).

[9] M. Yor (1976) - Rappels et Preliminaires generaux, Asterisque 52-53.

[10] M. Yor (1976) - Sur la Continuite destemps locaux associes a certain semi-martingales,Asterisque 52-53.

[11] P.A. Meyer (1988) - Sur un theoreme de B. Rajeev, Seminaire de Probabilite , XXII , Springer Verlag, Berlin.

SUR UNE HORLOGE FLUCTUANTE POUR LES PROCESSUS DE BESSEL DE PETITES DIMENSIONS

Jean BERTOIN

Laboratoire de Probabilités (L.A.224), Université P. et M. Curie
4 Place Jussieu - Tour 56 - 75252 PARIS CEDEX 05 .

L'origine de ce travail est la recherche d'une extension pour les petites dimensions d'un résultat dû à Biane et Yor [3] sur des changements de temps pour un processus de Bessel (voir (0.3) ci-dessous). Considérons R , un processus de Bessel de dimension $d>0$, issu de 0 (en abrégé $BES_0(d)$), 0 étant une barrière instantanément réfléchissante lorsque $d<2$.

Quand $d>1$, R est une sous-martingale de décomposition canonique

(0.1): $R = B + (d-1)H$, *avec* B *brownien réel et* $H_t = \frac{1}{2}\int_0^t ds/R_s$.

Pour tout t positif, notons

(0.2): $T(t) = \inf\{ s : H_s>t \}$ *et* $\tilde{R} = 2\, R\circ T$.

Biane et Yor ont alors montré que

(0.3): $\tilde{R}$ *est le carré d'un* $BES_0(2d-2)$ *(en abrégé* $BESQ_0(2d-2)$ *)* .

Si l'on prend maintenant d dans l'intervalle $]0;1[$, R n'est plus une semi-martingale, mais un processus de Dirichlet qui admet la décomposition canonique de la forme (0.1) , cette fois avec

$$H_t = \frac{1}{2}\ \text{v.p.}\int_0^t ds/R_s = \frac{1}{2}\int_{\mathbb{R}_+} (L_t^a(R) - L_t^0(R))\ a^{d-2}\ da\ ,$$

où nous avons noté ($L_t^a(R)$: $a \in \mathbb{R}_+$, $t\geq 0$) une version bicontinue des temps locaux de R (voir [1], paragraphe V). L'horloge H est fluctuante, au sens où H est une fonctionnelle additive non monotone de R . L'étude du processus de Markov fort $\tilde{R}$ se présente comme cas particulier d'un problème très général soulevé par Rogers et Williams [13] (voir également London et al. [8], Rogers [11], Mc Gill [9] ...).

D'après sa définition, H est croissant sur tout intervalle dans lequel R ne s'annule pas, et il est aisé de voir que $\tilde{R}$ évolue comme un $BESQ(2d-2)$

tant qu'il reste dans $]0;+\infty[$. La difficulté consiste à savoir comment se comporte $\tilde{R}$ au voisinage d'un temps d'arrêt en lequel il est nul (le point 0 est-il une barrière instantanément réfléchissante, $\tilde{R}$ peut-il sortir continument de 0 ?). Bien que ces questions soient très proches de celles abordées dans [8] et [13], notre approche sera différente, au moins en apparence: nous allons à nous ramener à la situation classique du changement de temps d'un processus de Markov par une fonctionnelle additive croissante (voir Maisonneuve [10]). Plus précisément, si nous notons

$$S_t = \sup\{ H_s : s\le t \} ,$$

nous avons $T(t) = \inf\{ s : S_s>t \}$; mais, bien sûr, S n'est pas une fonctionnelle additive de R . C'est, par contre, une fonctionnelle additive du couple Markovien $(R;H-S)$. Nous étudierons donc, dans un premier temps, le processus $(R;H-S)$ en décomposant sa mesure d'excursion hors de $(0;0)$, nous en déduirons une description de $\tilde{R}$, et nous justifierons a posteriori l'intérêt de notre travail en montrant que $\tilde{R}$ intervient dans des théorèmes limites pour des browniens changés de temps par certaines horloges fluctuantes.

Dans un second temps, nous étudierons plus généralement les valeurs prises par R en les lignes de niveaux de H : en notant $T(-t) = \inf\{ s : H_s<-t \}$, nous montrerons que le processus à valeurs dans l'espace des mesures σ-finies sur $]0;\infty[$

$$a \longmapsto \mu_{T(-1)}(a) = \sum_{t<T(-1)} 1_{\{ R_t\neq 0 \ ;\ H_t=a \}} \ \delta_{R_t} \qquad (a\ge -1) ,$$

est Markovien, continu et nous expliciterons son semi-groupe. Ce résultat peut également être interprèté comme un théorème du type de ceux de Ray et Knight pour la mesure d'occupation de $(R;H)$.

Tout au long de cet article, $(\Omega,\mathcal{F}_t,\mathbb{P})$ désignera un espace probabilisé filtré. Même lorsque nous travaillerons sous une mesure d'excursion (i.e. seulement σ-finie), nous emploierons le langage probabiliste (loi, variable aléatoire ...) au lieu de celui de la théorie de la mesure (mesure image, fonction mesurable ...). Enfin, si $\varphi : \mathbb{R}_+ \longrightarrow \mathbb{R}_+$ est une fonction continue croissante, nous noterons φ^{-1} son inverse continue à droite ($\varphi^{-1}(t) = \inf\{ s : \varphi(s)>t \}$).

I ETUDE DE $\tilde{R}$.

<u>1) Un lemme utile.</u> Dans ce paragraphe, nous appliquerons à plusieurs reprises le résultat élémentaire suivant sur les excursions d'un processus de Markov changé de temps:

Soient E un espace polonais, x_0 un point de E , et X un processus de Markov fort pour lequel x_0 est régulier. Désignons par ℓ un temps local en x_0 pour X au sens de Blumenthal et Getoor [4] (c'est-à-dire que ℓ est une fonctionnelle additive positive de X qui ne croît que quand X_t ou X_{t-} est nul), et par n la mesure d'Itô [7] des excursions de X hors de x_0 associée à ℓ . Nous noterons $x = (x(t) : t \le v)$ l'excursion générique, et v sa durée de vie.

Considérons encore $f : E \longrightarrow \mathbb{R}_+$ une fonction borélienne et posons

$$A(t) = \int_0^t f(X_s)\, ds \ , \quad a(t) = \int_0^t f(x(s))\, ds \ .$$

Nous supposerons de plus que

(I.1): $\mathbb{P}_{x_0}$ *p.s. pour tout* t , $A(t) < \infty$; *et* n *p.s.* , $a(v) > 0$.

Lemme I.1. *Si* $\ell\circ A^{-1}$ *est un temps local en* x_0 *pour* $X\circ A^{-1}$ *(au sens de Blumenthal et Getoor), alors la mesure d'Itô des excursions de* $X\circ A^{-1}$ *hors de* x_0 *est l'image de* n *par l'application*

$$x \longmapsto x\circ a^{-1} \quad \textit{(avec la convention } x(\infty) = x_0 \textit{).}$$

Preuve. Montrons tout d'abord que les intervalles d'excursions de $X\circ A^{-1}$ sont les images par A des intervalles d'excursions de X : $\ell\circ A^{-1}$ étant continu, pour tout $t \ge 0$,nous avons

$$(\ell\circ A^{-1})^{-1}(t) = A\circ\ell^{-1}(t) \quad \text{et} \quad (\ell\circ A^{-1})^{-1}(t-) = A\circ\ell^{-1}(t-) \ .$$

Par conséquent, si $\ell^{-1}(t-)<\ell^{-1}(t)$, $]\ell^{-1}(t-);\ell^{-1}(t)[$ est un intervalle d'excursion pour X , et d'après (I.1), $A\circ\ell^{-1}(t-) < A\circ\ell^{-1}(t)$. Ainsi, $](\ell\circ A^{-1})^{-1}(t-); (\ell\circ A^{-1})^{-1}(t)[$ est un intervalle d'excursion pour $X\circ A^{-1}$.

Réciproquement, si $(\ell\circ A^{-1})^{-1}(t-) < (\ell\circ A^{-1})^{-1}(t)$, c'est-à-dire si $A\circ\ell^{-1}(t-) < A\circ\ell^{-1}(t)$, alors $\ell^{-1}(t-) < \ell^{-1}(t)$; et $]\ell^{-1}(t-); \ell^{-1}(t)[$ est un intervalle d'excursion de X .

Enfin, A étant une fonctionnelle additive, pour tout $s \ge 0$,

$$X\circ A^{-1}((\ell\circ A^{-1})^{-1}(t-) + s) = X(\ell^{-1}(t-) + \inf\{ u : \int_0^u f\circ X(\ell^{-1}(t-) + r)\, dr > s \}),$$

ce qui entraine le lemme (il suffit de raisonner sur les processus de comptage).□

2) Excursions de $(R;H-S)$. La décomposition des excursions de $(R;H-S)$ que nous allons donner découle des résultats obtenus dans [2] pour $(R;H)$ et de l'analogue suivant d'une identité en loi pour le mouvement brownien dûe à P. Lévy: introduisons les changements de temps

$$\alpha(t) = \inf\{ s : \int_0^s 1_{\{H_u<S_u\}} du > t \} \quad , \quad \beta(t) = \inf\{ s : \int_0^s 1_{\{H_u<0\}} du > t \}$$

(on vérifie aisément que ces quantités sont finies p.s.). Nous avons le

Lemme I.2. *Les processus* $(R;H-S)_{\alpha(.)}$ *et* $(R;H)_{\beta(.)}$ *ont même loi* .

Preuve. Pour tout $\varepsilon>0$, notons

$$\alpha(\varepsilon,t) = \inf\{s: \int_0^s 1_{\{H_u-S_u<-\varepsilon\}} du > t\} \ , \quad \beta(\varepsilon,t) = \inf\{s: \int_0^s 1_{\{H_u<-\varepsilon\}} du > t \}$$

quantités qui sont finies p.s. pour tout t . Comme $\int_0^s 1_{\{H_u-S_u<-\varepsilon\}} du$ converge en croissant quand ε décroît vers 0 vers $\int_0^s 1_{\{H_u<S_u\}} du$, alors p.s. pour tout t , $\lim_{\varepsilon\downarrow 0} \alpha(\varepsilon,t) = \alpha(t)$ et de même $\lim_{\varepsilon\downarrow 0} \beta(\varepsilon,t) = \beta(t)$. Ainsi,

$$\lim_{\varepsilon\downarrow 0} (R;H-S)_{\alpha(\varepsilon,t)} = (R;H-S)_{\alpha(t)} \quad \text{et} \quad \lim_{\varepsilon\downarrow 0} (R;H)_{\beta(\varepsilon,t)} = (R;H)_{\beta(t)} ,$$

et il nous suffit de vérifier que $(R;H-S)_{\alpha(\varepsilon,.)}$ et $(R;H)_{\beta(\varepsilon,.)}$ ont même loi. A cette fin, introduisons les suites de temps d'arrêt p.s. finis

$$U(\varepsilon,0) = V(\varepsilon,0) \equiv 0 ,$$
$$U(\varepsilon,2n+1) = \inf\{ t>U(\varepsilon,2n) : (H-S)_t<-\varepsilon \} ,$$
$$U(\varepsilon,2n+2) = \inf\{ t>U(\varepsilon,2n+1) : (H-S)_t=0 \} ,$$
$$V(\varepsilon,2n+1) = \inf\{ t>V(\varepsilon,2n) : H_t<-\varepsilon \} , \text{ et}$$
$$V(\varepsilon,2n+2) = \inf\{ t>V(\varepsilon,2n+1) : H_t=0 \}$$

($U(\varepsilon,n+1)$ est le premier temps après $U(\varepsilon,n)$ en lequel $H-S$ atteint 0 quand n est impair et $-\varepsilon$ quand n est pair; la construction est la même pour $V(\varepsilon,.)$ relativement à H). H étant croissant sur tout intervalle sur lequel R ne s'annulle pas, pour tout entier n , $R_{U(\varepsilon,2n+1)}$ et $R_{V(\varepsilon,2n+1)}$ sont nuls. Il découle alors de la propriété forte de Markov et de ce que H est une fonctionnelle additive de R que

(I.2): $\{ ((R;H-S)_{U(\varepsilon,2n+1)+t} : 0\le t\le U(\varepsilon,2n+2) - U(\varepsilon,2n+1)) , n \in \mathbb{N} \}$ *est une suite de processus indépendants, chacun ayant la même loi que* $((R;H-\varepsilon)_t : 0\le t\le T(\varepsilon))$ *(c.f. définition* (0.2)) .

Il en est de même pour

(I.2'): $\{ ((R;H)_{V(\varepsilon,2n+1)+t} : 0\le t\le V(\varepsilon,2n+2) - V(\varepsilon,2n+1)) , n \in \mathbb{N} \}$.

Notons J (= $J(\varepsilon)$) le processus obtenu en "recollant bout-à-bout" la suite (I.2) , et J' celui obtenu de même à partir de (I.2'). J et J' ont même loi et sont construits à partir de $(R;H-S)$ et de $(R;H)$ en effaçant des intervalles de temps qui apportent une contribution nulle respectivement aux intégrales $\int_0^S 1_{\{H_u-S_u<-\varepsilon\}}\,du$ et $\int_0^S 1_{\{H_u<-\varepsilon\}}\,du$. Nous avons donc

$$(R;H-S)_{\alpha(\varepsilon,t)} = J_{\gamma(\varepsilon,t)} \quad \text{où} \quad \gamma(\varepsilon,t) = \inf\{ s : \int_0^S 1_{\{J_u<-\varepsilon\}}\,du > t\} ,$$

$$(R;H)_{\beta(\varepsilon,t)} = J'_{\gamma'(\varepsilon,t)} \quad \text{où} \quad \gamma'(\varepsilon,t) = \inf\{ s : \int_0^S 1_{\{J'_u<-\varepsilon\}}\,du > t\} .$$

Ainsi, $(R;H-S)_{\alpha(\varepsilon,.)}$ et $(R;H)_{\beta(\varepsilon,.)}$ ont même loi, ce qui prouve le lemme.□

Rappelons maintenant le principal résultat de [2]: soit $d_n(t)$ ($n \in \mathbb{N}$, $t\ge 0$), le nombre de descentes de 0 à -2^{-n} que H accomplit sur l'intervalle de temps $[0;t]$. $2^{n(d-1)}\, d_n(t)$ converge p.s. pour tout t quand n tend vers l'infini vers $\delta(t)$, le temps local en $(0;0)$ de $(R;H)$. Le processus des excursions de $(R;H)$ hors de $(0;0)$ est un processus de Poisson ponctuel (en abrégé p.p.p.) à valeurs dans Ω^{abs} , l'espace des trajectoires continues, issues de $(0;0)$, et absorbées après le premier retour à l'origine. Nous désignons par m la mesure caractéristique de ce p.p.p., et afin de la décrire, nous introduisons les

Notations. - *Pour tout* $\omega = (\omega^1,\omega^2) \in \Omega^{abs}$ *, nous posons* $i = \inf\{\omega^2(r) : r\ge 0\}$, $u = \inf\{r>0 : \omega^2(r)=0\}$ *, et* $v = \inf\{r>0 : \omega(r)=(0;0)\}$.

- *Pour tout* $x>0$ *, nous désignons par* R^x *un* $BES_x(d)$. R^x *est un processus de Dirichlet de décomposition canonique* $R^x = x + B + (d-1)H^x$ *, avec*

$$H_t^x = \frac{1}{2}\,\text{v.p.}\int_0^t ds/R_s^x = \frac{1}{2}\int_0^\infty (L_t^a(R^x) - L_t^0(R^x))\, a^{d-2}\, da .$$

Nous notons encore $\xi^x = \inf\{ t : R_t^x=0 \}$ *et* $T^x(0) = \inf\{ t>0 : H_t^x=0 \}$ (H^x *étant strictement croissant sur* $]0;\xi^x[$ *, on a* $\xi^x<T^x(0)$ *).*

m se décompose alors de la façon suivante (c.f. [2]):

(I.3) : *i) La loi de* $\omega^1(u)$ *sous* m *est donnée par*

$$m(\omega^1(u)=0) = 0 \quad \text{et} \quad m(\omega^1(u) \in dx) = \frac{1-d}{\Gamma(d)}\, x^{d-2}\, dx \quad (x>0) .$$

ii) Sous m *, conditionnellement à* $\omega^1(u) = x$ *(* $x>0$ *), les processus* $(\omega(u+r) : 0\le r\le v-u)$ *et* $((\omega^1(u-r);-\omega^2(u-r)) : 0\le r\le u)$ *sont indépendants et ont même loi que* $((R^x;H^x)_t : 0\le t\le T^x(0))$.

Cette description entraine que la condition (I.1) du lemme I.1 est satisfaite pour $X = (R;H)$, $f(r,h) = 1_{h<0}$ et $A^{-1} = \beta$. Montrons maintenant

(I.4): *$\delta\circ\beta$ est un temps local en* $(0;0)$ *pour* $(R;H)_{\beta(.)}$.

Par construction, $d_n(\beta(t))$ est le nombre de descentes de 0 à -2^{-n} que $H_{\beta(.)}$ a effectuées sur l'intervalle de temps $[0;t]$. D'après (I.3), $\delta(\beta(t)) = \lim 2^{n(d-1)}d_n(\beta(t))$ est une fonctionnelle additive de $(R;H)_{\beta(.)}$ qui ne croît que quand $H_{\beta(.)}$ est nul. Or, p.s. pour tout t , si $H_{\beta(t)}$ est nul, $R_{\beta(t)}$ l'est également (en effet, si $R_{\beta(t)} \neq 0$, alors H est strictement croissant au voisinage de $\beta(t)$, et H est strictement positif immédiatement à droite de $\beta(t)$, ce qui contredit la définition de β). Il nous reste à voir que $\delta\circ\beta$ est continu: comme δ est continu, les sauts de $\delta\circ\beta$ ne peuvent provenir que de ceux de β . Si $\beta(t-)<\beta(t)$, alors $H_r\ge 0$ pour presque tout r de $[\beta(t-);\beta(t)]$, et d'après la description (I.3.ii), ceci n'est possible que si $H>0$ sur $]\beta(t-);\beta(t)[$. Comme δ ne croît que quand H est nul, nous avons bien $\delta(\beta(t-)) = \delta(\beta(t))$, ce qui prouve notre assertion.

Notons $\hat{d}_n(s)$ le nombre de descentes de 0 à -2^{-n} que $H-S$ a accomplies sur $[0;s]$. Par construction,

$$\hat{d}_n(s) = \hat{d}_n(\alpha(t)) \quad \text{pour} \quad t = \int_0^s 1_{\{H_u<S_u\}}\,du \ ,$$

et comme, d'après le lemme I.2 et (I.4) , $2^{n(d-1)}\hat{d}_n(\alpha(t))$ converge quand n tend vers l'infini vers $\hat{\delta}\circ\alpha(t)$, le temps local en $(0;0)$ de $(R;H-S)_{\alpha(.)}$, p.s., pour tout s , $\lim 2^{n(d-1)}\hat{d}_n(s) = \hat{\delta}(s) \overset{\text{déf}}{=\!=} \hat{\delta}\circ\alpha(t)$. D'autre part, les applications

$$s \longmapsto t = \int_0^s 1_{\{H_u<S_u\}}\,du \quad \text{et} \quad s \longmapsto \hat{\delta}\circ\alpha(t)$$

étant continues, $\hat{\delta}$ est une fonctionnelle additive continue de $(R;H-S)$ qui ne croît que quand R et $H-S$ sont nuls (puisque $H-S$ est croissant au sens large sur tout intervalle sur lequel R ne s'annulle pas). Finalement, $\hat{\delta}$ est un temps local en $(0;0)$ pour $(R;H-S)$.

Le processus des excursions de $(R;H-S)$ hors de $(0;0)$ est un p.p.p. à valeurs dans Ω^{abs} ; nous notons $\hat{m}$ sa mesure caractéristique. Elle est décrite par le théorème suivant (voir figure 1):

Théorème I.3. *i) La loi de* $\omega^1(u)$ *sous* $\hat{m}$ *est donnée par*

$$\hat{m}(\ \omega^1(u)=0\ ) = 0 \quad et \quad \hat{m}(\ \omega^1(u) \in dx\ ) = \frac{1-d}{\Gamma(d)}\ x^{d-2}\, dx \quad (\ x>0\ )\ .$$

ii) Sous $\hat{m}$ *, conditionnellement à* $\omega^1(u) = x$ *(* $x>0$ *) , les processus* $(\omega(u+r) : 0\le r\le v-u)$ *et* $(\omega(u-r) : 0\le r\le u)$ *sont indépendants . Le premier est distribué comme* $((R^x;0)_r : 0\le r\le \xi^x)$ *et le second comme* $((R^x;-H^x)_r : 0\le r\le T^x(0))$.

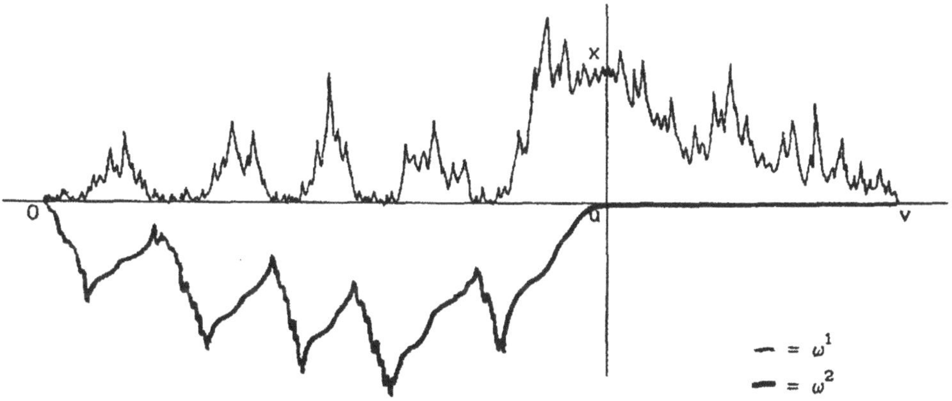

figure 1

Preuve. Commençons par montrer

(I.5): $\hat{m}$ *p.s.,* $\omega^2 \equiv 0$ *sur* $[u,v]$, $u>0$, *et* $\omega^2<0$ *sur* $]0;u[$.

A cette fin, supposons qu'il existe $r \in]u,v[$ tel que $\omega^2(r)<0$. De la définition même de u , si $g(r) = \sup\{\ r'<r :\ \omega^2(r')=0\ \}$ est le dernier instant avant r en lequel ω^2 est nulle, alors $g(r)>0$. D'autre part, ω^2 n'est croissante sur aucun voisinage de $g(r)$, et donc, $\hat{m}$ p.s., $\omega^1(g(r)) = \omega^2(g(r)) = 0$, c'est-à-dire $g(r)=v$, ce qui est contraire à notre hypothèse. Ainsi, $\omega^2 \equiv 0$ sur $[u,v]$, et $v = \inf\{\ r>u :\ \omega^1(r)=0\ \}$. Si maintenant ω est une excursion telle que $u=0$, alors $v = \inf\{\ r>0\ :\omega^1(r)=0\ \}$, et le temps local en 0 de ω^1 est identiquement nul. Désignons par τ l'inverse continu à droite de $L^0(R)$. Si $\hat{m}(u=0) \neq 0$, il existe p.s. un instant t tel que $H_{\tau(t)}>H_{\tau(t-)} = \sup\{\ H_{\tau(s)}\ :\ s<t\ \}$, ce qui contredit le corollaire 1 de Rogers [12] (rappelons que H_τ est un processus stable d'exposant $2-d>1$, voir Biane et Yor [3] p. 24). Ainsi, $\hat{m}(u=0) = 0$, et la définition de u entraine que ω^2 est strictement négative sur $]0,u[$.

Il découle de (I.5) et du lemme I.1 que la mesure d'excursion de $(R;H-S)_{\alpha(.)}$ est l'image de $\hat{m}$ par l'application $\phi : \omega \longmapsto \phi(\omega)$, où $\phi(\omega) : [0,u] \longrightarrow \mathbb{R}_+\times\mathbb{R}$, $\phi(\omega)(r) = \omega(r)$ si $r \in [0,u[$, $\phi(\omega)(u) = (0;0)$; et de même, (I.3), (I.4) et le lemme I.1 entraînent que la mesure d'excursion de $(R;H)_{\beta(.)}$ est l'image de m par l'application précédente. Nous déduisons du lemme I.2 que le processus $(\omega(u-r) : 0\le r\le u)$ a même loi sous m que sous $\hat{m}$, ce qui établit i) et la dernière partie de ii) grâce à (I.3). Enfin la première partie de ii) découle de la propriété de Markov forte appliquée au temps d'arrêt u .□

Ouvrons ici une petite parenthèse pour donner une application très simple de ce résultat: considérons ℓ un temps exponentiel indépendant de paramètre θ, et k un réel positif. D'après la théorie des excursions, on a

$$\mathbb{E}[\, 1_{\{(H-S)_\ell<0\}} \exp(k(H-S)_\ell)\,] =$$

$$\mathbb{E}[\int_0^\infty \exp(-\theta\, \hat{\delta}^{-1}(t))\, dt\,] \left[\int \hat{m}(d\omega) \int_0^V \theta\, e^{-\theta r} \exp(k\omega^2(r))\, 1_{\{\omega^2(r)<0\}}\, dr \right],$$

et de même

$$\mathbb{E}[\, 1_{\{H_\ell<0\}} \exp(k\, H_\ell)\,] =$$

$$\mathbb{E}[\int_0^\infty \exp(-\theta\, \delta^{-1}(t))\, dt\,] \left[\int m(d\omega) \int_0^V \theta\, e^{-\theta r} \exp(k\omega^2(r))\, 1_{\{\omega^2(r)<0\}}\, dr \right].$$

D'une part, nous déduisons de la propriété de scaling et des définitions de δ et $\hat{\delta}$ que δ^{-1} et $\hat{\delta}^{-1}$ sont deux subordinateurs stables d'exposant $(1-d)/2$ (voir [2] prop. II.4); et d'autre part, d'après (I.3) et le théorème I.3, $\int_0^V \theta\, e^{-\theta r} \exp(k\omega^2(r))\, 1_{\{\omega^2(r)<0\}}\, dr$ a même intégrale sous m que sous $\hat{m}$.

Par conséquent, $\mathbb{E}[\, \exp(k(H-S)_\ell) \mid (H-S)_\ell<0\,] = \mathbb{E}[\, \exp(k\, H_\ell) \mid H_\ell<0\,]$. Cette relation étant satisfaite pour tout θ, la loi de $(H-S)_1$ conditionnellement à $(H-S)_1<0$ est la même que celle de H_1 conditionnellement à $H_1<0$. D'après la proposition IV.3 de [2], nous avons donc pour tout $x>0$,

$$\mathbb{P}((S-H)_1 \in dx \mid S_1-H_1>0\,) = 2(1-d)(2\pi)^{-1/2} \exp\{\, -(1-d)^2x^2/2\,\}\, dx\,.$$

Il serait bien sûr intéressant de pouvoir calculer $\mathbb{P}(\, S_1-H_1=0\,)$, ce qui permettrait de déterminer complètement la loi de S_1-H_1 ; malheureusement les calculs deviennent vite très compliqués, et nous n'avons pu les mener à bout.

Enfin, comme nous l'avons signalé en introduction, S est une fonctionnelle additive de $(R;H-S)$. Plus précisément, nous avons le

Lemme I.4. *$\mathbb{P}$ p.s., pour tout* $t\geq 0$, $S_t = \frac{1}{2}\int_0^t 1_{\{H_u=S_u\}} \frac{du}{R_u}$.

Preuve. Si à l'instant t , H et S sont égaux et R est non nul, alors H est dérivable en t et sa dérivée vaut $1/(2R_t)$; S est donc dérivable à droite en t , sa dérivée à droite valant également $1/(2R_t)$. Comme S ne croît que quand $H = S$, il suffit pour prouver le lemme, de montrer que la mesure dS_t ne charge pas l'ensemble des zéros de R . Or, nous verrons dans la proposition I.6 (qui est établie indépendement de cette partie) que pour tout $t>0$, $\mathbb{P}(\tilde{R}_t=0) = 0$ (rappelons que $\tilde{R} = 2 R\circ S^{-1}$), et donc

$$\mathbb{E}\Big[\int_{\mathbb{R}_+} 1_{\{\tilde{R}_t=0\}}\, dt\Big] = \mathbb{E}\Big[\int_{\mathbb{R}_+} 1_{\{R_t=0\}}\, dS_t\Big] = 0 \quad .\square$$

<u>3) Une description de $\tilde{R}$.</u> Il ne nous reste plus qu'à appliquer le lemme I.1 à $X = (R;H-S)$, $A = S$ et $A^{-1} = T$. Grâce à la décomposition des excursions de $(R;H-S)$ donnée par le théorème I.3, la condition (I.1) est satisfaite. Pour montrer que $\tilde{\delta} = \hat{\delta}\circ S^{-1}$ est un temps local en $(0;0)$ de $(R;H-S)_{S^{-1}(t)} = (\frac{1}{2}\tilde{R};0)_t$, commençons par remarquer que si $\hat{J}(n;t)$ désigne le nombre d'excursions de $(R;H-S)$ effectuées avant t telles que $\omega^1(u)>2^{-n}$, alors p.s. pour tout t ,

$$\lim_{n\uparrow\infty} 2^{n(d-1)}\, \hat{J}(n;t) = \hat{\delta}(t)/\Gamma(d)$$

(ceci découle, grâce au théorème I.3 i. des mêmes arguments que ceux employés par Williams [14] pour montrer le théorème de Lévy sur le nombre de descentes du brownien par la théorie des excursions). Or par construction, d'après (I.5) et le lemme I.4, pour tout $t\geq 0$,

$$\hat{J}(n;S^{-1}(t)) = \#\{\, s<t \;:\; S^{-1}(s-)<S^{-1}(s) \ \text{ et } \ R_{S^{-1}(s)}>2^{-n} \,\}$$
$$= \#\{\, s<t \;:\; \tilde{R}_{s-} = 0 \ \text{ et } \ \tilde{R}_s>2^{-n+1} \,\} ,$$

et donc

$$\tilde{\delta}(t) = \lim_{n\uparrow\infty} 2^{n(d-1)}\, \#\{\, s<t \;:\; \tilde{R}_{s-} = 0 \ \text{ et } \ \tilde{R}_s>2^{-n+1} \,\} = \hat{\delta}\circ S^{-1}(t)$$

est une fonctionnelle additive de $\tilde{R}$ qui ne croît que sur $\{\tilde{R}_{s-} = 0\}$. Les sauts de $\tilde{\delta}$ ne peuvent provenir que de ceux de S^{-1} . Si $S^{-1}(s-)<S^{-1}(s)$, alors d'après le lemme I.4, $H<S$ pour presque tout r de $[S^{-1}(s-), S^{-1}(s)]$; et grâce à (I.5), ceci n'est possible que si $H<S$ pour tout r de $]S^{-1}(s-), S^{-1}(s)[$. Comme $\hat{\delta}$ ne croît que quand H et S sont égaux, nous avons $\hat{\delta}\circ S^{-1}(s-) = \hat{\delta}\circ S^{-1}(s)$. $\hat{\delta}\circ S^{-1}$ est un temps local en 0 pour $\tilde{R}$. Notons $\tilde{m}$ la mesure caractéristique du p.p.p. des excursions de $\tilde{R}$ hors de 0 à

valeurs dans $\Xi = \{ \omega : \mathbb{R}_+ \longrightarrow \mathbb{R}_+ , \omega$ continue et absorbée en $0 \}$ (ω n'est pas nécessairement issue de 0), et énonçons le

Théorème I.5. *Sous* $\tilde{m}$, *le processus canonique a pour loi initiale*

$$\tilde{m}(\omega(0) = 0) = 0 \quad \text{et} \quad \tilde{m}(\omega(0) \in dx) = 2^{1-d} \frac{1-d}{\Gamma(d)} x^{d-2} dx \quad (x>0) ,$$

et est le carré d'un processus de Bessel de dimension $2d-2$ *tué en* 0 .

Preuve. La loi initiale découle immédiatement du lemme I.1 et du théorème I.3 i) . Considérons $x>0$ et $\sigma(t) = \inf\{ s : H^x_s>t \}$ ($t<H^x(\xi^x)$) . Une extension immédiate du lemme I.3 de Biane et Yor [3] montre que

$$(2R_{\sigma(t)} : 0 \le t \le H^x(\xi^x)) \text{ est un } BESQ_{2x}(2d-2) \text{ (tué en 0)} .$$

Le lemme I.1 et le théorème I.3 ii) entraînent que ($\tilde{m} \mid \omega(0) = 2x$) est la loi du $BESQ_{2x}(2d-2)$.□

Remarque. Nous avons vu dans la preuve du lemme I.4 que la mesure d'occupation de $\tilde{R}$ ne charge pas $\{0\}$. Le coefficient de retard de $\tilde{R}$ en 0 est nul, c'est-à-dire que 0 est une barrière instantanément réfléchissante pour $\tilde{R}$. $\tilde{R}$ est donc complètement caractérisé par la donnée de sa mesure d'excursion (Itô [7], théorème 6.1). Enfin, pour répondre à une question posée dans l'Introduction, i) nous dit que $\tilde{R}$ ne sort de 0 que par sauts.

• Cette description nous permet par exemple de déterminer la loi de la durée de vie et de la hauteur de l'excursion: nous avons d'une part

$$\tilde{m}(v \in dt) = 2^{1-d} \frac{1-d}{\Gamma(d)} \int_0^\infty x^{d-2} \, \mathbb{P}(\xi(x,2d-2) \in dt) \, dx ,$$

où $\xi(x,2d-2)$ désigne la durée de vie du carré de Bessel de dimension $2d-2$ issu de x . D'après Getoor [5] et Getoor et Sharpe [6], la loi de $\xi(x,2d-2)$ est donnée par

$$\mathbb{P}(\xi(x,2d-2) \in dy) = \left(\frac{x^2}{2} \right)^{1-d/2} \frac{\exp(-x^2/2y)}{\Gamma(1-d/2)} \, y^{-1+d/2} \, dy ,$$

et donc

$$\tilde{m}(v \in dt) = 2^{1-d} \frac{1-d}{\Gamma(d)} \int_0^\infty x^{d-2} (x/2)^{2-d} \left(\Gamma(2-d)\, t^{3-d}\right)^{-1} \exp-(x/2t) \, dt$$

$$= \frac{1-d}{\Gamma(d)\,\Gamma(2-d)} t^{d-2} dt = \frac{t^{d-2}}{\pi} \sin d\pi \, dt .$$

De même, $x \longmapsto x^{2-d}$ est une fonction d'échelle pour le $BESQ_x(2d-2)$, de sorte que, si h désigne la hauteur de l'excursion générique ω ,

$$\tilde{m}(h>y) = 2^{1-d} \frac{1-d}{\Gamma(d)} \left[\int_0^y x^{d-2} x^{2-d} y^{d-2} dx + \int_y^\infty x^{d-2} dx \right] = 2^{1-d} \frac{2-d}{\Gamma(d)} y^{d-1} .$$

Nous allons maintenant compléter l'étude de $\tilde{R}$ en explicitant, grâce au calcul stochastique, son semi-groupe de transition :

Proposition I.6. *Si* k , x , *et* t *sont trois réels positifs,*

$$\mathbb{E}_x[\ \exp -k\,\tilde{R}_t\ ] = \exp(-x/2t)\ [(1+2kt)^{1-d}\exp(x/(2+4kt) - (2kt)^{1-d}\ ]\ .$$

En particulier,

$$\mathbb{P}_0(\ \tilde{R}_t \in dy\ ) = \frac{1-d}{\Gamma(d)}\ (2t)^{1-d}\ y^{d-2}\ (1 - e^{-y/2t})\ dy \qquad (\ y>0\ )\ .$$

Preuve. Nous avons vu dans [1] que pour toute fonction f de classe C^1 , si F désigne la primitive de f nulle en 0 ,

$$\exp\{\ R_t^x\, f(H_t^x) + (1-d)F(H_t^x) - \frac{1}{2}\int_0^t (f' + f^2)(H_s^x)\, ds\ \}$$

est une martingale locale. Pour $a>0$, $N \in \mathbb{N}$, en prenant $f(y) = 1/(y-a)$, on obtient par application du théorème d'arrêt

$$\mathbb{P}_x(\ T^x(a) > T^x(-N)\ ) = \exp(-x/a)\ [a/(a+N)]^{1-d}$$

($T^x(y) = \inf\{\ t\ :\ H_t^x = y\ \}$) . D'autre part, si l'on prend $b>a$ et $f(y) = 1/(y-b)$, on obtient de même

$$\mathbb{E}_x[\ \exp\{\ R_{T^x(a)}/(a-b)\}\ ((b-a)/a)^{1-d}\ 1_{\{\ T^x(a) < T^x(-N)\ \}}\ ]$$
$$+\ \exp(-x/a)\left[\ \frac{b+N}{b}\cdot\frac{a}{a+N}\ \right]^{1-d} = \exp(-x/b)\ ,$$

d'où, en faisant tendre N vers l'infini et en posant $k = 1/(b-a)$,

$$\mathbb{E}_x[\ \exp(-k\, R_{T^x(a)})\ ]\ =\ \mathbb{E}_{2x}[\ \exp -\frac{k}{2}\,\tilde{R}_t\ ]$$
$$= \exp(-x/t)\ [\ (1+kt)^{1-d}\exp(x/(1+kt)) - (kt)^{1-d}\ ]\ .$$

Nous avons donc la première partie de la proposition. La seconde, quant à elle, découle de la première en prenant $x = 0$ et en inversant la transformée de Laplace.□

4) Théorèmes limites relatifs à certains problèmes d'horloges fluctuantes .

Pour conclure ce paragraphe, nous allons montrer que $\tilde{R}$ intervient de façon naturelle dans le problème, dit de l'horloge fluctuante, posé par Rogers et Williams [13] : considérons B un mouvement brownien réel, f une fonction localement intégrable, et notons

$$T(f,t) = \inf\{\ s\ :\ \int_0^s f(B_u)\, du > t\ \}\ ,\quad \tilde{B}_t = \tilde{B}(f,t) = B_{T(f,t)}$$

(avec la convention $B_\infty = \infty$). Au regard des travaux de Yamada [15] , nous nous intérèssons au comportement asymptotique de $\tilde{B}$ sous l'hypothèse

(H): *Il existe* $\eta \in]0;½[$, $\eta'>\eta$ *et* g *fonction continue à support compact, höldérienne d'ordre* η' , *dont la dérivée fractionnaire d'ordre* η *soit* f , *c'est-à-dire que*

$$f = D^{\eta}g : x \longmapsto \frac{1}{\Gamma(-\eta)} \int_{-\infty}^{x} (g(x) - g(a))(x-a)^{-1-\eta}\, da .$$

Nous avons le

Théorème I.7. *Prenons* $d = (1-2\eta)/(1-\eta)$. *Alors*

i) Si $\int_{\mathbb{R}} g(a)da < 0$, *la suite de processus* $(k^{1/(\eta-1)}\tilde{B}_{kt} : t\geq 0)$ *converge en loi au sens des distributions finies dimensionnelles quand* $k\uparrow\infty$ *vers*

$$\left[\left(\frac{4}{\Gamma(-\eta)} \int_{\mathbb{R}} g(a)\, da \right)^{1/(\eta-1)} \tilde{R}_t^{\,1/(1-\eta)} : t\geq 0 \right] .$$

ii) Si $\int_{\mathbb{R}} g(a)da > 0$, *alors pour tout* t *positif,* $k^{1/(\eta-1)}\tilde{B}_{kt}$ *converge vers* 0 *en probabilité quand* k *tend vers l'infini.*

Preuve. Posons $f_k(x) = f(k^{1/2}x)$. Yamada [15] a montré que sous l'hypothèse (H),

(I.6): $k^{(1+\eta)/2} \int_0^t f_k(B_u)\, du$ *converge p.s. uniformément sur tout compact vers*

$$\frac{1}{\Gamma(-\eta)}\left(\int_{\mathbb{R}} g(a)\, da \right) H(-1-\eta;t) \text{ , où } H(-1-\eta;t) = \int_0^{\infty} (L_t^a(B) - L_t^0(B))\, a^{-(1+\eta)} da$$

(la constante $\Gamma(-\eta)$ manque dans le théorème II.2 de Yamada; elle doit en effet être rajoutée dans son égalité (2.11) afin d'être en accord avec son lemme I.3). Supposons maintenant que $\int g(a)da < 0$. Il découle de (I.6) que

$$\lim_{k\uparrow\infty} T(k^{(1+\eta)/2} f_k, t) = \inf\{ s : \left(\int_{\mathbb{R}} g(a)\, da \right) H(-1-\eta;s)/\Gamma(-\eta) > t \}$$

pour tout temps t en lequel

$$t \longmapsto \inf\{ s : \left(\int_{\mathbb{R}} g(a)\, da \right) H(-1-\eta;s)/\Gamma(-\eta) > t \}$$

est continue, c'est-à-dire pour tout t p.s., comme on le voit aisément à l'aide de la proposition IV.5 de [1]. D'une part, d'après le paragraphe V de [1], si l'on pose $A(t) = \int_0^t 1_{\{B_s>0\}} B_s^{-2\eta}\, ds$ et $d = \frac{1-2\eta}{1-\eta}$, (R;H) a même loi que $(B\circ A^{-1}(.)/(1-\eta) ; H(-1-\eta;A^{-1}(.))/(2-2\eta))$; et c'est donc aussi le cas pour $\left[\frac{1-\eta}{2} \tilde{R}(./(2-2\eta))\right]^{1/(1-\eta)}$ et $B(\inf\{ s : \left(\int_{\mathbb{R}} g(a)\, da\right) H(-1-\eta;s)/\Gamma(-\eta) > . \})$.

Ainsi, $(\tilde{B}(k^{(1+\eta)/2}f_k,t) : t\geq 0)$ converge au sens des distributions finies dimensionnelles vers $\left[\left[\frac{1-\eta}{2} \tilde{R}\left(\frac{\Gamma(-\eta)\ t}{(\int g(a)da)(2-2\eta)} \right)\right]^{1/(1-\eta)} : t\geq 0 \right]$, processus qui, par scaling, a même loi que

$$\left[\left(\frac{4}{\Gamma(-\eta)} \int_{\mathbb{R}} g(a)\ da \right]^{1/(\eta-1)} \tilde{R}_t^{\ 1/(1-\eta)} : t\geq 0 \right].$$

D'autre part, nous déduisons de l'égalité en loi

$$((B_{kt};\int_0^{kt} f(B_u)\ du) : t\geq 0) \overset{\mathcal{L}}{=\!=} (k^{1/2}B_t;\ k\int_0^t f_k(B_u)\ du) : t\geq 0)$$

que

$$(k^{1/(\eta-1)}\tilde{B}(f,kt) : t\geq 0) \overset{\mathcal{L}}{=\!=} (\tilde{B}(k^{(1+\eta)/2}f_k,t) : t\geq 0)\ ,$$

ce qui prouve i).

Enfin, si $\int g(a)da > 0$, alors

$$\lim_{k\uparrow\infty} T(k^{(1+\eta)/2}\ f_k,t) = \inf\{\ s : \left[\int_{\mathbb{R}} g(a)\ da\right] H(-1-\eta;s) < \Gamma(-\eta)t\ \}\ ,$$

temps en lequel B est nul (puisque $\Gamma(-\eta) < 0$, voir lemme III.7 de [1]), et ii) est démontré.□

II Un théorème de Ray-Knight pour la mesure d'occupation de (R;H) .

Intéressons nous maintenant à la description des valeurs prises par R sur l'ensemble des temps en lesquels l'horloge H vaut h. Il découle de la décomposition (I.3) des excursions de $(R;H)$ que p.s., pour tout $\varepsilon>0$, $\{\ s : H_s=h$ et $R_s>\varepsilon\ \}$ est discret. Ainsi,

$$\mu_t(h) = \sum_{s<t} 1_{\{\ R_s\neq 0\ ;\ H_s=h\ \}}\ \delta_{R_s} \qquad (\ t>0\ ,\ h\in\mathbb{R}\ )$$

(où δ_x désigne la masse de Dirac au point x, à ne pas confondre avec $\delta(t)$, le temps local à l'instant t de $(R;H)$) est une mesure σ-finie sur $\mathbb{R}_+^*$. De plus (c.f. corollaire III.10 de [1]), p.s. pour tout h,

(II.1): $$\lambda_t^h \overset{(\text{déf})}{=\!=} 2<\mu_t(h);\mathrm{Id}> = 2\int_{]0;\infty[} x\ \mu_t(h)(dx) < \infty\ ,$$

et $(\ \lambda_t^h : h\in\mathbb{R}\ ,\ t\geq 0\ )$ est une version mesurable des densités d'occupation de H, c'est-à-dire que pour toute fonction f borélienne bornée, on a

$$\int_0^t f(H_s)\ ds = \int_{\mathbb{R}} f(h)\ \lambda_t^h\ dh\ .$$

Nous en déduisons la désintégration suivante de la mesure d'occupation de $(R;H)$: pour toute fonction $\phi : \mathbb{R}_+ \times \mathbb{R} \longrightarrow \mathbb{R}$ borélienne bornée,

$$\text{(II.2):} \qquad \int_0^t \phi(R_s;H_s)\, ds = 2\int_{\mathbb{R}} dh \int_{\mathbb{R}_+^*} \phi(x;h) \times \mu_t(h)(dx) \ .$$

Notons $\mathcal{M}_p$ l'ensemble des mesures μ sur $\mathbb{R}_+^*$ à valeurs entières, dont le support peut être rangé en une suite décroissante éventuellement finie (x_n) de réels strictement positifs (i.e. $\mu = \sum \alpha_n \delta_{x_n}$, $\alpha_n \in \mathbb{N}^*$). $\mathcal{M}_p$, muni de la topologie de la convergence vague, est un espace métrisable localement compact. Rappelons que $T(-t)$ désigne le premier temps d'atteinte de $-t$ par H, et énonçons le

Lemme II.1. *Le processus* $h \longmapsto \mu_{T(-1)}(h)$ *admet une version continue.*

Preuve. Soit f une fonction positive à support compact et de classe C^∞ sur $]0;+\infty[$. Pour toute fonction φ borélienne bornée, nous avons d'après (II.2)

$$\text{(II.3):} \qquad \int_0^{T(-1)} \varphi(H_s)\, f(R_s)/R_s\, ds = 2\int_{-1}^{\infty} dh\, \varphi(h) < \mu_{T(-1)}(h);f > .$$

D'autre part, si nous définissons $\lambda_t^h(f)$ ($h \in \mathbb{R}$) par la formule de Tanaka

$$\text{(II.4):} \quad f(R_t)\, 1_{\{H_t>h\}} = \int_0^t 1_{\{H_s>h\}} f'(R_s)\, dR_s + \frac{1}{2}\int_0^t 1_{\{H_s>h\}} f''(R_s)\, ds + \frac{1}{2}\lambda_t^h(f) ,$$

la formule d'Itô, valable pour toute fonction g de classe C^2 :

$$f(R_t)g(H_t) = \int_0^t g(H_s)f'(R_s)\, dR_s + \frac{1}{2}\int_0^t g(H_s)f''(R_s)\, ds + \frac{1}{2}\int_0^t g'(H_s)f(R_s)\frac{ds}{R_s} ,$$

entraine que

$$\int_0^t g'(H_s)f(R_s)\frac{ds}{R_s} = \int_{\mathbb{R}} g'(h)\, \lambda_t^h(f)\, dh ,$$

et donc, d'après (II.3), $\lambda_t^h(f) = 2 < \mu_t(h);f >$ pour presque tout h. On montre aisément à l'aide du critère de Kolmogorov, des inégalités de Burkholder-Davis-Gundy et de la formule (II.4) qu'il existe une version continue de $(t;h) \longmapsto \lambda_t^h(f) - f(R_t)\, 1_{\{H_t>h\}}$. Comme $R_{T(-1)}$ est nul, il existe une version continue de $h \longmapsto < \mu_{T(-1)}(h);f > = \frac{1}{2}\lambda_{T(-1)}^h(f)$. Rappelons qu'il existe une suite $(f_n : n \in \mathbb{N})$ de fonctions positives à support compact et de classe C^∞ qui caractérise la convergence vague dans $\mathcal{M}_p$ (i.e. $h \longmapsto \mu(h)$ est continue si et seulement si pour tout n ,

$h \longmapsto < \mu(h) ; f_n >$ est continue); ce qui prouve le lemme.□

Soit $\varphi :]0,\infty[\longrightarrow [0,1]$ une fonction continue. On note $M\varphi$ le monome

$$M\varphi : \mathcal{M}_p \longrightarrow [0,1] , \quad M\varphi(\sum \alpha_n \delta_{x_n}) = \prod \varphi(x_n)^{\alpha_n} .$$

Rappelons que, d'après le théorème de Stone-Weierstrass, la tribu sur $\mathcal{M}_p$ engendrée par les polynomes (c'est-à-dire les combinaisons linéaires de monomes) est la tribu borélienne. Le principal résultat de ce paragraphe, qui peut être interprété grâce à (II.2) comme un théorème du type de celui de Ray-Knight pour la mesure d'occupation de $(R;H)$ sur $[0;T(-1)]$, est le

Théorème II.2. *Les processus* $(\mu_{T(-1)}(h-1) : 0\le h\le 1)$ *et* $(\mu_{T(-1)}(h) : 0\le h)$ *sont Markoviens. Plus précisément, pour toute* $\varphi :]0,\infty[\longrightarrow [0,1]$ *continue,*

i) Si $-1\le h\le k\le 0$,

$$\mathbb{E}(M\varphi(\mu_{T(-1)}(k)) \mid \mu_{T(-1)}(h)) = C(k-h,\varphi)\, M\varphi_{k-h}(\mu_{T(-1)}(h)) ,$$

ii) Si $0\le h\le k$,

$$\mathbb{E}(M\varphi(\mu_{T(-1)}(k)) \mid \mu_{T(-1)}(h)) = M\varphi_{k-h}(\mu_{T(-1)}(h)) .$$

où

$$1/C(t,\varphi) = 1 + t^{1-d} \int_{\mathbb{R}_+} dy \, \frac{1-d}{\Gamma(d)} \, y^{d-2} \exp(-y/t) \, (1 - \varphi(y)) ,$$

$$\varphi_t(x) = \exp(-x/t) + C(t,\varphi) \int_0^\infty \varphi(y) \, p_t(x,y) \, dy ,$$

et $$p_t(x,y) = \frac{2x}{t^2} (y/x)^{(d-1)/2} \exp-(\frac{x+y}{t}) \left[\frac{t}{2\sqrt{xy}} I_{d-2}\left(\frac{2\sqrt{xy}}{t}\right) - \frac{2^{2-d}}{\Gamma(d-1)} \left(\frac{2\sqrt{xy}}{t}\right)^{d-3} \right] .$$

Preuve. i) Considérons $-1\le h_1<\ldots<h_n<h<k\le 0$, et $\psi_1 ,\ldots, \psi_n ,\psi , \varphi$, n+2 fonctions continues de $\mathbb{R}_+^*$ dans $[0,1]$. Notons

$$\theta = \mathbb{E} [M\varphi(\mu_{T(-1)}(k)) \times M\psi(\mu_{T(-1)}(h)) \times \prod_{j=1}^n M\psi_j(\mu_{T(-1)}(h_j))] ,$$

et introduisons encore le temps $D(h) = \sup\{ t<T(-1) : H_t=h \}$ (notons que R est nul en $T(-1)$ et $D(h)$; voir figure 2). Il découle de la propriété forte de Markov et de la théorie des excursions que les processus $((R;H)_t : 0\le t\le T(h))$, $((R;H-h)_{t+T(h)}: 0\le t\le D(h)-T(h))$ et $((R;H)_{t+D(h)}: 0\le t\le T(-1)-D(h))$ sont indépendants; de plus le processus des excursions du deuxième est un p.p.p. de mesure caractéristique $1_{\{i>-1-h\}}\, m$ (c.f. notations du § I) tué en un temps exponentiel indépendant de paramètre $(1+h)^{d-1}$ (car $\delta(T(-1+h))$ suit une loi exponentielle de paramètre $(1+h)^{d-1}$, c.f. lemme II.2 de [2]).

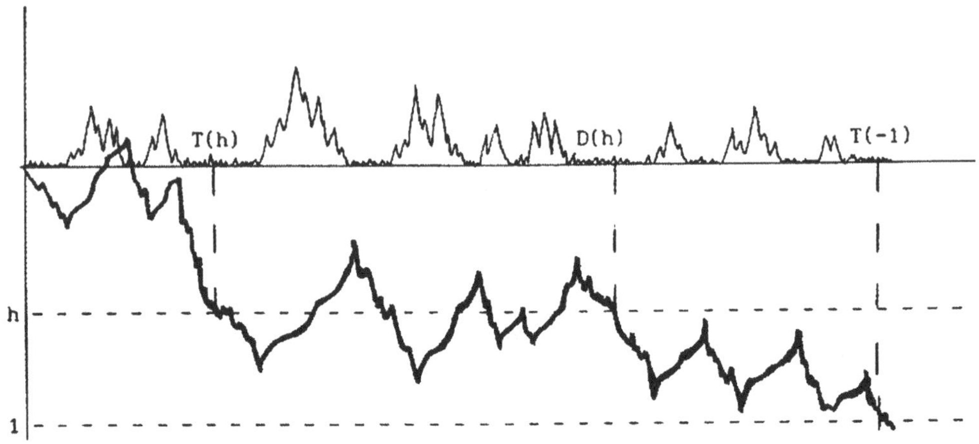

figure 2 (— = R , ▬ = H)

Par conséquent, $\Theta = \Theta_1 \times \Theta_2 \times \Theta_3$, où

$$\Theta_1 = \mathbb{E}\Big(\prod_{A_1} \varphi(R_s)\Big) \;, \quad A_1 = \{ s<T(h) : H_s=k \,,\; R_s\neq 0 \} \,,$$

$$\Theta_2 = \mathbb{E}\Big(\prod_{A_{21}} \varphi(R_s) \times \prod_{A_{22}} \psi(R_s) \times \prod_{j=1}^{n} \prod_{A_{23j}} \psi_j(R_s)\Big) \,,$$

avec

$$A_{21} = \{ s \in [T(h),D(h)] : H_s=k \,,\; R_s\neq 0 \} \,,$$

$$A_{22} = \{ s \in [T(h),D(h)] : H_s=h \,,\; R_s\neq 0 \} \,,$$

$$A_{23j} = \{ s \in [T(h),D(h)] : H_s=h_j \,,\; R_s\neq 0 \} \,,$$

et $\Theta_3 = \mathbb{E}\Big(\prod_{j=1}^{n} \prod_{A_{3j}} \psi_j(R_s)\Big)$, $A_{3j} = \{ s \in [D(h),T(-1)] : H_s = h_j \,,\; R_s \neq 0 \}$.

La formule pour les fonctionnelles multiplicatives de la théorie des excursions nous donne:

$$1/\Theta_2 = 1 + (1+h)^{1-d} \int m(d\omega)\, 1_{i>-1-h} \Big[1 - \psi(\omega^1(u)) \prod_{A_4} \varphi(\omega^1(r)) \prod_{j=1}^{n} \prod_{A_{5j}} \psi_j(\omega^1(r))\Big],$$

où

$$A_4 = \{ r\leq v : \omega^2(r)=k-h \;;\; \omega^1(r)\neq 0 \} = \{ r \in [u,v] : \omega^2(r)=k-h \;;\; \omega^1(r)\neq 0 \}$$

$$A_{5j} = \{ r\leq v : \omega^2(r)=h_j-h \;;\; \omega^1(r)\neq 0 \} = \{ r \in [0,u] : \omega^2(r)=h_j-h \;;\; \omega^1(r)\neq 0 \} \,.$$

Comme sous $m(.\,|\omega^1(u)=x)$, $(\omega(u+r) : 0\leq r\leq v-u)$ et $((\omega^1(u-r);-\omega^2(u-r)) : 0\leq r\leq u)$ sont indépendants et ont même loi que $((R^x;H^x)_r : 0\leq r\leq T^x(0))$ (voir (I.3)),

$$1/\Theta_2 = 1 + (1+h)^{1-d} \int_0^\infty dx \frac{1-d}{\Gamma(d)} x^{d-2} \times$$

$$[\ \mathbb{P}(T^x(0)<T^x(1+h)) - \varphi(x)\ \mathbb{E}(\ 1_{T^x(0)>T^x(1+h)} \prod_{j=1}^{n} \prod_{A_{6j}} \psi_j(R_s^x)\ ) \times \mathbb{E}(\prod_{A_7} \varphi(R_s^x))\ ]\ ,$$

où

$A_{6j} = \{\ s<T^x(0)\ :\ H_s^x = h-h_j\ ,\ R_s^x\neq 0\ \}$ et $A_7 = \{\ s<T^x(0)\ :\ H_s^x = k-h\ ,\ R_s^x\neq 0\ \}$.

Si nous notons

$$\varphi_{k-h}(x) = \mathbb{E}(\prod_{A_7} \varphi(R_s^x)\ )\ ,$$

nous avons alors

$$1/\Theta_2 = 1 + (1+h)^{1-d} \int_0^\infty dx \frac{1-d}{\Gamma(d)} x^{d-2} \times$$

$$[\ \mathbb{P}(T^x(0)<T^x(1+h)) - \varphi_{k-h}(x)\ \varphi(x)\ \mathbb{E}(\ 1_{T^x(0)>T^x(1+h)} \prod_{j=1}^{n} \prod_{A_{6j}} \psi_j(R_s^x)\ )\ ]$$

$$= 1/\mathbb{E}(\ \prod_{A_{22}} \varphi_{k-h}(R_s) \times \prod_{A_{22}} \psi(R_s) \times \prod_{j=1}^{n} \prod_{A_{23j}} \psi_j(R_s)\ )\ .$$

Finalement, nous avons obtenu

$$\Theta = \Theta_1\ \mathbb{E}[\ M\varphi_{k-h}(\mu_{T(-1)}(h)) \times M\psi(\mu_{T(-1)}(h)) \times \prod_{j=1}^{n} M\psi_j(\mu_{T(-1)}(h_j))\ ]\ .$$

Par classe monotone, $\mu_{T(-1)}(k)$ et $(\ \mu_{T(-1)}(h_j)\ :\ j = 1$ à $n\ )$ sont indépendants conditionnellement à $\mu_{T(-1)}(h)$, et

$$\mathbb{E}(\ M\varphi(\mu_{T(-1)}(k))\ |\ \mu_{T(-1)}(h)\ ) = \Theta_1\ M\varphi_{k-h}(\mu_{T(-1)}(h))\ .$$

Il nous reste à expliciter le membre de droite de cette égalité. Grâce à la propriété forte de Markov,

$$\Theta_1 = \mathbb{E}(\prod_{A_8} \varphi(R_s)\ )\ ,\text{où}\quad A_8 = \{\ s < T(h-k)\ :\ H_s=0 \text{ et } R_s\neq 0\ \}\ .$$

Comme plus haut, le processus des excursions de $(R;H)$ effectuées (en totalité) avant $T(h-k)$ est un p.p.p. de mesure caractéristique $1_{i>h-k}\ m$ tué en un temps exponentiel indépendant de paramètre $(k-h)^{d-1}$. La formule pour les fonctionnelles multiplicatives de la théorie des excursions nous donne

$$1/\Theta_1 = 1 + (k-h)^{1-d} \int_0^\infty dy \frac{1-d}{\Gamma(d)} y^{d-2}(1-\varphi(y))\ \mathbb{P}(T^y(0) < T^y(h-k)\ )\ ,$$

et l'on montre aisément à l'aide du calcul stochastique que

$$\mathbb{P}(T^y(0) < T^y(h-k)\ ) = \exp\{-y/(k-h)\}\ .$$

Nous avons alors

$$1/\Theta_1 = 1/C(k-h,\varphi) = 1 + (k-h)^{1-d} \int_0^\infty dy\, \frac{1-d}{\Gamma(d)}\, y^{d-2}\, (1-\varphi(y))\, \exp\{-y/(k-h)\}\, dy .$$

Calculons maintenant $\varphi_t(x)$ ($t=k-h$).

D'une part,

$$\mathbb{P}(\, A_7=\emptyset\,) = \mathbb{P}(\, T^x(0)<T^x(t)\,) = \exp -x/t .$$

D'autre part, sur $T^x(t) < T^x(0)$, introduisons

$$V^x(t) = \inf\{\, r>T^x(t) : H^x_r=t\, \} , \; D^x(t) = \sup\{\, r<T^x(0) : H^x_r=t\, \}$$

(H^x est strictement croissant sur un voisinage de $T^x(t)$, $V^x(t)$ est le deuxième temps de passage de H^x en t , $D^x(t)$ le dernier temps de passage en t avant $T^x(0)$, et bien sûr, R^x est nul en $V^x(t)$ et en $D^x(t)$). Conditionnellement à $T^x(t)<T^x(0)$, les processus $((R^x;H^x)_r : 0\le r\le V^x(t))$, $((R^x;H^x-t)_{r+V^x(t)} : 0\le r\le D^x(t)-V^x(t))$ et $((R^x;H^x)_{r+D^x(t)} : 0\le r\le T^x(0)-D^x(t))$ sont indépendants, et le processus des excursions du deuxième est un p.p.p. de mesure caractéristique $1_{\{i>-t\}}\, m$ tué en un temps exponentiel indépendant de paramètre t^{d-1} . En découpant la trajectoire en $V^x(t)$ et $D^x(t)$, nous obtenons

$$\varphi_t(x)$$
$$= e^{-x/t} + \int_0^\infty \varphi(y)\, p_t(x,dy) \Big[\, 1 + t^{1-d}\int_0^\infty ds\, \frac{1-d}{\Gamma(d)}\, s^{d-2}\, (1-\varphi(s))\, \exp(-s/t)\, ds\, \Big]^{-1} ,$$

où $p_t(x,dy) = \mathbb{P}_x(\, R^x(T^x(t)) \in dy\, ;\, T^x(t)<T^x(0)\,)$. De même que dans la proposition I.6, le calcul stochastique donne pour tout γ positif,

$$\text{(II.5):}\qquad \mathbb{E}[\, \exp\{-\gamma R^x(T^x(t))\}\, 1_{\{T^x(t)<T^x(0)\}}\,]$$
$$= (1+\gamma t)^{1-d}\, [\exp(-\gamma x/(1+\gamma t)) - \exp(-x/t)] ,$$

d'où l'on déduit, par inversion de la transformée de Laplace, l'expression de $p_t(x,dy) = p_t(x,y)dy$ donnée dans l'énoncé du théorème.

ii) se démontre par des arguments analogues à ceux employés pour i) .□

On obtient de même un second théorème du type précédent en remplaçant $T(-1)$ par $\delta^{-1}(1)$ (c'est-à-dire par le premier instant où le temps local de $(R;H)$ vaut 1):

Théorème II.3. *Les processus* $(\mu_{\delta^{-1}(1)}(h) : h\ge 0)$ *et* $(\mu_{\delta^{-1}(1)}(-h) : h\ge 0)$ *sont Markoviens et continus. Ils ont même loi et sont indépendants conditionnellement à* $\mu_{\delta^{-1}(1)}(0)$ *. Pour toute fonction continue* φ *à valeurs dans* $[0;1]$ *et pour tout* $0\le h\le k$ *, on a*

$$\mathbb{E}(\, M\varphi(\mu_{\delta^{-1}(1)}(k))\, |\, \mu_{\delta^{-1}(1)}(h)\,) = M\varphi_{k-h}(\mu_{\delta^{-1}(1)}(h)) .$$

Pour conclure, notons que ces deux résultats permettent de retrouver très rapidement les théorèmes de Ray-Knight pour les densités d'occupation de H (théorèmes IV.1 de [1] et IV.2 de [2]) que nous rappelons ci-dessous:

Corollaire II.4. *i)* $(\lambda^{h-1}_{T(-1)} : 0\le h\le 1)$ *est un* $BESQ_0(2-2d)$.

ii) Conditionnellement à $\lambda^{0}_{T(-1)} = x$, $(\lambda^{h}_{T(-1)} : h\ge 0)$ *est un* $BESQ_x(0)$.

iii) Conditionnellement à $\lambda^{0}_{\delta^{-1}(x)} = x$, $(\lambda^{h}_{\delta^{-1}(x)} : h\ge 0)$ *est un* $BESQ_x(0)$.

Preuve. Soit $\theta>0$ et $\varphi(x) = e^{-\theta x}$. D'après (II.1), $M\varphi(\mu_t(h)) = \exp - \frac{\theta}{2}\lambda^h_t$, et l'on trouve $C(t,\varphi) = (1+\theta t)^{d-1}$. Enfin, grâce à (II.5),

$$\varphi_t(x) = \exp(-x/t) + (1+\theta t)^{d-1}(1+\theta t)^{1-d}[\exp(-x\theta/(1+\theta t)) - \exp(-x/t)]$$
$$= \exp(-x\theta/(1+\theta t)) .$$

Les théorèmes II.2.i , ii et II.3 entraînent respectivement i, ii et iii.□

REFERENCES

[1] **J. Bertoin** : Complements on the Hilbert transform and the fractional derivatives of brownian local times, à paraître dans J.Math. Kyoto Univ.

[2] **J. Bertoin** : Excursions of a $BES_0(d)$ and its drift term ($0<d<1$), à paraître dans Probab. Th. Rel. Fields.

[3] **Ph. Biane et M. Yor** : Valeurs principales associées aux temps locaux browniens, Bull.Sc.Math. 2ème série 111 (1987), p. 23-101.

[4] **R.M. Blumenthal et R.K. Getoor** : *Markov Processes and Potential Theory*, Academic Press (1968).

[5] **R.K. Getoor** : The brownian escape process, Annals of Probab. 5, t.7 (1979), p. 864-867.

[6] **R.K. Getoor et M.J. Sharpe** : Excursions of brownian motion and Bessel processes, Z.f.W. 47 (1979), p. 83-106.

[7] **K. Itô** : Poisson point process attached to Markov processes, Proc. 6th Berkeley Symp. vol.III (1971), p. 225-239.

[8] **R.R. London, H.P. Mc Kean, L.C.G. Rogers et D. Williams** : A martingale approach to some Wiener-Hopf problems I , Séminaire de Probabilités XVI , Lect. Notes in Math. n° 920 (1981), p. 41-67.

[9] **P. Mc Gill** : Wiener-Hopf factorisation of Brownian motion, Probab. Th. Rel. Fields 83 (1989), p. 355-389.

[10] **B. Maisonneuve** : Changement de temps d'un processus de Markov additif, Séminaire de Probabilités XI, Lect. Notes in Math. n° 528 (1977), p.529-538.

[11] **L.C.G. Rogers** : Wiener-Hopf factorization of diffusions and Lévy processes, Proc. London Math. Soc. 47 (1983), p. 177-191.

[12] **L.C.G. Rogers** : A new identity for real Lévy processes, Ann. Inst. Henri Poincaré vol.20 n°1 (1984), p. 21-34.

[13] **L.C.G. Rogers et D. Williams** : Time substitution based on fluctuating additive functionals (Wiener-Hopf factorization for infinitesimal generators), Séminaire de Probabilités XIV , Lect. Notes in Math. n° 784 (1979), p. 332-342.

[14] **D. Williams** : On Lévy's downcrossing theorem, Z.f.W. 40 (1977), p. 157-158.

[15] **T. Yamada** : On some limit theorems for occupation times of one dimensional brownian motion and its continuous additive functionals locally of zero energy, J.Math. Kyoto Univ. vol. 26-2 (1986), p. 309-322.

A Zero-One Law for Integral Functionals of The Bessel Process*

By Xing-Xiong Xue

Department of Statistics, Columbia University, New York, N.Y.10027

Abstract. *In this paper, we find necessary and sufficient conditions for the finiteness of the integral functionals of the Bessel process:* $\int_0^t f(R_s)\,ds,\ 0 \le t < \infty$. *They are in the form of a zero-one law and can be regarded as a counterpart of the Engelbert-Schmidt (1981) results, in the case of the Bessel process with dimension* $n \ge 2$.

Let $(W_t,\ t \ge 0)$ be a Brownian motion in R^n starting at x. Let $R_t = |W_t|$ be the radial part of W_t; then $R \triangleq (R_t,\ t \ge 0)$ is a *Bessel process with dimension n*, and if $n \ge 2$, the stochastic differential equation

$$R_t = r_0 + \int_0^t \frac{n-1}{2R_s}\,ds + B_t, \qquad 0 \le t < \infty \tag{1}$$

is satisfied, where $(B_t, t \ge 0)$ is a standard, one dimensional Brownian motion, and $r_0 = |x|$. We are interested in finding conditions which will guarantee the finiteness of integral functionals:

$$\int_0^t f(R_s)\,ds; \qquad 0 \le t < \infty, \tag{2}$$

where f: $[0,\infty) \to [0,\infty)$ is a Borel measurable function. When $n = 1$, such conditions are provided as special cases of the well-known Engelbert-Schmidt zero-

* Research supported in part by the National Science Foundation under Grant DMS-87-23078, and in part by the U. S. Air Force Office of Scientific Research under Grant AFOSR-86-0203.

one law for integral functionals of Brownian motion (see [1] or [5], section 3.6). When $n \geq 2$ and $r_0 > 0$, Engelbert & Schmidt state necessary and sufficient conditions for the finiteness of (2) in their recent paper [3]. When $n \geq 2$ and $r_0 = 0$ things are different, because the origin is then an entrance boundary; in this case, Pitman & Yor [7] obtain necessary and sufficient conditions for the finiteness of (2) in which f has a support in a right neighbourhood of the point 0 and is locally bounded on $(0, \infty)$, and Engelbert & Schmidt [3] obtain a sufficient condition when $n \geq 3$.

In this paper, we shall provide necessary and sufficient conditions for the finiteness of (2) when $n \geq 2$ and $r_0 = 0$ (Proposition 2 and Corollary 2) and when $n = 2$ and $r_0 > 0$ for Bessel processes defined by (1), where the dimension $n \geq 2$ is a *real* number (Remark 4) . These conditions are in the form of a zero-one law, and can be regarded as a counterpart of the Engelbert-Schmidt (1981) results in the case of the Bessel process with dimension $n \geq 2$. We will give a counterexample which shows that *the zero-one law fails when* $n > 2$ *and* $r_0 > 0$ (Remark 5). We also show that Engelbert-Schmidt zero-one laws for integral functionals of Brownian motion, and for those of the Bessel Process with $n = 2$ and $r_0 > 0$, are two special cases of a zero-one law for integral functionals of semimartingales (Proposition 3).

It is also of interest to investigate under what conditions

$$\int_0^\infty f(R_s)\, ds$$

will be finite. Engelbert & Schmidt [3] provide zero-one laws in the case $n = 2$ and in the case $n \geq 3$ and $r_0 > 0$. They also give some conditions in the case $n \geq 3$ and $r_0 = 0$. In this paper, we establish a zero-one law for the case $n > 2$ and $r_0 = 0$ (Corollary 4).

The continuity of *local time* $\{L_t(a),(t,a) \in [0,\infty) \times [0,\infty)\}$ for the Bessel process $(R_t, t \geq 0)$ will play an important role in our paper, so we start with a direct statement of this fact. It is well-known that for P – a.e. $\omega \in \Omega$,

$$\int_0^t f(R_s(\omega))\,ds = \int_0^\infty f(r)L_t(r,\omega)\,dr, \quad \forall \ \ 0 \leq t < \infty. \tag{3}$$

From now on, we assume n is a real number and $n \geq 2$.

Proposition 1. *Let $\{L_t(a); \ (t,a) \in [0,\infty) \times [0,\infty)\}$ be the local time for the Bessel process $(R_t, \ t \geq 0)$. Then $L_t(a)$ is P – a.s. continuous in (t,a).*

Proof: By the semimartingale representation (1), this follows immediately from Corollary 1 in [9] (see also Exercise 3.7.10 and the proof of Theorem 3.7.1, in [5]). ◇

Proposition 2. *Suppose $R_0 = r_0 = 0$, and $f\colon [0,\infty) \longrightarrow [0,\infty)$ is a Borel measurable function. Then the following conditions are equivalent:*

(i) $P\left\{\int_0^t f(R_s)\,ds < \infty, \ \ \forall \ \ 0 \leq t < \infty\right\} > 0\,;$

(ii) $P\left\{\int_0^t f(R_s)\,ds < \infty, \ \ \forall \ \ 0 \leq t < \infty\right\} = 1\,;$

(iii) $f(r)$ *is locally integrable on* $(0,\infty)$ *and*

(a) $\int_0^c f(r)r(\log \frac{1}{r})^+\,dr < \infty$, *if* $n = 2$; or

(b) $\int_0^c f(r)r\,dr < \infty$, *if* $n > 2$,

where c is an arbitrary positive constant.

Remark 1. If (b) holds, then $f(r)$ is locally integrable on $(0,\infty)$. ◇

The proof of the proposition depends on the following lemmas.

Define

$$T_a = \inf\{t \geq 0 : \quad R_t = a\}, \qquad a \in [0, \infty);$$

$$T = \begin{cases} T_1, & \text{if} \quad n = 2; \\ \infty, & \text{if} \quad n > 2. \end{cases} \tag{4}$$

Lemma 1. *Suppose $R_0 = r_0 = 0$. Let $(U_t, \ t \geq 0)$ be the square of a Bessel process with dimension 2, such that $U_0 = 0$. Then the law of $(L_T(r), \ r \geq 0)$ is identical to that of*

$$rU_{(\log(1/r))^+} \quad \text{if} \quad n = 2, \quad \text{and} \quad \frac{1}{n-2} r^{n-1} U_{r^{2-n}} \quad \text{if} \quad n > 2.$$

This result is proved in [6] for $n = 2$, and for integers $n \geq 3$; the proof of the latter part holds also for any real number $n > 2$. ◇

The following lemma is a particular case of a result by Jeulin ([4], Application 1). For the convenience of the reader, we shall go carefully through his proof in this particular case.

Lemma 2. *Let $\mu(dr)$ be a positive measure on $(0, c\,]$, let $(V(r), \ r \in (0, c\,])$ be a Borel measurable, R^+- valued random process with $P\{V(r) = 0\} = 0, \ r \in (0, c\,]$, such that there exists a locally bounded, Borel measurable function $\Phi : (0, c\,] \to (0, \infty)$ satisfying: for every $r \in (0, c\,]$, the law of $V(r)/\Phi(r)$ is equal to the law of an integrable random variable X. Then the following are equivalent:*

(i) $P\{\int_0^c V(r)\, \mu(dr) < \infty\} > 0$;

(ii) $P\{\int_0^c V(r)\, \mu(dr) < \infty\} = 1$;

(iii) $\int_0^c \Phi(r)\, \mu(dr) < \infty$.

Proof. For the implication *(iii)* $\Rightarrow$ *(ii)*, observe

$$E\int_0^c V(r)\,\mu(dr) = \int_0^c E[V(r)/\Phi(r)]\Phi(r)\,\mu(dr)$$
$$= E\,[X]\cdot\int_0^c \Phi(r)\,\mu(dr) < \infty.$$

In order to show *(i)* $\Rightarrow$ *(iii)*, denote $A_t \triangleq \int_0^t \Phi(r)\,\mu(dr), 0 \le t \le c$. For any given event set B,

$$\begin{aligned} E[1_B \int_0^c V(r)\,\mu(dr)] &= \int_0^c E\,[1_B(V(r)/\Phi(r))]\,dA_r \\ &= \int_0^c\int_0^\infty P[B\cap\{V(r)/\Phi(r) > u\}]\,du\,dA_r \\ &\ge \int_0^c\int_0^\infty [P(B) - P\{V(r)/\Phi(r) \le u\}]^+\,du\,dA_r \\ &= A_c\int_0^\infty [P(B) - P\{X \le u\}]^+\,du. \end{aligned} \tag{5}$$

Now (i) implies that there exists some $N > 0$ for which the event $B \triangleq \{\int_0^c V(r)\,\mu(dr) \le N\}$ has positive probability. Choosing such a B in (5), we obtain

$$A_c\int_0^\infty [P(B) - P\{X \le u\}]^+\,du \le N < \infty. \tag{6}$$

Notice that $P\{X = 0\} = 0$, therefore,

$$\int_0^\infty [P(B) - P\{X \le u\}]^+\,du > 0.$$

Whence, (6) implies that

$$A_c = \int_0^c \Phi(r)\,\mu(dr) < \infty. \qquad \diamond$$

Lemma 3. *Suppose* $R_0 = r_0 = 0$, *and* $f\colon [0,\infty) \longrightarrow [0,\infty)$ *is a Borel function which has support in the finite interval* $(0, b]$ *and is locally integrable on* $(0,\infty)$. *Then the following are equivalent:*

(i) $P\{\int_0^T f(R_s)\,ds < \infty\} > 0$;

(ii) $P\{\int_0^T f(R_s)\,ds < \infty\} = 1$;

(iii) *For every* $c > 0$,

(a) $\int_0^c f(r)r(\log(1/r))^+\,dr < \infty$, *if* $n = 2$; *or*

(b) $\int_0^c f(r)r\,dr < \infty$, *if* $n > 2$,

where T *is given in (4).*

Proof: We first show that, for any $c > 0$,

$$\left\{\int_0^T f(R_s)\,ds < \infty\right\} = \left\{\int_0^c f(r)L_T(r)\,dr < \infty\right\}, \quad \text{mod} \quad P. \tag{7}$$

In fact,

$$\begin{aligned}\int_0^T f(R_s)\,ds &= \int_0^T f(R_s)1_{\{R_s \le c\}}\,ds + \int_0^T f(R_s)1_{\{R_s > c\}}\,ds,\\ &= \int_0^T f(R_s)1_{\{R_s \le c\}}\,ds + \int_0^{T'} f(R_s)1_{\{R_s > c\}}\,ds,\\ &= \int_0^c f(r)L_T(r)\,dr + \int_c^{c\vee b} f(r)L_{T'}(r)\,dr.\end{aligned}$$

where $T' \triangleq T = T_1$ if $n = 2$, and $T' \triangleq S_b = \sup\{t \ge 0; \quad R_t = b\}$ if $n > 2$. $L_{T'}(r)$ is continuous in r, and therefore,

$$\sup_{r\in[c,c\vee b]} L_{T'}(r) \le M < \infty, \quad a.s,$$

implying $\int_c^{c\vee b} f(r)L_{T'}(r)\,dr < \infty, a.s.$ under the assumption that f is locally integrable.

It is also easy to see, by Lemma 1, when $n = 2$,

$$\left\{\int_0^c f(r)L_T(r)\,dr < \infty\right\} = \left\{\int_0^{c\wedge 1} f(r)L_T(r)\,dr < \infty\right\}, \quad \text{mod} \quad P.$$

Now let

$$\mu(dr) = r^{n-1} f(r)\, dr; \tag{8}$$

$$\Phi(r) = \begin{cases} (\log(1/r))^+, & \text{if } n = 2; \\ r^{2-n}, & \text{if } n > 2. \end{cases} \tag{9}$$

$$V(r) = U_{\Phi(r)}. \tag{10}$$

We can now use Lemmas 1, 2 and the relation (7) to complete the proof. ◇

Remark 2. This lemma is an extension of the criterion for the divergence of an integral functional of the Bessel process in [7] (Proposition 1). It is in the form of a zero-one law. ◇

Lemma 4. *Suppose* $R_0 = r_0 = 0$. *For any given* $a \in (0, \infty)$,

$$P\{L_{T_{2a}}(a) > 0\} = 1.$$

Proof. As in [8], let $J(r,t)$ denote the density of the absolutely continuous part of the sojourn time, relative to the speed measure $m(dr) = r^{n-1}\, dr$. By (3.1) in [8], we have

$$\begin{aligned} P\{L_{T_{2a}}(a) > 0\} &= P\{J(a, T_{2a}) > 0\} \\ &= P\{J(a, T_{2a}) > 0 | R_{T_{2a}} = 2a\} = 1. \quad \diamond \end{aligned}$$

We are ready for the proof of Proposition 2.

Proof of Proposition 2. *(i)⇒(iii):* For arbitrary given $a \in (0, \infty)$, choose $\omega_0 \in \{T_{2a} < \infty\} \cap \{L_{T_{2a}}(a) > 0\} \cap \{\int_0^t f(R_s) < \infty, \ \forall \ 0 \le t < \infty\}$. By the continuity of $L_t(r)$, there exist $c > 0$, $\epsilon > 0$, such that

$$0 < a - \epsilon < r < a + \epsilon \quad \text{implies} \quad L_{T_{2a}}(r, \omega_0) \ge c > 0.$$

Therefore, we have from condition (i) and (3):

$$\infty > \int_0^{T_{2a}(\omega_0)} f(R_s(\omega_0))\,ds = \int_0^\infty f(r) L_{T_{2a}(\omega_0)}(r,\omega_0)\,dr$$
$$\geq c \int_{\{|r-a|<\epsilon\}} f(r)\,dr.$$

Hence, f *is locally integrable on* $(0,\infty)$. In order to get (a) and (b) in (iii), note that from (i) we have

$$0 < P\left\{\int_0^T f(R_s)\,ds < \infty\right\} = P\left\{\int_0^T f(R_s) 1_{(0,1]}(R_s)\,ds < \infty\right\}$$

for $n = 2$, as well as

$$0 < P\left\{\int_0^{S_1} f(R_s)\,ds < \infty\right\} \leq P\left\{\int_0^T f(R_s) 1_{(0,1]}(R_s)\,ds < \infty\right\}$$

for $n > 2$, where $S_1 \triangleq \sup\{t \geq 0;\quad R_t = 1\}$ and T is given in (4). Using Lemma 3 for the function $f(r)1_{(0,1]}(r)$, we obtain (a) and (b) respectively.

(iii)⇒(ii): For arbitrary $t > 0$,

$$\int_0^t f(R_s)\,ds = \int_0^t f(R_s) 1_{(1,\infty)}(R_s)\,ds + \int_{t\wedge T_1}^t f(R_s) 1_{(0,1]}(R_s)\,ds$$
$$+ \int_0^{t\wedge T_1} f(R_s) 1_{(0,1]}(R_s)\,ds$$
$$\triangleq I_1(t) + I_2(t) + I_3(t).$$

For $P-a.e.\ \omega \in \Omega$, we have, with $R_t^* \triangleq \max_{0\leq u\leq t} R_u$,

$$I_1(t,\omega) = \int_1^{1\vee R_t^*(\omega)} f(r) L_t(r,\omega)\,dr$$
$$\leq \max_{1\leq r\leq (1\vee R_t^*(\omega))} L_t(r,\omega) \cdot \int_1^{1\vee R_t^*(\omega)} f(r)\,dr < \infty; \quad \forall\ \ 0 \leq t < \infty,$$

due to the local integrability of f and the continuity of $L_t(r)$ in r. Similarly,

$$I_2(t,\omega) \leq \int_{\alpha\wedge 1}^1 f(r) L_t(r,\omega)\,dr < \infty; \quad \forall\ \ 0 \leq t < \infty,$$

where we set $\alpha \triangleq \min\{R_u(\omega);\quad (t\wedge T_1)\le u\le t\}$, and notice that $\alpha>0,\ P-$a.s. Finally,

$$I_3(t,\omega)\le\int_0^T f(R_s(\omega))1_{(0,1]}(R_s(\omega))\,ds<\infty;\quad \forall\quad 0\le t<\infty,$$

where T is defined in (4), because of (iii) and Lemma 3.

This shows that for $P-$a.e. $\omega\in\Omega$, $\int_0^t f(R_s(\omega))\,ds<\infty;\quad\forall\quad 0\le t<\infty.$ ◇

Corollary 1. *Suppose that $R_0=r_0=0$, that f is a function as in Proposition 1, and that $b\in(0,\infty)$ is fixed. Then the following are equivalent:*

(i) $P\{\int_0^{T_b} f(R_s)\,ds<\infty\}>0$;

(ii) $P\{\int_0^{T_b} f(R_s)\,ds<\infty\}=1$;

(iii) f is locally integrable on $(0,b]$ and

(a) $\int_0^c f(r)r(\log(1/r))^+\,dr<\infty,$ *if* $n=2$; *or*

(b) $\int_0^c f(r)r\,dr<\infty,$ *if* $n>2$,

for any $c\in(0,b]$.

Proof: Without loss of generality, we may assume that f has support in $(0,b]$. It is well-known that $P\{T_b<\infty\}=1$.

(i) ⇒ (iii): For any $a\in(0,b]$, as in Lemma 4, $P\{L_{T_b}(a)>0\}=1$. Choose $\omega_0\in\{L_{T_b}(a)>0\}\cap\{\int_0^{T_b} f(R_s)\,ds<\infty\}$. As in the proof of Proposition 2, we can obtain that f is locally integrable. Let T be as in (4), $m\triangleq\min\{R_s;\ T\wedge T_b\le s\le T\}$. We know that $P\{m>0\}=1$. Therefore, with T' as in the proof of Lemma 3, we

have

$$\int_{T\wedge T_b}^{T} f(R_s)\,ds \le \int_0^{T'} f(R_s)1_{[m,b]}(R_s)\,ds$$
$$= \int_m^b f(r)L_{T'}(r)\,dr$$
$$\le \max_{m\le u\le b} L_{T'}(u)\int_m^b f(r)\,dr < \infty, \ a.s.$$

Hence (i) implies

$$P\{\int_0^T f(R_s)\,ds < \infty\} = P\{\int_0^{T\wedge T_b} f(R_s)\,ds + \int_{T\wedge T_b}^{T} f(R_s)\,ds < \infty\}$$
$$\ge P\{\int_0^{T_b} f(R_s)\,ds < \infty\} > 0.$$

Now (a) and (b) follow from Lemma 3.

(iii) ⇒ (ii): Noting that f has support in $(0, b]$, this follows immediately from Proposition 2. ◇

Corollary 2. *Under the assumptions in Proposition 2, the conditions (i)– (iii) of Proposition 2 are equivalent to the condition:*

(iv) There exists some $t > 0$, such that

$$P\{\int_0^t f(R_s)\,ds < \infty\} = 1.$$

Proof: We need only prove the implication *(iv) ⇒ (iii)*. For any $b \in (0, \infty)$, (iv) implies

$$P\{\int_0^{T_b} f(R_s)\,ds < \infty\} \ge P\{\int_0^t f(R_s)\,ds < \infty, \ T_b \le t\ \}$$
$$= P\{T_b \le t\} > 0.$$

Now (iii) follows from Corollary 1. ◇

Corollary 3. *Suppose $R_0 = r_0 = 0$, $d > 0$, and f is a function as in Proposition 2. Then the following are equivalent:*

(i) $P\{\int_0^t f(R_s)\,ds < \infty, \quad \forall \quad 0 \le t < T_d\} > 0;$

(ii) $P\{\int_0^t f(R_s)\,ds < \infty, \quad \forall \quad 0 \le t < T_d\} = 1;$

(iii) f is locally integrable on $(0,d)$ and

(a) $\int_0^c f(r) r (\log(1/r))^+ \,dr < \infty$ *if* $n = 2$; *or*

(b) $\int_0^c f(r) r\,dr < \infty$ *if* $n > 2$,

for every $c \in (0,d)$.

Proof: *(i) ⇒ (iii)*: For any $b \in (0,d)$, $P\{T_b < T_d\} = 1$, and thus (i) implies that

$$P\{\int_0^{T_b} f(R_s)\,ds < \infty\} > 0.$$

Using Corollary 1 and the fact that b is arbitrary in $(0,d)$, we obtain (iii).

(iii) ⇒ (ii): Consider a strictly increasing sequence $\{b_n\}_{n=1}^{\infty} \subseteq [0,d)$ with $\lim_{n\to\infty} b_n = d$. Then

$$P\{T_{b_n} < T_d \text{ for all } n \ge 1, \text{ and } \lim_{n\to\infty} T_{b_n} = T_d\} = 1.$$

By Corollary 1, (iii) implies that

$$P\{\int_0^{T_{b_n}} f(R_s)\,ds < \infty\} = 1, \quad \forall \quad n \ge 1.$$

Therefore,

$$P\{\int_0^t f(R_s)\,ds < \infty, \ \forall\ 0 \le t < T_d\} = P\{\int_0^{T_{b_n}} f(R_s)\,ds < \infty, \ \forall\ n \ge 1\} = 1. \quad \diamond$$

The following is an improvement on the Corollary to Theorem 2 in [3].

Corollary 4. *Let (R_t) be a Bessel process with dimension $n > 2$ and $R_0 = 0$, a.s.P. Let $f : [0,\infty) \to [0,\infty)$ be a Borel measurable function. Then the following are equivalent:*

(i) $P\{\int_0^\infty f(X_s)\,ds < \infty\} > 0$;

(ii) $P\{\int_0^\infty f(X_s)\,ds < \infty\} = 1$;

(iii) $\int_0^\infty r f(r)\,dr < \infty$.

Proof. It is easy to see that even if c is replaced by ∞ and $(0,c]$ is replaced by $(0,\infty)$, Lemma 2 still holds. Noticing that for $P-$a.e. $\omega \in \Omega$,

$$\int_0^\infty f(X_s(\omega))\,ds = \int_0^\infty f(r) L_T(r,\omega)\,dr\ ,$$

where $T = \infty$ as in (4), we can use Lemma 1, $V(r), \Phi(r)$ and $\mu(dr)$ as in (8)–(10), and Lemma 2 with $c = \infty$, to obtain the results. $\diamond$

Now we discuss integral functionals of *continuous semimartingales*. Let $X = \{X_t = X_0 + M_t + V_t,\ \mathcal{F}_t;\quad 0 \le t < \infty\}$ be a continuous semimartingale, where $M = \{M_t,\ \mathcal{F}_t;\quad 0 \le t < \infty\}$ is a continuous local martingale and $V = \{V_t,\ \mathcal{F}_t;\quad 0 \le t < \infty\}$ is the difference of two continuous, nondecreasing adapted processes with $V_0 = 0$, $P-$a.s. In [2], Engelbert & Schmidt deal with a zero-one law for the integral functionals $\int_0^t f(X_s(\omega))\,d\langle M\rangle_s(\omega);\quad 0 \le t < \infty$ for some special semimartingales, to which the Girsanov theorem can be applied. Here we deal with the same problem by another approach. We know that there exists a *semimartingale local time* $\Lambda = \{\Lambda_t(r,\omega);\quad (t,r) \in [0,\infty) \times R^1,\ \ \omega \in \Omega\}$ for X, such that

$$\int_0^t f(X_s(\omega))\,d\langle M\rangle_s(\omega) = \int_{-\infty}^\infty f(r)\Lambda_t(r,\omega)\,dr;\quad 0 \le t < \infty$$

holds for P – a.e. $\omega \in \Omega$, for every Borel measurable $f : R^1 \to [0, \infty)$ (see [5], section 3.7).

Proposition 3. *Suppose X is a continuous semimartingale, satisfying $P\{X_t \in I;\ 0 \le t < \infty\} = 1$ for some interval $I \subset R^1$, $P\{\omega;\ \Lambda_t(\cdot, \omega)$ is continuous $\} = 1$ for every $t \in [0, \infty)$, and there exists a random variable T for which*

$$P\{\omega \in \Omega;\ 0 \le T(\omega) < \infty, \quad \Lambda_{T(\omega)}(r, \omega) > 0\} = 1 \tag{11}$$

holds for every $r \in I$. Also suppose that $f : R^1 \to [0, \infty)$ is a Borel measurable function. Then the following are equivalent:

(i) $P\{\int_0^t f(X_s)\, d\langle M\rangle_s < \infty, \quad \forall \quad 0 \le t < \infty\} > 0;$

(ii) $P\{\int_0^t f(X_s)\, d\langle M\rangle_s < \infty, \quad \forall \quad 0 \le t < \infty\} = 1;$

(iii) *f is locally integrable on I.*

Proof: *(i) $\Rightarrow$ (iii):* For any $x \in I$, (i) implies that

$$P\{\omega;\quad \Lambda_{T(\omega)}(x, \omega) > 0 \text{ and } \int_0^t f(X_s(\omega))\, d\langle M\rangle_s(\omega) < \infty; \quad \forall \quad 0 \le t < \infty\} > 0.$$

Choose ω_0 and a number $t_0 > T(\omega_0)$, such that $\Lambda_{t_0}(\cdot, \omega_0)$ is continuous,

$$\Lambda_{t_0}(x, \omega_0) > 0, \quad \int_0^{t_0} f(X_s(\omega_0))\, d\langle M\rangle_s(\omega_0) < \infty,$$

and

$$\int_0^{t_0} f(X_s(\omega_0))\, d\langle M\rangle_s(\omega_0) = \int_{-\infty}^{\infty} f(r)\Lambda_{t_0}(r, \omega_0)\, dr.$$

By the continuity of $\Lambda_{t_0}(\cdot, \omega_0)$, there exist $\epsilon > 0$ and $c > 0$, such that $\Lambda_{t_0}(r, \omega_0) \ge c$ for all $r \in I \cap \{a : |a - x| < \epsilon\}$. Therefore,

$$\begin{aligned} \infty > \int_0^{t_0} f(X_s(\omega_0))\, d\langle M\rangle_s(\omega_0) &= \int_{-\infty}^{\infty} f(r)\Lambda_{t_0}(r, \omega_0)\, dr \\ &\ge c \int_{I \cap \{|r - x| < \epsilon\}} f(r)\, dr. \end{aligned}$$

This implies that f is locally integrable on I.

(iii) $\Rightarrow$ *(ii)*: For any $t \in [0,\infty)$, denote $m \triangleq \min\{X_s;\ 0 \le s \le t\}$ and $l \triangleq \max\{X_s;\ 0 \le s \le t\}$. Then,

$$\begin{aligned}\int_0^t f(X_s)\,d\langle M\rangle_s &= \int_0^t f(X_s)1_{[m,l]}(X_s)\,d\langle M\rangle_s \\ &= \int_{-\infty}^{\infty} f(r)1_{[m,l]}(r)\Lambda_t(r)\,dr \\ &\le \max_{r\in[m,l]} \Lambda_t(r)\int_{[m,l]} f(r)\,dr < \infty,\end{aligned}$$

because of the continuity of the local time $\Lambda_t(r,\omega)$ and the local integrability of f. $\diamond$

Remark 3. A sufficient condition for the continuity of $\Lambda_t(\cdot,\omega)$ is that $|dV.(\omega)|$ be absolutely continuous with respect to $d\langle M\rangle.(\omega)$ for $P-$ *a.e.* $\omega \in \Omega$; cf. references in the Proof of Proposition 1 . On the other hand, Professor M.Yor points out to us (personal communication) that (11) is satisfied as soon as the law of X is locally absolutely continuous with respect to that of a continuous local martingale (for instance, that of its continuous martingale part). $\diamond$

Remark 4. This Proposition has two important consequences:

(i) If X is a *Brownian motion*, then we obtain the Engelbert-Schmidt zero-one law (see [1] or [5], section 3.6).

(ii) If X is a *Bessel process* with dimension $n = 2$ and $X_0 = r_0 > 0$, then $I = (0,\infty)$. By Proposition 1, the local time $L_t(r)$ is $P-$ a.s. continuous. It is also well-known that $P\{T_a < \infty\} = 1$ for *every* $a \in (0,\infty)$. Therefore, similar to Lemma 4, we have $P\{L_{T_{2a}}(a,\omega) > 0\} = 1$ for $a \ge r_0$ and $P\{L_{T_{a/2}}(a,\omega) > 0\} = 1$ for $a \in (0,r_0)$, and the conditions in Proposition 3 are satisfied. Hence we can obtain the zero-one law for X as Theorem 1 in [3]. But it is not possible to obtain a zero-one law for the Bessel process R with dimension $n > 2$ and $R_0 = r_0 > 0$ from this Proposition, because (11) fails for $r \in (0, r_0)$. We shall discuss this situation in Remark 5. $\diamond$

Remark 5. For a Bessel process R with dimension $n \geq 2$ and $R_0 = r_0 > 0$, and a Borel measurable function $f: (0,\infty) \to [0,\infty)$, consider the statements

(i) $P\{\int_0^t f(R_s)\,ds < \infty, \ \forall\ 0 \leq t < \infty\} > 0$;

(ii) $P\{\int_0^t f(R_s)\,ds < \infty, \ \forall\ 0 \leq t < \infty\} = 1$;

(iii) f is locally integrable on $(0,\infty)$.

For $n = 2$, (i)–(iii) are equivalent (see Remark 4(ii)). However, *the zero-one law* (i.e. the equivalence $(i) \Leftrightarrow (ii)$) *does not hold when* $n > 2$. Here is a counterexample.

Let R be a Bessel process with dimension $n > 2$ and $R_0 = r_0 > 0$. Let I be an open interval such that $I \subset (0, r_0/2)$. Let $(L_t(r);\ \ (t,r) \in [0,\infty) \times (0,\infty))$ be the local time for R, which is $P-$a.s. continuous in (t,r), due to Proposition 1. Given any $t > 0$, we know that there exists an $a \in I$, such that

$$P\{L_t(a) > 0\} > 0. \tag{12}$$

Now define

$$f(r) = \left|\frac{1}{r-a}\right| 1_{I\setminus\{a\}}(r), \quad r \in (0,\infty).$$

For every $\omega \in \{L_t(a,\omega) > 0\}$, by the continuity of $L_t(r)$,

$$\int_0^t f(R_s(\omega))\,ds = \int_0^\infty f(r) L_t(r,\omega)\,dr = \infty,$$

and this leads, in conjunction with (12), to

$$P\{\int_0^t f(R_s)\,ds < \infty, \quad \forall \quad 0 \le t < \infty\} < 1.$$

On the other hand, it is well-known that $P\{T_{r_0/2} = \infty\} = 1 - 2^{2-n} > 0$ (cf. Problem 3.3.23 in [5]). For every $\omega \in \{T_{r_0/2} = \infty\}$, we have

$$\int_0^t f(R_s(\omega))\,ds = 0, \quad \forall \quad 0 \le t < \infty.$$

Therefore,

$$P\{\int_0^t f(R_s)\,ds < \infty, \quad \forall \quad 0 \le t < \infty\} \ge P\{T_{r_0/2} = \infty\} > 0.$$

Whence the zero-one law fails. However, noting that the probability of the event in (11) is positive, we can see that (ii) and (iii) are equivalent by slightly changing the proof in proposition 3. $\diamond$

Acknowledgement: The author is greatly indebted to Professor I. Karatzas for suggesting this topic and for his many comments on this paper. He is also grateful to Dr. W. Schmidt for advancing a preprint of the article [3], and to Professor M.Yor for his many helpful remarks on an earlier version of this paper.

References

[1] Engelbert, H. J. & Schmidt, W. (1981) On the behaviour of certain functionals of the Wiener process and applications to stochastic differential equations. *Lecture Notes in Control and Information Sciences* **36**, 47–55. Springer–Verlag, Berlin.

[2] Engelbert, H. J. & Schmidt, W. (1985) 0-1-Gesetze für die Konvergenz von Integralfunktionalen gewisser Semimartingale. *Math. Nachr.* **123**, 177–185.

[3] Engelbert, H. J. & Schmidt, W. (1987) On the Behaviour of Certain Bessel Functionals. An Application to a class of Stochastic Differential Equations. *Math. Nachr.* **131**, 219–234.

[4] Jeulin, T. (1982) Sur la convergence absolue de certaines integrales. In *Séminaire de Probabilités XVI. Lecture Notes in Mathematics* **920**, 248–255. Springer-Verlag, Berlin.

[5] Karatzas, I. & Shreve, S. E. (1987) *Brownian Motion and Stochastic Calculus.* Springer-Verlag, Berlin.

[6] Le Gall, J. F. (1985) Sur la mesure de Hausdorff de la courbe brownienne. In *Séminaire de Probabilités XIX. Lecture Notes in Mathematics* **1123**, 297–313. Springer-Verlag, Berlin.

[7] Pitman, J. W. & Yor, M. (1986) Some divergent integrals of Brownian motion. *Analytic and Geometric Stochastics.* Supplement to the journal *Adv. Appl. Probability* **18** *(December 1986)*, 109–116.

[8] Ray, D. (1963) Sojourn times of diffusion processes. *Illinois J. Math.* **7**, 615–630.

[9] Yor, M. (1978) Sur la continuité des temps locaux associés a certaines semi-martingales. *Astérisque* **52–53**, 23–35.

ANTICIPATIVE CALCULUS FOR THE POISSON PROCESS BASED ON THE FOCK SPACE

DAVID NUALART & JOSEP VIVES

1. Introduction.

The stochastic anticipative calculus for the Brownian motion has been developed recently by several authors [6],[7]. This stochastic calculus is based on the Skorohod integral δ, which is known to be the adjoint operator of the derivative operator D on the Wiener space [3]. There are some basic properties of the Skorohod integral and of the derivative operator which can be expressed in terms of the Wiener chaos expansion. This fact leads in a natural way, to study the behaviour of those operators on a different context like the Poisson case. More generally, these operators can be defined on an arbitrary Fock space associated with a Hilbert space H.

The aim of this note is to present some properties of these operators D and δ on a general Fock space, and to analyze their behaviour when the Fock space is interpreted as a Poisson space.

Sections 2 to 4 are devoted to the study of the operators D and δ on a general Fock space. The particular case of the Poisson process is considered in sections 5 to 7. The main results are the interpretation of the derivative operator as a translation given in section 6, and the representation of the operator δ as a Stieltjes integral on the predictable processes, obtained in sections 4 and 7.

For related works see the papers [11] by L.Wu and [2] by A.Dermoune and al.

2. The Fock Space.

Let H be a real separable Hilbert space. Consider the n-th tensorial product $H^{\otimes n}$. Let S_n be the set of permutations of $\{1, 2, \ldots, n\}$. Any permutation $\sigma \in S_n$ induces an automorphism over $H^{\otimes n}$, given by

$$U_\sigma(x_1 \otimes \cdots \otimes x_n) = x_{\sigma(1)} \otimes \cdots \otimes x_{\sigma(n)}.$$

We denote by $H^{\odot n}$ the Hilbert space of symmetric tensors, that means, which are invariant under any automorphism U_σ.
In $H^{\odot n}$ we consider the modified norm,

$$\| f \|^2_{H^{\odot n}} = n! \| f \|^2_{H^{\otimes n}}.$$

DEFINITION 2.1. *The Fock space associated to H is the Hilbert space*

$$\Phi(H) = \bigoplus_{n=0}^{\infty} H^{\odot n},$$

equipped with the inner product

$$\langle h, g \rangle_{\Phi(H)} = \sum_{n=0}^{\infty} \langle h_n, g_n \rangle_{H^{\odot n}},$$

if $h = \sum_{n=0}^{\infty} h_n$ and $g = \sum_{n=0}^{\infty} g_n$. Here we take $H^{\odot 0} = \mathbf{R}$ and $H^{\odot 1} = H$.

The most interesting case is $H = L^2(T)$, where $(T, \mathcal{B}, \lambda)$ is a separable, σ-finite and atomless measure space. In this case $H^{\otimes n}$ is isometric to $L^2(T^n)$. Moreover, $H^{\odot n}$ is the space of square-integrable symmetric functions $L^2_s(T^n)$ with the modified norm $\| \cdot \|_{H^{\odot n}}$.

There are different representations of the Fock space $\Phi(L^2(T))$ as an L^2-space, which produce several useful interpretations of the elements of the Fock space. For example:

a) Let $W = \{W(B), B \in \mathcal{B}, \lambda(B) < +\infty\}$ be a Brownian measure on $(T, \mathcal{B}, \lambda)$, that means a zero-mean Gaussian process with covariance given by $E[W(B_1)W(B_2)] = \lambda(B_1 \cap B_2)$, defined in some probability space $(\Omega, \mathcal{F}, P)$, and assume that $\mathcal{F}$ is generated by W. In this case, $\Phi(L^2(T))$ is the L^2-space of the Wiener functionals via the Wiener-chaos decomposition:

$$F \in L^2(\Omega, \mathcal{F}, P) \Rightarrow F = \sum_{n=0}^{\infty} I_n(f_n), \quad f_n \in L^2_s(T^n).$$

b) Similar representations can be obtained using a Poisson process.

3. The Derivative Operator on the Fock Space.

Let $H = L^2(T, \mathcal{B}, \lambda)$ be as in the previous section, and consider the associated Fock space $\Phi(H)$. For every $F \in \Phi(H)$, $F = \sum_{n \geq 0} f_n$, we define the derivative of F, DF as the element of $\Phi(H) \bigotimes H \cong L^2(T; \Phi(H))$ given by

$$D_t F = \sum_{n=1}^{\infty} n f_n(\cdot, t), \quad \text{for a.e. } t.$$

provided that sum converges in $L^2(T; \Phi(H))$. That means DF exists if

$$\| DF \|^2_{L^2(T;\Phi(H))} = \int_T \| D_t F \|^2_{\Phi(H)} \, \lambda(dt)$$

$$= \sum_{n=1}^{\infty} n^2 (n-1)! \int_T \| f_n(\cdot, t) \|^2_{L^2(T^{n-1})} \, \lambda(dt)$$

$$= \sum_{n=1}^{\infty} n \, n! \, \| f_n \|^2_{L^2(T^n)} < +\infty.$$

It is easy to check that D is an unbounded and closed operator on $\Phi(H)$. We will denote the domain of D by $\mathcal{D}$, which is a dense subspace of $\Phi(H)$.

For any h$\in L^2(T)$, we can also define a closed and unbounded operator D_h from $\Phi(H)$ to $\Phi(H)$, by

$$D_h F = \sum_{n=1}^{\infty} n \int_T f_n(\cdot, t) \, h(t) \, \lambda(dt),$$

provided that this series converges in $\Phi(H)$.

The domain $\mathcal{D}_h$ of D_h is the set of elements $F = \sum_{n=0}^{\infty} f_n$ such that

$$\sum_{n=0}^{\infty} \int_T n^2 \| f_n(\cdot, t)h(t) \|_{L^2(T^{n-1})}^2 (n-1)!\, \lambda(dt) < +\infty.$$

By the Schwarz inequality, it is clear that $\mathcal{D}_h \supset \mathcal{D}$ for all h.
Although in a general Fock space we don't have a sample space or σ-fields, we can introduce a generalized notion of adaptability, and also, a generalized conditional expectation. These notions are intrinsic in the sense that they do not depend on the particular representation of the Fock space.

DEFINITION 3.1. *Let $F \in \Phi(L^2(T, \mathcal{B}, \lambda))$ be given by $F = \sum_{n=0}^{\infty} f_n$, and consider a subset of T, $A \in \mathcal{B}$. We will say that F is $\mathcal{F}_A$-measurable if for any $n \geq 1$ we have $f_n(t_1, \ldots t_n) = 0$, λ^n – a.e. unless $t_i \in A$, $\forall i = 1, \ldots, n$.*

Note that in the above definition $\mathcal{F}_A$ is not defined as a σ-field because we don't have a sample space Ω.
In the particular case of a Brownian measure $W(B)$ on $(T, \mathcal{B}, \lambda)$ this definition means that F is measurable w.r.t. the σ-field $\mathcal{F}_A = \sigma\{W(C), C \subset A, C \in \mathcal{B}\}$.
As in the case of Brownian measure we have the following result

LEMMA 3.1. *Let $F \in \mathcal{D}$ be $\mathcal{F}_A$-measurable. Then $D_t F = 0$, for a.e. $t \in A^c$.*

This lemma will help us to generalize the notion of conditional expectation.

DEFINITION 3.2. *For any $F \in \Phi(H)$ and $A \in \mathcal{B}$, we define*

$$E[F|\mathcal{F}_A] = \sum_{n=0}^{\infty} f_n(t_1, \ldots, t_n) \cdot 1_A(t_1) \cdots 1_A(t_n).$$

LEMMA 3.2. *For any $F \in \mathcal{D}$, and $A \in \mathcal{B}$ we have*

$$D_t E[F|\mathcal{F}_A] = E[D_t F|\mathcal{F}_A] \cdot 1_A(t), \quad \text{for a.e. } t.$$

4. The operator δ.

Consider the Hilbert space $L^2(T; \Phi(H)) \cong L^2(T) \otimes \Phi(H)$. This Hilbert space can be decomposed into the orthogonal sum $\bigoplus_{n=0}^{\infty} \sqrt{n!} \cdot \hat{L}^2(T^{n+1})$, where $\hat{L}^2(T^{n+1})$ is the subspace of $L^2(T^{n+1})$ formed by all square integrable functions on T^{n+1} which are symmetric in the first n variables.

Let $u \in L^2(T; \Phi(H))$ be given by

$$u = \sum_{n \geq 0} u_n, \quad u_n \in \hat{L}^2(T^{n+1}).$$

We will denote by $\tilde{u}_n$ the symmetrization of u_n with respect to its $n+1$ variables .

We can define the Skorohod integral of u as the element of $\Phi(H)$ given by,

$$\delta(u) = \sum_{n\geq 0} \tilde{u}_n,$$

assuming that

$$\sum_{n\geq 0}(n+1)! \parallel \tilde{u}_n \parallel^2_{L^2(T^{n+1})} < +\infty.$$

We denote by Dom δ the set of elements $u \in L^2(T;\Phi(H))$ verifying the above property. The notion of predictability can also be defined in the general context of the Fock space. This fact has been pointed out to us by P.A. Meyer.

DEFINITION 4.1. *An element $u \in L^2(T;\Phi(H))$ is called an elementary predictable process if*

$$u(t) = F \otimes 1_{A^c}(t), \tag{1}$$

where $F \in \Phi(L^2(T))$ is $\mathcal{F}_A$-measurable, and $A \in \mathcal{B}$.

PROPOSITION 4.1. *If u is an elementary predictable process of the form (1), and $\lambda(A^c) < +\infty$ then $u \in$ Dom δ and*

$$\delta(u) = \sum_{n=0}^{\infty} f_n \tilde{\otimes} 1_{A^c}, \tag{2}$$

where $F = \sum_{n\geq 0} f_n$, and $\tilde{\otimes}$ denotes the symmetric tensor product.

PROOF: The above series converge because

$$\sum_{n\geq 0}(n+1)! \parallel f_n \tilde{\otimes} 1_{A^c} \parallel^2_{L^2(T^{n+1})} = \sum_{n\geq 0} n! \parallel f_n \otimes 1_{A^c} \parallel^2_{L^2(T^{n+1})}$$

$$= \parallel F \parallel^2_{\Phi(H)} \lambda(A^c) < +\infty. \quad \blacksquare$$

The right hand side of (2) could be used as an intrinsic definition of the product of F by $\delta(1_{A^c})$, which coincides with the usual product in the Brownian and the Poisson case. This follows from the product formulas for the multiple stochastic integrals. See [4] for the Poisson process. In that sense the Skorohod integral is equal to the ordinary stochastic integral on elementary predictable processes. We will continue this discussion in section 7.

The following results provide the duality relation between the operators D and δ.

PROPOSITION 4.2. *Let $u \in$ Dom δ, and $F \in \mathcal{D}$, then,*

$$\langle u, DF\rangle_{L^2(T;\Phi(H))} = \langle F, \delta(u)\rangle_{\Phi(H)}.$$

PROOF: Suppose that $u = \sum_{n\geq 0} u_n$, and $F = \sum_{n\geq 0} f_n$. Then

$$\langle u, DF\rangle_{L^2(T;\Phi(H))} = \int_T \langle u(\cdot,t), D_t F\rangle_{\Phi(H)}\,\lambda(dt)$$

$$= \sum_{n\geq 0} n! \int_T \langle u_n(\cdot,t), (n+1)\,f_{n+1}(\cdot,t)\rangle_{L^2(T^n)}\,\lambda(dt)$$

$$= \sum_{n\geq 0} (n+1)! \int_{T^{n+1}} u_n(\cdot,t)\,f_{n+1}(\cdot,t)\,\lambda(dt_1)\cdots\lambda(dt_n)\,\lambda(dt)$$

and using the fact that f_{n+1} is a symmetric function,

$$= \int_{T^{n+1}} \sum_{n\geq 0} (n+1)!\,\tilde{u}_n(\cdot,t)\,f_{n+1}(\cdot,t)\,\lambda(dt_1)\cdots\lambda(dt_n)\,\lambda(dt) = \langle F, \delta(u)\rangle_{\Phi(H)}. \quad \blacksquare$$

Consequently, δ is the dual operator of D and it is clear that $\operatorname{Dom}\delta$ is dense in $L^2(T;\Phi(H))$, and δ is a closed operator.

We are going to introduce some subsets of $\operatorname{Dom}\delta$: We denote by $\mathcal{L}^2$ the class of elements $u \in L^2(T;\Phi(H))$ such that $u_t \in \mathcal{D}$, for a.e. t. and $D_s u_t \in L^2(T^2;\Phi(H))$. In terms of the Fock expansion this is equivalent to

$$\sum_{n\geq 1} n\,(n+1)!\ \|\ \tilde{u}_n\ \|^2_{L^2(T^{n+1})} < +\infty.$$

It is clear that this implies $\mathcal{L}^2 \subset \operatorname{Dom}\delta$.

THEOREM 4.1. *Let u,v be elements of $\mathcal{L}^2$. Then we have*

$$\langle\delta(u), \delta(v)\rangle_{\Phi(H)} = \langle u, v\rangle_{L^2(T;\Phi(H))} + \int_{T^2} \langle D_s u_t, D_t v_s\rangle_{\Phi(H)}\,\lambda(dt)\,\lambda(ds).$$

PROOF: We have

$$\langle\delta(u), \delta(v)\rangle_{\Phi(H)} = \sum_{n\geq 0} (n+1)! \int_{T^{n+1}} \tilde{u}_n(\cdot,t)\,\tilde{v}_n(\cdot,t)\,\lambda(dt_1)\cdots\lambda(dt_n)\,\lambda(dt).$$

On the other hand

$$\langle u, v\rangle_{L^2(T;\Phi(H))} = \int_T \langle u_t, v_t\rangle_{\Phi(H)}\,\lambda(dt)$$

$$= \int_{T^{n+1}} \sum_{n\geq 0} n!\,u_n(\cdot,t)\,v_n(\cdot,t)\,\lambda(dt_1)\cdots\lambda(dt_n)\,\lambda(dt).$$

The difference between these two terms is

$$\int_{T^{n+1}} \sum_{n\geq 0} [(n+1)!\,\tilde{u}_n(\cdot,t)\,\tilde{v}_n(\cdot,t) - n!\,u_n(\cdot,t)\,v_n(\cdot,t)]\,\lambda(dt_1)\cdots\lambda(dt_n)\,\lambda(dt)$$

$$= \sum_{n\geq 0} (n+1)! \int_{T^{n+1}} [\tilde{u}_n(\cdot,t)\,\tilde{v}_n(\cdot,t) - \frac{u_n(\cdot,t)\,v_n(\cdot,t)}{n+1}]\,\lambda(dt_1)\cdots\lambda(dt_n)\,\lambda(dt)$$

$$= \sum_{n\geq 0}(n+1)! \int_{T^{n+1}} u_n(\cdot,t)\,[\tilde{v}_n(\cdot,t) - \frac{v_n(\cdot,t)}{n+1}]\,\lambda(dt_1)\cdots\lambda(dt_n)\,\lambda(dt)$$

$$= \sum_{n\geq 0} n! \sum_{i=0}^{n} \int_{T^{n+1}} v_n(\cdot,t_i)\,u_n(\cdot,t)\,\lambda(dt_1)\cdots\lambda(dt_n)\,\lambda(dt),$$

then using the symmetry of v_n with respect to the first n variables and putting $s = t_n$ we obtain

$$\sum_{n\geq 1} n\,n! \int_{T^{n+1}} v_n(\cdot,t,s)\,u_n(\cdot,s,t)\,\lambda(dt_1)\cdots\lambda(dt_{n-1})\lambda(ds)\lambda(dt)$$

$$= \int_{T^2} \langle D_s u_t, D_t v_s\rangle_{\Phi(H)}\,\lambda(ds)\,\lambda(dt). \quad \blacksquare$$

THEOREM 4.2. *Let $u \in \mathcal{L}^2$, $D_t u \in \mathrm{Dom}\,\delta$ and $\delta(D_t u) \in L^2(T;\Phi(H))$. Then $\delta(u) \in \mathcal{D}$ and*

$$D_t\delta(u) = u_t + \delta(D_t u).$$

PROOF: Suppose that $u = \sum_{n\geq 0} u_n$. Then $\delta(u) = \sum_{n\geq 0} \tilde{u}_n$, and

$$D_t\delta(u) = \sum_{n\geq 0}(n+1)\,u_n(\cdot,t) = \sum_{n\geq 0} u_n(\cdot;t) + \sum_{n\geq 1} n\,u_n(\cdot,t) = u_t + \delta(D_t u). \quad \blacksquare$$

The notions and properties we have introduced so far, depend only on the underlying Hilbert space H. There are other concepts which are related to the particular representation of the Fock space, like the product of two elements, the composition of a function with an element of the Fock space or the notion of positivity [9]. In the papers [6], and [7] these notions are developed for the case of the Gaussian representation. In this paper we are going to investigate the behaviour of this notions in the Poisson case.

5. The Poisson space.

Let $(T,\mathcal{B},\lambda)$, be a measure space such that T is a locally compact space with a countable basis and λ is a Radon-measure that charges all the open sets, and that is diffuse over the σ-field $\mathcal{B}$.

Following [11], and [5] we can define the Poisson space over this measure space by taking

$$\Omega = \{\omega = \sum_{j=0}^{n} \delta_{t_j},\; n \in \mathbb{N}\cup\{\infty\},\; t_j \in T\},$$

$$\mathcal{F}_0 = \sigma\{p_A \,:\, p_A(\omega) = \omega(A),\; A \in \mathcal{B}\}.$$

and P the probability measure defined over $(\Omega,\mathcal{F}_0)$ in such a way that

i) $P(p_A = k) = e^{-\lambda(A)}\frac{\lambda(A)^k}{k!}$, where $k \geq 0$, and $A \in \mathcal{B}$.

ii) $\forall A, B \in \mathcal{B}$ with $A \cap B = \emptyset$, p_A and p_B are P-independent.

Finally we denote by $\mathcal{F}$ the completion of $\mathcal{F}_0$ with respect to P.
Note that:

$$P(\{\omega \in \Omega : \omega \text{ is a Radon-measure}\}) = 1,$$

and

$$P(\{\omega \in \Omega : \exists t \in T : \omega(\{t\}) > 1\}) = 0.$$

It is well-known that we can define a multiple stochastic integral with respect to a compensated Poisson measure. If $f \in L^2(T^n)$, $n \geq 1$ we denote the multiple stochastic integral of f by

$$I_n(f) = \int_{T_*^n} f(t_1, \cdots, t_n)\,(\omega - \lambda)(dt_1) \cdots (\omega - \lambda)(dt_n),$$

where $\omega - \lambda$ is the compensated Poisson measure, and

$$T_*^n = \{(t_1, \cdots, t_n) \in T^n : t_i \neq t_j \forall i \neq j\}.$$

This integral has the following properties:

1. $I_n(f) = I_n(\tilde{f})$, where $\tilde{f}$ is the symmetrization of f.

2. $I_n(f) \in L^2(\Omega, \mathcal{F}, P)$

3. $\langle I_n(f), I_m(g)\rangle_{L^2(\Omega)} = n! \cdot \langle \tilde{f}, \tilde{g}\rangle_{L^2(T^n)} \cdot 1_{\{n=m\}}$.

It is also possible to define this integral via the Charlier polynomials [8]

Consider the Hilbert space $H = L^2(T)$. Then we have

$$\| I_n(f) \|_{L^2(\Omega)} = \| f \|_{\odot n},$$

where $\| \cdot \|_{\odot n} = \sqrt{n!}\, \| f \|_{L^2(T^n)}$ is the modified norm of $H^{\odot n}$ introduced in section 1 .
We also set $I_0(c) = c$, $\forall c \in R$. Then we have the orthogonal decomposition

$$L^2(\Omega, \mathcal{F}, P) = \bigoplus_{n \geq 0} C_n$$

with

$$C_n = \{I_n(f), f \in H^{\odot n}\},$$

which provides an isometry between $L^2(\Omega, \mathcal{F}, P)$ and the Fock space $\Phi(L^2(T))$. We have therefore an interpretation of the Fock space as a space of L^2-functionals over the Poisson space. This interpretation is different from that obtained in the Wiener case. We will study in this setting, the operators D and δ.

6. A Translation Operator.

Consider the following application on the set Ω of point measures over $(T, \mathcal{B}, \lambda)$

$$\Psi_t(\omega) = \omega + \delta_t.$$

This application is well-defined from Ω to Ω, and if $\Omega_0 = \{\omega : \omega(t) \leq 1, \forall t \in T\}$, it is clear that $\Psi_t(\Omega_0) \subset \Omega_0$ a.s. for every fixed t, because $P\{\omega : \omega(t) = 1\} = 0$. Therefore the mapping Ψ induces a transformation of the Poisson functionals defined by

$$(\Psi_t(F))(\omega) = F(\omega + \delta_t) - F(\omega).$$

The next result gives a product formula for the translation operator Ψ_t, and it will be useful later:

LEMMA 6.1. *Let F, G be functionals over Ω. Then*

$$\Psi_t(F \cdot G) = F \cdot \Psi_t(G) + G \cdot \Psi_t(F) + \Psi_t(F) \cdot \Psi_t(G).$$

PROOF:

$$\Psi_t(F \cdot G) = F(\omega + \delta_t)\, G(\omega + \delta_t) - F(\omega)\, G(\omega)$$

$$= F(\omega + \delta_t)\, G(\omega + \delta_t) - F(\omega + \delta_t)\, G(\omega) + F(\omega + \delta_t)\, G(\omega) - F(\omega)\, G(\omega)$$

$$= F(\omega + \delta_t)\, \Psi_t(G) + \Psi_t(F)\, G(\omega)$$

$$= (F(\omega + \delta_t) - F(\omega))\, \Psi_t(G) + \Psi_t(F)\, G + F\, \Psi_t(G)$$

$$= F\, \Psi_t(G) + G\, \Psi_t(F) + \Psi_t(F)\, \Psi_t(G). \quad \blacksquare$$

The next result shows that the operators Ψ_t and D_t coincide.

THEOREM 6.2. *For every $F \in \mathcal{D}$, $\Psi_t(F) = D_t F$ a.s., for a.e. t.*

PROOF: We will do the proof by induction, using a formula of Yu. M. Kabanov [4]

a) Suppose first that F is an element of the first chaos, that means

$$F = I_1(f) = \int_T f(t)(\omega - \lambda)(dt) = \sum_i f(t_i) - \int_T f(t)\, \lambda(dt)$$

where $f \in L^2(T)$. Then

$$\Psi_t(F) = \sum_i f(t_i) + f(t) - \int_T f(t)\, \lambda(dt) - \sum_i f(t_i) + \int_T f(t)\, \lambda(dt)$$

$$= f(t) = D_t F.$$

b) We recall the following formula proved by Yu. M. Kabanov in [4], which is the Poisson version of the product formula for the multiple stochastic integrals

$$(3) \qquad I_{k+1}(\varphi \otimes g) = I_k(\varphi) \cdot I_1(g) - \sum_{j=1}^{k} I_k(\varphi *_{(j)} g) - \sum_{j=1}^{k} I_{k-1}(\varphi \times_{(j)} g),$$

where $\varphi \in L^2(T^k)$, $g \in L^2(T)$ and

$$(\varphi \otimes g)(t_1, \cdots t_k, t) = \varphi(t_1, \cdots, t_k)\, g(t)$$

$$(\varphi *_{(j)} g)(t_1, \cdots t_k) = \varphi(t_1 \cdots, t_j, \cdots, t_k)\, g(t_j),$$

and

$$(\varphi \times_{(j)} g)(t_1, \cdots, \hat{t}_j, \cdots, t_k) = \int_T \varphi(t_1, \cdots, t_k)\, g(t_j)\, \lambda(dt_j).$$

By induction on k we will show that

$$(4) \qquad D_t I_k(f_1 \otimes \cdots \otimes f_k) = \Psi_t I_k(f_1 \otimes \cdots \otimes f_k), \quad \forall k \geq 1,$$

assuming that $f_1, f_2, \cdots, f_k$ are orthogonal elements of $L^2(T)$. By (a) this formula is true if $k = 1$. Suppose that it holds up to k, and let us compute, using the orthogonality of the f_k, Lemma 6.1, formula (3) and the induction hypothesis

$$\Psi_t I_{k+1}(f_1 \otimes \cdots \otimes f_{k+1}) = \Psi_t(I_k(f_1 \otimes \cdots \otimes f_k) I_1(f_{k+1}))$$

$$- \sum_{j=1}^{k} \Psi_t(I_k([f_1 \otimes \cdots \otimes f_k] *_{(j)} f_{k+1}))$$

$$= I_k(f_1 \otimes \cdots \otimes f_k) f_{k+1}(t) + D_t I_k(f_1 \otimes \cdots \otimes f_k) I_1(f_{k+1}) + D_t I_k(f_1 \otimes \cdots \otimes f_k) f_{k+1}(t)$$

$$- \sum_{j=1}^{k} D_t I_k([f_1 \otimes \cdots \otimes f_k] *_{(j)} f_{k+1})$$

$$= I_k(f_1 \otimes \cdots \otimes f_k) f_{k+1} + I_1(f_{k+1}) \sum_{j=1}^{k} f_j(t) I_{k-1}(f_1 \otimes \cdots \otimes \hat{f}_j \otimes \cdots \otimes f_k)$$

$$- \sum_{j=1}^{k} \sum_{l=1, l \neq j}^{k} f_l(t) \cdot I_{k-1}(f_1 \otimes \cdots \otimes \hat{f}_l \otimes \cdots \otimes (f_j f_{k+1}) \otimes \cdots \otimes f_k).$$

On the other hand,

$$D_t I_{k+1}(f_1 \otimes \cdots \otimes f_{k+1}) = \sum_{j=1}^{k+1} f_j(t) I_k(f_1 \otimes \cdots \otimes \hat{f}_j \otimes \cdots \otimes f_{k+1}).$$

Then it suffices to show that

$$\sum_{j=1}^{k} f_j(t) \cdot I_k(f_1 \otimes \cdots \otimes \hat{f}_j \otimes \cdots \otimes f_{k+1})$$

$$= I_1(f_{k+1}) \sum_{j=1}^{k} f_j(t) I_{k-1}(f_1 \otimes \cdots \otimes \hat{f}_j \otimes \cdots \otimes f_k)$$

$$-\sum_{j=1}^{k} \sum_{l=1, l\neq j}^{k} f_l(t) I_{k-1}(f_1 \otimes \cdots \otimes \hat{f}_l \otimes \cdots \otimes (f_j f_{k+1}) \otimes \cdots \otimes f_k),$$

and this follows from

$$I_k(f_1 \otimes \cdots \otimes \hat{f}_j \otimes \cdots \otimes f_{k+1}) = I_{k-1}(f_1 \otimes \cdots \otimes \hat{f}_j \otimes \cdots \otimes f_k) I_1(f_{k+1})$$

$$- \sum_{l=1, l\neq j} I_{k-1}(f_1 \otimes \cdots \otimes \hat{f}_j \otimes \cdots \otimes (f_l f_{k+1}) \otimes \cdots \otimes f_{k+1}).$$

c) Formula (4) holds for every k and for every function $f_k \in L^2_S(T^k)$ by a continuous argument.

d) Finally if F is an L^2-limit of a sequence of F_n and everyF_n is a sum of stochastic integrals, then F is the limit almost surely of a partial subsequence F_{n_j}. Consequently $\Psi_t(F)$ is the limit almost surely of $\Psi_t(F_{n_j})$, for a.e. t. On the other hand $D_t F_{n_j}$ converges weakly to $D_t F$ because D is a closed operator. Then $D_t F = \Psi_t F$ (a.s.). ∎

As an application we will compute the derivative of the discontinuity times of a Poisson process. Let $T = [0,1]$, and let $S_1, S_2, \ldots, S_n$, be the jump times of the standard Poisson process over T. We are going to calculate the transformation $\Phi_t S_i = S_i(\omega + \delta_t) - S_i(\omega)$

Then we have $\Phi_t S_i = 0$ if $t > S_i$, $\Phi_t S_i = t - S_i(\omega)$, if $S_{i-1} < t < S_i$ and $\Phi(S_i) = S_{i-1} - S_i$ if $t < S_{i-1}$.

Therefore, $\Phi_t S_i(\omega) = S_{i-1} 1_{\{t<S_i\}} + t 1_{\{S_{i-1}<t<S_i\}} - S_i 1_{\{t<S_i\}}$, and for example for $i = 1$, $\Phi_t S_1 = (t - S_1) 1_{[0,S_1]}(t)$.

Note that this expression is completely different from the results of [1]. Remember that in [1] the operator D is introduced as a real derivative operator with respect to some scale parameter, and this gives the possibility to stablish a Malliavin calculus on his Poisson space. Note also that this operator Ψ is not local as it follows from the following example. Suppose that F and G are functionals that coincide and are equal to zero over the subset $\{N(1/2) = N(1)\}$ and take the values 1 and 2 respectively on the complementary subset. For all $t > 1/2$ we have $D_t F = 1$ and $D_t G = 2$.

7. The Skorohod integral over the Poisson space.

Let u be a process of $L^2(T; L^2(\Omega))$, i.e. taking values in the Poisson space. Clearly, by the Poisson-Wiener expansion we have

$$u_t = \sum_{n\geq 0} I_n(f_n(t_1, \ldots, t_n; t)),$$

for a.e. t. where $f_n(\cdot; t)$ is a function of $L^2_s(T)$.

We define

$$\delta(u)=\sum_{n\geq 0} I_{n+1}(\tilde{f}_n(t_1,\ldots,t_n;t))$$

provided that

$$\sum_{n\geq 0}(n+1)!\ \| \tilde{f}_n(t_1,\ldots,t_n,t)\|^2_{L^2(T^{n+1})}<+\infty$$

where

$$\tilde{f}_n(t_1,\ldots,t_n,t)=\frac{1}{n+1}\{\sum_{i=1}^{n} f_n(t_1,\ldots,t,\ldots t_n,t_i)+f_n(t_1\ldots,t_n,t)\}.$$

In order to compute the Skorohod integral of elementary processes, we will use the next result.

THEOREM 7.1. *Let $u\in L^2(T;L^2(\Omega))\approx L^2(T\times\Omega)$, $u\in Dom\,\delta$ and $F\in\mathcal{D}\subset L^2(\Omega)$. Suppose also that $DF\cdot u\in Dom\,\delta$. Then,*

$$Fu_t\in Dom\,\delta,$$

and

$$\delta(Fu_t)=F\delta(u)-\int_T u_t\,D_tF\lambda(dt)-\delta(DFu).$$

PROOF: If $G\in\mathcal{D}$, is a test variable, and using that $\mathcal{D}$ is dense in $L^2(\Omega)$,

$$\begin{aligned}E\int_T Fu_tD_tG\lambda(dt)&=E\int_T u_t\{D_t(FG)-GD_tF-D_tFD_tG\}\lambda(dt)\\&=E[FG\delta(u)]-E[G\int_T u_tD_tF\lambda(dt)]-E[G\delta(uDF)]\\&=E[G\{F\delta(u)-\int_T u_tD_tF\lambda(dt)-\delta(uDF)\}]\\&=E[G\delta(Fu)].\quad\blacksquare\end{aligned}$$

As a consequence of Proposition 4.1, if $T=[0,1]$, every square-integrable predictable process u is in the Domδ, and $\delta(u)$ is equal to the Poisson-Wiener integral.

In fact, every square-integrable predictable process can be approximated in $L^2(\Omega)$ by finite linear combinations of elementary predictable processes like $F\cdot 1_{(s,t]}$, with F, $\mathcal{F}_{[0,s]}$-measurable.

Then, from Theorem 7.1, or directly from Proposition 4.1 and Kabanov formula, we have

$$\delta(F\cdot 1_{(s,t]})=F\cdot\delta(1_{(s,t]}).$$

Finally the isometry of the Poisson-Wiener integral implies the equivalence between the integrals.

For a non-predictable process we can interpret δ as the Poisson- Wiener integral minus a corrective term. This corrective term can be expressed in terms of the whole derivatives of u on the jump times of the Poisson process. This interpretation coincides with the results of [**2**].

We have the following theorem.

THEOREM 7.2. *If u is a process over $[0,1]$ such that $u_t \in \mathcal{D}_{2,\infty}$, for a.e. t. then there exists a process A_s which depends on u_s such that*

$$\delta(u) = \int_0^1 u_s d\tilde{N}_s - \int_0^1 A_s dN_s.$$

PROOF: The proof can be done in two steps. First of all for simple processes like $I_k(f_1 \otimes \cdots \otimes f_k) 1_{[0,t]}(s)$, we can show by induction on k that the theorem holds with

$$A_s = D_s u_s - D_s D_s u_s + \cdots + (-1)^{k-1} D_s \cdots^{k)} \cdots D_s u_s.$$

Finally by means of a limit argument we show the result, first for a simple process of the form $F 1_{[0,t]}(s)$ and then for a general process u_s verifying the conditions of the theorem.

REFERENCES

1. Eric A. Carlen and E.Pardoux, *Differential Calculus and Integration by parts on Poisson space*, preprint.
2. A.Dermoune, P.Kree and L.Wu, *Calcul stochastique non adapté par rapport a la mesure aléatoire de Poisson*, in "Séminaire de Probabilités XXII, Lecture Notes in Mathematics 1321," pp. 477-484.
3. B.Gaveau, P.Trauber, *L'intégrale stochastique comme opérateur de divergence dans l'espace fonctionnel.*, J. Funct. Anal. 46 (1982), 230-238.
4. Yu.M.Kabanov, *On extended stochastic integrals*, Theory of Probability and its Applications 20,4 (1975), 710-722.
5. J.Neveu, *Processus Ponctuels.*, in "École d'Eté de Saint Flour 6, Lecture Notes in Math. 598, Springer 1977," 1976.
6. D.Nualart and E.Pardoux, *Stochastic Calculus with Anticipating Integrands*, Probability Theory and Related Fields 78 (1988), 535-581.
7. D.Nualart and M.Zakai, *Generalized Stochastic Integrals and the Malliavin Calculus*, Probability Theory and Related Fields 73 (1986), 255-280.
8. H.Ogura, *Orthogonal functionals of the Poisson processes*, Trans IEEE Inf. Theory, IT-18,4 (1972), 473-481.
9. J.Ruiz de Chavez, *Sur la positivité de certains opérateurs*, in "Séminaire de Probabilités XX, Lecture Notes in Mathematics 1204," pp. 338-340.
10. Skorohod A.V., *On a generalization of a stochastic integral*, Theor.Prob.Appl. 20 (1975), 219-233.
11. L.Wu, *Construction de l'opérateur de Malliavin sur l'espace de Poisson*, in "Séminaire de Probabilités XXI, Lectures Notes in Mathematics 1247," pp. 100-113.

David Nualart
Universitat de Barcelona
Facultat de Matemàtiques
08007-Barcelona
Spain

Josep Vives
Universitat Autònoma de Barcelona
Departament de Matemàtiques
08193-Bellaterra
Spain

UN TRAITEMENT UNIFIE DE LA REPRESENTATION DES FONCTIONNELLES DE WIENER

Wu Liming*

0 - INTRODUCTION

Sur l'espace de Wiener classique $(C_0([0,1]),\mathcal{F},(W(t))_{t\in[0,1]},\mu)$, toute fonctionnelle de carré intégrable F admet d'après un théorème d'Ito [9] la représentation suivante comme intégrale stochastique:

$$F = EF + \int_{[0,1]} u(t)dW(t), \qquad (0.1)$$

où $u=(u(t))_{t\in[0,1]}$ est un processus adapté à la filtration naturelle $(\mathcal{F}_t)_{t\in[0,1]}$ du mouvement brownien W et $E\int_0^1 u(t)^2dt < \infty$. Cette représentation est l'un des outils principaux de l'analyse stochastique.

Pour F suffisamment Fréchet-dérivable, Clark [4] donne la formule suivante pour la "dérivée stochastique" u de (0.1):

$$u(t) = E[\lambda_F(.,]t,1])|\mathcal{F}_t], \qquad (0.2)$$

où $\lambda_F(\omega,.)$ est la mesure de Riesz associée à la dérivée (au sens de Fréchet) de F au point $\omega\in C_0([0,1])$. Sa méthode a été développée par Haussmann [7] pour la représentation explicite des fonctionnelles d'un processus d'Ito.

La connexion entre le calcul de Malliavin et la représentation (0.1) a été établie par Bismut [1] et Gaveau, Trauber [6]: Bismut [1] a retrouvé les formules de Clark et de Haussmann en utilisant le calcul des variations stochastique et la formule d'intégration par parties de Malliavin sur l'espace de Wiener; Gaveau et Trauber [6] montrent que l'opérateur divergence δ (= l'adjoint de l'opérateur de dérivation D de Malliavin) sur l'espace de Wiener est justement l'intégrale stochastique de Skorohod [21]. Ces deux articles ont influencé et stimulé beaucoup de travaux remarquables sur la formule de Clark et l'intégrale de Skorohod. Nous en mentionnons quelques-uns, en priant le lecteur d'excuser les omissions:

1) Malliavin [13] et Ocone [19] ont généralisé la formule de Clark (0.2) aux fonctionnelles dans Dom(D), i.e. dérivables au sens de Sobolev. Plus précisément, si $F\in$Dom(D), alors

*Département de Mathématiques, Université de Wuhan, R.P. de Chine.

$$F = EF + \int_{[0,1]} ad(DF)(t)\, dW(t) \qquad (0.3)$$

où $ad(DF)(t) = E(DF|\mathcal{F}_t)$ peut être considéré comme la "projection" de DF sur l'espace des processus adaptés.

2) La formule (0.3) a été étendue aux distributions (au sens de Watanabe) sur l'espace de Wiener par Ustunel [22], en utilisant la formule d'intégration par parties. Ce travail a été considérablement simplifié par Yan [25], en utilisant la représentation chaotique des distributions établie dans Meyer et Yan [15].

3) Dans sa thèse, Blum [2] établit la formule de Clark pour les fonctionnelles d'un mouvement brownien infini-dimensionnel. Et surtout il obtient la formule de Clark associée à la représentation de Wong et Zakai pour les fonctionnelles d'un drap brownien, où apparait l'intégrale double stochastique de Cairoli et Walsh [3]. Il utilise la méthode originelle de Clark et la notion de dérivée au sens de Sobolev.

4) La méthode de Nualart [16] et Nualart, Zakai [17] nous intéresse particulièrement: ils établissent la formule de Clark (0.3) en démontrant d'abord que l'intégrale de Skorohod δ généralise celle d'Ito, et en utilisant ensuite la dualité entre D et δ. Leur méthode est basée sur une idée d'Ocone [19], et il nous semble qu'elle touche à l'essentiel de la formule (0.3). Cette méthode nous servira beaucoup.

Ce qui nous semble insuffisant dans la formule de Clark (0.3) est qu'elle n'est pas intrinsèque: l'intégrale d'Ito et l'opérateur "ad" dépendent tous deux de manière essentielle de la structure particulière de l'espace de Wiener classique, à savoir la filtration naturelle $(\mathcal{F}_t)$ et la notion associée d'adaptation; or ces notions n'ont pas d'analogue sur un espace de Wiener abstrait.

Ce travail a pour but de donner une formule de Clark intrinsèque sur un espace de Wiener abstrait, dont toutes les formules de Clark précédemment mentionnées sont des cas particuliers.

Décrivons rapidement les idées principales permettant d'atteindre cet objectif. Soit (X,H,μ) un espace de Wiener abstrait (voir le §1 de Kuo [12]). Il est naturel de penser à remplacer l'intégrale d'Ito par celle de Skorohod, la divergence δ sur (X,H,μ). Mais δ perd la propriété d'isométrie, qui joue un rôle tout-à-fait essentiel dans l'intégrale d'Ito. On introduit donc naturellement l'ensemble Φ de tous les sous-espaces de $L^2_H(X,\mu)$ $(= L^2(X,\mu;H))$ sur lesquels l'intégrale de Skorohod opère comme une isométrie. Sur un tel sous-espace V on peut imaginer que $\delta_{|V}$ ressemble beaucoup à l'intégrale d'Ito. Ensuite, on note que Φ admet la relation d'ordre partiel naturelle d'inclusion $\subset$, et qu'on peut appliquer le lemme de Zorn à Φ pour obtenir l'ensemble Φ_e de tous les éléments maximaux de Φ. Bien-sûr, ces éléments maximaux possèdent des propriétés intéressantes, qui sont à la base de ce travail.

Voici enfin le plan et les résultats principaux de cet article:

• Nous introduisons les notations et nous rappelons quelques résultats préliminaires au §1.

• Le §2 est la partie centrale de l'article: nous y établissons la formule de Clark intrinsèque, associée à un élément V de Φ, dans le théorème 1; dans le théorème 2 nous montrons que $\delta(V) = L_0^2(X,\mu)$ est une condition suffisante (malheureusement non nécessaire) pour que V soit dans Φ_e.

• Dans le §3 nous construisons une classe d'éléments maximaux associés à une résolution de l'identité de H. Nous donnons dans le théorème 3 un critère pour que $\delta(V) = L_0^2(X,\mu)$. Ce résultat permet de donner des applications au théorème 1.

• Dans le dernier paragraphe, nous montrons que notre formule de Clark contient les formules mentionnées précédemment. Nous donnons en particulier une démonstration simple et constructive de la représentation de Wong et Zakai.

1 - NOTATIONS ET PRELIMINAIRES

1.1. Notations et rappels (Kuo [12], Meyer [14], [15]).

Soit (X,H,μ) un espace de Wiener abstrait. Autrement dit, X est un Banach séparable, H est un espace de Hilbert tel que

$$X^* \subset H \subset X \quad \text{(immersion dense)}$$

(sans perte de généralité on identifie désormais X^* à un sous-espace de H, et H à un sous-espace de X), et la transformée de Fourier de la mesure μ est donnée par

$$\hat{\mu}(\ell) = \int_X e^{i\ell(x)}\mu(dx) = \exp -\frac{1}{2}\|\ell\|_H^2 . \tag{1.1}$$

On note D l'opérateur dérivée sur (X,H,μ), par δ l'opérateur divergence, qui est l'adjoint de D, et par $L = \delta D$ l'opérateur d'Ornstein-Uhlenbeck. Etant donné $F\in L^2(X,\mu;Y)$, où Y est un espace de Hilbert, la dérivée de F dans la direction $h\in H$ est définie par

$$D_hF = L^2\text{-}\lim \frac{F(.+\varepsilon h) - F(.)}{\varepsilon} \quad \text{(si la limite existe)}. \tag{1.2}$$

On note δ_h l'adjoint de D_h, qui est une application de $\mathrm{Dom}(\delta_h) \subset L^2(X,\mu;Y)$ dans $L^2(X,\mu;Y)$.

Rappelons que si $F\in \mathrm{Dom}(D;Y) = W^{2,1}(Y)$ (espace de Sobolev de fonctionnelles à valeurs dans Y), nous avons

$$\langle DF,h\rangle_H = D_hF \tag{1.3}$$

et que si $G\in Dom(\delta_h)$, alors $G\otimes h\in Dom(\delta) \subset L^2(X,\mu;Y\otimes H)$, et de plus

$$\delta(G\otimes h) = \delta_h(G). \tag{1.4}$$

Rappelons aussi que toute fonctionnelle $F\in L^2(X,\mu)$ peut être décomposée en série, via les intégrales multiples de Ito-Wiener [9]:

$$F = EF + \sum_{n=1}^{\infty} I_n(f_n) \quad \text{(convergence dans } L^2) \tag{1.5}$$

où $f_n\in H^{\odot n}$ (espace produit tensoriel symétrique). On note C_n le $n^{\text{ième}}$ chaos de Wiener (i.e. $C_n=\{I_n(f)=I_n(\text{sym } f)\colon f\in H^{\otimes n}\}$).

Pour $h\in H$, le vecteur exponentiel $\varepsilon(h)$ est

$$\varepsilon(h) = \exp(I(h) - \tfrac{1}{2}\|h\|_H^2) = 1 + \sum_{n=1}^{\infty} \frac{1}{n!} I_n(h^{\otimes n}) \tag{1.6}$$

où $I(h) = I_1(h)$ est l'intégrale de Wiener. Rappelons les formules suivantes, où $f,g,h\in H$:

$$D_h\varepsilon(f) = \langle h,f\rangle\, \varepsilon(f), \tag{1.7}$$

$$\delta_h\varepsilon(f) = (I(h) - \langle h,f\rangle)\varepsilon(f) = (I(h) - D_h)\varepsilon(f), \tag{1.8}$$

$$[D_h,\delta_g]\varepsilon(f) = (D_h\delta_g - \delta_gD_h)\varepsilon(f) = \langle h,g\rangle\, \varepsilon(f). \tag{1.9}$$

Rappelons enfin que l'espace vectoriel engendré par les vecteurs exponentiels est contenu dans l'espace de Sobolev $W^{2,1} = Dom(D)$, et est dense dans $L^2(X,\mu)$ (donc aussi dans $W^{2,1}$).

1.2. Ensemble isométrique de la divergence δ, ou intégrale de Skorohod, d'après Gaveau et Trauber [6].

Commençons par la

Proposition 1 (Nualart et Zakai [17], Skorohod [21]). Soit $f,g,h\in H$, $F,G\in Dom(D)$ et $u,v\in Dom(\delta)$ ($\subset L^2(X,\mu;H)$). Alors:

a) F et G appartiennent à $Dom(\delta_h)$ et

$$E(\delta_h(F)^2) = \langle h,h\rangle\, E(F^2) + E((D_hF)^2) \tag{1.10}$$

$$E(\delta_f(F)\delta_g(G)) = \langle f,g\rangle\, E(FG) + E(D_f(F)\, D_g(G)). \tag{1.11}$$

b) Si de plus $u,v\in Dom(D)$, on a

$$E(\delta(u)\delta(v)) = E(\langle u,v\rangle_H) + E(\langle Du,\sigma(DV)\rangle_{H\otimes H}), \tag{1.12}$$

où σ est la permutation de $H\otimes H$, i.e. $\sigma(f\otimes g) = g\otimes f$.

c) On a

$$\delta_h(F) = \delta(Fh) = F\delta(h) - D_hF \tag{1.13}$$

et, plus généralement,

$$\delta(Fu) \;=\; F\delta(u) - \langle u,DF\rangle_H, \qquad (1.14)$$

au sens où Fu est Skorohod-intégrable (i.e. $FU\in Dom(\delta)$) si et seulement si le terme de droite de (1.14) est de carré intégrable.

Remarques. 1) La méthode de démonstration de toutes ces formules est toujours la même: on les montre d'abord pour un ensemble suffisamment riche de "bonnes" fonctions simples, puis on passe au cas général par approximation, en utilisant le fait que les opérateurs D, δ, D_h, δ_h sont fermés.

Par exemple, (a) peut être prouvé ainsi: les deux membres de (1.11) sont des formes bilinéaires en (F,G), et le coté droit est continu pour la norme

$$\|F\|_{Dom(D)} \;=\; (\|F\|^2_{L^2} + \|DF\|^2_{L^2(X,\mu;H)})^{1/2}.$$

Pour $F=\varepsilon(h_1)$ et $G=\varepsilon(h_2)$, où $h_1,h_2\in H$, on fait le calcul:

$$\begin{aligned} E(\delta_f F\ \delta_g G) &= E(F\ (D_f\delta_g G)) \\ &= E[F(\delta_g D_f G + \langle f,g\rangle G)] \qquad \text{(par (1.9))} \\ &= \langle f,g\rangle\ E(FG) + E(D_g F\ D_f G). \end{aligned}$$

Pour $F\in Dom(D)$ on choisit des F_n dans l'espace vectoriel engendré par les vecteurs exponentiels, et tels que $\|F_n-F\|_{Dom(D)}\to 0$. Par suite $\delta_h(F_n)$ converge dans $L^2(X,\mu)$, ce qui entraine $F\in Dom(D)$ car δ_h est fermé. On obtient alors (1.10), puis (1.11).

2) L'égalité (1.12) se montre de même, en utilisant (1.11). Dans un cadre plus restrictif, cette formule a été montrée par Skorohod [21]. Nualart et Zakai [17] ont donné une preuve de (1.11) en se basant sur la décomposition chaotique, également dans un cadre plus restrictif.

3) Les résultats (a) et (b) sont "chaotiques", au sens où ils sont vrais sur les espaces chaotiques introduits par P. Krée [10]; voir Dermoune, Krée et Wu [5] pour des résultats analogues sur l'espace de Poisson. ▯

Introduisons maintenant l'ensemble isométrique de δ:

$$IM(\delta) \;=\; \{u\in Dom(\delta)\subset L^2(X,\mu;H):\ E(\delta(u)^2) = E(\langle u,u\rangle_H)\}. \qquad (1.15)$$

Evidemment, si $u\in IM(\delta)$ on a $cu\in IM(\delta)$ pour toute constante c, mais $IM(\delta)$ n'est pas un espace vectoriel.

Pour étudier $IM(\delta)$, nous commençons par examiner le cas des fonctions simples $u = Fh$.

<u>Proposition 2</u>. Soit $F \in L^2(X,\mu)$ et $h \in H$ avec $h \neq 0$. Les affirmations suivantes sont équivalentes:

(a) $Fh \in IM(\delta)$;

(b) $F \in Dom(D_h)$ et $D_h F = 0$;

(c) les variables aléatoires F et $I(h)$ sont indépendantes.

<u>Preuve</u>. Il résulte de (1.10) qu'on a $Dom(\delta_h) = Dom(D_h)$ et qu'on a l'équivalence (a) $\Leftrightarrow$ (b).

L'équivalence (b) $\Leftrightarrow$ (c) se montre facilement par la représentation chaotique. Nous nous contentons ci-dessous de prouver l'implication (b) $\Rightarrow$ (c), qui est la moins évidente.

Ecrivons d'abord

$$F = E(F) + \sum_{n=1}^{\infty} I_n(f_n), \quad \text{où } f_n \in H^{\odot n},$$

$$D_h F = \sum_{n=1}^{\infty} n I_{n-1}(\langle f_n, h\rangle_H) \qquad \text{(convergence dans } L^2\text{)},$$

où $\langle k,h\rangle_H$ pour $k \in H^{\otimes n}$ est défini par linéarité à partir de $\langle e_1 \otimes .. \otimes e_n, h\rangle_H = \langle e_n, h\rangle_H \, e_1 \otimes .. \otimes e_{n-1}$. On déduit de (b) que $\langle f_n, h\rangle_H = 0$ pour tout $n \geq 1$.

Ensuite, on choisit une base orthonormale $(e_k)_{k\geq 1}$ de H, telle que $e_1 = h/\|h\|_H$. On peut décomposer f_n ainsi:

$$f_n = \sum_{1\leq k_1 \leq .. \leq k_n} c_{k_1..k_n} \, e_{k_1} \odot \ldots \odot e_{k_n},$$

de sorte que

$$\langle f_n, h\rangle_H = \sum_{1\leq k_1\leq .. < k_n} \frac{1}{n!} c_{k_1..k_n} \langle \sum_\tau e_{k_{\tau(1)}} \otimes \ldots \otimes e_{k_{\tau(n)}}, h\rangle_H$$

$$= \sum_{1\leq k_1 \leq .. \leq k_n} \frac{1}{n!} c_{k_1..k_n} \|h\| \sum_\tau \varepsilon_{1,k_{\tau(n)}} \, e_{k_{\tau(1)}} \otimes .. \otimes e_{k_{\tau(n-1)}},$$

où $\sum_\tau$ est la somme sur toutes les permutations de $\{1,..,n\}$ et ε_{ij} est le symbole de Kronecker. Comme $\langle f_n, h\rangle_H = 0$, il vient

$$c_{k_1..k_n} \varepsilon_{1,k_{\tau(n)}} = 0 \qquad \text{pour tous } k_1 \leq \ldots \leq k_n \text{ et } \tau,$$

donc $c_{k_1..k_n} = 0$ si l'un des k_i vaut 1, ce qui implique

$$f_n \in ([h]^\perp)^{\odot n},$$

où $[h] = \{ah : a \in \mathbb{R}\}$. Cette dernière propriété nous dit que $I_n(f_n)$ est mesurable par rapport à la tribu engendrée par les $I(f)$ pour f orthogonal à h, tribu qui est indépendante de $\sigma(I(h))$, ce qui achève de prouver (c). $\square$

2 - FORMULE DE CLARK INTRINSEQUE

2.1. Les sous-espaces contenus dans l'ensemble isométrique $IM(\delta)$ et la représentation des fonctionnelles de Wiener.

Nous commençons par introduire l'ensemble suivant:

$$\Phi = \{V: V \text{ est un sous-espace vectoriel de } L^2(X,\mu;H) \text{ contenu dans } IM(\delta)\}. \tag{2.1}$$

On munit Φ de l'ordre partiel associé à l'inclusion $\subset$. Notons que si Φ' est un sous-ensemble totalement ordonné de Φ, on a $\bigcup_{V\in\Phi'} V \in\Phi$. Par conséquent le lemme de Zorn s'applique, et tout $V\in\Phi$ est contenu dans un élément maximal $\hat{V}$ de Φ.

On note Φ_e l'ensemble des éléments maximaux de Φ; leur étude sera entreprise dans la section 2.2 ci-dessous.

Notons $L^2_0(X,\mu;H)$ l'ensemble des $u\in L^2(X,\mu;H)$ d'espérance nulle, et P_W le projecteur orthogonal sur le sous-espace fermé W de $L^2(X,\mu;H)$. Voici alors l'un des résultats principaux de cet article:

Théorème 1. Soit V un sous-espace fermé de $L^2_0(X,\mu;H)$ contenu dans $IM(\delta)$. Alors l'image $\delta(V)$ est un sous-espace fermé de $L^2_0(X,\mu)$, et pour tout $F\in Dom(D)$ on a

$$P_{\delta(V)}F = \delta(P_V(DF)). \tag{2.2}$$

Preuve. La première affirmation est évidente. Pour montrer (2.2) il nous suffit d'établir que

$$E[\delta(u)\ \delta(P_V(DF))] = E[\delta(u)F] \tag{2.3}$$

pour tout $u\in V$. Mais, comme u et $P_V(DF)$ sont dans $V\in\Phi$, on a

$$\begin{aligned} E[\delta(u)\ \delta(P_V(DF))] &= E(\langle u,P_V(DF)\rangle_H) \\ &= E(\langle u,DF\rangle_H) \\ &= E[\delta(u)\ F] \quad \text{(par dualité de } \delta \text{ et } D).\ \square \end{aligned}$$

Remarques. 1) Si $V=H$, $\delta(V)$ est le premier chaos C_1 et la formule (2.2) devient

$$P_{C_1}F = \delta(E(DF)),$$

qui est triviale.

2) L'opérateur composé P_VD vérifie pour tout $F\in Dom(D)$:

$$\|(P_VD)(F)\|_{L^2(X,\mu;H)} = \|P_{\delta(V)}F\|_{L^2(X,\mu)} \leq \|F\|_{L^2(X,\mu)}.$$

Par conséquent il s'étend en un opérateur linéaire borné de $L^2(X,\mu)$ dans V. En ce sens, (2.2) est vraie pour tout $F\in L^2(X,\mu)$.

3) Quand $\delta(V) = L^2_0(X,\mu)$, la formule (2.2) donne une représentation complète, c'est-à-dire que pour tout $F\in L^2(X,\mu)$, on a:

$$F = E(F) + \delta(P_V(DF)). \tag{2.4}$$

Par conséquent, le problème principal qu'il nous reste consiste à étudier dans quels cas $\delta(V) = L^2_0(X,\mu)$. Une condition nécessaire presque évidente est que V soit un élément maximal de Φ, mais ceci n'est malheureusement pas suffisant, et le problème reste ouvert.

4) Pour $F\in L^2(X,\mu;Y)$, où Y est un Hilbert, la formule (2.2) est encore vraie si on interprête $P_V u$ pour $u\in L^2(x,\mu;Y\otimes H)$ de la façon suivante:

$$P_V u = P_{Y\otimes V} u,$$

ou de manière équivalente:

$$\langle P_V u, y\rangle_Y = P_V\langle u, y\rangle_Y$$

pour tout $y\in Y$. Cette remarque nous servira dans notre démonstration de la représentation de Wong et Zakai.

5) Le théorème 1 est vrai sur l'espace de Fock, en identifiant D avec a^- et δ avec a^+ (voir Meyer [14]). □

Terminons cette section avec le:

Corollaire. Soit V comme dans le théorème 1. Pour que $F\in\delta(V)$ il faut et il suffit qu'on ait

$$E(F) = 0 \quad \text{et} \quad E(F^2) = E(\|P_V(DF)\|^2_H). \tag{2.5}$$

2.2. Les éléments maximaux de Φ.

Commençons par la

Proposition 3. (a) Si $V\in\Phi$, sa fermeture $\overline{V}$ dans $L^2(X,\mu;H)$ appartient aussi à Φ. En particulier, tout $V\in\Phi_e$ est un sous-espace fermé de $L^2(X,\mu;H)$.

(b) Si on identifie H avec le sous-espace des fonctionnelles constantes de $L^2(X,\mu;H)$, on a

$$\bigcap_{V\in\Phi_e} V = H.$$

Preuve. (a) est une conséquence directe du fait que l'opérateur δ est fermé. Quant à (b), nous allons ici montrer l'inclusion

$$H \subset \bigcap_{V\in\Phi_e} V, \tag{2.6}$$

et l'inclusion inverse sera montrée au §4. Pour obtenir (2.6), on observe que pour tout $h\in H$ et tout $v\in \mathrm{Dom}(\delta)$, on a

$$E(\delta(h)\ \delta(v)) \ = \ E[\delta(h)\ \delta(E(v))]$$

(car si $g\in H$, $f_n\in H^{\otimes n}$, on a $\delta(g\ I_n(f_n)) = n\ I_{n+1}(f_n\otimes g)$; il suffit alors d'utiliser la représentation chaotique de v). On a donc

$$E(\delta(h)\ \delta(v)) \ = \ \langle h,E(v)\rangle_H \ = \ E(\langle h,v\rangle_H),$$

$$E(\delta(h)^2) \ = \ \langle h,h\rangle_H .$$

Si $V\in\Phi$ et si V' est l'espace vectoriel engendré par V et h, on en déduit que $E(\delta(u)^2) = E(\langle u,u\rangle_H)$ pour tout $u\in V'$, de sorte que $V'\in\Phi$. Si alors V est maximal dans Φ, on a donc $V'=V$, donc $h\in V$, d'où (2.6). □

Nous donnons maintenant une condition suffisante pour que $V\in\Phi_e$:

<u>Théorème 2</u>. Soit $V\in\Phi$. Si $\delta(V) = L^2_0(X,\mu)$, alors $V\in\Phi_e$, mais l'implication inverse est fausse.

<u>Preuve</u>. Soit $\hat{V}\in\Phi_e$ avec $V\subset\hat{V}$. Comme $\delta(V)\subset L^2_0(X,\mu)$ et comme δ est injectif sur $\hat{V}$, on obtient $V = \hat{V}$.

La seconde affirmation sera montrée au §3 par un contre-exemple. □

<u>3 - UNE CLASSE D'ELEMENTS MAXIMAUX DE Φ</u>

Pour que la formule de Clark intrinsèque donnée au théorème 1 soit applicable dans des cas concrets, nous avons besoin d'une classe suffisamment riche d'éléments maximaux suffisamment "bons". C'est une telle classe que nous nous proposons d'exhiber dans ce paragraphe.

<u>3.1. Eléments de Φ associés à une résolution de l'identité de H</u>.

Soit $(E_\lambda)_{\lambda\in\mathbb{R}}$ une résolution de l'identité de H (voir [26]); autrement dit:

i) les E_λ sont des projecteurs orthogonaux de H;

ii) $E_\lambda E_{\lambda'} = E_{\lambda\wedge\lambda'}$;

iii) pour tous $h\in H$, $\lambda\in\mathbb{R}$, on a

$$\lim_{\lambda'\downarrow\lambda} E_{\lambda'}h = E_\lambda h, \quad \lim_{\lambda'\downarrow-\infty} E_{\lambda'}h = 0, \quad \lim_{\lambda'\uparrow\infty} E_{\lambda'}h = h.$$

On introduit les notations suivantes:

$H_\lambda \ = \ E_\lambda(H) \ =$ l'image de H, qui est un sous-espace fermé;

$H_{\lambda-} \ = \ \overline{\bigcup_{\lambda'<\lambda} H_{\lambda'}}$;

$\mathcal{F}_\lambda \ = \ \sigma(I(h):\ h\in H_\lambda)$;

$\mathcal{F}_{\lambda-} \ = \ \bigvee_{\lambda'<\lambda} \mathcal{F}_{\lambda'} \ = \ \sigma(I(h):\ h\in H_{\lambda-})$.

Mentionnons également les conséquences suivantes de la propriété (iii) ci-dessus:

$$H_{\lambda+} := \bigcap_{\lambda'>\lambda} H_{\lambda'} = H_\lambda; \qquad H_{+\infty} := \overline{\bigcup_{\lambda\in\mathbb{R}} H_\lambda} = H;$$
$$H_{-\infty} := \bigcap_{\lambda\in\mathbb{R}} H_\lambda = \{0\}.$$

Par suite on a (cf. [20]):

$$\mathcal{F}_{\lambda+} := \bigcap_{\lambda'>\lambda} \mathcal{F}_{\lambda'} = \mathcal{F}_\lambda;$$
$$\mathcal{F}_{+\infty} := \bigvee_{\lambda\in\mathbb{R}} \mathcal{F}_\lambda = \sigma(I(h): h\in H) = \text{complétée de la tribu borélienne de } X;$$
$$\mathcal{F}_{-\infty} := \bigcap_{\lambda\in\mathbb{R}} \mathcal{F}_\lambda = \text{la tribu triviale.}$$

On désigne par S le sous-espace vectoriel de $L^2(X,\mu;H)$ engendré par $\{Fh: h\in H_\lambda^\perp$ et F est $\mathcal{F}_\lambda$-mesurable, de carré intégrable; $\lambda\in\mathbb{R}\}$. S est donc l'ensemble des u de la forme

$$u = \sum_{k=1}^m F_k h_k, \tag{3.1}$$

où $h_k \in H_{\lambda_{k+1}} \cap H_{\lambda_k}^\perp$, F_k est $\mathcal{F}_{\lambda_k}$-mesurable, avec $\lambda_1<\ldots<\lambda_m<\lambda_{m+1}=+\infty$ et $m\in\mathbb{N}$.

<u>Lemme 1</u>. On a $S\subset \mathrm{Dom}(\delta)$ et δ est une isométrie de S dans $L_0^2(X,\mu)$. Autrement dit, $S\in\Phi$.

<u>Preuve</u>. Soit $Fh\in S$, avec $h\in H_\lambda^\perp$ et F mesurable par rapport à $\mathcal{F}_\lambda = \sigma(I(g): g\in H_\lambda)$; F est donc indépendante de $I(h)$. Il résulte alors de la proposition 2 que $Fh\in IM(\delta)$, et $F\in\mathrm{Dom}(D_h)$ et $D_hF=0$. Mais (1.13) est valable dès que $F\in\mathrm{Dom}(D_h)$, tandis que $\delta(h) = I(h)$. Par suite:

$$\delta(Fh) = \delta_h(F) = F\, I(h).$$

Si maintenant $u\in S$ est de la forme (3.1), il s'ensuit que $u\in\mathrm{Dom}(\delta)$ et que

$$\begin{aligned} E[\delta(u)^2] &= E[(\sum_{k=1}^m F_k\, I(h_k))^2] \\ &= E(\sum_{k=1}^m F_k^2\, I(h_k)^2) + 2\sum_{k<\ell} E(F_k\, F_\ell\, I(h_k)\, I(h_\ell)) \\ &= E(\langle u,u\rangle_H), \end{aligned}$$

où la dernière égalité provient de ce que $F_kF_\ell I(h_k)$ est $\mathcal{F}_{\lambda_\ell}$-mesurable, et donc indépendante de $I(h_\ell)$. On a donc $u\in IM(\delta)$. □

Il résulte de ce lemme et de la proposition 3 que $V=\overline{S}$ appartient aussi à Φ. Nous appelons $V=\overline{S}$ le <u>sous-espace d'isométrie</u> de δ, associé à $(E_\lambda)_{\lambda\in\mathbb{R}}$.

Voici un autre résultat important de cet article:

<u>Théorème 3</u>. Pour le sous-espace d'isométrie $V=\overline{S}$ de δ associé à $(E_\lambda)_{\lambda\in\mathbb{R}}$, les deux conditions ci-dessous sont équivalentes:

(a) $\delta(V) = L_0^2(X,\mu)$;

(b) $(E_\lambda)_{\lambda\in\mathbb{R}}$ est fortement continu, c'est-à-dire:

$$\lim_{\lambda'\to\lambda} E_{\lambda'}h = E_\lambda h$$

pour tous $h\in H$, $\lambda\in\mathbb{R}$, ou de manière équivalente: $H_{\lambda-}=H_\lambda$ pour tout λ.

Preuve. Avant de donner la démonstration proprement dite, rappelons rapidement, selon Yoshida [26], qu'on peut définir l'intégrale

$$\int_{\mathbb{R}} g(\lambda)\, dE_\lambda h \tag{3.3}$$

où g est une application de $\mathbb{R}$ dans un Hilbert Y, et $h\in H$. L'intégrale (3.3) a les propriétés suivantes:

(i) Si $g = \sum_k y_k 1_{]\lambda_k,\lambda_{k+1}]}$ (somme finie), où $y_k\in Y$, alors

$$\int_{\mathbb{R}} g(\lambda)\, dE_\lambda h = \sum_k u_k \otimes (E_{\lambda_{k+1}}h - E_{\lambda_k}h). \tag{3.4}$$

(ii) Si $g\in L^2(\mathbb{R}, d\langle E_\lambda h,h\rangle; Y)$, l'intégrale (3.3) existe, et on a

$$\langle \int g(\lambda)\, dE_\lambda h, \int g(\lambda)\, dE_\lambda h\rangle_{Y\otimes H} = \int \langle g(\lambda), g(\lambda)\rangle_Y\, d\langle E_\lambda h,h\rangle_H. \tag{3.5}$$

Rappelons aussi la formule d'intégration par parties suivante:

$$\int_{\mathbb{R}} f'(F_{s-})dF_s = f(F_{+\infty})-f(F_{-\infty})-\sum_{s\in\mathbb{R}}[f(F_s)-f(F_{s-})-f'(F_{s-})(F_s-F_{s-})] \tag{3.6}$$

où $f\colon \mathbb{R}\to\mathbb{R}$ est continuement dérivable, et où $F\colon \mathbb{R}\to\mathbb{R}$ est croissante, càd, avec $F_{+\infty} := \lim_{t\uparrow\infty} F_t < \infty$ et $F_{-\infty} := \lim_{t\downarrow-\infty} F_t > -\infty$.

Nous pouvons maintenant passer à la preuve du théorème. Pour $f\in H$ fixé, on note $F(\lambda) = \langle E_\lambda f, E_\lambda f\rangle_H = \langle E_\lambda f, f\rangle_H$, qui est une fonction positive croissante càd sur $\mathbb{R}$, avec $\lim_{\lambda\uparrow\infty} F(\lambda) = \langle f,f\rangle_H$ et $\lim_{\lambda\downarrow-\infty} F(\lambda) = 0$.

D'après (1.3) et (1.7), on a d'abord

$$D\varepsilon(f) = \varepsilon(f)\otimes f.$$

Ensuite, nous allons montrer que

$$P_V D\varepsilon(f) = \int_{\mathbb{R}} \varepsilon(E_{\lambda-}f)\, dE_\lambda f. \tag{3.7}$$

Pour cela, il suffit de montrer les deux propriétés

$$\int_{\mathbb{R}} \varepsilon(E_{\lambda-}f)\, dE_\lambda f \in V, \tag{3.8}$$

$$\langle \int_{\mathbb{R}} \varepsilon(E_{\lambda-}f)\, dE_\lambda f, Fh\rangle_{L^2(X,\mu)\otimes H} = \langle D\varepsilon(f), Fh\rangle_{L^2(X,\mu)\otimes H}, \tag{3.9}$$

pour tous $F\in L^2(X,\mathcal{F}_{\lambda_0},\mu)$ et $h\in H_{\lambda_0}^{\perp}$, où $\lambda_0\in\mathbb{R}$ est arbitraire.

Pour (3.8), on remarque d'abord que $\lambda\to\varepsilon(E_{\lambda-}f)$ est une application càg de $\mathbb{R}$ dans $L^2(X,\mu)$, qui en outre appartient à $L^2(\mathbb{R}, d\langle E_\lambda f,f\rangle; L^2(X,\mu))$ puisque si $F(\lambda) = \langle E_\lambda f,f\rangle = \langle E_\lambda f, E_\lambda f\rangle$, on a

$$\int_{\mathbb{R}} \|\varepsilon(E_{\lambda-}f)\|^2_{L^2(X,\mu)} \; d\langle E_\lambda f,f\rangle_H = \int_{\mathbb{R}} \exp \langle E_{\lambda-}f,f\rangle_H \; d\langle E_\lambda f,f\rangle$$

$$= e^{\langle f,f\rangle} - 1 - \sum_{\lambda\in\mathbb{R}} [e^{F(\lambda)} - e^{F(\lambda-)} - e^{F(\lambda-)}(F(\lambda)-F(\lambda-))]$$

$$\leq e^{\langle f,f\rangle} - 1 \qquad (3.10)$$

(on a utilisé la formule d'intégration par parties (3.6)). Ceci montre que l'intégrale dans (3.8) existe, et aussi qu'on peut choisir une suite de subdivisions $\{-\infty<\lambda_1^n<\ldots<\lambda_{k_n}^n<+\infty\}$ telle que

$$\sum_{k=1}^{k_n-1} \varepsilon(E_{\lambda_k^n}f)\, 1_{]\lambda_k^n,\lambda_{k+1}^n]}(\lambda) \longrightarrow \varepsilon(E_{\lambda-}f)$$

dans $L^2(\mathbb{R},d\langle E_\lambda f,f\rangle;L^2(X,\mu))$. Par conséquent nous déduisons de (3.5):

$$u_n := \sum_{k=1}^{k_n-1} \varepsilon(E_{\lambda_k^n}f)[E_{\lambda_{k+1}^n}f - E_{\lambda_k^n}f] \longrightarrow \int_{\mathbb{R}} \varepsilon(E_{\lambda-}f)\, dE_\lambda f \qquad (3.11)$$

dans $L^2(X,\mu)\otimes H = L^2(X,\mu;H)$. On a évidemment $u_n\in S$, donc (3.8) est établi.

Pour obtenir (3.9), nous obtenons d'après (3.11):

$$\langle\int_{\mathbb{R}} \varepsilon(E_{\lambda-}f)\, dE_\lambda f, Fh\rangle_{L^2(X,\mu)\otimes H} = \int_{\mathbb{R}} E[F\, \varepsilon(E_{\lambda-}f)]\, d\langle E_\lambda f,h\rangle$$

$$= \int_{]\lambda_0,\infty[} E[F\, \varepsilon(f)]\, d\langle E_\lambda f,h\rangle \quad \text{(d'après les hypothèses sur } F \text{ et } h\text{)}$$

$$= E[F\, \varepsilon(f)\, \langle f,h\rangle_H) = E(\langle D\varepsilon(f),Fh\rangle_H) \quad \text{(d'après (1.7))}.$$

(3.9) est ainsi établi, et on a donc prouvé (3.7).

Nous pouvons maintenant montrer aisément l'équivalence (a) ⇔ (b). D'abord, si on a (a), le corollaire du théorème 1 montre que pour tout $f\in F$,

$$e^{\langle f,f\rangle} - 1 = E[(\varepsilon(f) - 1)^2]$$
$$= E(\|P_V\, D\, \varepsilon(f)\|_H^2)$$
$$= E(\|\int_{\mathbb{R}} \varepsilon(E_{\lambda-}f)\, dE_\lambda f\|_H^2) \qquad \text{(par (3.7))}$$
$$= E(\int_{\mathbb{R}} \varepsilon(E_{\lambda-}f)^2\, d\langle E_\lambda f,f\rangle) \qquad \text{(par (3.5))}.$$

Nous en déduisons, d'après (3.10), que $\lambda \to \langle E_\lambda f,f\rangle$ est continu, et donc $E_\lambda f = E_{\lambda-}f$ pour tout $\lambda\in\mathbb{R}$. On a donc (b).

Inversement, supposons (b). Pour obtenir (a), et comme $\delta(V)$ est un sous-espace fermé de $L_0^2(X,\mu)$, il nous suffit de montrer que pour tout $f\in H$:

$$\varepsilon(f) - 1 = P_{\delta(V)}(\varepsilon(f)-1).$$

D'après le théorème 1, on a $\delta(P_V D\varepsilon(f)) = P_{\delta(V)}(\varepsilon(f)-1)$, donc il suffit de montrer que $\delta(P_V D\varepsilon(f))$ et $\varepsilon(f)-1$ ont la même norme dans

$L^2(X,\mu)$. Pour ceci, on remarque que (b) implique que (3.10) est une égalité, et on peut donc remonter les calculs de la preuve de l'implication (a) ⇒ (b). □

<u>Proposition 4</u>. Quand $(E_\lambda)_{\lambda\in\mathbb{R}}$ est fortement continu, la filtration $(\mathcal{F}_\lambda)_{\lambda\in\mathbb{R}}$ est continue; autrement dit, toute $(\mathcal{F}_\lambda)$-martingale est p.s. à trajectoires continues.

<u>Preuve</u>. D'après les résultats généraux de la théorie des martingales, il suffit de montrer que pour tout $f\in H$, le processus $E(\varepsilon(f)|\mathcal{F}_\lambda)$ est à trajectoires continues. On a

$$E(\varepsilon(f)|\mathcal{F}_\lambda) = \varepsilon(E_\lambda f) = \exp\left(I(E_\lambda f) - \frac{1}{2}\|E_\lambda f\|_H^2\right).$$

La continuité de la martingale $E(\varepsilon(f)|\mathcal{F}_\lambda)$ est alors une conséquence immédiate de la continuité forte de $(E_\lambda)_{\lambda\in\mathbb{R}}$, qui entraine en particulier la continuité du processus gaussien à accroissements indépendants $(I(E_\lambda f))_{\lambda\in\mathbb{R}}$. □

<u>3.2. Un élément maximal V de Φ tel que</u> $\delta(V) \neq L_0^2(X,\mu)$.

Nous donnons dans cette section le contre-exemple promis pour le théorème 2.

Soit $(e_n)_{n\geq 1}$ une base orthonormale de H. On note E_n le projecteur de H sur le sous-espace engendré par $(e_1,\dots,e_n)$, et on associe une résolution de l'identité $(E_\lambda)_{\lambda\in\mathbb{R}}$ par

$$\begin{cases} E_\lambda = 0 & \text{si } \lambda<1 \\ E_\lambda = E_{[\lambda]} & \text{si } \lambda\geq 1. \end{cases}$$

Le sous-espace isométrique de δ associé à $(E_\lambda)_{\lambda\in\mathbb{R}}$ est donné par

$$V = \{\sum_{n=1}^{\infty} F_n e_n : \sum_n E(F_n^2) < \infty,\ F_n \text{ est } \sigma(I(e_1),\dots,I(e_{n-1}))\text{-mesurable}\}. \tag{3.12}$$

Le théorème 3 nous dit que $\delta(V) \neq L_0^2(X,\mu)$. Nous allons montrer ci-dessous que $V\in\Phi_e$.

Supposons en effet que $V\notin\Phi_e$. Il existe alors $u\in IM(\delta)$ avec

$$u \neq 0, \quad u \perp V, \quad \delta(u) \perp \delta(V). \tag{3.13}$$

Ecrivons la décomposition chaotique de u:

$$u = E(u) + \sum_{n=1}^{\infty} I_n(f_n), \tag{3.14}$$

où $f_n\in H^{\odot n}\otimes H$. Comme $\{e_{k_1}\odot\dots\odot e_{k_n}\otimes e_k : 1\leq k_1\leq\dots\leq k_n,\ k\geq 1\}$ est une base orthonormale de $H^{\odot n}\otimes H$, f_n peut s'écrire

$$f_n = \sum_k \sum_{k_1\leq\dots\leq k_n} c_{k_1,\dots,k_n,k}\, e_{k_1}\odot\dots\odot e_{k_n}\otimes e_k. \tag{3.15}$$

De (3.13), nous déduisons que $E(u) = 0$ et que f_n et $\mathrm{sym}(f_n)$ sont orthogonaux à $e_{k_1}\odot\ldots\odot e_{k_n}\otimes e_k$ pour tous entiers $k, k_1, \ldots, k_n$ tels que $k > \max(k_1, \ldots, k_n)$. Donc $c_{k_1,\ldots,k_n,k} = 0$, sauf si $k=k_1=\ldots=k_n$. Autrement dit, f_n s'écrit

$$f_n = \sum_{k=1}^{\infty} c_k\, e_k^{\otimes(n+1)} = \mathrm{sym}(f_n). \tag{3.16}$$

Finalement, la condition $u\in IM(\delta)$ entraine

$$\begin{aligned} E(\langle u,u\rangle_H) &= \sum_{n=1}^{\infty} n!\ \langle f_n, f_n\rangle_{H^{\otimes(n+1)}} \\ &= E(\delta(u)^2) \\ &= \sum_{n=1}^{\infty} (n+1)!\ \langle \mathrm{sym}(f_n), \mathrm{sym}(f_n)\rangle_{H^{\otimes(n+1)}}, \end{aligned}$$

d'où l'on déduit grâce à (3.16) que $f_n=0$ pour tout $n\geq 1$. Il y a donc une contradiction avec (3.13), d'où $V\in\Phi_e$.

4 - APPLICATIONS

Nous présentons dans ce paragraphe des applications des théorèmes 1 et 3 à la représentation des fonctionnelles sur les différents espaces de Wiener. Les idées principales sont toujours les mêmes: (1) choisir une résolution de l'identité convenable; (2) montrer que sur l'espace $\mathcal{A}$ des fonctions simples correspondantes, δ coïncide avec l'intégrale stochastique usuelle; (3) appliquer les théorèmes 1 et 3.

4.1. Formule de Clark classique.

Soit $(C_0([0,1]),\mu)$ l'espace de Wiener classique. L'espace de Hilbert $L^2([0,1],dt)$ est immergé dans $C_0([0,1])$ par

$$L^2([0,1]) \ni h \longrightarrow \tilde{h}(.) = \int_0^{\cdot} h(s)ds.$$

Avec cette immersion, $(C_0([0,1]), L^2([0,1]),\mu)$ devient un espace de Wiener abstrait. On note $W = (w(t))_{t\in[0,1]}$ la famille des applications coordonnées, qui sous μ est le mouvement brownien standard, et soit $\mathcal{F}_t$ la tribu engendrée par les $w(s)$, $s\leq t$.

On introduit maintenant la résolution de l'identité de $L^2([0,1])$:

$$E_\lambda h = \begin{cases} 0 & \text{si } \lambda < 0 \\ h\, 1_{[0,\lambda]} & \text{si } 0 \leq \lambda \leq 1 \\ h & \text{si } \lambda > 1, \end{cases} \tag{4.1}$$

qui est fortement continue.

<u>Théorème A</u>. (a) Le sous-espace d'isométrie V de δ associé à (E_λ)

ci-dessus est l'espace des processus prévisibles $v=(v_t)_{t\in[0,1]}$ tels que $\int_0^t E(v_s^2)ds < \infty$, et la restriction $\delta_{|V}$ est l'intégrale d'Ito.

(b) (Théorèmes 1 et 3, et remarque (2) suivant le théorème 1) pour tout $F\in L^2(C_0([0,1]),\mu)$, on a

$$F = E(F) + \delta[(P_V D)F] = E(F) + \int_0^1 v(t)\, dw(t), \tag{4.2}$$

où $v = (P_V D)F \in V$ et où la dernière intégrale est au sens d'Ito.

(c) Si de plus $F\in Dom(D)$, on peut exprimer l'intégrand v de (4.2) comme

$$v(t) = E(DF(t)|\mathcal{F}_t) \qquad dt\otimes\mu\text{-p.s.} \tag{4.3}$$

La partie (a) est bien connue. (4.3) est la formule de Clark classique, établie par Clark [4] pour F suffisamment Fréchet-dérivable. La forme ci-dessus a été donnée par Malliavin [13] et Ocone [19].

<u>Remarques</u>. 1) Si, à la place de (4.1), on définit la résolution de l'identité suivante:

$$\hat{E}_\lambda h = h\, 1_{[(1-\lambda)\vee 0,1]},$$

on obtient comme ci-dessus, pour $F\in Dom(D)$:

$$F = E(F) + \int_0^1 E[DF(1-t)|\mathcal{F}^t]\, dw^t, \tag{4.4}$$

où $w^t = w(1)-w(1-t)$, où $\mathcal{F}^t = \sigma(w^s\colon s\le t)$, et où le dernier terme de (4.4) est une intégrale d'Ito par rapport au brownien $(w^t,\mathcal{F}^t)_{t\in[0,1]}$.

2) Si on choisit la résolution de l'identité suivante:

$$E_\lambda h = \begin{cases} 0 & \text{si } \lambda < 0 \\ h\, 1_{[0,\lambda]\cup[1-\lambda,1]} & \text{si } 0\le \lambda \le \frac{1}{2} \\ h & \text{si } \lambda > \frac{1}{2}, \end{cases}$$

on obtiendra la formule suivante pour $F\in Dom(D)$:

$$F = E(F) + \int_0^{1/2} E[DF(t)|\mathcal{F}_t\vee\mathcal{F}^t]\, dw(t) + \int_0^{1/2} E[DF(1-t)|\mathcal{F}_t\vee\mathcal{F}^t]\, dw^t,$$

(les intégrales sont toujours au sens d'Ito), en remarquant que $w(t)$ et w^t sont deux browniens relativement à la filtration $\mathcal{F}_t\vee\mathcal{F}^t$, sur l'intervalle de temps $[0,\frac{1}{2}]$. □

Nous pouvons maintenant compléter la preuve de la proposition 3. Il nous faut montrer que sur (X,H,μ),

$$\cap_{V\in\Phi_e} V \subset H.$$

Il nous suffit de l'établir sur $(C_0([0,1]),L^2([0,1]),\mu)$, parce que

Φ_e ne dépend de H qu'à un isomorphisme près. Sur ce dernier espace nous avons déjà construit deux éléments de Φ_e: le sous-espace d'isométrie V de δ associé à la résolution (E_λ) de (4.1), et celui, $\hat{V}$, associé à la résolution $(\hat{E}_\lambda)$ de la remarque (1) ci-dessus. Or, il est clair que $V \cap \hat{V} = L^2([0,1])$.

4.2. Représentation des fonctionnelles d'un mouvement brownien de dimension infinie.

Soit (X,H,μ) un espace de Wiener abstrait où l'immersion de H dans X est notée i. On peut construire un "gros" espace de Wiener abstrait $(\hat{X},\hat{H},\hat{\mu})$ de la façon suivante (voir Kuo [12]):

1) $\hat{X} = C_0([0,1],X) = \{f : [0,1] \to X,$ où f est continue et $f(0)=0\}$, muni de la norme $\|f\| = \sup_{s\in[0,1]} \|f(s)\|_X$.

2) $\hat{H} = L^2([0,1],dt;H)$, et l'immersion $\hat{i}$ de $\hat{H}$ dans $\hat{X}$ est

$$\hat{h} \to \hat{i}(\hat{h}) = \int_0^{\cdot} i(\hat{h}(s))\, ds.$$

3) Comme $\hat{i}^*: \hat{X}^* \to \hat{H}^* = \hat{H}$ est une immersion, on peut définir $\hat{\mu}$ comme l'unique mesure gaussienne vérifiant

$$\forall \ell \in \hat{X}^*: \quad \int_{\hat{X}} \exp\,(\sqrt{-1}\ \ell(x))\ \hat{\mu}(dx) = \exp - \frac{1}{2}\|\ell\|^2_{\hat{H}}.$$

Si on désigne par $W = (W(t))_{t\in[0,1]}$ la famille des applications coordonnées de $\hat{X} = C_0([0,1],X)$ dans X, la propriété (3) ci-dessus revient à dire que W est un mouvement brownien standard à valeurs dans (X,H,μ) (voir [12]). On note $\mathcal{F}_t$ la tribu engendrée par les $W(s)$ pour $s\le t$.

On rappelle que l'espace des intégrands de l'intégrale stochastique introduite dans cette situation par Kuo est

$$V = \{u : \hat{X}\times[0,1] \to H \text{ tel que } u(.,t) \text{ soit } \mathcal{F}_t\text{-mesurable pour tout } t, \text{ et } E(\int_0^1 \|u(t)\|^2_H\, dt < \infty\}. \tag{4.5}$$

Cet espace est la fermeture dans $L^2(\hat{X},\hat{\mu};\hat{H}) = L^2(\hat{X}\times[0,1],\hat{\mu}\otimes dt;H)$ de l'espace vectoriel $\mathcal{L}$ engendré par l'ensemble

$$\{F i^*(\ell) 1_{]t,t']}: \ell\in X^*,\ F\in L^2(\hat{X},\mathcal{F}_t,\hat{\mu}),\ t<t'\}.$$

Pour $u = F i^*(\ell) 1_{]t,t']} \in \mathcal{L}$, l'intégrale de Kuo est donnée par

$$\int_0^1 \langle u(t), dW(t)\rangle = F\ \ell(W(t')-W(t)), \tag{4.6}$$

qui est égale à $\delta(u)$ d'après la proposition 2 et (1.13).

Introduisons maintenant une résolution de l'identité (E_λ) de $\hat{H}$:

$$E_\lambda \hat{h} = \begin{cases} 0 & \text{si } \lambda < 0 \\ \hat{h}\ 1_{[0,\lambda]} & \text{si } 0 \le \lambda \le 1 \\ \hat{h} & \text{si } \lambda > 1. \end{cases} \tag{4.7}$$

En remarquant que $\mathcal{F}_t = \sigma(I(E_t\hat{h}): \hat{h}\in\hat{H})$, nous voyons clairement que le sous-espace isométrique de δ associé à (E_λ) ci-dessus est exactement l'espace des intégrands V, donné par (4.5). Par suite nous avons d'après les théorèmes 1 et 3 et la remarque (2) suivant le théorème 1:

<u>Théorème B</u>. Sur $(\hat{X},\hat{H},\hat{\mu})$, nous avons:

(a) δ est une extension de l'intégrale stochastique de Kuo.

(b) Pour tout $F\in L^2(\hat{X},\hat{\mu})$,

$$F = E(F) + \delta((P_V D)F) = E(F) + \int_0^1 \langle v(t),dW(t)\rangle,$$

où $v = (P_V D)F \in V$ avec V espace défini par (4.5).

(c) Si de plus $F\in \mathrm{Dom}(D)$, alors

$$F = E(F) + \int_0^1 \langle E[DF(t)|\mathcal{F}_t],dW(t)\rangle.$$

<u>Remarques</u>. 1) Quand $(X,H,\mu) = (\mathbb{R},\mathbb{R},\mu(dx) = (2\pi)^{-1/2}\exp(-x^2/2)\,dx)$, le théorème B devient le théorème A.

2) Supposons que $(X,H,\mu) = (L^2(\mathbb{N},d\lambda),\ell^2,\mu)$, où

- $\sum_{i\in\mathbb{N}} \lambda(i) < \infty$ et $\lambda(i) > 0$ pour tout $i\in\mathbb{N}$;
- si $x=(x(i): i\in\mathbb{N})$ est la suite des coordonnées de $x\in L^2(\mathbb{N},d\lambda)$ alors μ désigne l'unique probabilité sous laquelle les $x(i)$ sont des variables aléatoires indépendantes de loi $\mathcal{N}(0,1)$.

Dans cette situation, le théorème B donne la représentation des fonctionnelles d'un nombre infini de browniens $W=(W_i)_{i\in\mathbb{N}}$ indépendants, établie par Hitsuda et Watanabe [8], ainsi que la formule de Clark associée donnée par Blum [2].

3) Quand $(X,H,\mu) = (C_0([0,1]),L^2([0,1]),\mu)$, la formule de Clark (i.e. (c) du théorème B) a aussi été établie par Blum [2].

4) Bien que le théorème B n'apporte pas de résultats nouveaux dans les cas 1,2,3 décrits ci-dessus, il est intéressant par sa généralité.

<u>4.3. La représentation de Wong-Zakai des fonctionnelles d'un drap brownien</u>.

Nous commençons par introduire les notations nécessaires:

1) $C_0([0,1]^2)$ est l'espace des fonctions $f: [0,1]^2 \to \mathbb{R}$, continues, nulles sur les axes, avec la norme $\|f\| = \sup|f(z)|$.

2) L'application $h \to \hat{h}$, où $\hat{h}(s,t) = \int_0^s\int_0^t h(s',t')ds'dt'$ est une immersion dense de $L^2([0,1]^2,dz = ds\otimes dt)$ dans $C_0([0,1]^2)$.

3) On note $(W_z)_{z\in[0,1]^2}$ l'ensemble des applications coordonnées sur $C_0([0,1]^2)$. On désigne par $\mathcal{F}_z$ la tribu engendrée par les $W_{z'}$, pour $z'\leq z$ ($\leq$ désigne l'ordre partiel naturel sur $[0,1]^2$).

4) μ est l'unique mesure gaussienne sur $C_0([0,1]^2)$ faisant de $W=(W_z)_{z\in[0,1]^2}$ un drap brownien canonique, i.e.

- W est un champ gaussien centré,
- $E(W_zW_{z'}) = (s\wedge s')(t\wedge t')$, où $z=(s,t)$ et $z'=(s',t')$.

Il est bien connu que $(C_0([0,1]^2,L^2([0,1]^2,dz),\mu)$ constitue un espace de Wiener abstrait, avec l'immersion $h\to\hat{h}$ donnée ci-dessus.

Introduisons deux résolutions de l'identité de $L^2([0,1]^2,dz)$:

$$\begin{cases} E^1_\lambda h = h\, 1_{(]-\infty,\lambda]\cap[0,1])\times[0,1]} \\ E^2_\lambda h = h\, 1_{[0,1]\times(]-\infty,\lambda]\cap[0,1])}, \end{cases} \tag{4.8}$$

qui sont toutes deux fortement continues. Il est clair que le sous-espace d'isométrie V^i de δ associé à $(E^i_\lambda)_{\lambda\in\mathbb{R}}$ est

$$V^i = \{u\in L^2(C_0([0,1]^2)\times[0,1]^2,\mu\otimes dz):\ u(.,z) \text{ est } \mathcal{F}_{z^i}\text{-mesurable pour } dz\text{-presque tout } z\in[0,1]^2\},$$

où $z^1=(s,1)$ et $z^2=(1,t)$ lorsque $z=(s,t)$.

On remarque que

$$V^1\cap V^2 = \{u\in L^2(C_0([0,1]^2)\times[0,1]^2,\mu\otimes dz):\ u(.,z) \text{ est } \mathcal{F}_z\text{-mesurable pour } dz\text{-presque tout } z\in[0,1]^2\}.$$

Notons aussi que V^1, V^2 et $V^1\cap V^2$ sont respectivement les espaces d'intégrands de la 1-intégrale stochastique, de la 2-intégrale stochastique, et de l'intégrale stochastique sur le plan, introduites par Cairoli et Walsh [3]. De la même manière que dans les sections précédentes, nous avons le:

<u>Théorème C</u>.

(a) Les restrictions $\delta_{|V^1}$, $\delta_{|V^2}$, $\delta_{|V^1\cap V^2}$ sont respectivement les 1-intégrale, 2-intégrale, intégrale sur le plan, de Cairoli et Walsh.

(b) Pour tout $F\in L^2(C_0([0,1]^2),\mu)$, on a

$$\begin{aligned} F &= E(F) + \delta((P_{V^1}D)F) \\ &= E(F) + \int_{[0,1]^2} v_1(z)\, d^1W(z) \\ &= E(F) + \delta((P_{V^2}D)F) \end{aligned}$$

$$= E(F) + \int_{[0,1]^2} v_2(z)\, d^2W(z),$$

où $v_i = (P_{V^i}D)F$ et $\int_{[0,1]^2} v_i(z)\, d^iW(z)$ désigne la i-intégrale.

(c) Si de plus $F\in Dom(D)$, alors dz-presque partout en $z\in[0,1]^2$:

$$(P_{V^i}DF)(z) = E(DF(z)|\mathcal{F}_{z^i})$$

pour $i=1,2$ (z^i a été défini plus haut).

L'originalité essentielle de la théorie de l'intégrale stochastique sur le plan développée par Cairoli et Walsh [3] réside dans l'introduction d'une intégrale stochastique double d'un type nouveau. Wong et Zakai [23] ont développé le calcul stochastique correspondant, et ils ont notamment montré que tout $F\in L^2(C_0([0,1]^2),\mu)$ s'écrit comme

$$F = E(F) + \int_{[0,1]^2} v(z)\, dW(z) + \int_{[0,1]^2}\int_{[0,1]^2} 1_{\{z\downarrow z'\}} u(z,z')\, dW(z)\, dW(z'); \tag{4.9}$$

dans cette expression, $v\in V^1\cap V^2$ et la première intégrale ci-dessus est l'intégrale sur le plan, qui coïncide avec $\delta(v)$ d'après le théorème C; ensuite $\{z\downarrow z'\} = \{s\geq s'\}\cap\{t\leq t'\}$, avec $z=(s,t)$, $z'=(s',t')$; puis u appartient à l'ensemble suivant

$$G = \{u\in L^2(C_0([0,1]^2)\times[0,1]^2\times[0,1]^2,\mu\otimes dz\otimes dz): u(.,z,z') \text{ est } \mathcal{F}_{z\vee z'}\text{-mesurable pour presque tous } z,z'\};$$

finalement, le dernier terme de (4.9) est l'intégrale stochastique double de Cairoli et Walsh.

La formule de Clark correspondant à cette représentation a été établie par Blum [2]. En renvoyant le lecteur à Cairoli et Walsh [3] pour l'intégrale double, et suivant un résultat de Nualart [16], nous avons pour tout $u\in G$:

$$\delta^2(1_{\{z\downarrow z'\}}u) = \int_{[0,1]^2}\int_{[0,1]^2} 1_{\{z\downarrow z'\}} u(z,z')\, dW(z)\, dW(z')$$

où $\delta^2 = \delta\circ\delta$ est l'adjoint de D^2.

Donnons maintenant une preuve extrêmement simple de la représentation (4.9) de Wong et Zakai, et de la formule de Clark associée.

<u>Corollaire du théorème C</u>. Soit $V = V^1\cap V^2$.

(a) Si $F\in Dom(D^2)$, on a

$$\begin{aligned} F &= E(F) + \delta(P_V DF) + \delta(P_{V^1}DF - P_V DF) \\ &= E(F) + \int_{[0,1]^2} E(DF(z)|\mathcal{F}_z)\, dW(z) \\ &\quad + \int_{[0,1]^2}\int_{[0,1]^2} E[D^2F(z,z')|\mathcal{F}_{z\vee z'}]\, 1_{\{z\downarrow z'\}}\, dW(z)\, dW(z'). \end{aligned}$$

(b) On a la représentation de Wong et Zakai (4.9).

Preuve. En appliquant le théorème C à la fonctionnelle $P_{V^1}DF - P_V DF$, qui à valeurs hilbertienne (cf. remarque (4) suivant le théorème 1), on obtient

$$P_{V^1}DF - P_V DF = \delta[P_{V^2}D(P_{V^1}DF - P_V DF)],$$

puisque $E(P_{V^1}DF - P_V DF) = 0$. Pour obtenir (a) il suffit donc de montrer que si $F \in \mathrm{Dom}(D^2)$,

$$P_{V^2}DP_{V^1-V}DF(z,z') = 1_{\{z \downarrow z'\}} E[D^2F(z,z')|\mathcal{F}_{z \vee z'}] \qquad dz \otimes dz'\text{-p.p.}$$

Pour cela, on remarque que

$$\begin{aligned} D(P_{V^1}DF - P_V DF)(z,z') &= D[E(DF(z)|\mathcal{F}_{z^1}) - E(DF(z)|\mathcal{F}_z)](z') \\ &= E(D^2F(z,z')|\mathcal{F}_{z^1})1_{\{z' \le z^1\}} - E(D^2F(z,z')|\mathcal{F}_z)1_{\{z' \le z\}}. \end{aligned}$$

Par suite

$$\begin{aligned} &P_{V^2}DP_{V^1-V}DF(z,z') \\ &= E[E(D^2F(z,z')|\mathcal{F}_{z^1})\, 1_{\{z' \le z^1\}}|\mathcal{F}_{z'^2}] - E[E(D^2F(z,z')|\mathcal{F}_z)\, 1_{\{z' \le z\}}|\mathcal{F}_{z^2}] \\ &= E(D^2F(z,z')|\mathcal{F}_{z^1 \wedge z'^2})\, 1_{\{z' \le z^1\}} - E(D^2F(z,z')|\mathcal{F}_{z \wedge z'^2})\, 1_{\{z' \le z\}} \\ &= E(D^2F(z,z')|\mathcal{F}_{z \vee z'})\, 1_{\{z \downarrow z'\}}, \end{aligned}$$

où nous avons utilisé le fait suivant

$$E[E(\cdot|\mathcal{F}_z)|\mathcal{F}_{z'}] = E(\cdot|\mathcal{F}_{z \wedge z'}). \tag{4.10}$$

On a ainsi (a), ce qui donne également (b) sous la condition que $F \in \mathrm{Dom}(D^2)$. Pour obtenir (b) dans le cas général, on approche F par une suite de F_n appartenant à $\mathrm{Dom}(D^2)$. □

Remarques. 1) En regardant le drap brownien $(W(s,t))_{(s,t)\in[0,1]^2}$ comme un brownien à valeurs dans $C_0([0,1])$, soit $s \to W(s,.)$, la 1-intégrale de Cairoli et Walsh est exactement l'intégrale de Kuo présentée au §4.2. Ainsi, le théorème C peut être considéré comme un cas particulier du théorème B; cette remarque a été faite par Blum [2].

2) Soit $V^1, V^2 \in \Phi_e$ tels que $\delta(V^1) = \delta(V^2) = L_0^2(X,\mu)$. D'après le théorème 1 on a, comme dans la preuve du corollaire ci-dessus:

$$F = E(F) + \delta(P_{V^1 \cap V^2}DF) + \delta^2[P_{V^2}D(P_{V^1}DF - P_{V^1 \cap V^2}DF)]$$

(parce que $E(P_{V^1}DF) = P_H DF = E(P_{V^1 \cap V^2}DF)$, puisque $H \subset V^i$), qui peut être considéré comme la version abstraite de la représentation de Wong et Zakai.

S'il y a n éléments maximaux $V^1,\dots,V^n$ de Φ tels que $\delta(V^i) = L_0^2(X,\mu)$, on peut procéder comme ci-dessus jusqu'à l'apparition de δ^n (c'est une généralisation de l'intégrale stochastique multiple adaptée de Nualart [16] et Nualart, Zakai [18]). Par exemple si $n=3$,

$$F = E(F) + \delta(P_{V^1\cap V^2\cap V^3}DF) + \delta^2[P_{V^1\cap V^2}D(P_{V^1} - P_{V^1\cap V^2\cap V^3})DF]$$
$$+ \delta^3[P_{V^1}\, D\, P_{V^1\cap V^2}\, D\, (P_{V^1} - P_{V^1\cap V^2\cap V^3})DF].$$

Pour le processus de Wiener indexé par $[0,1]^3$, cette formule peut être calculée explicitement comme dans le cas du drap brownien.

Remerciements. Je remercie sincèrement Monsieur Albert Badrikian pour les conversations sympathiques pendant son séjour à Wuhan, et aussi pour les références qu'il m'a communiquées. Je remercie profondément Monsieur Hans Föllmer pour son invitation chaleureuse à l'ETH de Zürich, où j'ai connu la thèse de Jonas Blum.

Références

[1] Bismut, J.M.: Martingales, the Malliavin Calculus and hypoellipticity under general Hörmander's conditions. Z. Wahrsch. Th. 56, 469-505 (1981).

[2] Blum, J.: Clark-Haussmann formulas for the Wiener sheet. Diss. ETH No 8159.

[3] Cairoli, R. et Walsh, J.B.: Stochastic integrals in the plane. Acta Math, 134, 111-183 (1975).

[4] Clark, J.M.C.: The representation of functionals of Brownian motion by stochastic integrals. Ann. Math. Statist. 41, 1282-1295 (1971).

[5] Dermoune, A., Krée, P., Wu, L.M.: Calcul stochastique non-adapté sur l'espace de Poisson. Sém. Proba. XXII. Lect. Notes in Math. 1321, Springer Verlag, Berlin (1988).

[6] Gaveau, B. et Trauber, P.: L'intégrale stochastique comme opérateur de divergence dans l'espace fonctionnel. J. Funct. Anal. 46, 230-238 (1982).

[7] Haussmann, U.: Functionals of diffusion processes as stochastic integrals. SIAM J. Control and Opt. 16, 252-269 (1978).

[8] Hitsuda, H. et Watanabe, S.: On stochastic integrals with respect to an infinite number of Brownian motions and its applications. In Proc. Int. Symp. on SDE, Kyoto 1976, ed. Ito, Wiley, New York (1978).

[9] Ito, K.: Multiple Wiener integrals. J. Math. Soc. Japan 3, 385-392 (1951).

[10] Krée, P.: La théorie des distributions en dimension quelconque (ou calcul chaotique) et l'intégration stochastique. Actes Coll. Analyse stochastique, Silivri (1986).

[11] Kunita, H.: On backward stochastic differential equations. Stochastics, 6, 293-313 (1982).

[12] Kuo, H.: Gaussian measures in Banach spaces. Lect. Notes in Math. 463, Springer Verlag, Berlin (1975).

[13] Malliavin, P.: Calcul des variations, intégrales stochastiques et complexes de de Rham sur l'espace de Wiener. C.R.A.S. Paris 299, série 1, 347-350 (1984).

[14] Meyer, P.A.: Eléments de probabilités quantiques I,II. Sém. Proba. XX, XXI. Lect. Notes in Math. (1986, 1987).

[15] Meyer, P.A. et Yan, J.A.: A propos des distributions sur l'espace de Wiener. Sém. Proba. XXI, Lect. Notes in Math. 1247, Springer Verlag, Berlin (1987).

[16] Nualart, D.: Noncausal stochastic integrals and calculus. Preprint (1987).

[17] Nualart, D. et Zakai, M.: Generalized stochastic integrals and Malliavin Calculus. Proba. Th. Rel. Fields 73, 255-280 (1986).

[18] Nualart, D. et Zakai, M.: Generalized multiple stochastic integrals and the representation of Wiener functionals. Preprint.

[19] Ocone, D.: Malliavin Calculus and stochastic integral representation of functionals of diffusion processes. Stochastics 12, 161-185 (1984).

[20] Rozanov, Yu.A.: Markov Fields. Springer Verlag, Berlin (1982).

[21] Skorohod, A.V.: On a generalization of a stochastic integral. Theory Probab. Appl. XX, 219-233 (1975).

[22] Ustunel, A.S.: Representation of the distributions on Wiener space and stochastic calculus of variations. J. Funct. Anal. 70, 126-139 (1987).

[23] Wong, E. et Zakai, M.: Martingales and stochastic integrals for processes with a multi-dimensional parameter. Z. Wahrsch. Th. 29, 109-122 (1974).

[24] Wu, L.M.: Semigroupes markoviens sur l'espace de Wiener. Thèse de doctorat de l'Univ. Paris 6 (1987).

[25] Yan. J.A.: Développement des distributions suivant les chaos de Wiener et applications à l'analyse stochastique. Sém. Proba. XXI Lect. Notes in Math. 1247, Springer Verlag, Berlin (1987).

[26] Yoshida, K.: Functional analysis. Springer Verlag, Berlin (1966)

ON CONVERGENCE OF SEMIMARTINGALES

Martin T. Barlow[1] and Philip Protter[2]

Statistical Laboratory
16 Mill Lane
Cambridge CB2 15B
England

Mathematics and Statistics Departments
Purdue University
W. Lafayette, IN 47907
U.S.A.

Let X be a semimartingale. A norm commonly used on the space of semimartingales is the $\mathcal{H}^p$ norm: One defines

$$j_p(M,A) = \| [M,M]_\infty^{1/2} + \int_0^\infty |dA_s| \|_{L^p}$$

for any decomposition $X = M + A$ with M a local martingale and A an adapted, right continuous process with paths of finite variation on compacts. Then

$$\|X\|_{\mathcal{H}^p} = \inf_{X=M+A} j_p(M,A)$$

where the infimum is taken over all such decompositions of X. Then as is well known (see, for example, Emery [2], Meyer [7], or Protter [8], Theorem 2 of Chapter V):

$$\|X^*\|_{L^p} \leq c_p \|X\|_{\mathcal{H}^p} \qquad (1 \leq p < \infty)$$

where $X^* = \sup_t |X_t|$, and c_p is a universal constant. An immediate consequence is that if a sequence of semimartingales X^n converges to X in $\mathcal{H}^1$, then

$$\lim_{n\to\infty} E\{(X^n - X)^*\} = 0$$

as well.

In this paper we examine the converse question: if $X^n = M^n + A^n$ is a sequence of semimartingales converging uniformly in L^1 to a process X, what can be said about the convergence of the M^n and A^n processes of the decompositions? Such a question is closely related to recent work on weak convergence of semimartingales: In particular Jacod-Shiryaev [3], Jakubowski-Mémin-Pages [4], and Kurtz-Protter [5].

The examination of two simple examples illustrates the problems that arise and shows that one cannot expect a full converse.

---

[1] Supported by a NSF grant while visiting Cornell University

[2] Supported in part by NSF grant #DMS-8805595

Let Y be any continuous, adapted process with $Y_0 = 0$ and Y constant on $[1, \infty)$; set

$$X_t^n = n \int_{t-1/n}^{t} Y_s ds 1_{\{t>1/n\}}.$$

Then X^n is a differentiable function of t in $[\frac{1}{n}, \infty)$ for each n and in particular each X^n is of finite variation (and hence it is a semimartingale). However the limit Y need not be a semimartingale.

The preceding example indicates that we have to impose some type of uniform bound on the total variation of the A^n processes. But even if we do this we cannot hope always to obtain convergence of the A^n processes in total variation norm. Indeed, let $0 \leq t \leq \frac{\pi}{2}$, and define $A_t^n = \frac{1}{n} \sin nt$. Then $\int_0^{\pi/2} |dA_s^n| = 1$, but $(A^n)^*$ converges to zero.

The following theorem avoids the pathologies of the two preceding examples. Recall that a semimartingale X in $\mathcal{H}^1$ is special: that is, it always has a unique decomposition $X = X_0 + M + A$, where $M_0 = A_0 = 0$, and the finite variation process A is predictable. Such a decomposition is said to be the canonical decomposition.

Theorem 1. Let X^n be a sequence of semimartingales in $\mathcal{H}^1$ with canonical decomposition $X^n = X_0^n + M^n + A^n$, satisfying for some constant K,

(1a)
$$E\{\int_0^\infty |dA_s^n|\} \leq K$$

(1b)
$$E\{(M^n)^*\} \leq K.$$

Let X be a process, and suppose that

(2)
$$E\{(X^n - X)^*\} \to 0 \qquad \text{as } n \to \infty.$$

Then X is a semimartingale in $\mathcal{H}^1$, and if $X = X_0 + M + A$ is its canonical decomposition we have

(3)
$$E\{M^*\} \leq K, \qquad E\{\int_0^\infty |dA_s|\} \leq K$$

and

(4a)
$$\lim_{n\to\infty} ||M^n - M||_{\mathcal{H}^1} = 0,$$

(4b)
$$\lim_{n\to\infty} E\{(A^n - A)^*\} = 0.$$

Corollary 2. Let (X^n) be a sequence of special semimartingales with canonical decomposition $X^n = X_0^n + M^n + A^n$, where the A^n satisfy (1a). Then if X is a process such that $\lim_{n\to\infty} ||(X^n - X)^*||_{L^1} = 0$, X is a special semimartingale. Further if $X = X_0 + M + A$ is its canonical decomposition, then

$$\lim_{n\to\infty} ||M^n - M||_{\mathcal{H}^1} = 0, \qquad \lim_{n\to\infty} E\{(A^n - A)^*\} = 0, \qquad E\{\int_0^\infty |dA_s|\} \le K.$$

Proof. By deleting a finite number of terms in the sequence (X^n), we may suppose that $E\{(X^n - X)^*\} \le K$ for $n \ge 1$. But then

$$\begin{aligned} E\{(M^n - M^1)^*\} &\le E\{|X_0^n - X_0^1|\} + E\{(X^n - X)^*\} + E\{(A^n - A^1)^*\} \\ &\le 4K. \end{aligned}$$

So write $\tilde{X}^n = X^n - M^1 = X_0^n + (M^n - M^1) + A^n$, $\tilde{X} = X - M^1$. Then the hypotheses of Theorem 1 hold for $\tilde{X}^n$, $\tilde{X}$ and the conclusion follows easily. □

The proof of Theorem 1 uses some ideas from Kurtz and Protter [5], and it also needs the following martingale inequality.

Proposition 3. Let $p \ge 1/2$, M be a martingale in $\mathcal{H}^{2p}$ and K be a predictable process with $K^* \in L^{2p}$. Then

$$||(K \cdot M)^*||_{L^p} \le c_p ||K^*||_{L^{2p}} ||M^*||_{L^{2p}}.$$

Proof. Recall the Davis decomposition of M — see Meyer [6, p. 80–81]. Let $\Delta M_s = M_s - M_{s-}$. Let $A_t = \sup_{s\le t} |\Delta M_s|$: then $M = N + U$, where N is a martingale with $|\Delta N_t| \le A_{t-}$, and U is a martingale with paths of integrable variation satisfying

$$|| \int |dU_s| ||_{L^q} \le c_q ||A_\infty||_{L^q}, \quad q \ge 1.$$

Further, we have the pointwise inequalities

$$\begin{aligned} A_\infty &\le 2M^*, \\ [N]_\infty^{1/2} &\le [M]_\infty^{1/2} + [U]_\infty^{1/2}, \\ [U]_\infty^{1/2} &\le 4A_\infty. \end{aligned}$$

Now $(K \cdot M)^* \le (K \cdot N)^* + (K \cdot U)^*$, and $|\Delta(K \cdot N)_t| \le K_t^* A_t$. Hence, by Meyer [6], Theorem 2 on p. 76,

$$\begin{aligned} ||(K \cdot M)^*||_{L^p} &\le c_p(||([K \cdot N]_\infty + (K^* A_\infty)^2)^{1/2}||_{L^p} + ||(K \cdot U)^*||_{L^p}) \\ &\le c_p(||[K \cdot N]_\infty^{1/2} + K^* A_\infty||_{L^p} + ||(K \cdot U)^*||_{L^p}) \\ &\le c_p(||K^*[N]_\infty^{1/2}||_{L^p} + ||K^* M^*||_{L^p} + || \int |K_s||dU_s| ||_{L^p}) \\ &\le c_p(||K^*[M]_\infty^{1/2}||_{L^p} + ||K^* M^*||_{L^p} + ||K^* \int |dU_s| ||_{L^p}). \end{aligned}$$

The proof is concluded by applying Holder's inequality, and noting that $\|\int |dU_s|\|_{L^{2p}} \leq c_p\|M^*\|_{L^{2p}}$. (The constant c_p changes from place to place in the preceding.) □

Remarks. 1. Of course, for $p \geq 1$ this inequality is an immediate consequence of the Burkholder-Davis-Gundy inequalities.
2. This inequality is not true in general for $0 < p < 1/2$.

Proof of Theorem 1. First note that as X is the a.s. uniform limit of a subsequence of the X^n, X is cadlag. Also, as $\|X_0^n - X_0\|_{L^1} \to 0$, we may take $X_0^n = X_0 = 0$.

Let H be an elementary predictable process, that is a process of the form

$$H_t = \sum_{i=1}^{k} h_i 1_{(t_i,t_{i+1}]}(t),$$

where $h_i \in \mathcal{F}_{t_i}$, $|h_i| \leq 1$, and $t_1 < t_2 < \ldots < t_k$. Then writing $H \cdot X$ for the elementary stochastic integral of H with respect to X, $t_{k+1} = \infty$, we have

$$\begin{aligned} E\{(H \cdot X)_\infty\} &= E\{\sum_{i=1}^{k+1} h_i(X_{t_{i+1}} - X_{t_i})\} \\ &= \lim_{n\to\infty} E\{\sum_{i=1}^{k+1} h_i(X^n_{t_{i+1}} - X^n_{t_i})\} \\ &= \lim_{n\to\infty} E\{\int_0^\infty H_t dA_t^n\} \leq K. \end{aligned}$$

So by the Bichteler-Dellacherie theorem (e.g., Dellacherie-Meyer [1]) X is a quasimartingale, and therefore a special semimartingale. Hence X has a canonical decomposition $X = M + A$, with M a local martingale and A a predictable finite variation process. Choose a sequence (T_k) reducing M. Then, if H is an elementary predictable process, $E\{(H \cdot A)_{T_k}\} = E\{(H \cdot X)_{T_k}\} = \lim_n E\{(H \cdot X^n)_{T_k}\} \leq K$. Thus

$$E\{\int_0^{T_k} |dA_s|\} \leq K, \qquad \text{for each } k \geq 1,$$

and hence $E\{\int_0^\infty |dA_s|\} \leq K$.

Now $M = X - A = (X - X^n) + (M^n + A^n) - A$, and so

$$M^* \leq (X - X^n)^* + (M^n)^* + \int_0^\infty |dA_s^n| + \int_0^\infty |dA_s|.$$

Thus $E\{M^*\} \leq 3K < \infty$, and M is a martingale in $\mathcal{H}^1$. Set $Y^n = X^n - X$, $N^n = M^n - M$, $B^n = A^n - A$: We have

$$E\{\int_0^\infty |dB_s^n|\} \leq 2K, \qquad E\{(N^n)^*\} \leq 2K, \quad \lim_n E\{(Y^n)^*\} = 0.$$

To complete the proof it is enough to prove that

(5) $$\lim_{n\to\infty} E\{[Y^n]_\infty^{1/2}\} = 0.$$

For then, by Dellacherie and Meyer [1], section VII.95, we have $E\{[B^n]^{1/2}\} \le 2E\{[Y^n]^{1/2}\}$. Hence, as $[N^n]^{1/2} \le [B^n]^{1/2} + [Y^n]^{1/2}$, $E\{[N^n]_\infty^{1/2}\} \le 3E\{[Y^n]_\infty^{1/2}\}$, so that $\lim_{n\to\infty} \|N^n\|_{\mathcal{H}^1} = 0$. This implies that $E\{(M^n - M)^*\} \to 0$, and hence that $\infty E\{(A^n - A)^*\} \to 0$. Finally, $E\{M^*\} \le K$ follows from (4a) and (1b).

To show that $\lim_{n\to\infty} E\{[Y^n]_\infty^{1/2}\} = 0$, use integration by parts to conclude

$$[Y^n]_\infty = (Y_\infty^n)^2 - 2\int_0^\infty Y_{s-}^n dN_s^n - 2\int_0^\infty Y_{s-}^n dA_s^n,$$

and so, writing $U^n = Y_-^n \cdot N^n$,

(6) $$E\{[Y^n]_\infty^{1/2}\} \le E\{(Y^n)^*\} + 2^{1/2}E\{((U^n)^*)^{1/2}\} + 2^{1/2}E\{(\int_0^\infty |Y_{s-}^n||dA_s^n|)^{1/2}\}.$$

By Proposition 2

$$\begin{aligned} E\{((U^n)^*)^{1/2}\} &\le c(E\{(Y^n)^*\})^{1/2}(E\{(N^n)^*\})^{1/2} \\ &\le cK^{1/2}(E\{(Y^n)^*\})^{1/2}. \end{aligned}$$

Similarly, the third term in (6) is dominated by

$$\begin{aligned} E\{((Y^n)^* \int_0^\infty |dA_s^n|)^{1/2}\} &\le (E\{(Y^n)^*\})^{1/2}(E\{\int_0^\infty |dA_s^n|\})^{1/2} \\ &\le K^{1/2}(E\{(Y^n)^*\})^{1/2}. \end{aligned}$$

Thus $\lim_{n\to\infty} E\{[Y^n]_\infty^{1/2}\} = 0.$ □

REFERENCES

1. C. Dellacherie, P. A. Meyer: *Probabilities and Potential B*, North-Holland, Amsterdam New York 1982.
2. M. Emery: Stabilité des solutions des équations différentielles stochastiques; applications aux intégrales multiplicatives stochastiques; Z. Wahrscheinlichkeitstheorie **41**, 241–262, 1978.
3. J. Jacod, A. N. Shiryaev: "Limit Theorems for Stochastic Processes," Springer, Berlin Heidelberg New York 1987.
4. A. Jakubowski, J. Mémin, G. Pages: Convergence en loi des suites d'intégrales stochastiques sur l'espace D^1 de Skorohod; Probability Theory and Related Fields **81**, 111–137, 1989.

5. T. Kurtz, P. Protter: Weak limit theorems for stochastic integrals and stochastic differential equations; preprint.
6. P. A. Meyer: "Martingales and Stochastic Integrals I," Springer Lecture Notes in Mathematics **284**, 1972.
7. P. A. Meyer: 'Inégalités de normes pour les integrales stochastiques," Séminaire de Probabilités XII, Springer Lecture Notes in Math. **649**, 757–762, 1978.
8. P. Protter: *Stochastic Integration and Differential Equations: A New Approach*, Springer-Verlag, forthcoming.

ON PATHWISE UNIQUENESS AND EXPANSION OF FILTRATIONS

by Martin T. Barlow[1,2] and Edwin A. Perkins[2]

Abstract. Suppose that pathwise uniqueness holds for the SDE $X_t = x_0 + \int_0^t \sigma(X_s)dB_s$ where $|\sigma|$ is bounded and bounded away from 0, and B is a Brownian motion on a filtered probability space, $(\Omega,\underline{\underline{F}},\underline{\underline{F}}_t,P)$. We give conditions under which pathwise uniqueness continues to hold in the enlarged filtration $(\underline{\underline{F}}_t^L)$, where L is the end of an $(\underline{\underline{F}}_t)$-optional set.

1. Introduction

Let $(\Omega,\underline{\underline{F}},\underline{\underline{F}}_t,P)$ be a filtered probability space ($(\underline{\underline{F}}_t)$ satisfies the usual conditions) carrying a Brownian motion B, and let $\sigma: \mathbb{R} \to \mathbb{R}$ be a measurable function satisfying

(1.1) $$K^{-1} \le |\sigma(x)| \le K, \qquad x \in \mathbb{R}$$

for some constant $K \in (0,\infty)$. We consider the stochastic differential equation (SDE)

(1.2) (x_0,σ,B) $$X_t = x_0 + \int_0^t \sigma(X_s)dB_s .$$

Let L be the end of an $(\underline{\underline{F}}_t)$-optional set, and $(\underline{\underline{F}}_t^L)$ be the smallest filtration containing $(\underline{\underline{F}}_t)$ which makes L a stopping time - see Jeulin (1980). In this paper we discuss the following question: Suppose pathwise uniqueness holds for (1.2). Then does it continue to hold for (1.2) in the enlarged filtration $(\underline{\underline{F}}_t^L)$?

Note that B will be a semimartingle, but not in general a martingale, in the filtration $(\underline{\underline{F}}_t^L)$ (see Barlow (1979)). Thus the SDE (1.2) continues to make sense, and the stochastic integral has the same value in both filtrations (see Stricker (1977)). However, to explain what 'pathwise uniqueness' means in the enlarged filtration we need a few definitions.

As these will not involve any special structure of the SDE (1.2), we will consider the more general SDE

1. Partially supported by an NSF grant through Cornell University.
2. Research partially supported by an NSERC of Canada operating grant.

$$(1.3)(x_0,\sigma,Z) \qquad X_t = x_0 + \int_0^t \sigma(s,X)dZ_s + T_t(X,Z)$$

where Z is a d-dimensional semimartingale, $x_0 \in \mathbb{R}^d$, $\sigma: \mathbb{R}_+ \times D(\mathbb{R}_+,\mathbb{R}^d) \to \mathbb{R}^{n\times d}$ is bounded and predictable with respect to the canonical filtration on $D(\mathbb{R}_+,\mathbb{R}^n)$, and $T_t(X,Z)$ is a jointly measurable adapted functional of X and Z. (An example of such a functional would be a version of the local time $L_t^0(X-Z)$).

Definition 1.1 Let $(\Omega,\underline{\underline{F}},\underline{\underline{F}}_t,P)$ be a probability space carrying an $(\underline{\underline{F}}_t)$-semimartingale Z. Uniqueness of solutions (UOS) holds for $(1.3)(x_0,\sigma,Z)$ in $(\underline{\underline{F}}_t)$ if there is at most one $(\underline{\underline{F}}_t)$-adapted process X_t satisfying (1.3).

In the case where Z is a Brownian motion, pathwise uniqueness holds if UOS holds for $(1.3)(x_0,\sigma,Z')$ in $(\underline{\underline{F}}'_t)$ for every $(\underline{\underline{F}}'_t)$-Brownian motion Z' on a probability space $(\Omega',\underline{\underline{F}}',\underline{\underline{F}}'_t,P')$.

To generalize this to semimartingales we need the concept of the adapted distribution of a semimartingale Z in a filtration $(\underline{\underline{F}}_t)$, which we denote $\mathrm{adsn}(Z,(\underline{\underline{F}}_t))$. For the definition we refer the reader to Hoover and Keisler (1984, Def 2.6): here we just remark that if Z^1 is an $(\underline{\underline{F}}^1_t)$-semimartingale and Z^2 is cadlag then $\mathrm{adsn}(Z^1,(\underline{\underline{F}}^1_t)) = \mathrm{adsn}(Z^2,(\underline{\underline{F}}^2_t))$ implies not only that Z^1 and Z^2 have the same law, that Z^2 is an $(\underline{\underline{F}}^2_t)$-semimartingale (Hoover-Kiesler (1984), Thm 6.5) and that Z^1 and Z^2 have the same predictable characteristics, but that the whole 'information environment' of the Z^i in their filtrations $(\underline{\underline{F}}^i_t)$ are the same.

Definition 1.2 Let $(\Omega,\underline{\underline{F}},\underline{\underline{F}}_t,P)$ be a filtered probability space carrying an $(\underline{\underline{F}}_t)$ semimartingale Z. Pathwise uniqueness (PU) holds for $(1.3)(x_0,\sigma,Z)$ in $(\underline{\underline{F}}_t)$ if whenever $(\Omega',\underline{\underline{F}}',\underline{\underline{F}}'_t,P')$ is a filtered probability space carring an $(\underline{\underline{F}}'_t)$ semimartingale Z' and $\mathrm{adsn}(Z,(\underline{\underline{F}}_t)) = \mathrm{adsn}(Z',(\underline{\underline{F}}'_t))$, then UOS holds for $(1.3)(x_0,\sigma,Z')$ in $(\underline{\underline{F}}'_t)$.

Remark While this definition may appear both clumsy and sophisticated, something of the kind seems essential. In much of the literature pathwise uniqueness is only discussed for SDEs driven by a Brownian motion, or functions of a BM. If B^i are $(\underline{\underline{F}}^i_t)$-Brownian motions for i = 1,2, then $\mathrm{adsn}(B^1,(\underline{\underline{F}}^1_t)) = \mathrm{adsn}(B^2,(\underline{\underline{F}}^2_t))$ (see Hoover and Keisler (1984, Thm 2.8)), so in this case the definition given above reduces to the standard one.

Jacod and Memin (1981, Def (2.24)), in a paper which predated the introduction of adapted distributions, gave a definition of pathwise uniqueness for a general SDE which involved product extensions. It follows from a recent result of Hoover (1989, Theorem 5.1) that their definition of 'very good pathwise uniqueness' is equivalent to our 'pathwise uniqueness'.

In the course of our proofs we will require the space $(\Omega,\underline{\underline{F}},\underline{\underline{F}}_t,P)$ to be 'rich' enough to carry processes independent of B. This could be done by taking a suitable product extension of $(\Omega,\underline{\underline{F}},P)$ on each occasion. However we feel that it is technically easier to work on a saturated space, and we recall the definition of this interesting class of spaces from Hoover and Keisler (1984). A stochastic process on $(\Omega,\underline{\underline{A}},\underline{\underline{A}}_t,P)$ is a $\underline{\underline{B}}([0,\infty)) \times \underline{\underline{A}}$ measurable mapping X from $[0,\infty) \times \Omega$ to a Polish space.

<u>Definition 1.3</u> A filtered probability space $(\Omega,\underline{\underline{A}},\underline{\underline{A}}_t,P)$ satisfying the usual conditions is <u>saturated</u> if for any process X_1 on $(\Omega,\underline{\underline{A}},\underline{\underline{A}}_t,P)$ and for any pair of stochastic processes (X_1',X_2') on a second space $(\Omega',\underline{\underline{A}}',\underline{\underline{A}}_t',P')$ such that $\text{adsn}(X_1,(\underline{\underline{A}}_t)) = \text{adsn}(X_1',(\underline{\underline{A}}_t'))$, there is a process X_2 on $(\Omega,\underline{\underline{A}},\underline{\underline{A}}_t,P)$ such that $\text{adsn}(X_1,X_2,(\underline{\underline{A}}_t)) = \text{adsn}(X_1',X_2',(\underline{\underline{A}}_t'))$.

<u>Remarks 1.4</u> (a) Hoover and Keisler (1984, Cor 4.6, Thm 5.2) prove that saturated spaces exist, by showing that any adapted Loeb space $(\Omega,\underline{\underline{A}},\underline{\underline{A}}_t,P)$ which carries an $(\underline{\underline{A}}_t)$-Brownian motion is saturated. Henceforth all our adapted Loeb spaces will carry an $(\underline{\underline{A}}_t)$-Brownian motion, and so will be saturated. Adapted Loeb spaces are constructed using nonstandard analysis - see for example Hoover and Perkins (1983, Section 3). Hoover (1989, Section 5) sketches a direct model-theoretic construction of a saturated space.

(b) If the processes X_1,X_1',X_2' in Definition 1.3 are cadlag, then the process X_2 may also be taken to be cadlag (Hoover and Keisler (1984, Cor 5.8)).

The usefulness of saturated spaces in determining whether or not PU holds is exhibited in the next theorem.

<u>Theorem 1.5</u> Let $(\Omega,\underline{\underline{F}},\underline{\underline{F}}_t,P)$ be a filtered probability space carrying an $(\underline{\underline{F}}_t)$-semimartingale Z and let $(\Omega,\underline{\underline{A}},\underline{\underline{A}}_t,P_A)$ be a saturated space carrying an $(\underline{\underline{A}}_t)$-semimartingale $\tilde{Z}$ such that $\text{adsn}(Z,(\underline{\underline{F}}_t)) = \text{adsn}(\tilde{Z},(\underline{\underline{A}}_t))$. Then PU holds for (1.3)(x_0,σ,Z) in $(\underline{\underline{F}}_t)$ if and only if UOS holds for (1.3)$(x_0,\sigma,\tilde{Z})$ in $(\underline{\underline{A}}_t)$.

The proof is given in Section 2.

In this paper we obtain two main results on pathwise uniqueness (or lack thereof) in an enlarged filtration. The first (Theorem 1.6) characterizes PU in (1.2)(x_0,σ,B) in enlargements $(\underline{\underline{F}}_t^L)$ in terms of PU in a related equation in the original $(\underline{\underline{F}}_t)$. This immediately gives a sufficient condition on σ for PU to hold for (1.2) in any enlargement $(\underline{\underline{F}}_t^L)$ (Corollary 1.9). The proofs of Theorem 1.6 and Corollary 1.9 are given in Section 3.

Notation If X is a semimartingale let $L_t^a(X)$, $t \ge 0$, $a \in \mathbb{R}$ denote its local time - see Yor (1978, p 20).

Theorem 1.6 Let $(\Omega, \underline{\underline{F}}, \underline{\underline{F}}_t, P)$ satisfy the usual conditions, let B be an $(\underline{\underline{F}}_t)$-Brownian motion and σ satisfy (1.1). Consider the equations

(1.4) $$X_t = x_0 + \int_0^t \sigma(X_s)dB_s ,$$

(1.5a) $$Y_t = x_0 + \int_0^t \sigma(Y_s)dB_s + \frac{1}{2} L_t^0(Y-X) ,$$

(1.5b) $$Y'_t = x_0 + \int_0^t \sigma(Y'_s)dB_s - \frac{1}{2} L_t^0(X-Y') .$$

The following are equivalent:

(a) For any L which is the end of an $(\underline{\underline{F}}_t)$-optional set, pathwise uniqueness holds for (1.4) in $(\underline{\underline{F}}_t^L)$.

(b) Pathwise uniqueness holds for the system (1.4), (1.5a), (1.5b) in $(\underline{\underline{F}}_t)$.

Remarks 1.7 (a) Note that any solution X to (1.4) is also a solution to (1.5a) and (1.5b).

(b) If pathwise uniqueness does not hold for (1.4) in $(\underline{\underline{F}}_t)$ then, as any $(\underline{\underline{F}}_t)$-adapted solution of (1.4) is also an $(\underline{\underline{F}}_t^L)$-adapted solution, both (a) and (b) fail trivially. So the theorem has content only in the case when pathwise uniqueness does hold for (1.4) in $(\underline{\underline{F}}_t)$.

The implication (a) => (b) is easy. The plan of the converse argument is as follows. We suppose that PU holds for (1.4) in $(\underline{\underline{F}}_t)$ and let X denote the unique solution. Let X' be an $(\underline{\underline{F}}_t^L)$-adapted solution to (1.4). We first prove (Lemma 3.2) that X and X' can only separate at L. We then construct various "approximations" to X, which converge to the processes Y and Y' satisfying (1.5). We show that the paths of X' cannot cross the paths of these approximating processes. Hence, if X = Y = Y' then the paths of X' are trapped between the paths of processes which converge to X, and so X = X'.

The following condition was introduced in Barlow and Perkins (1984).

Definition 1.8 σ satisfies (LT) if whenever V_t^1 and V_t^2 are continuous adapted processes of bounded variation on some $(\Omega, \underline{\underline{F}}, \underline{\underline{F}}_t, P)$ and X_t^i (i = i,2) are adapted solutions of

$$X_t^i = x_i + \int_0^t \sigma(X_s^i)dB_s + V_t^i \qquad i = 1,2$$

$(x_1, x_2 \in \mathbb{R})$, then $L_t^0(X^1-X^2) = 0$ for all $t \ge 0$.

This condition together with (1.1) implies PU for (1.4) in any $(\underline{\underline{F}}_t)$ (see the remarks following Theorem 2.1 in Barlow-Perkins (1984)). We do not know if (LT) is equivalent to PU, but all known conditions on σ sufficient to establish PU for (1.4) in $(\underline{\underline{F}}_t)$ (as in LeGall (1983)) also establish (LT) for σ. Explicit conditions on σ which imply (LT) may be found in Barlow and Perkins (1984, Thm 2.1).

<u>Corollary 1.9</u> If σ satisfies (LT) and (1.1), then conditions (a) and (b) of Theorem 1.6 hold.

Our second main result (Theorem 1.11) was used in Barlow-Perkins (1989, Thm. 5.1) to prove that for a large class of σ's, which satisfy (1.1) and change sign at 0, PU fails for (1.2)(x_0,σ,B) in $(\underline{\underline{F}}_t)$. In that paper we first constructed a second solution to (1.2) on an enlarged filtration. This solution exhibited a certain path property which allows us to apply Theorem 1.11 (stated in Barlow-Perkins (1989) as Theorem 5.B) to conclude that PU must fail for (1.2)(x_0,σ,B) in the original $(\underline{\underline{F}}_t)$.

We first state a preliminary result which shows that (on an adapted Loeb space) if PU holds for (1.4) in $(\underline{\underline{A}}_t)$ but not in $(\underline{\underline{A}}_t^L)$ then the new solutions in the enlargement must separate from the $(\underline{\underline{A}}_t)$-adapted solution in a rather implausible manner.

<u>Proposition 1.10</u> Let $(\Omega,\underline{\underline{A}},\underline{\underline{A}}_t,P)$ be an adapted Loeb space, B an $(\underline{\underline{A}}_t)$-Brownian motion, and L be the end of an optional set. Suppose PU holds for (1.4) in $(\underline{\underline{A}}_t)$, and fails for (1.4) in $(\underline{\underline{A}}_t^L)$. Let X be the unique $(\underline{\underline{A}}_t)$ adapted solution, and let X' be an $(\underline{\underline{A}}_t^L)$ adapted solution. Suppose that $P(L<\infty) = 1$, and that $P(X_t \neq X_t'$ for some $t) = 1$. Then w.p.1 $X_t = X_t'$ for $0 \le t \le L$, $X_{L+t} \neq X'_{L+t}$ for all sufficiently small $t > 0$, and the event $\{X'_{L+t} > X_{L+t}$ for all sufficiently small $t > 0\}$ is $\underline{\underline{A}}_L$ measurable.
(We recall that $\underline{\underline{A}}_L = \sigma(Y_L$: Y is an $(\underline{\underline{A}}_t)$-optional process).).

<u>Theorem 1.11</u> Let $(\Omega,\underline{\underline{A}},\underline{\underline{A}}_t,P)$ be an adapted Loeb space carrying a Brownian motion B. Let X be an $(\underline{\underline{A}}_t)$ adapted solution to (1.4), and let

$$T = \inf\{s: |X_s - x_0| = 1\}, \quad L = \sup\{s < T: X_s = x_0\}.$$

Then if there exists an $(\underline{\underline{A}}_t^L)$ adapted solution Y to (1.4) with the property that $\mathrm{sign}(Y_{L+t} - x_0) = -\,\mathrm{sign}(X_{L+t} - x_0)$ for all sufficiently small $t > 0$, then pathwise uniqueness fails in (1.4) relative to $(\underline{\underline{A}}_t)$.
(Here $\mathrm{sign}(x) = 1_{(x>0)} - 1_{(x<0)}$).

Proposition 1.10 and Theorem 1.11 are proved in Section 4: we use the same basic strategy as in the proof of Theorem 1.6.

<u>Acknowledgement</u>. We thank Doug Hoover for his helpful remarks on saturation and product enlargements.

2. Preliminary Results

We begin this section with some elementary results on adapted distributions, required for the proof of Theorem 1.5.

Lemma 2.1 Assume X^i is a cadlag process on $(\Omega^i, \underline{\underline{F}}^i, \underline{\underline{F}}_t^i, P^i)$ taking values in a Polish space M, Y^i is a stochastic process on $(\Omega^i, \underline{\underline{F}}^i, \underline{\underline{F}}_t^i, P^i)$ $(i = 1,2)$ and ψ: $\mathbb{R}_+ \times D(\mathbb{R}_+, M) \to M'$ (M' is another Polish space) is universally measurable. If $\mathrm{adsn}(X^1, Y^1, (\underline{\underline{F}}_t^1)) = \mathrm{adsn}(X^2, Y^2, (\underline{\underline{F}}_t^2))$, then $\mathrm{adsn}(X^1, Y^1, \psi(\cdot, X^1), (\underline{\underline{F}}_t^1)) = \mathrm{adsn}(X^2, Y^2, \psi(\cdot, X^2), (\underline{\underline{F}}_t^2))$.

Proof. If $\psi(t,x) = \phi(t, x(t_1), \ldots, x(t_n))$ where ϕ: $\mathbb{R}_+ \times M^n \to M'$ is continuous, the conclusion follows easily from the definition of adapted distribution. Proposition 2.19 of Hoover-Keisler (1984) shows that the class of ψ's for which the conclusion holds is closed under pointwise convergence. A monotone class argument gives the result for Borel ψ if $M' = \mathbb{R}$ and also for general M' if ψ is Borel and finite-valued. In general, however, a Borel ψ is the pointwise limit of a sequence of finite-valued ψ's and hence the result holds for Borel ψ. The extension to universally measurable ψ is trivial. ∎

The following result on stochastic integration follows easily from the above lemma and Theorem 7.5 of Hoover-Keisler (1984).

Proposition 2.2. Let Z^i be a d-dimensional semimartingale on $(\Omega^i, \underline{\underline{F}}^i, \underline{\underline{F}}_t^i, P^i)$, X^i be a cadlag $\mathbb{R}^n$-valued $(\underline{\underline{F}}_t^i)$-adapted process, and Y^i be a stochastic process on Ω^i $(i = 1,2)$. Let $\sigma: \mathbb{R}_+ \times D(\mathbb{R}_+, \mathbb{R}^n) \to \mathbb{R}^{n \times d}$ be bounded and predictable (use the canonical right-continuous filtration on $D(\mathbb{R}_+, \mathbb{R}^n)$). If $\mathrm{adsn}(Y^1, X^1, Z^1, (\underline{\underline{F}}_t^1))$ $= \mathrm{adsn}(Y^2, X^2, Z^2, (\underline{\underline{F}}_t^2))$ then $\mathrm{adsn}(Y^1, X^1, Z^1, \int_0^{\cdot} \sigma(s, X^1) dZ_s^1, (\underline{\underline{F}}_t^1)) =$ $\mathrm{adsn}(Y^2, X^2, Z^2, \int_0^{\cdot} \sigma(s, X^2) dZ_s^2, (\underline{\underline{F}}_t^2))$.

Proof of Theorem 1.5. The "only if" assertion is trivial. To prove the converse, suppose PU fails for $(1.3)(x_0, \sigma, z)$ in $(\underline{\underline{F}}_t)$. Then there exists a filtered space $(\Omega', \underline{\underline{F}}', \underline{\underline{F}}_t', P')$ carrying an $(\underline{\underline{F}}_t')$-semimartingale Z' with $\mathrm{adsn}(Z', (\underline{\underline{F}}_t')) = \mathrm{adsn}(Z, (\underline{\underline{F}}_t))$ such that $(1.3)(x_0, \sigma, Z)$ has two distinct solutions, X' and Y' say. By saturation (see Remark 1.4(b)) there are cadlag $(\underline{\underline{A}}_t)$-adapted process $\tilde{X}$ and $\tilde{Y}$ such that $\mathrm{adsn}(X', Y', Z', (\underline{\underline{F}}_t')) = \mathrm{adsn}(\tilde{X}, \tilde{Y}, \tilde{Z}, (\underline{\underline{A}}_t))$. Lemma 2.1 and Proposition 2.2 imply that $\tilde{X}$ and $\tilde{Y}$ are distinct solutions of $(1.3)(x_0, \sigma, \tilde{Z})$ on $(\Omega_A, \underline{\underline{A}}, \underline{\underline{A}}_t, P_A)$ and so UOS fails in $(\underline{\underline{A}}_t)$. ∎

Lemma 2.3. Let X be a stochastic process on the filtered space $(\Omega, \underline{\underline{F}}, \underline{\underline{F}}_t, P)$ and let $\tilde{X}$ be a stochastic process on the saturated space that $(\Omega_A, \underline{\underline{A}}, \underline{\underline{A}}_t, P_A)$ such that $\mathrm{adsn}(X, (\underline{\underline{F}}_t)) = \mathrm{adsn}(\tilde{X}, (\underline{\underline{A}}_t))$. Assume L is the end of an $(\underline{\underline{F}}_t)$-optional set.

(a) There is an $\tilde{L}$, which is the end of an $(\underline{\underline{A}}_t)$-optional set, such that $\mathrm{adsn}(X,(\underline{\underline{F}}_t^L))$ $= \mathrm{adsn}(\tilde{X},(\underline{\underline{A}}_t^{\tilde{L}}))$.

(b) If $(\Omega_A,\underline{\underline{A}},\underline{\underline{A}}_t,P_A)$ is an adapted Loeb space, then so is $(\Omega_A,\underline{\underline{A}},(\underline{\underline{A}}_t^{\tilde{L}}),P_A)$. In particular, $(\Omega_A,\underline{\underline{A}},(\underline{\underline{A}}_t^{\tilde{L}}),P_A)$ is saturated.

(c) If $(\Omega_A,\underline{\underline{A}},\underline{\underline{A}}_t,P_A)$ is an adapted Loeb space and T is an $(\underline{\underline{A}}_t)$-stopping time which is finite a.s., then $(\Omega_A,\underline{\underline{A}},\underline{\underline{A}}_{T+\cdot},P_A)$ is an adapted Loeb space, and so is also saturated.

Proof (a) Let Λ be an $(\underline{\underline{F}}_t)$-optional set such that $L = \sup\{t: t \in \Lambda\}$, let $g_t = \sup\{s \le t: s \in \Lambda\}$ and $V_t = t - g_t$: we have $L = \sup\{t: V_t = 0\}$. Set $A_t = 1_{[L,\infty)}(t)$, and let ${}^oA_t$ be the (cadlag) $(\underline{\underline{F}}_t)$-optional projection of A. (See Dellacherie and Meyer (1982), VI.47). By saturation there exist cadlag $(\underline{\underline{A}}_t)$-adapted processes $\tilde{V}$, ${}^o\tilde{A}$ such that $\mathrm{adsn}(X,V,{}^oA,(\underline{\underline{F}}_t)) = \mathrm{adsn}(\tilde{X},\tilde{V},{}^o\tilde{A},(\underline{\underline{A}}_t))$. Let $\tilde{L}$ $= \sup\{t: \tilde{V}_t = 0\}$: by Lemma 2.1 $\mathrm{adsn}(X,{}^oA,L,(\underline{\underline{F}}_t)) = \mathrm{adsn}(\tilde{X},{}^o\tilde{A},\tilde{L},(\underline{\underline{A}}_t))$, and hence ${}^o\tilde{A}_t = P_A(\tilde{L} \le t|\underline{\underline{A}}_t)$ P_A-a.s. for all $t \ge 0$. It follows that ${}^o\tilde{A}$ is the $(\underline{\underline{A}}_t)$-optional projection of $1_{[\tilde{L},\infty)}$. If $\phi \in L^1(\underline{\underline{F}})$ then (see Barlow (1979, Lemma 2.2, 3.1)),

$$E(\phi|\underline{\underline{F}}_t^L) = (A_t/{}^oA_t)\, E(\phi A_t|\underline{\underline{F}}_t) + ((1-A_t)/(1-{}^oA_t))\, E(\phi(1-A_t)|\underline{\underline{F}}_t) \quad \text{(here } 0/0 = 0\text{)},$$

and a similar equation holds for $E(\cdot|\underline{\underline{A}}_t^{\tilde{L}})$. Thus conditional expectations relative to $(\underline{\underline{F}}_t^L)$ and $(\underline{\underline{A}}_t^{\tilde{L}})$ can be reduced to conditional expectations relative to $(\underline{\underline{F}}_t)$ and $(\underline{\underline{A}}_t)$. It follows easily that $\mathrm{adsn}(X,V,{}^oA,(\underline{\underline{F}}_t)) = \mathrm{adsn}(\tilde{X},\tilde{V},{}^o\tilde{A},(\underline{\underline{A}}_t))$ implies $\mathrm{adsn}(X,V,{}^oA,(\underline{\underline{F}}_t^L)) = \mathrm{adsn}(\tilde{X},\tilde{V},{}^o\tilde{A},(\underline{\underline{A}}_t^{\tilde{L}}))$.

(b) The first assertion is proved just as in Theorem 5.A in Barlow and Perkins (1989), where it is shown that $(\Omega,\underline{\underline{A}},(\underline{\underline{A}}_{\tilde{L}+t}^{L}),P_A)$ is an adapted Loeb space. The second assertion is then immediate from Remark 1.4(a).

(c) Any stopping time T is also an end-of-optional time, so this is immediate from Barlow and Perkins (1989, Theorem 5.A). ∎

Remark. We have been unable to decide whether or not (b) remains valid if we replace "adapted Loeb space" by "saturated space" in both hypothesis and conclusion. This is why we have used adapted Loeb spaces in this work.

We close this section with a result on the convergence of Itô integrals, which is required in the next section.

Notation. Given a process Y we define Y^t by $Y_s^t = Y_{t\wedge s}$.

Lemma 2.4 Let σ be a bounded measurable function satisfying $K^{-1} < |\sigma(x)| < K$ for $x \in \mathbb{R}$, let B be a Brownian motion and let $(Y^n)_{1\le n\le\infty}$ be a sequence of semimartingales with decomposition $Y_t^n = Y_0^n + M^n + A^n$, where M^n is continuous. Suppose that

(a) $\lim_{n\to\infty} Y_t^n = Y_t^\infty$ a.s. for each t,

(b) $\langle M^n\rangle_t = \int_0^t H_s^n\, ds$, where $K_2^{-1} \le H_s^n \le K_2$ for each s, for $1\le n\le\infty$,

(c) $\sup_n \|(Y^n)^t\|_{H_1} = c(t) < \infty$ for each t.

Then

(2.1) $$E\,[\int_0^t \sigma(Y_{s-}^n)dB_s - \int_0^t \sigma(Y_{s-}^\infty)dB_s]^2 \to 0 \text{ for each } t \ge 0,$$

and so in particular there exists a subsequence (n_j) such that

(2.2) $$\int_0^t \sigma(Y_{s-}^{n_j})dB_s \to \int_0^t \sigma(Y_{s-}^\infty)dB_s \quad \text{a.s. uniformly on compacts.}$$

Proof. To prove (2.1) it is enough to prove

(2.3) $$\lim_{n\to\infty} E\int_0^t (\sigma(Y_s^n) - \sigma(Y_s^\infty))^2\, ds = 0\ .$$

(As $\{s: Y_{s-}^n \ne Y_s^n\}$ is countable, we can replace Y_{s-}^n by Y_s^n).

If σ is continuous, (2.3) is immediate from dominated convergence. From El-Karoui (1978, Proposition 1.2, Remarque 3) and Barlow (1983, Theorem 5.5) there exists a universal constant c_1 such that

(2.4) $$E\, L_t^a(Y^n) \le c_1\|(Y^n)^t\|_{H^1} \le c_1 c(t), \text{ for } t \ge 0,\ a \in \mathbb{R}\ .$$

So, if g is any bounded continuous function, and $1 \le n \le \infty$,

(2.5) $$E\int_0^t (g(Y_s^n) - \sigma(Y_s^n))^2\, ds = E\int_0^t (H_s^n)^{-1}(g(Y_s^n) - \sigma(Y_s^n))^2\, d\langle M^n\rangle_s$$
$$\le K_2\, E\int_{-\infty}^{\infty} (g(a) - \sigma(a))^2\, L_t^a(Y^n)\, da \le c\, \|g - \sigma\|_2^2\ .$$

Here c depends on K_2 and $c(t)$, but not on n.

Using (2.5) we have

$$E\int_0^t (\sigma(Y_s^n) - \sigma(Y_s^\infty))^2 ds \le 3E\int_0^t(\sigma(Y_s^n) - g(Y_s^n))^2 ds + 3E\int_0^t(\sigma(Y_s^\infty) - g(Y_s^\infty))^2 ds$$
$$+ 3E\int_0^t (g(Y_s^n) - g(Y_s^\infty))^2 ds$$
$$\le 6c\,\|g - \sigma\|_2^2 + 3E\int_0^t (g(Y_s^n) - g(Y_s^\infty))^2 ds.$$

The second term converges to 0, so (2.3) follows on approximating σ in L^2 by a continuous g (which is possible even though σ is not in L^2). Passing to a subsequence $n_j(t)$, and using Doob's inequality and a diagonalization argument we obtain (2.2). ∎

3. A Characterization of Pathwise Uniqueness in an Enlargement

We now fix a Loeb filtration $(\Omega, \underline{\underline{A}}, \underline{\underline{A}}_t P)$, an $(\underline{\underline{A}}_t)$ Brownian motion B, and an $(\underline{\underline{A}}_t)$-end of optional time L. We begin with a technical result on pathwise uniqueness.

Lemma 3.1 Suppose pathwise uniqueness holds for (1.4) in $(\underline{\underline{A}}_t)$ for some initial point x_0. Then pathwise uniqueness holds for all initial points x.

Proof. Let X be the unique solution with $X_0 = x_0$. Suppose pathwise uniqueness fails for some initial point x_1, and let $T = \inf\{t \geq 0: X_t = x_1\}$. As X is a time-changed Brownian motion and $\langle X\rangle_\infty = \infty$, $P(T < \infty) = 1$. The filtration $(\underline{\underline{A}}_{T+\cdot})$ is saturated by Lemma 2.3(c). By Theorem 1.5 there exist distinct solutions Y^1, Y^2 to

$$Y_t^i = x_1 + \int_0^t \sigma(Y_s^i)\,dB_{T+s} .$$

Let $Z_t^i = X_t 1_{(t < T)} + Y_{t-T}^i 1_{(t \geq T)}$: the Z^i are distinct $(\underline{\underline{A}}_t)$ adapted solutions to (1.4) with $Z_0^i = x_0$, giving a contradiction.

From now on we will assume pathwise uniqueness holds in (1.4) (relative to $(\underline{\underline{A}}_t)$). Let $\Lambda_t = \Lambda_t(x,B,s)$ be the unique $(\underline{\underline{A}}_t)$-adapted process such that

$$\Lambda_t = x \qquad 0 \leq t \leq s$$

$$\Lambda_t = x + \int_s^t \sigma(\Lambda_u)\,dB_u \qquad t > s .$$

From the continuity of paths, and the pathwise uniqueness, it is clear that if $x_1 > x_2$, then $\Lambda_t(x_1,B,s) \geq \Lambda_t(x_2,B,s)$ for all t. (These solutions may meet, however).

Let ${}^\circ A_t$ be the $(\underline{\underline{A}}_t)$-optional projection of $1_{[L,\infty)}$, so that for every $(\underline{\underline{A}}_t)$-stopping time T we have ${}^\circ A_T = P(L \leq T \mid \underline{\underline{A}}_T)$. Set

$$R = \inf\{s \geq 0: \ {}^\circ A_s = 1\} ;$$

R is "the time at which the enlargement comes to an end", and we have $\underline{\underline{A}}_R^L = \underline{\underline{A}}_R$, by Barlow (1979, Lemma 2.2). ∎

Lemma 3.2 Let (Y_t^1), (Y_t^2) be $(\underline{\underline{A}}_t^L)$ adapted solutions to (1.4), and let $K = \inf\{t \geq 0: \ Y_t^1 \neq Y_t^2\}$. Then $[K] \subset [L]$.

Proof By Jeulin (1980, Prop 5.3, p. 75) there exist $(\underline{\underline{A}}_t)$ previsible processes Y^{ij} such that $Y^i = Y^{i1} 1_{[0,L]} + Y^{i2} 1_{(L,\infty)}$.

Let $T = \inf\{t: \ Y_t^{11} \neq \Lambda_t(x_0,B,0)\}$. As Y^1 solves (1.4) we must have $T \geq L$ a.s., and so ${}^\circ A_T = 1$. Thus $T \geq R$, so that Y^{11} is a solution of (1.4) on $[0,R]$. Similarly, Y^{21} is a solution of (1.4) on $[0,R]$, and so, by the pathwise uniqueness, $Y^{11} = Y^{21}$ on $[0,R]$. Thus, as $L \leq R$, we have $K \geq L$.

It remains to show that, for each $\epsilon > 0$, $K = \infty$ on $\{K > L + \epsilon\}$. Let $\epsilon > 0$ be fixed: by Barlow (1979, Theorem 4.5) there exists a sequence (S_n) of $(\underline{\underline{A}}_t)$-stopping

times such that $[L + \epsilon] \subset \bigcup_{n=1}^{\infty} [S_n]$. Let $T_n^i = \inf\{t \geq S_n: Y_t^{i2} \neq \Lambda_t(Y_{S_n}^{i2}, B, S_n)\}$.
As Y^i is a solution to (1.4), and equals Y^{i2} on (L,∞), $T_n^i = \infty$ on $\{S_n = L + \epsilon\}$.
Also, on $\{K > L + \epsilon\}$, we have $Y^{12} = Y^1 = Y^2 = Y^{22}$ on (L,K). Hence, on $\{S_n = L + \epsilon,$
$K > L + \epsilon\}$, $Y_{S_n}^{12} = Y_{S_n}^{22}$ and $T_n^1 = T_n^2 = \infty$, so that $Y_t^{12} = Y_t^{22} = \Lambda_t(Y_{S_n}^{12}, B, S_n)$ for all
$t \geq S_n$, and hence $K = \infty$. ∎

<u>Corollary 3.3</u> With the notation of Lemma 3.2 let
$$S = \inf\{t > L: \; Y_t^1 = Y_t^2\}.$$
Then $Y^1 = Y^2$ on $[S,\infty)$.

<u>Proof.</u> It is enough to show that $Y_t^1 = Y_t^2$ for all $t \geq S_n$, where
$S_n = \inf\{t > L + n^{-1}: \; Y_t^1 = Y_t^2\}$, for each n. Let $n \geq 1$ be fixed, and let
$Y^3 = Y^1 1_{[0,S_n)} + Y^2 1_{[S_n,\infty)}$. Since $[S_n] \cap [L] = \emptyset$, by Lemma 3.2 we have $Y^3 = Y^1$, so
that $(Y^1 - Y^2) 1_{[S_n,\infty)} = 0$. ∎

Now fix $x_0 \in \mathbb{R}$, and let $X_t = \Lambda_t(x_0, B, 0)$. Let $\epsilon_n \downarrow 0$, and define processes
Y^n as follows:
$$Y^0 \equiv +\infty,$$
and for $n \geq 1$, $k \geq 0$,

(3.1)(a)
$$Y_0^n = x_0 + \epsilon_n, \qquad T_0^n = 0,$$
$$T_{k+1}^n = \inf\{t > T_k^n: \Lambda_t(Y^n(T_k^n), B, T_k^n) = X_t\}$$
$$Y_t^n = \Lambda_t(Y^n(T_k^n), B, T_k^n) \text{ on } [T_k^n, T_{k+1}^n)$$

(3.1)(b)
$$Y^n(T_{k+1}^n) = \min\{Y^{n-1}(T_{k+1}^n), X(T_{k+1}^n) + \epsilon_n\}.$$

<u>Proposition 3.4</u>   (a) $Y_t^n > X_t$ for all t.
(b) $Y_t^n \downarrow Y_t^\infty$, where Y^∞ is a continuous semimartingale satisfying the equation

(3.2)(a)
$$Y_t^\infty = x_0 + \int_0^t \sigma(Y_s^\infty) dB_s + \frac{1}{2} L_t^0(Y^\infty - X)$$

(3.2)(b)
$$Y_t^\infty \geq X_t.$$

<u>Proof.</u> We may take $x_0 = 0$. We begin by showing that Y^n is well defined. Note that
Y^n can only fail to be well defined if $\sup_k T_k^n < +\infty$, and that $Y_t^n > X_t$ for $0 \leq t <$
$\sup_k T_k^n$. Since the jumps of Y^1 are all of size ϵ_1, and as $|\sigma| \leq K$, the times T_k^1
cannot accumulate, so $\sup_k T_k^1 = +\infty$. Suppose that Y^{n-1} is well defined. If $\Delta Y^n(T_i^n) <$
ϵ_n for some i, then $Y_t^n = Y_t^{n-1}$ on $[T_i^n, S_i^n]$, where $S_i^n = \inf\{t>T_i^n: \Delta Y_t^{n-1} > \epsilon_n\}$, and so
Y^n is well defined on $[T_i^n, S_i^n]$. As the T_k^n cannot accumulate outside an interval of
this form, we have $\sup_k T_k^n = +\infty$.

From the definition of Y^n we may write

$$Y_t^n = \int_0^t \sigma(Y_s^n)dB_s + A_t^n ,$$

where A^n is increasing and $\Delta A_t^n \le \epsilon_n$. Now $\Delta A^n(T_i^n) = Y^n(T_i^n) - X(T_i^n)$, and $Y^n(T_{i+1}^n-) = X(T_{i+1}^n)$ on $\{T_{i+1}^n < \infty\}$. So, setting $H_s^n = \sigma(X_s) - \sigma(Y_s^n)$, we have

$$\begin{aligned}(3.4)\qquad \Delta A^n(T_i^n) &= Y^n(T_i^n) - Y^n(T_{i+1}^n-) - (X(T_i^n) - X(T_{i+1}^n)) \\ &= \int_{T_i^n}^{T_{i+1}^n} H_s^n \, dB_s , \qquad \text{on } \{T_{i+1}^n < \infty\} .\end{aligned}$$

Let $S_1 < S_2$ be stopping times, and let N,M be such that $T_{N-1}^n \le S_1 < T_N^n$, $T_M^n \le S_2 < T_{M+1}^n$. If $A_{S_2}^n > A_{S_1}^n$ then $M \ge N$. From (3.4) we have

$$\begin{aligned}A_{S_2}^n - A_{S_1}^n &= \sum_{i:\ S_1<T_i^n\le S_2} \Delta A^n(T_i^n) \\ &\le 1_{(M\ge N)} \left[\epsilon_n + \int_{T_N^n}^{T_M^n} H_s^n \, dB_s \right] \\ &\le \epsilon_n + 1_{(T_N^n < S_2)} \sup_{T_N^n<t<S_2} \int_{T_N^n}^t H_s^n \, dB_s .\end{aligned}$$

So, by the Burkholder-Davis-Gundy inequalities, for $p \ge 1$

$$(3.5)\qquad E(A_{S_2}^n - A_{S_1}^n)^p \le c_p \epsilon_n^p + c_p K^p E(S_2-S_1)^{p/2},$$

and

$$(3.6)\qquad E|Y_{S_2}^n - Y_{S_1}^n|^p \le c_p \epsilon_n^p + c_p K^p E(S_2-S_1)^{p/2} .$$

By the definition of (Y^n), Y^n is decreasing, and we have $Y_t^n > X_t$. Let $Y_t^\infty = \lim_n Y_t^n$: $Y_t^\infty \ge X_t$. Using dominated convergence and the estimate (3.6) we see that $Y_t^n \to Y_t^\infty$ in L^p. Let $n \to \infty$ in (3.6): we have

$$(3.7)\qquad E|Y_{S_2}^\infty - Y_{S_1}^\infty|^p \le c_p K^p E(S_2-S_1)^{p/2} .$$

By Dellacherie and Meyer (1982, VI.48), Y^∞ is right continuous. But taking $p > 2$ in (3.7) and applying Kolmogorov's continuity theorem, we also have that Y^∞ has a continuous modification. Hence Y^∞ is continuous.

Now Y_t^n is l.s.c., and so Y^∞ is a limit of a decreasing sequence of l.s.c. processes. Hence $Y^n \downarrow Y^\infty$ uniformly on compacts, and by dominated convergence

$$\lim_{n\to\infty} \| \sup_{s\le t}|Y_s^n - Y_s^\infty| \|_1 = 0 \quad \text{for each } t.$$

Thus (Y^n) satisfies the conditions of Barlow and Protter (1990, Theorem 1), and so Y^∞ is a semimartingale with decomposition $Y^\infty = M + A$, and

$$(3.8)\qquad \lim_{n\to\infty} \|(M^n - M)^t\|_{H_1} = 0, \qquad \lim_{n\to\infty} \|A_t^n - A_t\|_1 = 0 .$$

Thus $\langle M\rangle_t = \int_0^t h_s ds$, where $K^{-1} \le |h_s| \le K$. So (Y^n) satisfy the hypotheses of Lemma 2.4, and (passing to a subsequence and relabelling) we deduce that

$$M_t = \lim_{n\to\infty} \int_0^t \sigma(Y^n_s)dB_s = \int_0^t \sigma(Y^\infty_s)dB_s .$$

As A^n_t are increasing, A_t must also be increasing. So we have proved that

$$Y^\infty_t = \int_0^t \sigma(Y^\infty_s)dB_s + A_t,$$

where A is increasing.

Let $[S_1,S_2]$ be an interval on which $Y^\infty > X$: then $Y^n_- > X$ on $[S_1,S_2]$ for each n, so A^n is constant on $[S_1,S_2]$, and hence A is constant on $[S_1,S_2]$. Thus dA is supported by $\{t:X_t = Y^\infty_t\}$.

By Tanaka's formula

$$\begin{aligned}(Y^\infty_t-X_t) &= (Y^\infty_t-X_t)^+ \\ &= \int_0^t 1_{(Y^\infty_s>X_s)}(\sigma(Y^\infty_s)-\sigma(X_s))dB_s + \int_0^t 1_{(Y^\infty_s>X_s)} dA_s + \tfrac{1}{2} L^0_t(Y^\infty-X) \\ &= \int_0^t \sigma(Y^\infty_s)dB_s - \int_0^t \sigma(X_s)dB_s + \tfrac{1}{2} L^0_t(Y^\infty-X) \\ &= Y^\infty_t - A_t - X_t + \tfrac{1}{2} L^0_t(Y^\infty-X).\end{aligned}$$

So $A_t = \frac{1}{2} L^0(Y^\infty-X)$, and the proposition is proved. ∎

We may define a similar sequence of processes $Y^{n'}$ which approximate X from below, by replacing (3.1)(a) by $Y^{n'}_0 = x_0 - \epsilon_n$, and (3.1)(b) by $Y^{n'}(T^{n'}_{k+1}) = \max(Y^{(n-1)'}(T^{n'}_{k+1}), X(T^{n'}_{k+1}) - \epsilon_n)$. Then an almost identical proof shows that $Y^{n'}$ increase to a limiting process $Y^{\infty'} \le X$, which satisfies

(3.9)(a) $$Y^{\infty'}_t = x_0 + \int_0^t \sigma(Y^{\infty'}_s)dB_s - \tfrac{1}{2} L^0(X-Y^{\infty'})$$

(3.9)(b) $$Y^{\infty'}_t \le X_t .$$

<u>Proof of Theorem 1.6</u>. By Remark 1.7(b) it suffices to consider the case when PU holds for (1.4).

(b) => (a). By Theorem 1.5 and Lemma 2.3 we may take our filtered space to be the adapted Loeb space $(\Omega,\underline{\underline{A}},\underline{\underline{A}}_t,P)$. That is, we will assume UOS in (1.4),(1.5a) and (1.5b) in $(\underline{\underline{A}}_t)$ and show UOS for (1.4) in $(\underline{\underline{A}}^L_t)$ where L is a fixed end of optional time for $(\underline{\underline{A}}_t)$. (Lemma 2.3(a) shows that any end-of-optional time on a filtered space can be modelled on a Loeb space, and Lemma 2.3(b) and Theorem 1.5 would then give PU in (1.4) for $(\underline{\underline{A}}^L_t)$.)

Let Y^n, $Y^{n'}$ be the processes defined by (3.1). By Proposition 3.4, and our hypothesis that pathwise uniqueness holds in (1.5), $Y^\infty = Y^{\infty'} = X$, and

(3.10) $$Y^n_t \downarrow X_t, \qquad Y^{n'} \uparrow X_t \qquad \text{for all } t \ge 0, \text{ a.s.}$$

Let X' be an $(\underline{\underline{A}}_t^L)$-adapted solution of (1.4). We now show that

$$X'_t \le Y^n_t \qquad \text{for all } t \ge 0. \tag{3.11}$$

By Lemma 3.2 X = X' on [0,L], so (3.11) holds for $0 \le t \le L$. Let $S = \inf\{t > L: X'_t \ge Y^n_t\}$: as X' is continuous and $\Delta Y^n \ge 0$, we must have $X'_S = Y^n_S$. Further, as $Y^n_L > X_L$, $S > L$. By Corollary 3.3 if $S_2 = \inf\{t > S: \; Y^n_t = X_t\}$, we must have $X'_t = Y^n_t = A_t(Y^n_S, B, S)$ for $S \le t < S_2$. Similarly, X' = X on $[S_2,\infty)$. Thus $X' \le Y^n$ on each of the intervals [0,L], [L,S], $[S,S_2]$ and $[S_2,\infty]$, proving (3.11).

Letting $n \to \infty$ in (3.11), and using (3.10) we deduce that $X' \le X$. Similarly, using $Y^{n'}$ instead of Y^n we have $X' \ge X$ and so X' = X.

(a) => (b). Suppose that pathwise uniqueness fails for either (1.5a) or (1.5b): let us assume it fails for (1.5a), and let $Y \ne X$ be a solution. Let T be a stopping time such that $P(Y_T \ne X_T) > 0$, and let

$$L = \sup\{t < T: Y_t = X_t\}, \quad R = \inf\{t \ge T: Y_t = X_t\},$$

and set $X'_t = X_t 1_{[0,L)}(t) + Y_t 1_{[L,R)}(t) + X_t 1_{[R,\infty)}(t)$. Then, since $Y \ne X$ on [L,R) we have $L^0_R(Y-X) - L^0_L(Y-X) = 0$. It is now easily checked that X' is an $(\underline{\underline{F}}_t^L)$ adapted solution to (1.4), and that $X' \ne X$. So pathwise uniqueness fails for (1.4) in $(\underline{\underline{F}}_t^L)$, and we are done. ∎

<u>Proof of Corollary 1.9</u> The condition (LT) implies pathwise uniqueness for (1.4), and that if Y, Y' are solutions of (1.5a) and (1.5b) then $L^0(Y-X) = L^0(X-Y') = 0$. Thus Y and Y' are also solutions of (1.4), and so X=Y=Y', so that (b) holds. ∎

4. Consequences of Non-Uniqueness

To prove Proposition 1.10 and Theorem 1.11 we will need a different approximation to X, where the jump of $+\epsilon_n$ by Y^n at the times T^n_k is replaced by a jump with a random sign.

We continue with the notation and hypotheses of Section 3. In particular, we continue to assume PU holds in (1.4) in $(\underline{\underline{A}}_t)$. Let

$$\underline{\underline{G}} = \sigma(X_t, B_t, {}^\circ A_t, L, t \ge 0).$$

Let $\epsilon > 0$: we define a process Z^ϵ, a sequence of stopping times, T^ϵ_r, and a sequence, ξ^ϵ_r, of $\underline{\underline{A}}_{T^\epsilon_r}$- measurable random variables as follows:

$$\begin{aligned}
(4.1)\quad & T^\epsilon_0 = 0, \quad Z^\epsilon_0 = x_0 + \epsilon\xi^\epsilon_0 \\
& T^\epsilon_{r+1} = \inf\{t \ge T^\epsilon_r: \; A_t(Z^\epsilon(T^\epsilon_r), B, T^\epsilon_r) = X_t\}, \\
& Z^\epsilon_t = A_t(Z^\epsilon(T^\epsilon_r), B, T^\epsilon_r) \quad \text{on} \quad [T^\epsilon_r, T^\epsilon_{r+1}), \\
& Z^\epsilon(T^\epsilon_r) = Z^\epsilon(T^\epsilon_r -) + \epsilon\xi^\epsilon_r, \\
& P(\xi^\epsilon_r = +1 \,|\, \underline{\underline{A}}_{T^\epsilon_r -} \vee \underline{\underline{G}}) = P(\xi^\epsilon_r = -1 \,|\, \underline{\underline{A}}_{T^\epsilon_r -} \vee \underline{\underline{G}}) = 1/2 .
\end{aligned}$$

As $(\Omega,\underline{\underline{A}},\underline{\underline{A}}_t,P)$ is saturated, random variables (ξ_r^ϵ) with these properties can be found. As in the proof of Proposition 3.4 we can check that Z^ϵ is well- defined. Let

$$A_t^\epsilon = \sum_{r=0}^{\infty} 1_{[T_r^\epsilon,\infty)}(t), \qquad N_t^\epsilon = \sum_{r=0}^{\infty} \xi_r^\epsilon 1_{[T_r^\epsilon,\infty)}(t) .$$

Then

$$Z_t^\epsilon = x_0 + \int_0^t \sigma(Z_s^\epsilon)dB_s + \epsilon N_t^\epsilon, \tag{4.2}$$

so that Z^ϵ is a perturbation of a solution to (1.4).

We wish to show the term ϵN_t^ϵ is small. Applying Tanaka's formula to $Z_t^\epsilon - X_t$ we have

$$|Z_t^\epsilon - X_t| = \int_0^t (\sigma(Z_s^\epsilon)-\sigma(X_s))\,\mathrm{sgn}(Z_{s-}^\epsilon-X_s)dB_s + \epsilon A_t^\epsilon + L_t^0(Z^\epsilon-X). \tag{4.3}$$

Since $\{t:Z_{t-}^\epsilon = X_t\}$ is countable, and $\{t:Z_t^\epsilon = X_t\} = \emptyset$, $L^0(Z^\epsilon-X) = 0$, and so $|Z_t^\epsilon - X_t| = V_t + \epsilon A_t^\epsilon$, where V is a continuous martingale satisfying $\langle V\rangle_t \le 4K^2t$. Let $R = \max\{r:T_r^\epsilon \le t\}$: then $\epsilon = |Z_{T_R}^\epsilon - X_{T_R}| = V_{T_R} + \epsilon A_{T_R}^\epsilon$, so that $A_t^\epsilon = A_{T_R}^\epsilon \le \epsilon^{-1}(1 + \sup_{s\le t} |V_s|)$. Hence, for each $t \ge 0$,

$$\begin{aligned} E\,A_t^\epsilon &\le \epsilon^{-1} + \epsilon^{-1} E(\sup_{s\le t} |V_s|) \\ &\le \epsilon^{-1} + \epsilon^{-1} cKt^{1/2}, \end{aligned} \tag{4.4}$$

by the Burkholder-Davis-Gundy inequalities. So, as $\langle N^\epsilon\rangle = A^\epsilon$,

$$E(\epsilon N_t^\epsilon)^2 = \epsilon^2 EA_t^\epsilon \le \epsilon + \epsilon cKt^{1/2}. \tag{4.5}$$

Set $U_t^\epsilon = Z_t^\epsilon - \epsilon N_t^\epsilon$; (4.5) implies that

$$E(\sup_{0\le s\le t} |U_s^\epsilon - Z_s^\epsilon|^2) \to 0 \text{ as } \epsilon \to 0, \text{ for each } t \ge 0. \tag{4.6}$$

Let $(\bar U_t, \bar X_t, \bar B_t)$ denote the co-ordinate process on $C=C(\mathbb{R}_+,\mathbb{R}^3)$, and let Q^ϵ be the probability law on C induced by (U^ϵ,X,B). The estimate $\langle U^\epsilon\rangle_t - \langle U^\epsilon\rangle_s \le K^2(t-s)$, and the similar estimates for $\langle X\rangle$ and $\langle B\rangle$ imply that $\{Q^\epsilon, 0<\epsilon<1\}$ is tight. Let $\epsilon_k \downarrow 0$ be a subsequence such that Q^{ϵ_k} converges, and let $Q = \lim Q^{\epsilon_k}$.

<u>Lemma 4.1</u>. On the space $(C,\underline{\underline{B}}(C),Q)$,

(i) $\bar B$ is a Brownian motion,

(ii) $\bar X_t = x_0 + \int_0^t \sigma(\bar X_s)d\bar B_s$ and $\bar U_t = x_0 + \int_0^t \sigma(\bar U_s)d\bar B_s$.

The proof is as in Barlow (1982). The additional problems which arise when σ is discontinuous can be handled using the methods of Lemma 2.4.

<u>Proposition 4.2</u> With notation as above we have

$$(4.7)\qquad E(\sup_{s\le t}|Z_s^{\epsilon_k} - X_s|) \to 0 \text{ as } k \to \infty \text{ for each } t \ge 0.$$

<u>Proof</u>. By the assumption of pathwise uniqueness for (1.4) we must have $\bar{X} = \bar{U}$ under Q. Thus using the uniform bounds on $\bar{X}^*$ and $\bar{U}^*$ given by the Burkholder- Davis-Gundy inequalities we have, for any $t \ge 0$,

$$(4.8)\qquad 0 = \lim_{k\to\infty} \int \sup_{s\le t} |\bar{U}_s - \bar{X}_s| dQ^{\epsilon_k}$$

$$= \lim_{k\to\infty} E\,(\sup_{s\le t} |U_s^{\epsilon_k} - X_s|).$$

Combining (4.8) and (4.6) we obtain (4.7). ∎

<u>Proof of Proposition 1.10</u>. Let $S = \inf\{t > L: X_t' = X_t\}$. The assertions that $X=X'$ on $[0,L]$ and $X_{L+t} \ne X_{L+t}'$ for small t follow from Lemma 3.2 and Corollary 3.3, respectively. For the latter note that $X = X'$ on $[S,\infty)$ and $X \ne X'$ a.s. implies $S > L$, and so $\mathrm{sgn}(X_t' - X_t)$ is constant on (L,S).

Let Z^{ϵ_n} be the processes constructed above, let $\xi_n = \mathrm{sgn}(Z_L^{\epsilon_n} - X_L)$, $T_n = \inf\{t > L: Z_{t-}^{\epsilon_n} = X_{t-}\}$ and set $V_t^n = Z_t^{\epsilon_n} 1\{t < T_n\} + X_t 1\{t \ge T_n\}$. As $Z_t^{\epsilon_n} \to X_t$ a.s., we have $V_t^n \to X_t$ a.s.

If $\xi_n = 1$ then, as in the proof of Theorem 1.6, we have $X' \le Z^{\epsilon_n}$ on $[L,T_n]$, and hence $X' \le V^n$ on $[L,\infty)$. Thus $X_t' \le \inf\{V_t^n:\ \xi_n = 1\}$ on $[L,\infty)$, so that on $G^+ = \{\xi_n = +1$ for infinitely many $n\}$ we have $X' \le X$ on $[L,\infty)$. Similarly, on $G^- = \{\xi_n = -1$ for infinitely many $n\}$ we have $X' \ge X$ on $[L,\infty)$. As Z^{ϵ_n} are $(\underline{\underline{A}}_t)$-optional processes, G^+ and G^- are $\underline{\underline{A}}_L$ measurable, and the result follows. ∎

<u>Proof of Theorem 1.11</u> Note first that $P(L<\infty) = 1$. Suppose that PU does hold for (1.4), and let η_X (respectively, η_Y) be the common value of $\mathrm{sign}(X_{L+t} - x_0)$ (respectively, $\mathrm{sign}(Y_{L+t} - x_0)$) for small $t > 0$. By hypothesis $\eta_Y = -\eta_X$. However, by Proposition 1.10 η_Y is $\underline{\underline{A}}_L$ measurable, and so η_X is $\underline{\underline{A}}_L$-measurable. But by Yor (1979, Proposition 10)

$$E(X_T - x_0 | \underline{\underline{A}}_L) = E(\eta_X | \underline{\underline{A}}_L) = 0.$$

This implies $\eta_X = 0$, which gives a contradiction. ∎

References

M.T. Barlow: Study of a filtration expanded to include an honest time. Z.f.W. 44, 307-323 (1979).

M.T. Barlow: One dimensional stochastic differential equations with no strong solution. J. London Math. Soc. (2) 26, 335-347 (1982).

M.T. Barlow: Inequalities for upcrossings of semimartingales via Skorohod embedding. Z.f.W. 64, 457-474 (1983).

M.T. Barlow and E.A. Perkins: One dimensional stochastic differential equations involving a singular increasing process. Stochastics 12, 229-249 (1984).

M.T. Barlow and E.A. Perkins: Sample path properties of stochastic integrals and stochastic differentiation. Stochastics and Stochastic Reports 27, 261-293 (1989).

M.T. Barlow and P. Protter: On convergence of semimartingales. To appear in Sém. Prob. XXIV (1990).

C. Dellacherie and P.A. Meyer: Probabilities and potential B. Theory of martingales. North Holland, Amsterdam (1982).

N.El-Karoui: Sur les montées des semi-martingales II. Le cas discontinu. In Temps Locaux, Astérisque 52-53, 73-88 (1978).

D.N. Hoover, Extending probability spaces and adapted distribution. Preprint (1989).

D.N. Hoover and H.J. Keisler: Adapted probability distributions. Trans. Amer. Math. Soc. 286, 159-201 (1984).

D.N. Hoover and E.A. Perkins: Nonstandard construction of the stochastic integral and applications to stochastic differential equations, I, II. Trans. Amer. Math. Soc. 275, 1-58 (1983).

J.Jacod and J. Memin: Weak and strong solutions of stochastic differential equations: Existence and uniqueness. In Stochastic Integrals, Lect. Notes Math. 851 Springer (1981).

T. Jeulin: Semimartingales et grossissement d'une filtration. Lect. Notes. Math 833 Springer (1980).

H.J. Keisler: An infinitesmal approach to stochastic analysis. Mem. A.M.S. 297 (1984).

J.-F. Le Gall: Applications du temps local aux equations différentielles stochastiques unidimensionelles. Sem. Prob. XVII, 15-31 Lect. Notes. Math. 986 Springer (1983).

C. Stricker: Quasimartingales, martingales locales, semimartingales et filtration naturelle. Z.f.W. 39, 55-63 (1977).

M. Yor: Sur le balayage des semi-martingales continues. Sém Prob XIII 453-471. Lect. Notes Math. 721 (1979).

M. Yor: Rappels et préliminaires généraux. In Temps Locaux, Astérisque 52-53, 17-22 (1978).

Statistical Laboratory
16 Mill Lane
Cambridge, CB2 1SB
U.K.

Department of Mathematics
University of British Columbia
Vancouver, B.C.
Canada V6T 1Y4

DERIVATION PAR RAPPORT AU PROCESSUS DE BESSEL

J. AZEMA et M. YOR

Laboratoire de Probabilités - Université P. et M. Curie - Tour 56 - 4, place Jussieu - 75252 PARIS CEDEX 05

Introduction.

Dans ce travail, nous construisons, à l'aide du processus de Bessel $(V_t, t \geq 0)$ de dimension 3, issu de 0, des martingales locales continues $(N_t, t > 0)$ indexées par $]0,\infty[$.

Or, M. Sharpe [7] a décrit les différents comportements asymptotiques possibles, lorsque $t \downarrow\downarrow 0$. Indépendamment, Barlow et Perkins [2] ont étudié sous quelles conditions sur un processus prévisible continu $(K_t, t \geq 0)$ tel que $K_o > 0$, l'intégrale stochastique $(\int_0^t K_s dV_s, t > 0)$ reste positive dans un voisinage de 0.

Nous nous appuyons alors sur les résultats de [2] pour donner des critères assurant lequel des comportements asymptotiques décrits par Sharpe est satisfait pour certaines de nos martingales locales N.

Finalement, nous indiquons comment nous sommes parvenus à ces problèmes de dérivation, en relation avec certaines extensions du théorème de Girsanov [1] liées aux grossissements de filtration avec une fin d'ensemble prévisible. Ces grossissements de filtration jouent d'ailleurs un rôle essentiel dans l'article de Barlow-Perkins [2] et son compagnon [9] dans ce volume.

1. Quelques exemples de martingales locales indexées par $]0,\infty[$.

J. Walsh [8] a obtenu une description complète des différents comportements asymptotiques, lorsque $t \downarrow\downarrow 0$, des martingales locales continues conformes indexées par $]0,\infty[$. La description de Walsh est l'analogue, pour ces processus, du théorème de Weierstraß pour les fonctions holomorphes.

L'aspect réel de ces résultats, c'est-à-dire relatif aux martingales locales continues $(N_t, t > 0)$ indexées par $]0,\infty[$, et à valeurs dans $\mathbb{R}$, a ensuite été dégagé par M. Sharpe [7] ; voici le premier résultat important de l'article [7].

Théorème 1 : *Soit* $(N_t, t > 0)$ *une* $(\mathcal{F}_t)_{t>0}$ *martingale locale continue.*

Alors, pour presque tout ω, *l'une des quatre possibilités suivantes a lieu :*

(i) $\lim_{t \downarrow\downarrow 0} N_t(\omega)$ *existe dans* $\mathbb{R}$;

$(ii)_+$ $\lim_{t \downarrow\downarrow 0} N_t(\omega) = +\infty$; $(ii)_-$ $\lim_{t \downarrow\downarrow 0} N_t(\omega) = -\infty$;

(iii) $\liminf_{t \downarrow\downarrow 0} N_t(\omega) = -\infty$ *et* $\limsup_{t \downarrow\downarrow 0} N_t(\omega) = +\infty$.

Dans la suite, lorsque la propriété (iii) a lieu, nous dirons simplement que $(N_t, t \downarrow\downarrow 0)$ oscille fortement.

Les démonstrations de Sharpe ont été reprises et simplifiées par Calais et Génin [3], qui ont également donné diverses représentations de ces martingales locales continues indexées par $]0,\infty[$ selon le comportement asymptotique en 0 de N, tel qu'il est décrit dans le Théorème 1 ; ces représentations sont analogues à la représentation de Dubins - Schwarz [4] des martingales locales continues comme mouvements browniens changés de temps.

Les exemples de martingales locales continues que nous avons en vue seront définis à l'aide d'un processus de Bessel de dimension 3, $(V_t, t \geq 0)$, issu de 0. Dans ce but, nous supposons qu'il existe un $((\mathcal{F}_t), P)$ mouvement brownien réel $(\beta_t, t \geq 0)$ issu de 0, et $(V_t, t \geq 0)$ désigne l'unique solution $(\mathcal{F}_t)$ adaptée, à valeurs dans $\mathbb{R}_+$, de l'équation :

$$(1.a) \qquad V_t = \beta_t + \int_0^t \frac{ds}{V_s} .$$

On a alors la

Proposition 2 : *Pour toute constante* c, *et tout processus* $(\mathcal{F}_t)$ *prévisible* $(K_t, t \geq 0)$ *localement borné, le processus :*

$$\frac{1}{V_t}\left(c + \int_0^t K_s dV_s\right), \quad t > 0,$$

est une martingale locale indexée par $]0,\infty[$.

Démonstration : Notons $Y_t = c + \int_0^t K_s dV_s$, et appliquons la formule d'Itô.

Il vient, à l'aide de *(1.a)* :

$$\frac{Y_t}{V_t} = \frac{Y_\varepsilon}{V_\varepsilon} + \int_\varepsilon^t \frac{1}{V_s}\, dY_s + \int_\varepsilon^t Y_s d(\frac{1}{V_s}) - \int_\varepsilon^t \frac{1}{V_s^2}\, d\langle Y,V\rangle_s$$

$$= \frac{Y_\varepsilon}{V_\varepsilon} + \int_\varepsilon^t \frac{K_s}{V_s}\, d\beta_s + \int_\varepsilon^t Y_s\, d(\frac{1}{V_s})$$

$$(1.b) \qquad = \frac{Y_\varepsilon}{V_\varepsilon} + \int_\varepsilon^t \frac{d\beta_s}{V_s}\left(K_s - \frac{Y_s}{V_s}\right),$$

d'où le résultat. □

Le reste de l'article est consacré, c constante réelle, et K processus $(\mathcal{F}_t)$ prévisible localement borné étant donnés, à déterminer laquelle des propriétés (i), $(ii)_+$, $(ii)_-$ ou (iii) est satisfaite.

Remarquons d'ailleurs que, d'après la loi 0-1 de Blumenthal, si $(\mathcal{F}_t)_{t\geq 0}$ est la filtration naturelle de V, laquelle est identique à celle de β, alors, c et K étant donnés, une et une seule de ces propriétés est satisfaite sur un ensemble de probabilité égale à 1.

De toutes façons, dans le cas où $(\mathcal{F}_t)$ ne serait pas la filtration naturelle de V, on peut toujours, comme le font Calais-Génin [3], restreindre l'espace de probabilité à l'un ou l'autre des ensembles sur lesquels une des propriétés (i), $(ii)_+$, $(ii)_-$ ou (iii) est satisfaite, chacun de ces ensembles étant $\mathcal{F}_{0+}$ mesurable.

Il est immédiat que, lorsque $K = 0$, $(ii)_+$, resp : $(ii)_-$, est satisfaite selon que $c > 0$, ou $c < 0$. Dans la suite, pour simplifier l'exposition, nous supposerons : $c = 0$.

Nous noterons toujours : $Y_t = \int_0^t K_s dV_s$, et $N_t = \frac{Y_t}{V_t}$ $(t > 0)$.

Ces notations sont celles utilisées par Barlow et Perkins [2], dont nous reprenons, de façon essentielle, certains des résultats dans la suite de ce travail.

2. La propriété (ii) n'est jamais satisfaite.

Ce résultat découlera simplement de la

Proposition 3 : *On suppose ici* K *borné. On note :* $N_t = \frac{Y_t}{V_t} = \frac{1}{V_t}\int_0^t K_s dV_s$ $(t > 0)$. *Alors, pour tout* $r < 3$, *la famille* $(N_t, t > 0)$ *est bornée dans* L^r. *En conséquence, elle est uniformément intégrable.*

Nota Bene : Attention ! Nous n'affirmons pas ici, et cela est faux en général, que, sous l'hypothèse : K borné, $(N_t, t \geq \varepsilon)$ est une martingale, pour $\varepsilon > 0$. On retrouve ici la même situation que pour $\left(\frac{1}{V_t}, t \geq \varepsilon\right)$ qui est une martingale locale bornée dans L^r $(r < 3)$, mais n'est pas une martingale $\left(\underline{\text{Démonstration}} : E\left(\frac{1}{V_t}\right) = \frac{c}{\sqrt{t}} \text{ n'est pas une fonction constante}\right)$.

Une étude (partielle) de la propriété de martingale pour $(N_t, t \geq \varepsilon)$ est faite dans le paragraphe 5 ci-dessous. □

Démonstration de la Proposition 3 : Soient $p \in]1,\infty[$, et q tels que : $\frac{1}{p} + \frac{1}{q} = 1$.

On a alors :

$$E(|N_t|^r) \leq \left(E\left(\frac{1}{V_t^{pr}}\right)\right)^{1/p} \left(E\left(\left|\int_0^t K_s dV_s\right|^{qr}\right)\right)^{1/q}.$$

Or, on a : $E\left(\frac{1}{V_1^{\alpha}}\right) < \infty$ si, et seulement si : $\alpha < 3$.

A l'aide de la propriété de scaling, on a donc en choisissant p tel que $pr < 3$:

$$E(|N_t|^r) \leq \frac{C}{t^{r/2}} E\left[\left|\int_0^t K_s dV_s\right|^{rq}\right]^{1/q},$$

où C désigne une constante universelle qui varie de ligne en ligne par la suite.

D'après les inégalités de B.D.G, et *(1.a)*, on a, en posant $k = \|K\|_\infty$:

$$E(|N_t|^r) \le \frac{C}{t^{r/2}} \left\{ E\left[\left(\int_0^t K_s^2 ds \right)^{\frac{rq}{2}} \right]^{1/q} + E\left[\left(\int_0^t \frac{ds}{V_s} |K_s| \right)^{rq} \right]^{1/q} \right\}$$

$$\le \frac{C\,k^r}{t^{r/2}} \left\{ t^{r/2} + E\left[\left(\int_0^t \frac{ds}{V_s} \right)^{rq} \right]^{1/q} \right\}$$

$$(2.a) \qquad \le C\,k^r.$$

Pour obtenir la dernière inégalité, on a utilisé à nouveau *(1.a)* pour majorer

$E\left[\left(\int_0^t \frac{ds}{V_s} \right)^{rq} \right]^{1/q}$ par $C\,t^{r/2}$. □

Corollaire 4 : *Si* K *est un processus prévisible localement borné, la propriété* $(ii)_\pm$ *n'a pas lieu.*

Démonstration : On se ramène immédiatement au cas où K est borné. D'après le lemme de Fatou, si la propriété $(ii)_\pm$ avait lieu, on aurait : $\lim_{t \downarrow\downarrow 0} E(|N_t|) = \infty$, ce qui est contradictoire avec le résultat de la Proposition 3. □

Nous énonçons maintenant un résultat de convergence dans L^r, pour $r < 3$, ainsi que quelques conséquences qui nous seront utiles par la suite.

Proposition 5 : *1) Si* K *est un processus prévisible borné tel que :*

$$(2.b) \qquad |K_t - K_o| \le k(t) \qquad (t \le 1),$$

avec k *fonction croissante telle que :* $k(0+) = 0$, *on a, pour tout* $r < 3$:

$$E[|N_t - K_o|^r] \xrightarrow[t \downarrow\downarrow 0]{} 0.$$

2) Si K *satisfait (2.b), et si l'on a :*

$$(2.c)_- \quad \liminf_{t \downarrow\downarrow 0} N_t < K_o\,, \quad \text{ou :} \quad (2.c)_+ \quad \limsup_{t \downarrow\downarrow 0} N_t > K_o\,,$$

alors, $(N_t, t \downarrow\downarrow 0)$ *oscille fortement.*

3) Inversement, si K *satisfait (2.b), ainsi que :*

(2.d)$_-$ $\liminf_{t \downarrow\downarrow 0} N_t > -\infty$ *ou* *(2.d)*$_+$ $\limsup_{t \downarrow\downarrow 0} N_t < +\infty$,

alors, $(N_t, t \downarrow\downarrow 0)$ *converge* P-p.s. *vers* K_o.

<u>Démonstration</u> : 1) D'après l'inégalité *(2.a)*, on a :

$$E\left(|N_t - K_o|^r\right) \le C(k(t))^r,$$

ce qui implique la première assertion.

2) D'après la première partie de la Proposition, il existe une suite $t_n \downarrow\downarrow 0$ telle que (N_{t_n}) converge p.s. vers K_o.

Néanmoins, si la condition $(2.c)_+$ ou $(2.c)_-$ est satisfaite, $(N_t, t \downarrow\downarrow 0)$ ne converge pas. D'après le Théorème 1 et le Corollaire 4, $(N_t, t \downarrow\downarrow 0)$ oscille donc fortement.

3) Un argument tout à fait semblable au précédent montre la troisième assertion. □

3. Conditions suffisantes pour que la propriété (i) soit satisfaite.

Rappelons tout d'abord la

Définition : *Une fonction* $\rho : [0,\infty[\longrightarrow [0,\infty[$, *continue, croissante au sens large satisfait la condition de Dini si :*

$$(3.a) \qquad \int_{0+} du \, \frac{\rho(u)}{u} < \infty.$$

Nous faisons maintenant quelques commentaires généraux sur le travail de Barlow et Perkins [2]. D'après l'introduction de [2], la question qui est à l'origine de ce travail est la suivante : le processus de Bessel $(V_t, t > 0)$ s'échappe rapidement de 0 ; en fait, d'après Dvoretzky - Erdös [5], pour toute fonction ρ qui satisfait la condition de Dini *(3.a)*, on a :

$$(3.b) \qquad V_t \ge t^{1/2} \rho(t), \text{ pour } t \text{ suffisamment petit.}$$

Barlow et Perkins se sont alors demandés si, (K_t) étant un processus prévisible qui converge P-p.s. vers $K_0 > 0$, lorsque $t \downarrow\downarrow 0$, la propriété *(3.b)* pourrait avoir pour conséquence que

$$Y_t = \int_0^t K_s dV_s \quad \text{soit strictement positif dans un voisinage de } 0.$$

En fait, ils ont montré que la réponse à cette question est positive si $(K_t - K_0)$ satisfait une condition de continuité de Dini au voisinage de 0, et peut être négative sinon (voir respectivement le Théorème 3.4 et la Proposition 3.8 de [2]).

Nous allons maintenant appliquer ces résultats de Barlow - Perkins [2] pour établir, à l'aide de la Proposition 5, des critères assurant que $(N_t, t \downarrow\downarrow 0)$ converge P-p.s. ou oscille fortement.

Théorème 6 : *Soit* (K_t) *un processus* $(\mathcal{F}_t)$ *prévisible, localement borné, tel qu'il existe une fonction* ρ*, satisfaisant la condition de Dini (3.a), pour laquelle :*

$$\text{(3.b)} \qquad \limsup_{t \downarrow\downarrow 0} \frac{|K_t - K_0|}{\rho(t)} < \infty.$$

Alors, $(N_t, t \downarrow\downarrow 0)$ *converge P-p.s. vers* K_0.

Démonstration : 1) Par un argument de localisation, on se ramène aisément à la situation où K est borné, et satisfait : $|K_t - K_0| \le C\,\rho(t)$, pour une constante C. De plus, quitte à ajouter à K une constante suffisamment grande, on peut supposer $K_0 \ge 1$.

2) Ces réductions étant faites, on a, d'après le Théorème 3.4 de [2], $\liminf_{t \downarrow\downarrow 0} N_t \ge 0$, et donc, avec les notations de la Proposition 5 ci-dessus, la condition *(2.d)*$_-$ est satisfaite ; en conséquence, $(N_t, t \downarrow\downarrow 0)$ converge P-p.s. vers K_0. □

On peut également donner une démonstration du Théorème 6 qui n'utilise pas la Proposition 5, en modifiant légèrement la démonstration du Théorème 3.4 de [2] : considérons les processus $M_t = \inf_{s \ge t} V_s$ et $W_t = 2M_t - V_t$.

Posons $\mathcal{G}_t = \sigma(\mathcal{F}_t, M_t)$. Alors, d'après le théorème de Pitman [6] sur la représentation du processus de Bessel de dimension 3, (W_t) est un $(\mathcal{G}_t)$ mouvement brownien.

D'autre part, on a :

$$N_t = \frac{Y_t}{V_t} = K_0 + \frac{1}{V_t} \int_0^t (K_s - K_0) dV_s$$

$$= K_0 + \frac{2}{V_t} \int_0^t (K_s - K_0) dM_s - \frac{1}{V_t} \int_0^t (K_s - K_0) dW_s ,$$

d'où : $$|N_t - K_0| \le \frac{2}{M_t} \int_0^t |K_s - K_0| dM_s + \frac{1}{M_t} \left| \int_0^t (K_s - K_0) dW_s \right| .$$

Il est immédiat que le premier terme du membre de droite converge p.s. vers 0 ; la convergence vers 0 du second terme est l'objet de la Proposition 3.3 de [2].

En nous appuyant maintenant conjointement sur les Théorèmes 1 et 6, nous pouvons démontrer le

Théorème 7 : *Si* (K_t) *est une* $(\mathcal{F}_t)$ *semimartingale continue de la forme :*

$$K_t = K_0 + \int_0^t \varphi_s d\beta_s + A_t ,$$

où (φ_t) *est un processus prévisible localement borné, et* A *un processus continu à variation bornée, nul en* 0, *alors :*

$$(N_t, t \downarrow\downarrow 0) \text{ converge } P\text{-p.s. vers } K_0 .$$

Démonstration : 1) On se ramène immédiatement au cas où $K_0 = 0$; il suffit ensuite de traiter séparément les cas où $K_t = \int_0^t \varphi_s d\beta_s$, et $K_t = A_t$; dans le premier cas, on peut supposer, par localisation, que φ est borné, et, dans le second cas, on peut supposer que A est croissant.

2) Considérons donc $K_t = \int_0^t \varphi_s d\beta_s$, avec φ borné.

D'après Dubins-Schwarz [4], $(K_t, t \ge 0)$ est un mouvement brownien changé de temps à l'aide de : $\left(\int_0^t ds\, \varphi_s^2, t \ge 0\right)$.

En conséquence, on a : $|K_t| \le C(\omega) t^{\frac{1}{2} - \varepsilon}$ $\qquad (t \le 1)$

pour une certaine constante $C(\omega)$; ainsi, K satisfait la condition *(3.b)* et on est ramené, dans ce cas, au Théorème 6.

3) Lorsque $K_t = A_t$, avec A processus croissant continu, on a, par intégration par parties :

$$(3.c) \qquad N_t = \frac{Y_t}{V_t} = A_t - \frac{1}{V_t}\int_0^t V_s\, dA_s ,$$

d'où l'on déduit : $\limsup_{t \downarrow\downarrow 0} N_t \le 0.$

D'après le Théorème 1 et le Corollaire 4, $(N_t, t \downarrow\downarrow 0)$ converge P-p.s. Il reste à montrer que la limite p.s. est bien 0 ; en utilisant à nouveau *(3.c)*, il suffit de montrer que $\left(\frac{1}{V_t}\int_0^t V_s dA_s , t \downarrow\downarrow 0\right)$ converge en probabilité vers 0, ce qui découle de la majoration :

$$\frac{1}{V_t}\int_0^t V_s dA_s \le \left(\frac{\sup_{s\le t} V_s}{V_t}\right) A_t ,$$

et du fait que, par scaling, la loi de $\frac{\sup_{s\le t} V_s}{V_t}$ ne dépend pas de t. □

4. Un exemple où la condition (iii) n'est pas satisfaite.

Dans ce paragraphe, nous nous appuyons de façon essentielle sur la Proposition 3.8 de [2].

Théorème 8 : *Soit ρ fonction croissante continue, telle que $\rho(0) = 0$ et satisfaisant :*

$$(4.a) \qquad \int_{0+} \frac{du}{u}\, \rho(u) = \infty.$$

Il existe alors un processus prévisible borné K, vérifiant $K \geq 1$, *et*

(4.b) $$|K_t - K_0| \leq 2\rho(t)$$

tel que $(N_t, t \downarrow\downarrow 0)$ *oscille fortement.*

Démonstration : D'après la Proposition 3.8 de [2], il existe un processus K satisfaisant les hypothèses du Théorème 8 tel que :

(4.c) $$\liminf_{t \downarrow\downarrow 0} N_t \leq 0.$$

D'après la seconde partie de la Proposition 5 ci-dessus, $(N_t, t \downarrow\downarrow 0)$ oscille fortement. □

Commentaires : 1) Pour être complets, rappelons la définition explicite du processus K construit par Barlow et Perkins :

$$K_t = 1 + \sum_{n=0}^{\infty} 2\rho(y^{2n} \wedge S(y^n))\, 1_{(S(y^n), S(y^{2n}))}(t),$$

où $S(x) = \inf\{t \geq 0 : V_t = x\}$, et $y \in [0, \frac{1}{3}]$.

Il n'est pas difficile, en suivant soigneusement la démonstration de Barlow-Perkins de voir directement que : $\liminf_{t \downarrow\downarrow 0} N_t \leq -1$, renforçant ainsi (4.c).

En fait, on sait a posteriori que : $\liminf_{t \downarrow\downarrow 0} N_t = -\infty$.

2) Il serait très intéressant de dégager une classe plus générale de processus K tels que $(N_t, t \downarrow\downarrow 0)$ oscille fortement.

5. Des martingales locales bornées dans L^2 qui ne sont pas des martingales.

Lorsque $(N_t, t \downarrow\downarrow 0)$ converge P-p.s. vers K_0, il est facile de voir que $(N_t, t \geq 0)$ est une $((\mathcal{F}_t)_{t \geq 0}, P)$ martingale locale (on a posé : $N_0 = K_0$).

Il est alors naturel de se demander si $(N_t, t \geq 0)$ est une vraie martingale. On peut en fait se poser cette question plus généralement pour tout processus $(N_t ; a \leq t \leq b)$, où $0 < a < b$.

De façon à ne pas écarter de notre étude des exemples importants de processus N, nous relaxons l'hypothèse de bornitude faite sur K dans l'énoncé de la Proposition 3, et, à l'aide des majorations faites dans la démonstration de cette Proposition, nous obtenons le

Lemme 9 : *Soit* K *un processus continu,* $(\mathcal{F}_t)$ *adapté, tel que :*

$$E\left[\left(\sup_{s\leq t}|K_s|\right)^{\alpha}\right] < \infty, \text{ pour tous } t > 0 \text{ et } \alpha > 0.$$

Alors :

1) pour tout $r < 3$, *et tout* $t > 0$, *la famille*

$(N_s, 0 < s \leq t)$ *est bornée dans* L^r.

2) En conséquence, pour $\varepsilon > 0$, *et* t *fixés,* $(N_s, \varepsilon \leq s \leq t)$ *est une* $(\mathcal{F}_s)$ *martingale si, et seulement si :*

$$E\left[\sup_{\varepsilon\leq s\leq t} N_s^2\right] < \infty.$$

Démonstration : La seconde assertion découle de la première, et de l'inégalité de Doob dans L^2. □

Nous appliquons maintenant le Lemme 9 à l'étude des martingales locales suivantes, indexées par $]0,\infty[$:

$$(5.b) \qquad N_t^f = \frac{f(V_t,t)}{V_t},$$

où $f : \mathbb{R}\times\mathbb{R}_+ \longrightarrow \mathbb{R}$ est solution de l'équation de la chaleur :

$$(5.c) \qquad \left(\frac{1}{2} f''_{x^2} + f'_t\right)(x,t) = 0, \text{ et } f(0,0) = 0.$$

En conséquence de ces hypothèses, on a, par application de la formule d'Itô :

$$Y_t = \int_0^t K_s dV_s \text{ , avec } K_s = f'_x(V_s,s).$$

De plus, il découle immédiatement du Théorème 6 que $(N_t^f, t \downarrow\downarrow 0)$ converge P-p.s. vers $f'_x(0,0)$. On posera toujours, dans ce paragraphe :

$$N_0^f = f'_x(0,0).$$

Nous pouvons maintenant énoncer le

Théorème 10 : *Supposons, en plus des hypothèses faites précédemment sur f, que l'on ait :*

$$(5.d)\qquad E\left[\sup_{x\le V_s\ ;\ s\le t} |f'_x(x,s)|^{\alpha}\right] < \infty,$$

pour tout $t > 0$, *et tout* $\alpha > 0$.

Alors : 1) Pour tout $\varepsilon > 0$, *la martingale locale* $(N_t^f\ ;\ t \ge \varepsilon)$ *est une martingale si, et seulement si :*

$$(5.e)\qquad f(0,t) = 0.$$

2) Lorsque la condition (5.e) est satisfaite, alors $(N_t^f, t \ge 0)$ *est une martingale.*

Remarque : Nous ne savons pas précisément sous quelle condition sur f, solution de *(5.c)*, l'hypothèse *(5.d)* est satisfaite, mais, dans tous les exemples que nous avons en vue, il n'y a aucune difficulté à vérifier cette hypothèse.

Démonstration du Théorème 10 :

1) Ecrivons : $f(y,t) = (f(y,t) - f(0,t)) + f(0,t)$, puis :

$$|f(y,t)| \le y \sup_{x\le y} |f'_x(x,t)| + |f(0,t)|.$$

Nous voyons alors, à l'aide de l'hypothèse *(5.d)* et de la seconde partie du Lemme 9, que $(N_t^f, t \ge \varepsilon)$ est une martingale si, et seulement si :

$$(5.f)\qquad E\left[\sup_{\varepsilon\le s\le t} \left(\frac{\varphi(s)}{V_s}\right)^2\right] < \infty,$$

où l'on a posé : $\varphi(s) = |f(0,s)|$.

Il découle de la Proposition 12 ci-dessous que la propriété *(5.f)* est satisfaite si, et seulement si : $\varphi(s) = 0$ pour tout $s \in [\varepsilon, t]$.

2) La seconde assertion du Théorème découle alors simplement du théorème de convergence des martingales inverses. □

Voici maintenant quelques exemples importants de processus $(N_t^f, t \ge 0)$ satisfaisant *(5.b)* et *(5.c)*, qui sont des martingales locales, et sont, ou ne sont pas, des martingales.

Théorème 11 : *1) Soit* α *réel strictement positif ; alors :*

$\left(\frac{\mathrm{sh}(\alpha V_t)}{V_t} \exp\left(-\frac{\alpha^2 t}{2}\right),\ t \geq 0\right)$ *est une martingale ; elle converge vers* α *lorsque* t *tend vers* 0, *et est de carré intégrable pour tout* $t \geq 0$.

Par contre, $\left(\frac{1}{V_t}\left(\exp(\alpha V_t - \frac{\alpha^2 t}{2}) - 1\right) ;\ t \geq 0\right)$ *est une martingale locale, mais n'est pas une martingale ; elle converge vers* α *lorsque* t *tend vers* 0, *et est de carré intégrable pour tout* $t \geq 0$.

2) Désignons par $h_n(x)$ *le* $n^{\text{ième}}$ *polynôme de Hermite, et notons :* $H_n(x,t) = t^{n/2}\, h_n(\frac{x}{\sqrt{t}})$. *Alors :*

si n *est impair,* $\left(\frac{1}{V_t} H_n(V_t,t), t \geq 0\right)$ *est une martingale, de carré intégrable pour tout* $t > 0$;

si n *est pair,* $n \geq 1$, $\left(\frac{1}{V_t} H_n(V_t,t), t \geq 0\right)$ *est une martingale locale, de carré intégrable pour tout* $t > 0$, *mais n'est pas une martingale.*

La Proposition suivante permet de terminer la démonstration du Théorème 10, et donne d'autres exemples de martingales locales bornées dans L^2, qui ne sont pas des martingales.

Proposition 12 : *1) Soient* $0 < a < b$. *On note :* $I_{a,b} = \inf_{a \leq s \leq b} V_s$.

Alors, $E\left[\left(\frac{1}{I_{a,b}}\right)^{\alpha}\right] < \infty$ *si, et seulement si :* $\alpha < 1$.

2) En conséquence, si $\varphi : [a,b] \longrightarrow \mathbb{R}_+$ *est une fonction continue, alors :*

$$E\left[\sup_{a \leq s \leq b} \left(\frac{\varphi(s)}{V_s}\right)\right]$$

est fini si, et seulement si, φ *est identiquement nulle sur* $[a,b]$.

3) Si $\varphi : [a,b] \longrightarrow \mathbb{R}$ *est une fonction de classe* C^1 *qui n'est pas identiquement nulle, alors :*

$$\int_0^t \varphi(s)\, d\left(\frac{1}{V_s}\right) = -\int_a^t \varphi(s)\, \frac{d\beta_s}{V_s^2} \qquad (a \le t \le b)$$

est une martingale locale, de carré intégrable pour tout t*, qui n'est pas une martingale.*

Démonstration : 1) Les propriétés d'intégrabilité de $\frac{1}{I_{a,b}}$ découlent immédiatement de l'estimation :

$$(*) \qquad P(I_{a,b} \le \varepsilon) \underset{\varepsilon\to 0}{\sim} \varepsilon\, E\left[\frac{1}{V_a} - \frac{1}{V_b}\right] = \varepsilon\, C\left(\frac{1}{\sqrt{a}} - \frac{1}{\sqrt{b}}\right).$$

Pour démontrer (*), remarquons que, si P_x désigne la loi du processus de Bessel de dimension 3, issu de $x > 0$, et $T_\varepsilon = \inf\{t \ge 0 : V_t = \varepsilon\}$, on a, pour $\varepsilon < x$:

$$E_x\left[\frac{1}{V_{t\wedge T_\varepsilon}}\right] = \frac{1}{x},$$

c'est-à-dire : $$\frac{1}{\varepsilon} P_x(T_\varepsilon \le t) + E_x\left[\frac{1}{V_t} 1_{(T_\varepsilon > t)}\right] = \frac{1}{x},$$

d'où l'on déduit : $$P_x\left(\inf_{u\le t} V_u \le \varepsilon\right) \equiv P_x(T_\varepsilon \le t) \underset{\varepsilon\to 0}{\sim} \varepsilon\left(\frac{1}{x} - E_x\left(\frac{1}{V_t}\right)\right).$$

L'estimation (*) découle alors de la propriété de Markov.

2) Si φ n'est pas identiquement nulle, elle est minorée par une constante $\varphi_* > 0$ sur un sous-intervalle $[c,d]$ de $[a,b]$, et on a, d'après 1) :

$$\infty = \varphi_*\, E\left[\frac{1}{I_{c,d}}\right] \le E\left[\sup_{a\le t\le b}\left(\frac{\varphi(t)}{V_t}\right)\right].$$

3) On a, d'après la formule d'Itô :

$$(5.g) \qquad \frac{\varphi(t)}{V_t} = \frac{\varphi(a)}{V_a} + \int_a^t \varphi(s)\, d\left(\frac{1}{V_s}\right) + \int_a^t \frac{\varphi'(s)ds}{V_s},$$

et, si l'intégrale stochastique est une martingale, on en déduit, en prenant les espérances des deux membres de *(5.g)* :

$$\frac{\varphi(t)}{\sqrt{t}} = \frac{\varphi(a)}{\sqrt{a}} + \int_a^t \frac{\varphi'(s)ds}{\sqrt{s}},$$

d'où l'on déduit, par intégration par parties : $\int_a^t \frac{\varphi(s)ds}{s^{3/2}} = 0$, et donc : $\varphi(t) \equiv 0$.

Le fait que la martingale locale ainsi définie soit de carré intégrable pour tout t découle de la formule *(5.g)* et des majorations déjà faites dans la démonstration de la Proposition 3. □

6. Relations avec une extension du théorème de Girsanov.

La démonstration que nous avons donnée ci-dessus du résultat de la Proposition 2 :

(6.a) $$\left(N_t \equiv \frac{1}{V_t}\left(c + \int_0^t K_s dV_s\right) ; t > 0\right) \text{ est une } ((\mathcal{F}_t)_{t>0} ; P)$$ martingale locale,

s'appuie sur la formule d'Itô. C'est certainement une des démonstrations les plus rapides de ce résultat.

Toutefois, nous sommes parvenus initialement à l'énoncé *(6.a)* comme cas particulier d'un résultat beaucoup plus général, qui fait l'objet de notre article [1], et que l'on peut considérer à la fois comme une extension du théorème de Girsanov (tout au moins pour les martingales continues), et comme une simplification des formules de la théorie du grossissement de filtrations.
Nous montrons en [1] le

Théorème 13 : *Soit* $(M_t, t \geq 0)$ *une* $((\mathcal{F}_t)_{t\geq 0}, P)$ *martingale continue, uniformément intégrable, nulle en* 0, *telle que :* $P(M_\infty = 0) = 0$.

Notons $g = \sup\{t : M_t = 0\}$, *et posons* $Q = \frac{|M_\infty|}{E_P(|M_\infty|)} P$.

Soit $(X_t ; t \geq 0)$ *une* $((\mathcal{F}_t), P)$ *martingale locale continue.*

Alors, on a :

1) pour tout $t > 0$, $\int_g^{g+t} \frac{|d\langle X,M\rangle_s|}{|M_s|} < \infty$;

2) $\left(X_{g+t} - X_g - \int_g^{g+t} \frac{d\langle X,M\rangle_s}{M_s} ; t > 0\right)$

est une $((\mathcal{F}_{g+t})_{t>0} \; ; \; Q)$ *martingale locale ;*

3) en conséquence, $\left(\frac{X_{g+t}}{M_{g+t}} \, , \; t > 0\right)$ *est une* $((\mathcal{F}_{g+t})_{t>0}, Q)$ *martingale locale.*

La validité du Théorème 13 peut d'ailleurs être étendue au cas où $|M|$ est remplacée par une sous-martingale continue $(Y_t, t \geq 0)$ de la classe (D), à valeurs dans $\mathbb{R}_+$, et dont le processus croissant est porté par les zéros de Y (remplacer partout dans les points 1), 2), 3) ci-dessus, M et $|M|$ par Y). Avec cette généralité, on obtient ainsi une extension du théorème de décomposition de Williams pour les trajectoires du mouvement brownien $(B_t, t \geq 0)$ issu de 0, décomposées en $g_T \equiv \sup\{s \leq T : B_s = 0\}$, où T est un $(\mathcal{F}_t \equiv \sigma\{B_s, s \leq t\} \; ; \; t \geq 0)$ temps d'arrêt quelconque. Nous renvoyons le lecteur à [1] pour plus de détails, et d'autres applications du Théorème 13.

REFERENCES

[1] J. Azéma, M. Yor : Une extension du théorème de Girsanov, et applications. En préparation.

[2] M.T. Barlow, E.A. Perkins : Sample path properties of stochastic integrals and stochastic differentiation.
Stochastics and Stochastics Reports, 27, p. 261-293 (1989).

[3] J.Y. Calais, M. Génin : Sur les martingales locales continues indexées par]0,∞[.
Sém. Proba. XVII, Lect. Notes in Maths. 986, p. 162-178, Springer (1983).

[4] L. Dubins, G. Schwarz : On continuous martingales.
Proc. Nat. Acad. Sci. U.S.A. 53, p. 913-916 (1965).

[5] A. Dvoretzky, P. Erdös : Some problems on random walk in space.
Proc. Second Berkeley Symp. on Math. Stat. and Probability.
Univ. of California Press, Berkeley, 1951, p. 353-367.

[6] J.W. Pitman : One dimensional Brownian motion and the three-dimensional Bessel process.
J. App. Proba. 7, p. 511-526 (1975).

[7] M.J. Sharpe : Local times and singularities of continuous local martingales.
Sém. Probas. XIV, Lect. Notes in Maths. 784, p. 76-101 (1980).

[8] J.B. Walsh : A property of conformal martingales.
Sém. Proba. XI, Lect. Notes in Maths. 581, p. 490-492 (1977).

[9] M.T. Barlow, E.A. Perkins : On pathwise uniqueness and expansion of filtrations. Dans ce volume.

FILTRATION DES PONTS BROWNIENS ET EQUATIONS DIFFERENTIELLES STOCHASTIQUES LINEAIRES

T. JEULIN[(1)] et **M. YOR**[(2)]

(1) *UFR de Mathématiques, Université Paris 7, Tour 45-55, 5ème étage, 2, place Jussieu, 75251 Paris Cédex 05.*

(2) *Laboratoire de Probabilités, Université P. et M. Curie, Tour 56, 3ème étage, 4, Place Jussieu, 75252 Paris Cédex 05.*

Abstract : In this paper, we associate to a one-dimensional Brownian motion $(X_t)_{t\geq 0}$, starting from 0, another Brownian motion :

$$\tilde{X}_t = X_t - \int_0^t \frac{1}{s} X_s ds \qquad (t \geq 0).$$

We remark that, for every $t > 0$, $\sigma(\tilde{X}_s,\ s \leq t)$ coïncides, up to negligible sets, with the σ-field generated by the Brownian bridge

$$(X_s - \frac{s}{t} X_t,\ s \leq t).$$

We study the ergodic properties of the application : $X \longrightarrow \tilde{X}$, which preserves the Wiener measure. The Laguerre polynomials play an essential role in this study.

More generally, we study the filtration of the process

$$X_t - \int_0^t ds\ \varphi(s)\ X_s \qquad (t \geq 0)$$

for a large class of functions φ, which may have some singularity at 0.

Finally, given a Brownian motion $(B_t)_{t\geq 0}$, we study the properties of all solutions of :

$$X_t = B_t + \int_0^t ds\ \varphi(s)\ X_s \qquad (t \geq 0),$$

thus completing results obtained earlier by Chitashvili-Toronjadze [2].

1. Grossissement et appauvrissement de filtrations.

De façon à mettre en perspective les études faites dans cet article, et certains de nos travaux antérieurs sur les grossissements de filtrations, nous commençons, avant d'entrer dans le vif du sujet, par une brève discussion dans laquelle nous comparons d'une part les grossissements de filtrations, et d'autre part certains appauvrissements d'une filtration.

(1.1) Considérons tout d'abord un espace de probabilité $(\Omega,\mathcal{F},\mathbb{P})$ et une filtration $(\mathcal{F}_t)_{t\geq 0}$ satisfaisant les conditions habituelles, constituée de sous-tribus de $\mathcal{F}$.

Une façon générale de construire des surfiltrations de $(\mathcal{F}_t)$ consiste à rendre adapté un processus $(H_t)_{t\geq 0}$, qui n'est pas $(\mathcal{F}_t)$ adapté ; on définit ainsi $(\mathcal{F}^H_t)_{t\geq 0}$ comme la plus petite filtration rendant adapté $(H_t)_{t\geq 0}$ et contenant $(\mathcal{F}_t)$ (Attention ; cette notation n'est pas habituelle ; elle ne désigne pas, dans ce travail, la filtration engendrée par H).

Bien entendu, $(\mathcal{F}^H_t)_{t\geq 0}$ est une surfiltration stricte de $(\mathcal{F}_t)$ (i.e. il existe t tel que $\mathcal{F}_t \neq \mathcal{F}^H_t$) dès que $(H_t)_{t\geq 0}$ n'est pas $(\mathcal{F}_t)$ adapté.

La question intéressante, étudiée en particulier dans la monographie de Jeulin [8] et en [10], consiste alors à savoir si l'on n'a pas ajouté "trop" d'informations à $(\mathcal{F}_t)$, ce que l'on a traduit, de façon mathématique, jusqu'à présent, par : il existe une classe importante de $(\mathcal{F}_t)$-martingales qui sont des $(\mathcal{F}^H_t)$-semimartingales (un exemple est étudié en détail en [9]).

(1.2) Par contre, il n'est pas si facile de définir de façon naturelle une sous-filtration stricte de $(\mathcal{F}_t)$, en ôtant de l'information au cours du temps. Un procédé qui, à première vue, semble prometteur, car très lié à la notion de martingale, est le suivant :
soit $(M_t)_{t\geq 0}$ une $(\mathcal{F}_t)$-martingale telle que, pour tout t, $\mathbb{E}[M_t^2] < +\infty$; dénotons par $\mathcal{G}_t$ la sous-tribu de $\mathcal{F}_t$ engendrée par les variables $X \in L^2(\mathcal{F}_t)$ orthogonales à la variable M_t ; $(M_t)_{t\geq 0}$ étant une martingale, il est immédiat que $\mathcal{G}_t$ croit avec t ; cependant, dans la plupart des cas, on a : $\mathcal{G}_t = \mathcal{F}_t$, pour tout t.

Pour fixer les idées, on suppose dorénavant que $(\mathcal{F}_t)$ est la filtration naturelle du mouvement brownien $(B_t)_{t\geq 0}$, issu de 0. Posons $M_t = B_t$, et dénotons par $(\mathcal{F}^{orth}_t)$ la filtration $(\mathcal{G}_t)$ que nous venons de définir. Nous allons montrer que $\mathcal{F}^{orth}_t = \mathcal{F}_t$, pour tout t. En effet, définissons une troisième filtration $(\mathcal{F}^{ind}_t)$, a priori encore plus pauvre que $(\mathcal{F}^{orth}_t)$, de la façon suivante :

$$\mathcal{F}^{ind}_t = \sigma\{X \in L^2(\mathcal{F}_t) \mid X \text{ est indépendante de la variable } B_t\}.$$

Il découle immédiatement du Lemme 1 ci-dessous que la double inclusion :

$$(1.a) \qquad \mathcal{F}^{ind}_t \subseteq \mathcal{F}^{orth}_t \subseteq \mathcal{F}_t$$

est en fait une double égalité :

$$(1.b) \qquad \mathcal{F}^{ind}_t = \mathcal{F}^{orth}_t = \mathcal{F}_t.$$

Lemme 1 : *Soit, sur un espace de probabilité $(\Omega,\mathcal{F},\mathbb{P})$, un espace gaussien Γ, de dimension supérieure ou égale à 2, et $\mathcal{G}$ la tribu engendrée par Γ. Soit X une variable de Γ, non nulle. Désignons par $\mathcal{G}^X$ la sous tribu de $\mathcal{G}$ engendrée par les variables gaussiennes $\mathcal{G}$-mesurables (mais n'appartenant pas nécessairement à l'espace gaussien Γ), indépendantes de X. Alors $\mathcal{G}^X = \mathcal{G}$.*

Démonstration : soit Y une variable gaussienne générique, non nulle, de l'orthogonal dans Γ de l'espace gaussien unidimensionnel engendré par X. Remarquons que, pour $a \in \mathbb{R}$, la variable $Z = \varepsilon_a Y$, où $\varepsilon_a = 1_{\{X\geq a\}} - 1_{\{X<a\}}$ est une variable gaussienne, $\mathcal{G}$-mesurable, indépendante de X. En conséquence, Z est $\mathcal{G}^X$-mesurable ; il en est évidemment de même de Y, et $\varepsilon_a = Z/Y$ est $\mathcal{G}^X$-mesurable. L'ensemble $\{X \geq a\} = \{\varepsilon_a = 1\}$ est $\mathcal{G}^X$-mesurable et X est $\mathcal{G}^X$-mesurable ; finalement, toute variable de Γ est $\mathcal{G}^X$-mesurable. Il en découle $\mathcal{G}^X = \mathcal{G}$. □

Le lemme 1 s'applique dans le cadre qui nous intéresse, pour fournir une démonstration de *(1.b)* ; il suffit de prendre pour X la variable B_t et pour Γ l'espace gaussien engendré par $(B_s)_{s\leq t}$.

Comme l'énoncé du Lemme 1 et sa démonstration peuvent le laisser pressentir, on est maintenant amené à définir, pour tout $t \geq 0$, la tribu $\mathcal{F}_t^{\text{Gauss}}$, engendrée par les variables de l'espace gaussien

$$\Gamma_t \equiv \left\{\int_0^t f(u)dB_u \mid f \in L^2([0,t],du)\right\}$$

qui sont orthogonales à la variable B_t (et donc indépendantes de cette variable) ; ainsi :

$$\mathcal{F}_t^{\text{Gauss}} = \sigma\left\{\int_0^t f(u)dB_u \mid f \in L^2([0,t],du) \;\text{ et }\; \int_0^t f(u)du = 0\right\}.$$

Le paragraphe 2 ci-dessous est consacré à l'étude de cette filtration, dont nous justifierons l'appellation de : filtration des ponts browniens.

Plus généralement, $(\mathcal{F}_t)$ désignant toujours la filtration du mouvement brownien réel, on peut associer à toute famille $F = (f_i)_{i\in I}$ de fonctions de $L^2_{\text{loc}}(\mathbb{R}_+,du)$ une sous-filtration stricte de $(\mathcal{F}_t)$, au moyen de la définition :

$$\mathcal{F}_t^{F,\text{Gauss}} = \sigma\left\{\int_0^t f(u)dB_u \mid f \in L^2([0,t],du) \;;\; \int_0^t f(u)f_i(u)du = 0,\ \forall i \in I\right\}.$$

Nous verrons, dans le paragraphe 3, de tels exemples de sous-filtrations.

(1.3) Pour conclure cette discussion, indiquons, de façon analogue à ce que l'on a fait à la fin du sous-paragraphe **(1.1)**, quelques problèmes importants qui se posent dans l'étude d'une sous-filtration $(\mathcal{G}_t)$ d'une filtration donnée $(\mathcal{F}_t)$. Tout d'abord, quelle est la structure des martingales de $(\mathcal{G}_t)$? Par exemple : toutes les $(\mathcal{G}_t)$-martingales sont-elles des intégrales stochastiques par rapport à un mouvement brownien ? Ensuite, y-a-t-il suffisamment de $(\mathcal{G}_t)$-martingales qui sont des $(\mathcal{F}_t)$-semimartingales ? (Cette question nous ramène en fait à considérer $(\mathcal{F}_t)$ comme un grossissement de la filtration $(\mathcal{G}_t)$). Enfin, si $(X_t)_{t\geq 0}$ est une $(\mathcal{F}_t)$-semi-martingale, adaptée à $(\mathcal{G}_t)$, quelle est sa décomposition canonique dans la filtration $(\mathcal{G}_t)$?

Ce dernier problème a été étudié extensivement dans le cadre de la théorie du filtrage, mais, mis à part cette théorie, il n'existe pas, à notre connaissance, d'étude systématique de l'appauvrissement d'une filtration.

Les résultats qui suivent constituent un exemple simple d'une telle étude, comparable, à plus d'un titre, à l'étude des grossissements gaussiens de la filtration brownienne ([1], [9]).

2. Quelques propriétés de la filtration des ponts browniens.

(2.1) Dans ce paragraphe, nous noterons simplement $(\mathcal{G}_t)$ la filtration $(\mathcal{F}_t^{\mathrm{Gauss}})$ définie en (1.2), et Γ'_t l'espace gaussien qui engendre la tribu $\mathcal{G}_t$, à savoir :

$$\Gamma'_t = \left\{\int_0^t f(u)dB_u \mid f \in L^2([0,t],du) \quad \text{et} \int_0^t f(u)du = 0\right\}.$$

Plus généralement, si G est un sous-ensemble de l'espace gaussien du mouvement brownien B, nous noterons $\Gamma(G)$ l'espace gaussien engendré par G. Nous pouvons maintenant énoncer la proposition suivante qui nous permet, entre autres choses, d'appeler $(\mathcal{G}_t)_{t\geq 0}$ la filtration des ponts browniens.

Proposition 2 : *1) Pour tout* $t > 0$, *on a :*

(2.a) $$\Gamma'_t = \Gamma(B_s - \frac{s}{t} B_t,\ s \leq t)$$

$\mathcal{G}_t$ *est donc la tribu engendrée par le pont brownien* $(B_s - \frac{s}{t} B_t)_{s\leq t}$ *de durée* t.

2) Définissons $(\gamma_s^{(t)})_{s\leq t}$ *par la formule :*

(2.b) $$\gamma_s^{(t)} = B_s - \int_0^s du \frac{B_t - B_u}{t - u} .$$

$(\gamma_s^{(t)})_{s\leq t}$ *est un mouvement brownien indépendant de la variable* B_t. *De plus :*

(2.c) $$\Gamma'_t = \Gamma(\gamma_s^{(t)} \ ;\ s \leq t).$$

3) Le processus

(2.d) $$\beta_t = B_t - \int_0^t \frac{1}{s} B_s\, ds \qquad (t \geq 0)$$

est un mouvement brownien, et on a :

(2.e) $\Gamma'_t = \Gamma(\beta_s,\ s \le t)$.

En conséquence, $(\mathcal{F}_t)$ est la filtration naturelle du mouvement brownien β.

Démonstration :

1) Remarquons tout d'abord que les processus $(\gamma_s^{(t)})_{s\le t}$ et $(\beta_s)_{s\ge 0}$ définis par les formules *(2.b)* et *(2.d)* sont des mouvements browniens. On peut voir ce résultat de façon élémentaire en montrant que la covariance de chacun de ces processus gaussiens est bien :

$$\mathbb{E}[\beta_s\beta_u] = \inf(s,u) \qquad (s,u \ge 0).$$

De façon un peu plus approfondie, remarquons que la formule *(2.b)* n'est autre que la formule de décomposition de la semimartingale $(B_s)_{s\le t}$ dans la filtration $(\mathcal{F}_s \vee \sigma(B_t))_{s\le t}$ (voir, par exemple, Jeulin-Yor [9]), ce qui donne une autre démonstration du caractère brownien de $\gamma^{(t)}$.

2) Remarquons ensuite que les espaces gaussiens qui figurent dans les membres de droite de *(2.a)*, *(2.c)* et *(2.e)* sont contenus dans Γ'_t, car chacune des variables X qui engendrent ces espaces gaussiens est orthogonale à B_t.

3) Il reste à montrer les inclusions inverses.

- Remarquons tout d'abord que

$$\Gamma'_t = \Gamma\left(\int_0^t f(u)dB_u - \frac{1}{t}\left(\int_0^t f(u)\ du\right) B_t \,\middle|\, f \in C^1[0,t]\right).$$

Or, si $f \in C^1[0,t]$, on a :

$$\int_0^t f(u)dB_u - \frac{1}{t}\left(\int_0^t f(u)du\right) B_t = -\int_0^t f'(u)(B_u - \frac{u}{t} B_t)du,$$

par intégration par parties, ce qui prouve *(2.a)*.

- On déduit finalement des deux identités suivantes :

(2.f) $$\gamma_s^{(t)} = (B_s - \frac{s}{t} B_s) + \int_0^s \frac{1}{t-u} (B_u - \frac{u}{t} B_t)\ du \qquad (s \le t)$$

(2.g) $$\beta_s = (B_s - \frac{s}{t} B_s) - \int_0^s \frac{1}{u} (B_u - \frac{u}{t} B_t)\ du \qquad (s \le t)$$

les égalités *(2.c)* et *(2.e)* entre espaces gaussiens. □

Nous faisons maintenant quelques commentaires importants relatifs à la proposition 2.

(i) On peut considérer la formule de définition *(2.d)* de β en termes de B comme une équation stochastique linéaire :

$$(2.d)\qquad B_t = \beta_t + \int_0^t \frac{1}{s} B_s \, ds$$

où β est le mouvement brownien donné et B le processus inconnu. Nous étudions, de façon beaucoup plus générale, dans le paragraphe 4, les équations :

$$X_t = \beta_t + \int_0^t ds \, \varphi(s) \, X_s,$$

la fonction φ présentant une singularité en 0 .

(ii) Il est immédiat, à partir de *(2.d)*, que l'on a, pour $0 < \varepsilon < t$:

$$(2.h)\qquad \mathcal{F}_t = \mathcal{F}_\varepsilon \vee \mathcal{G}_t, \text{ aux ensembles négligeables près.}$$

De plus, $\mathcal{F}_{0+} = \bigcap_{\varepsilon>0} \mathcal{F}_\varepsilon$ est $\mathbb{P}$-triviale, et néanmoins, on ne peut pas déduire de *(2.h)* l'égalité des tribus $\mathcal{F}_t$ et $\mathcal{G}_t$; en fait, d'après la Proposition 2, on sait précisément que : $\mathcal{F}_t = \mathcal{G}_t \vee \sigma(B_t)$, avec B_t indépendante de $\mathcal{G}_t$.
Une caractérisation générale des situations dans lesquelles on peut déduire de *(2.h)* l'égalité : *(2.h')* $\mathcal{F}_t = \mathcal{F}_{0+} \vee \mathcal{G}_t$ a été faite par H. von Weizsäcker [14]. Ainsi, la situation dont nous nous occupons ici constitue un exemple supplémentaire montrant que *(2.h')* ne découle pas nécessairement de *(2.h)*.

Remarquons par contre que l'on a :

$$(2.i)\qquad \mathcal{F}_\infty = \mathcal{G}_\infty .$$

En effet, toujours à partir de la formule *(2.d)*, on déduit de la formule d'Itô que :

$$\frac{1}{t} B_t = \frac{1}{s} B_s + \int_s^t \frac{d\beta_u}{u} \qquad (0 < s \le t),$$

et, en conséquence :

$$\frac{1}{s} B_s = - \int_s^\infty \frac{d\beta_u}{u} \text{, ce qui implique } (2.i).$$

(iii) Nous aurions pu donner une démonstration plus rapide des points *(2.a)*, *(2.c)* et *(2.e)* de la Proposition 2 en montrant directement que le membre de droite de chacune de ces égalités admet l'espace unidimensionnel $\Gamma(B_t)$ pour orthogonal dans $\Gamma_t \equiv \Gamma(B_s,\ s \le t)$. Nous utiliserons cette méthode en *(2.3)* ci-dessous, pour exhiber d'autres processus gaussiens $(X_s)_{s\ge 0}$ tels que $\Gamma_t = \Gamma(X_s,\ s \le t)$, pour tout $t > 0$.

(iv) Le mouvement brownien β, défini à partir de B au moyen de la formule *(2.d)* joue un rôle important dans le travail de P.Deheuvels [3] qui montre en particulier que les seules fonctions boréliennes $\varphi :]0,\infty[\longrightarrow \mathbb{R}$ telles que :

$$\int_0^t |\varphi(s)|\ \sqrt{s}\ ds < \infty \text{ pour tout } t, \text{ et que :}$$

$$\beta_t^{\varphi} \overset{\text{déf}}{=} B_t - \int_0^t \varphi(s)\ B_s\ ds$$

soit un mouvement brownien sont : $\varphi(s) = 0$ ou $\varphi(s) = \frac{1}{s}$ ds p.s.

(v) Quant à nous, nous sommes parvenus à la formule *(2.d)* par retournement du temps à partir de la formule *(2.b)* :

de façon précise, soit $a > 0$ fixé ; considérons le processus $\hat{B}_u = B_a - B_{a-u}$ $(u \le a)$, et remarquons que $\hat{B}_a = B_a$; considérons ensuite la filtration naturelle de $(\hat{B}_u)_{u\le a}$, grossie avec la variable B_a ; d'après *(2.d)*, il existe un mouvement brownien $(\hat{\gamma}_t^a)_{t\le a}$ tel que :

$$\hat{B}_t = \hat{\gamma}_t^a + \int_0^t ds\ \frac{\hat{B}_a - \hat{B}_s}{a-s}$$

et, en retournant à nouveau au temps a les deux membres de l'équation ci-dessus, il vient :

$$B_t = \beta_t + \int_0^t \frac{1}{u} B_u\ du$$

où l'on a posé $\beta_t = \hat{\gamma}_a^a - \hat{\gamma}_{a-t}^a$ pour $t \le a$.

Il est alors évident, une fois ces remarques faites, que $(\beta_t)_{t\ge0}$ est un mouvement brownien, et que, pour tout $a > 0$, $(\beta_t)_{t\le a}$ est indépendant de B_a.

(2.2) Etude de quelques propriétés ergodiques.

La troisième partie de la Proposition 2 fait apparaître une transformation T qui laisse invariante la mesure de Wiener $\mathbb{W}$, à savoir :

$$T(X)_t = X_t - \int_0^t \frac{1}{s} X_s\ ds \qquad (t \ge 0)$$

où nous avons noté $(X_t)_{t\ge0}$ le processus des coordonnées sur l'espace canonique $\Omega^* = C([0,\infty[,\mathbb{R})$. Nous noterons encore $\mathcal{F}_t = \sigma(X_s, s \le t)$ et $\mathcal{F} = \mathcal{F}_\infty$.

Il est naturel de se demander si la transformation T est ergodique ; nous verrons ci-dessous que la réponse à cette question est affirmative, et, en fait, que du point de vue de la théorie ergodique, T possède d'excellentes propriétés.

Proposition 3 : *Pour tout* $t > 0$, *la tribu* $\bigcap_n (T^n)^{-1}(\mathcal{F}_t)$ *est* $\mathbb{W}$*-triviale.*

Cependant, on a, pour tout $n \in \mathbb{N}$ *:*

$$(2.j) \qquad (T^n)^{-1}(\mathcal{F}_\infty) = \mathcal{F}_\infty, \qquad W\text{-p.s.}$$

Autrement dit, dans le langage de la théorie ergodique, pour tout $t > 0$, T considérée comme une transformation sur $(\Omega^*, \mathcal{F}_t, W)$, est un K-automorphisme (voir, par exemple, [13]).

Corollaire 4 : *La transformation* T *sur* $(\Omega^*, \mathcal{F}_\infty, W)$ *est fortement mélangeante et donc, a fortiori, ergodique.*

Démonstration :

il est tout à fait classique que, pour que T soit fortement mélangeante, il suffit que : pour toutes f, g appartenant à un sous-espace vectoriel $\mathcal{H}$ dense dans $L^2(\Omega^*, \mathcal{F}, W)$,

$$(2.k) \qquad \mathbb{E}[f(g\cdot T^n)] \xrightarrow[n\to\infty]{} \mathbb{E}(f)\,\mathbb{E}(g).$$

Or, il découle de la Proposition 3 que la propriété *(2.k)* est satisfaite avec $\mathcal{H} = \bigcup_{p\in\mathbb{N}} L^2(\Omega^*, \mathcal{F}_p, W)$. □

La démonstration de la Proposition 3 découlera de la représentation *(2.m)* ci-dessous du mouvement brownien standard à l'aide des polynômes de Laguerre, dont nous rappelons tout d'abord la définition et une caractérisation :

la suite $(L_n)_{n\in\mathbb{N}}$ des polynômes de Laguerre

$$(2.\ell) \qquad L_n(x) = \sum_{k=0}^{n} C_n^k \frac{1}{k!}(-x)^k \qquad (n \in \mathbb{N})$$

est la suite des polynômes orthonormaux pour la mesure $e^{-x}dx$ sur $\mathbb{R}_+$ (voir, par exemple, Lebedev [12], p.76-90).

Théorème 5 : *Soit* $(X_t)_{0\le t\le 1}$ *un mouvement brownien réel issu de* 0.

Posons $G_n = T^n(X)_1$, *où* $T(X)_t = X_t - \int_0^t \frac{1}{s} X_s\, ds$.

On a alors : $G_n = \int_0^1 dX_s\, L_n(\log \frac{1}{s})$;

$(G_n)_{n\in\mathbb{N}}$ *est une suite de variables gaussiennes, centrées, réduites ; de plus :*

$$(2.m) \qquad X_t = \sum_{n\in\mathbb{N}} \lambda_n(\log \tfrac{1}{t})\, G_n, \qquad t \le 1,$$

où

$$\lambda_n(a) = \int_0^a dx\, e^{-x} L_n(x).$$

Démonstration du Théorème :

1) Itérons la transformation T. Il vient :

$$T^2(X)_t = T(X)_t - \int_0^t \frac{1}{u} T(X)_u \, du$$

$$= X_t - 2\int_0^t \frac{1}{u} X_u \, du + \int_0^t \frac{1}{u} du \int_0^u \frac{1}{s} X_s \, ds \; ;$$

$$T^3(X)_t = T^2(X)_t - \int_0^t \frac{1}{u} du \, T^2(X)_u$$

$$= X_t - 3\int_0^t \frac{1}{u} du \, X_u + 3\int_0^t \frac{1}{u} du \int_0^u \frac{1}{s} ds \, X_s - \int_0^t \frac{1}{u} du \int_0^u \frac{1}{s} ds \int_0^s \frac{1}{v} dv \, X_v,$$

et, par itération, on obtient, pour tout n :

$$T^n(X)_t = \sum_{k=0}^{n} C_n^k \, (-1)^k \int_0^t \frac{du_1}{u_1} \cdots \int_0^{u_{k-1}} \frac{du_k}{u_k} X_{u_k} .$$

En écrivant maintenant : $X_{u_k} = \int_0^{u_k} dX_s$, il vient :

$$\int_0^t \frac{du_1}{u_1} \cdots \int_0^{u_{k-1}} \frac{du_k}{u_k} X_{u_k} = \int_0^t dX_s \frac{1}{k!} (\log t - \log s)^k,$$

d'où l'on déduit :

$$(2,n) \qquad T^n(X)_t = \int_0^t dX_s \, L_n(\log \frac{t}{s}),$$

en utilisant la formule *(2.ℓ)*. On en déduit en particulier la représentation de G_n qui figure dans l'énoncé du Théorème.

2) L'identité : $E[G_n G_n] = \delta_{nm}$ apparait maintenant comme une conséquence du caractère orthonormal de la suite $(L_n)_{n\in\mathbb{N}}$ dans l'espace $L^2(\mathbb{R}_+, e^{-x} dx)$. En effet, on a, d'après 1) :

$$E[G_n G_m] = \int_0^1 ds \, L_n(\log \frac{1}{s}) \, L_m(\log \frac{1}{s})$$

$$= \int_0^\infty dx \, e^{-x} \, L_n(x) \, L_m(x) = \delta_{nm}.$$

3) Plus généralement, l'application

$$(f(x), x > 0) \longrightarrow (f(\log \frac{1}{s}), 0 < s < 1)$$

est un isomorphisme d'espaces de Hilbert entre $L^2(\mathbb{R}_+, e^{-x}dx)$ et $L^2([0,1], ds)$.

En conséquence, la suite des fonctions de s : $(L_n(\log \frac{1}{s}),\ 0 < s < 1)_{n\in\mathbb{N}}$ est une base orthonormée de $L^2([0,1], ds)$, et le développement *(2.m)* de $(X_t)_{t\le 1}$ le long de la suite des variables $(G_n)_{n\in\mathbb{N}}$ se ramène à celui de $1_{[0,t]}(s)$ dans la base $(L_n(\log \frac{1}{s}))_{n\in\mathbb{N}}$. □

Démonstration de la Proposition 3 :

Quitte à ramener l'intervalle [0,t] à [0,1] par scaling, il suffit de prouver que la tribu $\Phi \equiv \bigcap_n (T^n)^{-1}(\mathcal{F}_1)$ est W-triviale.

En travaillant dans l'espace gaussien engendré par $(X_t)_{t\le 1}$, on voit que la tribu $(T^n)^{-1}(\mathcal{F}_1)$ est indépendante du vecteur $(G_0, G_1, \ldots, G_{n-1})$. En faisant tendre n vers $+\infty$, on obtient l'indépendance de Φ et de la suite $(G_n)_{n\in\mathbb{N}}$; ainsi, d'après le Théorème 5, Φ est indépendante de $(X_t)_{t\le 1}$, c'est-à-dire de $\mathcal{F}_1$.

En conséquence, Φ est W-triviale. □

Remarque : En fait, le Théorème 5 montre que la transformation T agit comme un shift sur la suite des variables gaussiennes indépendantes réduites $(G_n)_{n\in\mathbb{N}}$. On s'est donc ramené ainsi à un schéma de Bernoulli. □

A la suite du Théorème 5, et en particulier de la formule *(2.n)*, nous avons obtenu la caractérisation ci-dessous des filtrations browniennes :

$$\mathcal{G}_t^{(n)} \equiv \sigma\{T^n(X)_s,\ s \le t\},$$

où X désigne toujours maintenant un mouvement brownien réel, issu de 0.

En utilisant la notations $\mathcal{F}_t^{F_n,\text{Gauss}}$, introduite en *(1.c)* ci-dessus, nous pouvons énoncer la

Proposition 6 : *Soit* n *un entier non nul. On a :*

$$\mathcal{G}_t^{(n)} = \mathcal{F}_t^{F_n,\text{Gauss}}, \text{ pour tout } t \ge 0,$$

où $F_n = \{(\log s)^k\ ;\ 0 \le k \le n-1\}$.

La démonstration de cette proposition est immédiate, par un argument de récurrence, à partir de la formule *(2.n)*.

(2.3) D'autres processus générateurs de la filtration $(\mathcal{G}_t \equiv \mathcal{F}_t^{\text{Gauss}},\ t \ge 0)$.

Nous reprenons la notation $(B_t)_{t\ge 0}$ pour désigner le mouvement brownien réel issu de 0. Nous nous proposons ici de montrer que certains processus de la forme :

$$Y_t^{\varphi} = B_t - \int_0^t du \int_0^u \varphi(u,s)dB_s \qquad (t \geq 0),$$

où $\varphi : (u,s) \longrightarrow \varphi(u,s)$ est borélienne sur $\Delta = \{(u,s) \in \mathbb{R}_+^2 | \ u \geq s\}$ et vérifie

$$\int_0^t du \left(\int_0^u \varphi^2(u,s)\ ds\right)^{1/2} < +\infty \qquad \text{pour tout } t$$

admettent $(\mathcal{G}_t)$ pour filtration naturelle.

Avant de donner des exemples précis de tels processus, nous faisons la remarque générale suivante :

Lemme 7 : *Soit φ fonction satisfaisant les hypothèses ci-dessus. Alors Y^{φ} admet $(\mathcal{G}_t)$ pour filtration naturelle si, et seulement si :*

(2.o) *pour tout $t > 0$, les seules fonctions $h \in L^2([0,t])$ telles que*

$$h(u) = \int_0^u ds\ \varphi(u,s)h(s) \qquad \text{du p.s.}$$

sont les fonctions constantes.

Démonstration :
Par définition de $(\mathcal{G}_t)$, Y^{φ} admet $(\mathcal{G}_t)$ pour filtration naturelle si, et seulement si, pour tout t, l'orthogonal de $\Gamma(Y_s^{\varphi},\ s \leq t)$ dans $\Gamma_t \equiv \Gamma(B_s,\ s \leq t)$ est $\Gamma(B_t)$, ce que traduit la condition *(2.o)*. □

Nous pouvons maintenant donner les exemples suivants de processus générateurs de la filtration $(\mathcal{G}_t)$.

Proposition 8 :

Soit $f : \mathbb{R}_+ \longrightarrow \mathbb{R}$, fonction absolument continue sur $]0,\infty[$, satisfaisant à :

(2.p) $$f(0) = 0 \text{ et pour } t \neq 0,\ f(t) \neq 0,\ \int_0^t \frac{du}{|f(u)|} \left(\int_0^u f'^2(s)\ ds\right)^{1/2} < \infty.$$

Alors, le processus :

(2.q) $$Y_t^{(f)} \equiv B_t - \int_0^t \frac{du}{f(u)} \left(\int_0^u f'(s)dB_s\right)$$

admet $(\mathcal{G}_t)$ pour filtration naturelle.

De plus, en utilisant la notation (2.d), on a les formules :

(2.r) $$Y_t^{(f)} = \beta_t + \int_0^t du \left(\frac{1}{u} B_u - \frac{1}{f(u)} \int_0^u f'(s)dB_s\right)$$

(2.r') $$= \beta_t + \int_0^t \frac{du}{f(u)} \int_0^u \left(\frac{f(s)}{s} - f'(s)\right) d\beta_s.$$

Remarque : On notera que les formules *(2.q)* et *(2.r')* sont très semblables. Cependant, en termes de transformation du mouvement brownien, le processus

$Y^{(f)}$ a une filtration strictement plus petite que celle de B, précisément, la filtration naturelle du mouvement brownien β qui figure en *(2.r')*.

Démonstration de la Proposition 8 :

1) Il s'agit tout d'abord de vérifier que le noyau $\varphi(u,s) = \frac{f'(s)}{f(u)}$ satisfait bien la condition *(2.o)*. Or si $h \in L^2([0,t])$ satisfait :

$$(2.s) \qquad h(u)f(u) = \int_0^u f'(s)h(s)\,ds$$

cela implique tout d'abord que h f est absolument continue, et donc que h est absolument continue sur $]0,\infty[$, et finalement, par intégration par parties à partir de *(2.s)*, que : $h'(u) = 0$ du p.s. ; h est donc constante. La condition *(2.o)* est bien satisfaite.

2) La formule *(2.r)* découle immédiatement de *(2.q)*, par définition de β. Pour obtenir *(2.r')*, il nous reste à montrer la formule :

$$\frac{1}{u} B_u - \frac{1}{f(u)} \int_0^u f'(s)dB_s = \frac{1}{f(u)} \int_0^u \left(\frac{f(s)}{s} - f'(s)\right) d\beta_s ,$$

laquelle découle de l'identité :

$$(2.t) \qquad \int_0^u h(s)dB_s = \int_0^u \left[h(s) - \frac{1}{s}\int_0^s h(v)\,dv\right] d\beta_s ,$$

valable pour toute fonction $h \in L^2([0,u])$ telle que : $\int_0^u h(s)\,ds = 0$.

On peut démontrer la formule *(2.t)* en s'appuyant directement sur la formule *(2.d)* qui définit β, ou bien en se référant à la formule plus générale *(3.n)* ci-dessous. □

3. Quelques autres exemples de sous-filtrations gaussiennes de la filtration brownienne.

(3.1) A la suite des paragraphes 1 et 2, il nous a semblé naturel d'étudier la filtration engendrée par un processus gaussien de la forme :

$$\beta_t^{\varphi} = B_t - \int_0^t ds\ \varphi(s)\ B_s \qquad (t \geq 0)$$

où $\varphi : \mathbb{R}_+ \longrightarrow \mathbb{R}$ est une fonction borélienne telle que :

$$(3.a) \qquad \text{pour tout } t > 0,\ \int_0^t ds\ |\varphi(s)|\sqrt{s} < \infty.$$

Nous nous proposons d'étudier, pour ce processus β^{φ}, les questions suivantes :

a) La transformation qui fait passer de B à β^{φ} donne-t-elle lieu à une perte d'information en temps fini ? jusqu'en l'infini ?

De façon précise, si nous notons $\mathcal{F}_t^\varphi = \sigma\{\beta_s^\varphi,\ s \le t\}$, a-t-on :

$$\mathcal{F}_t^\varphi \ne \mathcal{F}_t \text{ pour t fini ?} \qquad \mathcal{F}_\infty^\varphi \ne \mathcal{F}_\infty \text{ ?}$$

b) Dans le cas intéressant où il y a perte d'information en temps fini, la filtration $(\mathcal{F}_t^\varphi)_{t\ge0}$ est une sous-filtration stricte de $(\mathcal{F}_t)_{t\ge0}$; le processus β^φ, qui est une $(\mathcal{F}_t)$-semi-martingale, est également une $(\mathcal{F}_t^\varphi)$-semimartingale qui se décompose, dans la filtration $(\mathcal{F}_t^\varphi)$, en la somme d'un mouvement brownien $(\gamma_t^\varphi)_{t\ge0}$ et d'un processus continu à variation bornée ; on explicitera cette décomposition.

La filtration naturelle de (γ_t^φ), soit : $(\mathcal{G}_t^\varphi = \sigma\{\gamma_s^\varphi,\ s \le t\})_{t\ge0}$ est-elle identique à $(\mathcal{F}_t^\varphi)_{t\ge0}$?

La filtration $(\mathcal{F}_t^\varphi)$ est-elle une filtration $(\mathcal{F}_t^{f,\mathrm{Gauss}})$ (rappelons que ces filtrations gaussiennes ont été définies à la fin du sous-paragraphe (1.2)) ? Dans l'affirmative, quelle est la relation entre φ et f ?

c) La transformation T^φ définie par :

$$T^\varphi(B)_t = \gamma_t^\varphi \qquad\qquad (t \ge 0)$$

est-elle ergodique ?

d) Le mouvement brownien γ^φ peut-il être obtenu à partir de B par la succession d'une opération de retournement, puis de grossissement, puis de retournement, ainsi que cela est expliqué dans le Commentaire (v) suivant la Proposition 2, pour $\varphi(s) = \frac{1}{s}$?

Nous avons rassemblé, dans le théorème suivant, un exemple particulièrement intéressant de notre étude, qui nous servira de point de repère dans notre discussion générale, ci-dessous, des points a), b), c) et d).

<u>**Théorème 9**</u> : *Soit* $\lambda \in \mathbb{R}$. *On note :*

$$\beta_t^{(\lambda)} = B_t - \lambda \int_0^t \frac{1}{s} B_s\, ds \qquad (t \ge 0).$$

(C'est le processus β^φ associé à $\varphi(s) = \frac{\lambda}{s}$).

1) La filtration $\mathcal{F}_t^{(\lambda)} = \sigma\{\beta_s^{(\lambda)},\ s \le t\}$ *est une sous-filtration stricte de* $(\mathcal{F}_t)$ *si, et seulement si,* $\lambda > \frac{1}{2}$.

Dans ce cas, on a : $\mathcal{F}_t^{(\lambda)} = \mathcal{F}_t^{f_\lambda,\mathrm{Gauss}}$, *où* $f_\lambda(t) = \lambda\, t^{\lambda-1}$.

2) On suppose dorénavant $\lambda > \frac{1}{2}$.

La décomposition canonique de $\beta^{(\lambda)}$ *dans sa filtration propre* $(\mathcal{F}_t^{(\lambda)})$ *est :*

$$\beta_t^{(\lambda)} = \gamma_t^{(\lambda)} - (1-\lambda)\int_0^t \frac{1}{s}\,\gamma_s^{(\lambda)}\,ds\ .$$

3) Les processus B, $\beta^{(\lambda)}$ *et* $\gamma^{(\lambda)}$ *satisfont les relations suivantes :*

$$(3.b)\qquad d\left(\frac{B_t}{t^{\lambda}}\right) = \frac{d\beta_t^{(\lambda)}}{t^{\lambda}}\ ;\qquad (3.c)\qquad d\left(\frac{\gamma_t^{(\lambda)}}{t^{1-\lambda}}\right) = \frac{d\beta_t^{(\lambda)}}{t^{1-\lambda}}\ ;$$

$$(3.d)\qquad t^{\lambda}\, d\left(\frac{B_t}{t^{\lambda}}\right) = t^{1-\lambda}\, d\left(\frac{\gamma_t^{(\lambda)}}{t^{1-\lambda}}\right).$$

4) La transformation $T^{(\lambda)}$ *définie par :* $T^{(\lambda)}(B)_t = \gamma_t^{(\lambda)}$ $\qquad (t \geq 0)$ *est fortement mélangeante.*

5) Soit $a > 0$. *On note :* $\hat{B}_t = B_a - B_{a-t}$ $(t \leq a)$. *Le mouvement brownien* $(\gamma_t^{(\lambda)})_{t\leq a}$ *peut être obtenu à partir de* $(\hat{B}_t)_{t\leq a}$ *au moyen de la succession de l'opération de grossissement avec la variable* $\int_0^a d\hat{B}_u\,(a-u)^{\lambda-1}$, *puis du retournement du temps au temps* a.

(3.2) Nous abordons maintenant les différents points de l'étude du processus $(\beta_t^{\varphi})_{t\geq 0}$ soulevés en **(3.1)** . Commençons tout d'abord par l'étude de la perte d'information.

Proposition 10 :

Soit $\varphi : \mathbb{R}_+ \longrightarrow \mathbb{R}$ *une fonction borélienne qui satisfait (3.a).*

1) Soit $t > 0$. *Il y a perte d'information jusqu'au temps* t *(i.e.* $\mathcal{F}_t^{\varphi} \neq \mathcal{F}_t$*) si, et seulement si :*

$$(3.e)\qquad \lim_{u\downarrow 0}\int_u^1 \varphi(s)\,ds = +\infty \quad\text{et}\quad \int_0^t du\,\varphi^2(u)\exp\left(-2\int_u^1 \varphi(s)\,ds\right) < \infty.$$

Lorsque cette condition est satisfaite, on a :

$$\Gamma(B_u,\ u \leq t) = \Gamma(\beta_u^{\varphi},\ u \leq t) \circledast \Gamma\left(\int_0^t f_{\varphi}(u)dB_u\right),$$

où :

$$(3.f)\qquad f_{\varphi}(u) = \varphi(u)\exp\left(-\int_u^1 \varphi(s)\,ds\right)$$

2) Il y a perte d'information jusqu'en l'infini, c'est à dire : $\mathcal{F}_{\infty}^{\varphi} \neq \mathcal{F}_{\infty}$, *si et seulement si :*

$$(3.g)\qquad \lim_{u\downarrow 0}\int_u^1 \varphi(s)\,ds = +\infty \quad\text{et}\quad \int_0^{\infty} du\,\varphi^2(u)\exp\left(-2\int_u^1 \varphi(s)\,ds\right) < \infty.$$

Remarque : sous la condition *(3.a)*, *(3.e)* est équivalente à :

$$(3.e') \quad \lim_{u\downarrow 0}\int_u^1 \varphi(s)ds = +\infty, \ \varphi \in L^2_{loc}(]0,\infty[) \text{ et } \int_0^t \varphi^2(u)\exp\left(-2\int_u^1 \varphi(s)ds\right)du < \infty.$$

Démonstration de la Proposition 10 :

1) Il y a perte d'information au temps t si, et seulement si, il existe $f \in L^2([0,t],du)$, $f \neq 0$, telle que :

$$(3.h) \qquad \text{pour tout } u \le t, \ \mathbb{E}\left[\beta^{\varphi}_u \times \int_0^t f(s)dB_s\right] = 0.$$

Posons $F(u) = \int_0^u f(s)ds$. La condition *(3.h)* s'écrit :

$$F(u) = \int_0^u \varphi(s)F(s)\,ds \qquad (u \le t).$$

Les solutions de cette équation en F sont :

$$F(u) = C\exp\left(-\int_u^1 \varphi(s)\,ds\right).$$

Or, par hypothèse, on doit avoir $F(0) = 0$, ce qui implique la première condition figurant en *(3.e)*. Cette condition étant supposée satisfaite, la première assertion de la proposition est maintenant immédiate.

2) Le même argument permet de démontrer la seconde assertion. □

Exemple : Dans le cas $\varphi(s) = \frac{\lambda}{s}$, on trouve $f_\lambda(u) = \lambda u^{\lambda-1}$, qui satisfait la condition : $\int_0 f^2_\lambda(u)\,du < \infty$ (c'est-à-dire la seconde partie de *(3.e)*), si, et seulement si : $\lambda > \frac{1}{2}$. □

On suppose dans la suite du paragraphe que φ vérifie la condition *(3.e)*.

Explicitons maintenant la décomposition canonique de la semimartingale $(\beta^{\varphi}_t)_{t\ge 0}$ dans sa filtration propre $(\mathcal{F}^{\varphi}_t)$. Cette décomposition est donnée par :

$$(3.i) \qquad \beta^{\varphi}_t = \gamma^{\varphi}_t - \int_0^t ds\ \varphi(s)\ \mathbb{E}[B_s|\mathcal{F}^{\varphi}_s],$$

l'écriture $\mathbb{E}[B_s|\mathcal{F}^{\varphi}_s]$ désignant plus précisément la projection optionnelle de B sur la filtration $(\mathcal{F}^{\varphi}_t)$.

Il résulte aisément de la décomposition en somme directe de $\Gamma(B_u,\ u \le s)$ dégagée dans le point 1) de la Proposition 10 que l'on a :

$$(3.j) \qquad C_s \overset{\text{déf}}{=} E[B_s | \mathcal{F}_s^{\varphi}] = B_s - \frac{\int_0^s f_{\varphi}(u)du \int_0^s f_{\varphi}(v)dB_v}{\int_0^s f_{\varphi}^2(v)dv},$$

de sorte que, à l'aide de *(3.i)*, on peut écrire γ^{φ} sous la forme :

$$\gamma_t^{\varphi} = B_t - \int_0^t ds \frac{\varphi(s) \int_0^s f_{\varphi}(u)du \int_0^s f_{\varphi}(v)dB_v}{\int_0^s f_{\varphi}^2(u)du}$$

ou encore :

$$(3.k) \qquad \gamma_t^{\varphi} = B_t - \int_0^t ds \frac{f_{\varphi}(s) \int_0^s f_{\varphi}(v)dB_v}{\int_0^s f_{\varphi}^2(u)du}.$$

<u>A la suite de cette remarque, il nous semble maintenant que la façon optimale de procéder pour traiter les points b), c), d) est de commencer par l'étude du point d).</u>

Fixons donc a > 0, et définissons : $\hat{B}_t = B_a - B_{a-t}$ $(t \le a)$, puis, grossissons la filtration naturelle de $(\hat{B}_t)_{t\le a}$ avec la variable $\int_0^a d\hat{B}_u\, f_{\varphi}(a-u)$.

Pour simplifier l'écriture, on notera ici f pour f_{φ}, γ pour γ^{φ} ; $\hat{f}(u) = f(a-u)$

La formule de grossissement gaussien à laquelle nous faisions allusion ci-dessus est précisément l'écriture de la décomposition canonique de $\hat{B}$ dans sa filtration naturelle, grossie de $G \equiv \int_0^a d\hat{B}_u\, \hat{f}(u)$.

Cette formule est :

$$\hat{B}_t = \hat{\gamma}_t + \int_0^t dv \frac{\hat{f}(v) \int_v^a \hat{f}(u)d\hat{B}_u}{\int_v^a \hat{f}^2(u)du} \qquad (t \le a)$$

Comme $B_t = \hat{B}_a - \hat{B}_{a-t}$, on déduit alors de la formule précédente que :

$$B_t = (\hat{\gamma}_a - \hat{\gamma}_{a-t}) + \int_0^t ds \frac{f(s) \int_0^s f(u)dB_u}{\int_0^s f^2(u)du}$$

En comparant cette formule à *(3.k)*, on obtient :

(3.ℓ) $$\gamma_t \equiv \gamma_t^{\varphi} = \hat{\gamma}_a - \hat{\gamma}_{a-t} \qquad (t \le a)$$

Nous venons ainsi de répondre de façon affirmative au point d) soulevé en (3.1). Nous répondons maintenant de façon affirmative au point b).

Proposition 11 : *$(\mathcal{F}_t^{\varphi})$ coïncide avec la filtration naturelle de $(\gamma_t^{\varphi})_{t\ge0}$.*

Démonstration : 1) Par définition, $\gamma \equiv \gamma^{\varphi}$ est adapté à la filtration $(\mathcal{F}_t^{\varphi})$.

2) Inversement, à l'aide des formules *(3.i)* et *(3.j)*, il nous suffit de pouvoir représenter :

$$C_s \equiv \mathbb{E}[B_s | \mathcal{F}_s^{\varphi}]$$

comme intégrale de Wiener sur l'intervalle $[0,s]$ par rapport à $d\gamma_u$.

Considérons $a > s$. Avec les notations introduites précédemment, on a, d'après [1], lemme I.2.2, pour toute fonction $h \in L^2[0,a]$:

$$\int_0^a h(u)d\hat{B}_u = \int_0^a (\mathcal{T}_{\hat{f}}h)(u)d\hat{\gamma}_u + \frac{\int_0^a h(v)\hat{f}(v)dv}{\int_0^a \hat{f}^2(v)dv} \times G ,$$

où $G = \int_0^a \hat{f}(u)d\hat{B}_u$ et $(\mathcal{T}_{\hat{f}}h)(u) = h(u) - \dfrac{\hat{f}(u)}{\int_u^a \hat{f}^2(v)dv}\displaystyle\int_u^a \hat{f}(v)h(v)dv.$

En conséquence, si l'on pose $k(u) = \hat{h}(u) \equiv h(a-u)$, et que l'on suppose :

(3.m) $$\int_0^a k(u)f(u)du = 0,$$

la formule précédente se simplifie (on utilise également *(3.ℓ)*), en :

(3.n) $$\int_0^a k(u)dB_u = \int_0^a (\hat{\mathcal{T}}_f k)(u)\; d\gamma_u^{\varphi}$$

où : $$(\hat{\mathcal{T}}_f k)(u) = k(u) - \frac{f(u)\int_0^u k(v)f(v)dv}{\int_0^u f^2(v)dv} .$$

Or, on a, d'après *(3.j)* : $C_s = \int_0^a k_s(u)dB_u$,

$$\text{avec : } k_s(u) \equiv 1_{[0,s]}(u)\left(1 - f(u)\,\frac{\int_0^s f(v)dv}{\int_0^s f^2(v)dv}\right).$$

La fonction k_s satisfait bien *(3.m)* et un calcul simple montre ensuite que :

$$\hat{\mathcal{T}}_f(k_s)(u) = 1_{[0,s]}(u)\left(1 - \frac{f(u)\,F(u)}{\int_0^u f^2(v)dv}\right).$$

ce qui termine la démonstration de la Proposition. □

Exemple :

Dans le cas où $\varphi(s) = \frac{\lambda}{s}$, avec $\lambda > \frac{1}{2}$, la formule *(3.o)* se simplifie en :

$$\beta_t = \gamma_t - (1 - \lambda)\int_0^t \frac{1}{s}\,\gamma_s\,ds$$

formule annoncée dans le Théorème 9. □

Il nous reste maintenant à étudier le point c) soulevé en (3.1), qui concerne les propriétés ergodiques de la transformation T^{φ}. Cette étude ne constitue pas une extension immédiate de la proposition 3, car l'ensemble

$$H = \{u > 0 |\ \varphi(u) = 0\}$$

va jouer un rôle important. Comme en *(2.2)*, nous utilisons ici les notations introduites sur l'espace canonique Ω^*.

Théorème 12 :

1) La tribu invariante $\mathcal{I}$ coïncide, aux ensemble W-négligeables près, avec $\mathcal{I}'_\infty$, où l'on a noté :

$$\mathcal{I}'_t \equiv \sigma\left\{ \int_0^s dX_u\, 1_H(u)\ ;\ s \le t\right\}.$$

2) Pour tout t > 0, t fini, la tribu $\Phi_t = \bigcap_n ((T^{\varphi})^n)^{-1}(\mathcal{F}_t)$ coïncide, aux ensembles négligeables près, avec $\mathcal{I}'_t$.

3) La tribu Φ_∞ coïncide, aux ensembles W-négligeables près, avec $\mathcal{I}'_\infty$ si, et seulement si, il y a perte d'information à l'infini, c'est à dire, d'après la proposition 10 :

$$\int_0^\infty du\, f_\varphi^2(u) < \infty.$$

Si cette condition n'est pas satisfaite, on a : $(T^{\varphi})^{-1}(\mathcal{F}_\infty) = \mathcal{F}_\infty$ et $\Phi_\infty = \mathcal{F}_\infty$.

Démonstration :

a) Remarquons tout d'abord que, d'après la formule *(3.k)*, on a, pour $t > 0$ et $q \in L^2([0,t],ds)$:

$$\int_0^t dX_u\, q(u)\, 1_H(u) = \int_0^t d\gamma_u^{\varphi}\, q(u)\, 1_H(u)\ .$$

En conséquence, la tribu $\mathcal{F}'_\infty$ est contenue dans $\mathcal{F}$ et, pour tout $t > 0$, $\mathcal{F}'_t$ est contenue dans Φ_t.

b) Démontrons maintenant l'assertion 2) du théorème. Pour simplifier l'écriture, nous pouvons supposer $t = 1$. Définissons alors $\bar{f}(u) = c\, f_\varphi(u)$, où f_φ est donnée par la formule *(3.f)*, et c est choisie de façon à ce que :

$$\int_0^1 \bar{f}^2(u)\, du = 1.$$

Posons $g(s) = \dfrac{\varphi(s) \displaystyle\int_0^s du\, \bar{f}(u)}{\displaystyle\int_0^s du\, \bar{f}^2(u)}$, de sorte que l'on a :

$$(3.\alpha) \qquad g(s)\, \bar{f}(s) = \frac{\bar{f}^2(s)}{\displaystyle\int_0^s du\, \bar{f}^2(u)}\ .$$

Ecrivons le mouvement brownien γ^φ sous la forme :

$$\gamma_t^\varphi = X_t - \int_0^t ds\, g(s) \int_0^s \bar{f}(u)\, dX_u\ .$$

Il vient alors, en intégrant la fonction $\bar{f}$ par rapport aux deux membres de l'égalité ci-dessus :

$$\int_0^t \bar{f}(u)\, d\gamma_u^\varphi = \int_0^t \bar{f}(u)\, dX_u - \int_0^t du\, \bar{f}(u)\, g(u) \left(\int_0^u \bar{f}(s)\, dX_s\right)\ .$$

On est ainsi amené naturellement à définir la suite $(X_t^{(n)})$ des processus suivants, au moyen de la formule de récurrence :

$$X_t^{(n+1)} = X_t^{(n)} - \int_0^t du\, \bar{f}(u)\, g(u)\, X_u^{(n)}\ ;\ X_t^{(0)} = \int_0^t \bar{f}(u)\, dX_u.$$

On obtient alors la formule :

$$X_t^{(n)} = \int_0^t dX_s\, \bar{f}(s)\, L_n(\vartheta(t) - \vartheta(s))$$

où l'on a posé : $\vartheta(t) = \displaystyle\int_t^1 \bar{f}(s)\, g(s)\, ds = -\log\left(\int_0^t \bar{f}^2(s)\, ds\right)$;

en particulier $X_1^{(n)} = \displaystyle\int_0^1 dX_s\, \bar{f}(s)\, L_n(-\vartheta(s))$.

La suite des fonctions $\left(f(s)\ L_n(-\theta(s))\ ;\ s \in [0,1]\right)_{n\in\mathbb{N}}$ est une base orthonormée de $L^2([0,1]),\ 1_{H^c}(u)du\}$, $(X_1^{(n)})_{n\in\mathbb{N}}$ est une suite de variables gaussiennes centrées réduites indépendantes, engendrant l'espace gaussien

$$\left\{\int_0^1 dX_u\ \rho(u)\ 1_{H^c}(u) \,\middle|\, \rho \in L^2([0,1])\right\}$$

Par construction, la tribu Φ_1 est indépendante de la suite $(X_1^{(n)})_{n\in\mathbb{N}}$ et donc de la tribu $\sigma\left\{\int_0^1 dX_u\ \rho(u)\ 1_{H^c}(u) \mid \rho \in L^2([0,1])\right\}$ qu'elle engendre.

Soit donc $\rho \in L^2([0,1])$; d'après les résultats ci-dessus, on a :

$$\mathbb{E}\left[\exp\left(\int_0^1 dX_u\ \rho(u)\right) \,\middle|\, \Phi_1\right] = \exp\left(\int_0^1 dX_u\ \rho(u)\ 1_H(u)\right)\ \mathbb{E}\left[\exp\left(\int_0^1 dX_u\ \rho(u)\ 1_{H^c}(u)\right)\right]$$
$$= \mathbb{E}\left[\exp\left(\int_0^1 dX_u\ \rho(u)\right) \,\middle|\, \mathcal{F}'_1\right]\ ;$$

l'assertion 2 en découle, car les variables $\left\{\exp\left(\int_0^1 dX_u\ \rho(u)\right) \,\middle|\, \rho \in L^2([0,1])\right\}$ sont totales dans $L^2(\Omega^*, \mathcal{F}_1, W)$.

c) Dans le cas où il y a perte d'information en l'infini, la démonstration de l'assertion 2 du théorème s'adapte mot pour mot en remplaçant la borne $t = 1$ par $t = \infty$. S'il n'y a pas perte d'information en l'infini, l'égalité $\Phi_\infty = \mathcal{F}_\infty$ découle trivialement de $(T^\varphi)^{-1}(\mathcal{F}_\infty) = \mathcal{F}_\infty$.

d) Il nous reste maintenant à identifier $\mathcal{F}$ et $\mathcal{F}'_\infty$ aux ensembles W-négligeables près. Nous reprenons, en la modifiant de manière adéquate, la démonstration du corollaire 4 (nous noterons ici simplement T pour T^φ).

Nous montrons tout d'abord : pour toutes fonctions F, G $\in L^2(\Omega^*, \mathcal{F}_\infty, W)$,

$$(3.p) \qquad \mathbb{E}[F\ (G \circ T^n)] \xrightarrow[n\to\infty]{} \mathbb{E}[\mathbb{E}[F|\mathcal{F}'_\infty]\ G].$$

T préservant W, on peut se limiter à le montrer pour F et G dans $L^2(\Omega^*, \mathcal{F}_p, W)$ ($p \in \mathbb{N}$) ; d'après l'assertion 2) du théorème, le membre de gauche de *(3.p)* converge alors vers :

$$\mathbb{E}[\mathbb{E}[F|\mathcal{F}'_p]\ G] = \mathbb{E}[\mathbb{E}[F|\mathcal{F}'_\infty]\ G]$$

(les tribus $\mathcal{F}_p$ et $\mathcal{F}'_\infty$ sont indépendantes conditionnellement à $\mathcal{F}'_p$).

D'après *(3.p)*, on a donc, pour toute fonction G invariante bornée :

$$\mathbb{E}[FG] = \mathbb{E}[\mathbb{E}[F|\mathcal{G}'_\infty]\, G],$$

et donc : $$\mathbb{E}[F|\mathcal{G}'_\infty] = \mathbb{E}[F|\mathcal{G}],$$

d'où l'on déduit, $\mathcal{G} = \mathcal{G}'_\infty$ aux ensembles $\mathbb{W}$-négligeables près. □

4. Etude d'une équation différentielle stochastique linéaire.

Dans cette dernière section, μ est une mesure de Radon diffuse (signée) sur $]0,1]$; $(\mathcal{F}_t)$ est une filtration vérifiant les conditions habituelles et $(B_t)_{t\geq 0}$ est un $(\mathcal{F}_t)$-mouvement brownien réel, issu de 0 ; (B_t) et $(B_t^2 - t)$ sont donc des $(\mathcal{F}_t)$-martingales continues.

On se propose de décrire les propriétés de toutes les solutions continues de l'équation :

$$X_t = B_t + \int_0^t X_u \, d\mu(u) \qquad (0 \leq t \leq 1) \tag{4.a}$$

$\left(\int_0^t X_u \, d\mu(u)\right.$ est définie ici comme $\lim_{\varepsilon \to 0}$ p.s. $\int_\varepsilon^t X_u \, d\mu(u)$, limite dont on suppose l'existence$\Big)$.

On associe à la mesure μ la fonction $M(t) = \exp\Big(\mu(]t,1])\Big)$ $(0 < t \leq 1)$.

On utilisera de façon récurrente le fait qu'une solution X vérifie toujours la relation :

$$X_t = X_u \frac{M(u)}{M(t)} + \frac{1}{M(t)} \int_u^t M(r) dB_r \qquad (0 < u \leq t \leq 1). \tag{4.b}$$

ou, si on veut faire disparaitre les intégrales stochastiques :

$$X_t = B_t + (X_u - B_u)\, e^{\mu(]u,t])} + \int_u^t B_r \, e^{\mu(]r,t])} d\mu(r) \tag{4.b'}$$

L'équation linéaire *(4.a)* a déjà été utilisée par Chitashvili et Toronjadze [2] pour illustrer des résultats d'existence et d'unicité des solutions d'équations différentielles stochastiques ; pour Chitashvili et Toronjadze, μ est une mesure diffuse (signée) aléatoire vérifiant :

$$\int_0^1 e^{|\mu|(]r,1])} \sqrt{2r \mathrm{LogLog}\frac{1}{r}} \; d|\mu|(r) < \infty \text{ p.s.},$$

assurant ainsi (en vertu de la loi du Log-itéré) la convergence p.s. de l'intégrale $\int_0^1 |B_r| \, e^{|\mu|(]r,1])} \, d|\mu|(r)$ et l'existence de la solution :

$$X_t = B_t + \int_0^t B_r \, e^{\mu(]r,t])} \, d\mu(r)$$

(On notera que $t \longrightarrow \int_0^t B_r \, e^{\mu(]r,t])} \, d\mu(r)$ est à variation finie ; X est une $(\mathcal{F}_t)$-semi-martingale si, et seulement si $\sigma\{\mu(]s,t] \mid s \leq t\} \subseteq \mathcal{F}_t$ pour tout t).

Nous nous plaçons ici dans un cadre à la fois moins général (pour nous, μ est déterministe) et plus général puisque nous cherchons des critères d'existence de solutions de l'équation *(4.a)* sous la seule contrainte : μ est une mesure de Radon sur $]0,1]$.

(4.1) <u>Etude de l'unicité des solutions</u>.

Soit (X_t) et (X'_t) deux solutions. On a alors :

$$x(t) \equiv X_t - X'_t = \int_0^t x(r) \, d\mu(r).$$

On en déduit que $x(t)M(t)$ est une fonction constante sur $]0,1]$. Or on doit avoir : $\lim_{t \to 0} x(t) = 0$, d'où la :

<u>Proposition 13</u> :

1) Il y a unicité de la solution de l'équation (4.a) si et seulement si $M(t)$ *ne converge pas vers* ∞ *lorsque* t *tend vers* 0 ;

2) si $M(t) \underset{t \to 0}{\longrightarrow} +\infty$*, toutes les solutions se déduisent de l'une d'elles par l'addition de* $\frac{C}{M(t)}$*, où* C *est une <u>v.a.</u> quelconque. En particulier s'il existe une solution, il en existe une unique, soit* $X^{(1)}$*, telle que* $X_1^{(1)} = 0$.

(4.2) <u>Etude de l'existence des solutions</u>.

Plaçons nous d'abord dans le cas où il y a *a priori* <u>unicité</u>. D'après la proposition 13, on a : $\underline{\lim}_{u \to 0} M(u) < +\infty$; soit (u_n) une suite de réels, $u_n > 0$,

$u_n \longrightarrow 0$ et $\underline{\lim}_{u\to 0} M(u) = \lim_n M(u_n)$; $\left(X_{u_n} \frac{M(u_n)}{M(t)}\right)_n$ converge alors p.s. vers 0 et, d'après *(4.b)*, $X_t = \lim_n \frac{1}{M(t)} \int_{u_n}^t M(r) dB_r$; une condition nécessaire et suffisante pour que cette dernière limite existe est :

$$\int_0^1 M^2(r)\, dr < \infty. \tag{4.c}$$

On a alors :

$$X_t = X_t^{(0)} \equiv \frac{1}{M(t)} \int_0^t M(r) dB_r \qquad \text{pour tout } t > 0 \; ; \tag{4.d}$$

Inversement, si *(4.c)* est réalisée, le processus $X^{(0)}$ défini par *(4.d)* est continu sur $]0,1]$ et vérifie, d'après la formule d'Ito, pour $0 < \varepsilon < t \leq 1$

$$\begin{aligned} X_t^{(0)} &= X_\varepsilon^{(0)} + \int_\varepsilon^t dB_r - \int_\varepsilon^t \left(\int_0^r M(u) dB_u\right) \frac{dM(r)}{M^2(r)} \\ &= X_\varepsilon^{(0)} + B_t - B_\varepsilon - \int_\varepsilon^t X_u^{(0)}\, d\mu(u). \end{aligned}$$

L'équation *(4.a)* a une solution (égale à $X^{(0)}$) si, et seulement si, $X_t^{(0)}$ converge p.s. vers 0 avec t ; $X^{(0)}$ étant gaussien, cela nécessite que $X_t^{(0)}$ converge dans L^2 vers 0, i.e. :

$$\lim_{t\to 0} \frac{1}{M^2(t)} \int_0^t M^2(r)\, dr = 0. \tag{4.e}$$

Plaçons nous maintenant dans le cas où il n'y a pas unicité, c'est à dire $M(t) \underset{t\to 0}{\longrightarrow} \infty$. Nous avons vu (proposition 13) que s'il existe une solution, il en existe une $X^{(1)}$ telle que $X_1^{(1)} = 0$.

Si l'on note $\xi_t = - X_{1-t}^{(1)}$ et $\beta_t = B_1 - B_{1-t}$, ξ est alors solution de :

$$\xi_t = \beta_t - \int_0^t \xi_u\, d\tilde{\mu}(u) \qquad (t < 1)$$

où $\tilde{\mu}$ est l'image de μ par $t \longrightarrow 1 - t$ ($\tilde{\mu}$ est une mesure de Radon diffuse signée sur $[0,1[$). Cette équation admet une unique solution, notée encore $(\xi_t)_{t<1}$. L'existence d'une solution de l'équation d'origine sera résolue si l'on a :

$$\lim_{t\to 1} \xi_t = 0 \text{ p.s.}$$

Or, on a la formule explicite :

$$\xi_t = \int_0^t \exp-\tilde{\mu}(]r,t])\, d\beta_r = \frac{1}{M(1-t)} \int_0^t M(1-r)d\beta_r \ ;$$

$\lim_{t\to 1}\xi_t = 0$ nécessite en particulier $\frac{1}{M^2(1-t)} \int_0^t M^2(1-r)\, dr \underset{t\to 1}{\longrightarrow} 0$ ou encore :

$$\text{(4.f)} \qquad \lim_{t\to 0} \frac{1}{M^2(t)} \int_t^1 M^2(r)\, dr = 0.$$

Proposition 14 : *1) Si* $\underline{\lim}_{t\to 0} M(t) < \infty$, *il est nécessaire et suffisant pour que (4.a) ait une solution que les deux conditions suivantes soient réalisées :*

$$\text{(4.c)} \qquad \int_0^1 M^2(r)\, dr < \infty \qquad \textit{et}$$

$$\text{(4.e')} \qquad \lim_{t\to 0} \frac{1}{M(t)} \int_0^t M(r)dB_r = 0.$$

La solution est alors $X_t^{(0)} = \frac{1}{M(t)} \int_0^t M(r)dB_r$; *(4.e') implique (4.e).*

2) Si $\lim_{t\to 0} M(t) = \infty$, *il y a existence d'une solution de (4.a) si, et seulement si :*

$$\text{(4.f')} \qquad \lim_{t\to 0} \frac{1}{M(t)} \int_t^1 M(r)dB_r = 0.$$

$X_t^{(1)} = -\frac{1}{M(t)} \int_t^1 M(r)dB_r$ *est alors la solution de (4.a) nulle au temps 1 ;*

(4.f') implique (4.f) et est en particulier vérifiée sous (4.c).

Transformons par changement de temps les conditions nécessaires et suffisantes d'existence de solutions de (4.a) données par la proposition 14.

• Lorsque $\underline{\lim}_{t\to 0} M(t) < \infty$, on doit avoir :

$$\int_0^1 M^2(t)\, dt < \infty \text{ et } \lim_{t\to 0} \frac{1}{M(t)} \int_0^t M(r)dB_r = 0 \ ;$$

soit pour $t < \int_0^1 M^2(s)\, ds$, $\ell(t) \in \mathbb{R}$ tel que $\int_0^{\ell(t)} M^2(s)\, ds = t$, $\phi(t) = M \circ \ell(t)$ et $\beta_t = \int_0^{\ell(t)} M(r)dB_r = 0$; $\left(\beta_t,\ t < \int_0^1 M^2(s)\, ds\right)$ est un mouvement brownien ;

$$\underline{\lim}_{t\to 0} \phi(t) < \infty, \int_0 \frac{1}{\phi^2(u)}\, du < \infty \text{ et } \lim_{t\to 0} \frac{1}{\phi(t)} \beta_t = 0.$$

Comme $(\beta_t)_{t>0}$ a même loi que $(tB_{1/t})_{t>0}$, ce groupe de conditions se réécrit, avec $\Phi(x) = x\,\phi\left(\frac{1}{x}\right)$, sous la forme :

$$(4.g) \qquad \underline{\lim}_{x\to\infty} \frac{\Phi(x)}{x} < \infty, \int^{\infty} \frac{1}{\Phi^2(x)}\,dx < \infty \text{ et } \lim_{x\to\infty} \frac{1}{\Phi(x)} B_x = 0.$$

• Lorsque $\underline{\lim}_{t\to 0} M(t) = \infty$, on peut se limiter à traiter le cas où $\int_0^1 M^2(s)\,ds$ est infini. On introduit g décroissante sur $\mathbb{R}_+$ telle que $t = \int_{g(t)}^1 M^2(s)\,ds$ et $\psi(t) = M \circ g(t)$. Les conditions d'existence *(4.f')* deviennent alors :

$$(4.h) \qquad \lim_{x\to\infty} \psi(x) = \infty, \int_0^{\infty} \frac{1}{\psi^2(x)}\,dx = 1 \text{ et } \lim_{x\to\infty} \frac{1}{\psi(x)} B_x = 0.$$

Nous sommes donc amenés à caractériser la classe des fonctions h continues strictement positives sur $\mathbb{R}_+$, telles que : $\lim_{x\to\infty} \frac{1}{h(x)} B_x = 0$ p.s. ; nous n'avons pas trouvé dans la littérature de réponse à cette question, sauf sous l'hypothèse supplémentaire : $x \to x^{-1/2}h(x)$ est croissante (on dispose alors des critères "classiques" de Kolmogorov ou Dvoretsky-Erdös avec lesquels le critère *(4.i")* ci-dessous coïncide (voir, par exemple, [5], I-8 et IV-12)) ; l'équivalence de *(4.i')* et *(4.i")* a été fortement inspirée par Kesten [11] (Appendice, Lemme 2).

Proposition 15 : *Soit h continue positive sur $\mathbb{R}_+$ et $\eta(x) = \inf_{u\ge x} h(u)$ $(x \ge 0)$. Les conditions suivantes sont équivalentes :*

(4.i) $\lim_{x\to\infty} \frac{1}{h(x)} B_x = 0$ p.s. ;

(4.i') $\lim_{x\to\infty} \frac{1}{\eta(x)} B_x = 0$ p.s. ;

(4.i") $\int_1^{\infty} \exp\left(-\varepsilon \frac{\eta^2(x)}{x}\right) \frac{1}{x}\,dx < \infty$ *pour tout* $\varepsilon > 0$.

Démonstration :

1) Plaçons nous sous l'hypothèse *(4.i)* ; on a : $\lim_{x\to\infty} \frac{\sqrt{x}}{h(x)} = 0$, d'où : $\lim_{x\to\infty} h(x) = \infty$; η est continue, croissante et strictement positive sur $\mathbb{R}_+$; on a aussi, pour R processus de Bessel de dimension 3 issu de 0,

$$\lim_{x\to\infty} \frac{R_x}{h(x)} = 0 \text{ p.s. } ;$$

posons pour x, y > 0, $N_x = \sup_{u\geq x} \frac{R_u}{h(u)}$, $L_y = \sup\{t|R_t = y\}$, $T_y = \inf\{t|B_t \geq y\}$

$$N_{L_y} = \sup_{u\geq L_y} \frac{1}{h(u)} (R_u - y + y) \geq \sup_{u\geq L_y} \frac{y}{h(u)} = \frac{y}{\eta(L_y)} .$$

On a donc : $\lim_{y\to\infty} \frac{y}{\eta(L_y)} = 0$. D'après un résultat bien connu de D.Williams, $(L_y)_{y\geq 0}$ a même loi que $(T_y)_{y\geq 0}$; *(4.i')* résulte enfin de l'inégalité :

$$\sup_{t\geq T_y} \frac{1}{\eta(t)} B_t \leq \sup_{z\geq y} \frac{z}{\eta(T_z)} .$$

Il est immédiat que *(4.i')* implique *(4.i)*.

2) Sous l'hypothèse *(4.i')*, on a a priori : $\lim_{x\to\infty} \frac{\sqrt{x}}{\eta(x)} = 0$.

Soit $V_n = 2^{-n/2} \sup_{2^n\leq t\leq 2^{n+1}} |B_t - B_{2^n}|$; on a les inégalités :

$$\sup_{2^n\leq t\leq 2^{n+1}} \frac{|B_t|}{\eta(t)} \leq \frac{1}{\eta(2^n)} |B_{2^n}| + \sup_{2^n\leq t\leq 2^{n+1}} \frac{|B_t - B_{2^n}|}{\eta(t)}$$

$$\leq \frac{2^{n/2}}{\eta(2^n)} V_n + \frac{1}{\eta(2^n)} |B_{2^n}| ;$$

$$\frac{1}{\sqrt{2}} \frac{2^{(n+1)/2}}{\eta(2^{n+1})} V_n \leq \sup_{2^n\leq t\leq 2^{n+1}} \frac{|B_t - B_{2^n}|}{\eta(t)} \leq 2 \sup_{2^n\leq t\leq 2^{n+1}} \frac{|B_t|}{\eta(t)}$$

$$\text{et } \frac{1}{\eta(2^n)} |B_{2^n}| \leq \sup_{2^n\leq t\leq 2^{n+1}} \frac{|B_t|}{\eta(t)} .$$

Les v.a. V_n étant indépendantes et de même loi que $B_1^* = \sup_{0\leq t\leq 1} |B_t|$, *(4.i')* implique : $\lim_n \frac{2^{n/2}}{\eta(2^n)} V_n = 0$, ce qui équivaut, d'après le lemme de Borel Cantelli à la condition :

$$(4.i''') \qquad \sum P\left[B_1^* > \alpha\, 2^{-n/2} \eta(2^n)\right] < \infty \qquad \text{pour tout } \alpha > 0.$$

Toujours d'après le lemme de Borel-Cantelli, *(4.i''')* assure : $\lim_n \frac{|B_{2^n}|}{\eta(2^n)} = 0$.

Finalement, *(4.i')* et *(4.i''')* sont équivalentes. L'équivalence de *(4.i''')* et *(4.i")* résulte quant à elle des inégalités :

$$\left(\frac{2}{\pi}\right)^{1/2}\int_{\alpha}^{\infty} \exp\left[-\tfrac{1}{2}u^2\right] du \le \mathbb{P}[B_1^* > \alpha] \le 2\exp\left[-\tfrac{1}{2}\alpha^2\right]$$

et $\displaystyle\sum_{k\ge0}\int_{2^k}^{2^{k+1}} \exp\left[-\,2\varepsilon\, 2^{-(k+1)}\ \eta^2(2^{k+1})\right]\frac{1}{x}\,dx$

$$\le \int_1^{\infty}\exp\left[-\varepsilon\,\frac{\eta^2(x)}{x}\right]\frac{1}{x}\,dx \le \sum_{k\ge0}\int_{2^k}^{2^{k+1}}\exp\left[-\,\frac{\varepsilon}{2}\,2^{-k}\eta^2(2^k)\right]\frac{1}{x}\,dx\,. \qquad \square$$

Revenant par changement de temps à la situation originelle, on peut énoncer la

Proposition 16 : *1) Si* $\underline{\lim}_{t\to0} M(t) < \infty$, *il est nécessaire et suffisant pour que (4.a) ait une solution que les deux conditions suivantes soient réalisées*

(4.c)
$$\int_0^1 M^2(r)\,dr < \infty$$

et avec $\underset{\sim}{M}(u) = \inf_{v\le u} \dfrac{M(v)}{\int_0^v M^2(s)\,ds}$,

(4.e")
$$\int_0 \frac{M^2(u)}{\int_0^u M^2(s)\,ds}\exp\left[-\varepsilon\,\underset{\sim}{M}^2(u)\int_0^u M^2(s)\,ds\right]du < \infty \qquad \text{pour tout } \varepsilon > 0.$$

2) Si $\lim_{t\to0} M(t) = \infty$, *il y a existence d'une solution de (4.a) si, et seulement si, avec* $\tilde{M}(u) = \inf_{v\le u} M(v)$:

(4.f")
$$\int_0 \frac{M^2(u)}{\int_u^1 M^2(s)\,ds}\exp\left(-\varepsilon\,\frac{\tilde{M}^2(u)}{\int_u^1 M^2(s)\,ds}\right)du < \infty \qquad \text{pour tout } \varepsilon > 0.$$

(4.3) Etude de l'adaptation à $(\mathcal{F}_t)$.

Dans le cas où il y a existence et unicité, l'unique solution est, d'après la proposition 14, adaptée à la filtration naturelle de (B_t). Il reste donc à considérer le cas où il n'y a pas unicité.

Proposition 17 : *Lorsque* $\lim_{t\to0} M(t) = \infty$, *l'équation (4.a) admet une solution adaptée à la filtration* $(\mathcal{F}_t)$ *si, et seulement si :*

(4.c) $$\int_0^1 M^2(r)\,dr < \infty\ ;$$

dans ce cas, les solutions adaptées sont données par $X^{(0)} + \frac{C}{M}$ *où* C *est une v.a.* $\mathcal{F}_0$*-mesurable.*

Démonstration : sous l'hypothèse *(4.c)*, on a vu au paragraphe (4.2) que $X^{(0)}$ est solution de *(4.a)* ; $X^{(0)}$ est $(\mathcal{F}_t)$-adapté et toute autre solution s'obtient en ajoutant à $X^{(0)}$ un processus de la forme $\frac{C}{M(t)}$ (voir (4.1)) ; l'adaptation à $(\mathcal{F}_t)$ nécessite que C soit $\mathcal{F}_0$-mesurable. Inversement supposons que X soit une solution $(\mathcal{F}_t)$-adaptée et montrons que *(4.c)* est satisfaite. Toujours grâce à *(4.b)*, on a pour $0 < u < t$,

$$X_t = X_u \frac{M(u)}{M(t)} + \frac{1}{M(t)} \int_u^t M(r)dB_r \text{ et, pour } \lambda \text{ réel,}$$

$$\mathbb{E}[\exp i\lambda X_t] = \mathbb{E}\left[\mathbb{E}\left\{\exp i\lambda\left(X_u \frac{M(u)}{M(t)} + \frac{1}{M(t)} \int_u^t M(r)dB_r \middle| \mathcal{F}_u\right)\right\}\right]$$

$$= \mathbb{E}\left[\exp\ i\lambda X_u \frac{M(u)}{M(t)}\right] \exp\left(-\lambda^2 \int_u^t \frac{M^2(r)}{M^2(t)}\,dr\right)\ ;$$

on en déduit, $t > 0$ étant fixé, en faisant tendre u vers 0 :

$$|\mathbb{E}[\exp i\lambda X_t]| \le \exp\left(-\lambda^2 \int_0^t \frac{M^2(r)}{M^2(t)}\,dr\right)\ ;$$

si la condition *(4.c)* n'était pas satisfaite, on aurait donc pour tout $\lambda \neq 0$ $\mathbb{E}[\exp i\lambda X_t] = 0$, ce qui est incompatible avec la continuité en $\lambda = 0$ de la fonction caractéristique de la variable X_t.

(4.4) Etude de l'existence d'une solution semi-martingale.

On utilisera plusieurs fois le résultat suivant (Fernique [4] ou Jain-Monrad [6]) :

Lemme 18 : *Soit* $(V_t)_{0\le t\le 1}$ *un processus gaussien continu ; si* $t \longrightarrow V_t$ *est à variation finie avec probabilité positive,* $t \longrightarrow V_t$ *est à variation intégrable.*

Démonstration : Si W est une v.a. gaussienne centrée, de variance σ^2 et si $\mathbb{P}[A] = \alpha$, on a pour tout $\omega \in \mathbb{R}$:

$$\mathbb{E}[|W - \omega|\ 1_A] \ge \mathbb{E}[|W - \omega|\ 1_{\{|W - \omega| \le \alpha\}}]$$

$$\ge \mathbb{E}[|W|\ 1_{\{|W| \le \alpha\}}] = \sigma \left(\frac{2}{\pi}\right)^{1/2} \left(1 - \exp -\frac{1}{2}\left(\frac{\alpha}{\sigma}\right)^2\right).$$

Soit $(V_t)_{0\le t\le 1}$ un processus gaussien continu tel que $\mathbb{P}\left[\int_0^1 |dV_s| < \infty\right] > 0$;

notons pour $t \in [0,1]$, $\tilde{V}_t = V_t - \mathbb{E}[V_t]$; pour montrer que V est à variation intégrable, il suffit de montrer que $\tilde{V}$ est à variation intégrable ;

soit $x \in \mathbb{R}$ avec $\mathbb{P}\left[\int_0^1 |dV_s| < x\right] = \alpha > 0$ et $A = \left\{\int_0^1 |dV_s| < x\right\}$;

pour toute subdivision $(0 = t_0 \le t_1 \le \ldots \le t_k \le t_{k+1} = 1)$ de $[0,1]$, on a :

$$x \ge \mathbb{E}\left[\int_0^1 |dV_s|\ 1_A\right] \ge \mathbb{E}\left[1_A \sum_{i=1}^{k} |V_{t_{i+1}} - V_{t_i}|\right]$$

$$\ge \left(1 - \exp-\frac{1}{2}\left(\frac{\alpha}{\delta}\right)^2\right)\left(\sum_{i=1}^{k} \mathbb{E}[|V_{t_{i+1}} - V_{t_i}|]\right),$$

si $\delta^2 = \sup_{0\le s,t\le 1}\mathbb{E}[|V_t - V_s|]$; par suite, $\mathbb{E}\left[\int_0^1 |dV_s|\right] \le \dfrac{x}{1 - \exp-\frac{1}{2}\left(\frac{\alpha}{\delta}\right)^2}$. □

Proposition 19 : *Lorsque* $\lim_{t\to 0} M(t) < +\infty$), *il y a existence (et unicité) d'une solution semi-martingale de (4.a) si et seulement si :*

(4.c)
$$\int_0^1 M^2(r)\, dr < \infty \ ;$$

(4.j)
$$\int_0^1 \frac{1}{M(u)}\left(\int_0^u M^2(r)\, dr\right)^{1/2} d|\mu|(u) < \infty \ .$$

Démonstration :

La solution de *(4.a)* est donnée (pour $t > 0$) par $X_t^{(0)} = \frac{1}{M(t)} \int_0^t M(r)dB_r$;

la filtration naturelle $\mathcal{X}$ de X coïncide avec la filtration naturelle de B ;

comme $X_t^{(0)} - X_\varepsilon^{(0)} = B_t - B_\varepsilon + \int_\varepsilon^t X_u^{(0)}\, d\mu(u)$, B est la partie martingale locale continue de X et $\int_0^\cdot X_u^{(0)}\, d\mu(u)$ est sa partie à variation finie ; le processus gaussien $\int_0^\cdot X_u^{(0)}\, d\mu(u)$ est à variation finie, donc à variation intégrable (lemme 18), ce qui équivaut à *(4.j)*. Sous *(4.j)* $\lim_{\varepsilon\to 0} \int_\varepsilon^t X_u^{(0)}\, d\mu(u)$ existe, de même que $\lim_{\varepsilon\to 0} X_\varepsilon^{(0)}$ qui vaut nécessairement 0. □

Passons au cas où il n'y a pas unicité, c'est à dire $\lim_{t\to 0} M(t) = \infty$, mais imposons dans un premier temps :

(4.c) $$\int_0^1 M^2(r)\,dr < \infty.$$

On sait que la solution générale de l'équation (4.a) est : $X = X^{(0)} + \frac{C}{M}$ où C est une v.a. quelconque ; comme $C = \lim_{t\to0} M(t)X_t$, C est $\mathcal{X}_0$-mesurable si $(\mathcal{X}_t)$ est la filtration engendrée par X ; $\mathcal{X}$ est aussi la filtration engendrée par $C + \int_0^{\cdot} M(r)dB_r$, ou par C + B puisque M ne s'annule pas.

On a un premier résultat partiel :

Lemme 20 :

Sous les hypothèses : $\lim_{t\to0} M(t) = \infty$, $\int_0^1 M^2(r)dr < \infty$ *et* $\int_0^1 \frac{1}{M(r)}\, d|\mu|(r) < \infty$, *la solution* $X = X^{(0)} + \frac{C}{M}$ *est une semi-martingale si et seulement si* C + B *en est une (c'est à dire :* B *est une semi-martingale dans sa filtration naturelle grossie au moyen de la v.a.* C*).*

Démonstration : la condition $\int_0^1 \frac{1}{M(r)}d|\mu|(r) < \infty$ signifie que $\frac{1}{M}$ est à variation finie ($\frac{1}{M}(0) = 0$) ; elle implique ici (4.g) et assure que $\int_0^1 |X_u^{(0)}|d|\mu|(u)$ est fini. Comme $X_t = B_t + \frac{C}{M(t)} + \int_0^t X_u^{(0)}\, d\mu(u)$, X est une semi-martingale si (et seulement si) B est une $\mathcal{X}$-semi-martingale (ce qui équivaut à C + B est une semi-martingale). □

Un deuxième résultat partiel concerne le cas où la solution $X = X^{(0)} + \frac{C}{M}$ est un processus gaussien. $(B, X^{(0)}, C)$ étant gaussien, on peut écrire :

$$C = c + \gamma + \int_0^1 q(v)dB_v$$

où q est une fonction déterministe, $\int_0^1 q^2(v)\, dv < \infty$, $c \in \mathbb{R}$ et γ est une variable gaussienne centrée indépendante de $\sigma(B_v,\ 0 \le v \le 1)$. $\mathcal{X}$ est la filtnation de B, grossie avec la variable C.

On a donc (Jacod [7] ou Chaleyat-Maurel & Jeulin [1]) :

$$B_t = \bar{B}_t + \int_0^{t\wedge\delta} q(v) \frac{\gamma + \int_v^1 q(u)dB_u}{\mathbb{E}[\gamma^2] + \int_v^1 q^2(u)du} dv$$

où $\bar{B}$ est un $(\mathcal{X}_t)$-mouvement brownien,

$\delta = \inf\{v \mid \mathbb{E}[\gamma^2] + \int_v^1 q^2(r)dr = 0\} \wedge 1$, et l'intégrale

$\lim_{u\uparrow\delta} \int_0^u q(v) \frac{\gamma + \int_v^1 q(u)dB_u}{\mathbb{E}[\gamma^2] + \int_v^1 q^2(u)du} dv$ converge (mais l'intégrale n'est

pas nécessairement absolument convergente si $\gamma = 0$ ...).

B est une $\mathcal{X}$-semi-martingale si et seulement si $\int_0^\delta \frac{|q(v)|}{\left(\mathbb{E}[\gamma^2] + \int_v^1 q^2(u)du\right)^{1/2}} dv$ est fini. $\bar{B}$ est la partie martingale continue de X et le processus gaussien

$$\int_0^t \left(q(v) \frac{\gamma + \int_v^1 q(u)dB_u}{\mathbb{E}[\gamma^2] + \int_v^1 q^2(u)du} dv + \frac{1}{M(v)} \left(C + \int_0^v M(u)dB_u \right) d\mu(v) \right)$$

en est sa partie à variation finie, donc à variation intégrable (lemme 18).

Soit $\mu = \mu_a + \mu_s$ la décomposition de μ en somme d'une mesure absolument continue $\mu_a = \varphi.dt$ et d'une mesure singulière μ_s ; on a donc :

$$\mathbb{E}\left[\int_0^t \left| q(v) \frac{\gamma + \int_v^1 q(u)dB_u}{\mathbb{E}[\gamma^2] + \int_v^1 q^2(u)du} + \frac{\varphi(v)}{M(v)} \left(C + \int_0^v M(u)dB_u \right) \right| dv \right]$$

$$+ \mathbb{E}\left[\int_0^t \frac{1}{M(v)} \left| C + \int_0^v M(u)dB_u \right| d|\mu_s|(v) \right] < \infty,$$

soit :

- $\int_0^t \frac{1}{M(v)} \left(|c| + \mathbb{E}[\gamma^2]^{1/2} + \left(\int_0^v (q+M)^2(u)du \right)^{1/2} + \left(\int_v^1 q^2(u)du \right)^{1/2} d|\mu_s|(v) < \infty \right.$

- $|c| \int_0^t \frac{|\varphi(v)|}{M(v)} dv < \infty$;

$$\bullet \int_0^t \left| \frac{q(v)}{\left(\mathbb{E}[\gamma^2] + \int_v^\delta q^2(u)du\right)} + \frac{\varphi(v)}{M(v)} \right| \left(\mathbb{E}[\gamma^2] + \int_v^\delta q^2(u)du\right)^{\frac{1}{2}} dv < \infty,$$

$$\bullet \int_0^t \frac{|\varphi(v)|}{M(v)} \left(\int_0^v (q+M)^2(u)du\right)^{1/2} dv < \infty .$$

Si $C = 0$, on doit avoir *(4.g)* ; si $C \neq 0$ il faut $\int_0^t \frac{1}{M(v)} d|\mu|(v) < \infty$.

En résumé :

Proposition 21 : *On suppose :* $\lim_{t\to 0} M(t) = \infty$, $\int_0^1 M^2(v)\, dv < \infty$; *soit* X *une solution de (4.a), supposée gaussienne ;* $C = \lim_{t\to 0} M(t)X_t$.

i) Si $C = 0$, X *est une semi-martingale si, et seulement si, (4.j) est vérifiée*

ii) Si $C \neq 0$, X *est une semi-martingale si et seulement si* $\frac{1}{M}$ *est à variation finie et* C + B *est une semimartingale ; avec* $C = c + \gamma + \int_0^1 q(v)dB_v$

où $q \in L^2([0,1])$, $c \in \mathbb{R}$ *et* γ *est une variable gaussienne centrée indépendante de* $\sigma(B_s,\ 0 \le v \le 1)$ *; cela signifie :*

$$\int_0^\delta |q(v)| \left(\mathbb{E}[\gamma^2] + \int_v^\delta q^2(u)\, du\right)^{-1/2} dv < \infty.$$

Restons dans le cas où il n'y a pas unicité, c'est à dire : $\lim_{t\to 0} M(t) = \infty$, mais imposons maintenant :

$$\int_0^1 M^2(u)\, du = \infty \text{ et } \lim_{t\to 0} \frac{1}{M^2(t)} \int_t^1 M^2(v)\, dv = 0$$

Sur]0,1], la solution générale de *(4.a)* est alors $X_t^{(1)} + \frac{C}{M(t)}$; $\mathcal{X}$ est la plus petite filtration rendant adapté le processus $C - \int^1 M(v)dB_v$; pour tout t, $\mathcal{X}_t \supseteq \sigma(\int_u^t M(v)dB_v,\ u \le t) = \mathcal{B}_t$.

Lorsque X est un processus gaussien, on peut à nouveau écrire :

• $C = c + \gamma + \int_0^1 q(v)dB_v$, où q est une fonction déterministe, $\int_0^1 q^2(v)\, dv < \infty$, $c \in \mathbb{R}$ et γ est une v.a. gaussienne centrée indépendante de $\sigma(B_v,\ 0 \le v \le 1)$.

• $B_t = \tilde{B}_t + \int_0^{t\wedge\eta} \kappa(v)\,dv$,

où $\tilde{B}$ est un $\mathfrak{X}$-mouvement brownien, $\eta = \inf\{t \mid \mathbb{E}[\gamma^2] + \int_t^1 (q - M)^2(u)\,du = 0\}$ et

$$\kappa(t) = (q - M)(t)\ \frac{\gamma + \int_t^\eta (q - M)(u)dB_u}{\mathbb{E}[\gamma^2] + \int_t^\eta (q - M)^2(u)du} ;$$

notons que η est strictement positif ($q \in L^2$ et $\int_0^1 M^2(v)\,dv = \infty$) et que B est une $\mathfrak{X}$-semi-martingale sur $[0,\eta[$ $\left(\int_0^t |\kappa(v)|\,dv \text{ est fini pour tout } t < \eta\right)$;
$\int_0^\eta \kappa(v)\,dv = \lim_{t\to\eta-}\int_0^t \kappa(v)\,dv$ existe et $\int_0^\eta |\kappa(v)|\,dv$ est fini si et seulement si $\int_0^\eta |q - M|(v)\left(\mathbb{E}[\gamma^2] + \int_v^\eta (q - M)^2(u)\,du\right)^{-1/2} dv$ est fini (lemme 18).

Comme : $X_t = B_t + \int_0^t X_u\,d\mu(u) = \tilde{B}_t + \int_0^t X_u\,d\mu(u) + \int_0^{t\wedge\eta} \kappa(v)\,dv$,

si X est une $\mathfrak{X}$-semi-martingale, $\tilde{B}$ est la partie martingale continue de X et

$$V = \int_0^{\cdot} X_u\,d\mu(u) + \int_0^{\cdot\wedge\eta} \kappa(v)\,dv$$

est sa partie à variation finie ; à nouveau, le processus gaussien V est à variation intégrable, soit :

$$\infty > \mathbb{E}\left[\int_0^\eta |dV_r|\right] = \int_0^\eta \mathbb{E}\left[|\kappa(r) + X_r\varphi(r)|\right] dr + \int_0^\eta \mathbb{E}[|X_v|]\,d|\mu_s|(v)$$

$$= \int_0^\eta dv\ \mathbb{E}\left[\left| c\,\frac{\varphi}{M}(v) + \frac{\varphi}{M}(v)\int_0^v q(u)dB_u + \dots \right.\right.$$
$$\left.\left.\left(\frac{\varphi}{M}(v) + \frac{(q - M)(v)}{\mathbb{E}[\gamma^2] + \int_v^\eta (q - M)^2(u)du}\right)\cdot\left(\gamma + \int_v^\eta (q - M)(u)dB_u\right)\right|\right]$$
$$+ \int_0^\eta \mathbb{E}[|X_v|]\,d|\mu_s|(v)$$

soit : $$\int_0^\eta \frac{1}{M(t)}\left(\int_t^1 M^2(u)du\right)^{1/2} d|\mu_s|(t) < \infty ,$$

$$|c| \int_0^{\eta} \frac{|\varphi|}{M}(v)\ dv < \infty$$

$$\int_0^{\eta} \frac{|\varphi|}{M}(v) \left(\int_0^v q^2(u)du\right)^{1/2} dv < \infty \text{ et}$$

$$\int_0^{\eta} \left| \frac{\varphi}{M}(v) + \frac{(q - M)(v)}{\mathbb{E}[\gamma^2] + \int_v^{\eta} (q - M)^2(u)du} \right| . \left(\mathbb{E}[\gamma^2] + \int_v^{\eta} (q-M)^2(u)du\right)^{1/2} dv < \infty$$

Remarquons que si X est une semi-martingale,

$$\mathbb{E}[X_t|\gamma] = \frac{c + \gamma}{M(t)} = \mathbb{E}[A_t|\gamma] = \int_0^t \left(\mathbb{E}[X_u|\gamma]\ d\mu(u) + \mathbb{E}[\kappa(u)|\gamma]\ du\right) \quad (\text{si } t < \eta)$$

est à variation intégrable ; si $c^2 + \mathbb{E}[\gamma^2] \neq 0$, X n'est une semi-martingale que si $\frac{1}{M}$ est à variation finie ; plus précisément :

• si $\mathbb{E}[\gamma^2] \neq 0$, $\eta = 1$ et X est une semi-martingale si et seulement si :

(4.k.1) $\frac{1}{M}$ est à variation finie

(4.k.2) $$\int_0^1 \frac{1}{M(t)} \left(\int_t^1 M^2(u)\ du\right)^{1/2} d|\mu_s|(t) < \infty$$

(4.k.3') $$\int_0 \left| \frac{\varphi}{M}(v) + \frac{(q - M)(v)}{\mathbb{E}[\gamma^2] + \int_v^1 (q - M)^2(u)du} \right| . \left(\mathbb{E}[\gamma^2] + \int_v^1 (q-M)^2(u)du\right)^{1/2} dv < \infty$$

(4.k.3') équivaut à *(4.k.3)* : $$\int_0 \left| \frac{\varphi}{M}(v) \left(\int_v^1 M^2(u)du\right)^{1/2} - \frac{M(v)}{\left(\int_v^1 M^2(u)du\right)^{1/2}} \right| dv < \infty$$

• si $\mathbb{E}[\gamma^2] = 0$ et $c \neq 0$, il faut à nouveau *(4.k.1)* et *(4.k.2)* ainsi que :

(4.k.4') $$\int_0 \left| \frac{\varphi}{M}(v) + \frac{(q - M)(v)}{\int_v^1 (q - M)^2(u)du} \right| . \left(\int_v^1 (q - M)^2(u)du\right)^{1/2} dv < \infty ;$$

(4.k.4') se scinde en *(4.k.3)* et

(4.k.4) $$\int^{\eta} \frac{|q - M|(v)}{\left(\int_v^{\eta} (q - M)^2(u)du\right)^{1/2}}\ dv < \infty.$$

• Si $\mathbb{E}[\gamma^2] = 0 = c$, pour que X soit une semi-martingale, il faut et il suffit que *(4.k.2)*, *(4.k.3)*, *(4.k.4)* soient vérifiées, ainsi que :

(4.k.5) $$\int_0^{\eta} \frac{|\varphi|}{M}(v) \left(\int_0^v q^2(u)\ du\right)^{1/2} dv < \infty.$$

• en particulier, pour que $X^{(1)}$ soit une semi-martingale (cas $C = 0$), il faut et il suffit que *(4.k.1)* et*(4.k.3)* soient vérifiées.

En résumé :

Proposition 22 : *Sous les conditions* $\lim_{t\to0} M(t) = \infty$, $\int_0^1 M^2(u)\ du = \infty$ *et* $\lim_{t\to0} \frac{1}{M^2(t)} \int_t^1 M^2(u)\ du = 0$, *il existe une semi-martingale gaussienne solution de (4.a) si, et seulement si :*

(4.k.2) $$\int_0^1 \frac{1}{M(t)}\left(\int_t^1 M^2(u)\ du\right)^{1/2} d|\mu_s|(t) < \infty$$

et

(4.k.3) $$\int_0 \left|\frac{\varphi}{M}(v) \left(\int_v^1 M^2(u)du\right)^{1/2} - \frac{M(v)}{\left(\int_v^1 M^2(u)du\right)^{1/2}}\right| dv < \infty$$

Alors une solution semi-martingale gaussienne particulière est $X^{(1)}$ *et la solution semi-martingale gaussienne générale est de la forme :* $X^{(1)} + \frac{C}{M}$ *où* $C = c + \gamma + \int_0^1 q(v)dB_v$ *(q déterministe,* $\int_0^1 q^2(v)\ dv < \infty$, $c \in \mathbb{R}$ *et* γ *v.a. gaussienne centrée indépendante de* $\sigma\{B_v,\ 0 \le v \le 1\}$*) à condition que :*

* *si* $\gamma \neq 0$, $\frac{1}{M}$ *est à variation finie ;*

* *si* $\gamma = 0$ *soit* $\eta = \inf\{t| \int_t^1 (q - M)^2(u)\ du = 0\}$;

. *si* $c \neq 0$, $\frac{1}{M}$ *est à variation finie et* $\displaystyle\int^{\eta} \frac{|q - M|(v)}{\left(\int_v^{\eta} (q - M)^2(u)du\right)^{1/2}} dv < \infty$

. *si* $c = 0$, $\displaystyle\int_{0+} \frac{|\varphi|}{M}(v) \left(\int_0^v q^2(u)du\right)^{1/2} dv < \infty$ *et*

$$\int^{\eta} \frac{|q - M|(v)}{\left(\int_v^{\eta}(q - M)^2(u)du\right)^{1/2}} dv < \infty .$$

(4.5) Exemples.

On se limite à μ absolument continue.

i) Exemple A : On considère $\varphi(u) = \frac{\lambda}{u}$ $(\lambda \neq 0)$; alors, $M(u) = u^{-\lambda}$.

* Il ne peut y avoir unicité que si λ est négatif ; on a alors :

$$\int_0^1 \frac{|\varphi(u)|}{M(u)} \left(\int_0^u M^2(r)\, dr\right)^{1/2} du = \frac{-\lambda}{\sqrt{1-2\lambda}} \int_0^1 u^{-1/2}\, du < \infty ;$$

la solution est donc $X_t^{(0)} = t^{\lambda} \int_0^t r^{-\lambda}\, dB_r$; c'est une semi-martingale continue.

* Si $\lambda > 0$, $\lim_{t\to\infty} M(t) = \infty$;

** pour $\lambda < \frac{1}{2}$, $\int_0 M^2(u)\, du$ est fini ;

les solutions $X_t = C\, t^{\lambda} + t^{\lambda} \int_0^t r^{-\lambda}\, dB_r$ sont continues en 0 ;

$\frac{1}{M(t)} = t^{\lambda}$ est à variation finie et X est une semi-martingale si et seulement si $C + B$ en est une.

** pour $\lambda \geq \frac{1}{2}$, $\int_0 M^2(u)\, du$ est infini et il n'existe plus de solution $\mathcal{B}$-adaptée ; cependant

$$\int_t^1 M^2(u)\, du = \begin{cases} \frac{1}{2\lambda - 1}(t^{1-2\lambda} - 1) & \text{si } \lambda > \frac{1}{2} \\ -\text{Log}\,t & \text{si } \lambda = \frac{1}{2} \end{cases}$$

et

$$\int_0 \left| \frac{\varphi}{M}(r) \left(\int_r^1 M^2(u)du\right)^{1/2} - \frac{M(r)}{\left(\int_r^1 M^2(u)du\right)^{1/2}} \right| dr$$

$$= \sqrt{2\lambda - 1} \int_0 \left|\lambda t^{\lambda-1}(2\lambda - 1)^{-1}(t^{1-2\lambda} - 1) - t^{-\lambda}\right| (t^{1-2\lambda} - 1)^{-1/2}\, dt$$

$$= \sqrt{2\lambda - 1} \int_0 \left|\lambda(2\lambda - 1)^{-1}(1 - t^{\lambda}) - 1\right| (t - t^{2\lambda})^{-1/2}\, dt < \infty$$

(si $\lambda = \frac{1}{2}$ on obtient $\int_0 |\frac{1}{2}\mathrm{Log}t - 1|\ (t\mathrm{Log}t)^{-1/2}\, dt < \infty)$;

$X_t^{(1)} = - t^{\lambda} \int_t^1 r^{-\lambda}\, dB_r$ est une semi-martingale continue.

ii) Exemple B :

On considère : $M(t) = t^a(1 + t^b + \sin\frac{1}{t})^c$, avec $a < 0$, $b, c > 0$ et $a + bc > 0$;

$\underline{\lim}_{t\to 0} M(t) = \lim_{k\to\infty} M(\vartheta_k)$ (où $\frac{1}{\vartheta_k} = -\frac{\pi}{2} + 2k\pi$)

$= \lim_{k\to\infty} \vartheta_k^{a+bc} = 0$ (il y a donc unicité ...) ;

$\overline{\lim}_{t\to 0} M(t) = \lim_{k\to\infty} M(\eta_k)$ (où $\frac{1}{\eta_k} = \frac{\pi}{2} + 2k\pi$)

$= \lim_{k\to\infty} \eta_k^a(2 + \eta_k^b)^c = \infty.$

Une première condition nécessaire d'existence est $\int_0 M^2(u)$ du fini , i.e.:

$$\infty > \int_0 dt\ t^{2a}(1 + t^b + \sin\tfrac{1}{t})^{2c} = \int^{+\infty} u^{-2(1+a)}(1 + u^{-b} + \sin u)^{2c}\, du\ ;$$

comme $a + bc > 0$, une condition équivalente est

$\int^{+\infty} u^{-2(1+a)}(1 + \sin u)^{2c}\, du < \infty$, soit $2(1 + a) > 1$ ou $a > -\frac{1}{2}$.

On supposera cette dernière condition vérifiée dans la suite.

Notons que pour $u \to 0$, $\int_0^u M^2(r)\, dr$ est comparable à u^{2a+1} et que

$\left(\frac{1}{M^2(u)} \int_0^u M^2(r)\, dr\right)^{1/2}$ est donc comparable à $\frac{\sqrt{u}}{(1 + u^b + \sin\frac{1}{u})^c}$;

une condition nécessaire d'existence est $\lim_{u\to 0} \frac{\sqrt{u}}{(1 + u^b + \sin\frac{1}{u})^c} = 0$, ce qui nécessite $1 - 2bc > 0$; cette dernière condition est d'ailleurs suffisante en vertu de la loi du log-itéré jointe à :

$$\left(\frac{1}{M^2(u)} \int_0^u M^2(r)\, dr\right) \times \mathrm{LogLog}\left(\int_0^u M^2(r)\, dr\right) \cong \frac{u\ \mathrm{LogLog}u}{(1 + u^b + \sin\frac{1}{u})^{2c}} \underset{u\to 0}{\longrightarrow} 0\ .$$

$\int_0^1 \frac{|\varphi(u)|}{M(u)} \left(\int_0^u M^2(r)\, dr\right)^{1/2} du$ est donc fini en même temps que

$$\int_0 \frac{\sqrt{u}}{(1 + u^b + \sin\frac{1}{u})^c} \left|\frac{a}{u} + \frac{c}{1 + u^b + \sin\frac{1}{u}}\left(bu^{b-1} - u^{-2}\cos\frac{1}{u}\right)\right| du$$

ou que $\displaystyle\int^\infty \frac{u^{-1/2}}{(1 + u^{-b} + \sin u)^c} \left|\frac{a}{u} + \frac{c}{1 + u^{-b} + \sin u}\left(bu^{-b-1} - \cos u\right)\right| du$;

avec $\delta = -\varepsilon - \frac{\pi}{2}$ et $\rho = \varepsilon - \frac{\pi}{2}$, $\displaystyle\int^\infty \frac{u^{-3/2}}{(1 + u^{-b} + \sin u)^c}$ du est de même nature que

$$\sum_k \int_{\delta+2k\pi}^{\rho+2k\pi} \frac{u^{-3/2}}{(1 + u^{-b} + \sin u)^c} du \cong \sum_k k^{-3/2} \int_0^\varepsilon \frac{du}{(u^2 + k^{-b})^c} \cong \sum_k k^{(bc-3)/2}$$

qui converge si $bc < 1$; reste à considérer

$$\int^\infty \frac{u^{-1/2}}{(1 + u^{-b} + \sin u)^{c+1}} \left|bu^{-b-1} - \cos u\right| du \ ;$$

$$\int^\infty \frac{u^{-(b+3/2)}}{(1 + u^{-b} + \sin u)^{c+1}} \text{ converge} \qquad (b - bc + 1 > 0 \Rightarrow b + \frac{3}{2} - \frac{b(c+1)}{2} > 1)$$

tandis que $\displaystyle\int^\infty \frac{u^{-1/2}}{(1 + u^{-b} + \sin u)^{c+1}} |\cos u|$ du diverge.

Il y a donc existence et unicité si et seulement si :

$$a + bc > 0,\ 1 - 2bc > 0,\ 2a + 1 > 0 \ (b,c > 0,\ a < 0) \ ;$$

la solution n'est jamais une semi-martingale.

REFERENCES

[1] M. Chaleyat-Maurel, Th. Jeulin : Grossissement gaussien de la filtration brownienne.
In : Grossissements de filtrations : exemples et applications. Lect. Notes in Maths. 1118, Springer (1985).

[2] R.J. Chitashvili, T.A. Toronjadze : On one-dimensional stochastic differential equations with unit diffusion coefficient ; structure of solutions. Stochastics **4**, 281-315 (1981).

[3] P. Deheuvels : Invariance of Wiener processes and Brownian bridges by integral transforms and applications.
Stoch. Processes and their Appl. **13**, 3, 311-318 (1982).

[4] **X. Fernique** : Intégrabilité des vecteurs gaussiens.
C.R.Acad.Sci.Paris, Sér.A, 270, 1698-1699 (1970).

[5] **K.Itô, H.P.McKean** : Diffusion processes and their sample paths.
Springer (1965).

[6] **N.C. Jain, D. Monrad** : Gaussian quasimartingales.
Z.f.W. 59, 139-159 (1982).

[7] **J.Jacod** : Grossissement initial, hypothèse (H') et théorème de Girsanov.
In : Grossissements de filtrations : exemples et applications.
Lect. Notes in Maths. 1118, Springer (1985).

[8] **Th. Jeulin** : Semi-martingales et grossissement d'une filtration.
Lect. Notes in Maths. 833, Springer (1980).

[9] **Th. Jeulin, M. Yor** : Inégalité de Hardy, semimartingales et faux amis.
Sém. Probas. XIII, Lect. Notes in Maths. 721, 332-359.
Springer (1979).

[10] **Th. Jeulin, M. Yor (éditeurs)** : Grossissements de filtrations : exemples et applications.
Lect. Notes in Maths. 1118, Springer (1985).

[11] **H. Kesten** : The 1971 Rietz Lecture : Sums of independent random variables - without moment conditions.
Annals Math.Stat., vol 43, 701-732 (1972).

[12] **N.N. Lebedev** : Special functions and their applications.
Dover Publications (1972).

[13] **K. Petersen** : Ergodic theory. Cambridge University Press (1983).

[14] **H. von Weizsäcker** : Exchanging the order of taking suprema and countable intersection of σ-algebras.
Ann. I.H.P. 19, 91-100 (1983).

QUELQUES REMARQUES SUR UN THEOREME DE YAN

Jean-Pascal ANSEL et Christophe STRICKER
Université de Franche-Comté
U.A. C.N.R.S. 741
25030 Besançon Cedex (France)

Introduction.

Nous commençons par améliorer légèrement un théorème de Yan [7] en l'étendant aux espaces L^p $1 \leq p < +\infty$.

Grâce à ce théorème l'un de nous [6] a démontré récemment l'équivalence entre l'existence d'une loi de martingale et l'absence de " free lunch ". Nous montrons ensuite qu'une stratégie admissible au sens de Duffie et Huang [2] pour un agent économique α_o n'est pas admissible en général pour un agent α_1 même si celui-ci est mieux informé que α_o.

Enfin nous montrons que s'il y a absence de " free lunch", une hypothèse habituelle pour les modèles économiques, cette pathologie ne se produit pas. Ceci nous conduit à une étude détaillée des diverses notions de " free lunch ".

I. Le théorème de Yan.

Dans son article " Caractérisation d'une classe d'ensembles convexes de L^1 ou H^1 " Yan [7] démontre un théorème dans L^1 que l'on peut généraliser à L^p $1 \leq p < +\infty$ de la façon suivante :

Soit (Ω, F, P) un espace probabilisé. Si G est un sous-ensemble de G dans $L^p(\Omega,F,P)$ on désigne par $\overline{G}$ l'adhérence de G dans L^p. B_+ désigne l'ensemble des variables aléatoires bornées positives ou nulles, et L^p_+ les v.a. de L^p positives ou nulles. q désigne l'exposant conjugué de p. On suppose que $1 \leq p < +\infty$.

Théorème 1. Soit K un sous-ensemble convexe de $L^p(\Omega, F, P)$ tel que $0 \in K$.
Les trois conditions suivantes sont équivalentes :

a) Pour tout $\eta \in L^p_+$, $\eta \neq 0$, il existe $c > 0$ tel que $c\eta \notin \overline{K - B_+}$.

b) Pour tout $A \in F$ tel que $P(A) > 0$, il existe $c > 0$ tel que $c\mathbf{1}_A \notin \overline{K - B_+}$.

c) Il existe une variable aléatoire $Z \in L^q$ telle que $Z > 0$ p.s. et

$$\sup_{\xi \in K} E[Z\xi] < +\infty.$$

<u>Démonstration</u>. Afin d'éviter au lecteur de se reporter au séminaire XIV, nous reproduisons en détail la démonstration de Yan avec les modifications nécessaires dans le cas général.

• <u>Il est clair que a) => b)</u>.

• <u>Montrons que b) => c)</u>.

Supposons que la condition b) soit vérifiée. Soit $A \in \mathcal{F}$ tel que $P(A) > 0$. Par hypothèse il existe un réel $c > 0$ tel que $c\mathbf{1}_A \notin \overline{K - B_+}$.

Comme le dual de L^p est L^q et que $K - B_+$ est convexe, on utilise le théorème de Hahn-Banach pour déduire l'existence d'une variable aléatoire $Y \in L^q$ telle que

$$\sup_{\xi \in K,\ \eta \in B_+} E[Y(\xi - \eta)] < cE[Y\mathbf{1}_A] \tag{1}$$

Remplaçant η par $a\eta$ avec $\xi = 0$ et $\eta = 1_{\{Y < 0\}}$ on a

$$E[Y\mathbf{1}_{\{Y < 0\}}] < \frac{cE[Y\mathbf{1}_A]}{a}.$$

On fait tendre a vers $+ \infty$, $E[Y\mathbf{1}_{\{Y < 0\}}] \geq 0$ donc $Y \geq 0$ p.s.

Avec $\eta = 0$ on trouve $\sup_{\xi \in K} E[Y\xi] \leq cE[Y\mathbf{1}_A] < + \infty$.

Soit $H = \left\{X \in L^q_+ / \sup_{\xi \in K} E[X\xi] < + \infty\right\}$. L'ensemble H est non vide car il contient 0 par hypothèse.

Notons $C = \{ \{Z = 0\},\ Z \in H\}$ et montrons que C est stable par intersection dénombrable.

Soit (Z_n) une suite d'éléments de H. Notons $c_n = \sup_{\xi \in K} E[Z_n\xi]$, $d_n = \|Z_n\|_{L^q}$ et posons $Z = \sum_n b_n Z_n$, où les b_n sont tels que $\sum_n b_n c_n < + \infty$ et $\sum_n b_n d_n < + \infty$.

Vérifions que Z appartient à H :

$$\sup_{\xi \in H} E[Z\xi] \leq \sum_n b_n \sup_{\xi \in K} E[Z_n\xi] = \sum_n b_n c_n < + \infty$$

et $Z \in B_+$ puisque $Z \geq 0$ p.s. et $\|Z\|_{L^q} \leq \sum_n b_n d_n < \infty$ et on a $\{Z = 0\} = \bigcap_n \{Z_n = 0\}$.

Il existe donc $Z \in H$ tel que $P(Z = 0) = \inf_{c \in C} P(c)$.

Nous allons montrer que $Z > 0$ p.s.

Supposons que $P(Z = 0) > 0$. Soit $Y \in H$ vérifiant (1) avec $A = \{Z = 0\}$.

Comme $0 \in K$, on a $0 < E[Y\mathbf{1}_A] = E[Y\mathbf{1}_{\{Z = 0\}}]$ et la variable aléatoire $Y + Z \in H$

avec

$$P(Y + Z = 0) = P(Z = 0) - P(Z = 0,\ Y > 0) < P(Z = 0)$$

ce qui est contradictoire avec le fait que $P(Z = 0)$ est minimale. Donc $Z > 0$ p.s. et on a démontré b) => a).

• Reste à montrer que c) => a).

Supposons a) non satisfaite.

Il existe alors $\eta \in L^p_+$, $\eta \neq 0$ / $\forall\, n \in \mathbb{N}$ on ait $n\eta \in \overline{K - B_+}$, de sorte qu'il existe $\xi_n \in K$, $\zeta_n \in B_+$ et $\delta_n \in L^p$ tels que $n\eta = \xi_n - \zeta_n - \delta_n$, $\|\delta_n\|_{L^p} \leq \frac{1}{n}$.

Si Z est une v.a. de L^q_+ telle que $Z > 0$ p.s. on a alors

$$E[Z\xi_n] = nE[Z\eta] + E[Z\zeta_n] + E[Z\delta_n] \geq nE[Z\eta] - \|Z\|_{L^q}/n$$

et $\sup_{\xi \in K} E[Z\xi] = +\infty$ et la condition c) n'est pas satisfaite.

II. Applications à l'arbitrage.

Soient $(\Omega, F, (F_t)_{0 \leq t \leq 1}, P)$ un espace probabilisé filtré vérifiant les conditions habituelles et (X_t) un processus càdlàg, adapté et tel que $X_t \in L^p$ pour tout t. Le théorème 1 a permis à l'un de nous [6] de donner des conditions nécessaires et suffisantes assurant l'existence d'une loi Q équivalente à la loi initiale P, telle que (X_t) soit une martingale sous Q.

Pour cela on pose

$$K = \{(H.X)_1,\ H \text{ prévisible, élémentaire et borné}\}$$

et on obtient dans [6] le

Théorème 2. Les trois conditions suivantes sont équivalentes :

i) Il existe une loi Q équivalente à P de densité $\frac{dQ}{dP} \in L^q$ telle que (X,Q) soit une martingale.

ii) Pour tout $A \in F$ tel que $P(A) > 0$, on a $\mathbf{1}_A \notin \overline{K - B_+}$.

iii) $L^p_+ \cap \overline{K - B_+} = \{0\}$.

Une condition voisine de la condition iii) a été étudiée par divers auteurs en mathématiques financières : c'est l'absence de " free lunch " (voir Kreps [5]).

En particulier Duffie et Huang [2] ont montré que iii) implique i) sous l'hypothèse supplémentaire que $L^p(\Omega, F, P)$ est séparable.

Le théorème 2 va nous permettre de rectifier une erreur qui s'est glissée dans le théorème 4.1 de [2] et qui provient en réalité du théorème inexact 9.26 de [3].

Fixons d'abord quelques notations :

• Un agent α est caractérisé par une filtration $F^\alpha = (F_t^\alpha)_{0 \le t \le 1}$ relative à ses informations sur le marché à l'instant t avec $F_t^\alpha \subset F_t$ pour tout t.

• Un système de prix est un vecteur N-dimensionnel S de semimartingales positives ou nulles par rapport à (F_t) vérifiant :

$$\forall\ n = 1,2,\ldots,N \quad S_n(t) < 1 \text{ p.s. et } E[[S_n,S_n]^{\frac{1}{2}}] < +\infty$$

$$\forall\ t \in [0,1] \quad \sum_{n=1}^{N} S_n(t) = 1 \text{ p.s.}$$

• Si F^S est la filtration naturelle de S on note $H^\alpha(S) = F^\alpha \vee F^S$.
On note X^TY le produit scalaire dans $\mathbb{R}^N$ et l'intégrale stochastique de θ par rapport à S est écrite indifféremment $\int_0^t \theta(s)^T dS(s)$ ou $(\theta.S)_t$.

• Soit $P_\alpha(S)$ la tribu prévisible de sous ensembles de $\Omega \times [0,1]$, engendrée par les processus $H^\alpha(S)$ adaptés continus à gauche. On dira qu'un processus Y est $H^\alpha(S)$-prévisible s'il est mesurable par rapport à $P_\alpha(S)$.

• Une stratégie admissible pour un agent α est un vecteur N-dimensionnel θ de processus $H^\alpha(S)$-prévisible vérifiant :
- L'intégrale $(\theta.S)$ est bien définie relativement à $H^\alpha(S)$.
- La stratégie θ est autofinancée :

$$\theta(t)^T S(t) = \theta(0)^T S(0) + \int_0^t \theta(s)^T dS(s) \qquad \forall\ t \in [0,1] \quad \text{p.s.}$$

- $\forall\ n = 1,2,\ldots,N \quad \theta(1)^T S(1) \in L^1$ et $E[\int_0^1 \theta_n(t)^2\, d[S_n,S_n]_t]^{\frac{1}{2}} < \infty$ (2)

Cette condition technique trouve sa justification dans la nécessité d'éviter les " free lunches ". Nous y reviendrons à la fin de notre article.

• On note $\Theta^\alpha[S]$ l'espace des stratégies admissibles pour l'agent α dans le système de prix S et $M_\alpha = \{\theta(1)^T S(1),\ \theta \in \Theta^\alpha[S]\}$.

• On dit qu'il y a " free lunch " pour l'agent α s'il existe une suite (θ^n, v_n) de $\Theta^\alpha[S] \times L^1$ et une v.a. k de $L^1_+ \setminus \{0\}$ telles que $\theta^n(1)^T S(1) - v^n \in L^1_+$ pour tout n, v^n converge vers k dans L^1 et $\lim_n (\theta^n(0)^T S(0)) \le 0$ (voir Kreps [5], Duffie et Huang [2]).
Le théorème noté 4.1 de [2] dit que si l'agent α_1 est mieux informé que l'agent α_o

$\left((\text{i.e.})\ F^{\alpha_o} \subset F^{\alpha_1}\right)$ alors $\Theta^{\alpha_o}[S] \subset \Theta^{\alpha_1}[S]$. En général cette inclusion est inexacte. Voici un contre exemple.

Construction du contre exemple. Nous allons nous inspirer d'un travail de Jeulin et Yor [4]. Soient B un mouvement brownien standard et $(F_t)_{0 \le t \le 1}$ sa filtration naturelle. On désigne par X_t la martingale $\exp[B_t - \frac{1}{2} t]$ et on pose

$T = \inf\{t \in [0,1] \ / \ X_t \ge 2\}$ en convenant que $T = 1$ si $\{t \in [0,1] \ / \ X_t \ge 2\} = \phi$.

Puisque X^T est une martingale, $E[X_1^T] = E[X_o^T] = 1$, et comme $X_1^T = 2$ sur $\{T < 1\}$, il en résulte que $P[T = 1] > 0$.

Soit S le processus (S^1, S^2) : $S_t^1 = \frac{1}{3} X_{T \wedge t}$ et $S^2 = 1 - S^1$.

Vérifions que S est un système de prix. On a

$$0 \le S^n(t) < 1 \text{ p.s. et } \sum_{i=1} S^i(t) = 1$$

$$d[S^1,S^1]_t = e^{2B_t - t} \mathbf{1}_{[0,T]} dt$$

$$\text{et } E\left[\left(\int_0^T e^{2B_s - s} ds\right)^{\frac{1}{2}}\right] \le \left(E\left[\int_0^T e^{2B_s - s} ds\right]\right)^{\frac{1}{2}} \le \left(\int_0^1 e^s ds\right)^{\frac{1}{2}} < \infty$$

donc $E\left[[S^1,S^1]_1^{\frac{1}{2}}\right] < +\infty$. Il en est de même pour S^2.

Soit maintenant $\tilde{F} = (\tilde{F}_t)_{0 \le t \le 1} = (F_t \vee \sigma(B_1))_{0 \le t \le 1}$.

D'après Jeulin-Yor [4] il existe un $\tilde{F}$ mouvement brownien (β_t) tel que

$B_t = \beta_t + \int_0^t \frac{B_1 - B_s}{1 - s} ds$. Comme $X_t = 1 + \int_0^t X_s \, dB_s$, la décomposition canonique de X_t dans la filtration $\tilde{F}$ est :

$$X_t = 1 + \int_0^t X_s \, d\beta_s + \int_0^t X_s \frac{B_1 - B_s}{1 - s} ds$$

car X est localement borné. Notons Y_t la $\tilde{F}$ martingale $1 + \int_0^t X_s \, d\beta_s$ et Z_t le processus à variation finie $\int_0^t X_s \frac{B_1 - B_s}{1 - s} ds$.

S est donc une semimartingale relativement à F et à $\tilde{F}$. Soient α_o l'agent associé à F

et α_1 l'agent associé à $\tilde{F}$. Montrons qu'il existe une stratégie admissible pour α_o mais pas pour α_1.

Posons $\theta^2 = 0$ et $\theta^1(s) = (1 - s)^{-\frac{1}{2}} (-\mathrm{Log}(1 - s))^{-\gamma} \mathbf{1}_{\{ \frac{1}{2} < s < 1 \}}$

avec $\frac{1}{2} < \gamma \leq 1$.

Comme $\theta^1 \in L^2([0,1])$ et que le crochet droit est indépendant de la filtration, le seul point à montrer est que $\int \theta^{1T} dS^1$ existe relativement à F mais pas relativement à $\tilde{F}$. Relativement à F, S^1 est une martingale de carré intégrable donc l'intégrale considérée existe. Relativement à $\tilde{F}$ comme S^1 est continu, d'après un théorème de Jeulin (voir [1]) θ^1 est intégrable par rapport à S^1 si et seulement si θ^1 est intégrable par rapport à la martingale Y_t, et par rapport au processus Z_t au sens de Stieljes. Dans ce dernier cas cela veut dire que

$$\int_0^T |X_s \theta_s^1 \frac{B_1 - B_s}{1 - s}| \, ds < + \infty$$

ou encore comme X_s est strictement positif

$$\int_0^T |\theta_s^1 \frac{B_1 - B_s}{1 - s}| \, ds < + \infty.$$

D'après la proposition 4 de Jeulin-Yor [4] cela équivaut à $\int_0^T \frac{|\theta_s^1|}{\sqrt{1 - s}} ds < + \infty$.

Or nous avons justement choisi θ_s^1 de telle sorte que $\int_0^1 \frac{|\theta_s^1|}{\sqrt{1 - s}} ds = + \infty$.

Comme on a remarqué que $P[T = 1] > 0$, θ^1 n'est pas intégrable par rapport à Z_t donc par rapport à S^1. Ainsi la stratégie θ est admissible pour l'agent α_o mais pas pour l'agent α_1.

Toutefois la pathologie précédente disparait si on impose à notre modèle l'absence de " free lunch ". Dans un premier temps nous allons étudier le lien entre l'absence de " free lunch " et la condition iii) du théorème 2. Nous reprenons les notations du théorème 2 et nous posons

$K^\alpha = \{(H.S)_1$, H étant $H^\alpha[S]$ prévisible, élémentaire et borné$\}$.

<u>Lemme</u>. S'il y a absence de " free lunch " pour l'agent α, alors

$$L_+^1 \cap \overline{K^\alpha - B_+} = \{0\}.$$

Démonstration. On vérifie facilement que $\Theta^{\alpha}[S]$ est un espace vectoriel. Duffie et Huang [2] ont montré que l'ensemble $\{(\theta.S)_1,\ \theta \in \Theta^{\alpha}$ et $\theta(0) = 0\}$ contenait en particulier les variables $1_B(S_i(t_2) - S_i(t_1))$ pour tout i, tout $B \in H^{\alpha}_{t_1}[S]$ et $1 \geq t_2 \geq t_1 \geq 0$. Ainsi $K^{\alpha} \subset \{(\theta.S)_1,\ \theta \in \Theta^{\alpha}$ et $\theta(0) = 0\}$. Lorsque $\theta \in \Theta^{\alpha}$ et $\theta(0)= 0$, on a $(\theta.S)_1 = \theta(1)^T S(1)$. Il en résulte immédiatement que l'absence de " free lunch " pour l'agent α entraîne $L^1_+ \cap \overline{K^{\alpha} - B_+} = \{0\}$.

Théorème 3. Supposons l'agent α_1 mieux informé que l'agent α_o, c'est-à-dire $F^{\alpha_o} \subset F^{\alpha_1}$. Si $L^1_+ \cap \overline{K^{\alpha_1} - B_+} = \{0\}$, toute stratégie admissible pour α_o est admissible pour α_1.

Démonstration. Soit $\theta \in \Theta^{\alpha_o}[S]$. Comme la condition iii) du théorème 2 est vérifiée pour p = 1, il existe une loi Q équivalente à P, de densité bornée, sous laquelle S est une martingale par rapport à la filtration $H^{\alpha_1}[S]$.

Par définition de $\Theta^{\alpha_o}[S]$, on a $E^P[\int_0^1 \theta_n(s)^2\, d[S_n,S_n]_s]^{\frac{1}{2}} < +\infty$ pour tout n, si bien que $E^Q[\int_0^1 \theta_n^2(s)\, d[S_n,S_n]]^{\frac{1}{2}} < +\infty$ pour tout n. Donc θ est intégrable par rapport à la Q-martingale S relativement à la filtration $H^{\alpha_1}[S]$. Comme P et Q sont équivalentes, θ est encore intégrable relativement à $H^{\alpha_1}[S]$ sous P (voir [8] par exemple) et finalement $\theta \in \Theta^{\alpha_1}[S]$.

Grâce au théorème 2 et au lemme précédent nous venons de montrer en particulier que l'absence de " free lunch " entraîne l'existence d'une loi Q équivalente à P, de densité bornée, telle que S doit une martingale sous Q. Voici la réciproque.

Proposition. S'il existe une loi Q équivalente à P, de densité bornée telle que S soit une martingale relativement à $H^{\alpha}[S]$ sous Q, alors il y a absence de " free lunch " pour l'agent α.

Démonstration. Soit θ une stratégie admissible pour l'agent α.

Comme $E^P[\left(\int_0^1 \theta_n^2(t)\, d[S_n,S_n]_t\right)^{\frac{1}{2}}] < +\infty$ pour tout n, on a aussi

$E^Q[\left(\int_0^1 \theta_n^2(t)\, d[S_n,S_n]_t \right)^{\frac{1}{2}}] < +\infty$, si bien que $\theta.S$ est une martingale sous Q.

Supposons maintenant qu'il y a un " free lunch " pour l'agent α : il existe une suite (θ^n,v^n) de $\Theta^\alpha[S] \times L^1$ et une v.a. k de $L^1_+ \setminus \{0\}$ telles que $\theta^n(1)^T S(1) - v^n \in L^1_+$ pour tout n, v^n converge vers k dans L^1 et $\lim_n(\theta^n(0)^T S(0)) \leq 0$.

Comme $\theta.S$ est une martingale, on en déduit que $\theta^n(0)^T S(0) \geq E[v^n|H_o^\alpha]$ qui converge dans L^1 vers $E[k|H_o^\alpha]$. Mais cette dernière v.a. est strictement positive, ce qui est en contradiction avec $\lim_n(\theta^n(0)^T S(0)) \leq 0$. Donc il n'y a pas de " free lunch " pour l'agent α.

<u>Remarques</u>. i) Duffie et Huang [2] ont imposé la condition $\underline{\lim}_n(\theta^n(0)^T S(0)) \leq 0$. Dans ce cas la proposition ci-dessus n'est plus correcte si H_o^α n'est pas <u>la tribu triviale</u>. En effet si la tribu H_o^α est assez riche on peut construire une suite de v.a. $v_n \in L^1(\Omega, H_o^\alpha, P)$ telle que v_n converge vers 1 dans L^1 tout en vérifiant $\underline{\lim}_n v_n \leq 0$. On prend alors $\theta_i^n(t) = v_n$ pour $i= 1,\dots,N$ et $t \in [0,1]$. En vertu de l'hypothèse de normalisation sur les prix $S_1 + \dots + S_n = 1$, les stratégies θ^n sont admissibles et on obtient un " free lunch " au sens de Duffie et Huang. Toutefois lorsque la tribu H_o^α est triviale, on voit aisément que notre définition de " free lunch " et celle de Duffie et Huang sont équivalentes.

ii) Il semble judicieux de modifier la définition des stratégies admissibles lorsqu'on a la propriété de représentation prévisible. En effet supposons qu'il y ait absence de " free lunch ". D'après le théorème 2 il existe une loi Q équivalente à P, de <u>densité bornée</u> telle que le système de prix $S = (S^n)$ soit une martingale sous Q. On sait (voir [3]) que Q est unique si et seulement si toute martingale est une intégrale stochastique par rapport à S. Dans ce cas, afin d'avoir un marché complet (c'est-à-dire toute martingale appartenant à $H^1(Q)$ est l'intégrale stochastique d'une stratégie admissible par rapport à S) il est indispensable de modifier la définition des stratégies admissibles en considérant des processus <u>vectoriels</u> prévisibles <u>globalement</u> intégrables par rapport à la semimartingale <u>vectorielle</u> S (voir [3]). Soit V un processus croissant positif càdlàg, adapté et intégrable tel que pour tout i $[S^i,S^i]$ soit absolument continu par rapport à V. Il existe alors un processus optionnel (c^{ij}) à valeurs dans l'espace des matrices symétriques positives tel que $d[S^i,S^j] = c^{ij}\, dV$. On vérifie facilement que la définition suivante ne dépend pas de V. Nous dirons qu'un vecteur N-dimensionnel θ est une <u>stratégie admissible</u> pour l'agent α si θ vérifie les conditions : θ est H^α prévisible, $\theta.S$ existe par rapport à $H^\alpha(S)$, θ est autofinancée et

$$E[\int_0^1 \left(\sum_{i,j} \theta^i c^{ij} \theta^j \right) dV]^{\frac{1}{2}} < +\infty.$$

Grâce à cette définition plus large des stratégies admissibles le marché est complet pour l'agent α si et seulement s'il y a absence de " free lunch " pour α et si la loi Q est unique.

REFERENCES

[1] CHOU (C.S.), MEYER (P.A.), STRICKER (C.). Sur les intégrales stochastiques de processus prévisibles non bornés. Séminaire de Probabilités XIV, Lect. Notes in Maths. 784, 128-139. Springer. 1980.

[2] DUFFIE (D.), HUANG (C.F.). Multiperiod security markets with differential information. J. of Mathematical Economics 15, 283-303 (1986).

[3] JACOD (J.). Calcul stochastique et problèmes de martingales. Lect. Notes in Maths. 714. Springer 1979.

[4] JEULIN (T.), YOR (M.). Inégalité de Hardy, semimartingales, et faux amis. Séminaire de Probabilités XIII, Lect. Notes in Maths. 721, 332-359. Springer. 1979.

[5] KREPS (D.). Arbitrage and equilibrium in economics with infinitely many commodities. J. of Mathematical Economics 8, 15-35, (1981).

[6] STRICKER (C.). Arbitrage et lois de martingale. A paraître.

[7] YAN (J.A.). Caractérisation d'une classe d'ensembles convexes de L^1 ou H^1. Séminaire de Probabilités XIV, Lect. Notes in Maths. 784, 220-222. Springer. 1980.

[8] YAN (J.A.). Remarques sur l'i.s. de processus non bornés. Séminaire de Probabilités XIV, Lect. Notes in Maths. 784, 148-151. Springer. 1980.

Sur la persistance du processus de Dawson-Watanabe stable. L'interversion de la limite en temps et de la renormalisation.

L.G. Gorostiza, S. Roelly-Coppoletta et A. Wakolbinger

Le temps n'est plus un sablier qui use son sable,
mais un moissonneur qui noue sa gerbe

Saint-Exupéry, Citadelle

Introduction.

Le *processus stable de Dawson-Watanabe* (noté dorénavant D-W stable) est un processus de Markov (X_t) à valeurs dans l'espace des mesures de Radon sur $\mathbf{R}^d$ dont la fonctionnelle de Laplace satisfait:

(1) $$E[\exp(-\langle X_t, g\rangle) \mid X_0=\mu] = \exp(-\langle \mu, U_t g\rangle),$$

pour $g : \mathbf{R}^d \to [0,\infty)$ régulière et à support compact, où $U_t g$, *semigroupe cumulant*, est l'unique solution de l' équation intégrale

(2) $$U_t g(x) = T_t g(x) - \frac{\gamma}{2}\int_0^t T_{t-s}((U_s g)^{1+\beta})(x)\,ds \qquad (t \geq 0,\ x \in \mathbf{R}^d)$$

ou encore, de l' e. d. p.

(3) $$\frac{\partial}{\partial t}U_t g = \Delta_\alpha U_t g - \frac{\gamma}{2}(U_t g)^{1+\beta}, \qquad U_0 g = g.$$

Ici (T_t) est le semigroupe symétrique stable d'indice $\alpha \in (0,2]$ sur $\mathbf{R}^d$, de générateur $\Delta_\alpha := -(-\Delta)^{\alpha/2}$; $\beta \in (0,1]$ et $\gamma \in (0,\infty)$ sont des paramètres fixés.
Ce processus apparait naturellement comme limite, après renormalisation appropriée, de systèmes de particules se déplaçant dans $\mathbf{R}^d$ selon des processus symétriques stables d'indice α et se reproduisant suivant des lois stables d'indice $1+\beta$ (cf [DI] pour le cas $\beta = 1$ et [MRC] quand $\beta < 1$). Les paramètres α et β reflètent respectivement la mobilité et la taille des amas. De plus, la mobilité (resp. la taille des amas) est une fonction décroissante de α (resp. de β). Cela explique pourquoi l'extinction en temps infini ou, au contraire, la persistance du processus de D-W stable sont directement liées au rapport de la dimension d de l'espace avec le quotient α/β. Le théorème 1 explicite ce comportement en temps infini et le théorème 2 relie ce résultat avec ceux déjà existants [GW], relatifs au système de particules approximant. (Voir aussi [Dy] pour la structure des états d'équilibre de certains processus de D-W.)

1. Résultats.

Le cas où la mesure initiale X_0 est proportionnelle à la mesure de Lebesgue λ est particulièrement intéressant puisque c'est le seul où l'intensité de X_t, i.e. EX_t, est conservée et égale à X_0 pour tout temps t positif. Nous nous restreindrons donc au cas $X_0 = \lambda$. Comme $\langle \lambda, T_t g\rangle = \langle \lambda, g\rangle$ et que la solution de (2) est positive, il est clair, à la vue de (1) et (2), que la fonctionnelle de Laplace de X_t est croissante en t et donc que X_t

converge en loi, quand t tend vers l'infini, vers une mesure aléatoire X_∞. Une question naturelle est alors de savoir si l'intensité de X_t est encore préservée en temps infini, i.e. si $EX_\infty = \lambda$. Le théorème suivant y répond.

Théorème 1. (X_t) est *persistant* (i.e. $EX_\infty = \lambda$) si et seulement si $d > \alpha/\beta$. Quand $d \le \alpha/\beta$, (X_t) s'éteint, i.e. pour tout compact K, $X_t(K)$ tend vers 0 en probabilité.

Dans le cas $\beta = 1$ (le branchement est de variance finie) ce résultat a été obtenu par Dawson [Da]. Dans le cas $\alpha = 2$, $\beta \le 1$ l'extinction de (X_t) quand $d \le 2/\beta$ a été démontrée par Dawson, Fleischmann, Foley et Peletier [DFFP], Proposition 2.3, par une méthode analytique.

Nous démontrerons le théorème 1 en utilisant le système de particules, et le processus (X_t^1) associé à valeurs mesures discrètes, suivants: chaque particule, de masse unité, évolue selon un mouvement symétrique stable d'indice α dans $\mathbf{R}^d$ pendant un temps de vie distribué exponentiellement de paramètre γ. Quand elle meurt, chaque particule donne naissance sur le lieu de sa mort à N nouvelles particules, chacune d'elles suivant alors indépendamment des autres la dynamique décrite ci-dessus; la loi de la variable aléatoire N est dans le domaine d'attraction de la loi stable d'indice $1+\beta$; en particulier, nous prendrons une loi de fonction génératrice $s \to Es^N = s + \frac{1}{2}(1-s)^{1+\beta}$. X_t^1 est alors la mesure de comptage sur $\mathbf{R}^d$ associée à ce système de particules au temps t avec comme condition initiale, X_0^1, le processus de Poisson ponctuel d'intensité λ.

Explicitons maintenant la renormalisation appropriée de X_t^1 qui converge vers X_t.

Soit $(X_t^n)_{t\ge0}$ le processus défini comme (X_t^1) mais avec les modifications suivantes:

- chaque particule a pour masse $1/n$,
- le temps de vie moyen est $1/(n^\beta\gamma)$,
- le champ initial de particules forme un processus de Poisson d' intensité $n\lambda$.

Alors, d'après [MRC], théorème I.3, X_t^n converge en loi vers X_t pour tout t fixé. De plus, d'après [GW], pour tout n fixé, X_t^n converge quand le temps devient infini vers une certaine mesure aléatoire X_∞^n. Le théorème suivant relie ces différents résultats avec le théorème 1.

Théorème 2. La limite en temps et la renormalisation du processus de branchement spatial défini ci-dessus peuvent s'intervertir, i.e. le diagramme suivant est commutatif:

$$\begin{array}{ccc} X_t^n & \xrightarrow{t\to\infty} & X_\infty^n \\ {\scriptstyle n\to\infty}\downarrow & & \downarrow{\scriptstyle n\to\infty} \\ X_t & \xrightarrow[t\to\infty]{} & X_\infty \end{array}$$

2. Démonstrations.

Nous calculons tout d'abord la fonctionnelle génératrice de X_t^1.

Lemme 1. Pour toute fonction $g : \mathbf{R}^d \to (0,1]$ régulière on a:

(4) $$E[\exp(\langle X_t^1, \log g\rangle)] = \exp(-\langle\lambda, U_t(1-g)\rangle) .$$

Preuve. D'après [DI] par exemple,

(5) $$E[\exp(\langle X_t^1, \log g\rangle)] = \exp(-\langle\lambda, 1-V_t g\rangle) ,$$

où $V_t g$ est solution de l' e.d.p.

(6) $$\frac{\partial}{\partial t} V_t g = \Delta_\alpha V_t g + \frac{\gamma}{2}(1-V_t g)^{1+\beta} , \qquad V_0 g = g.$$

En comparant (3) et (6) on en déduit, par l'unicité des solutions, que

(7) $$1-V_t g = U_t(1-g)$$

d'où le résultat. ∎

En combinant (4) et (1), on obtient

(8) $$E[\exp(-\langle X_t^1, g\rangle)] = E[\exp(-\langle X_t, 1-e^{-g}\rangle)] ,$$

c'est à dire que X_t^1 a même loi qu'un processus de Cox ou processus de Poisson doublement stochastique, dirigé par X_t (cf. [K] p. 16).

Grâce à cette observation, nous voyons que l'existence d'une limite en temps pour X_t entraine la convergence pour t infini de X_t^1 vers une mesure aléatoire X_∞^1. Cette dernière convergence pourrait aussi se déduire de la monotonie en temps de la fonctionnelle génératrice (4). Avec la terminologie de [LMW], X_∞^1 est donc un état d'équilibre de type Poisson, d'intensité λ. On obtient, par passage à la limite dans (8):

(9) $$E[\exp(-\langle X_\infty^1, g\rangle)] = E[\exp(-\langle X_\infty, 1-e^{-g}\rangle)] ,$$

i.e. X_∞^1 est un processus de Cox dirigé par X_∞. En particulier,

(10) $$EX_\infty^1 = EX_\infty .$$

Le théorème 1 découle alors directement de l'égalité (10) et de la

Proposition 1 ([GW] théorème 2.2) $EX_\infty^1 = \lambda$ si et seulement si $d > \alpha/\beta$; quand $d \le \alpha/\beta$ X_∞^1 = mesure nulle p.s.

Pour prouver le théorème 2 nous devons analyser plus finement la dépendance du cumulant de X_t^n en fonction de n. Soit $U_t^\gamma g$ la solution de (3); alors, comme au lemme 1,

(11) $$E[\exp(-\langle X_t^n, h\rangle)] = \exp(-\langle\lambda, n\, U_t^{n^\beta\gamma}(1-e^{-h/n})\rangle) .$$

Mais un calcul direct montre, par l'unicité des solutions, que $U_t^\gamma g$ a la propriété d'invariance suivante

(12) $$n\, U_t^{n^\beta\gamma}\varphi = U_t^\gamma(n\,\varphi) .$$

On obtient alors

(13) $\quad E[\exp(-\langle X_t^n, h\rangle)] = \exp(-\langle\lambda, U_t^\gamma\,(n(1-e^{-h/n}))\rangle)$,

ce qui donne, en utilisant (1), la relation fondamentale

(14) $\quad E[\exp(-\langle X_t^n, h\rangle)] = E[\exp(-\langle X_t, n(1-e^{-h/n})\rangle)]$.

Une fois de plus on utilise la monotonie en t, à n fixé, de la fonctionnelle de Laplace de X_t^n , pour en déduire l'existence d'une limite en temps, X_∞^n. Faisons tendre t vers l'infini dans (14). On obtient

(15) $\quad E[\exp(-\langle X_\infty^n, h\rangle)] = E[\exp(-\langle X_\infty, n(1-e^{-h/n})\rangle)]$.

On peut alors prouver le

Lemme 2. Pour toute fonction $h : \mathbf{R}^d \to [0,1)$ régulière et à support compact

(16) $\quad E[\exp(-\langle X_\infty^n, h\rangle)] \underset{n\to\infty}{\longrightarrow} E[\exp(-\langle X_\infty, h\rangle)]$.

Démonstration. Puisque les fonctions $n(1-e^{-h/n})$ sont dominées par la fonction h et tendent ponctuellement vers h, on peut appliquer le théorème de convergence dominée pour toute mesure ρ de Radon sur $\mathbf{R}^d$:

$$\langle\rho, n(1-e^{-h/n})\rangle \underset{n\to\infty}{\longrightarrow} \langle\rho, h\rangle .$$

Cette dernière convergence entraine (16), encore par convergence dominée.■

Ce dernier lemme conclut la démonstration du théorème 2.

3. Commentaires.

3.1. Quand $\alpha=2$, i.e. le déplacement spatial lié à (X_t) est un mouvement brownien, on peut utiliser les résultats purement analytiques de Gmira, Véron [GV], Escobedo et Kavian [EK] sur le comportement asymptotique de la solution de l' e.d.p. (3), dite "équation non linéaire de la chaleur", pour démontrer le théorème 1. De plus il ressort d'une communication orale avec les auteurs des articles ci-dessus que leur methode permettrait vraisemblablement de traiter également le cas $\alpha < 2$.

3.1.a: Dimension surcritique: $d > 2/\beta$

Des résultats de la section 3 de [GV] on déduit le fait suivant:

$\forall\, g\in L^1(\mathbf{R}^d)$, $g \geq 0$ et g strictement positif sur un voisinage de 0,

$$\lim_{t\to\infty} \langle\lambda, U_t g\rangle = \langle\lambda, g\rangle - \frac{\gamma}{2}\int_0^\infty\int_{\mathbf{R}^d}(U_s g)^{1+\beta}(x)\,dx\,ds > 0 .$$

Ceci entraine la convergence en loi de X_t vers une limite non triviale X_∞.

3.1.b: Dimension critique: $d = 2/\beta$

Toujours dans [GV], corollaire 4.1, on lit:

$$\forall\, g\in L^1(\mathbf{R}^d),\quad \lim_{t\to\infty} \langle\lambda, U_t g\rangle = 0 .$$

Ce résultat provient des propriétés d'invariance du cumulant et entraine l'extinction de X en temps infini.

3.1.c: Dimension souscritique: $d < 2/\beta$

Dans [EK] théorème 1.12, on trouve le résultat suivant qui permet de comparer la vitesse de convergence vers 0 de $U_t g$, solution de (3) avec condition initiale g, avec celle de W_t, solution auto-similaire de (3) définie uniquement pour $t > 0$:

Proposition 2. Pour toute fonction g telle que il existe $k_1, k_2 > 0$, $\forall x \in \mathbf{R}^d$

$$g(x) \le k_1 e^{-k_2|x|^2}$$

on a $\lim_{t\to\infty} t^{1/\beta} \sup_{x\in\mathbf{R}^d} |U_t g(x) - W_t(x)| = 0$

où $W_t(x) = t^{-1/\beta} f(x/\sqrt{t})$ et f est solution de $-\Delta f - \frac{x\cdot\nabla f}{2} + \frac{\gamma}{2} f^{1+\beta} = \frac{1}{\beta} f$.

Iscoe, [I] lemme A.9, en tire la conséquence suivante:

Proposition 3. Pour toute fonction g satisfaisant $g(x) \le k_1 e^{-k_2|x|^2}$, $x \in \mathbf{R}^d$; $k_1, k_2 > 0$,

$$\lim_{t\to\infty} t^{1/\beta - d/2}\langle\lambda, U_t g\rangle = \langle\lambda, f\rangle$$

où f est introduite dans la proposition 2.

Ce dernier résultat donne donc la vitesse d'extinction du processus X_t quand la dimension de l'espace est souscritique.

3.2. Nous donnons ici un résumé d'une autre preuve du théorème 2, plus probabiliste et qui n'emploie pas les processus de Cox, basée sur les idées suivantes: les trajectoires du processus X^n peuvent se représenter dans un espace d'arbres ainsi que sa mesure de Palm. La convergence des processus X^n se lit alors sur les mesures de Palm. Voir [W] pour les détails.

Soit C_K l'ensemble des fonctions continues de $\mathbf{R}^d$ dans $[0,\infty)$, à support compact. Pour toute mesure aléatoire ξ infiniment divisible d'intensité la mesure de Radon ρ, et toute fonction $f \in C_K$ telle que $\langle\rho,f\rangle > 0$, soit $\tilde{\xi}_f$ la " mesure canonique de Palm randomisée par f " (voir la définition dans [K], section 10.3). On a le résultat fondamental suivant:

Lemme 3 ([K], théorème 10.4 et lemme 10.8)

Soit $\xi, \xi_1, \xi_2 \ldots$ des mesures aléatoires infiniment divisibles ayant pour intensité des mesures de Radon. Alors deux des assertions suivantes entrainent la troisième:

1) $\xi_k \to \xi$ en loi
2) $E\langle\xi_k,f\rangle \to E\langle\xi,f\rangle$ pour tout $f \in C_K$
3) $(\tilde{\xi}_k)_f \to \tilde{\xi}_f$ en loi pour toute $f \in C_K$ telle que $E\langle\xi,f\rangle > 0$.

Pour démontrer le théorème 2, il suffit de se restreindre au cas $d > \alpha/\beta$ puisque le cas $d \le \alpha/\beta$ découle du théorème 1 et de la proposition 1. Ces résultats entrainent aussi que, dans le cas $d > \alpha/\beta$, les intensités des mesures X^n_∞ non seulement convergent mais sont invariantes: $E\,X^n_\infty = E\,X_\infty = \lambda$. Donc, grâce au lemme 3, le théorème 2 sera une conséquence de:

(17) $\quad(\widetilde{X^n_\infty})_f$ converge en loi, quand $n\to\infty$, vers $(\widetilde{X_\infty})_f$,

pour tout $f \in C_K$ telle que $\langle\lambda,f\rangle > 0$.

Soit donc f fixée telle que $\langle\lambda,f\rangle > 0$, et notons pour simplifier, Y_t au lieu de $(\widetilde{X_t})_f$ et Y_t^n au lieu de $(\widetilde{X_t^n})_f$ $(0 \leq t \leq \infty,\ n = 1,2,\ldots)$. On a le diagramme suivant, conséquence des résultats de [MRC] et [GW], et du lemme 3:

$$(18)\qquad \begin{array}{ccc} Y_t^n & \xrightarrow[t\to\infty]{} & Y_\infty^n \\ {\scriptstyle n\to\infty}\downarrow & & \\ Y_t & \xrightarrow[t\to\infty]{} & Y_\infty \end{array}$$

dans lequel reste à démontrer la dernière convergence.
On a la représentation explicite suivante de Y_t^n en termes d'arbre généalogique, donnée dans [GW], théorème 2.3 :

Tronc: trajectoire d'un processus symétrique stable (α) partant d'un point x randomisée par $f(x)\,\lambda(dx) / \langle\lambda,f\rangle$.
$\tau_1, \tau_2, \tau_3\ \ldots$: points d'un processus de Poisson $(n^\beta\,\gamma)$.
N_i : nombre aléatoire de particules (additionnelles) produites au temps τ_i , de fonction génératrice $E(s^N) = 1 - \frac{(1+\beta)}{2}(1-s)^\beta$.
Y_t^n est distribué comme la population de particules au temps 0, chaque particule ayant pour masse 1/n.

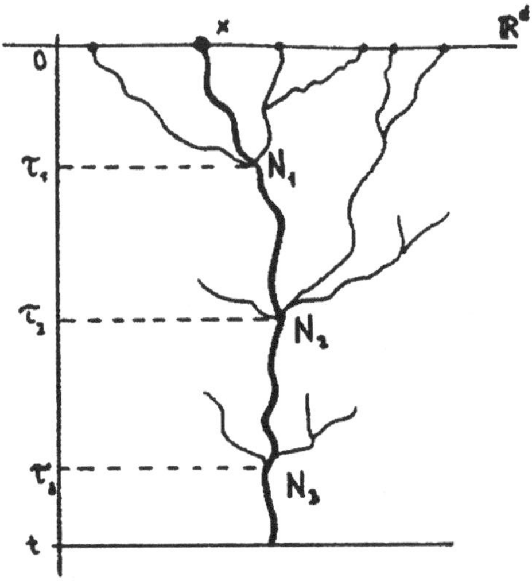

En utilisant cette représentation de Y_t^n on peut montrer que Y_t^n croit vers Y_∞^n quand t tend vers l'infini, et ce <u>uniformément</u> en n:

$$\forall\, B \text{ borné} \subseteq \mathbb{R}^d\ \ \forall\, \varepsilon>0\ \ \exists\, t>0\ \ \forall\, n = 1,2,\ldots :\ P[Y_\infty^n(B) - Y_t^n(B) \geq \varepsilon] \leq \varepsilon.$$

Cette estimation, démontrée dans le lemme 5 de [W], entraine alors immédiatement la commutativité du diagramme (18).

Nous remercions Don Dawson pour nous avoir souligné l'importance de l'interprétation des formules (8) et (9) en termes de processus de Cox.

Références.

[Da] D. Dawson, The critical measure diffusion process, Z. Wahrscheinlichkeitstheorie verw. Gebiete **40**, 125-145, 1977.
[DFFP] D. Dawson, K. Fleischmann, R. Foley et L. Peletier, A critical measure-valued branching process with infinite mean. Stoch. Anal. Appl. **4**, n° 2, 117-129, 1986.
[DI] D. Dawson et G. Ivanoff, Branching diffusions and random measures. Dans: Branching Processes, ed. A. Joffe, P. Ney, Advances in Probab. 5, pp. 61-103, Marcel Dekker, New York, 1978.
[Dy] E. B. Dynkin, Three classes of infinite dimensional diffusions. J. Funct. Analysis **86**, 75-110, 1989.
[EK] M. Escobedo et O. Kavian, Asymptotic behavior of positive solutions of a nonlinear heat equation, Houston J. Math. **13**, n° 4, 39-50, 1987.
[GV] A. Gmira et L. Veron, Large time behaviour of the solution of a semilinear parabolic equation in $\mathbf{R}^N$. J. Diff. Equations **53**, 259-276, 1984.
[GW] L. G. Gorostiza et A. Wakolbinger, Persistence criteria for a class of critical branching particle systems in continuous time. Reporte interno Nr. 22 del CIEA, Mexico DF 1988, à paraître dans Ann. Probability.
[I] I. Iscoe, On the supports of measure-valued critical branching Brownian motion, Ann. Probability **16**, n° 1, 200-221, 1988.
[K] O. Kallenberg, Random Measures, 3me ed., Akademie Verlag, Berlin, et Academic Press, New York, 1983.
[LMW] A. Liemant, K. Matthes et A. Wakolbinger, Equilibrium Distributions of Branching Processes, Akademie Verlag, Berlin, et Kluwer Academic Publishers, Dordrecht, 1988.
[MRC] S. Méléard et S. Roelly-Coppoletta, Discontinuous measure-valued branching processes and generalized stochastic equations, Prépublication n° 9 du Laboratoire de Probabilités de l'Université Paris 6, 1989, à pataître dans Math. Nachr.
[W] A. Wakolbinger, Interchange of large time and scaling limits in stable Dawson-Watanabe processes: a probabilistic proof, Bericht Nr. 390 des Instituts für Mathematik der Universität Linz, 1989, à paraître dans Bol. Soc. Mat. Mexicana.

Ce travail a été en partie réalisé grâce au CONACyt (Mexique), CNRS (France) et BMfWuF (Autriche)

L.G. Gorostiza, Centro de Investigación y de Estudios Avanzados, Departamento de Matemáticas, Ap. Postal 14-740, 07000 Mexico Mexique

S. Roelly-Coppoletta, Laboratoire de Probabilités-Université Paris VI, 4, Place Jussieu-Tour 56-3eme Etage - 75252 Paris Cedex 05 France

A. Wakolbinger, Johannes Kepler Universität, Institut für Mathematik, A-4040 Linz Autriche

CONVERGENCE DES SURMARTINGALES - APPLICATION AUX VRAISEMBLANCES PARTIELLES

François COQUET et Jean JACOD

1 - INTRODUCTION

Cet article est motivé par des questions de statistique: nous nous proposons de montrer des résultats de convergence pour les processus de vraisemblance partielle, analogues à ceux obtenus dans [8] pour les processus de vraisemblance usuels. Cela permet par exemple de redémontrer de manière simple divers résultats de normalité asymptotique: cf. Andersen et Gill [1], Dzhaparidze [2], Hutton et Nelson [5], Sørensen [13], et à titre d'application nous retrouverons ceux de Greenwood et Wefelmeyer [4]. Tout ceci est exposé au paragraphe 4.

Ces résultats de convergence s'obtiennent comme corollaires de résultats généraux de convergence pour les suites de surmartingales positives. Ceux-ci s'expriment de manière élégante en termes des "processus de Hellinger" qu'on peut associer à toute famille finie de surmartingales positives (paragraphe 3).

Enfin, un outil essentiel pour ceci est un théorème de convergence analogue à la condition nécessaire et suffisante de convergence des lois indéfiniment divisibles, exprimée en terme de convergence des drifts, mesures de Lévy et covariances des parties gaussiennes. Nous consacrons donc le paragraphe 2 à l'étude de la convergence dans une formule de type "Lévy-Khintchine", mais associée aux transformées de Mellin: cela nous semble intéressant en soi.

Nous utilisons les notations usuelles de théorie générale: $H \bullet X$ désigne l'intégrale stochastique du processus prévisible H par rapport à la semimartingale X, $W * \mu$ est le processus intégrale de W par rapport à la mesure aléatoire μ: cf. [6].

2 - UNE FORMULE DE LEVY-KHINTCHINE: PROPRIETES DE CONVERGENCE

La formule de Lévy-Khintchine donne la transformée de Fourier des lois indéfiniment divisibles. Ici, nous étudions une formule analogue, liée aux <u>transformées de Mellin</u>. Cette formule a été introduite dans [7], et nous rappelons d'abord de quoi il s'agit (avec des notations plus naturelles, sans rapport avec les modèles statistiques).

On fixe un entier d, et on note $\mathbb{M}_d$ l'ensemble des matrices $d \times d$ symétriques semi-définies positives.

On désigne par $\mathcal{Q}$ l'ensemble des triplets (a,c,F) constitués de $a=(a^i)_{i\leq d} \in \mathbb{R}^d$, de $c=(c^{ij})_{i,j\leq d} \in \mathbb{M}_d$, et d'une mesure positive F sur $E=[-1,\infty[^d$ avec $F(\{0\})=0$ et $\int(|x|\wedge|x|^2)F(dx) < \infty$. Soit $\mathcal{Q}_+$ l'ensemble des $(a,c,F)\in\mathcal{Q}$ avec $a^i\geq 0$ pour tout i.

Soit $\mathcal{B}$ l'ensemble des $\gamma=(\gamma^i)_{i\leq d}\in\mathbb{R}_+^d$ avec $\sum\gamma^i<1$; sa fermeture $\overline{\mathcal{B}}$ est l'ensemble des $\gamma\in\mathbb{R}_+^d$ avec $\sum\gamma^i\leq 1$. Si $\gamma\in\overline{\mathcal{B}}$ on considère la fonction $\psi_\gamma: E \to \mathbb{R}_+$ définie par

2.1 $$\psi_\gamma(x) = \sum_i \gamma^i x^i + 1 - \prod_i (1+x^i)^{\gamma^i}.$$

A tout triplet $(a,c,F)\in\mathcal{Q}$ on associe la fonction continue $g_{a,c,F}$: $\overline{\mathcal{B}} \to \mathbb{R}$ par

2.2 $$g_{a,c,F}(\gamma) = \sum_i \gamma^i(a^i + c^{ii}/2) - \frac{1}{2}\sum_{i,j} \gamma^i\gamma^j c^{ij} + F(\psi_\gamma),$$

et on a $g_{a,c,F}\geq 0$ si $(a,c,F)\in\mathcal{Q}_+$. Le lemme 7.9(a) de [7] donne:

2.3 LEMME. <u>La restriction de</u> $g_{a,c,F}$ <u>à une partie dense de</u> $\overline{\mathcal{B}}$ <u>détermine le triplet</u> (a,c,F).

Nous allons à présent étudier la convergence des fonctions $g_{a,c,F}$ pour des triplets appartenant à $\mathcal{Q}_+$. A cet effet, on considère une fonction de troncation <u>continue</u> $h=(h^i)_{i\leq d}$: $\mathbb{R}^d \to \mathbb{R}^d$ fixée une fois pour toutes: c'est une fonction bornée, telle que $h(x)=x$ pour x dans un voisinage de 0, et $h^i(x)=0$ si $|x^i|$ est assez grand. A tout triplet $(a,c,F)\in\mathcal{Q}_+$ on associe $b\in\mathbb{R}^d$, $\tilde{c}\in\mathbb{M}_d$ par

2.4 $$b^i = a^i + \int F(dx)(x^i-h^i(x)), \quad \tilde{c}^{ij} = c^{ij} + \int F(dx)h^i(x)h^j(x).$$

Introduisons également deux classes de fonctions sur $E=[-1,\infty[^d$:

- $\mathcal{C}_1$ = ensemble des fonctions continues bornées nulles autour de 0;
- $\mathcal{C}_2$ = ensemble des fonctions continues, telles que $f(x) = o(|x|^2)$ si $x \to 0$ et $f(x) = o(|x|)$ si $|x| \to \infty$.

On considère enfin des triplets (a_n,c_n,F_n) et (a,c,F) dans $\mathcal{Q}_+$ et on introduit les conditions suivantes (b_n et $\tilde{c}_n$ sont associés à (a_n,c_n,F_n) par 2.4):

[B] $b_n \to b$;

[C] $\tilde{c}_n \to \tilde{c}$;

$[D_i]$ $F_n(f) \to F(f)$ pour toute $f \in C_i$ (où $i=1,2$).

Si h' est une autre fonction de troncation, les fonctions $h'^i - h^i$ et $h'^i h'^j - h^i h^j$ sont dans C_1, de sorte que sous $[D_1]$ les conditions [B] et [C] ne dépendent pas de la fonction de troncation choisie.

2.5 THEOREME. <u>Soit</u> $(a_n, c_n, F_n) \in \mathcal{Q}^+$ <u>et</u> $g_n = g_{a_n, c_n, F_n}$. <u>Soit</u> $\mathcal{B}'$ <u>une partie dense de</u> $\mathcal{B}$.

a) <u>Si la suite</u> g_n <u>converge simplement sur</u> $\mathcal{B}'$ <u>vers une limite</u> g, <u>il existe un triplet</u> $(a,c,F) \in \mathcal{Q}_+$ <u>avec</u> $g = g_{a,c,F}$ <u>sur</u> $\mathcal{B}'$.

b) <u>Soit</u> $(a,c,F) \in \mathcal{Q}_+$ <u>et</u> $g = g_{a,c,F}$. <u>Il y a équivalence entre</u>

(i) $g_n \to g$ <u>simplement sur</u> $\mathcal{B}'$,

(ii) $g_n \to g$ <u>simplement sur</u> $\mathcal{B}$,

(iii) <u>On a</u> [B], [C], $[D_1]$,

(iv) <u>On a</u> [B], [C], $[D_2]$.

<u>Dans ce cas, on a aussi</u>

2.6 $$\sup_n (|a_n| + |c_n| + \int F_n(dx)(|x| \wedge |x|^2) < \infty.$$

<u>Preuve</u>. Etant donné que sous $[D_1]$ les conditions [B] et [C] ne dépendent pas de la fonction de troncation, nous prenons pour h la fonction $h^i(x) = \ell(x^i)$, où $\ell(y)=y$ (resp. $2-y$, resp. 0) pour $-1 \le y \le 1$ (resp. $1 \le y \le 2$, resp. $y \ge 2$). Nous procédons en plusieurs étapes.

<u>Etape 1</u>. L'implication (ii)⇒(i) est évidente, tandis que (iv)⇒(ii) découle de ce que pour chaque $\gamma \in \mathcal{B}$ la fonction

$$\hat{\psi}_\gamma(x) = \psi_\gamma(x) + \sum_i \gamma^i [h^i(x) - x^i - (h^i(x))^2/2] + \frac{1}{2} \sum_{i,j} \gamma^i \gamma^j h^i(x) h^j(x)$$

appartient à C_2, et de ce que par un calcul simple on a

2.7 $$g_{a,c,F}(\gamma) = \sum_i \gamma^i (b^i + \tilde{c}^{ii}/2) - \frac{1}{2} \sum_{i,j} \gamma^i \gamma^j \tilde{c}^{ij} + F(\hat{\psi}_\gamma).$$

<u>Etape 2</u>. Montrons que la convergence simple de g_n vers une limite g, en restriction à $\mathcal{B}'$, entraine 2.6. Fixons $\gamma \in \mathcal{B}'$ avec $\gamma^i \ge 1/2d$ pour tout i. Comme $a_n^i \ge 0$ on a $|a_n| \le 2d^2 \sum \gamma^i a_n^i$ ($|.|$ désigne la norme euclidienne); on a donc $|x|^2 \wedge |x| \le K\psi_\gamma(x)$ pour une constante k; enfin d'après [7,7.19] il existe une constante K' telle que $|c_n| \le K'(\sum \gamma^i c_n^{ii} - \sum \gamma^i \gamma^j c_n^{ij})$. Par suite 2.2 implique

$$|a_n| + |c_n| + \int F_n(dx)(|x| \wedge |x|^2) \le (4d^2 + K + K')g_n(\gamma),$$

et 2.6 suit de ce que $g_n(\gamma) \to g(\gamma)$.

Etape 3. Montrons que (iii) ⇒ 2.6. En se rappelant la forme de h, et si $g\in\mathcal{C}_1$ vérifie $1_{\{x^i\geq 1\}} \leq g(x)$, il vient

$$b_n^i \geq a_n^i + \int_{x^i\geq 2} x^i F_n(dx), \qquad \tilde{c}_n^{ii} \geq c_n^{ii} + \int_{|x^i|\leq 1} (x^i)^2 F_n(dx),$$

$$F_n(g) \geq \int_{x^i\geq 1} F_n(dx).$$

Comme $a_n^i\geq 0$ et $c_n^{ii}\geq 0$, on déduit alors 2.6 de [B], [C], [D_1].

Etape 4. Montrons que (iii) ⇒ (iv). Soit $k_\alpha: \mathbb{R}^d \to [0,1]$ continue avec $1_{\{\alpha\leq |x|\leq 1/\alpha\}} \leq k_\alpha(x) \leq 1_{\{\alpha/2\leq |x|\leq 2/\alpha\}}$. Si $f\in\mathcal{C}_2$ on pose $\rho(\alpha) = \sup_{x:\ |x|\leq\alpha \text{ ou } |x|\geq 1/\alpha} |f(x)|/(|x|\wedge|x|^2)$. On a

$$|F_n(f) - F_n(fk_\alpha)| \leq \rho(\alpha) \int F_n(dx)(|x|^2\wedge|x|),$$

et de même pour F. On a $fk_\alpha\in\mathcal{C}_1$, donc $F_n(fk_\alpha) \to F(fk_\alpha)$ par [D_1]. On a 2.6 par l'étape 3, et $\lim_{\alpha\downarrow 0} \rho(\alpha) = 0$, donc $F_n(f) \to F(f)$: par suite on a [D_2], d'où (iv).

Etape 5. Supposons que $g_n \to g$ simplement sur $\mathcal{B}'$. Nous allons montrer qu'il existe un triplet $(a,c,F)\in\mathfrak{Q}_+$ tel que $g = g_{a,c,F}$ sur $\mathcal{B}'$ et qu'on ait (iii), ce qui achèvera de prouver le théorème. Noter qu'on peut raisonner sur des sous-suites.

On a 2.6 par l'étape 2, donc la suite des mesures (F_n), restreintes à $E\setminus\{0\}$ est vaguement relativement compacte. Quitte à prendre une sous-suite, on peut donc supposer qu'elle converge vaguement vers une mesure positive F sur $E\setminus\{0\}$, qu'on prolonge à E en posant $F(\{0\})=0$. De plus, pour tout $\alpha\in]0,1[$,

$$\int_{\alpha<|x|<1/\alpha} F(dx)(|x|^2\wedge|x|) \leq \limsup_n \int_{\alpha<|x|<1/\alpha} F_n(dx)(|x|^2\wedge|x|),$$

d'où $\int F(dx)(|x|\wedge|x|^2)<\infty$.

En refaisant le raisonnement de l'étape 4, on déduit de 2.6 et de ce qui précède qu'on a [D_2] (car fk_α est à support compact dans $E\setminus\{0\}$ si $f\in\mathcal{C}_2$), donc a fortiori [D_1].

Comme $\hat{\psi}_\gamma\in\mathcal{C}_2$, il vient alors $F_n(\hat{\psi}_\gamma) \to F(\hat{\psi}_\gamma)$. Donc par 2.7,

$$2.8 \qquad \sum_i \gamma^i(b_n^i + \tilde{c}_n^{ii}/2) - \frac{1}{2}\sum_{i,j} \gamma^i\gamma^j\tilde{c}_n^{ij} \longrightarrow g(\gamma) - F(\hat{\psi}_\gamma)$$

pour tout $\gamma\in\mathcal{B}'$. $\mathcal{B}'$ étant dense dans $\mathcal{B}$, on en déduit que b_n^i et $\tilde{c}_n^{ij}$ convergent vers des limites respectives b^i et $\tilde{c}^{ij}$. On a donc [B] et [C], à condition de définir a, c par les formules 2.4.

On a aussi clairement $g = g_{a,c,F}$ sur $\mathcal{B}'$ (comparer 2.8 et 2.7). Il nous reste donc à montrer que $c\in\mathfrak{M}_d$ et que $a^i\geq 0$.

Si k_α est comme dans l'étape 4, et si $k'_\alpha=1-k_\alpha$, on pose $c_n^{ij}(\alpha) = c_n^{ij} + F_n(h^ih^jk'_\alpha)$, et de même pour $c^{ij}(\alpha)$. Par [D_1], $F_n(h^ih^jk_\alpha) \to F(h^ih^jk_\alpha)$, donc [C] implique $c_n^{ij}(\alpha) \to c^{ij}(\alpha)$. Comme $c_n(\alpha)\in\mathbb{M}_d$ on a aussi $c(\alpha)\in\mathbb{M}_d$, donc $c\in\mathbb{M}_d$ car $\lim_{\alpha\downarrow 0} c^{ij}(\alpha)=c^{ij}$.

Enfin $b_n^i = a_n^i + F_n(k^i)$ si $k^i(x) = x^i-\ell(x^i)$. Comme ci-dessus, on voit que $F(k^i) \le \limsup_n F_n(k^i)$; comme $b_n^i \to b^i$ on en déduit $a^i \ge \liminf_n a_n^i$, d'où $a^i\ge 0$. □

Dans le théorème 2.5 on n'a pas en général la convergence $g_n(\gamma) \to g(\gamma)$ pour $\gamma\in\overline{\mathbb{B}}\backslash\mathbb{B}$, comme le montre l'exemple suivant: prendre $d=1$, $a_n=c_n=0$, $F_n = \frac{1}{n}\varepsilon_n$; on a alors les conditions de 2.5 avec $a=1$, $c=0$, $F=0$, tandis que $g_n(\gamma) = [\gamma n + 1 - (1+n)^\gamma]/n$ converge vers $g(\gamma) = \gamma$ pour $0\le\gamma<1$, mais pas pour $\gamma=1$.

Cependant, on a le résultat suivant, dans lequel on utilise les notations $\gamma_{i,\rho}\in\mathbb{B}$ et $\gamma_{ij}\in\overline{\mathbb{B}}$ ci-dessous:

2.9 $$\gamma_{i,\rho}^k = \begin{cases} \rho & \text{si } k=i \\ 0 & \text{si } k\neq i, \end{cases} \qquad \gamma_{ij}^k = \begin{cases} 1/2 & \text{si } k=i,j \\ 0 & \text{si } k\neq i,\ k\neq j. \end{cases}$$

2.10 THEOREME. <u>Soit</u> $(a_n,c_n,F_n)\in\mathcal{Q}_+$ <u>et</u> $(a,c,F)=(0,c,0)\in\mathcal{Q}_+$. <u>Il y a équivalence entre les conditions (i)-(iv) de 4.5 et chacune des conditions suivantes</u> (où $g_n = g_{a_n,c_n,F_n}$, $g = g_{0,c,0}$):

(v) $g_n \to g$ <u>simplement sur</u> $\overline{\mathbb{B}}$,

(vi) $g_n(\gamma) \to g(\gamma)$ <u>pour</u> $\gamma=\gamma_{ij}$, $\gamma=\gamma_{i,1/2}$, $\gamma=\gamma_{i,\rho}$, $\gamma=\gamma_{i,1-\rho}$, <u>pour tous</u> $i\neq j$ <u>et pour un</u> $\rho\in]0,1/2[$,

(vii) <u>On a [C] et les deux propriétés</u>

[B'] $a_n \to 0$,

[D'] $\int_{|x|\ge\varepsilon} |x|F_n(dx) \to 0$ pour tout $\varepsilon>0$.

<u>Preuve</u>. (v) ⇒ (i) est évident, ainsi que (v) ⇒ (vi).

Pour la suite, on prend $h^i(x)=\ell(x^i)$ (cf. preuve de 2.5), et on note $\mathcal{C}_3$ l'ensemble des fonctions f continues telles que $f(x) = O(|x|)$ si $|x| \to \infty$ et $f(x) = o(|x|^2)$ si $|x| \to 0$. En particulier, les fonctions $x \to k^i(x) = x^i-\ell(x^i)$ sont dans $\mathcal{C}_3$.

Supposons maintenant (vii). [D'] implique que $F_n(f) \to F(f) = 0$ pour toute $f\in\mathcal{C}_3$, et comme $k^i\in\mathcal{C}_3$ on déduit [B] de [B'] et 2.4. Comme de plus $\hat{\varphi}_\gamma\in\mathcal{C}_3$ si $\gamma\in\overline{\mathbb{B}}$, on déduit alors (v) de 2.7.

Supposons ensuite (i), donc (iii). On a $b_n^i = a_n^i + F_n(k^i) \to b^i = 0$, et $a_n^i\ge 0$, $k^i\ge 0$, d'où [B'] et $F_n^i(k\ ) \to 0$, donc $\int_{|x|\ge 2d} |x|F_n(dx) \to 0$.

[D'] découle alors de ce résultat et de [D_1], et on a donc (vii).

Supposons enfin (vi). Posons

$$\alpha_n^i = g_n(\gamma_{i,\rho}) + g_n(\gamma_{i,1-\rho}) - 8\rho(1-\rho)g_n(\gamma_{i,1/2}),$$
$$\varphi^i = \psi_{\gamma_{i,\rho}} + \psi_{\gamma_{i,1-\rho}} - 8\rho(1-\rho)\psi_{\gamma_{i,1/2}},$$

et on définit de même α^i à partir de g. Par un calcul simple, on a

$$\alpha_n^i = F_n(\varphi^i) + [1 - 4\rho(1-\rho)]a_n^i,$$

et en particulier $\alpha^i=0$. (vi) implique $\alpha_n^i \to \alpha^i = 0$, et comme $\varphi^i \geq 0$, $a_n^i \geq 0$, on en déduit [B'] et $F_n(\varphi^i) \to 0$. On sait aussi [6, p.554] que pour tout $\varepsilon>0$ il existe une constante $K_{\varepsilon,\rho}$ avec $|x^i| \leq K_{\varepsilon,\rho}\varphi^i(x)$ sur $\{|x^i| \geq \varepsilon\}$, de sorte que [D'] découle de ce qui précède.

Par ailleurs, on voit comme dans l'étape 2 de la preuve de 2.5 qu'on a 2.6, donc comme dans l'étape 4 on voit que $F_n(f) \to 0$ pour toute $f \in \mathcal{C}_2$, donc toute $f \in \mathcal{C}_3$ d'après [D']. En particulier $F_n(\hat{\psi}_\gamma) \to 0$ pour tout $\gamma \in \overline{\mathcal{B}}$. Donc (vi) et 2.7 entrainent

2.11 $$\sum \gamma^i(b_n^i + \tilde{c}_n^{ii}/2) - \frac{1}{2}\sum \gamma^i\gamma^j\tilde{c}_n^{ij} \longrightarrow g_\infty(\gamma) = \frac{1}{2}[\sum \gamma^i c^{ii} - \sum \gamma^i\gamma^j c^{ij}]$$

si $\gamma=\gamma_{i,\rho}$ ou $\gamma=\gamma_{ij}$. De plus $b_n^i \to 0$ par [B']+[D']. En appliquant 2.11 à $\gamma=\gamma_{i,1/2}$ on voit que $\tilde{c}_n^{ii} \to c^{ii}$, en appliquant 2.11 à $\gamma=\gamma_{ij}$ pour $i\neq j$, on voit que $\tilde{c}_n^{ij} \to c^{ij}$. On a donc [C].

On a ainsi prouvé que (vi)⇒(vii), ce qui achève la démonstration.□

3 - THEOREMES LIMITE POUR LES SURMARTINGALES POSITIVES

§3-a. Quelques préliminaires. Dans ce paragraphe, nous allons associer aux familles finies de surmartingales positives des processus prévisibles du type "processus de Hellinger".

Soit $L=(L^i)_{i\leq d}$ un processus dont les composantes L^i sont des surmartingales locales vérifiant $L_0^i=0$ et $\Delta L^i \geq -1$, sur un espace filtré $(\Omega,\mathcal{F},(\mathcal{F}_t),P)$. On note (B,C,ν) les caractéristiques de L relativement à une fonction de troncation continue h donnée sur $\mathbb{R}^d$. La mesure ν ne charge que $\mathbb{R}_+\times[-1,\infty[^d$. Il existe des processus prévisibles croissants A^i nuls en 0, tels que les L^i+A^i soient des martingales locales (décomposition de Doob-Meyer), et on a

3.1 $$B^i = -A^i + (h^i(x)-x^i)*\nu.$$

Pour tout $\gamma \in \overline{\mathcal{B}}$ on introduit le processus croissant prévisible:

3.2 $$k(\gamma) = \sum_{i\leq d}\gamma^i(A^i + C^{ii}/2) - \frac{1}{2}\sum_{i,j\leq d}\gamma^i\gamma^j C^{ij} + \psi_\gamma*\nu$$

(voir 2.1 pour ψ_γ; $\sum \gamma^i C^{ii} - \sum \gamma^i \gamma^j C^{ij}$ est croissant par [7, 7.19]).

On associe à L le processus $V=(V^i)_{i\leq d}$ défini par

3.3 $$V^i = \mathcal{E}(L^i)$$

(exponentielle de Doléans): chaque V^i vérifie $V^i_0=1$ et est une surmartingale locale positive (car $\Delta L^i \geq 0$), donc aussi une surmartingale. Les $k(\gamma)$ s'interprètent comme les "processus de Hellinger" de la surmartingale vectorielle V, via la

3.4 PROPOSITION. Pour tout $\gamma \in \overline{\mathcal{B}}$ on a $\Delta k(\gamma) \leq 1$ et, si $Y(\gamma) = \prod_{i\leq d} (V^i)^{\gamma^i}$, on a

3.5 $$M(\gamma) := Y(\gamma) + Y(\gamma)_- \cdot k(\gamma) \quad \text{est une martingale}$$

Preuve. La première assertion découle de $\Delta A^i_t = -\int x^i \nu(\{t\}\times dx)$. Une simple application de la formule d'Ito, jointe à 3.2 et 3.3, montre que $M(\gamma)$ est une martingale locale, donc $M(\gamma)-Y(\gamma)_- \cdot k(\gamma)$ est la décomposition de Doob-Meyer de $Y(\gamma)$. Comme $Y(\gamma)$ est une surmartingale (non locale) d'après Hölder, $M(\gamma)$ est aussi une martingale. □

§3-b. Les théorèmes généraux. Soit $L^n=(L^{n,i})_{i\leq d}$ des processus (chacun sur son espace filtré $(\Omega^n,\mathcal{F}^n,(\mathcal{F}^n_t),P^n)$), dont les composantes sont des surmartingales locales vérifiant $L^{n,i}_0=0$ et $\Delta L^{n,i}\geq -1$. On leur associe $k^n(\gamma)$ et $V^n=(V^{n,i})_{i\leq d}$ par 3.2 et 3.3.

3.6 THEOREME. Soit $\mathcal{B}'$ dense dans $\mathcal{B}$. Supposons que pour tout $t\geq 0$,

3.7 $$k(\gamma)^n_t \xrightarrow{P^n} k(\gamma)_t \qquad \forall \gamma \in \mathcal{B}',$$

où chaque $t \to k(\gamma)_t$ est une fonction (déterministe) continue de $\mathbb{R}_+$ dans $\mathbb{R}_+$. Alors:

a) Les $k(\gamma)$ sont associés par 3.2 à un unique (en loi) processus $L=(L^i)_{i\leq d}$, qui est un PAI (processus à accroissements indépendants) sans discontinuité fixe, et chaque L^i est une surmartingale vérifiant $\Delta L^i \geq -1$.

b) Les processus L^n convergent en loi vers L.

c) Les processus V^n convergent en loi vers $V=(V^i)_{i\leq d}$, où $V^i = \mathcal{E}(L^i)$.

3.8 COMMENTAIRES. Le résultat important pour les applications est la partie (c), qui découle aussi du résultat plus général suivant:

Soit V un processus dont les composantes sont des surmartingales positives, égales à 1 en 0, et $Y(\gamma) = \prod(V^i)^{\gamma^i}$; comme en [7, 2.3] il existe un processus croissant prévisible $\bar{k}(\gamma)$ tel que $Y(\gamma) + Y(\gamma)_-\bullet\bar{k}(\gamma)$ soit une martingale, et ce processus est unique sur l'ensemble aléatoire $\{Y(\gamma)_->0\}$. Noter que si les V^i ne s'annulent pas, alors ils se mettent sous la forme 3.3 et on a $\bar{k}(\gamma)=k(\gamma)$; lorsque les V^i sont de la forme 3.3, mais peuvent s'annuler, $k(\gamma)$ est une version de $\bar{k}(\gamma)$, mais il existe d'autres versions; enfin il faut remarquer que les V^i (s'ils peuvent s'annuler) ne se mettent pas nécessairement sous la forme 3.3.

Soit aussi V^n des processus du même type, avec les processus $\bar{k}^n(\gamma)$ associés (on en prend des versions quelconques). Si alors $D\subset\mathbb{R}_+$, si $\mathcal{B}'$ est dense dans $\mathcal{B}$, et si les $k(\gamma)_t$ sont déterministes pour tous $t\in D$, $\gamma\in\mathcal{B}'$, on a les deux assertions:

(i) sous

3.9 $$\mathcal{E}(-k^n(\gamma))_t \xrightarrow{P^n} \mathcal{E}(-k(\gamma))_t, \quad \forall t\in D,\ \forall\gamma\in\mathcal{B}',$$

les V^n convergent en loi vers V, fini-dimensionnellemnt le long de D;

(ii) si en outre D est dense dans $\mathbb{R}_+$ et $t\to k(\gamma)_t$ est continu pour tout $\gamma\in\mathcal{B}'$, 3.9 équivaut à 3.7, et entraine la convergence fonctionnelle en loi de V^n vers V.

La preuve de ces deux résultats consiste en modifications mineures des démonstrations de [8]. La preuve que nous présentons ici (pour un résultat plus faible) est toutefois notablement plus simple. □

<u>Preuve de 3.6(a)</u>. On peut toujours supposer $\mathcal{B}'$ dénombrable. Quitte à prendre une sous-suite (pour chaque temps t), on peut supposer que $k^n(\gamma)_t(\omega)\to k(\gamma)_t$ pour tout $\gamma\in\mathcal{B}'$ et tout $\omega\notin N_t$, où N_t est un ensemble de mesure nulle (sur le produit $\Omega=\prod\Omega^n$, $P=\otimes P^n$).

Fixons alors $\omega\notin N_t$, et appliquons 2.5 à $a_n = A^n_t$, $c_n = C^n_t$ et $F_n = \nu^n([0,t]\times .)$: il existe un triplet $(A_t,C_t,G_t)\in\mathcal{Q}_+$, unique d'après 2.3, tel que $g_{A_t,C_t,G_t}(\gamma) = k(\gamma)_t$ pour tout $\gamma\in\mathcal{B}'$.

Si on refait le même raisonnement avec $a_n = A^n_t-A^n_s$, $c_n = C^n_t-C^n_s$, $F_n(dx) = \nu^n(]s,t]\times dx)$ pour $s<t$, on obtient comme limite la fonction $k(\gamma)_t-k(\gamma)_s$, associée à A_t-A_s, C_t-C_s, G_t-G_s: donc les $t\to A^i_t$ sont croissants, $t\to C_t$ est croissant pour l'ordre fort de $\mathcal{M}_d$, et G_t-G_s est une mesure positive.

Si $t_n\to t$, on a $k(\gamma)_{t_n}\to k(\gamma)_t$ par hypothèse pour $\gamma\in\mathcal{B}'$, de sorte qu'une nouvelle application de 2.5 montre que $t\to G_t(f)$ est continue pour toute $f\in\mathcal{C}_1$: il existe donc une mesure positive ν sur $\mathbb{R}_+\times\mathbb{R}^d$ qui ne charge que $\mathbb{R}_+\times[-1,\infty[^d$, telle que $(|x|\wedge|x|^2)*\nu_t<\infty$ et $\nu(\{t\}\times\mathbb{R}^d)=0$ pour tous t, et $f*\nu_t=G_t(f)$ si $f\in\mathcal{C}_1$; ainsi $k(\gamma)_t$ est associé à A, C, ν par 3.2.

Enfin si on définit B par 3.1, toujours à cause de la continuité de $t \to k(\gamma)_t$ et de 2.5, on voit que $t \to B_t$ et $t \to C_t$ sont continues, et par construction B est à variation finie sur les compacts. Ainsi (B, C, ν) est le triplet des caractéristiques (déterministes) d'un PAI L sans discontinuité fixe. Comme ν ne charge que $\mathbb{R}_+ \times [-1, \infty[^d$ on a $\Delta L^i \geq -1$. Enfin comme on a 3.1 et que les A^i sont croissants, chaque composante L^i est clairement une surmartingale.

Pour terminer, 2.3 implique que les $k(\gamma)$ $(\gamma \in \mathcal{B}')$ déterminent de manière unique A, C, ν (par 3.2), donc B (par 3.1): donc le PAI L ci-dessus est la seule semimartingale (en loi) associée aux $k(\gamma)$ par 3.2. □

Pour la suite, nous rappelons quelques résultats sur la convergence des semimartingales [6]. Posons

3.10
$$\begin{cases} \hat{C}_t^{n,ij} = C_t^{n,ij} + (h^i h^j) * \nu_t^n \\ \tilde{C}_t^{n,ij} = \hat{C}_t^{n,ij} - \sum_{s \leq t} \Delta B_s^{n,i} \, \Delta B_s^{n,j}. \end{cases}$$

On associe de même $\hat{C} = \tilde{C}$ (qui est continu) au PAI L associé aux $k(\gamma)$ par 3.6(a). Considérons les conditions

[β] $\quad B_t^n \xrightarrow{P^n} B_t \quad \forall t \geq 0$,

[Sup-β] $\quad \sup_{s \leq t} |B_s^n - B_s| \xrightarrow{P^n} 0 \quad \forall t \geq 0$,

[γ] $\quad \tilde{C}_t^n \xrightarrow{P^n} \tilde{C}_t \quad \forall t \geq 0$,

[γ'] $\quad \hat{C}_t^n \xrightarrow{P^n} \tilde{C}_t \quad \forall t \geq 0$,

[δ] $\quad f * \nu_t^n \xrightarrow{P^n} f * \nu_t \quad \forall t \geq 0, \ \forall f \in \mathcal{C}_1'$,

où $\mathcal{C}_1'$ désigne l'ensemble des fonctions continues bornées sur $\mathbb{R}^d$, nulles autour de 0. Rappelons que [Sup-β]+[γ]+[δ] implique la convergence en loi de L^n vers L.

3.11 LEMME. <u>Sous les hypothèses de 3.6, il y a équivalence entre</u>

(i) [Sup-β]+[γ]+[δ];

(ii) [β]+[γ']+[δ];

(iii) <u>on a 3.7 pour tout</u> $t \geq 0$.

<u>Preuve</u>. Sous [δ], les conditions [β] et [Sup-β] ne dépendent pas de la troncation h choisie (comme avant l'énoncé de 2.5). On choisit donc $h^i(x) = \ell(x^i)$ comme dans la preuve de 2.5. Par suite $h^i(x) - x^i \leq 0$ si $x^i \geq -1$, et on déduit de 3.1 que $B^{n,i}$ et B^i sont décroissants; comme de plus $t \to B_t^i$ est continu, il est bien connu que [β] ⇔ [Sup-β]. De plus

$$\sum_{s\le t} |\Delta B_s^{n,i}\ \Delta B_s^{n,j}| \ \le\ (-B_t^{n,i})\ \sup_{s\le t}|\Delta B_s^{n,j}|,$$

et [Sup-β] entraine que l'expression précédente tend vers 0 en P^n-probabilité: étant donné 3.10, on a donc l'équivalence (i) ⇔ (ii).

Par ailleurs, si $a_n=A_t^n$, $c_n=C_t^n$, $F_n=\nu^n([0,t]\times.)$, les quantités associées par 2.4 sont $b_n=B_t^n$ et $\tilde{c}_n=\hat{C}_t^n$. Etant donné 3.2, on déduit alors immédiatement l'équivalence (ii) ⇔ (iii) de 2.5. □

Preuve de 3.6(b,c). Comme [Sup-β]+[γ]+[δ] entraine la convergence en loi de L^n vers L, (b) vient de 3.11. Quant à (c), il suffit d'utiliser (b) et de combiner les théorèmes 3.2(b) et 4.2 de Jakubowski, Mémin et Pagès [10] (l'extension multidimensionnelle des résultats de [10] est très facile, selon la méthode de Mémin [12]). □

§3-c. Limite continue gaussienne. Un cas particulier intéressant du point de vue des applications est celui où le processus limite L est une martingale gaussienne continue. Ses caractéristiques (B,C,ν) vérifient alors $B=0$, $\nu=0$, et on a simplement

$$k(\gamma)\ =\ \tfrac{1}{2}[\sum \gamma^i C^{ii}\ -\ \sum \gamma^i\gamma^j C^{ij}].$$

Au vu de 2.10, pour avoir la convergence il suffit de vérifier 3.7 avec $\mathcal{B}'$ remplacé par (cf. 2.9).

3.12 $$\mathcal{B}'_\rho\ =\ \{\gamma_{ij},\ \gamma_{i,1/2},\ \gamma_{i,\rho},\ \gamma_{i,1-\rho}:\ 1\le i,j\le d,\ i\ne j\},$$

où ρ est un nombre fixé dans $]0,1/2[$. On peut aussi obtenir un résultat de convergence fini-dimensionnelle en temps (peut-être plus utile que la convergence fonctionnelle). Voici l'énoncé complet:

3.13 THEOREME. Supposons que L soit une martingale gaussienne continue; soit $D\subset\mathbb{R}_+$, $\rho\in]0,1/2[$ et $\mathcal{B}'_\rho$ défini par 3.12.

a) Les conditions suivantes sont équivalentes:

(i) on a 3.7 pour tout $t\in D$;

(ii) on a $k^n(\gamma)_t \xrightarrow{P^n} k(\gamma)_t \quad \forall t\in D,\ \forall\gamma\in\mathcal{B}'_\rho$;

(iii) on a $B_t^n \xrightarrow{P^n} 0$, $\hat{C}_t^n \xrightarrow{P^n} C_t$, $1_{\{|x|\ge\varepsilon\}}*\nu_t^n \xrightarrow{P^n} 0 \quad \forall t\in D,\ \forall\varepsilon>0$;

(iv) on a $A_t^n \xrightarrow{P^n} 0$, $\hat{C}_t^n \xrightarrow{P^n} C_t$, $(|x|1_{\{|x|\ge\varepsilon\}})*\nu_t^n \xrightarrow{P^n} 0 \quad \forall t\in D,\forall\varepsilon>0$.

b) Les conditions ci-dessus assurent la convergence en loi fini-dimensionnelle le long de D des processus L^n et V^n, vers L et V respectivement.

c) Si de plus D est dense dans $\mathbb{R}_+$, elles entrainent aussi la convergence en loi fonctionnelle.

Preuve. a) Comme dans 3.11, on sait que $B^{n,i}$ est décroissant; donc $|\hat{C}_t^{n,ij} - \tilde{C}_t^{n,ij}| \leq (-B_t^{n,i})(-B_t^{n,j})$ par 3.10, et $B_t^n \to 0$ entraine l'équivalence de $\hat{C}_t \to C_t$ et de $\tilde{C}_t \to C_t$. L'équivalence (i) ⇔ (iii) se montre alors comme la fin de 3.11, à l'aide de 2.5. Enfin les équivalences (i) ⇔ (ii) ⇔ (iv) découlent de 2.10.

b) Comme $t \to k(\gamma)_t$ est continu croissant, (i) avec D dense implique 3.7 pour tout $t \geq 0$. L'assertion découle alors de 3.6.

c) D'après [6, VIII.2.4], (iii) implique que

3.14 L^n converge vers L en loi fini-dimensionnellement le long de D.

Par ailleurs, on a

$$V_t^{n,i} = W_t^{n,i} \exp(L_t^{n,i} - \tilde{C}_t^{n,ii}/2),$$

où

$$W_t^{n,i} = [\prod_{s\leq t} (1 + \Delta L_s^{n,i}) \exp(-\Delta L_s^{n,i})] \exp[\tfrac{1}{2}(h^i)^2 * \nu_t^n].$$

D'après 3.14, la seconde propriété dans (iv) et la formule $V^i = \exp(L^i - C^{ii}/2)$, pour obtenir la convergence fini-dimensionnelle de V^n vers V le long de D, il nous suffit de montrer que:

3.15 $$W_t^{n,i} \xrightarrow{P^n} 1 \quad \forall t \in D.$$

Dans la suite on fixe i. Si $\varepsilon \in]0,\frac{1}{2}]$, soit $T_\varepsilon^n = \inf(t: |\Delta L_s^{n,i}| \geq \varepsilon)$. D'après la troisième propriété (iii) et l'inégalité de Lenglart,

3.16 $$P^n(T_\varepsilon^n \leq t) \longrightarrow 0 \quad \forall t \in D.$$

Par ailleurs $h^i(x) = \ell(x^i) = x^i$ si $|x^i| \leq 1$, donc si $\alpha^n = h^i(\Delta L^n)$ on a

$$\mathrm{Log}\, W_t^{n,i} = \tfrac{1}{2}(h^i)^2 * \nu_t^n - \sum_{s\leq t} [\alpha_s^n - \mathrm{Log}(1+\alpha_s^n)]$$

sur $[0, T_\varepsilon^n[$. Il existe aussi une constante K telle que pour $|y| \leq \frac{1}{2}$, $|\mathrm{Log}(1+y) - y + y^2/2| \leq K|y|^3$. Donc

3.17 $$|\mathrm{Log}\, W_t^{n,i,\varepsilon} - U_t^n/2| \leq K\varepsilon \sum_{s\leq t} (\alpha_s^n)^2 \quad \text{sur } [0, T_\varepsilon^n[,$$

où

$$U_t^n = (h^i)^2 * \nu_t^n - \sum_{s\leq t} (\alpha_s^n)^2.$$

Par définition du compensateur ν^n, U^n est une martingale locale et, ses sauts étant bornées, elle est localement de carré intégrable. Par [6], $\langle U^n, U^n \rangle = (h^i)^4 * \nu^n - \sum_{s\leq .} [\nu^n(\{s\} \times (h^i)^2]^2$. Comme $|h^i| \leq 2$,

$$\langle U^n, U^n \rangle \leq (h^i)^4 * \nu^n \leq \eta^2 \tilde{C}^{n,ii} + 2^4\, 1_{\{|x|\geq\eta\}} * \nu^n$$

pour tout $\eta > 0$. On déduit alors des deux dernières propriétés (iv) que $\langle U^n, U^n \rangle_t \xrightarrow{P^n} 0$ si $t \in D$, donc par l'inégalité de Lenglart:

3.18 $$\sup_{s\leq t} |U_s^n| \xrightarrow{P^n} 0 \quad \forall t \in D.$$

Enfin, le compensateur de $\sum_{s\leq .}(\alpha_s^n)^2$ est majoré par $\hat{C}^{n,ii}$, donc une dernière application de l'inégalité de Lenglart donne

3.19 $\lim_{a\uparrow\infty} \limsup_n P^n(\sum_{s\leq t}(\alpha_s^n)^2 > a) = 0 \quad \forall t\in D.$

Il est alors immédiat de déduire 3.15 de 3.16, 3.17, 3.18 et 3.19, et le résultat est démontré. □

4 - APPLICATIONS AUX VRAISEMBLANCES PARTIELLES

§4-a. Rappels sur la convergence des vraisemblances. Pour chaque n entier, soit un modèle statistique filtré $\mathcal{E}^n=(\Omega^n,\mathcal{F}^n,(\mathcal{F}_t^n),(P_\theta^n)_{\theta\in\Theta})$; l'espace des paramètres Θ est quelconque, mais indépendant de n. Pour simplifier, on suppose que toutes les probabilités P_θ^n $(\theta\in\Theta)$ coïncident sur $\mathcal{F}_0^n$. On note $Z^{n,\zeta/\theta}$ le processus de vraisemblance de P_ζ^n par rapport à P_θ^n: c'est une P_θ^n-surmartingale positive, $Z_0^{n,\zeta/\theta}=1$.

Notons $\mathcal{A}$ l'ensemble des applications α: $\Theta\to\mathbb{R}_+$ à support fini, avec $\sum\alpha^\theta=1$. Si I est une partie finie de Θ avec $\theta\in I$, notons $\mathcal{A}(\theta,I)$ l'ensemble des $\alpha\in\mathcal{A}$ à support dans I, vérifiant $0<\alpha^\theta<1$.

Rappelons alors les résultats de convergence obtenus dans [8]. On désigne par $h^n(\alpha)$ une version du processus de Hellinger d'ordre $\alpha\in\mathcal{A}$ pour l'expérience $\mathcal{E}^n$. On se donne aussi une expérience "limite" $\mathcal{E} = (\Omega,\mathcal{F},(\mathcal{F}_t),(P_\theta)_{\theta\in\Theta})$, avec les processus de vraisemblance $Z^{\zeta/\theta}$, et vérifiant $P_\theta=P_\zeta$ sur $\mathcal{F}_0$ pour tous θ,ζ, et:

4.1 Hypothèse H1: Il existe des versions $h(\alpha)$ des processus de Hellinger de $\mathcal{E}$ qui sont déterministes, continues en temps. □

Les théorèmes 3.1 et 4.1 de [8] peuvent alors s'énoncer ainsi, compte tenu des hypothèses faites ici (on reconnaitra les résultats du commentaire 3.8, en écrivant $I = \{\theta_0,\theta_1,\dots,\theta_d\}$ avec $\theta_0=\theta$, et $V^{n,i} = Z^{n,\theta_i/\theta}$, de sorte que $h^n(\alpha) = k^n(\gamma)$ où $\gamma\in\mathcal{B}$ est défini par $\gamma^i = \alpha^{\theta_i}$ pour $1\leq i\leq d$):

4.2 THEOREME. Supposons H1, et soit I une partie finie de Θ, et $\theta\in I$, et D une partie de $\mathbb{R}_+$.

a) Si $\mathcal{E}(-h(\alpha)^n)_t \to \mathcal{E}(-h(\alpha))_t$ en P_θ^n-probabilité pour tous $t\in D$, $\alpha\in\mathcal{A}(\theta,I)$, les processus $(Z^{n,\zeta/\theta})_{\zeta\in I}$ (sous P_θ^n) convergent en loi, fini-dimensionnellement le long de D, vers $(Z^{\zeta/\theta})_{\zeta\in I}$ (sous P_θ).

b) Si $h(\alpha)_t^n \to h(\alpha)_t$ en P_θ^n-probabilité pour tous $t\in D$, $\alpha\in\mathcal{A}(\theta,I)$, et si D est dense dans $\mathbb{R}_+$, les processus $(Z^{n,\zeta/\theta})_{\zeta\in I}$ (sous P^n_θ) convergent fonctionnellement vers $(Z^{\zeta/\theta})_{\zeta\in I}$ (sous P_θ).

§4-b. Les vraisemblances partielles. Pour chaque n on se donne aussi un processus X^n (à valeurs dans $\mathbb{R}^{d_n}$), qui est une semimartingale pour chaque P^n_θ. Dans [9] nous avons défini pour tous θ,ζ:

1) Un intervalle "maximal" $\Sigma^{n,\zeta/\theta}$ de la forme $\bigcup_p [0,S_p]$ pour des $(\mathcal{F}^n_t)$-temps d'arrêt S_p convenables (c'est l'intervalle Σ_2 de [9]).

2) Une surmartingale locale $L^{n,\zeta/\theta}$ sur $\Sigma^{n,\zeta/\theta}$ (i.e., le processus arrêté en chaque S_p ci-dessus est une surmartingale locale), nulle en 0 et vérifiant $\Delta L^{n,\zeta/\theta} \geq -1$ ($\Sigma^{n,\zeta/\theta}$ et $L^{n,\zeta/\theta}$ dépendent de manière essentielle des caractéristiques de X^n sous P^n_θ et P^n_ζ).

3) Finalement, le processus $\overline{Z}^{n,\zeta/\theta} = \mathcal{E}(L^{n,\zeta/\theta})$, qui est défini aussi sur $\Sigma^{n,\zeta/\theta}$ et est une surmartingale locale positive sur cet intervalle: il est appelé processus de vraisemblance partielle de P^n_ζ par rapport à P^n_θ, relativement à X^n.

Rappelons aussi que $\{Z^{n,\zeta/\theta}_->0\} \subset \Sigma^{n,\zeta/\theta}$, $\Sigma^{n,\theta/\theta}=\mathbb{R}_+$, $\overline{Z}^{n,\theta/\theta}=1$.

Soit I une partie finie de Θ et $\theta\in I$. Posons

4.3 $$\Sigma^{n,\theta,I} = \bigcap_{\zeta\in I} \Sigma^{n,\zeta/\theta}.$$

Si $I\neq\{\theta\}$, on peut écrire $I = \{\theta,\theta_1,\ldots,\theta_d\}$, et on note $L^n = L^n(I)$ le processus d-dimensionnel de composantes $L^{n,i} = L^{n,\theta_i/\theta}$: c'est un processus du type de ceux étudiée au §3, sauf qu'il n'est défini que sur l'intervalle $\Sigma^{n,\theta,I}$. Pour tout $\alpha\in\mathfrak{A}$ de support dans I, on appelle processus de Hellinger partiel d'ordre α, relativement à (θ,I), le processus $\overline{h}^n(\alpha,\theta,I) = k^n(\gamma)$ associé à L^n par 3.2, sur $\Sigma^{n,\theta,I}$, avec $\gamma^i=\alpha^{\theta_i}$ pour $1\leq i\leq d$ (cf. [8], formule 7.9).

Si les véritables vraisemblances égalent les vraisemblances partielles, $\overline{h}^n(\alpha,\theta,I)$ est une version de $h^n(\alpha)$.

Voici maintenant le théorème limite qui constitue l'un des résultats motivant cet article; pour simplifier l'énoncé nous posons (de manière arbitraire) $\overline{Z}^{n,\zeta/\theta}_t = 0$ si $t\notin\Sigma^{n,\zeta/\theta}$ et $\overline{h}^n(\alpha,\theta,I)_t = \infty$ si $t\notin\Sigma^{n,\theta,I}$.

4.4 THEOREME. Supposons H1, et soit I une partie finie de Θ, et $\theta\in I$. Supposons qu'on ait les deux proprétés suivantes:

4.5 $$P^n_\theta(t\in\Sigma^{n,\theta,I}) \longrightarrow 1 \quad \text{pour tout } t\geq 0.$$

4.6 $\overline{h}^n(\alpha,\theta,I)_t \longrightarrow h(\alpha)_t$ en P^n_θ-probabilité, $\forall t\geq 0$, $\forall\alpha\in\mathfrak{A}(\theta,I)$.

<u>Alors, les processus</u> $(\overline{Z}^{n,\zeta/\theta})_{\zeta\in I}$ <u>sous</u> P^n_θ <u>convergent en loi vers</u> $(Z^{\zeta/\theta})_{\zeta\in I}$ <u>sous</u> P_θ.

<u>Preuve</u>. Il suffit de montrer les résultats sur tout intervalle fini, donc on fixe $t\geq 0$. On peut écrire $\Sigma^{n,\theta,I} = \bigcup_{p\geq 1}[0,S(n,p)]$ pour des temps d'arrêt $S(n,p)$ croissant en p, donc par 4.5 il existe $p_n\in\mathbb{N}$ avec $P^n_\theta(S(n,p_n)<t) \to 0$. Il suffit donc de regarder la limite des V^n où $V^{n,i} = \mathcal{E}(L^{n,i}_{\cdot\wedge T(n,p_n)})$, et le résultat découle de 3.6. □

4.7 REMARQUE. Nous avons énoncé ce théorème ainsi par souci de simplicité. En utilisant toute la force de 3.6, si on a 4.5 et 4.6 avec des fonctions déterministes continues $h(\alpha)$ on montre qu'il existe nécessairement une expérience $\mathcal{E}$ vérifiant H1, avec les $h(\alpha)$ pour processus de Hellinger. □

4.8 REMARQUE. Il existe aussi une version de 4.4 dans laquelle les processus limite $Z^{\zeta/\theta}$ sont remplacés par des vraisemblances partielles $\overline{Z}^{\zeta/\theta}$, à condition de supposer que les ensembles Σ^θ associés par 4.3 sont déterministes, et de rempacer 4.4 par $P^n_\theta(t\in\Sigma^{n,\theta}) \to 1_{\Sigma^\theta}(t)$. Cela ne semble pas d'un grand intérêt ... □

4.9 REMARQUE. On peut définir des processus de Hellinger partiels "non canoniques" par la propriété 3.5 sur $\Sigma^{n,\theta,I}$, pour V^n remplacé par $(\overline{Z}^{n,\zeta/\theta})_{\zeta\in I}$: grâce au résultat énoncé (mais non démontré) dans 3.8, le théorème 4.4 reste alors valide (ainsi qu'un résultat de convergence fini-dimensionnelle en temps). Cela dit, dans les applications ce sont les processus de Hellinger partiels "canoniques" qui s'expriment simplement en fonction des caractéristiques des X^n (cf. [9], 7.7), donc seul l'énoncé ci-dessus de 4.4 semble avoir un réel intérêt. □

<u>§4-c. Normalité asymptotique</u>. Un cas particulier important est celui où le modèle limite $\mathcal{E}$ est <u>gaussien</u>: on entend par là que les $Z^{\zeta/\theta}$ sont <u>continus</u> (en temps), <u>ne s'annulent pas</u>, et que leurs logarithmes sont des <u>processus gaussiens</u>. D'après [7], cela revient à dire qu'on a H1 avec des fonctions $h(\alpha)$ à valeurs finies et vérifiant

4.10 $$h(\alpha) = 2\sum_{\theta\neq\zeta}\alpha^\theta\alpha^\zeta\, h(\alpha_{\theta\zeta}),$$

où $\alpha_{\theta\zeta}\in\mathfrak{A}$ est caractérisé par ses coordonnées $\alpha^\theta_{\theta\zeta} = \alpha^\zeta_{\theta\zeta} = 1/2$.

Toujours d'après [7], il existe alors une fonction $\mathbb{R}_+\times\Theta^2\ni(t,\theta,\zeta)$

$\to \sigma_t(\theta,\zeta)$ qui est continue en t, nulle pour $t=0$, telle que $\sigma_t-\sigma_s$ soit de type positif sur Θ^2 si $s\le t$, et telle que

4.11 $$h(\alpha_{\theta\zeta})_t = \frac{1}{8}[\sigma_t(\theta,\theta) + \sigma_t(\zeta,\zeta) - 2\sigma_t(\theta,\zeta)].$$

De plus, $\sigma_t(\theta,\zeta)$ égale la covariance de $\mathrm{Log}\ Z_t^{\theta/\eta}$ et $\mathrm{Log}\ Z_t^{\zeta/\eta}$ sous n'importe quelle mesure P_ρ, et pour n'importe quel η.

Inversement, si on se donne σ comme ci-dessus, il existe un modèle filtré $\mathcal{E}$ admettant les processus de Hellinger $h(\alpha)$ donnés par 4.10 et 4.11, et ce modèle est gaussien au sens ci-dessus.

Pour simplifier, on notera $H^{\zeta\eta}(\rho)$ et $\overline{H}^{\zeta\eta}(\rho,\theta,I)$, pour $\rho\in]0,1[$, les processus $h(\alpha)$ et $\overline{h}^n(\alpha,\theta,I)$, pour $\alpha\in\mathfrak{A}$ donné par $\alpha^\zeta=\rho$ et $\alpha^\eta=1-\rho$: ainsi $h(\alpha_{\theta\zeta}) = H^{\theta\zeta}(1/2)$ dans 4.10.

On déduit alors immédiatement de 3.13 le

4.12 THEOREME. <u>Soit les hypothèses ci-dessus concernant les</u> $h(\alpha)$. <u>Soit</u> I <u>une partie finie de</u> Θ, $\theta\in\Theta$ <u>et</u> $D\subset\mathbb{R}_+$.

a) <u>Si on a</u>

4.13 $$P_\theta^n(t\in\Sigma^{n,\theta,I}) \longrightarrow 1 \quad \forall t\in D,$$

4.14 $$\overline{H}^{n,\zeta\eta}(\tfrac{1}{2},\theta,I)_t \longrightarrow H^{\zeta\eta}(\tfrac{1}{2})_t \quad \text{en } P_\theta^n\text{-probabilité}, \quad \forall t\in D,\ \forall\zeta,\eta\in I,$$

4.15 $$\overline{H}^{n,\theta\zeta}(\rho,\theta,I)_t \longrightarrow H^{\theta\zeta}(\rho)_t \quad \text{en } P_\theta^n\text{-probabilité}, \quad \forall t\in D,\ \forall\zeta\in I$$

<u>pour un</u> $\rho\in]0,1/2[$, <u>les processus</u> $(\overline{Z}^{n,\zeta/\theta})_{\zeta\in I}$ <u>sous</u> P_θ^n <u>convergent en loi, fini-dimensionnellement le long de</u> D, <u>vers</u> $(Z^{\zeta/\theta})_{\zeta\in I}$.

b) <u>Si de plus</u> D <u>est dense dans</u> $\mathbb{R}_+$, <u>il y a même convergence fonctionnelle, en loi</u>.

4.16 REMARQUE. Si D n'est pas dense, il n'y a pas de raison de supposer les $h(\alpha)_t$ définis a priori pour tout $t\in\mathbb{R}_+$. Si par exemple $D=\{1\}$, il suffit de considérer les $h(\alpha)_1$, définis par 4.10 à l'aide des $h(\alpha_{\theta\zeta})_1$: on peut alors se donner σ_1, et considérer $\sigma_t = t\sigma_1$ pour avoir un modèle $\mathcal{E}$ filtré. □

Le résultat 4.12(a) est apparenté à la <u>normalité asymptotique locale</u> (modèles "LAN") de LeCam et Hajek. Plus précisément, supposons que $D=\{1\}$, et donc $\sigma_t=t\sigma_1$ dans 4.11, d'après 4.16. Supposons également que Θ soit un espace vectoriel, et que l'application σ_1 soit bilinéaire; elle définit alors un produit scalaire sur Θ, et la semi-norme correspondante est notée $\|\theta\|$. 4.10 et 4.11 s'écrivent alors pour $t=1$:

4.17 $$h(\alpha)_1 = \frac{1}{4}\sum_{\theta,\zeta} \|\theta-\zeta\|^2.$$

Si de plus Θ est séparable pour $\|.\|$, un résultat de LeCam [11, p. 176] permet de déduire de 4.12(a) le

4.18 THEOREME. Sous les hypothèses précédentes, si on a 4.13, 4.14 et 4.15 pour $D=\{1\}$, $\theta=0$ et toute partie finie I de Θ contenant 0, il existe des processus linéaires $(U^n_\zeta)_{\zeta\in\Theta}$ sur $(\Omega^n,\mathcal{F}^n_1,P^n_0)$ avec:

(i) U^n_ζ est asymptotiquement normale centrée de variance $\|\zeta\|^2$, sous P^n_0;

(ii) pour chaque $\zeta\in\Theta$, $\mathrm{Log}\ \overline{Z}^{n,\zeta/0}_1 - U^n_\zeta + \frac{1}{2}\|\zeta\|^2$ tend en P^n_0-probabilité vers 0.

§4-d. Un exemple. Ici nous allons retrouver des résultats de normalité asymptotiques, dûs à Greenwood et Wefelmeyer [3], [4], à l'aide du théorème 4.12 (ou 4.18). Le cadre est celui des processus ponctuels, mais des résultats analogues s'obtiendraient facilement dans le cas où on observe des semimartingales quelconques.

Pour chaque n, on observe un processus ponctuel multivarié μ^n à valeurs dans un espace E_n (dans [3,4] il s'agit de la superposition de n processus ponctuels simples sans sauts communs), dont le compensateur $\overline{\nu}^n$ s'écrit sous P^n_θ:

4.19 $$\overline{\nu}^n(\omega,ds,dx) = y^n_\theta(\omega,s,x)\ ds\ F_n(dx)$$

pour une mesure positive finie F_n sur E_n, et une fonction prévisible positive $y^n{}_\theta$ On suppose que Θ est un espace vectoriel, et qu'il existe des fonctions prévisibles $D^n_\theta(\omega,t,x)$ telles que les $\theta\to D^n_t$ soient linéaires, et qu'on ait les convergences suivantes en P^n_0-probabilité, si $n\uparrow\infty$:

4.20 $$\int_{[0,1]\times E_n} [\sqrt{y^n_\theta/y^n_0} - 1 - D^n_\theta/2c_n]^2\ y^n_0\ ds\ F_n(dx) \longrightarrow 0,$$

4.21 $$\int_{[0,1]\times E_n} y^n_\theta\ 1_{\{y^n_0=0\}}\ ds\ F_n(dx) \longrightarrow 0,$$

4.22 $$\int_{[0,1]\times E_n} (D^n_\theta/c_n)^2\ 1_{\{|D^n_\theta/c_n|\geq\varepsilon\}}\ y^n_0\ ds\ F_n(dx) \longrightarrow 0 \quad \forall\varepsilon>0,$$

4.23 $$\int_{[0,1]\times E_n} (D^n_\theta/c_n)^2\ y^n_0\ ds\ F_n(dx) \longrightarrow u(\theta),$$

où c_n est une suite de réels positifs (qui dans les applications tendent vers $+\infty$), et u une fonction: $\Theta\to\mathbb{R}_+$.

Comme $\theta\to D^n_\theta$ est linéaire, on déduit aisément que $\|\theta\| = u(\theta)$ est une semi-norme sur Θ, associée à un produit scalaire que nous notons $\sigma_1(\theta,\zeta)$. On a alors le résultat suivant, dû à Greenwood et Wefelmeyer [4], et qui contient aussi le résultat de convergence de

[3]: ci-dessous, $\overline{Z}^{n,\theta/0}$ désigne le processus de vraisemblance partielle associé à μ^n, et le modèle limite est celui associé aux $h(\alpha)$ définis par 4.10 et 4.11 avec $\sigma_t = t\sigma_1$ (cf. 4.16).

4.24 THEOREME. <u>Sous les hypothèses précédentes, on a les conclusions du théorème 4.18</u>.

<u>Preuve</u>. Soit la fonction $\varphi_\rho(x,y) = \rho x + (1-\rho)y - x^\rho y^{1-\rho}$ sur $\mathbb{R}^2_+$, pour $\rho\in]0,1[$. D'après [9, 7.8] et 4.19, les processus de Hellinger partiels s'écrivent

4.25 $$\overline{H}^{n,\theta\zeta}(\rho)_1 = \int_{[0,1]\times E_n} \varphi_\rho(y^n_\theta, y^n_\zeta)\, ds\, F_n(dx),$$

tandis que $\Sigma^{n,0,I} = \mathbb{R}_+$ pour toute partie finie I; on a donc 4.13. On note $\hat{H}^{n,\theta\zeta}(\rho)_1$ et $\tilde{H}^{n,\theta\zeta}(\rho)_1$, repectivement, les intégrales sur $\{y^n_0>0\}$ et sur $\{y^n_0=0\}$ dans 4.25. Comme $\varphi_\rho(x,y) \leq x+y$, on déduit de 4.21 que $\tilde{H}^{n,\theta\zeta}(\rho)_1 \to 0$ en P^n_0-probabilité.

Il reste donc à montrer 4.14 et 4.15, avec $\hat{H}^{n,\theta\zeta}(\rho)_1$ au lieu de $\overline{H}^{n,\theta\zeta}(\rho)_1$. Pour 4.14, on remarque que

$$\hat{H}^{n,\theta\zeta}(\tfrac{1}{2})_1 = \frac{1}{2}\int_{[0,1]\times E_n} [\sqrt{y^n_\theta/y^n_0} - \sqrt{y^n_\zeta/y^n_0}]^2\, y^n_0\, ds\, F_n(dx).$$

Etant donnés 4.20, 4.23 et la linéarité de $\theta \to D^n_\theta$, on vérifie aisément que la quantité ci-dessus tend en P^n_0-probabilité vers $u(\theta-\zeta)/8 = \|\theta-\zeta\|^2/8$, qui vaut $H^{\theta\zeta}(\frac{1}{2})_1$ par 4.17.

Pour 4.15, on remarque que

$$\hat{H}^{n,0\theta}(\rho)_1 = \int_{[0,1]\times E_n} \varphi_\rho(1, y^n_\theta/y^n_0)\, y^n_0\, ds\, F_n(dx),$$

et que $|\varphi_\rho(1,x) - 4\rho(1-\rho)\varphi_{1/2}(1,x)| \leq K(\sqrt{x}-1)^2[\varepsilon + 1_{\{|\sqrt{x}-1|\geq\varepsilon\}}]$ pour tout $\varepsilon>0$, et pour une constante $K = K_\rho$. On a alors

4.26 $$|\hat{H}^{n,0\theta}(\rho)_1 - 4\rho(1-\rho)\hat{H}^{n,0\theta}(\tfrac{1}{2})_1|$$
$$\leq K\int_{[0,1]\times E_n} (\sqrt{y^n_\theta/y^n_0} - 1)^2[\varepsilon + 1_{\{|\sqrt{y^n_\theta/y^n_0} - 1|\geq\varepsilon\}}]y^n_0\, ds\, F_n(dx).$$

Mais on a $u^2 1_{\{|u|\geq\varepsilon\}} \leq 4(u-v)^2 + 2v^2 1_{\{|v|\geq\varepsilon/2\}}$ pour tous u,v,ε. En appliquant ceci à $u = \sqrt{y^n_\theta/y^n_0} - 1$ et à $v = D^n_\theta/2c_n$, on voit que le premier membre de 4.26 est majoré par

$$K(2\varepsilon+4)\int_{[0,1]\times E_n} (\sqrt{y^n_\theta/y^n_0} - 1 - D^n_\theta/2c_n)^2\, y^n_0\, ds\, F_n(dx)$$
$$+ \frac{K\varepsilon}{2}\int_{[0,1]\times E_n} (D^n_\theta/c_n)^2\, y^n_0\, ds\, F_n(dx)$$
$$+ \frac{K}{2}\int_{[0,1]\times E_n} (D^n_\theta/c_n)^2\, 1_{\{|D^n_\theta/c_n|>\varepsilon\}}\, y^n_0\, ds\, F_n(dx)$$

pour tout $\varepsilon>0$: on déduit alors de 4.20, 4.22 et 4.23 que le premier membre de 4.26 tend vers 0 en P_0^n-probabilité; étant donné 4.14, cela entraine 4.15, et la preuve est terminée. □

REFERENCES

[1] P.K. ANDERSEN, R.D. GILL: Cox's regression model for counting processes: a large sample study. Ann. Statist. 10, 1100-1120, 1982.

[2] K. DZHAPARIDZE: On asymptotic efficiency of the Cox estimator. In Proc. 1st World Congress Bernoulli Soc. (Yu Prokhorov, W. Sazonov, eds), Vol. 2, 59-61, Science Press: Utrecht, 1987.

[3] P.E. GREENWOOD, W. WEFELMEYER: Efficiency bounds for estimating functionals of stochastic processes. Preprint in Statistics 117, Dept. of Math., Univ. of Cologne, 1989.

[4] P.E. GREENWOOD, W.WEFELMEYER: Efficiency of estimators for partially specified filtered models. Preprint in Statistics 119, Dept. of Math., Univ. of Cologne, 1989.

[5] J.E. HUTTON, P.I. NELSON: Quasi-likelihood estimation for semimartingales. Stoch. Proc. Appl. 22, 245-257, 1986.

[6] J. JACOD, A.N. SHIRYAEV: Limit theorems for stochastic processes. Springer Verlag, Berlin, 1987.

[7] J. JACOD: Filtered statistical models and Hellinger processes. Stochastic Process. Appl. 32, 3-45, 1989.

[8] J. JACOD: Convergence of filtered statistical models and Hellinger processes. Stochastic Process. Appl. 32, 47-68, 1989.

[9] J. JACOD: Sur le processus de vraisemblance partielle. Prépubl. 11, Laboratoire de Probabilités, Univ. Paris 6, 1989.

[10] A. JAKUBOWSKI, J. MEMIN, G. PAGES: Convergence en loi des suites d'intégrales stochastiques sur l'espace D de Skorokhod. Probab. Theo. Rel. Fields, 81, 111-137, 1989.

[11] L. LECAM: Asymptotic methods in statistical decision theory. Springer Verlag, Berlin, 1986.

[12] J. MEMIN: Théorèmes limite fonctionnels pour les processus de vraisemblance (cadre asymptotiquement a-normal). Séminaire de Proba. Rennes 1985. Univ. de Rennes, 1986.

[13] M. SORENSEN: Some asymptotic properties of quasi-likelihood estimators for semimartingales. Res. Rep. 178, Aarhus, 1988.

F. Coquet: Institut de Mathématiques, Université de Rennes, Campus de Beaulieu, 35042-RENNES-Cedex.

J. Jacod: Laboratoire de Probabilités, Université P. et M. Curie, Tour 56, 4 Place Jussieu, 75252-PARIS-Cedex 05.

SUR LES LOIS A SYMETRIE ELLIPTIQUE

Dominique CELLIER , Dominique FOURDRINIER
Laboratoire Analyse et Modèles Stochastiques
(URA CNRS 1378) Université de ROUEN
B.P. 118 - 76134 MONT SAINT-AIGNAN CEDEX

0 - INTRODUCTION

L'origine de cet exposé est l'étude des estimateurs à rétrécisseur (dits de James-Stein) dans un cadre plus large que celui de la loi normale multidimensionnelle (cf. [3] et [4]). De nombreux résultats obtenus s'appuyant sur la propriété d'invariance de la loi normale par transformation orthogonale, il est naturel d'envisager la classe des lois possédant cette propriété d'invariance : les lois à symétrie elliptique.

En dimension 2, Artzner [1], fournit une caractérisation des mesures planes invariantes par rotation et la classe des lois sur la droite qui en sont les marges. En dimension supérieure, de nombreux auteurs ont abordé ce sujet : Philoche [11] montre les implications statistiques des vecteurs isotropiquement distribués, Kelker [7] et plus récemment Cambanis [2] et Eaton [6] présentent des propriétés essentielles de ces lois. On peut consulter Chmielewski [5] pour une bibliographie détaillée.

Nous rassemblons et unifions les résultats qui nous paraissent importants dans le contexte statistique du modèle linéaire. Notre préoccupation essentielle est de fournir une présentation "coordinate free" des lois à symétrie elliptique dans le cadre général d'un espace vectoriel réel de dimension finie dans lequel la propriété d'invariance par transformation orthogonale est liée à la notion de paramètre de dispersion. Kruskal [8] et [9] et Stone [12] et [13] ont largement développé les intérêts d'une telle approche en ce qui concerne la clarté, la concision et le caractère intrinsèque des résultats énoncés.

Dans toute la suite, E désigne un espace vectoriel réel de dimension finie. On munit E de la topologie engendrée par les formes linéaires sur E et de la tribu borélienne associée $\mathcal{B}(E)$, qui est aussi, puisque E est de dimension finie, la tribu engendrée par les formes linéaires.

1 - INTEGRATION SUR UN ESPACE VECTORIEL DE DIMENSION FINIE

Soient $(\Omega,\mathcal{F},\mu)$ un espace mesuré. Notons $\mathcal{M}(\Omega,\mathcal{F})$ l'espace vectoriel des applications mesurables de $(\Omega,\mathcal{F})$ dans $(E,\mathcal{B}(E))$.

I - Intégrale d'une fonction de $\mathcal{M}(\Omega,\mathcal{F})$

I.1. Définition

Soit $f \in \mathcal{M}(\Omega,\mathcal{F})$. *On dit que* f *est* μ-intégrable *si, pour tout* $t \in E^*$, *dual de* E, $t\circ f$ *appartient à* $\mathcal{L}^1(\Omega,\mathcal{F},\mu)$.

Dans ce cas, on appelle intégrale de f par rapport à μ *l'élément* $\mu(f)$ *de* E^{**} *(bidual de E) qu'on notera* $\int_\Omega f d\mu$, *ou encore* $\mathbb{E}_\mu(f)$ *si* μ *est une probabilité définie par*

$$\forall\ t\in E^* \qquad \mu(f)(t) = \mu(t\circ f)\ .$$

I.2. Remarque

E^{**} étant canoniquement isomorphe à E, on identifiera $\mu(f)$ au vecteur de E, noté de la même manière, défini par

$$\forall\ t\in E^* \qquad \mu(f)(t) = t(\mu(f))\ .$$

I.3. Définition

Soit P *une mesure de probabilité sur* $(E,\mathcal{B}(E))$. *Si* id_E *est* P-*intégrable et si on note* $m = \mathbb{E}_P[id_E]$, *on dit que* P *admet pour* moyenne m.

I.4. Cas particulier

Supposons que E soit euclidien. On note $\langle\ ,\ \rangle$ le produit scalaire et $\|\ \|$ la norme associée. E et E^* sont alors isomorphes par l'isomorphisme de E sur E^* : $u \rightsquigarrow \langle u,.\rangle$.

Dans ce cas une fonction f mesurable de $(\Omega,\mathcal{F})$ dans $(E,\mathcal{B}(E))$ est μ-intégrable si et seulement si, pour tout $u \in E$, $\langle u,f(.)\rangle$ appartient à $\mathcal{L}^1(\Omega,\mathcal{F},\mu)$.

L'intégrale de f , $\mu(f)$, est l'unique vecteur de E vérifiant

$$\forall u\in E \qquad \langle u,\mu(f)\rangle = \int_\Omega \langle u,f(\omega)\rangle\ \mu(d\omega)\ .$$

On vérifie alors que f est μ-intégrable si et seulement si f est fortement intégrable (Bochner-intégrable) c'est-à-dire que $\|f\|$ appartient à $\mathcal{L}^1(\Omega,\mathcal{F},\mu)$.

II - Fonctions caractéristiques

II.1. Définition

Soit P une probabilité sur $(E,\mathcal{B}(E))$. On appelle fonction caractéristique de P l'application φ_P de E^* dans $\mathbb{C}$ définie par

$$\forall t \in E^* \qquad \varphi_P(t) = \mathbb{E}_P(e^{it}) \ .$$

II.2. Remarque

Si P_t désigne la loi image de P par t, alors on a

$$\forall t \in E^* \qquad \varphi_P(t) = \varphi_{P_t}(1) \ .$$

Si f est une application linéaire de E dans un espace vectoriel de dimension finie F, alors on a

$$\forall s \in F^* \qquad \varphi_{P_f}(s) = \varphi_P({}^t f(s)) \ .$$

II.3. Cas particulier

Dans le cas $(E,\langle\ ,\ \rangle)$ euclidien, φ_P sera identifiée à l'application de E dans $\mathbb{C}$ définie par

$$\forall u \in E \qquad \varphi_P(u) = \mathbb{E}_P[e^{i\langle u,\cdot\rangle}] \ .$$

Dans le cas $E = \mathbb{R}^n$ muni du produit scalaire classique, on retrouve la notion usuelle de fonction caractéristique.

II.4. Proposition

Si P et Q sont deux probabilités sur $(E,\mathcal{B}(E))$ telles que $\varphi_P = \varphi_Q$ alors $P = Q$.

II.5. Corollaire

Toute probabilité P sur E est caractérisée par ses images par toutes les formes linéaires sur E.

Démonstration

C'est une conséquence triviale de la proposition II.4. et de la remarque II.2.

III - Moments d'une loi de probabilité sur $(E,\mathcal{B}(E))$.

Soit k un entier naturel non nul.

III.1. Définition

On dit qu'une probabilité P sur $(E,\mathcal{B}(E))$ est d'ordre k si

$$\forall t \in E^* \qquad t \in \mathcal{L}^k(E,\mathcal{B}(E),P)$$

Il est clair que si P est d'ordre k, P est aussi d'ordre j pour tout $j \le k$.

III.2. Proposition

Une probabilité P *sur* $(E,\mathcal{B}(E))$ *est d'ordre* k *si et seulement si pour tout* $(t_1,\cdots,t_k) \in (E^*)^k$

$$\prod_{i=1}^{k} t_i \in \mathcal{L}^1(E,\mathcal{B}(E),P) .$$

Démonstration

1 - La condition suffisante est évidente.

2 - Démontrons la condition nécessaire. Soit $(t_1,\cdots,t_k) \in (E^*)^k$. Pour tout j, $0 \le j \le k-2$, on a $\frac{k-j-1}{k-j} + \frac{1}{k-j} = 1$ et en vertu de l'inégalité de Hölder

$$\left\| \prod_{i=1}^{k-j} t_i \right\|_{k/(k-j)}$$

$$\le \left\{ \left\| \prod_{i=1}^{k-j-1} (t_i)^{k/(k-j)} \right\|_{(k-j)/(k-j-1)} \cdot \left\| (t_{k-j})^{k/(k-j)} \right\|_{k-j} \right\}^{(k-j)/k}$$

$$= \left\| \prod_{i=1}^{k-j-1} t_i \right\|_{k/(k-j-1)} \cdot \| t_{k-j} \|_k$$

On en déduit par récursivité

$$\mathbb{E}_P\left(\prod_{i=1}^{k} |t_i| \right) \le \prod_{i=1}^{k} \| t_i \|_k$$

d'où le résultat escompté .

III.3. Définition

Si une probabilité P *sur* $(E,\mathcal{B}(E))$ *est d'ordre* k, *on appelle* moment d'ordre k, la forme k-linéaire m_k sur E^*, *définie par :*

$$\forall (t_1,\cdots,t_k) \in (E^*)^k \qquad m_k(t_1,\cdots,t_k) = \mathbb{E}_P\left(\prod_{i=1}^{k} t_i \right) .$$

III.4. Variance d'une loi de probabilité sur E

III.4.1. Définition

Si une probabilité P *sur* $(E,\mathcal{B}(E))$ *admet un moment d'ordre* 2, *on appelle* variance de P *le moment d'ordre 2 de la loi centrée.*

C'est la forme bilinéaire positive sur E^*, *notée* v, *définie par*

$$\forall (t,s) \in E^* \times E^* \qquad v(t,s) = \int_E t(x-m_1)\ s(x-m_1)P(dx)$$

avec l'identification de m_1 *avec un vecteur de E faite en remarque I.2.*

On vérifie dans ce cas la formule "classique" de la variance :

$$\forall (t,s)\in E^*\times E^* \qquad v(t,s) = m_2(t,s)-[m_1(t).m_1(s)] .$$

III.4.2. Proposition

Soit P une probabilité sur $(E,\mathcal{B}(E))$. *Soit f une application linéaire de E dans F, espace vectoriel de dimension finie. Notons* P_f *la loi image de P par f sur* $(F,\mathcal{B}(F))$. *Alors*

1. *si P admet m comme moment d'ordre 1,* P_f *admet un moment d'ordre 1 égal à* $m\circ{}^t f$

2. *si P admet un moment d'ordre 2 et si v désigne la variance de P,* P_f *admet un moment d'ordre 2 et sa variance est égale à* $v({}^t f(.),{}^t f(.))$.

Démonstration

1 - Si P admet un moment d'ordre 1 alors, pour tout $s \in F^*$,

$$\mathbb{E}_{P_f}(|s|) = \mathbb{E}_P(|s\circ f|) < +\infty$$

car $s\circ f\in E^*$. Donc P_f a un moment d'ordre 1. Celui-ci est égal à $m\circ{}^t f$ puisque, pour tout $s\in F^*$,

$$m\circ{}^t f(s) = m({}^t f(s)) = \mathbb{E}_P({}^t f(s)) = \mathbb{E}_P(s\circ f) = \mathbb{E}_{P_f}(s) .$$

2 - Supposons que P admette un moment d'ordre 2. Alors, pour tout $(s,t)\in F^*\times F^*$,

$$\mathbb{E}_{P_f}(|st|) = \mathbb{E}_P(|s\circ f||t\circ f|) < +\infty .$$

P_f admet donc un moment d'ordre 2. Sa variance est égale à $v({}^t f(.),{}^t f(.))$ puisque, pour tout $(r,s)\in F^*\times F^*$,

$$\begin{aligned} m_2({}^t f(r),{}^t f(s)) &= \mathbb{E}_P({}^t f(r).{}^t f(s)) \\ &= \int_E (r\circ f)(x).(s\circ f)(x)P(dx) \\ &= \mathbb{E}_{P_f}(r.s) . \end{aligned}$$

III.5. Cas particulier d'un espace euclidien

Soit $(E,\langle\, ,\rangle)$ un espace euclidien comme dans I.4. dont on conserve les notations.

III.5.1. Proposition

Une probabilité P sur $(E,\mathcal{B}(E))$ admet un moment d'ordre k si et seulement si $\|.\|$ appartient à $\mathcal{L}^k(E,\mathcal{B}(E),P)$.

Remarque

Le moment d'ordre k de P s'identifie alors à la forme k-linéaire sur E, notée aussi m_k :

$$\forall (u_1,\cdots,u_k) \in E^k \qquad m_k(u_1,\cdots,u_k) = \mathbb{E}_P\left(\prod_{i=1}^{k} \langle u_i, .\rangle\right) .$$

III.5.2. Proposition - fonction caractéristique et moments

Si une probabilité P sur $(E,\mathcal{B}(E))$ admet un moment d'ordre k, m_k, alors sa fonction caractéristique φ_P de P est de classe C^k sur E et vérifie, pour tout $h\in E$ et tout $(t_1,\cdots,t_k)\in E^k$,

$$\varphi_P^{(k)}(h).(t_1,\cdots,t_k) = i^k\, \mathbb{E}\left[\left(\prod_{i=1}^{k}\langle t_i, .\rangle\right) e^{i\langle h,.\rangle}\right].$$

En particulier

$$\varphi_P^{(k)}(0_E) = i^k\, m_k .$$

Démonstration

1) Montrons par récurrence que φ_P est k fois dérivable sur E et vérifie la formule donnée dans la proposition.

1.i. Supposons k=1. Montrons que, pour tout $(h,t)\in E^2$, φ_P vérifie

$$\varphi_P'(h).t = i\, \mathbb{E}_P[\langle t,.\rangle\, e^{i\langle h,.\rangle}] .$$

On a, pour $\ell\in E$,

$$A(h,\ell) = \left|\varphi_P(h+\ell)-\varphi_P(h)-i\, \mathbb{E}_P[\langle \ell,.\rangle\, e^{i\langle h,.\rangle}]\right|$$

$$= \left|\mathbb{E}_P[e^{i\langle h+\ell,.\rangle} - e^{i\langle h,.\rangle} - i\langle \ell,.\rangle\, e^{i\langle h,.\rangle}]\right|$$

$$\le \mathbb{E}_P[|e^{i\langle \ell,.\rangle} - 1 - i\langle \ell,.\rangle|]$$

$$= \int_E |e^{i\langle \ell,x\rangle} - 1 - i\,\langle \ell,x\rangle|\, dP(x)$$

$$= \int_E |\langle \ell,x\rangle|\; \varepsilon(x,\ell)\; dP(x)$$

où, pour tout $x \in E$,

$$\lim_{\ell\to 0_E} \varepsilon(x,\ell) = 0 .$$

Donc

$$A(h,\ell) \le \|\ell\| \int_E \|x\|\; \varepsilon(x,\ell)\; dP(x) .$$

Or, pour tout $\alpha \in \mathbb{R}$,

$$|e^{i\alpha} - 1-i\alpha| \le 2|\alpha|$$

donc $\varepsilon(x,\ell)$ est uniformément borné par 2. La loi P admettant un moment d'ordre 1, on en déduit, en utilisant le théorème de convergence dominée de Lebesgue, que

$$\forall h \in E \qquad A(h,\ell) = o(\|\ell\|) \qquad (\ell \to 0) .$$

Donc φ_P est dérivable sur E et φ_P' vérifie la formule désirée.

1.ii. Supposons que le résultat soit vrai jusqu'à l'ordre k-1 .

Pour tout $h \in E$ et tout $(t_1,\cdots,t_k) \in E^k$, on a

$$A(h,t_1,t_2,\cdots,t_k)$$

$$= \left\| \varphi_P^{(k-1)}(h+t_1).(t_2,\cdots,t_k) - \varphi_P^{(k-1)}(h).(t_2,\cdots,t_k) - i^k \mathbb{E}_P\left[\prod_{i=1}^{k} \langle t_i,.\rangle e^{i\langle h,.\rangle}\right]\right\|$$

$$= \left\| \mathbb{E}_P\left[i^{k-1} \prod_{i=2}^{k} \langle t_i,.\rangle \, e^{i\langle h,.\rangle} \left(e^{i\langle t_1,.\rangle} - 1 - i\,\langle t_1,.\rangle\right)\right]\right\|$$

$$\leq \prod_{i=2}^{k} \|t_i\| \int_E \|x\|^{k-1} \left|e^{i\langle t_1,x\rangle} - 1 - i\,\langle t_1,x\rangle\right| dP(x)$$

$$= \prod_{i=2}^{k} \|t_i\| \int_E \|x\|^{k-1} \, |\langle t_1,x\rangle| \, \varepsilon(x,t_1) \, dP(x)$$

où, pour tout $X \in E$,

$$\lim_{t_1 \to 0_E} \varepsilon(x,t_1) = 0 .$$

Donc

$$A(h,t_1,t_2,\cdots,t_k) \leq \prod_{i=1}^{k} \|t_i\| \int_E \|x\|^k \, \varepsilon(t_1,x) \, dP(x) .$$

En conséquence, pour tout $h \in E$ et tout $t_1 \in E$, on a

$$A(h,t_1) = \sup_{\substack{\|t_i\|=1 \\ 2\leq i\leq k}} A(h,t_1,t_2,\cdots,t_k) \leq \|t_i\| \int_E \|x\|^k \, \varepsilon(x,t_1) \, dP(x) .$$

En utilisant la même méthode que dans 1.i., il vient

$$\forall h \in E \qquad A(h,t_1) = o(\|t_i\|) \qquad (t_1 \to 0) .$$

Donc φ_P est k fois dérivable sur E et vérifie la formule voulue.

2) Regardons la continuité de $\varphi_P^{(k)}$.

Pour tout $(h,\ell) \in E^2$ et $(t_1,\cdots,t_k) \in E^k$ tels que $\|t_i\|=1$ pour $1\leq i\leq k$, on

$$\left|\varphi_P^{(k)}(h+\ell).(t_1,\cdots,t_k) - \varphi_P^{(k)}(h).(t_1,\cdots,t_k)\right|$$

$$= \left\| \mathbb{E}_P\left[\left(\prod_{i=1}^{k} \langle t_i,.\rangle\right)\left(e^{i\langle h+\ell,.\rangle} - e^{i\langle h,.\rangle}\right)\right]\right\|$$

$$\leq \mathbb{E}_P \left[\left| \prod_{i=1}^{k} \langle t_i , . \rangle \right| \; | e^{i\langle h+\ell , . \rangle} - e^{i\langle h , . \rangle} | \right]$$

$$\leq \int_E \| x \|^k \; | e^{i\langle h+\ell , x \rangle} - e^{i\langle h , x \rangle} | \; dP(x) \quad .$$

Comme $| e^{i\langle h+\ell , x \rangle} - e^{i\langle h , x \rangle} |$ est inférieur ou égal à 2 et comme P admet un moment d'ordre k, le résultat en découle en appliquant le théorème de convergence dominée de Lebesgue.

2 - LOIS RADIALES

- LOIS A SYMETRIE ELLIPTIQUE

Introduction

Beaucoup de résultats en analyse statistique multidimensionnelle sont obtenus sous des hypothèses de normalité. Or il s'avère que, pour certains d'entre eux, la propriété fondamentale qui intervient dans leur démonstration est l'invariance de la loi normale par rotation (ou plus généralement par transformation orthogonale).

Philoche [11] montre que le classique test F du modèle linéaire reste valide dans le cas de lois invariantes par transformation orthogonale.

De nombreuses propriétés des lois invariantes par rotation ont été obtenues par Kelker [7] et Artzner [1], puis, plus récemment, par Cambanis [2] et Eaton [6].

Comme dans ce qui précède, nous adopterons une présentation "coordinate free" de telles lois en nous plaçant dans le cadre général d'un espace vectoriel de dimension finie.

Notations

1 - Pour tout produit scalaire w sur E, l'application $x \rightsquigarrow w(x,.)$ est un isomorphisme de E sur E^* qui induit le produit scalaire v sur E^* défini par

$$\forall (x,y) \in E \qquad v(w(x,.),w(y,.)) = w(x,y) \ .$$

De même tout produit scalaire v sur E^* induit un produit scalaire w sur E identifié à E^{**} .

Dans ces conditions, remarquons que, si $(e_1,\cdots,e_n)$ est une base de E, $\left(e_1^*,\cdots,e_n^*\right)$ sa base duale dans E^* , alors les matrices de w et de v dans ces bases respectives sont inverses l'une de l'autre. Il est ainsi naturel de noter $v = w^{-1}$ et $w = v^{-1}$.

2 - Soit H un sous-espace vectoriel de E.

Si w est un produit scalaire sur E, on note w_H la restriction de w à $H \times H$.

Si v est un produit scalaire sur E^*, on note $v_{(H)}$ le produit scalaire sur H^* défini par $v_{(H)} = v({}^t\pi,{}^t\pi)$ où π est la projection v^{-1}-orthogonale de E sur H. Il vérifie $(v_{(H)})^{-1} = (v^{-1})_H$.

3 - Dans toute la suite, si v désigne un produit scalaire sur E^*, on note $\langle\,,\rangle$ et $\|\ \|$ le produit scalaire et la norme pour la structure euclidienne définie par v^{-1} sur E.

On désigne par $B_{v,r}$ (resp. $S_{v,r}$) la boule (resp. la sphère) de centre 0_E et de rayon $r \geq 0$. En particulier on note $B_v = B_{v,1}$ et $S_v = S_{v,1}$.

I - Lois radiales - Lois à symétrie elliptique

I.1. Définition

Soit v *un produit scalaire sur* E^*. *Une mesure (resp. une probabilité) sur* E *est dite* radiale *(resp.* loi radiale*), de* paramètre de dispersion v, *si elle est invariante par toute transformation* v^{-1}*-orthogonale.*

Supposer que le paramètre de dispersion est un produit scalaire sur E^* se justifie par le fait, que nous démontrerons plus loin (cf. III.3.), que si une loi radiale admet un moment d'ordre 2 ce dernier est un paramètre de dispersion.

I.2. Définition

Une mesure (resp. une probabilité) sur E *est une mesure (resp. une loi) à* symétrie elliptique *sur* E, de paramètre de position $\lambda \in E$ *et de* paramètre de dispersion v *si elle est l'image, par la translation de vecteur* λ, *d'une mesure (resp. loi) radiale sur* E *de paramètre de dispersion* v.

I.3. Remarque

Si une mesure à symétrie elliptique sur E admet v pour paramètre de dispersion, elle admet aussi pour paramètre de dispersion αv pour tout $\alpha \in \mathbb{R}_+^*$. On verra plus loin qu'en fait le paramètre de dispersion est défini à un facteur multiplicatif près.

Etant donné le lien entre mesures radiales et mesures à symétrie elliptique, nous nous limiterons par la suite à l'étude des propriétés des mesures radiales. Celles des mesures à symétrie elliptiques s'en déduisent facilement.

I.4. Proposition

1 - *Une loi de probabilité* P *sur* E *est une loi radiale de paramètre de dispersion* v *si et seulement si sa fonction caractéristique* φ_P *factorise à travers* $\| \|^2$. *Il existe donc alors une fonction* ψ_P *de* $\mathbb{R}_+$ *dans* $\mathbb{C}$ *telle que*

$$\forall t \in E \qquad \varphi_P(t) = \psi_P(\|t\|^2) \ .$$

2 - *Dans ce cas, les lois images de* P *par toutes les formes linéaires sur* E *de norme* 1 *sont les mêmes et leur fonction caractéristique est l'application* $a \rightsquigarrow \psi_P(a^2)$.

Démonstration

1 - a) Condition nécessaire

Soient $t \in E$ et $t' \in E$ tels que $\|t\| = \|t'\|$. Il existe alors une transformation v^{-1}-orthogonale g de E, telle que $g(t') = t$. Nous pouvons écrire

$$\varphi_P(t) = \mathbb{E}_P[\exp(i\langle t, .\rangle)]$$

$$= \mathbb{E}_P[\exp(i\langle g(t'), .\rangle)]$$

$$= \mathbb{E}_P[\exp(i\langle t', g^{-1}(.)\rangle)]$$

$$= \mathbb{E}_{P_{g^{-1}}}[\exp(i\langle t', .\rangle)]$$

$$= \mathbb{E}_P[\exp(i\langle t', .\rangle)]$$

$$= \varphi_P(t') \ .$$

La condition nécessaire en découle.

b) Condition suffisante

Supposons qu'il existe ψ_P de $\mathbb{R}_+$ dans $\mathbb{C}$ telle que

$$\forall t \in E \qquad \varphi_P(t) = \psi_P(\|t\|^2) \quad .$$

Soit g une transformation v^{-1}-orthogonale. Nous avons, pour tout $t \in E$,

$$\varphi_{P_g}(t) = \varphi_P(g^{-1}(t)) = \psi_P\left(\|g^{-1}(t)\|^2\right) = \psi_P(\|t\|^2) = \varphi_P(t)$$

donc $P_g = P$ d'après II.4. chap. 1.

2 - Soit $f \in E^*$ telle que $\|f\| = 1$. On désigne par t le vecteur de E tel que $f = \langle t, .\rangle$.

Soient F le sous-espace de E engendré par t, π le projecteur v^{-1}-orthogonal de E sur F et ξ l'isomorphisme de $\mathbb{R}$ sur F ($\xi(a) = at$).

Il est clair que $f = \xi^{-1} \circ \pi$. Pour tout $s \in E$, on a

$$\varphi_{P_\pi}(s) = \varphi_P(\pi(s))$$

en vertu de la remarque II.2. du chapitre 1 et du fait que π est autoadjoint.

En particulier, pour tout $a \in \mathbb{R}_+$ et $s = at$,

$$\varphi_{P_\pi}(at) = \varphi_P(at) = \psi_P(\|at\|^2) = \psi_P(a^2) .$$

Pour tout $a \in \mathbb{R}$, on a alors

$$\begin{aligned}
\varphi_{P_f}(a) &= \mathbb{E}_{P_f}[\exp(ia.)] \\
&= \mathbb{E}_{P_\pi}[\exp(ia\xi^{-1}(.))] \\
&= \mathbb{E}_{P_\pi}[\exp(i\langle at, \xi^{-1}(.)t\rangle)] \\
&= \mathbb{E}_{P_\pi}[\exp(i\langle at, .\rangle)] \\
&= \varphi_{P_\pi}(at) \\
&= \psi_P(a^2).
\end{aligned}$$

I.5. **Proposition**

Soit P une loi de probabilité radiale sur E.

Sauf si P est la loi de Dirac en 0_E , le paramètre de dispersion de P est défini à un facteur multiplicatif près.

Démonstration

Soient v_1 et v_2 deux paramètres de dispersion de P. Notons $\| \ \|_1$ et $\| \ \|_2$ les normes associées. Il existe une base de E, $(e_1, \cdots, e_n)$, qui est à la fois v_1^{-1}-orthonormale et v_2^{-1}-orthogonale.

Soient $\lambda_1, \cdots, \lambda_n$ les coefficients diagonaux de la matrice diagonale de v_2^{-1} dans cette base (pour $1 \le i \le n$ on a $\lambda_i > 0$). Soient

$$m = \min_{1 \le k \le n} \lambda_k \text{ et i un indice tel que } \lambda_i = m$$

et

$$M = \max_{1 \le k \le n} \lambda_k \text{ et j un indice tel que } \lambda_j = M .$$

Il suffit de démontrer que si $m < M$ alors P est la mesure de Dirac en 0_E .

Nous définissons les endomorphismes f et g de E par :

$$\forall k \quad (1 \leq k \leq n,\ k \neq i,\ k \neq j) \qquad f(e_k) = g(e_k) = e_k$$

$$f(e_i) = e_j \ , \ f(e_j) = e_i \ , \quad g(e_i) = \sqrt{\frac{m}{M}}\, e_j \ \text{ et } \ g(e_j) = \sqrt{\frac{M}{m}}\, e_i \ .$$

Il est clair que f est v_1^{-1}-orthogonale et que g est v_2^{-1}-orthogonale.

Supposons m<M. Soit $t \neq 0_E$ dans E et soit x_0 le vecteur de E dont les composantes dans la base $(e_1, \cdots, e_n)$ sont $(\|t\|_1\ \delta_{kj})_{1 \leq k \leq n}$.

Nous avons $\|x_0\|_1 = \|t\|_1$. Définissons alors la suite $(x_n)_{n \in \mathbb{N}}$ de vecteurs de E par

$$\forall n \in \mathbb{N}^* \ \ x_n = g \circ f(x_{n-1})$$

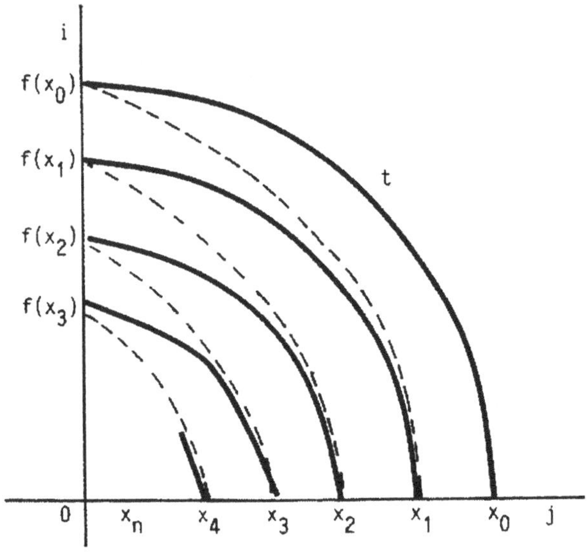

Alors, pour tout $n \in \mathbb{N}^*$,

$$x_n = \left(\frac{m}{M}\right)^{n/2} x_{n-1} = \left(\frac{m}{M}\right)^{n/2} x_0$$

et par conséquent

$$\lim_{n \to +\infty} x_n = 0_E \ .$$

En outre

$$\varphi_P(x_n) = \varphi_P(g \circ f(x_{n-1}))$$

$$= \varphi_P(f(x_{n-1}))$$

car g est v_2^{-1}-orthogonale et P est v_2-radiale.

Alors

$$\varphi_P(x_n) = \varphi_P(x_{n-1})$$

car f est v_1^{-1}-orthogonale et P est v_1-radiale.

Il en résulte que, pour tout $n \in \mathbb{N}$,

$$\varphi_P(x_n) = \varphi_P(x_0) = \varphi_P(t)$$

et donc que la suite $(\varphi_P(x_n))_{n\in\mathbb{N}}$ est constante.

Par conséquent

$$1 = \varphi_P(0_E) = \lim_{n\to+\infty} \varphi_P(x_n) = \varphi_P(t).$$

L'égalité précédente ayant lieu pour tout $t \in E$, P est la loi de Dirac en 0_E. En définitive nous avons montré que si P n'est pas la loi de Dirac en 0_E, alors $m = M$ et donc $v_2^{-1} = m\, v_1^{-1}$.

II - Exemples de mesures et de lois radiales

II.1. La mesure de Lebesgue sur E

Soit v un produit scalaire sur E^*. Soit $(e_1,\cdots,e_n)$ une base v^{-1}-orthonormale de E et ξ l'isomorphisme naturel de $\mathbb{R}^n$ dans E défini par

$$\forall (x_1,\cdots,x_n) \in \mathbb{R}^n \quad \xi(x_1,\cdots,x_n) = \sum_{i=1}^{n} x_i\, e_i\ .$$

Il est clair que ξ est une isométrie bimesurable de $\mathbb{R}^n$ sur E. On définit alors la mesure de Lebesgue sur E, notée λ_v, comme étant la mesure image par ξ de la mesure de Lebesgue sur $\mathbb{R}^n$.

L'invariance de la mesure de Lebesgue sur $\mathbb{R}^n$ par transformation orthogonale implique d'une part que λ_v est une mesure radiale sur E admettant v pour paramètre de dispersion et d'autre part que λ_v ne dépend pas de la base v^{-1}-orthonormale choisie.

On vérifie aisément que, si v_1 et v_2 sont deux produits scalaires sur E^*, alors λ_{v_1} et λ_{v_2} sont deux mesures équivalentes.

II.2. La loi normale n-dimensionnelle

On appelle *loi normale* sur E toute loi de probabilité P sur E dont l'image par toute forme linéaire sur E est une loi normale sur $\mathbb{R}$. Une telle loi P admet un moment d'ordre 1 et un moment d'ordre 2 (cf. III.1. chap. 1).

Supposons P centrée et calculons sa fonction caractéristique

$$\forall t \in E^* \quad \varphi_P(t) = \varphi_{P_t}(1)$$

$$= \exp\left(-\frac{1}{2}\int_{\mathbb{R}} x^2\, P_t(dx)\right)$$

$$= \exp\left(-\frac{1}{2}\, \mathbb{E}_P(t^2)\right)$$

$$= \exp\left(-\frac{1}{2} v(t,t)\right)$$

où v désigne la variance de P.

Si v est définie positive, alors d'après I.4., la loi P est radiale de paramètre de dispersion v. Dans le cas où P n'est pas centrée, si m désigne la moyenne, alors la loi P est une loi à symétrie elliptique notée $\mathcal{N}_E(m,v)$.

II.3. <u>La loi de Cauchy n-dimensionnelle</u>

Soit v un produit scalaire sur E^*. Une probabilité P sur E est une loi de Cauchy de paramètre v si pour toute forme linéaire t sur E, la loi image P_t est une loi de Cauchy sur $\mathbb{R}$ de paramètre d'échelle $\sqrt{v(t,t)}$.

Calculons la fonction caractéristique d'une telle loi. Pour tout $t \in E^*$

$$\varphi_P(t) = \varphi_{P_t}(1) = \exp(-\sqrt{v(t,t)})$$

Par conséquent P est loi radiale admettant v comme paramètre de dispersion. Cette loi admet pour densité relativement à la mesure de Lebesgue λ_v sur E l'application $y \rightsquigarrow \dfrac{K}{(1+\|y\|^2)^{(n+1)/2}}$ où n = dim E et K est une constante de normalisation.

II.4. <u>La loi uniforme sur une sphère n-dimensionnelle</u>

Soit v un produit scalaire sur E^* .

II.4.1. <u>Proposition</u>

Il existe sur S_v une unique loi radiale de E de paramètre de dispersion v, appelée loi uniforme sur S_v et notée $\mathcal{U}_v$.

<u>Démonstration</u>

Nous adaptons celle donnée par J.L. Philoche [11] dans le cas $E = \mathbb{R}^n$.

<u>i - Existence</u>

Soit λ_v la mesure de Lebesgue sur E associée à v. Soit N l'application de $B_v - \{0_E\}$ dans S_v définie par

$$\forall x \in B_v - \{0_E\} \qquad N(x) = \frac{1}{\|x\|}.x \ .$$

Soit $\mathcal{U}_v$ la mesure de probabilité sur E définie par

$$\forall A \in \mathcal{B}(E) \qquad \mathcal{U}_v(A) = \frac{1}{\lambda_v(B_v)} \lambda_v\left(N^{-1}(A \cap S_v)\right)$$

autrement dit $\mathcal{U}_v$ est la normalisée de la mesure image par N de la trace de λ_v sur B_v .

Montrons que $\mathcal{U}_v$ est radiale de paramètre de dispersion v.

Soit g une transformation v^{-1}-orthogonale de E. Il est clair que $N \circ g = g \circ N$. Pour tout $A \in \mathcal{B}(E)$,

$$\begin{aligned}
\mathcal{U}_v(g^{-1}(A)) &= \frac{1}{\lambda_v(B_v)} \lambda_v\left[N^{-1}\left(g^{-1}(A) \cap S_v\right)\right] \\
&= \frac{1}{\lambda_v(B_v)} \lambda_v\left[N^{-1}\left(g^{-1}(A) \cap g^{-1}(S_v)\right)\right] \\
&= \frac{1}{\lambda_v(B_v)} \lambda_v\left[N^{-1}\left(g^{-1}(A \cap S_v)\right)\right] \\
&= \frac{1}{\lambda_v(B_v)} \lambda_v\left[g^{-1}\left(N^{-1}(A \cap S_v)\right)\right] \\
&= \frac{1}{\lambda_v(B_v)} \lambda_v\left(N^{-1}(A \cap S_v)\right) \\
&= \mathcal{U}_v(A) \ .
\end{aligned}$$

Par conséquent $\mathcal{U}_v$ est radiale de paramètre de dispersion v.

<u>ii - Unicité</u>

Sa démonstration fait appel à la théorie de la mesure de Haar. Le groupe $\mathcal{O}_v$ des transformations v^{-1}-orthogonales de E est un groupe topologique compact. Il en découle qu'il existe une unique probabilité ν invariante par les translations à gauche et à droite (voir Nachbin [10]). ν est appelée la mesure de Haar de $\mathcal{O}_v$.

Soit $C(S_v)$ l'ensemble des fonctions continues sur S_v à valeurs réelles. Pour tout $f \in C(S_v)$, pour tout $g \in \mathcal{O}_v$ et tout $x \in S_v$, on définit $f_x(g)$ et $f_g(x)$ par

$$f_x(g) = f_g(x) = f(g^{-1}(x)) \ .$$

Puisque $\mathcal{O}_v$ opère transitivement sur S_v, pour tout $f \in C(S_v)$ l'intégrale $\int_{\mathcal{O}_v} f_x(g)d\nu(g)$ ne dépend pas de $x \in S_v$. On peut donc définir sur S_v une loi de probabilité Q par

$$\forall f \in C(S_v) \qquad \int_{S_v} f dQ = \int_{\mathcal{O}_v} f_x d\nu \ .$$

Soient P une loi v-radiale sur S_v et $f \in C(S_v)$. Alors

$$\int_{S_v} f(x)dP(x) = \int_{O_v} \left(\int_{S_v} f(x)dP(x) \right) d\nu(g)$$
$$= \int_{O_v} \left(\int_{S_v} f_g(x)dP(x) \right) d\nu(g)$$
$$= \int_{S_v} \left(\int_{O_v} f_x(g)d\nu(g) \right) dP(x)$$
$$= \int_{O_v} f_x(g)d\nu(g)$$
$$= \int_{S_v} fdQ \; .$$

Par conséquent P = Q ce qui établit l'unicité.

II.4.2. Définition

Soit $r \in \mathbb{R}_+$. *On appelle loi uniforme sur* $S_{v,r}$ *la loi image, par l'homothétie de rapport* r, *de la loi uniforme sur* S_v. *On la note* $\mathfrak{U}_{v,r}$.

III - Propriétés élémentaires des lois radiales

III.1. Propriété

Tout mélange de lois radiales sur E *est une loi radiale sur* E.

III.2. Propriété

Soit P *une loi radiale sur* E. *Si* P *admet un atome en* $a \in E$, *alors* $a = 0_E$.

Démonstration

Supposons $a \neq 0_E$. Considèrons la sphère $S(0_E, \|a\|)$ de centre 0_E et de rayon $\|a\|$. Pour tout $x \in S(0_E, \|a\|)$, on a $P(\{x\}) = P(\{a\}) > 0$ et ainsi $P(S(0_E, \|a\|)) = +\infty$ ce qui est absurde.

III.3. Proposition

Soit P *une loi radiale sur* E. *Si* P *est une probabilité d'ordre 2 alors* P *admet son moment d'ordre 2 pour paramètre de dispersion.*

Démonstration

Soit v un paramètre de dispersion de P. D'après la proposition I.4., il existe une fonction ψ_P de $\mathbb{R}_+$ dans $\mathbb{C}$ telle que

$$\forall t \in E \qquad \varphi_P(t) = \psi_P \circ g(t)$$

où $g(t) = \|t\|^2 = v^{-1}(t,t)$. La fonction g est différentiable sur E et vérifie, pour tout $(t,z) \in E \times E$,

$$g'(t).z = 2\, v^{-1}(t,z) \qquad \text{et} \qquad g''(t) = g'$$

et donc, pour tout $(x,y) \in E \times E$,

$$g'(0_E) = 0 \text{ et } g''(0_E).(x,y) = 2\, v^{-1}(x,y) \quad .$$

Soit m_2 le moment d'ordre 2 de P. D'après la proposition III.5.2., chap. 1, φ_P est de classe C^2 sur E et vérifie $\varphi_P''(0_E) = -\, m_2^{-1}$.

Pour tout $t \in E$, $\varphi_P''(t)$ vérifie, pour tout $(x,y) \in E \times E$,

$$\varphi_P''(t).(x,y) = \psi_P'(g(t)).(g''(t).(x,y)) + \psi_P''(g(t))(g'(t).x, g'(t).y)$$

par conséquent, pour $t = 0_E$,

$$\begin{aligned} &\varphi_P''(0_E).(x,y) \\ &\quad = \psi_P'(g(0_E)).(g''(0_E).(x,y)) + \psi_P''(g(0_E))(g'(0_E).x, g'(0_E).y) \\ &\quad = 2\, \psi_P'(0)\, v^{-1}(x,y) \quad . \end{aligned}$$

Autrement dit, pour tout $(x,y) \in E \times E$,

$$m_2^{-1}(x,y) = -2\, \psi_P'(0)\, v^{-1}(x,y) \quad .$$

En conséquence, le moment d'ordre 2 est proportionnel au paramètre de dispersion, c'est donc aussi un paramètre de dispersion de P (cf. remarque I.3).

III.4. <u>Proposition</u> . <u>Image d'une loi radiale par une application linéaire</u>

Soit P une loi radiale sur E de paramètre de dispersion v. Soit f une application linéaire surjective de E dans F.

Alors la loi image P_f de P par f est radiale sur F et admet pour paramètre de dispersion $v({}^t f(.), {}^t f(.))$.

<u>Démonstration</u>

1 - Soient H un sous-espace vectoriel de E et π la projection v^{-1}-orthogonale de E sur H.

Montrons que P_π est radiale de paramètre de dispersion $v_{(H)} = v({}^t\pi, {}^t\pi)$, autrement dit, d'après l'introduction au chapitre 2, que P_π est invariante par toute transformation $(v^{-1})_H$-orthogonale.

Soit γ une transformation $(v^{-1})_H$-orthogonale sur H. La transformation δ sur E définie par

$$\forall x \in E \qquad \delta(x) = \gamma(\pi(x)) + x - \pi(x)$$

est v^{-1}-orthogonale et admet pour réciproque δ^{-1} donnée par

$$\forall y \in E \qquad \delta^{-1}(y) = \gamma^{-1}(\pi(y)) + y - \pi(y) \quad .$$

Pour tout borélien B de $\mathcal{B}(F)$, comme $\gamma \circ \pi = \pi \circ \delta$ nous avons

$$\begin{aligned} P_\pi(\gamma^{-1}(B)) &= P((\gamma \circ \pi)^{-1}(B)) \\ &= P((\pi \circ \delta)^{-1}(B)) \\ &= P(\delta^{-1} \circ \pi^{-1}(B)) \\ &= P(\pi^{-1}(B)) \\ &= P_\pi(B) \end{aligned}$$

ce qui constitue le résultat cherché.

2 - Désignons par H le sous-espace vectoriel v^{-1}-orthogonal de Ker f et par π la projection v^{-1}-orthogonale sur H. La fonction f factorise alors à travers π : $f = g \circ \pi$ où g est un isomorphisme de H sur F. Il est alors clair que l'image par g d'une loi radiale sur H de paramètre de dispersion $v_{(H)}$ est radiale sur F de paramètre de dispersion $v_{(H)}({}^t g, {}^t g)$.

Puisque $P_f = (P_\pi)_g$, P_f est radiale de paramètre de dispersion

$$v_{(H)}({}^t g, {}^t g) = v({}^t \pi \circ {}^t g \ , \ {}^t \pi \circ \ {}^t g) = v({}^t f, {}^t f) \quad .$$

IV - Propriétés caractéristiques des lois radiales

Nous développons ici deux types de caractérisation des lois radiales.

D'une part (cf. prop. IV.1. et corol. IV.3.), toute loi radiale est présentée classiquement comme un mélange de lois uniformes sur des sphères. Dans ce cas le rayon et le vecteur normalisé sont indépendants.

D'autre part (cf. prop. IV.5.), à la suite de Eaton [6], nous caractérisons une loi radiale par la loi conditionnelle de toute forme linéaire relativement à toute autre forme linéaire orthogonale.

IV.1. Proposition

Soient P *une loi de probabilité sur* E *et* v *un produit scalaire sur* E^*.

Alors les deux conditions suivantes sont équivalentes :

i) P *est radiale de paramètre de dispersion* v

ii) P *est un mélange de lois uniformes sur les sphères de* E *de centre* O_E.

Dans ce cas une version régulière de la loi conditionnelle de P *sachant* $\| \ \| = r$ *est* $\mathcal{U}_{v,r}$.

Démonstration

i) ⇒ ii) Il existe une application ψ_P de $\mathbb{R}_+$ dans $\mathbb{C}$ telle que

$$\forall t \in E \quad \varphi_P(t) = \psi_P(\|t\|^2).$$

Soit t fixé dans E. Pour tout u de E tel que $\|u\| = 1$, nous avons

$$\varphi_P(t) = \psi_P(\|t\|^2) = \psi_P(\|t\|^2\ \|u\|^2) = \varphi_P(\|t\|u)$$

Alors

$$\varphi_P(t) = \int_{S_v} \varphi_P(\|t\|u)\ \mathcal{U}_v(du)$$

$$= \int_{S_v} \left[\int_E \exp(i\langle y, \|t\|u\rangle)\ P(dy)\right] \mathcal{U}_v(du)$$

$$= \int_E \left[\int_{S_v} \exp(i\langle \|t\|y, u\rangle)\ \mathcal{U}_v(du)\right] P(dy)$$

$$= \int_E \varphi_{\mathcal{U}_v}(\|t\|y)\ P(dy)$$

$$= \int_E \psi_{\mathcal{U}_v}(\|t\|^2\ \|y\|^2)\ P(dy)$$

$$= \int_{\mathbb{R}_+} \psi_{\mathcal{U}_v}(\|t\|^2\ r^2)\ P_{\|\ \|}(dr)$$

$$= \int_{\mathbb{R}_+} \varphi_{\mathcal{U}_v}(rt)\ P_{\|\ \|}(dr)$$

$$= \int_{\mathbb{R}_+} \varphi_{\mathcal{U}_{v,r}}(t)\ P_{\|\ \|}(dr) \quad .$$

D'où il vient, pour tout borélien $B \in \mathcal{B}(E)$,

$$P(B) = \int_{\mathbb{R}_+} \mathcal{U}_{v,r}(B)\ P_{\|\ \|}(dr)$$

ce qui termine cette partie de la démonstration.

ii) $\Rightarrow$ i) évident d'après la propriété III.1.

IV.2. Remarque

De la proposition précédente on déduit qu'une loi de probabilité sur $\mathbb{R}_+$ caractérise une loi radiale sur E comme étant la loi de son rayon.

IV.3. Corollaire

Soient P *une loi de probabilité sur* E *sans atome en* 0_E *et* v *un produit scalaire sur* E^* . *Soit* N *l'application de* $E-\{0_E\}$ *dans* E *définie par*

$$\forall x \in E-\{0_E\} \qquad N(x) = \frac{1}{\|x\|}.x \ .$$

Alors les deux conditions sont équivalentes :

i - P *est radiale de paramètre de dispersion* v.

ii - *La loi* P_N *est la loi uniforme sur la sphère* S_v *et les variables aléatoires* N *et* $\| \ \|$ *sont indépendantes.*

Démonstration

i) $\Rightarrow$ ii) Supposons que P soit v-radiale. Calculons la loi P_N de N.

Soit g une transformation v^{-1}-orthogonale de E et soit f une fonction numérique positive $\mathcal{B}(E)$-mesurable. Alors

$$\begin{aligned} \mathbb{E}_{P_N}(f\circ g) &= \mathbb{E}_P(f\circ g\circ N) \\ &= \mathbb{E}_P(f\circ N\circ g) \\ &= \mathbb{E}_P(f\circ N) \\ &= \mathbb{E}_{P_N}(f) \ . \end{aligned}$$

Donc P_N est v-radiale. Or P_N est portée par S_v par conséquent $P_N = \mathcal{U}_v$.

Calculons la loi conditionnelle de N sachant $\| \ \|$ notée $P_N^{\| \ \|}$. Pour $P_{\| \ \|}$-presque tout $r \in \mathbb{R}_+$, d'après la proposition précédente IV.1.,

$$P_N^{\| \ \|=r} = (\mathcal{U}_{v,r})_N = \mathcal{U}_v = P_N \ .$$

Par conséquent N et $\| \ \|$ sont indépendantes.

<u>ii) ⇒ i)</u> Pour tout $x \in E-\{0_E\}$, on a $x = \|x\|.N(x)$. Des hypothèses de ii) on déduit facilement que la loi conditionnelle de P sachant $\| \| = r$ est $\mathcal{U}_{v,r}$ et donc que P est v-radiale.

IV.4. <u>Remarque</u>

Du corollaire précédent on déduit qu'une loi v-radiale sur E est caractérisée par le couple $(N, \| \|)$ dès que ces deux variables sont indépendantes et que la loi de N est $\mathcal{U}_v$.

IV.5. <u>Proposition</u>

Soient P *une probabilité sur* E *et* v *un produit scalaire sur* E^*. *Alors les deux conditions suivantes sont équivalentes :*

i - P *est radiale de paramètre de dispersion* v.

ii - *Pour tout couple* (f,g) *de formes linéaires non nulles* v-*orthogonales sur* E, *la loi conditionnelle de* g *sachant* f *est symétrique sur* $\mathbb{R}$.

<u>Démonstration</u>

<u>i) ⇒ ii)</u> Soient f et g deux formes linéaires non nulles v-orthogonales sur E. Notons $H_f = (\mathrm{Ker}\ f)^{\perp}$ et $H_g = (\mathrm{Ker}\ g)^{\perp}$.

L'application linéaire (f,g) de E sur $\mathbb{R}^2$ est surjective. En effet, pour tout $(\alpha,\beta) \in \mathbb{R}^2$, il existe $x_\alpha \in H_f$ et $x_\beta \in H_g$ tels que $f(x_\alpha) = \alpha$ et $g(x_\beta) = \beta$. Comme $v(f,g) = 0$, on a $H_g \subset \mathrm{Ker}\ f$ et $H_f \subset \mathrm{Ker}\ g$ et donc

$$(f,g)(x_\alpha + x_\beta) = (\alpha,\beta).$$

D'après la proposition III.4., $P_{(f,g)}$ est radiale sur $\mathbb{R}^2$. Comme P_f et P_g sont elles-mêmes radiales sur $\mathbb{R}$ (i.e. symétriques), on en déduit facilement que la loi conditionnelle de g relativement à f est symétrique sur $\mathbb{R}$ puisque $|g|$ et sgn(g) sont indépendantes (cf. corollaire IV.3.).

<u>ii) ⇒ i)</u> La démonstration s'appuie sur le lemme suivant

IV.6. <u>Lemme</u>

Soient f et g deux formes linéaires sur E. Si la loi conditionnelle de g sachant f est symétrique sur $\mathbb{R}$, *alors pour tout couple de nombres réels (a,b) on a* $\varphi_{P_{af+bg}} = \varphi_{P_{af-bg}}$.

Démonstration du lemme

$$\forall t\in\mathbb{R} \quad \varphi_{P_{af+bg}}(t) = \mathbb{E}_P(e^{it(af+bg)})$$

$$= \mathbb{E}_P\left(\mathbb{E}_P(e^{it(af+bg)} \mid f)\right)$$

$$= \mathbb{E}_P\left(e^{itaf}\ \mathbb{E}_P(e^{itbg} \mid f)\right)$$

$$= \mathbb{E}_P\left(e^{itaf}\ \mathbb{E}_P(e^{-itbg} \mid f)\right)$$

$$= \varphi_{P_{af-bg}}(t) \ .$$

Démontrons maintenant que ii) ⇒ i)

Soit γ une transformation v^{-1}-orthogonale sur E. Pour tout $t\in E$, soient

$$f = \left\langle\frac{1}{2}\ (t+\gamma(t)),.\right\rangle \text{ et } g = \left\langle\frac{1}{2}\ (t-\gamma(t)),.\right\rangle.$$

On remarque que $v(f,g) = 0$, $f+g = \langle t,.\rangle$ et $f-g = \langle\gamma(t),.\rangle$.

En vertu de l'hypothèse ii) et du lemme IV.6. précédent, on a $\varphi_{P_{f+g}} = \varphi_{P_{f-g}}$ d'où $\varphi_{P_{f+g}}(1) = \varphi_{P_{f-g}}(1)$ et donc $\varphi_P(t) = \varphi_P(\gamma(t))$. Par conséquent P est radiale de paramètre de dispersion v.

IV.7. Proposition . Cas de lois à densité

Soient v *un produit scalaire sur* E^*, P *une probabilité sur* E *absolument continue par rapport à la mesure de Lebesgue* λ_v *sur* E. *Alors les deux conditions suivantes sont équivalentes :*

i) P *est radiale et admet* v *pour paramètre de dispersion*

ii) P *admet une densité* f_P *de la forme*

$$\forall y\in E \qquad f_P(y) = \xi_P(\|y\|^2)$$

où ξ_P *est une application mesurable de* $\mathbb{R}_+$ *dans* $\mathbb{R}_+$.

Démonstration

Soit f_P une densité de P relativement à la mesure de Lebesgue λ_v.

i) ⇒ ii) Soit g une transformation v^{-1}-orthogonale. Pour tout $A \in \mathcal{B}(E)$, on a

$$\int_A f_P\ d\lambda_v = P(A)$$

$$= P(g^{-1}(A))$$

$$= \int_{g^{-1}(A)} f_P\ d\lambda_v$$

$$= \int_A f_P\circ g^{-1}\ d(\lambda_v)_g$$

$$= \int_A f_p \circ g^{-1} \, d\lambda_v \ .$$

Il en résulte que $f_p \circ g^{-1} = f_p$ λ_v-presque sûrement. D'où le résultat.

<u>ii) ⇒ i)</u> Soit g une transformation v^{-1}-orthogonale. Pour tout $A \in \mathcal{B}(E)$, on a

$$\begin{aligned} P(g^{-1}(A)) &= \int_{g^{-1}(A)} f_p(x) \, d\lambda_v(x) \\ &= \int_{g^{-1}(A)} \xi_p(\|x\|^2) \, d\lambda_v(x) \\ &= \int_{g^{-1}(A)} \xi_p(\|g(x)\|^2) \, d\lambda_v(x) \\ &= \int_{g^{-1}(A)} (f_p \circ g)(x) \, d\lambda_v(x) \\ &= \int_A f_p(y) \, d(\lambda_v)_g(y) \\ &= \int_A f_p(y) \, d\lambda_v(y) \\ &= P(A) \end{aligned}$$

d'où le résultat.

La proposition IV.8. suivante et le théorème fondamental IV.9. mettent en évidence une propriété particulièrement précieuse des lois radiales.

IV.8. <u>Proposition</u>

Soit v un produit scalaire sur E^*. Soient H un hyperplan de E et π la projection v^{-1}-orthogonale sur H.

Pour tout $r > 0$, la loi image par π de la loi uniforme $\mathcal{U}_{v,r}$ sur la sphère $S_{v,r}$ est absolument continue par rapport à la mesure de Lebesgue $\lambda_{v_{(H)}}$ sur H.

<u>Démonstration</u>

On considère une probabilité P sur E, v-radiale et absolument continue par rapport à la mesure de Lebesgue λ_v sur E. Une telle loi existe toujours (il suffit de considérer la loi normale $\mathcal{N}_E(0_E, v)$). Alors d'après la proposition IV.7., P admet une densité f_p de la forme $f_p(x) = \xi_p(\|x\|^2)$ où ξ_p est une application mesurable de $\mathbb{R}_+$ dans $\mathbb{R}_+$.

Pour toute application numérique mesurable positive φ de H dans $\mathbb{R}_+$, on a

$$\int_H \varphi(y)\,d(\mathfrak{U}_{v,r})_\pi(y) = \int_E (\varphi\circ\pi)(x)\ \mathfrak{U}_{v,r}(dx)$$

$$= \mathbb{E}_p(\varphi\circ\pi \mid \|\ \| = r) \tag{1}$$

en vertu de IV.1.

Mais pour toute fonction mesurable ψ de $\mathbb{R}_+$ dans $\mathbb{R}_+$ on a

$$\mathbb{E}_{p_{\|\ \|}}[\psi.\mathbb{E}_p(\varphi\circ\pi) \mid \|\ \|]$$

$$= \int_E \psi(\|x\|)\ (\varphi\circ\pi)(x)\ dP(x)$$

$$= \int_E \psi(\|x\|)\ (\varphi\circ\pi)(x)\ \xi_p(\|x\|^2\ d\lambda_v(x)$$

$$= \int_{H\times H^\perp} \psi(\|y+z\|)\ \varphi(y)\ \xi_p(\|y+z\|^2)\ d\lambda_{v_{(H)}}(y)\ d\lambda_{v_{(H^\perp)}}(z)$$

$$= 2\int_K \psi(r)\ \varphi(y)\ \xi_p(r^2)\ g(y,r)\ d\lambda_{v_{(H)}}(y)\ d\lambda_{\mathbb{R}_+}(r)$$

en effectuant le changement de variable $(y,z) \rightsquigarrow (y,\|y+z\|)$ où $K = \left\{(y,r) \in H \times \mathbb{R}_+^* \ /\ \|y\| < r\right\}$; compte tenu du fait que $\dim H^\perp = 1$, le jacobien $g(y,r)$ de cette transformation vaut $r(r^2-\|y\|^2)^{-\frac{1}{2}}$.

On remarque que $\lambda_{\mathbb{R}_+}$ est équivalente à $(\lambda_v)_{\|\ \|}$ et qu'une densité de $\lambda_{\mathbb{R}_+}$ relativement à $(\lambda_v)_{\|\ \|}$ est l'application

$$k :\quad r \longrightarrow \frac{\Gamma(n/2\ +\ 1)}{n\ \pi^{n/2}}\ r^{1-n}$$

où n est la dimension de E.

Il vient alors

$$\mathbb{E}_{p_{\|\ \|}}[\psi.\mathbb{E}_p(\varphi\circ\pi) \mid \|\ \|]$$

$$= 2\int_K \psi(r)\ \varphi(y)\ \xi_p(r^2)\ g(y,r)\ k(r)\ d\lambda_{v_{(H)}}(y)\ d(\lambda_v)_{\|\ \|}(r)$$

$$= 2\int_K \psi(r)\ \varphi(y)\ g(y,r)\ k(r)\ d\lambda_{v_{(H)}}(y)\ dP_{\|\ \|}(r)$$

$$= \int_{\mathbb{R}_+^*} \psi(r)\left(2\int_{(\|y\|<r)} \varphi(y)\ g(y,r)\ k(r)\ d\lambda_{v_{(H)}}(y)\right) dP_{\|\ \|}(r).$$

On en déduit que, pour tout $r > 0$,

$$\mathbb{E}_p(\varphi\circ\pi \mid \|\ \| = r) = 2\int_H \varphi(y)\ g(y,r)\ k(r)\ \mathbb{1}_{(\|y\|<r)}(y)\ d\lambda_{v_{(H)}}(y)\ .$$

Ceci étant vrai pour toute fonction φ mesurable de H dans $\mathbb{R}_+$, en reportant l'égalité précédente dans (1), on en déduit que pour tout $r > 0$, $(\mathcal{U}_{v,r})_\pi$ est absolument continue par rapport à la mesure de Lebesgue $\lambda_{v_{(H)}}$ sur H, est portée par $B_{v_{(H)},r}$ et admet pour densité relativement à $\lambda_{v_{(H)}}$ sur cet ensemble

$$2k(r)g(.,r) = \frac{\Gamma(n/2)}{\pi^{n/2}} \cdot \frac{r^{2-n}}{(r^2-\| \;\|^2)^{1/2}} \quad .$$

IV.9. Théorème

Soient v *un produit scalaire sur* E^* *et* P *une loi radiale sur* E *de paramètre de dispersion* v*, n'admettant pas d'atome en* 0_E .

Alors la projection v^{-1}*-orthogonale de* P *sur tout sous-espace vectoriel propre* H *de* E *est absolument continue relativement à la mesure de Lebesgue* $\lambda_{v_{(H)}}$ *sur* H.

Démonstration

1) Supposons d'abord que dim H = (dim E)-1. Si π désigne la projection v^{-1}-orthogonale sur H, pour tout $r > 0$, $(\mathcal{U}_{v,r})_\pi$ est absolument continue par rapport à $\lambda_{v_{(H)}}$ et admet une densité h_r, d'après la proposition précédente.

Comme P est v-radiale, on a, d'après la proposition IV.1., pour toute fonction φ mesurable de H dans $\mathbb{R}_+$

$$\begin{aligned} \mathbb{E}_{P_\pi}(\varphi) &= \mathbb{E}_P(\varphi\circ\pi) \\ &= \int_{\mathbb{R}_+^*} \left(\int_E (\varphi\circ\pi)(x)\, d\mathcal{U}_{v,r}(x)\right) dP_{\|\;\|}(r) \\ &= \int_{\mathbb{R}_+^*} \left(\int_H \varphi(y)\, d(\mathcal{U}_{v,r})_\pi(y)\right) dP_{\|\;\|}(r) \\ &= \int_H \varphi(y) \left(\int_{\mathbb{R}_+^*} h_r(y)\, dP_{\|\;\|}(r)\right) d\lambda_{(H)}(y) \ . \end{aligned}$$

Donc P_π est absolument continue par rapport à $\lambda_{v_{(H)}}$ et admet pour densité le mélange des densités des projections des lois uniformes $y \to \int_{\mathbb{R}_+^*} h_r(y)\, dP_{\|\;\|}(r)$.

2) Dans le cas où H est un sous-espace vectoriel propre de E, la propriété se déduit facilement de 1) en se rappelant que la projection d'une loi radiale est encore radiale.

V - Cas de la normalité

V.1. Proposition

Soit v *un produit scalaire sur* E^*. *Soit* P *une loi radiale sur* E, *de paramètre de dispersion* v.

Si la projection v^{-1}*-orthogonale* π *de* P *sur un sous-espace vectoriel* H *de* E (dim H $\neq$ 0) *est une loi normale, alors* P *est une loi normale* $\mathcal{N}_E(0_E, \sigma^2 v)$.

Démonstration

Soit f une forme linéaire sur H de norme 1. Alors $f\circ\pi$ appartient à E^* et est de norme égale aussi à 1.

D'après la proposition I.4., pour tout $t \in E$, $\varphi_P(t) = \psi(\|t\|^2)$ où ψ est la fonction caractéristique de $P_{f\circ\pi} = (P_\pi)_f$.

Or par hypothèse P_π est normale, donc $P_{f\circ\pi} = (P_\pi)_f$ est normale et φ_P a la forme fonctionnelle de la fonction caractéristique de $\mathcal{N}_E(0_E, \sigma^2 v)$.

V.2. Proposition

Soient v *un produit scalaire sur* E^* *et* P *une loi* v*-radiale sur* E. *Soit* $(e_1, \cdots, e_n)$ *une base* v^{-1} *-orthonormale de* E.

Si les marges P_i *de* P *sur les sous-espaces vectoriels* E_i *engendrés par* $(e_i \;/\; 1 \le i \le n)$ *sont indépendantes, alors la loi* P *est égale à* $\mathcal{N}_E\big(0_E, \sigma^2 v)\big)$.

Démonstration

Pour $t \in E$, soit $(t_i)_{1\le i\le n}$ la suite des composantes de t dans la base $(e_1, \ldots, e_n)$. Alors, d'une part,

$$\varphi_P(t) = \prod_{i=1}^{n} \varphi_{P_i}(t_i) = \prod_{i=1}^{n} \psi_P(t_i^2)$$

en vertu de l'indépendance et, d'autre part,

$$\varphi_P(t) = \psi_P\left(\sum_{i=1}^{n} t_i^2\right) .$$

Ainsi la fonction continue ψ_P vérifie l'égalité $\psi_P(a+b) = \psi_P(a)\psi_P(b)$. Par conséquent ψ_P est une fonction exponentielle $\psi_P(s) = e^{\alpha s}$. De plus, comme ψ_P est bornée sur $\mathbb{R}_+$, nous avons $\alpha \le 0$ ce qui donne le résultat cherché.

Références .

[1] ARTZNER (Ph.). Fonctions caractéristiques et mesures planes invariantes par rotation. (1970) - Séminaire de Probabilités V - Lecture Notes in mathematics 191 pp. 1-16.

[2] CAMBANIS (S.), HUANG (S.) and SIMONS (G.). On the theory of elliptically contoured distributions. (1981) - Journal of Multivariate Analysis 11, pp.368-385.

[3] CELLIER (D.), FOURDRINIER (D.) and ROBERT (C.). Controlled shrinkage estimators (a class of estimators better than the least squares estimator, with respect to a general quadratic loss, for normal observations). (1989) - Statistics 20, 1 pp. 1-10.

[4] CELLIER (D.), FOURDRINIER (D.) and ROBERT (C.). Robust shrinkage estimators of the location parameter for elliptically symmetric distributions. (1989) - Journal of Multivariate Analysis 29, pp. 39-52.

[5] CHMIELEWSKI (M.A.). Elliptically symmetric distributions : a review and bibliography. (1981) - Internat. Statist. Rev. 49, 67-74.

[6] EATON (M.L.). A characterization of spherical distributions. (1986) - Journal of Multivariate Analysis 20, pp. 272-276.

[7] KELKER (D.). Distribution theory of spherical distributions and a location scale parameter generalization. (1970) - Sankhyā A. 32 pp. 419-430.

[8] KRUSKAL (W.). The coordinate-free approach to Gauss-Markov and its application to missing and extra observations. (1961) - Proceedings Fourth Berkeley Symp. Math. Statist. Probab., 1, pp. 435-451.

[9] KRUSKAL (W.). When are Gauss-Markov and least squares estimators the same ? A coordinate-free approach. (1968) - Ann. Math. Statist. 39, pp. 70-75.

[10] NACHBIN (L.). The Haar Integral (1965) - D. Van Nostrand Company.

[11] PHILOCHE (J.L.). Une condition de validité pour le test F. (1977) - Statistique et Analyse des Données 1, pp. 37-60.

[12] STONE (M.). A unifed approach to coordinate-free multivariate analysis. (1977) - Ann. Inst. Statist. Math. A 29, pp. 43-57.

[13] STONE (M.). Coordinate-Free Multivariate Statistics. (1987) - Clarendon Press - Oxford.

MARCHES DE BERNOULLI QUANTIQUES

Philippe Biane
C.N.R.S. U.R.A. 212 Couloir 45-55 5e étage
Université Paris 7
2, place Jussieu
75251 PARIS CEDEX 05

Introduction:

Le jeu de pile ou face (ou marche de Bernoulli) est sans doute le processus stochastique le plus simple et ses propriétés ont fait l'objet de nombreuses études (voir par exemple le livre de Feller [3]). Le but de cet article est de présenter quelques propriétés d'une généralisation non commutative de la marche aléatoire de Bernoulli, inspirée du chapitre II de Meyer [8].

Le § 1 est consacré à un bref rappel de certaines notions de probabilités quantiques, dont on trouvera un exposé détaillé dans Meyer [7], [8]. Dans les § 2 et 3 on définit les variables et les marches de Bernoulli quantiques, puis dans le § 4 on introduit le processus de spin. Après quelques rappels sur les représentations de $sl(2,\mathbb{C})$, on détermine au § 6 la loi du processus de spin puis au § 8 on étudie le conditionnement quantique. Le dernier § examine le lien entre ce qui précède et la notion de chaîne de Markov quantique, introduite par plusieurs auteurs.

Dans l'étude du jeu de pile ou face classique, les méthodes combinatoires jouent un rôle fondamental, qui sera tenu dans ce qui va suivre par l'algèbre linéaire de dimension finie (plus précisément, par la théorie des représentations de $sl(2,\mathbb{C})$).

1 Probabilités quantiques:

La base des probabilités quantiques est un espace de Hilbert complexe H.

Une variable aléatoire quantique est un opérateur auto-adjoint sur H, une famille d'opérateurs auto-adjoints sur H est un processus quantique, et si ces opérateurs commutent, ce processus est dit "classique".

Une loi quantique est un opérateur à trace, positif, de trace 1 sur H (aussi appelé "état"). Si on se donne un tel opérateur ρ, l'espérance d'une variable aléatoire quantique A est donnée par

$$E[A] = tr(\rho A)$$

Si f est une fonction Borélienne bornée sur le spectre de A, f(A) est défini par le calcul fonctionnel sur les opérateurs auto-adjoints, et l'application $f \to E[f(A)]$ définit une mesure de probabilité sur Spec(A), appelée loi de la variable quantique A dans l'état ρ.
Si on se donne une famille d'opérateurs auto-adjoints commutant deux à deux, on peut déterminer leur loi jointe en calculant $E[f_1(A_1)\ldots f_n(A_n)]$, et donc on peut déterminer la loi d'un processus classique.
Le lien avec la théorie usuelle des probabilités est obtenu de la façon suivante: si $(\Omega,\mathcal{F},P)$ est un espace probabilisé, on pose $H = L^2_{\mathbb{C}}(\Omega,\mathcal{F},P)$, et on identifie une variable aléatoire réelle X sur $(\Omega,\mathcal{F},P)$ avec l'opérateur de multiplication qu'elle définit sur H. Si on prend pour ρ l'opérateur de projection orthogonale sur 1, on retrouve la loi P.

2 Variable de Bernoulli quantique:

Une variable de Bernoulli X peut être réalisée sur l'espace de probabilité $\Omega = \{+1,-1\}$, avec la probabilité $P(\{+1\}) = p$, $P(\{-1\}) = q = 1-p$ par

$$X:\ \Omega \to \mathbb{R}$$
$$X(+1) = 1,\ X(-1) = -1.$$

L'espace $L^2(\Omega,P)$ est isomorphe à $\mathbb{C}^2$ avec sa structure de Hilbert usuelle, en identifiant (1,0) avec $(4p)^{-1/2}(1+X)$ et (0,1) avec $(4q)^{-1/2}(1-X)$ et l'algèbre $L^\infty(\Omega,P)$, opérant sur L^2 par multiplication s'identifie avec la sous-algèbre de $M_2(\mathbb{C})$ formée des matrices diagonales (en effet, cette algèbre est engendrée par 1 -i.e. la fonction constante égale à 1- et X qui opèrent sur $\mathbb{C}^2$ par
$\begin{pmatrix} 1 & 0 \\ 0 & 1 \end{pmatrix}$ et $\begin{pmatrix} 1 & 0 \\ 0 & -1 \end{pmatrix}$).
Une généralisation non-commutative naturelle de cette situation consiste à remplacer cette algèbre par l'algèbre -plus grosse- $M_2(\mathbb{C})$. On appellera donc $M_2(\mathbb{C})$ l'algèbre des variables de Bernoulli quantiques.
Nous allons faire quelques remarques élémentaires sur les variables aléatoires quantiques (i.e. les éléments auto-adjoints) de $M_2(\mathbb{C})$.
Le sous espace (réel) de $M_2(\mathbb{C})$ formé des éléments auto-adjoints est engendré par les quatre matrices, linéairement indépendantes:

$$I,\ \sigma_x = \begin{pmatrix} 1 & 0 \\ 0 & -1 \end{pmatrix},\ \sigma_y = \begin{pmatrix} 0 & 1 \\ 1 & 0 \end{pmatrix},\ \sigma_z = \begin{pmatrix} 0 & -i \\ i & 0 \end{pmatrix}$$

($\sigma_x,\sigma_y,\sigma_z$ sont les matrices de Pauli), que nous noterons 1, X, Y, Z.

Toute combinaison linéaire à coefficients réels $\alpha X + \beta Y + \gamma Z$ est un opérateur auto-adjoint, et donc d'après les principes généraux des probabilités quantiques, définit une variable aléatoire classique, qui peut prendre les deux valeurs $(\alpha^2+\beta^2+\gamma^2)^{1/2}$ et $-(\alpha^2+\beta^2+\gamma^2)^{1/2}$ (ce sont les deux valeurs propres de l'opérateur). La situation est donc très différente du cas où X,Y,Z sont des variables de Bernoulli qui commutent.

D'autre part, les opérateurs X,Y,Z vérifient les relations de commutation :

$$[X,Y] = 2iZ$$

ainsi que celles déduites d'une permutation circulaire de X,Y,Z.

Si l'on effectue une transformation unitaire U de $\mathbb{C}^2$, X,Y,Z, sont transformés en $UXU^{-1}, UYU^{-1}, UZU^{-1}$, mais les relations de commutation ne changent pas:

$$[UXU^{-1}, UYU^{-1}] = 2iUZU^{-1}$$

Une autre façon d'exprimer ceci consiste à dire que l'action de SO(3) sur l'espace vectoriel euclidien engendré par X,Y,Z, laisse invariantes les relations de commutation. (On utilise la projection $U(2)\to SO(3)$).

Nous venons de voir quel était l'analogue quantique d'une variable de Bernoulli , il faut maintenant choisir un état sur $M_2(\mathbb{C})$ qui généralise la loi de Bernoulli sur Ω.

L'état le plus général est donné par la matrice:

$$\rho = \begin{pmatrix} \alpha & \bar{z} \\ z & 1-\alpha \end{pmatrix}$$

avec $0\leq\alpha\leq 1$, $|z|^2\leq \alpha(1-\alpha)$.

Quitte à conjuguer par un élément de U(2), ce qui ne change pas les relations de commutations de X,Y,Z, on peut toujours supposer que

$$\rho = \begin{pmatrix} p & 0 \\ 0 & 1-p \end{pmatrix}$$

avec $0<p\leq 1$.

Dans cet état, X suit la loi de Bernoulli de paramètre p et Y et Z suivent la loi de Bernoulli symétrique.

Deux valeurs de p sont remarquables:

a) $p = 1/2$

Dans ce cas $\rho = 1/2 I$ et pour chaque (α,β,γ) tel que $\alpha^2+\beta^2+\gamma^2= 1$, $\alpha X+\beta Y+\gamma Z$ suit une loi de Bernoulli symétrique, cet état est donc un analogue discret de la loi de Gauss centrée sur $\mathbb{R}^3$, que l'on appellera "état totalement symétrique".

b) $p = 1$

ρ est alors le projecteur orthogonal sur le vecteur (1,0) et sera appelé "état vide" (cette terminologie étant justifiée par l'analogie avec l'espace de Fock cf Meyer [7],[8])

3 Marche de Bernoulli quantique:

Nous allons maintenant ajouter plusieurs "variables de Bernoulli quantiques" indépendantes, et pour cela nous formons le produit tensoriel d'algèbres $M_2(\mathbb{C})^{\otimes\nu}$ (où $\nu \in \mathbb{N}$), qui agit de façon usuelle sur l'espace de Hilbert $(\mathbb{C}^2)^{\otimes\nu}$.

Considérons les éléments de $M_2(\mathbb{C})^{\otimes\nu}$ x_k, y_k, z_k, définis par:

$x_k = I\otimes\ldots\otimes I\otimes\sigma_x\otimes I\otimes\ldots\otimes I \qquad y_k = I\otimes\ldots\otimes I\otimes\sigma_y\otimes I\otimes\ldots\otimes I \qquad z_k = I\otimes\ldots\otimes I\otimes\sigma_z\otimes I\otimes\ldots\otimes I$

où chaque σ apparait à la k^e place.

Ces opérateurs agissent sur $(\mathbb{C}^2)^{\otimes\nu}$ de façon auto-adjointe et vérifient les relations de commutation:

$$[x_k,x_j] = [x_k,y_j] = 0 \text{ pour tout couple } k \neq j$$
$$[x_k,y_k] = 2i\, z_k,$$

ainsi que toutes celles qui s'en déduisent par permutation circulaire.

Chaque triplet x_k,y_k,z_k est donc un triplet de variables de Bernoulli Quantiques.

On pose

$$X_k = \sum_{i\leq k} x_i \ , \quad Y_k = \sum_{i\leq k} y_i \ , \quad Z_k = \sum_{i\leq k} z_i$$

pour $k\geq 1$,

$$X_0 = Y_0 = Z_0 = 0.$$

Ces opérateurs auto-adjoints vérifient les relations de commutation:

$$[X_k,Y_l] = 2iZ_{k\wedge l}$$

ainsi que celles s'en déduisant par permutation de X, Y, Z.

De plus, les opérateurs X_k (resp. Y_k, Z_k),($0\leq k\leq\nu$) commutent et définissent donc un processus classique.

Si l'on considère l'état $\rho^{\otimes\nu}$sur $(M_2(\mathbb{C}))^{\otimes\nu}$, chacun des (Y_k), (Z_k) $(0\leq k\leq\nu)$ suit la loi d'un jeu de pile ou face symétrique, alors que (X_k) est un jeu de pile ou face biaisé (si $p\neq 1/2$).

4 Le processus de spin:

L'invariance des relations de commutation par rotation, remarquée plus haut, suggère l'introduction d' un nouveau processus lié à la marche de Bernoulli quantique.

Définition: Le processus de spin S est défini par:

$$S_k^2 = (X_k^2 + Y_k^2 + Z_k^2 + I)$$

pour tout $k\leq\nu$.

On vérifie facilement que S_k^2 est un opérateur auto-adjoint positif et donc cette formule définit bien S_k comme opérateur auto-adjoint positif.

Proposition 1:

$$[S_k,X_k] = [S_k,Y_k] = [S_k,Z_k] = 0.$$

preuve: il suffit de voir que $[S_k^2, X_k] = 0$, ce qui résulte d'un calcul facile.

Proposition 2:
pour tout couple (k, l) on a:

$$[S_k, S_l] = 0.$$

preuve: d'après la proposition 1, S_k commute avec X_k, Y_k, Z_k, et les x_l, y_l, z_l pour $l \geq k+1$, or $(S_{k+1}^2 - S_k^2) = 2(x_{k+1}X_k + y_{k+1}Y_k + z_{k+1}Z_k)$, et donc S_k commute avec S_{k+1} et, en continuant ainsi, avec S_{k+2}, etc...

Comme les variables S_k commutent, S définit un processus stochastique classique, dont on va déterminer la loi.
Les relations de commutation vérifiées par la marche de Bernoulli (X_k, Y_k, Z_k) montrent que pour chaque k, les opérateurs X_k, Y_k, Z_k déterminent une représentation de l'algèbre de Lie $sl(2,\mathbb{C})$. Je vais donc commencer par faire quelques rappels sur les représentations de $sl(2,\mathbb{C})$. Une référence pour ces résultats est, par exemple, Naimark et Stern [9].

5 Représentations de sl(2,C):
Toute représentation de dimension finie de $sl(2,\mathbb{C})$ se décompose en somme directe de sous représentations irréductibles.
L'algèbre de Lie $sl(2,\mathbb{C})$ admet une unique (à isomorphisme près) représentation irréductible de dimension $2j+1$ pour chaque demi-entier $j \geq 0$, notée $\mathcal{D}_j$ (j est le "spin" de la représentation).
En particulier, les matrices de Pauli engendrent une algèbre de Lie complexe isomorphe à $sl(2,\mathbb{C})$ et leur action sur $\mathbb{C}^2$ définit la représentation $\mathcal{D}_{1/2}$, tandis que $\mathcal{D}_0$ est la représentation nulle.
On en déduit que, pour chaque k, les opérateurs x_k, y_k, z_k, définissent sur $(\mathbb{C}^2)^{\otimes\nu}$ la représentation suivante de $sl(2,\mathbb{C})$:

$$\mathcal{D}_0{}^2 \otimes \ldots \otimes \mathcal{D}_0{}^2 \otimes \mathcal{D}_{1/2} \otimes \mathcal{D}_0{}^2 \otimes \ldots \otimes \mathcal{D}_0{}^2$$

où $\mathcal{D}_{1/2}$ apparait à la k^{e}place, et $\mathcal{D}_0{}^2 = \mathcal{D}_0 \oplus \mathcal{D}_0$.
De même, les opérateurs X_k, Y_k, Z_k, engendrent une algèbre de Lie isomorphe à $sl(2,\mathbb{C})$ et définissent sur $(\mathbb{C}^2)^{\otimes\nu}$ la représentation

$$\mathcal{D}_{1/2} \otimes \ldots \otimes \mathcal{D}_{1/2} \otimes \mathcal{D}_0{}^2 \otimes \ldots \otimes \mathcal{D}_0{}^2$$

où $\mathcal{D}_{1/2}$ apparait dans les k premiers termes.
Pour chacune de ces représentations, on a vu que l'opérateur $(X_k^2 + Y_k^2 + Z_k^2)$ commute avec la représentation de $sl(2,\mathbb{C})$ définie par X_k, Y_k, et Z_k, et donc agit sur chaque composante irréductible de cette représentation par la multiplication par un scalaire. (Cet opérateur porte le nom d'opérateur de Casimir de la représentation).

Voici une description ,de la représentation $\mathcal{D}_j$, en posant n = 2j-1 (cf [9]). Il existe une base e_{-n}, e_{-n+2}, $e_{-n+4}, \dots, e_n$, dans laquelle l'action des opérateurs $\mathcal{D}_j(\sigma_x)$, $\mathcal{D}_j(\sigma_y)$, $\mathcal{D}_j(\sigma_z)$, est donnée par les formules:

i) $\mathcal{D}_j(\sigma_x)(e_{n-2k}) = (n-2k)\ e_{n-2k}$,

ii) $\mathcal{D}_j(\sigma_y)(e_{n-2k}) = (n-k)\ e_{n-2k-2} + k\ e_{n-2k+2}$

iii) $\mathcal{D}_j(\sigma_z)(e_{n-2k}) = i((n-k)\ e_{n-2k-2} - k\ e_{n-2k+2})$

Ces formules montrent que l'opérateur de Casimir

$$\mathcal{D}_j(\sigma_x)^2 + \mathcal{D}_j(\sigma_y)^2 + \mathcal{D}_j(\sigma_x)^2$$

de la représentation $\mathcal{D}_j$ est égal à $4j(j+1)I$. On en déduit que S_k agit par multiplication par 2j+1 sur chaque composante de type $\mathcal{D}_j$ dans la décomposition en composantes irréductibles de la représentation $(\mathcal{D}_{1/2})^{\otimes k}$.
On voit donc qu'il est important de savoir comment se décompose un produit tensoriel de représentations irréductibles de $sl(2,\mathbb{C})$.
La réponse à ce problème est donnée par les "formules de Clebsch-Gordon":

$$\mathcal{D}_j \otimes \mathcal{D}_{j'} = \mathcal{D}_{|j-j'|} \oplus \mathcal{D}_{|j-j'|+1} \oplus \dots \oplus \mathcal{D}_{j+j'}.$$

En particulier, si j' = 1/2 on a

$\mathcal{D}_j \otimes \mathcal{D}_{1/2} = \mathcal{D}_{j-1/2} \oplus \mathcal{D}_{j+1/2}$ si $j \geq 1/2$ et $\mathcal{D}_0 \otimes \mathcal{D}_{1/2} = \mathcal{D}_{1/2}$.

6 Loi du processus S:

Les considérations du §5 vont nous permettre de déterminer la loi du processus S dans l'état $\rho^{\otimes \nu}$ pour $p<1$. On note $q = 1-p$.

Théorème 1:
La loi du processus $(S_n)_{0 \leq \nu}$ dans l'état $\rho^{\otimes \nu}$ est celle d'une chaine de Markov sur $\mathbb{N}^*$ issue de 1 de probabilités de transition :

$$P(x,\ x-1) = \frac{1}{2}\,\frac{x-1}{x}\ ,\quad P(x,\ x+1) = \frac{1}{2}\,\frac{x+1}{x}.$$

si p = 1/2

$$P(x,\ x-1) = pq\,\frac{p^{x-1}-q^{x-1}}{p^x-q^x}\ ,\quad P(x,\ x+1) = \frac{p^{x+1}-q^{x+1}}{p^x-q^x}$$

sinon.

Avant de montrer comment on déduit ce résultat du §5, je vais faire quelques commentaires de nature probabiliste.
Soit X_t un mouvement Brownien réel avec drift α, issu de 0, on note $T_0 = 0$, $T_{k+1} = \inf \{\ t \geq T_k\ /\ |X_t - X_{T_k}| = 1\ \}$ les instants successifs de passage de X aux points entiers, alors X_{T_k} est une marche aléatoire de Bernoulli, de paramètre $p = (1+e^{-2\alpha})^{-1}$.
Soient maintenant Y_t et Z_t deux mouvement Browniens indépendants de X,

issus de 0. Le processus $S_t = (1+X_t^2+Y_t^2+Z_t^2)^{1/2}$ est un processus de Markov sur $\mathbb{R}_+$ de générateur infinitésimal: $\frac{1}{2}\frac{d^2}{dx^2} + \alpha\coth\alpha x \frac{d}{dx}$. Ce processus peut également s'obtenir en conditionnant le mouvement Brownien avec drift X à ne pas passer par 0 (plus précisément, si $\alpha>0$, c'est le u-processus, au sens de Doob, de X construit à l'aide de la fonction excessive $1-e^{-2\alpha x}$ sur $\mathbb{R}^+$).

Si l'on note T_k les instants successifs de passage du processus S aux points entiers, alors le processus S_{T_k} est une chaîne de Markov sur $\mathbb{N}^*$ ayant les probabilités de transition du Théorème 1, avec $p = (1+e^{-2\alpha})^{-1}$.

De plus, la chaîne de Markov du théorème 1 peut également s'obtenir comme u-processus de la marche de Bernoulli de paramètre p.

Dans le cas de l'état totalement symétrique on peut faire quelques remarques supplémentaires:

On sait bien que le jeu de pile ou face symétrique peut être renormalisé pour converger en loi vers le mouvement Brownien, en posant

$$X_t^{(n)} = n^{-1/2}X_{[nt]}$$

($[x]$ = partie entière de x) où X_k est une marche de Bernoulli symétrique. Dans le cas que nous regardons nous avons trois marches de Bernoulli symétriques qui ne commutent pas, mais si on les renormalise les relations de commutation deviennent

$$[X_t^{(n)}, Y_t^{(n)}] = 2i\, n^{-1/2}\, Z_t^{(n)}$$

et donc, dans l'état totalement symétrique, les mouvements Browniens obtenus à la limite,commutent.(Nous n'essaierons pas de rendre rigoureux ce raisonnement heuristique).

On peut donc s'attendre à ce que le processus renormalisé

$$n^{-1/2}S_{[nt]}$$

converge en loi vers la norme d'un mouvement Brownien de dimension 3. Or il est bien connu que le processus de Markov ayant les probabilités de transition données par le théorème , quand il est renormalisé est une approximation du processus de Bessel de dimension 3, (ce processus a été utilisé pour démontrer des propriétés du processus de Bessel de dimension 3 cf Pitman [10], et Le Gall [5], par exemple).

Toutes ces propriétés "miraculeuses" mettent en relief la symétrie dont jouit la marche aléatoire de Bernoulli quantique.

7 Preuve du théorème 1:

Tout d'abord, remarquons que $\rho = (pq)^{1/2}(p/q)^{1/2\ \sigma_x}$ et donc, $\rho^{\otimes\nu} = (pq)^{\nu/2}(p/q)^{1/2\ X_\nu}$ et en particulier, cet opérateur commute avec

$S_0, S_1, \ldots, S_\nu$.
On va utiliser de façon essentielle le

Lemme 1:
Tout sous espace propre commun à S_1, $S_2, \ldots, S_k$, maximal, est de la forme: $E_k \otimes (\mathbb{C}^2)^{\otimes(\nu-k)}$ où E_k est un sous espace de $(\mathbb{C}^2)^{\otimes k}$ sur lequel l'algèbre de Lie engendrée par X_k, Y_k, Z_k agit par la représentation $\mathcal{D}_j \otimes (\mathcal{D}_0{}^2)^{\otimes(\nu-k)}$, où $2j+1$ est la valeur propre de S_k.

preuve:
Cette propriété est vraie pour k=1, supposons la vérifiée pour k-1, et soit $E_{k-1} \otimes (\mathbb{C}^2)^{\otimes(\nu-k+1)}$ un sous espace propre commun à S_1, $S_2, \ldots, S_{k-1}$, tel que la valeur propre de S_{k-1} soit $2j+1$, alors l'algèbre de Lie engendrée par X_k, Y_k, Z_k, agit sur ce sous espace au moyen de la représentation $\mathcal{D}_j \otimes \mathcal{D}_{1/2} \otimes (\mathcal{D}_0{}^2)^{\otimes(\nu-k)}$ et donc, d'après la formule de Clebsch-Gordon, il existe deux sous espaces supplémentaires E_k^+ et E_k^- de $E_{k-1} \otimes \mathbb{C}^2$ tels que l'algèbre de Lie engendrée par X_k, Y_k, Z_k, agisse sur $E_k^+ \otimes (\mathbb{C}^2)^{\otimes(\nu-k)}$ par la représentation $\mathcal{D}_{j+1/2} \otimes (\mathcal{D}_0{}^2)^{\otimes(\nu-k)}$ et sur $E_k^- \otimes (\mathbb{C}^2)^{\otimes(\nu-k)}$ par la représentation $\mathcal{D}_{j-1/2} \otimes (\mathcal{D}_0{}^2)^{\otimes(\nu-k)}$ (sauf si $j = 0$, auquel cas $E_{k-1} \otimes (\mathbb{C}^2)^{\otimes(\nu-k+1)}$ est espace propre de S_k).

Ceci montre le lemme, et on voit de plus, que si $2j+1$ est valeur propre de S_{k-1} sur un certain sous espace, alors les seules valeurs propres possibles de S_k sur ce sous espace sont $2j$ et $2j+2$, (sauf si $j=0$, auquel cas seul 1 est valeur propre de S_k sur ce sous-espace).

Il est facile maintenant de terminer la preuve du théorème. Soit $(j_1, \ldots, j_\nu)$ une suite de demi-entiers tels que $j_1 = 1/2$, et $|j_k - j_{k-1}| = 1/2$ pour tout $k \geq 2$, alors le sous espace propre commun à S_1, $S_2, \ldots, S_\nu$ sur lequel ces opérateurs ont pour valeurs propres respectives $2j_k+1$ est de dimension $2j_\nu+1$ et $\mathbb{P}[S_1 = 2j_1+1, \ldots, S_\nu = 2j_\nu+1]$ est égal à la trace de la restriction de $\rho^{\otimes\nu}$ à ce sous espace. Or, d'après l'égalité $\rho^{\otimes\nu} = (pq)^{\nu/2}(p/q)^{1/2X_\nu}$ et la formule i) du §5, on voit que cette trace vaut:

$$(pq)^{\nu/2}((p/q)^{j_\nu} + (p/q)^{j_\nu-1} + \ldots + (p/q)^{-j_\nu})$$

$$= (pq)^{\nu/2}(p/q)^{-j_\nu} \frac{(p/q)^{2j_\nu+1}-1}{(p/q)-1}$$

$$= (pq)^{\nu/2-j_\nu} \frac{p^{2j_\nu+1}-q^{2j_\nu+1}}{p-q}$$ et le théorème 1 s'en déduit facilement.

Pour déterminer la loi du processus S dans l'état vide, on va décrire plus précisément le sous espace de $(\mathbb{C}^2)^{\otimes\nu}$ sur lequel X_ν, Y_ν, Z_ν opèrent par la représentation $\mathcal{D}_{\nu/2}$.
Rappelons que le groupe symétrique $\mathfrak{S}_\nu$ opère de façon naturelle sur $(\mathbb{C}^2)^{\otimes\nu}$, et que les éléments invariants par cette action sont appelés éléments symétriques. De plus, X_ν, Y_ν, Z_ν (et donc S_ν) commutent avec l'action de $\mathfrak{S}_\nu$.

Lemme 4: le sous-espace de $(\mathbb{C}^2)^{\otimes\nu}$ formé des éléments symétriques est stable par X_ν, Y_ν, Z_ν qui opèrent dessus par la représentation $\mathcal{D}_{\nu/2}$.

preuve: C'est un résultat classique de théorie des représentations, en fait on peut montrer que le sous espace propre de S_ν correspondant à la valeur propre $\nu+1-2k$ est la somme des sous espaces obtenus au moyen des projecteurs de Young associés au tableau d'Young à 2 lignes de longueurs $\nu-k$ et k (cf[9]).

Théorème 2:
Dans l'état vide, pour tout $k\leq\nu$, $S_k = k+1$ p.s.

preuve: l'état vide est le projecteur orthogonal sur le vecteur symétrique $(e\otimes\ldots\otimes e)$, on voit donc que dans cet état, $S_\nu = \nu+1$ p.s. et le résultat suit, puisque pour chaque k, S_k ne peut prendre que la valeur maximale.

8 Conditionnement quantique:
La notion de projecteur orthogonal correspond en probabilités quantiques à celle d'évènement en probabilités classiques. On a alors, par extension du cas classique, la notion suivante de conditionnement par un "évènement quantique" (i.e. un projecteur orthogonal).

Définition: (cf Meyer [8]) Soient Π un évènement quantique (i.e.un projecteur orthogonal) et ω un état tel que $Tr(\Pi\omega\Pi) \neq 0$, l'état $\frac{\Pi\omega\Pi}{Tr(\Pi\omega\Pi)}$ s'appelle conditionnement quantique de ω par l'évènement quantique Π.

On va utiliser cette notion pour explorer la dépendance des différents processus quantiques introduits plus haut.
Examinons tout d'abord le conditionnement par la trajectoire de (X_k):
Soit $(l_k) = l_1,\ldots,l_\nu$ une trajectoire du processus (X_k).
On notera $\rho^{\otimes\nu}(./(X_k) = (l_k))$ l'état obtenu par conditionnement quantique de l'état $\rho^{\otimes\nu}$ (pour $p\neq1$) par le projecteur orthogonal sur le sous espace propre commun aux (X_k) correspondant aux valeurs propres (l_k) (on

supposera ce sous-espace non trivial, c'est à dire que $|l_{k+1}-l_k| = 1$ pour tout $k\le\nu-1$).

Théorème 3:
Dans l'état $\rho^{\otimes\nu}(./(X_k) = (l_k))$, chacun des processus (Y_k) et (Z_k) est une marche de Bernoulli symétrique.

preuve:
Montrons le pour Y.
On va calculer $\rho^{\otimes\nu}(e^{i\Sigma\lambda_j y_j}/(X_k) = (l_k))$, et pour cela on remarque que le sous-espace propre considéré est engendré par le vecteur $e_{\varepsilon_1}\otimes\ldots\otimes e_{\varepsilon_\nu}$ où $e_1 = (1,0)$, $e_{-1} = (0,1)$ et $\varepsilon_1 = l_1$, $\varepsilon_2 = l_2-l_1,\ldots,\varepsilon_\nu = l_\nu-l_{\nu-1}$.
La matrice $e^{i\lambda\sigma_y}$ est égale à $\begin{pmatrix}\cos\lambda & i\sin\lambda\\ i\sin\lambda & \cos\lambda\end{pmatrix}$ on a donc, $\langle e^{i\Sigma\lambda_j y_j}(e_{\varepsilon_1}\otimes\ldots\otimes e_{\varepsilon_\nu}),(e_{\varepsilon_1}\otimes\ldots\otimes e_{\varepsilon_\nu})\rangle = \cos\lambda_1\ldots\cos\lambda_\nu$, ce qui prouve le théorème pour Y, le résultat pour Z s'obtient de façon semblable.

Le théorème 3 exprime donc une propriété d'indépendance des composantes de la marche de Bernoulli quantique, qui rappelle celle des composantes d'un mouvement Brownien (avec drift) dans $\mathbb{R}^3$.

Nous allons maintenant conditionner par la valeur de S_ν.

Théorème 4:
Dans l'état $\rho^{\otimes\nu}(./\ S_\nu = \nu+1-2l\ )$, la loi du processus (X_k) est décrite de la façon suivante:
X_ν prend ses valeurs dans l'ensemble $\{\nu-2l,\ \nu-2l-2,\ldots,\ -\nu+2l\}$,
$P(X_\nu= \nu-2l-2k) = (p/q)^{\nu/2-l-k}(pq)^{-\nu/2}\dfrac{p-q}{p^{\nu+1}-q^{\nu+1}}$ et conditionnellement à $X_\nu = \nu-2m$, (X_k) a la loi d'un pont de Bernoulli, c'est à dire la loi d'une marche de Bernoulli symétrique conditionnée à valoir $\nu-2m$ à l'instant ν.

preuve:
Comme les variables quantiques X_ν et S_ν commutent, la loi du couple (X_ν,S_ν) est bien définie, ainsi que le conditionnement par l'évènement quantique $(X_\nu = \nu-2m,\ S_\nu = \nu+1-2l)$
Calculons en premier lieu la loi conditionnelle de X_ν sachant que $S_\nu= \nu-2l+1$
On sait que le sous espace propre de S_ν de valeur propre $\nu+1-2l$ est une somme

de représentations irréductibles de $sl(2,\mathbb{C})$, de même dimension $\nu+1-2l$, et alors, d'après la formule i) du §5, dans une telle représentation, X_ν a un sous espace propre de dimension 1 pour chaque valeur propre dans l'ensemble $\{\nu-2l, \nu-2l+2, \ldots, -\nu+2l\}$.
En utilisant l'expression $\rho^{\otimes\nu} = (pq)^{\nu/2}(p/q)^{1/2X_\nu}$, on obtient bien la loi conditionnelle de X_ν sachant S_ν.
On a vu que les opérateurs X_ν et S_ν commutent avec l'action des permutations de $\mathfrak{S}_\nu$ sur $(\mathbb{C}^2)^{\otimes\nu}$, donc le projecteur orthogonal ξ correspondant à l'évènement quantique $(X_\nu = \nu-2m,\ S_\nu = \nu+1-2l)$ commute également. Soit $(\varepsilon_1,\ldots,\varepsilon_\nu)$ une suite de ±1 telle que $\Sigma\varepsilon_j = \nu-2m$, et π le projecteur correspondant à l'évènement $(x_1,\ldots,x_\nu) = (\varepsilon_1,\ldots,\varepsilon_\nu)$, alors,
$\rho^{\otimes\nu}((x_1,\ldots,x_\nu) = (\varepsilon_1,\ldots,\varepsilon_\nu)/X_\nu = \nu-2m,\ S_\nu = \nu+1-2l) = \dfrac{\mathrm{Tr}(\xi\pi)}{\mathrm{Tr}(\xi)}$,
mais $\mathrm{Tr}(\xi\pi) = \mathrm{Tr}(\sigma\xi\pi\sigma^{-1}) = \mathrm{Tr}(\xi\sigma\pi\sigma^{-1})$, et $\sigma\pi\sigma^{-1}$ est le projecteur orthogonal correspondant à l'évènement $(x_{\sigma(1)},\ldots,x_{\sigma(\nu)}) = (\varepsilon_1,\ldots,\varepsilon_\nu)$, donc, dans l'état $\rho^{\otimes\nu}(./X_\nu = \nu-2m,\ S_\nu = \nu+1-2l)$ toutes les trajectoires de (X_k) partant de 0 et arrivant à $\nu-2m$ ont la même probabilité, ce qui prouve le théorème.

Remarquons qu'ici encore, dans l'état totalement symétrique, l'analogie avec le Brownien de dimension trois est frappante, car si (B^1,B^2,B^3) est un tel mouvement Brownien, conditionnellement à $|B_t| = r$, B_t^1 suit une loi uniforme sur $[-r,r]$, et $(B_s^1; s\le t)$ est un pont Brownien indépendant de $|B_t|$ conditionnellement à B_t^1.

Pour terminer ce paragraphe, donnons encore un exemple intéressant: le conditionnement du processus S par la valeur de X_ν.

Théorème 5:
Dans l'état $\rho^{\otimes\nu}(./\ X_\nu = k)$ le processus $(S_k)_{0\le k\le\nu}$ suit la loi d'une marche de Bernoulli symétrique conditionnée à ne pas passer en 0 et à être $\ge |k|+1$ à l'instant ν.

preuve:
On a vu que les opérateurs $S_1,\ldots,S_\nu$ et X_ν commutent, donc le calcul de la loi de S conditionnellement à X_ν est un problème de probabilités classiques. D'après le lemme 1 pour toute suite $(j_1,\ldots,j_\nu)$ de demi-entiers ≥ 0 tels que $j_1 = 1/2$, $|j_k - j_{k-1}| = 1/2$ et $2j_\nu \ge |k|$ on a
$\mathbb{P}[S_1 = 2j_1+1,\ldots,\ S_\nu = 2j_\nu+1,\ X_\nu = k] = (pq)^{\nu/2}(p/q)^{k/2}$
On en déduit en particulier que toutes les trajectoires "possibles" du processus S ont la même probabilité conditionnellement à $X_\nu = k$, ce qui démontre le théorème.

9 La marche de Bernoulli quantique comme chaîne de Markov non-commutative sur l'algèbre du groupe SU(2):

Nous allons voir comment interprèter la marche de Bernoulli quantique comme exemple de chaîne de Markov non-commutative, une notion introduite par Accardi, Frigerio et Lewis [1]. En fait nous allons reprendre la discussion figurant au début de Lindsay, Parthasarathy [6].

Tout d'abord on va donner une version algébrique de la notion de variable aléatoire.

Supposons donnés deux espaces mesurables $(E,\mathcal{E})$ et $(\Omega,\mathcal{F})$. A toute variable aléatoire X de Ω dans E correspond un morphisme de *-algèbres unitaires de $\mathcal{B}(E)$ dans $\mathcal{B}(\Omega)$ (algèbres des fonctions complexes, mesurables, bornées) donné par:

$$\mathcal{B}(E) \to \mathcal{B}(\Omega)$$
$$f \to f\circ X$$

Un "analogue quantique" de variable aléatoire, à valeurs dans un espace non-commutatif est donc la donnée d'un morphisme de *-algèbres unitaires (non nécessairement commutatives).

Tout opérateur auto-adjoint A sur un espace de Hilbert H définit un morphisme $L^{\infty}(\mathrm{Spec}A) \to \mathcal{B}(H)$

$$f \to f(A)$$

et donc cette notion étend celle de variable aléatoire quantique utilisée jusque là.

L'analogue d'un processus stochastique à temps discret est donc une famille (j_n) de morphismes de *-algèbres unitaires $\mathcal{A} \to \mathcal{W}$.

Si $\mathcal{A}$ est une algèbre commutative, et si les $(j_n(f),\ f\in\mathcal{A},\ n\in\mathbb{N})$ commutent, alors on obtient un processus classique.

Nous allons maintenant examiner la notion de chaîne de Markov quantique, en décrivant tout d'abord une construction particulière de chaîne de Markov classique sur un espace d'états E.

On se donne un noyau de transition Q sur l'espace d'états E, un ensemble N de transformations Boréliennes de E, et une loi de Probabilité P sur N, telle que

$$P(f\in N/f(x)\in A) = Q(x,A)$$

pour tout $x\in E$, A Borélien de E.

Soit $\Omega = E\times N^{\mathbb{N}}$ et $\rho = \lambda\otimes P^{\otimes\mathbb{N}}$ où λ est une probabilité sur E.

La suite de variables aléatoires sur Ω définie par:

$$X_0(x,\ u_1,\dots) = x$$
$$X_1(x,\ u_1,\dots) = u_1(x)$$
$$X_2(x,\ u_1,\dots) = u_2\circ u_1(x)$$

$$\ldots$$
$$X_n(x, u_1, \ldots) = u_n \circ \ldots \circ u_1(x)$$
$$\ldots$$

est une chaîne de Markov sur E, de loi initiale λ et de noyau de transition Q.
Traduisons cette constuction en terme de morphismes de *-algèbres:
Soit B_n l'algèbre des fonctions Boréliennes bornées sur $E\times N\times\ldots\times N$ où N apparait n fois, on définit la suite de morphismes j_n de $\mathcal{B}(E)$ dans $B_n \subset \mathcal{B}(\Omega)$ par

$$j_0\phi = \phi$$
$$j_n\phi(x, u_1, \ldots, u_n) = \phi(u_n \circ u_{n-1} \circ \ldots \circ u_1(x)).$$

Alors le quadruplet $(\mathcal{B}(\Omega), (B_n), (j_n), \rho)$ est une chaîne de Markov au sens de Accardi, Frigerio et Lewis [1].
On a alors la formule:

$$E[j_0(\phi_0)j_1(\phi_1)\ldots j_n(\phi_n)] = E[\phi_0(X_0)\phi_1(X_1)\ldots\phi_n(X_n)] =$$
$$\int\phi_0 Q(\phi_1(Q\ldots Q\phi_{n-1}(Q\phi_n))\ldots)(x)\ \lambda(dx)$$

Par analogie, on définit une chaîne de Markov quantique par la donnée d'une *-algèbre $\mathcal{A}$ qui joue le rôle d'espace d'état, d'une *-algèbre $\mathcal{N}$ munie d'un état ω qui joue le rôle du "bruit", et d'un morphisme $j : \mathcal{A} \to \mathcal{A}\otimes\mathcal{N}$ de *-algèbres unitaires.
On définit alors une suite j_n de morphismes de $\mathcal{A}$ dans $\mathcal{A}\otimes\mathcal{N}^{\otimes n}$ par:

$$j_0 = \mathrm{Id},\ j_1 = j,\ j_{n+1} = (j_n\otimes I)\circ j.$$

On peut identifier $\mathcal{A}\otimes\mathcal{N}^{\otimes n}$ à une sous algèbre de $\mathcal{A}\otimes\mathcal{N}^{\otimes\mathbb{N}}$ par $x \to x\otimes I\otimes\ldots\otimes I\otimes\ldots$, et on munit cette dernière algèbre de l'état $\rho = \lambda\otimes\omega^{\otimes\mathbb{N}}$, où λ est un état sur $\mathcal{A}$, dit état initial. Les morphismes j_n peuvent être alors considérés comme étant à valeurs dans $\mathcal{A}\otimes\mathcal{N}^{\otimes\mathbb{N}}$.
$(\mathcal{A}, (B_n), (j_n), \rho)$ est une chaîne de Markov quantique au sens de Accardi, Frigerio et Lewis [1], de loi initiale λ.
Le générateur de la chaîne est donné par

$$Q = (I\otimes\omega)\circ j : \mathcal{A} \to \mathcal{A}$$

On voit que la donnée de $(\mathcal{A}, \mathcal{N}, j, \omega)$ suffit à déterminer la chaîne de Markov.
D'autre part, la formule

$$E[j_0(\phi_0)j_1(\phi_1)\ldots j_n(\phi_n)] = \lambda(\phi_0 Q(\phi_1(Q\ldots Q\phi_{n-1}(Q\phi_n))\ldots)$$

est toujours valable, mais si on change l'ordre des termes, $j_0(\phi_0)$, $j_1(\phi_1), \ldots, j_n(\phi_n)$, on obtient en général un résultat différent.

Nous allons voir comment on peut, à partir d'une chaîne de Markov quantique, fabriquer des processus classiques.

Lemme 3:
Si $\mathcal{L}$ est une sous algèbre abélienne de $\mathcal{A}$ telle que $j: \mathcal{L} \to \mathcal{L}\otimes\mathcal{N}$, alors le processus j, restreint à $\mathcal{L}$ est une chaîne de Markov sur $\mathcal{L}$, de générateur $(I\otimes\omega)\circ j$.
preuve: évident.

Lemme 5:
Soit $\mathcal{C}$ le centre de $\mathcal{A}$, alors, les $(j_n(f),\ f\in\mathcal{C},\ n\in\mathbb{N})$ commutent, et donc la restriction des j_n à $\mathcal{C}$ est un processus classique; si de plus $(I\otimes\omega)\circ j : \mathcal{C} \to \mathcal{C}$, alors cette restriction est une chaîne de Markov classique sur $\mathcal{C}$ de générateur $(I\otimes\omega)\circ j$.

preuve:
Etendons les opérateurs j_n de la manière suivante; on pose
$J_n = j_n\otimes\theta_n : \mathcal{A}\otimes\mathcal{N}^{\otimes\mathbb{N}} \to \mathcal{A}\otimes\mathcal{N}^{\otimes\mathbb{N}}$ où $\theta_n : \mathcal{N}^{\otimes\mathbb{N}} \to \mathcal{N}^{\otimes[n,\infty[}$ est le shift d'ordre n.
On a, si $a\in\mathcal{A}$, $J_n(a\otimes I) = j_n(a)$ et de plus, $J_n = (J_1)^n$.
On en déduit que pour tous a, b $\in\mathcal{C}$, $m\le n$,
$J_n(a\otimes I)J_m(b\otimes I) = J_m(J_{n-m}(a\otimes I))J_m(b\otimes I) = J_m(J_{n-m}(a\otimes I)b\otimes I) =$
$J_m(b\otimes I J_{n-m}(a\otimes I)) = J_m(b\otimes I)J_n(a\otimes I)$, ce qui prouve la première assertion.
La deuxième découle de la formule donnant l'espérance de
$j_0(\phi_0)j_1(\phi_1)\ldots j_n(\phi_n)$.

Soit G un groupe compact. A chaque représentation unitaire de dimension finie de G, on va associer une marche aléatoire sur le dual de G, qui est un "espace non-commutatif". Plus précisément, soit $\mathcal{U}$ l'algèbre de von Neumann du groupe G, c'est à dire la sous algèbre fortement fermée de $\mathcal{B}(L^2(G))$ engendrée par les opérateurs de translation à gauche

$$\tau_g :\ f \to f(g^{-1}.)$$

(cf Dixmier [2]), $\mathcal{U}$ joue le rôle d'"espace L^∞ non-commutatif" sur le dual de G.
Soient ψ une représentation unitaire de G dans un espace de dimension finie E et $\mathcal{N}$ l'algèbre engendrée par les $\psi(g)$, $g\in G$. On définit un morphisme $j: \mathcal{U} \to \mathcal{U}\otimes\mathcal{N}$ par:

$$j(\tau_g) = \tau_g\otimes\psi(g).$$

D'après ce qui précède, on peut à l'aide de ce morphisme j construire une chaîne de Markov quantique sur $\mathcal{U}$, en se donnant des états λ et ω sur $\mathcal{U}$ et $\mathcal{N}$, c'est à dire, des opérateurs à trace positifs de trace 1 sur $L^2(G)$ et E.
Prenons G=U(1), alors, il n'est pas difficile de voir que l'algèbre $\mathcal{U}$ s'identifie avec $l^\infty(\mathbb{Z})$. Si on choisit pour ψ la représentation de dimension

$2 : e^{i\theta} \to \begin{bmatrix} e^{i\theta} & 0 \\ 0 & e^{-i\theta} \end{bmatrix}$ et pour ω l'état $\begin{bmatrix} p & 0 \\ 0 & q \end{bmatrix}$, on retrouve alors la marche de Bernoulli classique sur $\mathbb{Z}$ de paramètre p.

Plus généralement, si on prend pour G un tore de dimension n, en choisissant convenablement ψ et sur ω, on peut construire de la sorte toutes les marches aléatoires sur $\mathbb{Z}^n$ dont la loi des accroissements est à support fini.

La marche de Bernoulli quantique que nous avons introduite au début de cet article s'obtient en prenant $G = SU(2)$, $\psi = \mathcal{D}_{1/2}$, et $\omega = \rho$. En effet, chacun des éléments $i\sigma_x, i\sigma_y, i\sigma_z$, de su(2) engendre un sous groupe de SU(2) isomorphe à U(1), et d'après le lemme 3 la restriction à ce sous groupe de la chaîne de Markov quantique (j_n) est une marche de Bernoulli classique, correspondant à la marche de Bernoulli (X_n) (resp. Y_n, Z_n).

Si on applique le lemme 4, avec pour ρ l'état symétrique, on voit que la restriction de (j_n) au centre de l'algèbre $\mathcal{U}$ définit une chaîne de Markov classique ; en effet, il suffit de vérifier que le générateur Q: $\mathcal{C} \to \mathcal{C}$, mais $Q = (I\otimes\omega)\circ j$ et donc $Q(\tau_g) = 1/2tr(\psi(g))\,\tau_g$. Cela implique que $Q(\tau_h\tau_g\tau_h^{-1}) = \tau_h Q(\tau_g)\tau_h^{-1}$ et par continuité que $Q(\tau_h u\tau_h^{-1}) = \tau_h Q(u)\tau_h^{-1}$ pour tout u dans $\mathcal{U}$. En particulier, si $u\in\mathcal{C}$, $Q(u)\in\mathcal{C}$.

On va voir que la chaîne de Markov classique ainsi construite n'est autre que le processus de spin du §4. D'après Dixmier [2], le centre $\mathcal{C}$ de l'algèbre $\mathcal{U}$ est engendré par les projections orthogonales Π_σ, $\sigma\in\Delta$ où Δ est l'ensemble des classes d'équivalences des représentations irréductibles de G, et Π_σ est le projecteur orthogonal dans $L^2(G)$ sur le sous espace des coefficients matriciels de la représentation σ. De plus, Π_σ est également l'opérateur de convolution par $d_\sigma\chi_\sigma$ où d_σ et χ_σ sont la dimension et le caractère de la représentation σ.

L'algèbre $\mathcal{C}$ s'identifie donc à $l^\infty(\Delta)$ et d'après le §5, Δ s'identifie à $\mathbb{N}^*$ en associant à chaque représentation sa dimension.

L'algèbre M(G) des mesures complexes bornées sur G agissant par convolution sur $L^2(G)$ est une sous algèbre de $\mathcal{U}$ (cf [2]), et on peut décrire l'image par Q d'un élément de M(G):

<u>**Lemme 5**</u>:

Si $\mu\in M(G)$, $Q(\mu)$ est la mesure $1/2\chi_{\mathcal{D}_{1/2}}(g)\mu(dg)$

<u>preuve</u>:

Cette formule est vraie pour les μ qui sont des combinaisons linéaires finies de masses de Dirac, on en déduit le résultat pour des μ quelconques.

On voit donc que , $Q(\Pi_\sigma)$ est l'opérateur de convolution par $\sigma/2\ \chi_\sigma\chi_{\mathcal{D}_{1/2}}$

(on a identifié la représentation σ à sa dimension), or

$$\chi_\sigma \chi_{\mathcal{D}_{1/2}} = \chi_{\sigma+1} + \chi_{\sigma-1}$$

(c'est encore la formule de Clebsch-Gordon), donc

$$Q(\Pi_\sigma) = 1/2\left(\frac{\sigma}{\sigma+1}\Pi_{\sigma+1} + \frac{\sigma}{\sigma-1}\Pi_{\sigma-1}\right)$$

et la chaîne de Markov a bien le noyau de transition du théorème 1.

Remarque finale: Le fait que les formules de Clebsch-Gordon fournissent les probabilités de transition du "Bessel 3 discret" avait été remarqué par Guivarc'h, Keane et Roynette [4]. Le fait que (S_k) apparaisse comme norme d'un processus de dimension 3 éclaire les résultats de [4], en particulier, la construction que l'on vient de faire montre que les "marches aléatoires sur le dual de SU(2) considérées dans [4] s'obtiennent par restriction au centre à partir des marches aléatoires quantiques construites au §9.

Réferences:

[1] L.Accardi, A.Frigerio, J.T.Lewis: Quantum stochastic processes.
Publ. R.I.M.S. Kyoto Univ. 18 p97-133 (1982).

[2] J.Dixmier: Les C^*-algèbres et leurs représentations.
Gauthier-Villars, 1964.

[3] W.Feller: An introduction to Probability theory and its applications
Vol I *Wiley 1966.*

[4] Y.Guivarc'h, M.Keane, B.Roynette: Marches aléatoires
Lect. Notes in Math. Springer 624 (1977).

[5] J.F.Le Gall: Une approche élémentaire des théorèmes de décomposition de Williams. *Séminaire de probabilités XX Lect. Notes in Math. Springer 1204 p447-464 (1984/85).*

[6] J.M.Lindsay, K.R.Parthasarathy: The passage from random walk to diffusion in quantum probability II.
Preprint Indian Stat. Inst. New Delhi.

[7] P.A.Meyer: Eléments de Probabilités quantiques.
Séminaire de Probabilités XX, Lect. Notes in Math. Springer 1204 p186-312 (1984/85)

[8] P.A.Meyer: Quantum Probabilities.
Preprint Laboratoire de Probabilités, Université Paris 6, (1989).

[9] M.Naimark, A.Stern: Théorie des représentations des groupes.
Editions Mir, Moscou .

[10] J.W.Pitman: One dimensional Brownian Motion and the three-dimensional Bessel process.
Adv. Appl. Probab. 7, p511-526 (1975).

A Generalised Biane Process

K. R. Parthasarathy

Indian Statistical Institute, 7 S. J. S. Sansanwal Marg, New Delhi 110 016

Using the methods of quantum probability in a toy Fock space as outlined in [2] and the theory of finite dimensional representations of the 3-dimensional simple Lie algebra $sl(2, \mathbb{C})$ Ph. Biane [1] constructed a quantum Markov chain in discrete time and derived a classical Markov chain which is the discrete time quantum analogue of a classical Bessel process. Here exploiting the Peter-Weyl theory of representations of compact groups we extend Biane's construction to an arbitrary compact group G and derive a classical Markov chain whose state space is the space $\Gamma(G)$ of all characters of irreducible representations of G.

Let G be a compact second countable topological group and let $g \to L_g$ denote its left regular representation in the complex Hilbert space $L_2(G)$ of all square integrable functions on G with respect to its normalised Haar measure. Let $\mathcal{W}(G)$ denote the W^* algebra generated by the family $\{L_g, g \in G\}$ and let $\mathcal{Z}(G)$ be its centre. Denote by $\Gamma(G)$ the countable set of all characters of irreducible unitary representations of G. For any χ let U^χ be an irreducible unitary representation of G with character χ and dimension $d(\chi)$. If $\chi_1, \chi_2 \in \Gamma(G)$ the tensor product $U^{\chi_1} \otimes U^{\chi_2}$ decomposes into a direct sum of irreducible representations. We shall denote by $m(\chi_1, \chi_2; \chi)$ the multiplicity with which the type U^χ appears in such a decomposition of $U^{\chi_1} \otimes U^{\chi_2}$. Define

$$p^\chi_{\chi_1, \chi_2} = \frac{m(\chi, \chi_1; \chi_2)\, d(\chi_2)}{d(\chi)\, d(\chi_1)} \; . \tag{1}$$

Then

$$\sum_{\chi_2 \in G} p^\chi_{\chi_1, \chi_2} = 1 \qquad \text{for each} \;\; \chi, \chi_1 \in \Gamma(G) \; .$$

In other words, for every fixed $\chi \in \Gamma(G)$ the matrix $P^\chi = ((p^\chi_{\chi_1, \chi_2}))$ is a stochastic matrix over the state space $\Gamma(G)$. In each row of P^χ all but a finite number of entries are 0 and each entry is rational. Inspired by Biane's construction in [1] we shall now combine the Peter-Weyl theorem and the methods of quantum probability in order to realise explicitly a Markov chain with transition probability matrix P^χ in the state space $\Gamma(G)$.

As a special case consider $G = SU_2$. Let χ_n denote the character of the "unique" irreducible unitary representation of G of dimension n. By (1) and

Clebsch-Gordon formula

$$p_{\chi_i,\chi_j}^{\chi_2} = \begin{cases} \dfrac{i-1}{2i} & \text{if } j = i-1, \\ \dfrac{i+1}{2i} & \text{if } j = i+1, \\ 0 & \text{otherwise}. \end{cases}$$

This is the case covered by Biane [1].

To realise our goal we recall that by Peter-Weyl theorem $L_2(G)$ admits the Plancherel decomposition:

$$L_2(G) = \oplus_{\chi \in \Gamma(G)} \mathcal{H}_\chi$$

where $\dim \mathcal{H}_\chi = d(\chi)^2$, L_g leaves each $\mathcal{H}_\chi$ invariant and $L_g|_{\mathcal{H}_\chi}$ is a direct sum of $d(\chi)$ copies of the representation U^χ. If π_χ denotes the orthogonal projection onto the component $\mathcal{H}_\chi$ then

$$\pi_\chi = d(\chi)^{-1} \int_G \chi(g) L_g \, dg \tag{2}$$

thanks to Schur orthogonality relations. Furthermore the abelian W^* algebra $\mathcal{Z}(G)$ is generated by the family $\{\pi_\chi, \chi \in \Gamma(G)\}$.

Fix $\chi_0 \in \Gamma(G)$. Let U^{χ_0} act in the Hilbert space $\mathcal{H}$. Denote by ρ the density matrix $d(\chi_0)^{-1} I$ in $\mathcal{H}$. Fix a positive integer N and consider the Hilbert space $\mathcal{H}^{\otimes N} = \mathcal{H} \otimes \cdots \otimes \mathcal{H}$ where the tensor product is taken N-fold. Denote by $\mathcal{B}_{n]}$ the W^* algebra generated by all operators of the form $X_1 \otimes \cdots \otimes X_n \otimes I \otimes \cdots \otimes I$ where X_i are bounded operators in $\mathcal{H}$. Then $\mathcal{B}_{1]} \subset \mathcal{B}_{2]} \subset \cdots \subset \mathcal{B}_{N]} = \mathcal{B}$ yields a finite filtration in $\mathcal{B}$ with conditional expectation maps $E_{n]} : \mathcal{B} \to \mathcal{B}_{n]}$, $1 \le n \le N$, defined by

$$E_{n]} X_1 \otimes \cdots \otimes X_N = \Big(\prod_{i=n+1}^{N} \operatorname{tr} \rho X_i \Big) X_1 \otimes \cdots \otimes X_n \otimes I \otimes \cdots \otimes I$$

for all $X_i \in \mathcal{B}(\mathcal{H})$ and linear extension. Thanks to Peter-Weyl theorem there exists a unique identity preserving and continuous * homomorphism $j_n : \mathcal{W}(G) \to \mathcal{B}_{n]}$ satisfying

$$j_n(L_g) = U_g^{\chi_0} \otimes \cdots \otimes U_g^{\chi_0} \otimes I \otimes \cdots \otimes I \quad \text{for all} \quad g \in G \tag{3}$$

where $U_g^{\chi_0}$ appears n-fold and I, $(N-n)$-fold. Then

$$E_{n-1]}\, j_n(L_g) = j_{n-1}(d(\chi_0)^{-1} \chi_0(g) L_g) \quad \text{for all} \quad g \in G\,. \tag{4}$$

Thus there exists a completely positive map $T : \mathcal{W}(G) \to \mathcal{W}(G)$ satisfying

$$E_{n-1]}\, j_n(X) = j_{n-1}(T(X)), \qquad X \in \mathcal{W}(G), \tag{5}$$

$$T(L_g) = d(\chi_0)^{-1} \chi_0(g) L_g \quad \text{for all} \quad g \in G\,. \tag{6}$$

From (2) and Schur orthogonality relations it now follows that

$$
\begin{aligned}
T(\pi_\chi) &= [d(\chi_0)d(\chi)]^{-1}\int \chi_0(g)\chi(g)L_g\,dg \\
&= \sum_{\chi'\in\Gamma(G)} [d(\chi_0)d(\chi)]^{-1}d(\chi')\,m(\chi_0,\chi;\chi')\,\pi_{\chi'} \\
&= \sum_{\chi'\in\Gamma(G)} p^{\chi_0}_{\chi,\chi'}\,\pi_{\chi'}\ .
\end{aligned}
\tag{7}
$$

We now establish the following lemma.

Lemma 1. *For any $m < n$, $Z \in \mathcal{Z}(G)$, $X \in \mathcal{W}(G)$*

$$[j_m(Z), j_n(X)] = 0\ . \tag{8}$$

In particular, the family $\{j_m(Z),\ m = 1,2,\ldots,N,\ Z \in \mathcal{Z}(G)\}$ is commutative.

Proof. We have for any $g, h \in G$,

$$
\begin{aligned}
[j_m(L_g), j_n(L_h)] &= [\underbrace{U_g^{\chi_0}\otimes\cdots\otimes U_g^{\chi_0}}_{m\text{-fold}}\otimes I\otimes\cdots\otimes I, \underbrace{U_h^{\chi_0}\otimes\cdots\otimes U_h^{\chi_0}}_{n\text{-fold}}\otimes I\otimes\cdots\otimes I] \\
&= j_m([L_g, L_h])\underbrace{I\otimes\cdots\otimes I}_{m\text{-fold}}\otimes\underbrace{U_h^{\chi_0}\otimes\cdots\otimes U_h^{\chi_0}}_{(n-m)\text{-fold}}\otimes\underbrace{I\otimes\cdots\otimes I}_{(N-n)\text{-fold}}\ .
\end{aligned}
$$

Since Z can be approximated by linear combinations of $L_g, g \in G$, it follows that $[j_m(Z), j_n(L_h)] = 0$. Since X can be approximated by linear combinations of L_h we have (8). The second part is immediate.

From (3), (5) - (7) and Lemma 1 we have the following theorem.

Theorem 2. *For any fixed $\chi_0 \in \Gamma(G)$ let the W^* homomorphisms $j_n : \mathcal{W}(G) \to \mathcal{B}$, $1 \le n \le N$, be defined by (3). In the state $\rho^{\otimes N}$, where $\rho = d(\chi_0)^{-1}I$, the sequence $\{j_n, 1 \le n \le N\}$ is a quantum Markov chain in the sense of Accardi--Frigerio-Lewis with transition operator $T : \mathcal{W}(G) \to \mathcal{W}(G)$ satisfying $T(L_g) = d(\chi_0)^{-1}\chi_0(g)L_g$ for all $g \in G$. T leaves the centre $\mathcal{Z}(G)$ of $\mathcal{W}(G)$ invariant. The family $\{j_n(Z), Z \in \mathcal{Z}(G), 1 \le n \le N\}$ is commutative. In the state $\rho^{\otimes N}$ the sequence $\{j_n|_{\mathcal{Z}(G)}, 1 \le n \le N\}$ is a classical Markov chain with state space $\Gamma(G)$ and transition probability matrix $P^{\chi_0} = ((p^{\chi_0}_{\chi,\chi'}))$, $\chi, \chi' \in \Gamma(G)$, defined by (1).*

Remark. We can replace the W^* algebra $\mathcal{W}(G)$ by the * unital algebra $\mathcal{U}(G)$ of left invariant differential operators on G if G is a compact connected Lie group. In such a case $\mathcal{Z}(G)$ can be replaced by the centre $z(G)$ of $\mathcal{U}(G)$. If we choose this infinitesimal description, put $G = SU_2$ and choose χ_0 as the character of the unique 2-dimensional irreducible unitary representation of G, then we obtain Biane's example in [1].

References

[1] Ph. Biane: Marches de Bernoulli quantiques, Université de Paris VII, preprint, 1989.

[2] P. A. Meyer: Eléments de probabilités quantiques, Séminaire de Probabilités XX, LNM Springer 1204, pp. 186–312, 1986.

This article was processed using the LaTeX macro package with ICM style

Illustration of the Quantum Central Limit Theorem by Independent Addition of Spins

Wilhelm von Waldenfels

Institut für Angewandte Mathematik
University of Heidelberg
Im Neuenheimer Feld 294
D-6900 Heidelberg
Federal Republic of Germany

Coin tossing is one of the basic examples of classical probability. The distribution of the number of heads in N successive tosses can be calculated explicitely. It is given by the binomial distribution which converges to the normal distribution for $N \to \infty$. This is the content of the theorem of de Moivre-Laplace, which can be proved by using Stirling's formula. There are more powerful central limit theorems and more elegant proofs, but nevertheless the theorem of de Moivre-Laplace provides an easy access to the central limit theorem where the convergence can be seen nearly by looking with the naked eye.

One of the easiest non-trivial examples of quantum probability is provided by independent addition of spins. The limit distribution is a non-commutative gaussian state. This has been proven by many previous papers e.g. [1], [2], [3]. The object of this paper is to calculate the distribution explicitely for finite N and to indicate how for large N the limit distribution is obtained. The central limit theorem will not be proven but only the asymptotic behaviour will be discussed.

Let us at first state the quantum central theorem in this context. We consider the spin matrices

(1)
$$\sigma_1 = \frac{1}{2}\begin{pmatrix} 0 & 1 \\ 1 & 0 \end{pmatrix}, \quad \sigma_2 = \frac{1}{2}\begin{pmatrix} 0 & i \\ -i & 0 \end{pmatrix}, \quad \sigma_3 = \frac{1}{2}\begin{pmatrix} -1 & 0 \\ 0 & 1 \end{pmatrix}$$

and their linear combinations

(2)
$$\sigma_+ = \sigma_1 + i\sigma_2 = \begin{pmatrix} 0 & 0 \\ 1 & 0 \end{pmatrix}, \quad \sigma_- = \sigma_1 - i\sigma_2 = \begin{pmatrix} 0 & 1 \\ 0 & 0 \end{pmatrix}.$$

The table of multiplication is given by

(3)

	σ_1	σ_2	σ_3
σ_1	$\frac{1}{4}$	$\frac{i}{2}\sigma_3$	$-\frac{i}{2}\sigma_2$
σ_2	$\frac{i}{2}\sigma_3$	$\frac{1}{4}$	$\frac{i}{2}\sigma_1$
σ_3	$-\frac{i}{2}\sigma_2$	$\frac{i}{2}\sigma_1$	$\frac{1}{4}$

A state ω on the algebra M_2 of complex 2×2-matrices is given by a density matrix ρ which we assume to be given in the form

(4) $$\rho = \begin{pmatrix} \rho_1 & 0 \\ 0 & \rho_2 \end{pmatrix} = \begin{pmatrix} 1/2+z & 0 \\ 0 & 1/2-z \end{pmatrix}$$

$$0 \le \rho_i \le 1 \ , \quad \rho_1+\rho_2 = 1 \ , \quad \rho_1 \ge \rho_2 \ , \quad 0 \le z \le 1/2 \ .$$

This is the most general case as any density matrix can be brought into that form by a unitary change of base and as the σ_i by a unitary change of base are transformed into linear combinations of the σ_i. If $A \in M_2$ then

(5) $$\omega(A) = \operatorname{Tr} \rho A$$

so

(6) $$\omega(\sigma_1) = \omega(\sigma_2) = 0 \ , \qquad \omega(\sigma_3) = \frac{1}{2}(\rho_2 - \rho_1) = -z \ .$$

Consider $(C^2)^{\otimes N}$ and $(M_2)^{\otimes N}$ and on this algebra the state $\omega^{\otimes N}$ given by the density matrix $\rho^{\otimes N}$. Define

(7) $$\sigma_i^{(N)} = \sigma_i \otimes 1 \otimes \ldots \otimes 1 + 1 \otimes \sigma_i \otimes 1 \otimes \ldots \otimes 1 + \ldots + 1 \otimes \ldots \otimes 1 \otimes \sigma_i \ .$$

The quantum weak law of large numbers states in its simplest form, cf. [2] : let f be a polynomial in three non-commutative indeterminates, then for $N \to \infty$

(8) $$\omega^{\otimes N}\left(f\left(\frac{\sigma_1^{(N)}}{N}, \frac{\sigma_2^{(N)}}{N}, \frac{\sigma_3^{(N)}}{N}\right)\right) \to f(\omega(\sigma_1), \omega(\sigma_2), \omega(\sigma_3)) = f(0, 0, -z) \ .$$

Roughly speaking the quantities $\sigma_i^{(N)}/N$ behave for large N like the constants $\omega(\sigma_i)$. The quantum central limit theorem states for any such polynomial f

(9) $$\omega^{\otimes N}\left(f\left(\frac{\sigma_i^{(N)} - \omega(\sigma_i)}{\sqrt{N}} \ , \ i = 1, 2, 3\right)\right) = \omega\left(f\left(\frac{\sigma_1^{(N)}}{\sqrt{N}}, \frac{\sigma_2^{(N)}}{\sqrt{N}}, \frac{\sigma_3^{(N)} + Nz}{\sqrt{N}}\right)\right)$$

$$\to \gamma_Q\big(f(\xi, \eta, \zeta)\big)$$

there Q is the covariance matrix

(10) $$Q_{ik} = \omega(\sigma_i \sigma_k) - \omega(\sigma_i)\,\omega(\sigma_k)$$

which can be easily calculated with the help of (3).

(11) $$Q = \begin{pmatrix} \frac{1}{4} & -\frac{iz}{2} & 0 \\ +\frac{iz}{2} & \frac{1}{4} & 0 \\ 0 & 0 & \frac{1}{4} - z^2 \end{pmatrix} = Q_1 \otimes Q_2$$

with

(12) $$Q_1 = \begin{pmatrix} \frac{1}{4} & -\frac{iz}{2} \\ +\frac{iz}{2} & \frac{1}{4} \end{pmatrix} , \qquad Q_2 = \frac{1}{4} - z^2 \ .$$

For $\rho_2 < \rho_1$, $z > 0$ the gaussian functional γ_Q may be considered as a state on the tensor product of $\mathcal{B}(\ell^2(\mathbf{N}))$, (i.e. the bounded operators on $\ell^2(\mathbf{N})$, $\mathbf{N} = \{0, 1, 2, \ldots\}$) and $L^\infty(\mathbf{R})$

(13)
$$\gamma_Q = \gamma_{Q_1} \otimes \gamma_{Q_2} : \quad \mathcal{B}(\ell(\mathbf{N})) \otimes L^\infty(\mathbf{R}) \to \mathbf{C}$$

with

(14)
$$\gamma_{Q_1}(A) = \sum_{k=0}^{\infty} \left(1 - \frac{\rho_2}{\rho_1}\right)\left(\frac{\rho_2}{\rho_1}\right)^k \cdot \langle e_k \mid A e_k \rangle$$

where e_k is the k-the vector of the standard basis,

(15)
$$\gamma_{Q_2}(f) = \frac{1}{\sqrt{2\pi Q_2}} \int \exp(-\xi^2/2Q_2) f(\xi)\, d\xi = \int g_{Q_2}(\xi) f(\xi) d\xi$$

and

(16)
$$g_q(\xi) = \frac{1}{\sqrt{2\pi q}} \exp - \xi^2/2q \quad .$$

So γ_{Q_2} is a classical gaussian probability distribution. We shall not consider the degenerate case $z = 0$, $\rho_1 = \rho_2$, where γ_Q is the tensor produced of threee gaussian probability distribution. In (9) ξ and η are unbounded operators on $\ell^2(\mathbf{N})$ given by the equations

(17)
$$a = \frac{\xi - i\eta}{\sqrt{2z}} , \qquad a^* = \frac{\xi + i\eta}{\sqrt{2z}}$$

where

(18)
$$a = \begin{pmatrix} 0 & 0 & 0 & 0 & \\ \sqrt{1} & 0 & 0 & 0 & \vdots \\ 0 & \sqrt{2} & 0 & 0 & \\ 0 & 0 & \sqrt{3} & 0 & \\ & & \cdots & & \end{pmatrix} , \qquad a^* = \begin{pmatrix} 0 & \sqrt{1} & 0 & 0 & \\ 0 & 0 & \sqrt{2} & 0 & \vdots \\ 0 & 0 & 0 & \sqrt{3} & \\ 0 & 0 & 0 & 0 & \\ & & \cdots & & \end{pmatrix}$$

are the wellknown annihilation and creation operators. It is clear that γ_{Q_1} can be extended to any polynomial in a and a* and hence to any polynomial in ξ and η . The variable ζ in (9) may be just a real integration variable as in (15).

We want to make these results a bit more transparent by discussing them more explicitly for large N.

We observe the $\sigma_i^{(N)}$ have the same commutation rules as the σ_i

(19)
$$\left[\sigma_1^{(N)}, \sigma_2^{(N)}\right] = i\sigma_3^{(N)}$$

(and cyclic permutations) so they form a representation of the spin operators or, what amounts to the same, of the Lie algebra of the group SU (2). We use that fact in order to split $(\mathbf{C}^2)^{\otimes N}$ into invariant subspaces.

Let V be a finite dimensional unitary vector space and let S_1, S_2, S_3 be hermitian operators on V with the commutation rules

20)
$$[S_1, S_2] = iS_3 , \ldots \quad .$$

Then

(21) $$S^2 = S_1^2 + S_2^2 + S_3^2 \quad .$$

Define

(22) $$S_\pm = S_1 \pm iS_2 \quad .$$

Assume at first that V is irreducible. Then it induces an irreducible representation $\mathcal{D}_\ell$, where ℓ may take one of the values $\ell = 0, 1/2, 1, 3/2, 2, \ldots$. The dimension of V is $2\ell+1$. It is possible to introduce an orthogonal basis ψ_m, $m = -\ell, -\ell+1, \ldots, +\ell$ in V, such that

(23) $$\begin{aligned} S_3\psi_m &= m\psi_m \\ S_+\psi_m &= \sqrt{\ell(\ell+1) - m(m+1)}\,\psi_{m+1} \\ S_-\psi_m &= \sqrt{\ell(\ell+1) - m(m-1)}\,\psi_{m-1} \\ S^2\psi_m &= \ell(\ell+1)\,\psi_m \quad . \end{aligned}$$

If V is not irreducible, it can be split into irreducible parts. This means e.g. it is possible to introduce a basis $\psi_{\ell,m,j}$ with

(24) $$\begin{aligned} &\ell \in \Lambda \subset \{0, 1/2, 1, 3/2, \ldots\}, \\ &m = -\ell, -\ell+1, \ldots, +\ell, \\ &j = 1, \ldots, d_\ell \;. \end{aligned}$$

So all $\psi_{\ell,m,j}$ for fixed ℓ,j span an irreducible representation of type $\mathcal{D}_\ell$ and d_ℓ is the multiplicity of $\mathcal{D}_\ell$. One has

(25) $$\begin{aligned} S_3\psi_{\ell,m,j} &= m\psi_{\ell,m,j} \\ S_\pm\psi_{\ell,m,j} &= \sqrt{\ell(\ell+1) - m(m\pm 1)}\,\psi_{\ell,m\pm 1,j} \\ S^2\psi_{\ell,m,j} &= \ell\,(\ell+1)\psi_{\ell,m,j} \;. \end{aligned}$$

Let

(26) $$E_{\ell,m} = \{x \in V:\; S^2x = \ell(\ell+1)x\,,\;\; S_3x = mx\} \;.$$

Then

(27) $$d_\ell = \dim\, E_{\ell,m}$$

and $S_\pm$ maps $E_{\ell,m}$ into $E_{\ell,m\pm 1}$. The algebra generated by the S_i in $\mathcal{L}(V)$ is in the basis $\psi_{\ell,m,j}$ the algebra $\mathcal{A}$ of all matrices A with

(28) $$\langle \psi_{\ell,m,j} | A | \psi_{\ell',m',j'} \rangle = \delta_{\ell\ell'}\,\delta_{jj'}\,(A_\ell)_{m,m'}$$

where A_ℓ is a $(2\ell+1)$-dimensional matrix. We may write

(29) $$A = \bigoplus_{\ell \in \Lambda} A_\ell \otimes 1_{d_\ell} \;.$$

We take now $V = (C^2)^{\otimes N}$ and $S_i = \sigma_i^{(N)}$. We choose in C^2 the basis

(30) $$\varphi\left(-\tfrac{1}{2}\right) = \begin{pmatrix}1\\0\end{pmatrix},\; \varphi\left(\tfrac{1}{2}\right) = \begin{pmatrix}0\\1\end{pmatrix}$$

and in $(C^2)^{\otimes N}$ the basis

(31) $$\varphi(\varepsilon_1, .., \varepsilon_N) = \varphi(\varepsilon_1) \otimes ... \otimes \varphi(\varepsilon_N)$$

with $\varepsilon_i = \pm 1/2$. Then

(32) $$S_3 \varphi(\varepsilon_1, .., \varepsilon_N) = (\varepsilon_1 + ... + \varepsilon_N) \quad \varphi(\varepsilon_1, ..., \varepsilon_N) \ .$$

So m can only take the values

(33) $$m = 0, \pm 1, \pm 2, ..., \pm N/2 \ \ (N \text{ even})$$ $$m = \pm 1/2, \pm 3/2, ..., \pm N/2 \ \ (N \text{ odd})$$

and hence ℓ can only take the values

(34) $$\ell = 0, 1, ..., N/2 \ \ (N \text{ even})$$ $$\ell = 1/2, 3/2, ..., N/2 \ \ (N \text{ odd}) \ .$$

Let

(35) $$F_m = \{x \in (C^2)^{\otimes N} \ , \ S_3 x = m\} \ .$$

Then

(36) $$\dim F_m = \binom{N}{\frac{N}{2} - m} \ .$$

As

(37) $$F_m = E_{m,m} \oplus E_{m+1,m} \oplus ... \oplus E_{N/2,m}$$

and as $d_\ell = \dim E_{\ell,m} = d_\ell$ is independent of m one obtains

$$\binom{N}{\frac{N}{2} - m} = d_m + d_{m+1} + ... + d_{N/2}$$

and finally

(38) $$d_\ell = \binom{N}{\frac{N}{2} - \ell} - \binom{N}{\frac{N}{2} - \ell - 1} = \frac{2\ell + 1}{\frac{N}{2} + \ell + 1} \binom{N}{\frac{N}{2} - \ell} \ .$$

By (4) and (31) we obtain

(39) $$\rho^{\otimes N} \varphi(\varepsilon_1, .., \varepsilon_N) = \rho_1^{\frac{N}{2} - m} \ \rho_2^{\frac{N}{2} + m} \ \varphi(\varepsilon_1, ..., \varepsilon_N)$$

with $m = \varepsilon_1 + ... + \varepsilon_N$. So $\rho^{\otimes N}$ is diagonal in the basis $\psi_{\ell,m,j}$ and we obtain for $A \in \mathcal{A}$ given in the form (29)

(40) $$\omega^{\otimes N}(A) = \sum_{\ell,m} p_{\ell,m} \ (A_\ell)_{m,m}$$

with

(41) $$p_{\ell,m} = \rho_1^{\frac{N}{2}-m} \rho_2^{\frac{N}{2}+m} d_\ell \; .$$

Hence by (38)

(42) $$p_{\ell,-l+k} = \frac{2\ell+1}{\frac{N}{2}+\ell+1} \left(\frac{\rho_2}{\rho_1}\right)^k \begin{pmatrix} N \\ \frac{N}{2}-\ell \end{pmatrix} \rho_1^{\frac{N}{2}+\ell} \rho_2^{\frac{N}{2}-\ell} \; .$$

The approximation of the binomial distribution via Stirling's formula gives

(43) $$p_{\ell,-\ell+k} \sim \frac{2\ell+1}{\frac{N}{2}+\ell+1} \left(\frac{\rho_2}{\rho_1}\right)^k \frac{1}{\sqrt{2\pi N\left(\frac{1}{4}-\frac{\ell^2}{N^2}\right)}} \exp(-N\eta_N)$$

where η_N is

(44) $$\eta_N = \left(\frac{1}{2}-\frac{\ell}{N}\right)\left(\log\left(\frac{1}{2}-\frac{\ell}{N}\right)-\log\left(\frac{1}{2}-z\right)\right) + \left(\frac{1}{2}+\frac{\ell}{N}\right)\left(\log\left(\frac{1}{2}+\frac{\ell}{N}\right)-\log\left(\frac{1}{2}+z\right)\right) \; .$$

This shows at first that for large N all ℓ which are not near Nz can be neglected and that for those ℓ, which are near Nz

(45) $$p_{\ell,-\ell+k} \approx \left(1-\frac{\rho_2}{\rho_1}\right)\left(\frac{\rho_2}{\rho_1}\right)^k \frac{1}{\sqrt{2\pi NQ_2}} \exp -\frac{(\ell-Nz)^2}{eNQ_2}$$

with Q_2 given by (12).

We imbed $\mathcal{A}$ into the algebra $\mathcal{M}_N \otimes C^\Lambda$, where C^Λ is the algebra of complex functions on Λ with pointwise multiplication (recall that Λ was the set of possible ℓ) and where $\mathcal{M}_N$ is the algebra all N×N-matrices, where all entries except finitely many ones vanish. If $A \in \mathcal{A}$ is given by the form (27) then

(46) $$j:\; A \to \sum_\ell \tilde{A}_\ell \otimes e_\ell$$

where

(47) $$(\tilde{A}_\ell)_{k,k'} = \begin{cases} (A_\ell)_{-\ell+k,\,-\ell+k'} = \langle \psi_{\ell,-\ell+k,j} | A | \psi_{\ell,-\ell k',j} \rangle & \text{for } 0 \le k,k' \le 2\ell \;\; \text{for } 0 \le k,k' \le 2\ell \\ 0 \text{ else .} & \end{cases}$$

and where e_ℓ is the ℓ- the vector in the standard basis. Then by (40) and (42)

(48) $$\omega^{\otimes N}(A) = \pi^{(N)}(j(A)) = \sum q_\ell^{(N)} \gamma_{Q_2}(\tilde{A}_\ell)$$

and by (45)

$$q_\ell^{(N)} = \frac{2\ell+1}{\frac{N}{2}+\ell+1}\;\frac{1}{1-\frac{\rho_2}{\rho_1}}\begin{pmatrix} N \\ \frac{N}{2}-\ell \end{pmatrix}\rho_1^{\frac{N}{2}+\ell}\;\rho_2^{\frac{N}{2}-\ell} \approx g_{NQ_2}(\ell-Nz) \tag{49}$$

for $\ell \approx Nz$. So

$$\pi^{(N)} = \gamma^{(N)} \otimes \gamma_{Q_2} \tag{50}$$

with

$$\gamma^{(N)}(e_\ell) = q_\ell^{(N)} \approx g_{NQ_2}(\ell-Nz) \ . \tag{51}$$

Put

$$j\left(\frac{\sigma_i^{(N)} - N\omega(\sigma_i)}{\sqrt{N}}\right) = \sum_{\ell\in\Lambda} T_i^{(\ell)} \otimes e_\ell \ .$$

Then

$$\left(T_3^{(\ell)}\right)_{kk'} = \delta_{kk'}\;\frac{-\ell - k + Nz}{\sqrt{N}} \approx \delta_{kk'}\,\frac{Nz-\ell}{\sqrt{N}}$$

as $k \ll \sqrt{N}$. Hence for $\ell \approx Nz$:

$$j\left(\frac{\sigma_3+Nz}{\sqrt{N}}\right) \approx 1 \otimes X_3^{(N)} \tag{52}$$

with

$$X_3(\ell) = \frac{Nz-\ell}{\sqrt{N}} \ .$$

One has

$$\left(T_+^{(\ell)}\right)_{k',k} = \delta_{k',k+1}\,\frac{\sqrt{2\ell(k+1)-k-k^2}}{\sqrt{N}} \approx \delta_{k',k+1}\sqrt{2z(k+1)}$$

$$\left(T_-^{(\ell)}\right)_{k',k} = \delta_{k',k-1}\,\frac{\sqrt{2\ell k+k-k^2}}{\sqrt{N}} \approx \delta_{k',k-1}\sqrt{2zk} \ .$$

So finally

$$j\left(\frac{\sigma_+^{(N)}}{\sqrt{N}}\right) \approx \sqrt{2z}\left(a^* \otimes 1\right) \tag{53}$$

$$j\left(\frac{\sigma_-^{(N)}}{\sqrt{N}}\right) \approx \sqrt{2z}\left(a \otimes 1\right) \ . \tag{54}$$

Equations (50) to (54) show, how the postulated limit behaviour may arise.

Literature

[1] L. Accardi, A. Bach. The harmonic oscillator as quantum central limit theorem. To appear: Probability theory and rel. fields.

[2] N. Giri, W. von Waldenfels. An algebraic version of the central limit theorem. Z. Wahrscheinlichkeitstheorie verw. Gebiete, **42**, Springer 1978, 129 - 134

[3] P. A. Meyer. Approximation de l'oscillatur harmonique. LNM 1372, Séminaire de Probabilités XIII, Springer 1989, 175 - 182 .

The Markov Process of Total Spins

Wilhelm von Waldenfels

Institut für Angewandte Mathematik
Universität Heidelberg
Im Neuenheimer Feld 294
D-6900 Heidelberg
Federal Republic of Germany

We consider the quantum stochastic process of independent addition of spins. Meyer observed [3], that the total spins form a commuting system of operators and may be interpreted as a classical stochastic process. The law of this process has been calculated by Biane [1] in two special cases. We want to calculate it in general. One obtains a Markov chain homogenous in time.

Our notation is that of [4] and differs a bit from [1]. The spin matrices are

$$\sigma_1 = \frac{1}{2}\begin{pmatrix} 0 & 1 \\ 1 & 0 \end{pmatrix}, \quad \sigma_2 = \frac{1}{2}\begin{pmatrix} 0 & i \\ -i & 0 \end{pmatrix}, \quad \sigma_3 = \frac{1}{2}\begin{pmatrix} -1 & 0 \\ 0 & 1 \end{pmatrix}.$$

A state ω on the algebra M_2 of complex 2×2 - matrices is given by a density matrix ρ which without loss of generality we assume to be given in the form

$$\rho = \begin{pmatrix} \rho_1 & 0 \\ 0 & \rho_2 \end{pmatrix} = \begin{pmatrix} 1/2 + z & 0 \\ 0 & 1/2 - z \end{pmatrix}, \quad 0 \le z \le 1/2.$$

If $A \in M_2$, then

$$\omega(A) = \mathrm{Tr}\, \rho A .$$

Consider $(C^2)^{\otimes N}$ and $(M_2)^{\otimes N}$ and on this algebra the state $\omega^{\otimes N}$ given by the density matrix $\rho^{\otimes N}$. We define for $1 \le n \le N$

$$\sigma_{i,n} = 1 \otimes \ldots \otimes 1 \otimes \sigma_i \otimes \ldots \otimes 1,$$

where the σ_i stands on the n-th place. Define

$$\sigma_i^{(n)} = \sigma_{i,1} + \ldots + \sigma_{i,n}$$

and

$$\sigma^{(n)2} = (\sigma_1^{(n)})^2 + (\sigma_2^{(n)})^2 + (\sigma_3^{(n)})^2.$$

By a remark of Meyer [3] the $\sigma^{(n)2}$ commute for $1 \le n \le N$. Hence together with $\omega^{\otimes N}$ one can define a corresponding classical stochastic process. This process was calculated by Biane [1] for $z = 0$, or $\rho_1 = \rho_2$ (symmetric case) and for $z = 1/2$ or $\rho_1 = 1, \rho_2 = 0$ (empty state). In the symmetric case Biane obtained the random walk on dual hypergroup of SU(2) considered previously by Eymard and Roynette [2]. This is no accidental coincidence, because the random walk on the dual hypergroup of a compact group is a special case of a non-commutative random walk on the group. These topics shall be discussed in a forthcoming paper.

We observe that the $\sigma_i^{(n)}$ have the same commutation relations as the σ_i :

$$[\sigma_i, \sigma_j] = i\sigma_3$$

(and cyclic permutations), so they form a representation of the Lie algebra su(2) and of the group SU(2) of unitary 2×2 - matrices with determinant 1.

Let V be a finite dimensional unitary vector space and let S_1, S_2, S_3 be hermitian operators on V with the same commutation relations as the σ_i. If V is irreducible, then it induces an irreducible representation $\mathcal{D}^\ell$ of su(2) or SU(2), where

$$\ell \in \Lambda = \{0,1/2,1,3/2,2,\ldots\}.$$

The dimension of V is $2\ell+1$. There exists a basis ψ_m, $m = \ell_i - \ell + 1, \ldots, \ell$ such that

$$S_3\psi_m = m\psi_m .$$

The operator $S^2 = S_1^2 + S_2^2 + S_3^2$ has the property

$$S^2\psi = \ell(\ell+1)\psi,$$

for all $\psi \in V$.

If V is not irreducible it can be split into the orthogonal sum of irreducible vector spaces with representations $\mathcal{D}^{\ell_1}$ and $\mathcal{D}^{\ell_2}$. Then $V_1 \otimes V_2$ splits into the orthogonal sum

$$V_1 \otimes V_2 = \bigoplus_\ell W_\ell ,$$

where $\ell = |\ell_1 - \ell_2|, |\ell_1 - \ell_2| + 1, \ldots, \ell_1 + \ell_2$. The spaces W_ℓ induce the representation $\mathcal{D}^\ell$ and are determined by V_1 and V_2 and ℓ in a unique way.

The vector space C^2 with $\sigma_1, \sigma_2, \sigma_3$ induces the irreducible representation $\mathcal{D}^{1/2}$. We want to split $(C^2)^{\otimes N}$ into irreducible subspaces. An *admissible path* of length n is a sequence

$$\Gamma = (\ell_0,\ldots,\ell_n),$$

with $\ell_i \in \Lambda = \{0,1/2,1,\ldots\}$, with $\ell_0 = 0$ and $\ell_n - \ell_{n-1} = \pm 1/2$ for $k = 1,\ldots,n$. In Fig. 1 the admissible paths are drawn and in the points of the diagram the numbers of admissible paths leading to this point are indicated.

Proposition 1. Let $\Gamma = (\ell_0,\ldots,\ell_n)$ be an admissible path. Then there exists exactly one irreducible subspace V_Γ of $(C^2)^{\otimes N}$. The subspace V_Γ induces the representation $\mathcal{D}^{\ell_n}$. One has

$$(C^2)^{\otimes N} = \bigoplus_\Gamma V_\Gamma ,$$

where V_Γ runs over all admissible paths of lengths n. The space V_Γ consists of the vectors ψ obeying the equation

$$\sigma^{(n)2}\psi = \ell_n(\ell_n + 1)\psi,$$

for $1 \le k \le n$.

Proof. The proposition is clear for $n = 1$. We prove it by induction from $n - 1$ to n. One has

$$(C^2)^{\otimes(n-1)} = \bigoplus_{\Gamma'} V_{\Gamma'}$$

where the orthogonal sum runs over all admissible paths $\Gamma' = (\ell_0,\ldots,\ell_{n-1})$ of length n-1. Then

$$(C^2)^{\otimes n} = \bigoplus_{\Gamma'} (V_{\Gamma'} \otimes C^2).$$

If $\ell_{n-1} = 0$ then $V_{\Gamma'}$ belongs to $\mathcal{D}^0$ and $V_{\Gamma'}\otimes C^2$ is irreducible of type $\mathcal{D}^{1/2}$. If $\ell_{n-1} > 0$, then $V_{\Gamma'}\otimes C^2$ splits into two irreducible subspaces of types $\mathcal{D}^{\ell_{n-1}\pm 1/2}$. Denote them by V_Γ with $\Gamma = (\ell_0,\dots,\ell_{n-1},\ell_{n-1} \pm 1/2)$.

Figure 1.

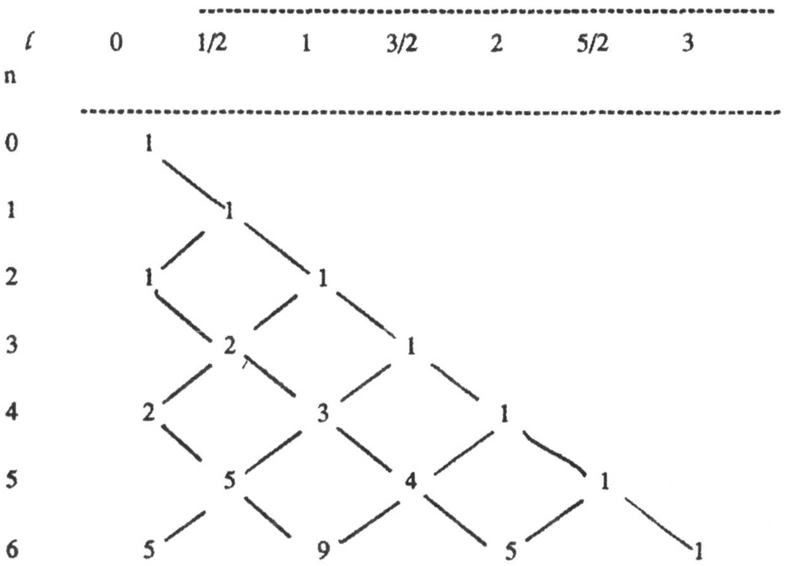

Proposition 2. Let $V \subset (C^2)^{\otimes n}$ be an irreducible representation of type $\mathcal{D}^\ell$ and let $\mathcal{P}_V$ be the orthogonal projection on V. Then

$$\omega^{\otimes N}(\mathcal{P}_V) = w_{n,\ell} = \begin{cases} (2\ell+1)2^{-n} & \text{for } \rho_1 = \rho_2 = 1/2 \\ (\rho_1\rho_2)^{n/2} \cdot \dfrac{\rho_1^{2\ell+1} - \rho_2^{2\ell+1}}{\rho_2 - \rho_1} & \text{for } \rho_1 \neq \rho_2 \end{cases}$$

Proof. We choose in V a basis ψ_m, $m = -\ell, \dots, +\ell$ such that

$$\sigma_3^{(n)}\psi_m = m\psi_m .$$

We choose in C^2 the basis

$$\varphi(-\tfrac{1}{2}) = \begin{pmatrix} 1 \\ 0 \end{pmatrix}, \quad \varphi(+\tfrac{1}{2}) = \begin{pmatrix} 0 \\ 1 \end{pmatrix}$$

and in $(C^2)^{\otimes n}$ the basis

$$\varphi(\varepsilon_1,\dots,\varepsilon_n) = \varphi(\varepsilon_1)\otimes\dots\otimes\varphi(\varepsilon_n)$$

with $\varepsilon_i = \pm\frac{1}{2}$. Then

$$\sigma_3^{(n)}\varphi(\varepsilon_1,\dots,\varepsilon_n) = (\varepsilon_1 + \dots + \varepsilon_n)\varphi(\varepsilon_1,\dots,\varepsilon_n) = m\varphi(\varepsilon_1,\dots,\varepsilon_n)$$

and

$$\rho^{\otimes n}\varphi(\varepsilon_1,\ldots,\varepsilon_n) = \rho_1^{\frac{n}{2}-m}\,\rho_2^{\frac{n}{2}+m}\,\varphi(\varepsilon_1,\ldots,\varepsilon_n).$$

As ψ_m is a linear combination of $\varphi(\varepsilon_1,\ldots,\varepsilon_n)$ with $\varepsilon_1+\ldots+\varepsilon_n = m$ one has

$$\rho^{\otimes n}\psi_m = \rho_1^{\frac{n}{2}-m}\,\rho_2^{\frac{n}{2}+m}\,\psi_m$$

and

$$w_{n,\ell} = \sum_{m=-\ell}^{\ell} \rho_1^{\frac{n}{2}-m}\,\rho_2^{\frac{n}{2}+m}.$$

Proposition 3. The number of admissible paths of length n ending in ℓ is

$$d_{n,\ell} = \binom{n}{n/2-\ell} - \binom{n}{n/2-\ell-1}.$$

For the proof see [4], eq.(38).

We define on Λ^N, $\Lambda = \{0,1/2,1,\ldots\}$ a probability measure by putting

$$P\{(\ell_0,\ldots,\ell_N)\} = \begin{cases} w_{N,\ell_N} & \text{if } (\ell_0,\ldots,\ell_n) \text{ is admissible} \\ 0 & \text{if } (\ell_0,\ldots,\ell_n) \text{ is not admissible} \end{cases}.$$

Define a stochastic process $L_0, L_1,\ldots, L_N$ on Λ^N by

$$L_0 = 0$$
$$L_n(\ell_1,\ldots,\ell_N) = \ell_n .$$

Proposition 4. One has

$$P\{L_n = \ell\} = d_{n,\ell}\,w_{n,\ell}$$

and

$$P\{L_1 = \ell_1,\ldots,L_n = \ell_n\} = \begin{cases} w_{n,\ell_n} & \text{if } (\ell_0,\ldots,\ell_n) \text{ is admissible} \\ 0 & \text{if } (\ell_0,\ldots,\ell_n) \text{ is not admissible} \end{cases}.$$

Proof. If S is the set of admissible paths of length N starting with $\Gamma_0 = (\ell_0,\ldots,\ell_n)$, then

$$P\{L_1 = \ell_1,\ldots,L_n = \ell_n\} = \sum_{\Gamma\in S} P(\Gamma) = \sum_{\Gamma\in S} \omega^{\otimes N}(P_{V_\Gamma}) = \omega^{\otimes N}(P_{V_{\Gamma_0}}\otimes(C^2)^{N-n}) = \omega^{\otimes n}(P_{V_{\Gamma_0}}) = w_{n,\ell_n} .$$

This gives the second assertion of the proposition. The first one is immediate

Proposition 5. The process L_n , $n = 0,1,2,\ldots$ is a homogeneous Markov chain with transition probability

$$P\{L_n = \ell \mid L_{n-1} = \ell'\} = \begin{cases} \dfrac{2\ell+1}{2(2\ell'+1)} & \text{for } \rho_1 = \rho_2 \\[2ex] (\rho_1\rho_2)^{\ell'-\ell}\dfrac{\rho_1^{2\ell+1} - \rho_2^{2\ell+1}}{\rho_1^{2\ell'+1} - \rho_2^{2\ell'+1}} & \text{for } \rho_1 \neq \rho_2 \text{ if } \ell-\ell' = \pm\frac{1}{2} \text{ and } 0 \text{ otherwise.} \end{cases}$$

Proof. We calculate

$$P\{L_n = \ell_n \mid L_{n-1} = \ell_{n-1},\ldots,L_1 = \ell_1\} = \frac{P\{L_n = \ell_n,\ldots,L_1 = \ell_1\}}{P\{L_{n-1} = \ell_{n-1},\ldots,L_1 = \ell_1\}} = \frac{w_{n,\ell_n}}{w_{n,\ell_{n-1}}}.$$

On the other hand

$$P\{L_n = \ell_n , L_{n-1} = \ell_{n-1}\} = d_{n-1,\ell_{n-1}} w_{n,\ell_n} ,$$

as the number of admissible paths of length n ending with ℓ_{n-1} , ℓ_n is equal to the number of admissible paths of length n - 1 ending in ℓ_{n-1} S_0 by proposition 4

$$P\{L_n = \ell_n \mid L_{n-1} = \ell_{n-1}\} = \frac{w_{n,\ell_n}}{w_{n-1,\ell_{n-1}}} .$$

Literature

[1] P. BIANE, Marches de Bernoulli quantiques, LNM, This volume

[2] P. EYMARD, B. ROYNETTE, Marches aléatoires sur le dual de SU(2). In : Analyse harmonique sur les groupes de Lie, LNM 497, Springer, Berlin, Heidelberg, New York 1975. Pages : 108-152.

[3] P. A. MEYER

[4] W. v. WALDENFELS, Illustration of the Quantum Central Limit theorem by independent addition of spins, LNM, This volume.

MARKOV CHAINS AS EVANS-HUDSON DIFFUSIONS IN FOCK SPACE

by K.R. Parthasarathy & K.B. Sinha

Indian Statistical Institute, Delhi Centre
7, S.J.S. Sansanwal Marg, New Delhi 110016

1. Introduction. M.P. Evans and R.L. Hudson have recently formulated and developed an algebraic theory of quantum diffusion processes in a series of papers [1–4]. In his two recent notes [6,7] P.A. Meyer has pointed out how a classical finite Markov chain in continuous time can be viewed upon an an Evans–Hudson diffusion, and also exploited to develop chaos expansions or, more specifically, Isobe–Sato expansions in terms of multiple stochastic integrals with respect to a fixed finite family of martingales determined by the Markov chain. The present note is motivated by some of Meyer's observations on Markov chains. It is shown that whenever the structure maps of Evans–Hudson are defined on a commutative *–algebra of operators the whole diffusion is commutative or, equivalently, is a classical stochastic process eventhough the driving quantum noise is noncommutative. This striking fact enables us to construct a whole class of Markov processes as Evans–Hudson diffusions by using general group actions. Such processes are realized by conjugations with respect to unitary operator valued adapted processes satisfying a quantum stochastic differential equation in the sense of Hudson–Parthasarathy [5]. In the special case of a cyclic group acting on itself by translation our construction reduces to that of Meyer. An ergodic theorem is proved for the homomorphisms that describe the Evans–Hudson diffusion in some special cases.

2. Abelian diffusions in the sense of Evans–Hudson.

All the Hilbert spaces that we deal with are assumed to be complex and separable with scalar product $<,>$ linear in the second variable. For any Hilbert space $\mathcal{H}$ we denote by $\Gamma(\mathcal{H})$ and $\mathcal{B}(\mathcal{H})$ respectively the boson Fock space over $\mathcal{H}$ and the *–algebra of all bounded operators in $\mathcal{H}$. For any $u \in \mathcal{H}$ we denote by $e(u)$ the exponential or coherent vector in $\Gamma(\mathcal{H})$ associated with u. Let

$$\mathcal{H} = L_2(\mathbb{R}_+) \otimes \mathbb{C}^n \quad ; \quad \widetilde{\mathcal{H}} = \mathcal{H}_0 \otimes \Gamma(\mathcal{H}) \tag{2.1}$$

where $\mathcal{H}_0$ is a fixed Hilbert space. Denote by $\mathcal{E}$ the set of all vectors of the form $f \otimes e(u)$, $f \in \mathcal{H}_0$, $u \in \mathcal{H}$. We adopt the convention of writing $f \otimes e(u)$ as $fe(u)$. It is important to note that $\mathcal{E}$ is total in $\widetilde{\mathcal{H}}$.

Suppose that $\mathcal{A} \subset \mathcal{B}(H_0)$ is a unital *–subalgebra of $\mathcal{B}(\mathcal{H}_0)$. Consider a family of bounded linear "structure maps" $\{\tau_k^i, 0 \leq i, k \leq n\}$ mapping $\mathcal{A}$ into $\mathcal{A}$ and satisfying the Evans–Hudson structure equations

$$\tau^i_j(I) = 0\,,\ (\tau^i_j(X))^* = \tau^j_i(X^*)$$
$$\tau^i_j(XY) = \tau^i_j(X)Y + X\tau^i_j(Y) + \sum_{k=1}^{n} \tau^i_k(X)\tau^k_j(Y) \tag{2.2}$$

and the inequality

$$\| \tau^i_j(X) \| \leq M \|X\| \quad \text{for all} \quad X \in \mathcal{A},\ 0 \leq i, j \leq n \tag{2.3}$$

M being a positive constant. Let $\Lambda^i_j(t)$, $1 \leq i, j \leq n$ be the conservation or gauge processes in $\widetilde{\mathcal{H}}$ with reference to the standard orthonormal basis e_i, $1 \leq i \leq n$ in $\mathbb{C}^n$. Denote by $\Lambda^i_0(t) = A_i(t)$, $\Lambda^0_i(t) = A^+_i(t)$, $1 \leq i \leq n$ the annihilation and creation processes with respect to the same basis. Write $\Lambda^0_0(t) = t$ where t denotes tI, the identity in $\widetilde{\mathcal{H}}$. By the quantum Ito formula we have

$$d\Lambda^i_j d\Lambda^k_\ell = \hat{\delta}^i_\ell d\Lambda^k_j\,,\ 0 \leq i, j, k, \ell \leq n \tag{2.4}$$

$$\hat{\delta}^i_\ell = 0 \quad \text{if } i = 0 \text{ or } \ell = 0,\ \delta^i_\ell \text{ otherwise} \tag{2.5}$$

Define

$$T_t(X) = e^{t\tau^0_0}(X) \quad \text{for all } t \geq 0,\ X \in \mathcal{A}. \tag{2.6}$$

THEOREM 2.1. *There exists a unique adapted family $\{ j_t,\ t \geq 0\}$ of identity preserving contractive *-homomorphisms from $\mathcal{A}$ into $\mathcal{B}(\widetilde{\mathcal{H}})$ satisfying the quantum stochastic differential equations*

$$j_0(X) = X\ ,\ dj_t(X) = \sum_{0 \leq i,k \leq n} j_t(\tau^i_k(X))\, d\Lambda^k_i(t) \tag{2.7}$$

for all $X \in \mathcal{A}$. Furthermore, the map $t \longmapsto j_t(X)$ is strongly continuous for each X and

$$< f e(0), j_{t_1}(X_1) j_{t_2}(X_2) \ldots j_{t_k}(X_k) g e(0) > = \\ < f, T_{t_1}(X_1 T_{t_2 - t_1}(X_2 \ldots T_{t_k - t_{k-1}}(X_k)) \ldots) g > \tag{2.8}$$

for $0 \leq t_1 < t_2 \ldots < t_k < \infty$, $X_j \in \mathcal{A}$ and $f, g \in \mathcal{H}_0$.

PROOF. The first part is proved in [1,2]. For fixed $f, g \in \mathcal{H}_0$, $u, v \in \mathcal{H}$ write

$$\lambda_t(X) = < f e(u), j_t(X) g e(v) > .$$

Then (2.7) implies

$$\frac{d\lambda_t(X)}{dt} = \sum_{0 \leq i,k \leq n} u_i(t) v^k(t)\, \lambda_t(\tau^i_k(X)) \tag{2.9}$$

where we have expressed $\mathcal{H}$ in (2.1) as the n-fold direct sum of $L_2(\mathbb{R}_+)$ and denoted by u^i the i-th component of u in $L_2(\mathbb{R}_+)$, $u_i = \bar{u}^i$ for $1 \leq i \leq n$ and $u_0 = u^0 \equiv 1$ for every u in $\mathcal{H}$. In particular, the map $t \longmapsto \lambda_t(X)$ is continuous. Since $\|j_t(X)\| \leq \|X\|$

the totality of $\mathcal{E}$ in $\widetilde{\mathcal{H}}$ implies the weak continuity of $j_t(X)$ in t. The required strong continuity follows from the relation

$$\|(j_t(X) - j_s(X)\|^2 = < f e(u), (j_t(X^*X) + j_s(X^*X)) f e(u) > \\ - 2\Re e < j_t(X) f e(u), j_s(X) f e(u) > .$$

Equation (2.8) is a straightforward consequence of (2.7). □

THEOREM 2.2. *In theorem 2.1. let $\mathcal{A}$ be abelian. Then*

$$j_s(X) j_t(Y) = j_t(Y) j_s(X) \quad \text{for all} \quad X, Y \in \mathcal{A}, \quad 0 \leq s, t < \infty .$$

PROOF. Without loss of generality we assume $s < t$. Since j_s is a homomorphism and $\mathcal{A}$ is abelian we have

$$j_s(X) j_s(Y) = j_s(XY) = j_s(YX) = j_s(Y) j_s(X) .$$

By (2.7) we have

$$j_t(Y) = j_s(Y) + \sum_{i,k} \int_s^t j_r(\tau_k^i(Y)) \, d\Lambda_i^k(r) .$$

Thus

$$[j_s(X), j_t(Y)] = \int_s^t \sum_{i,k} [j_s(X), j_r(\tau_k^i(Y))] \, d\Lambda_i^k(r) , \tag{2.10}$$

thanks to the fact that $j_t(X)$ is adapted and $j_s(X)$ commutes with the increments of Λ_k^i in $[s, \infty)$. Fix $f, g \in \mathcal{H}_0$, $u, v \in \mathcal{H}$ and put

$$K(s,t; X, Y) = < f e(u), [j_s(X), j_t(Y)] g e(v) > \tag{2.11}$$

and write (2.10) as

$$K(s,t; X, Y) = \int_s^t \sum_{i,k} u_i(\alpha) v^k(\alpha) K(s, \alpha; X, \tau_k^i(Y)) \, d\alpha \tag{2.12}$$

where we have adopted the notations in (2.9). Iterating (2.12) N times we get

$$K(s,t; X, Y) = \sum_{(i_1,k_1)\dots(i_N,k_N)} \int_s^t dt_N \, u_{i_N}(t_N) v^{k_N}(t_N) \int_s^{t_N} dt_{N-1} \, u_{i_{N-1}}(t_{N-1}) v^{k_{N-1}}(t_{N-1}) \\ \dots \int_s^{t_2} dt_1 \, u_{i_1}(t_1) v^{k_1}(t_1) K(s, t; X, \tau_{k_1}^{i_1} \tau_{k_2}^{i_2} \dots \tau_{k_N}^{i_N}(Y)) \tag{2.13}$$

Restrict u, v to be $\mathbb{C}^n$–valued bounded functions, set

$$\beta(T) = \sup_{0 \leq s \leq T} \max \{ \|u(s)\|, \|v(s)\|, \|u(s)\| \|v(s)\|, 1 \} \tag{2.14}$$

and note that

$$|K(s,t; X, Y)| \leq 2 \|f\| \; \|g\| \; \|X\| \; \|Y\| e^{(\|u\|^2 + \|v\|^2)/2} \tag{2.15}$$

Inserting (2.14) and (2.15) in (2.13) and using (2.3) we conclude

$$|K(s,t;X,Y)| \leq C(n+1)^2 N \frac{(\beta(T)M(t-s))^N}{N!} \tag{2.16}$$

for all $0 \leq s \leq t \leq T$ where C is the constant on the right side of (2.15). Since the right hand side of (2.16) tends to 0 as $N \to \infty$ and the set of all $fe(u)$ with $f \in \mathcal{H}_0$ and u a $\mathbb{C}^n$-valued bounded Borel function is total in $\widetilde{\mathcal{H}}$ it follows from (2.11) that $[j_s(X), j_t(Y)] = 0$. □

THEOREM 2.3. *In Theorem 2.1 suppose there exists a bounded linear map $T_\infty : A \to A$ such that*

$$\lim_{t\to\infty} \|T_t(X) - T_\infty(X)\| = 0 \quad \text{for all } X \in A \tag{2.17}$$

Then there exists a unique contractive linear map $j_\infty : A \to \mathcal{B}(\widetilde{\mathcal{H}})$ such that (w.lim denoting a weak operator limit)

$$\text{w.}\lim_{t\to\infty} j_t(X) = j_\infty(X) \quad \text{for all } X \in A \tag{2.18}$$

and $j_\infty = j_\infty \circ T_\infty$.

PROOF. Fix any $0 < t_0 < \infty$. Considering any element in $\mathcal{H}$ as a $\mathbb{C}^n$-valued function on $\mathbb{R}_+$ choose $u, v \in \mathcal{H}$ such that $u(t) = v(t) = 0$ for all $t > t_0$ and $f, g \in \mathcal{H}_0$. Then consider $\lambda_t(X) = \langle fe(u), j_t(X) ge(v)\rangle$. The differential equation (2.9) now assumes the form

$$\frac{d\lambda_t(X)}{dt} = \lambda_t(\tau_0^0(X))) \quad ; \quad X \in A,\ t \geq t_0$$

Thus

$$\lambda_t(X) = \lambda_{t_0}(T_{t-t_0}(X)) \qquad \text{for } t \geq t_0$$

By (2.17) we have

$$\lim_{t\to\infty} \lambda_t(X) = \lambda_{t_0}(T_\infty(X)).$$

The totality in $\widetilde{\mathcal{H}}$ of the set $\{fe(u)\}$ where $f \in \mathcal{H}_0$ and u has compact support, and the inequality $\|j_t(X)\| \leq \|X\|$ imply (2.18). Since $T_\infty = T_t T_\infty$ for each $t \geq 0$ it follows that $j_\infty = j_\infty \circ T_\infty$.

COROLLARY 1. *If $j_\infty(X^*X) = j_\infty(X^*)j_\infty(X)$, the weak limit in (2.18) can be replaced by a strong limit.*

PROOF. For $f \in \mathcal{H}_0$, $u \in \mathcal{H}$ we have from Theorem 2.3

$$\lim_{t\to\infty} \|(j_t(X) - j_\infty(X)) fe(u)\|^2 =$$

$$\lim_{t\to\infty} \{\langle fe(u), \{j_t(X^*X) + j_\infty(X^*) j_\infty(X)\} fe(u)\rangle - 2\,\Re e \langle j_t(X) fe(u), j_\infty(X) fe(u)\rangle\}$$

$$= \langle fe(u), \{j_\infty(X^*X) - j_\infty(X^*) j_\infty(X)\} fe(u)\rangle. \qquad \square$$

COROLLARY 2. *If* $j_\infty(X^*T_\infty(X)) = j_\infty(X^*)j_\infty(X)$, *we have in theorem 2.3*

$$\operatorname{s.lim}_{t\to\infty} t^{-1}\int_0^t j_s(X)\,ds = j_\infty(X).$$

PROOF. Let $f \in \mathcal{H}_0$, $u \in \mathcal{H}$ with compact support. We have

$$\|(t^{-1}\int_0^t j_s(X)ds - j_\infty(X))fe(u)\|^2 =$$

$$t^{-2}\int_{0<s_1<s_2<t} 2\Re e< j_{s_1}(X)fe(u), j_{s_2}(X)fe(u)> ds_1ds_2 \tag{2.19}$$

$$+< fe(u), j_\infty(X^*)j_\infty(X)fe(u)> - 2t^{-1}\int_0^t \Re e < j_s(X)fe(u), j_\infty(X)fe(u)> ds.$$

If $u(t) = 0$ for all $t \geq t_0$ and $t_0 \leq s_1 \leq s_2 < \infty$ then the adaptedness of $\{j_t(X)\}$ implies that

$$< j_{s_1}(X)fe(u), j_{s_2}(X)fe(u)> = < j_{s_1}(X)fe(u), j_{s_1}(T_{s_2-s_1}(X))fe(u)>.$$

This together with (2.17) and elementary analysis yields

$$\lim_{t\to\infty} t^{-2}\int_{0<s_1<s_2<t} 2\Re e < j_{s_1}(X)fe(u), j_{s_2}(X)fe(u)> ds_1ds_2$$
$$= < fe(u), j_\infty(X^* T_\infty(X))fe(u)>.$$

Now (2.19) becomes

$$\lim_{t\to\infty} \|(t^{-1}\int_0^t j_s(X)ds - j_\infty(X))fe(u)\|^2 =$$
$$< fe(u), (j_\infty(X^* T_\infty(X)) - j_\infty(X^*)j_\infty(X))fe(u)>. \qquad \square$$

REMARK. We may say that the semigroup $\{T_t\}$ is *ergodic* if (2.17) holds and $T_\infty(X)$ is a scalar multiple of the identity for each X. In such a case, since $j_\infty = j_\infty \circ T_\infty$ and $j_\infty(I) = I$ the condition of Corollary 2 holds for all $X \in \mathcal{A}$ and $t^{-1}\int_0^t j_s(X)ds$ converges strongly to $T_\infty(X)I$ as $t \to \infty$.

3. Markov chains as Evans-Hudson diffusions.

Let G be a measurable group acting on a separable σ-finite measure space $(\mathcal{X}, \mathcal{F}, \mu)$ so that μ is quasi invariant under G action. For any $g \in G$ define the unitary operator S_g in $L_2(\mu)$ by

$$(S_gf)(x) = \sqrt{\frac{d\mu}{d\mu g}(g^{-1}x)}\, f(g^{-1}x), \quad f \in L_2(\mu) \tag{3.1}$$

where $(\mu g)(E) = \mu(gE)$, $E \in \mathcal{F}$. Then the map $g \mapsto S_g$ is a unitary representation of G in $L_2(\mu)$. Let m be any complex valued bounded measurable function on the product Borel space $G \times \mathcal{X}$. For any $\varphi \in L_\infty(\mu)$ denote by the same letter φ the bounded operator of multiplication by φ in $L_2(\mu)$ with norm $\|\varphi\|_\infty$. Then $L_\infty(\mu) = \mathcal{A}$ is an abelian *-subalgebra of $\mathcal{B}(L_2(\mu))$. Define bounded operators L_g, $g \in G$ in $L_2(\mu)$ by

$$(L_g f)(x) = m(g, g^{-1}x)(S_g f)(x) . \tag{3.2}$$

For any finite set $F \subset G$ consider the Hilbert space

$$\mathcal{H}_F = L_2(\mu) \otimes \Gamma(L_2(\mathbb{R}_+) \otimes L_2(F)) , \tag{3.3}$$

where $L_2(F)$ is the Hilbert space when F is equipped with the counting measure. If the cardinality of F is n then $L_2(F)$ can be identified with $\mathbb{C}^n$ and we may write

$$d\Lambda_0^0 = dt \ , \ d\Lambda_g^0 = dA_g^\dagger \ , \ d\Lambda_0^g = dA_g \ , \ d\Lambda_g^g = d\Lambda_g \ , \ g \in F$$

with respect to the orthonormal basis of indicators of singletons in F. Now consider the following quantum stochastic differential equations

$$dW_F(t) = \{ \sum_{g \in F} (L_g dA_g^\dagger + (S_g - 1) d\Lambda_g - L_g^* S_g dA_g) - \frac{1}{2} \sum_{g \in F} L_g^* L_g \, dt \} W_F(t) \tag{3.4}$$

with initial value $W_F(0) = 1$. By the basic results of quantum stochastic calculus [5] there exists a unique unitary operator valued adapted process $\{W_F(t),\ t \geq 0\}$ satisfying (3.4). Define

$$j_t(X) = W_F(t)^* X \otimes 1 \, W_F(t) , \quad X \in \mathcal{B}(L_2(\mu)) . \tag{3.5}$$

Then

$$\begin{aligned} dj_t(X) = \sum_{g \in F} \{ & j_t(S_g^{-1}[X, L_g]) \, dA_g^\dagger + j_t(S_g^{-1} X S_g - X) \, d\Lambda_g + j_t([L_g^*, X] S_g) \, dA_g \} \\ & + j_t(\mathcal{L}_F(X)) \, dt \end{aligned} \tag{3.6}$$

where

$$\mathcal{L}_F(X) = -\tfrac{1}{2} \sum_{g \in F} (L_g^* L_g X + X L_g^* L_g - 2 L_g^* X L_g) . \tag{3.7}$$

We now specialize to the case when $X = \varphi \in L_\infty(\mu)$. We then have

$$(S_g^{-1}[\varphi, L_g] f)(x) = m(g, x) \{\varphi(gx) - \varphi(x)\} f(x) \tag{3.8}$$

$$(S_g^{-1} \varphi S_g f)(x) = \varphi(gx) f(x) \tag{3.9}$$

$$([L_g^*, \varphi] S_g f)(x) = \overline{m(g, x)} \{\varphi(gx) - \varphi(x)\} f(x) \tag{3.10}$$

$$(\mathcal{L}_F(\varphi) f)(x) = \sum_{g \in F} |m(g, x)|^2 \{\varphi(gx) - \varphi(x)\} f(x) . \tag{3.11}$$

Equation (2.8) and Theorem (2.2) imply that the *-homomorphisms $\{j_t,\ t \geq 0\}$ of the abelian algebra $L_\infty(\mu)$ constitute an Evans-Hudson diffusion which describes the classical Markov process with infinitesimal generator L_F given by

$$(L_F(\varphi))(x) = \sum_{g \in F} |m(g, x)|^2 (\varphi(gx) - \varphi(x))) . \tag{3.12}$$

EXAMPLE 3.1. Consider a continuous time Markov chain with finite state space $\mathcal{X}$ and stationary transition probabilities $p_t(x, y)$, $x, y \in \mathcal{X}$ such that

$$\frac{d}{dt} p_t(x,y) \mid_{t=0} = \ell(x,y), \quad x, y \in \mathcal{X}. \tag{3.13}$$

Then $\ell(x,y) \geq 0$ if $x \neq y$ and $\sum_y \ell(x,y) = 0$. We can realize such a Markov chain as an Evans–Hudson abelian diffusion in several ways. For example impose any group structure on $\mathcal{X}$ so that $G = \mathcal{X}$, μ is the counting measure and G acts on itself by left translation, $F = \mathcal{X} \setminus \{e\}$ where e is the identity element and put

$$\begin{aligned} m(x,y) &= \sqrt{\ell(y,xy)}\, e^{i\theta(x,y)} \quad \text{if } x \neq e \\ &= 0 \quad \text{otherwise} \end{aligned}$$

where $\theta(x,y)$ is an arbitrary real valued function. Then j_t defined by (3.5) and restricted to the algebra $\mathcal{A}$ of all complex valued functions on $\mathcal{X}$ yields an Evans–Hudson diffusion with

$$(L_F \varphi)(x) = \sum_{y \in \mathcal{X}} \ell(x,y) \varphi(y).$$

We may interpret $m(x,y)\sqrt{dt}$ as the probability amplitude for a transition from the state y to the state xy in time dt. When $\theta \equiv 0$ and $\mathcal{X}$ is the cyclic group with n elements we obtain Meyer's construction in [6,7].

EXAMPLE 3.2. Let $\ell(x,y)$ be as in (3.13). Choose G to be the group of all permutations of $\mathcal{X}$. Define

$$\begin{aligned} m(g,x) &= \sqrt{\ell(y,xy)}\, e^{i\theta(x,y)} \quad \text{if } gx = y,\ x \neq y \\ &= 0 \quad \text{otherwise.} \end{aligned}$$

By a transposition we mean an element g satisfying the following : there exists a pair x, y in $\mathcal{X}$ such that $gx = y$, $gy = x$, $gz = z$ whenever z is different from both x and y. Let F be the set of all transpositions. Then (3.12) becomes

$$(L_F \varphi)(x) = \sum_{y \in \mathcal{X}} \ell(x,y) \varphi(y).$$

In this description, for any $g \in F$, $m(g,x)\sqrt{dt}$ is the probability amplitude for a transition from x to gx in time dt. Thus we obtain another realization of the finite Markov chain described in example 3.1 as an abelian Evans–Hudson diffusion.

EXAMPLE 3.3. Choose $G = \mathcal{X} = \mathbb{Z}$, the additive group of all integers, $F = \{1, -1\}$,

$$\begin{aligned} m(g,x) &= \lambda(x)^{1/2} \quad \text{if } g = 1 \\ &= \mu(x)^{1/2} \quad \text{if } g = -1 \\ &= 0 \quad \text{otherwise,} \end{aligned}$$

where λ, μ are nonnegative bounded functions on $\mathbb{Z}$ satisfying $\lambda(x) = 0$ if $x < 0$, $\mu(x) = 0$ if $x \leq 0$. When $\mathbb{Z}$ acts on itself by translation the generator L_F in (3.12) assumes the form

$$(L_F\varphi)(x) = \lambda(x)(\varphi(x+1) - \varphi(x)) + \mu(x)(\varphi(x-1) - \varphi(x)).$$

In this case the Evans–Hudson diffusion restricted to $L_\infty(\mathbb{Z})$ becomes the classical birth and death process with bounded birth and death rates λ and μ respectively.

REFERENCES

[1] EVANS (M.P.). Quantum diffusions. Nottingham PhD Thesis, 1988.

[2] EVANS (M.P.). Existence of quantum diffusions. *Prob. Th. and Rel. Fields*, 81, 473–483 (1989)

[3] EVANS (M.P.) and HUDSON (R.L.). Perturbations of quantum diffusions. Nottingham preprint 1989.

[4] HUDSON (R.L.). Quantum diffusions and cohomology of algebras. *Proc. Bernoulli Soc. 1st World Congress*, Tashkent 1986, Yu. V. Prohorov and V.V. Sazonov eds. pp. 479-485 (1987)

[5] HUDSON (R.L.) and PARTHASARATHY (K.R.). Quantum Ito's formula and stochastic evolutions. *Comm. M. Phys*, 93, 301-323 (1984).

[6] MEYER (P.A.). Chaînes de Markov finies et représentations chaotiques. Strasbourg preprint 1989.

[7] MEYER (P.A.). Diffusions quantiques, d'après Evans et Hudson (I). Strasbourg preprint 1989.

DIFFUSIONS QUANTIQUES I : EXEMPLES ÉLÉMENTAIRES

par P.A. Meyer
Université Louis-Pasteur, Strasbourg

Introduction

Nous nous proposons de présenter en quelques exposés l'essentiel d'un remarquable travail de Evans et Hudson [2], qui apporte beaucoup d'idées nouvelles au calcul stochastique non commutatif. Ce premier exposé est une introduction, qui cherche à expliquer *ce que font* Evans et Hudson dans le cas de certains processus de Markov classiques, et par exemple, à chercher quelles sont les deux opérations qui fournissent concrètement les structures de *bimodule* apparaissant chez Evans et Hudson (ou dans un article récent de Sauvageot [4]). Cela amène à voir ces processus classiques sous un jour nouveau, et par exemple à se poser un problème de représentation chaotique pour des processus de Markov, avec des coefficients dépendant du point initial.

Grâce au petit séminaire de Probabilités Quantiques de Paris VI, le problème de convergence du développement chaotique soulevé dans cet exposé a été résolu par Ph. Biane (article à paraître dans *Stochastics*). Nous présentons les résultats de Biane dans l'exposé II.

Enfin, les notes préliminaires à cet exposé ont conduit Parthasarathy à développer le sujet suivant des directions nouvelles. On trouvera dans ce volume l'article de Parthasarathy et Sinha. Nous avons ajouté à cet exposé une dernière section sur le cas discret non commutatif, pour tenir compte des remarques et résultats de Parthasarathy dans son exposé au Congrès de Vilnius.

1 Considérons d'abord une équation différentielle stochastique au sens d'Ito sur $\mathbb{R}^d$, à coefficients C^∞

$$dX_t^i = \sum_\alpha a_\alpha^i(X_t)\,dB_t^\alpha + b^i(X_t)\,dt \tag{1.1}$$

avec $\alpha=1,\ldots,\nu$. Soit f une fonction de classe C^∞. Nous avons alors

$$d(f\circ X_t) = \sum_\alpha L_\alpha f(X_t)\,dB_t^\alpha + L_0 f(X_t)\,dB_t^0 \quad (dB_t^0 = dt)\,, \tag{1.2}$$

où $f\longmapsto L_\alpha(f)$ et $f\longmapsto L_0(f)$ sont des opérateurs différentiels respectivement du premier et du second ordre, qui se déduisent de (1.1) par la formule d'Ito. Ayant écrit cela, on est arrivé à une formulation *sans coordonnées* de la notion d'é.d.s. gouvernée par le temps t et ν mouvements browniens indépendants, formulation sans doute bien connue, mais qui n'était pas au premier plan chez les probabilistes. Elle s'applique aussi bien aux é.d.s. sur une variété V.

L'opérateur L_0 est le générateur de la diffusion, et il ne dépend donc pas de la façon dont on décrit celle ci au moyen d'une é.d.s.. Si l'on considère deux fonctions f et g, et que l'on écrit que $d(fg\circ X_t)=d(f\circ(X_t)g\circ(X_t))$, on obtient les relations

$$(1.3)\qquad \begin{aligned} L_0(fg)-fL_0g-(L_0f)g &= \textstyle\sum_\alpha L_\alpha f\, L_\alpha g \\ L_\alpha(fg)-fL_\alpha g-(L_\alpha f)g &= 0\ . \end{aligned}$$

La première nous donne l'opérateur carré du champ associé au semi-groupe, et la seconde nous dit que les L_α sont des dérivations. On n'est pas habitué en probabilités classiques à considérer que ces relations forment un tout, comme nous le verrons.

Une autre formule dont nous retrouverons l'analogue est la *formule d'Isobe-Sato*[1] (*cf.* Hu-Meyer [3]) donnant le développement en chaos de la v.a. $h\circ X_t$. Le coefficient de $dB_{s_1}^{\alpha_1}\dots dB_{s_p}^{\alpha_p}$ est, pour $X_0=x$

$$(1.4)\qquad f_p(x,s_1,\alpha_1,\dots,s_p,\alpha_p,t,h)=P_{s_1}L_{\alpha_1}P_{s_2-s_1}L_{\alpha_2}\dots L_{\alpha_p}P_{t-s_p}h \quad \text{au point } x\ .$$

On peut tenter de dégager la structure de cette construction, en vue d'une interprétation non commutative : les mouvements browniens sont réalisés sur Ω, et ce sont des processus *scalaires*; notons $\mathcal{L}$ l'algèbre $L^\infty(\Omega)$. Nous avons d'autre part une algèbre de fonctions sur l'espace "courbe" V, $\mathcal{A}=\mathcal{C}^\infty(V)$, et le processus X est une famille indexée par $t\in\mathbb{R}_+$ d'*homomorphismes* $j_t : f\longmapsto f\circ X_t$ de $\mathcal{A}$ dans L. Enfin, les opérateurs L_α et L_0 sont des opérateurs sur $\mathcal{A}$, mais l'é.d.s. elle même est une égalité sur Ω. Noter que Ω n'est pas l'espace canonique des browniens scalaires tout seuls : l'é.d.s. comporte, il ne faut pas l'oublier, une *condition initiale*, que nous n'avons pas écrite ci-dessus : l'algèbre $\mathcal{L}$ réalise un "couplage" de l'algèbre engendrée par les browniens scalaires et de l'algèbre $\mathcal{A}$, qui se traduit par une opération de celle-ci sur $\mathcal{L}$, la multiplication par $f\circ X_0$ ($f\in\mathcal{A}$). Quant au processus X_t lui même, il donne lieu à une famille d'homomorphismes de $\mathcal{A}$ dans $\mathcal{L}$, associant à f la v.a. $f\circ X_t$.

Dans ce langage, qui est celui de la théorie des processus stochastiques non commutatifs, élaboré par Accardi, Frigerio et Lewis [1], il est facile de passer au cas des diffusions quantiques d'Evans-Hudson, les semimartingales directrices scalaires dB_t^α étant alors remplacées par les semimartingales d'opérateurs fondamentales de l'espace de Fock construit sur un mouvement brownien de dimension ν, i.e. les processus de création, d'annihilation, de nombre et d'échange. Nous étudierons ces diffusions quantiques dans l'exposé III.

Chaînes de Markov finies discrètes

2 Nous allons retrouver cette structure dans un exemple absolument élémentaire, celui d'une chaîne de Markov en temps discret $n=0,\dots,T$, à valeurs dans un ensemble fini E à $\nu+1$ points numérotés de 0 à ν. L'algèbre $\mathcal{A}$ est ici l'algèbre (de dimension finie) de toutes les fonctions sur E.

[1] Cette formule a été établie, avant Isobe-Sato (1983), par Veretennikov et Krylov, On explicit formulas for solutions of stochastic differential equations, *Mat. Sbornik* 100, 1976. Nous continuons ici à l'appeler "formule d'Isobe-Sato" pour nous conformer à un usage déjà établi.

La matrice de transition de la chaîne est notée $P=(p(i,j))$, et nous supposerons que les coefficients sont tous >0 (cette hypothèse est un peu trop forte, *cf.* plus loin). Le générateur est ici $A=P-I$. L'algèbre $\mathcal{L}$ est constituée de toutes les fonctions sur $\Omega=E^{T+1}$. Enfin, nous identifions la fonction $f\in\mathcal{A}$ à la fonction $f\circ X_0\in\mathcal{L}$.

Si les couples i,j ne communiquaient pas tous, il existerait dans Ω des trajectoires impossibles, et dans $\mathcal{L}$ un idéal non trivial de fonctions nulles p.p. pour toutes les mesures initiales. Notre hypothèse nous évite de nous en inquiéter.

Les fonctionnelles additives de la chaîne sont de la forme

$$Z_k=\sum_{i=1}^{i=k} z(X_{i-1},X_i).$$

Nous noterons dZ_k l'accroissement $Z_k-Z_{k-1}=z(X_{k-1},X_k)$, par analogie avec le temps continu. Les f.a. qui sont des martingales correspondent aux $z(\cdot,\cdot)$ telles que $Pz(\cdot)=\sum_j p(\cdot,j)z(\cdot,j)=0$. Nous allons rechercher une base orthonormale Z^σ de l'espace des f.a., au sens suivant

$$\mathbb{E}\,[\overline{dZ_k^\sigma}\,dZ_k^\tau\mid\mathcal{F}_{k-1}]=\delta^{\sigma\tau}\ ,\tag{2.1}$$

dont la première fonctionnelle soit $Z_k^0=k$. Les autres sont alors des fonctionnelles additives martingales. D'une manière générale, les indices $\rho,\sigma,\tau\ldots$ pourront prendre la valeur 0, mais non les indices désignés par α,β,γ.

Sur les fonctions z^σ correspondantes, ces relations s'écrivent

$$\forall i,\quad \sum_j p(i,j)\,\bar z^\sigma(i,j)\,z^\tau(i,j)=\delta^{\sigma\tau}\,.$$

Cela revient à choisir une base orthonormale de fonctions de deux variables pour un "produit scalaire" qui n'est pas scalaire, mais à valeurs dans l'algèbre $\mathcal{A}$

$$<y,z>=P(\bar y z)=\sum_j p(\cdot,j)\,\bar y(\cdot,j)\,z(\cdot,j)\,,\tag{2.2}$$

base dont le premier vecteur est la fonction 1. La construction est triviale : pour tout i fixé il s'agit de la construction d'une base orthonormale ordinaire pour une certaine forme hermitienne, et la seule condition est *que le rang de cette forme ne dépende pas de* i, autrement dit que le nombre N_i des points j que l'on peut atteindre à partir de i ne dépende pas de i. Notre hypothèse de stricte positivité nous débarrasse de ce problème (sur lequel nous revenons ci-dessous dans une remarque), et α varie désormais de 1 à ν.

A partir d'une telle base de martingales, nous pouvons définir des "intégrales stochastiques multiples", qui sont des sommes finies de la forme

$$f=\sum_p\ \sum_{\substack{i_1<\ldots<i_p\\ \alpha_1,\ldots,\alpha_p}} c_p(X_0,i_1,\alpha_1,\ldots i_p,\alpha_p)\,dZ_{i_1}^{\alpha_1}\ldots dZ_{i_p}^{\alpha_p}\ ,\tag{2.3}$$

où $p\le N$. On a une "formule d'isométrie"

$$\mathbb{E}[\,|f|^2\,|X_0]=\sum_p\sum|c_p(X_0,i_1,\alpha_1,\ldots i_p,\alpha_p)|^2\,.\tag{2.3}$$

Les coefficients du développement en chaos dépendent du point initial X_0 : on est en train de travailler, du point de vue algébrique, sur des "chaos à valeurs dans $\mathcal{A}$". Noter aussi que, le point initial étant fixé, l'espace de Hilbert engendré par les intégrales stochastiques multiples est isomorphe au "bébé Fock" des exposés antérieurs, engendré par ν jeux de pile ou face indépendants.

Pour montrer que toute v.a. admet un développement chaotique (2.3), il suffit de compter les dimensions. Supposant X_0 déterministe, Ω a $(\nu+1)^T$ points, tous de mesure >0. D'autre part, le nombre des parties à p éléments de $1,\ldots,T$ est $\binom{T}{p}$, et pour chacune d'elle le choix des indices α donne ν possibilités, d'où aussi un total de $(\nu+1)^T$.

Qui dit représentation chaotique dit aussi, à plus forte raison, représentation prévisible. On peut donc écrire

$$(2.4) \qquad f(X_n)-f(X_0)-\sum_{1\le k<n} Af(X_k)=\sum_\alpha \sum_{1\le k<n} L_\alpha f(X_k)dZ_k^\alpha ,$$

la martingale au premier membre étant ainsi représentée comme intégrale stochastique prévisible. Si on laisse au premier membre seulement $f(X_n)$, on obtient une "formule d'Ito". Les opérateurs L_α sur $\mathcal{A}$ sont donnés par

$$(2.5) \qquad L_\alpha f(i)=\sum_j p(i,j)\bar{z}^\alpha(i,j)f(j) .$$

Il est commode de noter $\sum_{k<n} L_0 f(X_k)dZ_k^0$ la somme où intervient le générateur.

On a aussi une "formule d'Isobe-Sato" pour le calcul du développement en chaos d'une v.a. de la forme $f(X_n)$

$$(2.6) \quad c_p(X_0,i_1,\alpha_1,\ldots,i_p,\alpha_p,n,h)=P^{i_1}L_{\alpha_1}P^{i_2-i_1}L_{\alpha_2}\ldots L_{\alpha_p}P^{n-i_p}h \quad \text{au point } X_0 \quad .$$

Remarque (ajoutée après la lecture de l'exposé de Parthasarathy à Vilnius). La condition essentielle pour la construction des martingales permettant le développement en chaos est la constance du nombre N_i, qui fixe la dimension du "bébé Fock" utilisé. Or toute chaîne de Markov peut être considérée comme image d'une chaîne de Markov possédant cette propriété, que l'on peut construire ainsi : son espace d'états E' est formé de E (états "réels") et d'états "fantômes" ξ_{ij} "appartenant" chacun à un état "réel" j tel que $p(i,j)>0$. Pour tout i, le nombre des états fantômes ξ_{ij} est égal à $N-N_i$, où N est le plus grand des N_i. Les nouveaux coefficients $p'(i,\cdot)$ sont calculés en répartissant la masse $p(i,j)$ entre j et les états fantômes appartenant à j, la masse attribuée à chacun étant >0. Ce choix étant fait, chaque état réel i conduit exactement à N états de E'. On définit ensuite les coefficients $p'(\xi_{ij},\cdot)$ comme égaux aux coefficients $p'(j,\cdot)$ correspondants. Il est clair que l'image de la chaîne de matrice de transition p' par la projection $\xi_{ij}\longmapsto j$ des états fantômes sur les états réels est une chaîne de matrice p. *Le nombre des martingales nécessaires pour développer les v.a. de la nouvelle chaîne (et donc aussi de l'ancienne) est* N, et le nombre des états fantômes ajoutés est $\sum_{i\in E} N-N_i$, mais ce nombre est loin d'être minimal, car chaque état j a été subdivisé plusieurs fois, et on pourrait identifier entre eux des états ξ_{ij} correspondant au même j et à des i différents.

Formules de multiplication

3 Puisque les z^ρ constituent une base des fonctions de deux variables sur l'algèbre des fonctions d'une variable, il existe une formule de la forme

$$z^\rho z^\sigma = \sum_\tau C_\tau^{\rho\sigma} z^\tau \,, \tag{3.1}$$

où les coefficients $C_\tau^{\rho\sigma} = P(z^\rho z^\sigma \bar{z}^\tau)$ sont des fonctions sur E, qui satisfont à des identités exprimant l'associativité (et ici la commutativité) du produit. Ainsi

$$\sum_\pi C_\pi^{\lambda\mu} C_\rho^{\pi\nu} = \sum_\pi C_\rho^{\lambda\pi} C_\pi^{\mu\nu} \,. \tag{3.2}$$

On peut préciser le rôle particulier de l'élément unité $1 = z^0$: on a $C_\tau^{\sigma 0} = C_\tau^{0\sigma} = \delta_\tau^\sigma$, et d'autre part le choix des z^α nous donne $C_0^{\alpha\beta} = \delta^{\alpha\beta}$, *à condition que les fonctions z^α soient réelles, car sinon l'orthogonalité nous donnerait un renseignement sur $\bar{z}^\alpha z^\beta$; nous les supposons réelles désormais.* Nous pouvons obtenir des équations comparables à (1.3) en écrivant dans la formule d'Ito (2.4) que l'application $f \longmapsto f(X_1)$ est un homomorphisme d'algèbres :

$$\begin{aligned} L_0(fg) - fL_0 g - (L_0 f)g &= \sum_\alpha L_\alpha f\, L_\alpha g \\ L_\gamma(fg) - fL_\gamma g - (L_\gamma f)g &= \sum_{\alpha\beta} C_\gamma^{\alpha\beta} L_\alpha f\, L_\beta g \end{aligned} \tag{3.3}$$

Nous allons maintenant nous occuper de la chaîne sous l'aspect du "calcul stochastique quantique", c'est à dire en cherchant à décrire sur la représentation chaotique *l'opérateur de multiplication* par la v.a. $f \circ X_k$, opérateur que nous désignerons par $J_k(f)$. On va procéder par récurrence sur k, à partir de $J_0(f)$ qui multiplie simplement les coefficients par $f \circ X_0$: ceci est l'équivalent discret d'une équation différentielle stochastique quantique.

La première chose est de regarder l'effet de la multiplication par dZ_k^α sur un monôme $dZ_{i_1}^{\alpha_1} \ldots dZ_{i_p}^{\alpha_p}$. Si ce monôme ne contient aucun z_k^β, l'effet de la multiplication est de rajouter le terme dZ_k^α, et ceci correspond à un *opérateur de création* que nous noterons $da^{\alpha+}(k)$. Si le monôme contient dZ_k^β avec $\beta \neq \alpha$, la formule de multiplication fait apparaître tous les termes $C_\gamma^{\alpha\beta}(X_{k-1})dZ_k^\gamma$ à la place de dZ_k^β, et le remplacement de dZ_k^β par dZ_k^γ correspond, suivant le cas, à un *opérateur de nombre ou d'échange* que nous noterons $da_\beta^\gamma(k)$. Enfin, si le terme dZ_k^α figure dans le monôme, le terme $C_0^{\alpha\beta} = \delta^{\alpha\beta}$ de la formule (3.1) fournit un monôme duquel dZ_k^α a disparu, et cela correspond à un *opérateur d'annihilation* $da^{-,\alpha}(k)$. Evans et Hudson ont une jolie notation pour cela : ils notent $da_0^\alpha(k)$ et $da_\alpha^0(k)$ respectivement les opérateurs de création et d'annihilation, et $da_0^0(k)$ l'opérateur qui transforme en 0 tous les monômes contenant un dZ_k^γ et laisse invariants les autres. Avec ces notations, la multiplication par dZ_k^ρ s'écrit toujours $\sum_{\sigma,\tau} C_\tau^{\rho\sigma}(X_{k-1})da_\sigma^\tau(k)$. Alors, compte tenu de (2.4) on a la formule

$$J_k(f) = J_{k-1}(f) + \sum_{\sigma\tau} J_{k-1}(\mu_\tau^\sigma(f))\, da_\sigma^\tau(k) \,, \tag{3.4}$$

où l'on a posé $\mu_\tau^\sigma(f)=\sum_\rho hoL_\rho f C_\tau^{\rho\sigma}$. On a donc une matrice $M(f)$ à coefficients dans A. Et si l'on fait un petit calcul explicite utilisant l'associativité (3.2), la formule (3.4) se transforme en une formule universelle qui ne contient plus les $C_\tau^{\rho\sigma}$

$$(3.5) \qquad \mu_\tau^\sigma(fg) - f\mu_\tau^\sigma(g) - \mu_\tau^\sigma(f)g = \sum_\rho \mu_\tau^\rho(f)\,\mu_\rho^\sigma(g)\,.$$

Cela s'écrit encore $M(fg) - fM(g) - M(f)g = M(f)\,M(g)$, et signifie simplement que $I + M$ est un *homomorphisme de A dans l'algèbre des matrices à coefficients dans A*. C'est précisément cet homomorphisme (ou plutôt sa variante continue) qui définit la structure de bimodule à droite de laquelle se servent Evans et Hudson. Quelle en est la signification ? Tout simplement, l'algèbre des fonctions de deux variables $g(i,j)$ est munie de deux multiplications par les fonctions d'une variable, la multiplication par $f(i)$, et la multiplication par $f(j)$, et les z^σ constituent une base pour cette algèbre considérée comme A-module pour la première multiplication, tandis que $M(f)$ est la matrice dans cette base de la *seconde* multiplication par f. On peut alors vérifier que l'adjoint de la seconde multiplication par f (relativement au produit scalaire à valeurs dans A) est la seconde multiplication par $\bar{f}$; il en résulte que l'on a $\mu_\tau^\sigma(f)=\mu_\sigma^\tau(\bar{f})$.

Le cas des chaînes continues

4 Considérons à présent une chaîne de Markov à temps continu sur l'espace d'états fini E. Les notations standard Ω, $X_t, \ldots$ de la théorie des processus de Markov seront employées sans autre référence. Nous désignons par P_t le semi-groupe de transition, par e_j la fonction sur E qui vaut 1 au point j et 0 ailleurs, par $p_{ij}(t)$ la matrice de transition, de sorte que $P_t e_j = \sum_i e_i p_{ij}(t)$. Nous désignons par A le générateur, par a_j la fonction $Ae_j=\sum_i e_i a_{ij}$ (ainsi $a_{ii}=-q_i$, $a_{ij}=q_{ij}$ pour $i\neq j$ avec les notations classiques des chaînes de Markov) . Nous supposerons encore pour simplifier que tous les a_{ij} sont différents de 0. Le noyau de Lévy N est donné par $n_{ij}=a_{ij}$ pour $i\neq j$, $n_{ii}=0$.

Toutes les f.a. martingales sont de la forme

$$(4.1) \qquad S_g(t) = \sum_{s\le t,\,\Delta X_s\neq 0} g(X_{s-},X_s) - \int_0^t Ng(X_{s-})\,ds$$

L'espace des fonctionnelles additives martingales peut donc s'identifier à l'espace des fonctions $g(i,j)$ de deux variables sur $E\times E$, nulles sur la diagonale. Comme plus haut, recherchons des martingales Z_t^α de la forme S_{z^α}, telles que l'on ait

$$<\overline{Z}^\alpha, Z^\beta>_t = \delta^{\alpha\beta}t$$

Sur les fonctions z^α, cela s'écrit $\sum_j n(i,j)\,\bar{z}^\alpha(i,j)z^\beta(i,j)=\delta^{\alpha\beta}$, et on se retrouve devant le même genre de problèmes que pour les noyaux discrets, mais pour des fonctions nulles sur la diagonale. Comme tous les $a(i,j)$ sont différents de 0, on peut encore trouver ν telles fonctions. Biane a démontré que toute v.a. admet effectivement un développement chaotique par rapport aux Z^α : nous renvoyons pour cela, et pour la formule d'Isobe–Sato, etc, à la note jointe à celle-ci.

Nous allons faire un choix explicite de ces martingales. Nous désignons d'abord par F^{uv} la martingale (4.1) correspondant à $g(i,j) = e_u(i)e_v(j)$ avec $u \neq v$. Deux martingales relatives à deux couples différents ont un crochet droit nul, et pour $u=v$ on a

$$d[F^{uv},F^{uv}]_t = n(u,v)e_u \circ X_t\,dt + dF_t^{uv} \quad ; \quad d<F^{uv},F^{uv}>_t = n(u,v)e_u \circ X_t\,dt$$

Posons ensuite $M^{uv} = F^{uv}/\sqrt{n(u,v)}$; cette fois le crochet oblique est simplement $e_u \circ X_t\,dt$, et le crochet droit est

$$d[M^{uv},M^{uv}]_t = e_u \circ X_t\,dt + dM_t^{uv}/\sqrt{n(u,v)}$$

Posons enfin (l'ensemble E étant maintenant identifié, suivant Biane, au groupe des entiers (mod $\nu+1$) et α ne prenant pas la valeur 0)

$$Z^\alpha = \sum\nolimits_i M^{i,i+\alpha}\ . \tag{4.2}$$

Nous alons alors une base (réelle) de l'espace des martingales. De plus, nous avons en posant $v_\alpha(i) = 1/\sqrt{n(i,i+\alpha)}$

$$d[Z^\alpha,Z^\alpha]_t = dt + v_\alpha(X_{t-})\,dZ_t^\alpha\ , \tag{4.3}$$

tous les autres crochets étant nuls. On est donc amené à introduire des coefficients $C_\alpha^{\alpha\alpha} = v_\alpha(\cdot)$, tous les autres $C_\gamma^{\alpha\beta}$ étant nuls, auxquels on ajoute comme dans le cas discret $dZ_t^0 = dt$, $L_0 = A$ $C_\tau^{\alpha 0} = C_\tau^{0\alpha} = \delta_\tau^\alpha$, et $C_0^{00} = 0$ D'autre part, dans la formule d'Ito

$$f(X_t) = f(X_0) + \int_0^t L_0 f(X_s)\,ds + \sum_\alpha \int_0^t L_\alpha f(X_{s-})\,dZ_s^\alpha\ ,$$

nous pouvons calculer les opérateurs L_α

$$L_\alpha f(i) = \sum\nolimits_j n(i,j)\,z^\alpha(i,j)(f(j)-f(i)) = \sqrt{n(i,i+\alpha)}\,(f(i+\alpha)-f(i))\,.$$

Comme nous l'avons fait dans le cas discret, nous allons calculer les opérateurs de multiplication $J_t f$ par la v.a. $f \circ X_t$. Ici nous aurons une vraie équation différentielle stochastique gouvernée par les différentielles $da_0^\alpha(t)$ et $da_\alpha^0(t)$ des opérateurs de création et d'annihilation, $da_\beta^\alpha(t)$ des opérateurs de nombre et d'échange, et $da_0^0(t) = I\,dt$ (en tout, cela fait des $da_\sigma^\rho(t)$, ces indices pouvant prendre la valeur 0), obéissant à la table de multiplication

$$da_\rho^\pi(t)\,da_\tau^\sigma(t) = \widehat{\delta}_\rho^\sigma\,da_\tau^\pi(t)\ , \tag{4.4}$$

le symbole de Kronecker modifié $\widehat{\delta}$ étant tel que $\widehat{\delta}_0^0 = 0$. Ces opérateurs seront présentés plus en détail dans l'exposé III.

Cette équation différentielle stochastique en réalité ne fait qu'exprimer la formule d'intégration par parties ordinaire pour les intégrales stochastiques, avec son terme supplémentaire provenant du crochet droit, donné par la formule (4.3). Pour la clarté, conservons à celle-ci, pour un instant, sa forme générale

$$d[Z^\alpha, Z^\beta]_t = \delta^{\alpha\beta}dt + \sum_\gamma C_\gamma^{\alpha\beta}(X_{t-})dZ_t^\gamma .$$

Alors nous aurons

$$dJ_t(f) = \sum_{\sigma,\tau} J_t(\mu_\tau^\sigma(f))da_\sigma^\tau(t) \quad ;$$

avec $\mu_\tau^\sigma(f) = \sum_\rho L_\rho(f)C_\tau^{\rho\sigma}$. Dans le cas présent, la formule s'écrit

$$(4.5) \qquad dJ_t(f) = J_tL_0(f)dt + \sum_\alpha J_tL_\alpha(f)dQ_t^\alpha + \sum_\alpha J_t(T_\alpha f - f)da_\alpha^\alpha(t) ,$$

où dQ^α représente comme d'habitude la somme du créateur et de l'annihilateur correspondants, et où $T_\alpha f(i) = f(i+\alpha)$ est une translation sur le groupe des entiers mod $\nu+1$ Seuls les opérateurs de nombre interviennent, non ceux d'échange. On voit alors se réaliser la remarque fondamentale d'Evans–Hudson : ici encore, si l'on désigne par $M(f)$ la matrice des μ_τ^σ, l'application $f \longmapsto fI + M(f)$ est un homomorphisme (un $*$–homomorphisme même) de l'algèbre des fonctions d'une variable dans l'algèbre des fonctions de deux variables : il s'agit ici de la diagonale formée de tous les homomorphismes $f \longmapsto T_\sigma f$ de $\mathcal{A}$ dans elle même.

A quoi correspond cet homomorphisme du point de vue probabiliste ? Considérons l'algèbre $\mathcal{B}$ des fonctions $g(i,j)$ de deux variables, que nous considérons comme algèbre sur $\mathcal{A}$ pour l'opération $f\cdot g = J_0(f)g$ de multiplication par $f(i)$ (la première variable). Désignons par $\mathrm{Diag}(g)$ la partie diagonale de g. Munissons $\mathcal{B}$ du produit scalaire $\mathcal{A}$–*bilinéaire* à valeurs dans $\mathcal{A}$

$$(g,h) = N((g - \mathrm{Diag}\, g)(h - \mathrm{Diag}\, h))$$

et par $\mathbf{1}$ la fonction 1. Du point de vue probabiliste, nous associons à g la fonctionnelle additive

$$F_g(t) = S_g(t) + \int_0^t \mathrm{Diag}\, g(X_s, X_s)ds .$$

Le crochet oblique de F_g et F_h est une f.a. prévisible, correspondant à la diagonale $(g,h)_i$. Le crochet droit de deux f.a. martingales S_g et S_h est aussi une f.a., représentée par le produit ordinaire gh hors de la diagonale, et par le crochet oblique (g,h) sur la diagonale. Il existe alors une multiplication associative et $\mathcal{A}$–linéaire $\times$ sur $\mathcal{B}$ pour laquelle 1) la fonction $\mathbf{1}$ est élément unité, 2) Le produit de deux fonctions nulles sur la diagonale est la fonction associée au crochet droit (l'associativité du crochet droit a déjà été soulignée par Accardi). On peut dire cela autrement : appelons "produit de Wick" et notons : le produit ordinaire des fonctions de deux variables. Alors si g et h sont nulles sur la diagonale on a

$$g \times h = g : h + (g,h)\mathbf{1} ,$$

ce qui souligne l'analogie avec le produit de Wiener, de Clifford, etc.

Les fonctions diagonales forment un idéal, et l'algèbre quotient est l'algèbre des fonctions nulles sur la diagonale, avec la multiplication ordinaire. La matrice $M(f)$ est la matrice, dans la base formée de $\mathbf{1}$ et des z^{α}, de la multiplication par la fonction $f(j)-f(i)$, nulle sur la diagonale : si l'on se restreint à la sous-algèbre des fonctions nulles sur la diagonale, il est clair que $J_0 f + M(f)$ est tout simplement l'opérateur $J_1 f$ de multiplication par $f(j)$, la seconde variable. Il est donc clair que c'est un homomorphisme.

REMARQUE. Comme dans le cas discret, si le nombre N_i des états $j \neq i$ tels que $n_{ij} > 0$ n'est pas constant, on peut subdiviser les états en états fantômes tels que cette propriété soit satisfaite. Cela revient à grossir la filtration en "ajoutant de l'aléatoire" en cours de route, opération familière en théorie des processus.

Commentaire du Séminaire (M. Emery). La partie de cet exposé qui concerne l'existence d'une famille de ν martingales discrètes (Z_n^{α}) possédant la propriété de représentation chaotique n'a rien à voir avec les chaînes de Markov, mais s'applique à toute filtration discrète $(\mathcal{F}_n)$, telle que l'on passe de $\mathcal{F}_n$ à $\mathcal{F}_{n+1}$ en partageant chaque atome de $\mathcal{F}_n$ en $\nu+1$ atomes (tous de mesure >0).

REFERENCES

[1] ACCARDI (L.), FRIGERIO (A), LEWIS (J.). Quantum Stochastic Processes. *Proc. RIMS Kyoto*, 18, 1982, p. 97–133.

[2] EVANS (M.P.) et HUDSON (R.L.). Perturbation of Quantum diffusions, *Preprint*, University of Nottingham, 1988.

[3] HU (Y.Z), MEYER (P.A.). *Sém. Prob. XXII*, Lect. Notes in M. 1321, p. 61. Springer 1988.

[4] SAUVAGEOT (J.L.). Tangent bimodule and locality for dissipative operators in C^*-algebras, *Prépublication*, Laboratoire de Probabilités, Paris VI, 1988. Pour rédiger cet exposé, nous avons surtout utilisé la thèse (non publiée) de M.P. EVANS, "Quantum Diffusions".

Institut de Recherche Mathématique Avancée,

7 rue René Descartes, F-67084 Strasbourg-Cedex

Séminaire de Probabilités
1989/90

DIFFUSIONS QUANTIQUES II. EXEMPLES ÉLÉMENTAIRES (SUITE)

REPRÉSENTATIONS CHAOTIQUES EN TEMPS CONTINU

par P.A. Meyer

Cet exposé est la suite de l'exposé I, mais en fait il n'a pas grand chose à voir avec les diffusions quantiques, et peut être lu indépendamment. Il présente la solution que Biane a donnée au problème des représentations chaotiques pour les chaînes de Markov finies (en temps continu) — solution qui donne en même temps une dmonstration unifiée des théorèmes de représentation chaotique déjà connus. L'article de Biane, intitulé *Chaotic representations for finite Markov chains*, sera publié dans *Stochastics*.

Nous allons commencer par présenter la méthode de manière formelle, puis nous la justifierons rigoureusement dans les cas particuliers considérés.

Considérons un processus de Markov (X_t) sur un espace d'états E : son semi-groupe s'appelle (P_t), son générateur A, et on suppose qu'il existe ν (un nombre fini !) martingales fonctionnelles additives Z^α, possédant les propriétés $< Z^\alpha, Z^\beta > = \delta^{\alpha\beta} t$, et constituant une base de martingales pour la représentation prévisible. Toute martingale de la forme

$$M_f(t) = f \circ X_t - f \circ X_0 - \int_0^t Af \circ X_s \, ds \tag{1}$$

admet donc une représentation prévisible au moyen des Z^α, et les processus prévisibles intervenant dans la représentation sont de la forme $g_\alpha \circ X_{t-}$ (théorème de Motoo). On pose $g_\alpha = L_\alpha f$, et on suppose que, au moins sur un bon domaine, $L_\alpha f$ est un opérateur linéaire à valeurs dans les vraies fonctions et non les classes de fonctions. Ainsi, on peut écrire une "formule d'Ito"

$$f \circ X_t = f \circ X_0 + \sum_\alpha \int_0^t L_\alpha f \circ X_{s-} \, dZ_s^\alpha + \int_0^t Af \circ X_s \, ds \, . \tag{2}$$

Nous nous permettrons d'alléger la notation, en omettant (provisoirement) le symbole de limite à gauche dans les i.s.. D'après (2) le crochet oblique de deux martingales M_f et M_g est absolument continu par rapport à dt, ce qui signifie que le semi-groupe admet un *opérateur carré du champ* $\Gamma(f,g)$ et l'on sait diagonaliser celui-ci

$$\Gamma(f,g) = A(fg) - f(Ag) - (Af)g = \sum\nolimits_\alpha L_\alpha f \, L_\alpha g \, . \tag{3}$$

Un passage sans difficulté théorique permet de passer de (2) à une "formule d'Ito" pour fonctions $f(t, X_t)$, puis d'obtenir la formule qui sera notre vrai point de départ, en considérant la martingale $P_{t-s} f \circ X_s$ sur $[0,t]$

$$f \circ X_t = P_t f \circ X_0 + \sum_\alpha \int_0^t L_\alpha P_{t-s} f \circ X_s \, dZ_s^\alpha \tag{4}$$

Itérons cette formule — c'est le procédé habituel pour passer formellement de la représentation prévisible à la représentation chaotique, avec cependant la nouveauté que les coefficients du développement dépendent de X_0

$$f\circ X_t = P_t f\circ X_0 + \sum_{\alpha} \int_{t>s_1} P_{s_1} L_\alpha P_{t-s_1} f\circ X_0 \, dZ^\alpha_{s_1}$$
$$+ \sum_{\alpha,\beta} \int_{t>s_1>s_2} L_\beta P_{s_1-s_2} L_\alpha P_{t-s_1} f\circ X_{s_0} \, dZ^\alpha_{s_1} dZ^\beta_{s_2}$$

Le dernier terme est une intégrale stochastique itérée, mais on peut le considérer comme une intégrale multiple de processus à deux variables $f(s_1, s_2, \omega)$ sur le simplexe décroissant, mesurable par rapport à sa dernière variable. En recommençant l'itération on obtient la *formule d'Isobe-Sato* (ou de Veretennikov-Krylov) qui fournit un développement chaotique formel de la v.a. $f\circ X_t$, et dire que ce développement converge dans L^2 revient à dire que le reste ρ_n tend vers 0 :

$$\rho_n = \sum_{\alpha_1,\alpha_2\dots,\alpha_n} \int_{t>s_1>s_2\dots>s_n} L_{\alpha_n} P_{s_{n-1}-s_n} \dots L_{\alpha_1} P_{t-s_1} f\circ X_{s_n} \, dZ^{\alpha_1}_{s_1} \dots dZ^{\alpha_n}_{s_n} .$$

Tous les termes composant ce reste sont orthogonaux, et le carré de la norme L^2 du reste est l'intégrale, par rapport à la loi initiale, de la fonction

$$(5) \qquad R_n = \sum_{\alpha_1,\alpha_2\dots,\alpha_n} \int_{t>s_1>s_2\dots>s_n} P_{s_n}\big((L_{\alpha_n} P_{s_{n-1}-s_n} \dots L_{\alpha_1} P_{t-s_1} f)^2 \big) ds_1 \dots ds_n .$$

Démontrer que cette fonction tend vers 0 sur E (nous nous en occuperons dans un instant) montrera que la v.a. $f\circ X_t$ admet un développement chaotique sous toute loi initiale μ, avec des coefficients dépendant de X_0. Mais ici nous remarquons que l'espace des v.a. admettant un développement chaotique est toujours fermé dans L^2, et il suffit donc de prouver que le reste tend vers 0 pour des fonctions f formant un ensemble dense dans $L^2(\mu P_t)$.

Ensuite, il est très facile de voir que si le développement chaotique est établi pour les v.a. $f\circ X_t$, il est valable aussi pour les v.a. de la forme $f_1\circ X_{t_1} \dots f_n\circ X_{t_n}$. En effet, il suffit de procéder par récurrence : par translation, la v.a. $f_n\circ X_{t_n}$ admet un développement chaotique sur l'intervalle $[t_{n-1}, t_n]$, avec des coefficients dépendant de $X_{t_{n-1}}$; on multiplie les coefficients par $f_1\circ X_{t_1} \dots f_{n-1}\circ X_{t_{n-1}}$ et on utilise l'hypothèse de récurrence pour les développer sur $[0, t_{n-1}]$ avec des coefficients dépendant de X_0, et on remet le tout ensemble.

Le principe de la méthode étant posé, examinons les applications.

Processus de Poisson. On a ici $E = \mathbb{R}$, $X_t = cN_t$ où N est un processus de Poisson d'intensité λ ; le générateur est $Af(x) = \lambda(f(x+c) - f(x))$, et on prend comme martingale génératrice le Poisson compensé $Z_t = c(N_t - \lambda t)$. L'opérateur L correspondant est donné par $Lf(x) = \frac{1}{c}(f(x+c) - f(x))$, de norme $m = 2/c$. Si f est bornée par 1, R_n est borné par $m^{2n}/n!$ (le dénominateur venant de l'intégration sur le simplexe), qui tend bien vers 0.

Mouvement brownien. Le générateur est $\frac{1}{2}\Delta$ et les L_α sont les opérateurs de dérivation D_α, leur nombre étant la dimension ν de l'espace. Le nombre de termes dans R_n est ν^n, et si l'on prend pour f une exponentielle complexe $e^{iu\cdot x}$, chaque P_t multiplie f par un facteur $e^{-t|u|^2/2}$ de module ≤ 1, et chaque L_α par un facteur iu_α de module $\leq |u|$. D'où une majoration de R_n de la forme $t^n\nu^n u^{2n}/n!$, qui tend vers 0.

Yor m'a fait remarquer qu'il serait encore plus simple de prendre pour f un polynôme, le reste étant alors nul à partir d'un certain rang, et que cette méthode s'applique alors aussi aux martingales du type d'Azéma pour les "bonnes" valeurs du paramètre (voir plus loin). Bien sûr, cela déplace la difficulté vers la densité des polynômes dans $L^2(\mu P_t)$ (problème qui mériterait d'ailleurs un exposé dans l'esprit du théorème de représentation prévisible pour les martingales et du th. de Douglas).

Chaînes de Markov continues. Ceci est l'application vraiment nouvelle. Nous prenons pour E un ensemble fini à N points, et nous considérons une matrice de transition $p_t(i,j)$. Le générateur est une matrice $A = a(i,j)$ à coefficients négatifs sur la diagonale, positifs hors de la diagonale. Le système de Lévy (relativement à dt) est donné par la matrice $N = n(i,j)$ nulle sur la diagonale, et égale à $a(i,j)$ hors de la diagonale. Pour toute fonction h sur $E \times E$ nulle sur la diagonale on sait construire une martingale de la forme

$$S_h(t) = \sum_{s\leq t,\, \Delta X_s\neq 0} h(X_{s-}, X_s) - \int_0^t Nh(X_{s-})\,ds$$

où l'on rappelle que $Nh(i)=\sum_j n(i,j)h(i,j)$. Le crochet oblique de deux telles martingales est donné par

$$d< S_h, S_k>_t = N(hk)\circ X_t\, dt\,.$$

Enfin, ces martingales engendrent toutes les autres par intégrales stochastiques prévisibles. Ainsi, il s'agit de trouver des fonctions $z^\alpha(i,j)$ telles que $\sum_j n(i,j)\,z^\alpha(i,j)z^\beta(i,j) = \delta^{\alpha\beta}$. Ceci est trivial (par le procédé d'orthogonalisation de Schmidt) à condition que le nombre $\nu(i)$ des points j tels que $n(i,j)\neq 0$ soit indépendant de i, et ce nombre ν est alors celui des martingales de la base. Cette construction étant faite, il est clair que tous les opérateurs L_α sont bornés; désignant par m un majorant de leurs normes, on a pour R_n une majoration du type $t^n\nu^n m^{2n}/n!$ et c'est fini. On trouvera plus de détails sur les chaines de Markov continues dans l'autre exposé.

Il est clair que les majorations du reste que l'on utilise sont grossières, et qu'il faut d'une manière ou d'une autre revenir de majorations individuelles concernant les L_α à une majoration globale utilisant l'opérateur carré du champ Γ : on pourra alors traiter des décompositions chaotiques comportant un nombre infini de martingales fondamentales, ce qui est la situation normale.

Processus à accroissements indépendants. Ito a mis en évidence une forme de représentation chaotique pour tous les processus à accroissements indépendants (*cf.* p. 249–259 des *Selected papers*). Cette décomposition peut aussi se rattacher aux méthodes ci-dessus.

Considérons un processus (X_t) à accroissements indépendants et stationnaires, à valeurs dans $\mathbb{R}$ pour simplifier. Soit $\mathcal{E}$ l'espace vectoriel engendré par les exponentielles $e_u(x)= e^{iux}$, de sorte que $P_t e_u = e^{t\psi(u)}e_u$, le générateur A étant donné par $Ae_u = \psi(u)e_u$. L'opérateur carré du champ (bilinéaire, non hermitien) satisfait alors à

$$\Gamma(\overline{e_u}, e_v) = (\psi(v-u) - \psi(v) - \psi(-u))e_{v-u} \,.$$

Introduisons les martingales

$$M_t(e_u) = e_u(X_t) - e_u(X_0) - \int_0^t e_u(X_s)\,ds$$

puis les intégrales stochastiques $dZ_t(e_u) = e_u(X_{t-})\,dM_t(e_u)$, et prolongeons l'application $e_u \longmapsto Z(e_u)$ par linéarité à l'espace $\mathcal{E}$. Un calcul très simple montre que le crochet oblique (bilinéaire) de deux martingales de la forme $Z(e_u)$ est déterministe

$$d\!<\overline{Z}(e_u), Z(e_v)>_t = (\psi(v-u) - \psi(v) - \psi(-u))\,dt = <e_u, e_v>dt.$$

où le produit scalaire hermitien à droite est celui qui est associé à la fonction de type négatif ψ. Désignons alors par e^α une base orthonormale de l'espace préhilbertien complexe $\mathcal{E}$ et posons $Z^\alpha = Z(e^\alpha)$. Il est facile de vérifier, en utilisant le th. de Kunita–Watanabe, que ces martingales forment une base pour la représentation prévisible, et le problème est d'établir la représentation chaotique, en étudiant le reste de la formule d'Isobe–Sato.

Nous faisons maintenant un calcul formel sur ce reste (5). Nous allons d'abord nous simplifier la vie en utilisant un opérateur carré du champ bilinéaire comme d'habitude, plutôt qu'hermitien. Ensuite, nous utiliserons le fait que les L_α commutent avec les P_t pour regrouper tous les opérateurs du semi-groupe à gauche, et il nous reste alors à évaluer quelque chose du genre

$$\int_{t>s_1\ldots>s_n} ds_1\ldots ds_n\, P_{s_n}(\Gamma_n(h,k))$$

où l'on a posé $k = P_{t-s_n}f$, $h = \bar{k}$, et où les opérateurs carrés du champ itérés valent (du fait de la commutation des L_α et de A !)

$$\Gamma(f,g) = \sum_\alpha L_\alpha(f)L_\alpha(g) = A(fg) - fAg - (Af)g$$

$$\Gamma_2(f,g) = \sum_{\alpha,\beta} L_\alpha L_\beta(f)\,L_\alpha L_\beta(g) = A\Gamma(fg) - \Gamma(Af,g) - \Gamma(f,Ag)$$

$$\Gamma_3(f,g) = \sum_{\alpha,\beta,\gamma} \ldots = A\Gamma_2(fg) - \Gamma_2(Af,g) - \Gamma_2(f,Ag)$$

$$\cdots\cdots\cdots$$

Il nous suffit de montrer que le reste de la formule d'Isobe–Sato tend vers 0 lorsque f est une exponentielle e_u. L'effet de A ou de P_s sur une telle exponentielle est de la multiplier par une constante, de module $M(u)$ dans le premier cas, et au plus égal à 1 dans le second. D'autre part, si l'on développe les expressions ci-dessus, les seules exponentielles qui apparaissent sont e_u, e_{-u} et 1. Enfin, le nombre total de termes dans Γ_n est 3^n. En définitive, on retombe donc sur le même genre de majorations que précédemment. Notre raisonnement n'est pas entièrement rigoureux, quant à la justification de l'expression donnée au reste.

Martingales d'Azéma. La méthode de Biane peut aussi mener à la propriété de représentation chaotique pour les martingales du type d'Azéma dans le bon intervalle de valeurs du paramètre. En effet, si X_t est la solution de l'équation de structure d'Emery $d[X,X]_t = dt + (1+\gamma)dX_t$, la martingale X est elle même un processus de Markov, possède la propriété de représentation prévisible dans la filtration qu'elle engendre, et les opérateurs A et L sont donnés par

$$Lf(x) = \frac{f(\gamma x) - f(x)}{cx}\ , \quad Af(x) = \frac{f(\gamma x) - f(x) - \gamma f'(x)}{c^2 x^2}\ ,$$

où $c = \gamma - 1$. Ces deux opérateurs appliquent dans lui même l'espace des polynômes de degré n, le premier en diminuant le degré d'une unité et le second de deux; le semi-groupe lui même préserve donc cet espace, et on en déduit que le reste de la formule d'Isobe-Sato est nul au bout d'un certain nombre d'itérations. Si les polynômes sont denses dans L^2 (ce qui est le cas dans le bon intervalle $\gamma \in [-2,0]$), la propriété de développement chaotique est immédiate.

Université de Strasbourg 1988/89
Séminaire de Probabilités

DIFFUSIONS QUANTIQUES III : THÉORIE GÉNÉRALE

par P.A. Meyer

Université Louis-Pasteur, Strasbourg

Cet exposé ne prétend pas donner une idée complète du sujet, qui est en plein développement — d'ailleurs, le titre lui même est remis en question : Parthasarathy a fait remarquer très justement qu'il s'agit de *flots* quantiques (analogues aux flots d'équations différentielles stochastiques) et non de *diffusions* quantiques (analogues à des processus de Markov donnés par leurs générateurs). Le premier paragraphe présente (pour la première fois dans ces exposés) une version détaillée du calcul stochastique sur l'espace de Fock multiple. C'est une digression par rapport au but principal, et il n'est pas nécessaire de l'avoir lu en détail pour passer au paragraphe suivant.

§1. ESPACE DE FOCK MULTIPLE

Opérateurs fondamentaux. Il nous faut d'abord, avec plus de détails que dans l'exposé I, développer la théorie de l'espace de Fock multiple avec les opérateurs de nombre et d'échange, et décrire les intégrales stochastiques quantiques. La théorie n'est pas plus difficile que celle de l'espace de Fock simple, mais elle utilise un *système de notation* différent, qu'il importe de bien maîtriser.

Nous désignons par Φ l'espace de Fock construit sur $L^2(\mathbb{R}_+, \mathcal{G})$, où $\mathcal{G}$ est un espace de Hilbert complexe de dimension ν, finie ou infinie dénombrable (nous appellerons ν la *multiplicité* de Φ). La lettre $\mathcal{G}$ n'apparaîtra presque pas dans la suite, car nous nous empresserons de choisir une base orthonormale de cet espace, numérotée par un indice α variant de 1 à ν, ce qui identifie le premier chaos de Φ à une somme directe de ν copies de $L^2(\mathbb{R}_+)$. On peut écrire les éléments du premier chaos comme des "intégrales stochastiques"

$$\int u(s)\cdot d\mathbf{X}(s) = \sum_\alpha \int u_\alpha(s)\,dX^\alpha(s)\ .$$

où les courbes X^α de l'espace de Fock seront conçues, dans l'interprétation de Wiener, comme des mouvements browniens indépendants, en nombre ν, définis sur un espace de Wiener Ω. Cela donne un sens immédiat aux notations $\Phi_{t]}$ et $\Phi_{[t}$, espaces L^2 associés aux tribus du passé et du futur.

Le développement chaotique des vecteurs de Φ a été présenté, pour le cas où $\nu=2$, dans le *Sém. Prob. XXII*, p. 101. Le cas des espaces de Fock de multiplicité finie n'en diffère pas essentiellement : on a un développement chaotique s'écrivant, en notation courte, sous la forme

$$f = \int \hat{f}(A_1, \ldots, A_\nu)\, dX^1_{A_1} \ldots dX^\nu_{A_\nu} .$$

Dans le cas infini, on voit apparaître tous les monômes différentiels $\prod_\alpha dX^\alpha_{A_\alpha}$, où les A_α sont des parties finies de $\mathbb{R}_+$ ne différant de $\emptyset$ que pour un nombre fini d'indices. On regroupe ces monômes différentiels en chaos suivant leur degré $\sum_i |A_{\alpha_i}|$, et à l'intérieur d'un même chaos en intégrales multiples orthogonales, suivant le vecteur des α_i tels que $A_i \neq \emptyset$. Si ν est infini il y a dans chaque chaos une infinité d'intégrales multiples.

REMARQUE. La "notation courte" peut maintenant sembler trop longue! En voici une qui dit la même chose en moins de place. Désignons par Π l'ensemble des applications π définies sur une partie finie $A = \mathrm{dom}(\pi)$ de $\mathbb{R}_+$, à valeurs dans l'ensemble $\{1, \ldots, \nu\}$; la donnée de π équivaut à celle de la partition de A en les ensembles disjoints $A_i = \pi^{-1}(i)$, et remplace donc celle de tous les arguments de f ci-dessus. Nous pouvons poser aussi $|\pi| = |A|$, et désigner par dX^π ou $dX(\pi)$ l'élément différentiel correspondant. Le graphe de π est une partie finie de l'ensemble $E = \mathbb{R}_+ \times \{1, \ldots, \nu\}$, que nous munirons du produit de la mesure de Lebesgue par la mesure de comptage; inversement presque toute partie finie de E est le graphe d'une application π, donc $\Pi = \mathcal{P}(E)$ aux ensembles de mesure nulle près et cela définit par transport une mesure $d\pi$ sur Π. La notation "ultracourte" pour les espaces de Fock multiples est finalement $f = \int_\Pi f(\pi) dX(\pi)$, avec une norme au carré égale à $\int_\Pi |f(\pi)|^2 d\pi$.

On peut aussi permettre aux applications π de prendre la valeur 0, mais bien entendu la formule donnant la norme de f cesse alors d'être exacte.

Nous passons aux opérateurs fondamentaux (en restant d'abord dans le cas familier $\nu < \infty$). Nous commençons par décrire l'effet, sur un monôme différentiel $\prod_\alpha dX^\alpha_{A_\alpha}$, d'un opérateur de nombre ou d'échange $da^\beta_\alpha(t)$ à l'instant t : on examine si la "variable" dX^α_t figure dans le monôme; si elle y est, l'opérateur lui substitue dX^β_t ; si elle n'y est pas, l'opérateur tue le monôme. Le cas des opérateurs *de nombre* correspond à $\alpha = \beta$, celui des opérateurs *d'échange* à $\alpha \neq \beta$. En abrégé, on a

$$da^\beta_\alpha(t) dX^\gamma_t = \delta^\gamma_\alpha dX^\beta_t .$$

Pour les opérateurs bien connus de création et d'annihilation, nous introduisons la très commode notation d'Evans. Nous convenons que

$$dX^0_t = dt$$

et nous notons $da^0_\alpha(t)$ l'opérateur d'annihilation correspondant à l'indice α, conçu comme un opérateur d'échange qui substitue dt à dX^α_t (si cette variable est présente dans le monôme). De même, l'opérateur de création à l'instant t correspondant à l'indice α sera noté $da^\alpha_0(t)$; il rajoute la variable dX^α_t dans le monôme si *l'instant* t n'y figure pas, et tue le monôme s'il y figure. Cet opérateur satisfait à

$$da^\alpha_0(t) dX^\gamma_t = 0 \quad ; \quad da^\alpha_0(t) \mathbf{1} = dX^\alpha_t .$$

Enfin, on pose $da^0_0(t) = dt\, I$. Convenons maintenant que des indices grecs du type $\rho, \sigma, \tau \ldots$ prennent les valeurs $1, \ldots, \nu$ *et en outre la valeur* 0, interdite aux indices notés $\alpha, \beta, \gamma \ldots$. Les opérateurs $da^\sigma_\rho(t)$ satisfont alors aux relations d'Evans

$$(1) \qquad da^\sigma_\rho(t) dX^\tau(t) = \hat{\delta}^\tau_\rho dX^\sigma(t) \quad ; \quad da^\sigma_\rho(t) da^\varphi_\tau(t) = \hat{\delta}^\varphi_\rho da^\sigma_\tau(t)$$

dans lesquelles le symbole d'Evans $\hat{\delta}^\sigma_\rho$ diffère du symbole de Kronecker usuel par la relation $\delta^0_0 = 0$.

Dans le cas $\nu = \infty$ les opérateurs sont définis exactement de la même manière : la différence entre les cas fini et infini ne tient pas aux notations, mais à l'existence d'une bonne théorie des *noyaux de Maassen* dans le cas fini (voir dans ce volume l'exposé de A. Dermoune), tandis que la théorie des noyaux n'a pas encore été développée dans le cas infini.

Il faut peut être noter que par rapport aux articles d'Evans, Hudson, Parthasarathy... notre notation X^α_t avec indice en haut amène une interversion des indices pour les opérateurs — ce qui n'est important que pour le couple création–annihilation.

Intégrales stochastiques d'opérateurs. Nous allons maintenant décrire les intégrales stochastiques de familles d'opérateurs adaptés — rapidement, car la théorie a déjà été exposée dans le cas $\nu = 1$ (*cf. Sém. Prob. XX*, p. 286–296, auquel nous renvoyons pour les motivations, etc.).

Nous nous donnons un "espace initial" $\mathcal{J}$, et formons le produit tensoriel hilbertien $\Psi = \mathcal{J} \otimes \Phi$ avec l'espace de Fock ; cela donne un sens immédiat à Ψ_t et $\Psi_{[t}$. Du point de vue probabiliste, ceci est un espace de variables aléatoires vectorielles de carré intégrable sur l'espace de Wiener Ω. Tout naturellement, nous pouvons multiplier une v.a. vectorielle $U \in \Psi$ par une v.a. scalaire $V \in \Phi$ (produit de Wiener); en fait nous n'utiliserons ce produit que lorsque $U \in \Psi_t$ (v.a. antérieure à t) et $V \in \Phi_{[t}$ (postérieure à t, donc indépendante de U). Le produit est alors indépendant de toute interprétation probabiliste, et exprime la structure de produit tensoriel continu de Ψ. Nous identifions $j \in \mathcal{J}$ à $j \otimes \mathbf{1} \in \Psi_0$, et supprimons tous les signes $\otimes$ possibles. Les vecteurs de Ψ ont eux aussi un développement chaotique, mais à coefficients dans $\mathcal{J}$.

Nous nous proposons de définir des intégrales stochastiques faisant intervenir à la fois tous les opérateurs fondamentaux

$$(2) \qquad I_t = I_t(H) = \sum_{\rho,\sigma} \int_0^t H^\rho_\sigma(s)\, da^\sigma_\rho(s) \,,$$

où H est une matrice d'opérateurs adaptés.

Plutôt que l'habituelle approximation par les fonctions étagées (*cf.* la théorie de l'espace de Fock simple dans le *Sém. Prob. XX)*, nous présenterons les intégrales stochastiques au moyen d'une formule d'intégration par parties — l'intégrale stochastique appliquée à un vecteur exponentiel apparait alors directement comme la solution d'une é.d.s. de type classique. Nous ferons d'abord des calculs formels, puis nous nous occuperons de majorer des normes, etc.

Nous allons définir d'abord le processus I_tF_t où (F_t) est un processus de vecteurs (martingale) dans Ψ

$$(3) \qquad F_t = j + \sum_\alpha \int_0^t f_\alpha(s) dX^\alpha(s) \,, \quad (j \in \mathcal{J}) \,.$$

Nous imposons au processus de vecteurs I_tF_t la relation

$$d(I_tF_t) = I_t dF_t + (dI_t)F_t + dI_t dF_t$$

En décomposant $F_t = F_t \otimes \mathbf{1}_{[t}$ et en utilisant l'adaptation des opérateurs, cela s'écrit

$$(4)\quad d(I_tF_t) = \sum_\alpha I_t(f_\alpha(t))dX^\alpha(t) + \sum_{\rho,\sigma} H^\rho_\sigma(t)F(t)\,da^\sigma_\rho(t)\mathbf{1} + \sum_{\rho,\sigma,\alpha} H^\rho_\sigma(t)f_\alpha(t)\,da^\sigma_\rho(t)dX^\alpha_t\,.$$

Si l'on ajoute à cela la relation

$$I_tF_t(j) = \sum_{\rho,\sigma}\int_0^t H^\rho_\sigma(s)j\,da^\sigma_\rho(s)\mathbf{1} = \sum_\sigma \int_0^t H^0_\sigma(s)j\,dX^\sigma_s\,,$$

on peut en principe définir l'intégrale stochastique de $F(t)$ à partir de celles des $f_\alpha(t)$, ce qui permet de procéder par récurrence sur les chaos, méthode lourde, mais parfois indispensable. Mais si l'on prend pour F_t une martingale exponentielle, que nous noterons par économie $F_t = \mathcal{E}_t(ju)$ au lieu de $j \otimes \mathcal{E}_t(u)$), F_t est solution de l'équation

$$(5)\qquad \mathcal{E}_t(ju) = j + \sum_\alpha \int_0^t u_\alpha(s)\mathcal{E}_s(ju)dX^\alpha_s$$

où $u = (u_\alpha)$ appartient à $L^2(\mathbb{R}_+, \mathcal{G})$, et la relation (4) devient une équation différentielle stochastique déterminant le processus inconnu $A_t = I_tF_t$. Explicitement, on a alors $f_\alpha(t) = u_\alpha(t)F_t$ dans la formule (3); nous introduisons les vecteurs (connus)

$$(6)\qquad \eta^\rho_\sigma(t) = H^\rho_\sigma(t)\mathcal{E}_t(ju) \quad ; \quad \eta_\sigma(t) = \sum_\rho u_\rho(t)\eta^\rho_\sigma(t)\,.$$

en convenant que $u_0(t) = 1$. Avec ces notations, et après un calcul facile, la formule (4) s'écrit

$$(7)\qquad A_t = \int_0^t A_s dU_s + \int_0^t dL_s$$

$$U_t = \sum_\alpha u_\alpha(s)dX^\alpha_s \quad \text{(scalaire, connu)} \qquad ; \quad L_t = \sum_\rho \int_0^t \eta_\rho(s)dX^\rho_s \quad \text{(vectoriel, connu)}\quad ,$$

Il est intéressant d'oublier pour un instant l'espace de Fock, et de considérer (7) comme une équation différentielle stochastique usuelle, dans une interprétation probabiliste : il n'est pas nécessaire dans ce cas de supposer les u_α déterministes. Si l'on suppose la multiplicité finie, il n'y a aucune difficulté quant à l'existence de la solution de cette équation différentielle stochastique de type classique. On impose seulement aux u_α, η_ρ les conditions d'intégrabilité naturelles

$$\int_0^t (\sum_\alpha |u_\alpha(s)|^2)\,ds = \int \|u(s)\|^2 ds < \infty, \int_0^t (\|\eta_0(s)\| + \sum_\alpha \|\eta_\alpha(s)\|^2)\,ds =< \infty\,.$$

Nous allons voir que ces conditions suffisent pour que l'équation (7) admette une solution de carré intégrable sur tout intervalle borné. Nous allons majorer la norme L^2 de celle-ci, et alors on pourra aisément passer à la limite pour atteindre le cas de multiplicité infinie.

Etant données deux v.a. U, V sur Ω à valeurs dans $\mathcal{J}$, nous désignons par $\langle U, V\rangle$ leur produit scalaire dans $\mathcal{J}$, qui est une v.a. scalaire d'espérance $<U, V>$. On utilise l'équation différentielle (7) pour évaluer la semimartingale scalaire

$$d\langle A_t, A_t\rangle = \langle dA_t, A_t\rangle + \langle A_t, dA_t\rangle + \langle dA_t, dA_t\rangle$$

Après quoi on prend une espérance, ce qui élimine tous les dX_t^α et ne laisse que $dX_t^0 = dt$, soit

$$\frac{d}{dt}\|A_t\|^2 = \|A_t\|^2\|u(t)\|^2 + 2\Re e < A_t, \sum_\rho \eta_\rho(t)u_\rho(t)> + \sum_\alpha \|\eta_\alpha(t)\|^2$$

que nous écrivons, en posant $B_t = \sum_\rho \eta_\rho(t)u_\rho(t)$ (un vecteur) et $c^2(t) = \sum_\alpha \|\eta_\alpha(t)\|^2$ (un scalaire)

$$\ldots = \|A_t\|^2\|u(t)\|^2 + 2\Re e < A_t, B_t> + c^2(t)\,.$$

Nous appliquons la même méthode (due à Journé) qu'en *Sém. Prob. XX,* p. 293. Nous faisons le changement de fonction

$$\widetilde{A}_t = A_t e^{\frac{1}{2}\int_t^\infty \|u(s)\|^2 ds}\,, \quad \widetilde{B}_t = B_t e^{\frac{1}{2}\int_t^\infty \cdots}\,, \quad \widetilde{c}(t) = c(t)e^{\frac{1}{2}\int_t^\infty \cdots}$$

$$\widetilde{a}(t) = \|\widetilde{A}_t\|\,, \quad \widetilde{a}^*(t) = \sup_{s\leq t}\widetilde{a}(s)\,, \quad \widetilde{b}(t) = \|\widetilde{B}_t\|\,.$$

Alors on a d'après l'inégalité de Schwarz

$$\widetilde{a}(t)^2 \leq 2\widetilde{a}^*(t)\int_0^t \widetilde{b}(s)ds + \int_0^t c^2(s)ds$$

et maintenant le côté droit est une fonction croissante de t, donc on peut remplacer du côté gauche $\widetilde{a}(t)$ par $\widetilde{a}^*(t)$. Ainsi

$$\widetilde{a}^*(t) \leq 2\int_0^t \widetilde{b}(s)ds + \Big(\int_0^t \widetilde{c}^2(s)ds\Big)^{1/2}\,. \tag{8}$$

Il ne reste plus qu'à vérifier que les conditions d'intégrabilité imposées entraînent que les intégrales du côté droit sont finies. En multipliant par $e^{-\frac{1}{2}\int_t^\infty \cdots}$ on obtient une majoration utilisable de la norme du processus (A_t).

Revenons alors au problème initial : pour exprimer les conditions d'intégrabilité en fonction des $\eta_\rho^\sigma(t) = H_\rho^\sigma(t)\mathcal{E}_t(ju)$, on majore $\eta_\rho = \sum_\sigma \eta_\rho^\sigma u_\sigma$, et on obtient comme condition suffisante la finitude des intégrales suivantes

$$\int_0^t \|\eta_0^0(s)\|\,ds\,, \quad \int_0^t \Big(\sum_\alpha \|\eta_0^\alpha(s)\|^2\Big)^{1/2}\|u(s)\|\,ds$$

$$\int_0^t \Big(\sum_\rho \|\eta_\alpha^\rho(s)\|^2\Big)(1 + \|u(s)\|^2)\,ds$$

Il est plus simple d'introduire comme Mohari-Sinha la mesure $\nu_u(dt) = (1 + \|u(t)\|^2)dt$ et d'imposer la condition

$$\int_0^t \Big(\sum_{\rho\sigma} \|\eta_\rho^\sigma(s)\|^2\Big)\nu_u(dt) < \infty \tag{9}$$

qui assurera que le vecteur exponentiel $\mathcal{E}(ju)$ appartient au domaine de l'intégrale stochastique. Cependant, Mohari–Sinha font une remarque très intéressante dans le cas de multiplicité infinie : ils ne prennent comme "vecteurs test" que les vecteurs $\mathcal{E}(ju)$ tels que l'ensemble $S(u)$ formé de 0 et des α tels que $u_\alpha(\cdot) \neq 0$ soit fini. Alors dans le calcul précédent seuls interviennent les composantes correspondantes, dans (9) la sommation est étendue à $\sigma \in S(u)$. Mais alors on peut remplacer dans la somme (9) la somme double par une somme sur ρ seul, dont on exigera la finitude pour tout σ.

Au lieu de calculer les intégrales $I_t(H)\mathcal{E}_t(ju)$, qui en tant que fonctions de t forment des courbes adaptées, il est plus traditionnel de calculer $I_t(H)\mathcal{E}(ju)$ (qui est simplement le produit de la précédente par $\mathcal{E}(uI_{[t,\infty[})$. On a alors en posant $I_t(H)\mathcal{E}(ju) = A_t$, $h^\rho_\sigma(t) = H^\rho_\sigma(t)\mathcal{E}(ju)$

$$(10) \qquad \frac{d}{dt} < \mathcal{E}(kv), A_t > = \sum_{\rho\sigma} < \mathcal{E}(kv), h^\rho_\sigma(s) > v^\sigma(s) u_\rho(s) \,,$$

On a équilibré les indices suivant la convention d'Einstein, en posant $u^\rho = \bar{u}_\rho$, $\bar{u}^\rho = u_\rho$ ($u^0 = u_0 = 1$). En posant de même $I_t(K)\mathcal{E}(\ell v) = B_t$, $k^\rho_\sigma(t) = K^\rho_\sigma(t)\mathcal{E}(\ell v)$ on a la formule très utile

$$(11) \qquad \begin{aligned} \frac{d}{dt} < B_t, A_t > &= \sum_{\tau,\xi} < k^\xi_\tau(t), A_t > v^\tau(t) u_\xi(t) + \sum_{\rho,\sigma} < B_t, h^\sigma_\rho(t) > \bar{v}_\sigma(t) \bar{u}^\rho(t) \\ &+ \sum_{\tau,\xi,\sigma,\tau} < k^\xi_\tau(t), h^\rho_\sigma(t) > \hat{\delta}^\sigma_\xi v^\tau(t) u_\rho(t) \,. \end{aligned}$$

En faisant $H_t = K_t$ et en utilisant le même genre de méthode que plus haut, on majore le module d'une intégrale stochastique : nous recopions la formule donnée par Mohari–Sinha

$$(12)\,, \qquad \| I_t(\mathcal{E}(ju)) \|^2 \leq C e^{\nu_u(t)} \sum_{\rho\sigma} \int_0^t \| H^\sigma_\rho(s) \mathcal{E}(ju) \|^2 \nu_u(ds)$$

où ρ ne parcourt que l'ensemble $S(u)$ des composantes non nulles de u. Pour la constante C, Mohari–Sinha donnent $C = 2$, mais cela n'est pas important.

Calcul stochastique avec des noyaux. On trouvera dans ce volume le résultat d'A. Dermoune qui étend le calcul des noyaux de Maassen à un espace de Fock multiple — de multiplicité finie, cependant. Les avantages sont évidents : les vecteurs exponentiels sont remplacés par des vecteurs-test de Maassen, et les noyaux deviennent composables. Nous renvoyons à l'article de Dermoune pour les propriétés générales des noyaux. Rappelons seulement qu'un noyau est un opérateur de la forme

$$K = \int K((A^\sigma_\rho)) \prod_{\rho\sigma} \prod_{s \in A^\sigma_\rho} da^\sigma_\rho(s)$$

Tous les opérateurs a^σ_ρ figurent dans cette expression, y compris a^0_0, bien que celui-ci puisse s'éliminer par intégration. Nous ne chercherons pas à distinguer nettement les noyaux des opérateurs qu'ils définissent, et en particulier nous les désignerons par la même lettre. De même, nous permettrons à dX^0 d'apparaître dans l'expression des vecteurs

$$f = \int f((B^\tau)) \prod_\tau \prod_{s \in B^\tau} dX^\tau(s)$$

Noter qu'il n'y a unicité d'une telle représentation que si l'on impose la condition $B^0 = \emptyset$. Pour obtenir une représentation du vecteur $Kf = g$, *i.e.* pour obtenir la fonction $g((H^\sigma))$, on considère toutes les décompositions (en nombre fini !) de la forme

$$H^\sigma = H_0^\sigma + \sum_\alpha H_\alpha l^\sigma + H'^\sigma$$

et on somme tous les produits

$$K((H_\rho^\sigma)) \, f((\sum_\alpha H_\alpha^\sigma + H'^\sigma)) \, .$$

Les intégrales n'apparaissent alors que lorsqu'on élimine les variables dX_s^0 pour avoir une vraie représentation chaotique.

Nous dirons qu'une famille (K_t) de noyaux est un *processus régulier* si 1) elle est adaptée, *i.e.* le noyau K_t s'annule dès que l'un de ses arguments sort de $[0,t]$; 2) Les noyaux K_t dépendent mesurablement de t, et satisfont aux majorations de Maassen et Dermoune, uniformément sur les intervalles bornés.

Etant donnés des processus réguliers de noyaux $H_\sigma^\rho(t)$, nous définissons l'intégrale stochastique

$$A_t = I_t(K) = A_0 + \sum_{\rho,\sigma} \int_0^t H_\rho^\sigma(s) \, da_\sigma^\rho(s) \, , \tag{14}$$

où A_0 est un multiple de l'identité. Le résultat fondamental du calcul sur les noyaux dit que ces intégrales stochastiques définissent à nouveau des processus réguliers de noyaux, et peuvent être composées sans restriction, de manière à satisfaire à la "formule d'Ito". Il suffit pour cela de remarquer que l'intégrale stochastique d'un processus régulier, $V_t = \int_0^t K_s \, da_\xi^\tau(s)$, a un noyau donné par

$$V_t((A_\sigma^\rho)) = K_{\vee A_\xi^\tau}(A_0^0, (A_0^\alpha), \ldots, A_\xi^\tau - \ldots, (A_\alpha^0)) \tag{15}$$

si $\cup A_\sigma^\rho$ est contenu dans $[0,t]$, et 0 sinon. Ici $\vee A$ désigne le dernier élément de la partie finie A, et $A-$ est A privé de cet élément, *cf. Sém. Prob. XX,* p. 309. La régularité se vérifie alors directement.

On peut de même définir des processus réguliers de vecteurs, qui sont des familles de vecteurs–test,

$$F_t = F_0 + \sum_\rho \int_0^t f_\rho(s) dX^\rho(s)$$

où les $f_\rho(s)$ sont des vecteurs–test satisfaisant uniformément aux conditions de majoration de Maassen sur les intervalles compacts. On vérifie alors que l'effet $I_t(H)F_t$ d'un processus régulier de noyaux sur un processus régulier de vecteurs est encore un processus régulier de vecteurs, admettant une représentation en intégrales stochastiques donnée par la formule d'Ito. Les détails sont laissés au lecteur.

Ces définitions doivent être modifiées de la manière suivante lorsqu'on adjoint un espace initial $\mathcal{J}$. Les vecteurs de $\Psi = \mathcal{J} \otimes \Phi$ sont représentés par des développements chaotiques à valeurs dans $\mathcal{J}$

(16) $$f = \int f((A^\alpha)) \prod_\alpha dX^\alpha(A^\alpha)$$

avec $f((A^\alpha)) \in \mathcal{J}$, et

$$\|f\|^2 = \int \|f((A^\alpha))\|^2_{\mathcal{J}} \prod_\alpha dA^\alpha$$

(l'utilisation des indices α indique comme plus haut que $dX^0_t = dt$ n'est pas utilisé). Les vecteurs–test sont définis par des conditions de majoration faisant intervenir la norme de $\mathcal{J}$ au lieu du module des nombres complexes. De même, les noyaux sont donnés par la même expression que dans le cas scalaire, mais *leurs coefficients sont maintenant des opérateurs bornés sur* $\mathcal{J}$, et les propriétés de domination à la Maassen ont lieu en norme d'opérateurs. Alors le théorème de Maassen, les formules donnant l'effet d'un opérateur sur un vecteur, et la composition de deux opérateurs donnés par leurs noyaux, restent valables sans modification.

Cette théorie est pleinement satisfaisante pour un espace initial $\mathcal{J}$ de dimension finie. Dans le cas de multiplicité infinie, on doit se passer des noyaux, et revenir aux méthodes directes, à la manière de Mohari et Sinha.

Remarque. Il existe aussi une "notation ultracourte" pour les noyaux, consistant à écrire ceux-ci sous la forme

$$K = \int K(\lambda, \mu) da^\mu_\lambda ,$$

où λ et μ sont deux éléments de Π de même domaine. Nous ne ferons aucun calcul sérieux avec cette notation. A titre de simple curiosité, décrivons comment un élément différentiel da^μ_λ d'opérateur agit sur un élément différentiel dX^τ de vecteur. Nous aurons besoin des notations suivantes : soient φ, ψ deux éléments de Π. Alors $\varphi + \psi$ est défini seulement si $\mathrm{dom}(\varphi) \cap \mathrm{dom}(\psi) = \emptyset$, et a alors la signification évidente ; $\varphi - \psi$ a pour domaine $\mathrm{dom}(\varphi) \setminus \mathrm{dom}(\psi)$ et vaut φ sur cet ensemble ; enfin $\widehat{\delta}^\tau_\lambda$ vaut 1 si $\lambda = \tau \neq 0$ sur $\mathrm{dom}(\lambda) \cap \mathrm{dom}(\tau)$ et $\lambda = 0$ sur $\mathrm{dom}(\lambda) \setminus \mathrm{dom}(\tau)$, et 0 dans les autres cas. Alors on a

$$da^\mu_\lambda \, dX^\tau = \widehat{\delta}^\mu_\lambda \, dX^{(\lambda - \tau) + \mu} .$$

§2. DIFFUSIONS OU FLOTS QUANTIQUES

Equations différentielles stochastiques quantiques. Sur l'espace de Hilbert initial $\mathcal{J}$, qui va remplacer la variété V de la théorie des e.d.s. classiques, nous nous donnons une *-algèbre $\mathcal{A}$ d'opérateurs sur $\mathcal{J}$, qui va remplacer l'algèbre $C^\infty(V)$ (et n'a donc aucune raison d'être fermée en norme). On pose comme au §1 $\Psi = \mathcal{J} \otimes \Phi$ et on identifie

$f \in \mathcal{B}(\mathcal{J})$ à $f \otimes I \in \mathcal{B}(\Psi)$. Une *diffusion quantique* ou mieux *flot quantique* est une famille d'homomorphismes contractifs X_t de $\mathcal{A}$ dans $\mathcal{B}(\Psi)$

$$\mathcal{A} \ni f \longmapsto f \circ X_t \in \mathcal{B}(\Psi_t) \quad ;$$

le t en indice signifie que l'opérateur n'opère que sur la partie du Fock antérieure à t ; la notation bizarre $f \circ X_t$ au lieu de $X_t(f)$ souligne la parenté avec les situations probabilistes, dans lesquelles X_t est une variable aléatoire à valeurs dans l'espace d'états V et f est une fonction C^∞ sur V. On suppose toujours que $f \circ X_0 = f (= f \otimes I)$ et on demande que le flot satisfasse à une *équation différentielle stochastique*

$$(1) \qquad f \circ X_t = f \circ X_0 + \sum \int_0^t L^\rho_\sigma(f) \circ X_s \, da^\sigma_\rho(s) \, .$$

Les L^ρ_σ sont comme ci-dessus des applications de $\mathcal{A}$ dans elle même, et les intégrales stochastiques d'opérateurs sont du type défini plus haut au §1. Dire que l'on a une famille d'homomorphismes va imposer aux opérateurs L^ρ_σ de $\mathcal{A}$ dans $\mathcal{A}$ des conditions dites *de structure*. On les donnera plus loin.

Les homomorphismes une fois construits, on peut les étendre à la fermeture en norme de $\mathcal{A}$. Pour $f \in \overline{\mathcal{A}}$ on définit $P_t f \in \mathcal{B}(\mathcal{J})$ par la condition

$$(2) \qquad < g, P_t f > \; = \; < g \otimes \mathbf{1}, f \circ X_t > \, .$$

Cela définit en fait un semi-groupe d'opérateurs complètement positifs sur la C^*-algèbre $\overline{\mathcal{A}}$.

Premier exemple : Diffusions classiques dans une variété...

Second exemple : Chaînes de Markov (*cf.* les deux premiers exposés).

Troisième exemple : E.d.s de Hudson–Parthasarathy (*cf. Sém. Prob. XX*, p. 300–305). Ici $\mathcal{A} = \mathcal{B}(\mathcal{J})$, et on considère une famille d'opérateurs $U_t \in \mathcal{B}(\Phi_t)$ satisfaisant à l'équation

$$(3) \qquad U_t = I + \sum \int_0^t U_s K^\rho_\sigma \, da^\sigma_\rho(s) \, .$$

Les coefficients sont pris dans $\mathcal{B}(\mathcal{J})$ (ils pourraient aussi dépendre du temps). Les conditions de structure sont les conditions d'unitarité des U_t, données par H–P. On définit alors un flot quantique dite *intérieur*

$$(4) \qquad f \circ X_t = U_t^{-1} (f \otimes I) U_t \, .$$

Quatrième exemple : Dans le cas précédent, prenons tous les coefficients nuls sauf celui de $da^0_0(t) = dt$. Alors la condition de structure sur K se réduit à dire que iK est autoadjoint, et le généraleur de la diffusion quantique correspondante est du type de Heisenberg.

Etant donnée une diffusion quantique (X_t), et une diffusion intérieure (U_t) du type qui vient d'être décrit, on peut définir une nouvelle diffusion quantique Y_t par la formule $Y_t = U_t^{-1} X_t U_t$. On dit que (Y_t) est une *perturbation* de (X_t). Ceci ressemble beaucoup à la "représentation d'interaction" en mécanique quantique classique. Du point de vue des équations de structure, l'équivalence "Y est une perturbation de X" se lit comme l'appartenance à une même classe de cohomologie.

REMARQUE. La situation continue que nous étudions a un analogue discret très simple : on a une algèbre $\mathcal{A}$, et on désigne aussi par $\mathcal{M}$ l'algèbre des matrices d'ordre $\nu+1$ opérant sur $\mathbb{C}^{n+1}$; **1** est le vecteur $(1,0\ldots,0)$. Alors on pose $\mathcal{A}_0 = \mathcal{A}$, $\mathcal{A}_{n+1} = \mathcal{A}_n \otimes \mathcal{M}$. Nous avons dans $\mathcal{M}$ les unités matricielles a_ρ^σ qui satisfont à $a_\rho^\sigma a_\tau^\chi = \delta_\rho^\chi a_\tau^\sigma$ (attention : les indices ne fonctionnent pas tout à fait comme d'habitude); nous les reproduisons aux instants $n > 0$. Alors il s'agit de construire des homomorphismes X_n de $\mathcal{A}$ dans $\mathcal{A}_n$ tels que

$$f \circ X_{n+1} = f \circ X_n + \sum L_\sigma^\rho(f) \circ X_n\, a_\rho^\sigma(n+1)\,. \tag{5}$$

La construction est immédiate par récurrence, et il est trivial que la relation de structure correspondant à la multiplicativité est

$$L_\sigma^\rho(fg) - f L_\sigma^\rho(g) - L_\sigma^\rho(f)\, f = \sum_\tau L_\sigma^\tau(f) L_\tau^\rho(g)\,.$$

Cela exprime que si l'on forme l'algèbre $\mathcal{M}(\mathcal{A}) = \mathcal{A} \otimes \mathcal{M}$ des matrices à coefficients dans $\mathcal{A}$ et que l'on note $L(f)$ la matrice des $L_\sigma^\rho(f)$, fI la diagonale f, l'application $f \longmapsto fI + L(f) = \Sigma(f)$ est un homomorphisme de $\mathcal{A}$ dans $\mathcal{M}(\mathcal{A})$ (un *-homomorphisme en fait).

Equations de structure. Passons au temps continu. Le point de départ est donné par les relations d'Evans que nous avons vues au §1 : à chaque instant t

$$da_\rho^\sigma\, da_\tau^\chi = \widehat{\delta}_\rho^\chi\, da_\tau^\sigma\,.$$

On aura presque les mêmes relations qu'en temps discret, mais les relations d'Evans imposent que l'on distingue le rôle spécial de l'indice 0 de celui des indices non nuls $\alpha, \beta \ldots$. Il y a deux conditions relativement triviales : la propriété $L_\sigma^\rho(1) = 0$ et la propriété

$$(L_\sigma^\rho(f))^* = L_\rho^\sigma(f^*)\,. \tag{6}$$

La condition non triviale exprime la multiplicativité et se scinde en trois, suivant le rôle spécial de l'indice 0 :

1) La matrice $\Lambda(f) = (L_\alpha^\beta(f))$ est telle que $f \longmapsto fI + \Lambda(f) = \Sigma(f)$ soit un homomorphisme (mais on a une dimension de moins que dans le cas discret).

2) Le vecteur colonne $L_0^\alpha(f) = L^\alpha(f) = \lambda(f)$ détermine le vecteur ligne $L_\alpha^0(f)$ par conjugaison. Il suffit donc d'exprimer une condition pour l'un des deux. Celle-ci est

$$\lambda(fg) = \lambda(f)g + \Sigma(f)\lambda(g)\,. \tag{7}$$

3) Pour le *générateur* $L(f) = L_0^0(f)$ du semi-groupe (P_t), application de $\mathcal{A}$ dans $\mathcal{A}$), la propriété s'écrit ainsi

$$L(f^*g) - f^*L(g) - L(f^*)g = \sum_\alpha L_\alpha(f^*)L^\alpha(g) = <\lambda(f), \lambda(f)>\,. \tag{8}$$

en désignant par $<f,g>$ le "produit scalaire" f^*g sur $\mathcal{A}$ à valeurs dans $\mathcal{A}$, ainsi que son extension naturelle à $\mathcal{A}^\nu$. Il s'agit là aussi d'une notion très familière en probabilités (l'opérateur "carré du champ").

On peut établir rigoureusement que ces conditions sont nécessaires, sous certaines hypothèses de régularité sur la diffusion, mais on considérera plutôt les trois conditions ci-dessus comme des axiomes raisonnables.

Evans et Hudson ont démontré que *si les opérateurs de structure sont bornés sur l'algèbre $\mathcal{A}$, les conditions de structure déterminent une diffusion unique*. Mohari et Sinha viennent tout juste de traiter certaines diffusions de multiplicité infinie, et avec des opérateurs de structure non bornés.

Structure de bimodule associée à une e.d.s.. Revenons à la seconde condition : la donnée de l'homomorphisme Σ de $\mathcal{A}$ dans $\mathcal{M}(\mathcal{A})$ permet de munir $\mathcal{A}^\nu$ d'une structure de *$\mathcal{A}$-bimodule* dans laquelle le produit à gauche par $f \in \mathcal{A}$ est donné par la matrice $\Sigma(f)$, tandis que le produit à droite est le produit usuel. Sous cette forme, la relation de structure (8) s'écrit simplement comme une dérivation

$$\lambda(fg) = f\lambda(g) + \lambda(f)g \,. \tag{9}$$

Introduisons quelques mots du langage de la cohomologie de Hochschild : si $\mathcal{A}$ est une algèbre et $\mathcal{B}$ un bimodule sur $\mathcal{A}$, on appelle *n-cochaîne* à valeurs dans $\mathcal{B}$ une application f de $\mathcal{A}^n$ dans $\mathcal{B}$ (pour $n=0$ un élément de $\mathcal{B}$). Le *cobord* de f étant la $(n+1)$-cochaîne

$$\begin{aligned} df(v,u_1,\ldots,u_n) = v\,f(u_1,\ldots,u_n) - f(vu_1,u_2\ldots,u_n) + f(u_1,vu_2,\ldots,u_n)\ldots \\ + (-1)^{n+1}f(u_1,\ldots,u_n)v \,. \end{aligned}$$

Ainsi une 1-cochaîne $f(u)$ est un cocycle (a un cobord nul) si et seulement si $vf(u) - f(vu) + f(u)v = 0$, *i.e.* f est une dérivation. Dire que f est le cobord d'une 0-cochaîne g signifie que $f(u) = ug - gu$, *i.e.* f est une dérivation intérieure. On voit donc que (9) et (8) s'expriment en langage cohomologique (mais on n'utilise de la cohomologie qu'un langage, et seulement en bas de l'échelle).

Le cas des diffusions intérieures. Ici nous considérons une équation du type

$$U_t = I + \sum \int_0^t U_s K^\rho_\sigma da^\sigma_\rho(s) \tag{10}$$

où les K^ρ_σ sont des éléments de $\mathcal{A}$. Il sera commode de poser

$$\overset{*}{K}{}^\rho_\sigma = (K^\sigma_\rho)^* \,.$$

Les conditions nécessaires d'unitarité des U_t (qui sont aussi des conditions suffisantes) sont

$$K^\rho_\sigma + \overset{*}{K}{}^\rho_\sigma + \sum_\alpha K^\rho_\alpha \overset{*}{K}{}^\alpha_\sigma = 0 = K^\rho_\sigma + \overset{*}{K}{}^\rho_\sigma + \sum_\alpha \overset{*}{K}{}^\rho_\alpha K^\alpha_\sigma \,, \tag{11}$$

où l'emploi de l'indice α indique que 0 est exclu. D'autre part, le passage des coefficients K^ρ_σ aux coefficients $L^\rho_\sigma(f)$ de la diffusion intérieure est donné par

$$L^\rho_\sigma(f) = \overset{*}{K}{}^\rho_\sigma f + fK^\rho_\sigma + \sum_\alpha \overset{*}{K}{}^\rho_\alpha f K^\alpha_\sigma \,. \tag{12}$$

Résultats d'existence. Nous allons d'abord supposer que la multiplicité ν est finie, et montrer comment la théorie des noyaux de Maassen s'applique.

Nous commençons par le cas d'une "exponentielle de Doléans à gauche", solution d'une équation différentielle du type Hudson–Parthasarathy, avec des coefficients dépendant du temps

$$U_t = I + \int_0^t U_s(\sum_{\rho,\sigma} L^\rho_\sigma(s)\,da^\sigma_\rho(s))\,. \tag{13}$$

Ici les opérateurs $L^\rho_\sigma(s)$ sont des opérateurs sur l'espace initial, que nous supposerons uniformément bornés; ils sont étendus à Ψ sans que cela apparaisse dans la notation. Nous allons appliquer formellement la méthode de Picard, mais pour alléger les notations nous désignons par ε le couple d'indices $\substack{\sigma\\ \rho}$. On obtient alors le développement suivant

$$U_t = I + \sum_{\varepsilon_1} \int_0^t L_{\varepsilon_1}(s_1)da^{\varepsilon_1}(s_1) + \sum_{\varepsilon_1,\varepsilon_2} \int_{s_1<s_2<t} L_{\varepsilon_1}(s_1)L_{\varepsilon_2}(s_2)da^{\varepsilon_1}(s_1)da^{\varepsilon_2}(s_2) + \ldots$$

Cet opérateur peut s'interpréter comme un noyau de Maassen à valeurs dans les opérateurs bornés sur l'espace initial. Rappelons que dans la notation "ultracourte", un noyau $K(\lambda,\mu)$ dépend de deux arguments, qui sont deux applications définies sur la même partie finie $A = \{s_1 < \ldots < s_n\}$ de $\mathbb{R}_+$, et que l'élément différentiel correspondant est $da^{\mu_1}_{\lambda_1}(s_1)\ldots da^{\mu_n}_{\lambda_n}(s_n)$. Ici nous avons pour une partie finie contenue dans $(0,t)$

$$U_t(\lambda,\mu) = L^{\lambda_1}_{\mu_1}(s_1)\ldots L^{\lambda_n}_{\mu_n}(s_n) \tag{14}$$

et 0 pour une partie finie sortant de $(0,t)$: on a une analogie parfaite avec le développement en chaos d'un vecteur exponentiel $\mathcal{E}_t(ju)$, et il sera instructif pour notre lecteur de reprendre le raisonnement ci-dessous, en vérifiant directement sur le développement en chaos des vecteurs exponentiels les formules fondamentales : leur équation différentielle stochastique, ou la formule $<\mathcal{E}(u),\mathcal{E}(v)> = e^{<u,v>}$.

Si les opérateurs $L^\sigma_\rho(s)$ sont uniformément bornés, les majorations de Maassen sont évidentes. L'avantage des noyaux apparaît lorsqu'on veut vérifier les propriétés d'unitarité : il s'agit d'opérateurs définis sur le domaine stable dense des fonctions-test, composables, admettant un adjoint de même domaine, et vérifier que $U_tU_t^* = U_t^*U_t = I$ en tant que noyaux va entraîner que U_t et U_t^* sont bornés, et prolongeables en opérateurs unitaires. Mais la composition de familles régulières de noyaux donne une famille régulière, on dispose d'une formule d'Ito rigoureuse pour de telles familles, et le calcul au moyen de cette formule donne $d(U_tU_t^*) = 0 = d(U_t^*U_t)$ si les coefficients satisfont aux conditions de Hudson–Parthasarathy (11). Donc on a bien construit des opérateurs unitaires.

Pour traiter de manière analogue les diffusions quantiques, on doit se rappeler que les opérateurs L^σ_ρ contiennent dans ce cas un argument supplémentaire f appartenant à l'algèbre initiale. Cet argument figurera dans le noyau $X_t(f\,;\,\lambda,\mu)$ de la diffusion, qui sera donné cette fois par une formule analogue à (14)

$$(15) \qquad X_t(f\,;\,\lambda,\mu) = L^{\lambda_1}_{\mu_1}(\cdot\,;\,s_1)\circ\ldots\circ L^{\lambda_n}_{\mu_n}(f,\ s_n)$$

la notation signifie que l'on introduit $f \in \mathcal{A}$ comme argument dans le dernier opérateur, ce qui fournit un nouvel élément de l'algèbre initiale $\mathcal{A}$, que l'on introduit dans l'opérateur précédent, *etc.*; on a donc affaire à un noyau à valeurs dans $\mathcal{A}$; si les coefficients de la diffusion sont bornés on a un noyau de Maassen, et on peut reproduire le raisonnement précédent pour vérifier cette fois que l'on a une famille d'homomorphismes.

Malheureusement, cette méthode si simple ne s'applique pas dans le cas de multiplicité infinie.

Il resterait beaucoup à dire, en particulier sur la théorie des perturbations, mais cet exposé est déjà trop long.

P.S. Je viens de recevoir le travail [2] de D. Applebaum, qui clarifie considérablement la relation entre diffusions classiques et quantiques (gouvernées par les processus de création et annihilation seuls). J'espère avoir l'occasion de le présenter dans ce séminaire.

REFERENCES

[1] Applebaum (T.). Quantum Diffusions on Involutive Algebras. *Proc. of the 1988 Heidelberg Conf. on Quantum Probability*. A paraître.

[2] Applebaum (T.). The Quantum Theory of Classical Diffusions on Riemannian Manifolds. A paraître

[3] Evans (M.P.). Existence of Quantum Diffusions. *Prob. Th. Rel. Fields (ZW)*, **81**, 1989, p. 473-483.

[4] Evans (M.P.) et Hudson (R.L.). Multidimensional quantum diffusions. *Quantum Probability and Applications III*, LN 1303, Springer 1988.

[5] Evans (M.P.) et Hudson (R.L.). Perturbations of quantum diffusions. *Proc. London Math. Soc.*, à paraître.

[6] Mohari (A.). and Sinha (K.B.). Quantum stochastic flows with infinite degrees of freedom and countable state Markov chains. *Preprint*, Indian Statistical Institute, Delhi, 1989. A paraître dans *Sankhya*.

FORMULE DE COMPOSITION POUR UNE CLASSE D'OPÉRATEURS

par A. DERMOUNE [1]

1. Introduction. Les physiciens ont considéré depuis longtemps des opérateurs sur l'espace de Fock symétrique (bosonique), qui se construisent à partir des opérateurs de création et d'annihilation. La théorie de ces opérateurs a été développée par Berezin [1]. Celui-ci les écrit comme une somme d'intégrales

$$\mathcal{K}_{mn} = \int K_{mn}(s_1,\ldots,s_m\,;\,t_1,\ldots,t_n)\,a^+_{s_1}\ldots,a^+_{s_m}a^-_{t_1}\ldots a^-_{t_n}\,ds_1\ldots,ds_m dt_1\ldots dt_n\ .$$

On utilise ici les notations a^+, a^- plutôt que les notations a^*, a traditionnelles chez les physiciens, et d'une manière générale les notations des exposés antérieurs de ce séminaire. Dans l'esprit de Berezin les noyaux K_{nm} étaient des distributions : cette idée a été mise sous forme rigoureuse et efficace par P. Krée [5][6][7].

Hudson et Parthasarathy [4] ont noté l'analogie entre ces représentations d'opérateurs et les intégrales stochastiques, ce qui amène à écrire $da^\pm_t$ au lieu de $a^\pm_t dt$. Ils ont développé une théorie des intégrales stochastiques d'opérateurs dans laquelle le mouvement brownien classique est remplacé par le "mouvement brownien quantique" $(a^+_t\,,\,a^-_t)$. Chez eux l'indice t doit appartenir à la droite, alors que chez Berezin il peut appartenir à un espace mesuré diffus (E,μ) quelconque, ou une variété si l'on veut utiliser les distributions.

H. Maassen [8] a introduit dans cette théorie la notation de Guichardet ou notation courte, dans laquelle l'opérateur $\mathcal{K} = \sum_{mn}\mathcal{K}_{mn}$ s'écrit

$$\mathcal{K} = \int K(A,B)\,da^+_A\,da^-_B\ .$$

Ici A, B sont des parties finies de E, par exemple $A = (s_1\ldots,s_m)$, $B = (t_1,\ldots,t_n)$ dans la première formule. Maassen n'utilise pas les distributions. Il suppose que le noyau $K(A,B)$ vérifie une condition simple de majoration et de support et montre qu'alors les opérateurs définis par les noyaux forment une *-algèbre, avec une formule explicite de composition des noyaux.

L'introduction de l'opérateur de nombre permet de traiter avec des noyaux ordinaires certains opérateurs qui, du point de vue de la théorie de Berezin, auraient un noyau distribution singulier sur la diagonale. La formule de composition des noyaux avec l'opérateur de nombre, donnée dans [9], est nettement plus compliquée que celle de Maassen.

[1] Le résultat de cet exposé a été obtenu par A. Dermoune, répondant à une question de P.A. Meyer. La rédaction est de ce dernier.

On s'est aperçu depuis assez longtemps que si l'on travaille sur un espace de Fock multiple (du point de vue probabiliste, L^2 pour un mouvement brownien à $\nu > 1$ dimensions) on a ν opérateurs de création, ν opérateurs d'annihilation, ν opérateurs de nombre, mais on voit aussi apparaître $\nu(\nu-1)$ *opérateurs d'échange*. La théorie de l'espace de Fock multiple est maintenant importante, car elle est à la base de la théorie des diffusions quantiques d'Evans-Hudson [3],[2]. Cette note répond à la question suivante : la formule de composition des noyaux pour $\nu = 1$ avec l'opérateur de nombre étant déjà compliquée, est il possible de bien comprendre la structure d'une formule de composition comportant tous les opérateurs de nombre et d'échange ? On montre dans ce travail que l'on peut écrire une telle formule, et que les résultats de Maassen s'étendent complètement.

2. L'espace de Fock multiple. Pour plus de détails, voir dans ce volume l'exposé "Diffusions Quantiques III".

1) *Vecteurs*. Nous employons les notations probabilistes (l'espace de Fock est identifié à l'espace de Wiener associé à un mouvement brownien à ν dimensions $\mathbf{X} = (X^1, \ldots, X^\nu)$. Cela ne restreint pas essentiellement la généralité, car la structure d'ordre de la droite n'intervient qu'en apparence.

Un vecteur de l'espace de Fock admet un développement en chaos de Wiener

$$(1) \qquad f = \int_{\mathcal{P}^\nu} f(U_1, \ldots, U_\nu) dX^1_{U_1} \ldots dX^\nu_{U_\nu} \,.$$

Ici les U_i sont des parties finies de $\mathbb{R}_+$, c'est à dire des ensembles finis d'instants. Pour calculer l'intégrale stochastique, on range la réunion des U_i en ordre décroissant et on intègre de droite à gauche. Le carré de la norme de f est donné par

$$(2) \qquad \|f\|^2 = \int_{\mathcal{P}^\nu} |f(U_1, \ldots, U_\nu)|^2 \, dU_1 \ldots dU_\nu \,,$$

où dU est la mesure naturelle sur l'ensemble des parties finies de $\mathbb{R}_+$.

2) *Opérateurs fondamentaux*. Nous désignons par $\alpha, \beta \ldots$ des indices prenant les valeurs $1, \ldots, \nu$, et par $\rho, \sigma, \ldots$ des indices prenant en plus la valeur 0, et nous convenons que $dX^0_t = dt$. Les opérateurs de création, d'annihilation, de nombre et d'échange sont alors définis au point t, avec les notations d'Evans, par les formules :

$$\begin{aligned} &\text{création} &&: da^\alpha_0(t)1 = dX^\alpha_t \quad ; \quad da^\alpha_0(t) dX^\beta_t = 0 \\ &\text{annihilation} &&: da^0_\alpha(t) dX^\beta_t = \delta^\beta_\alpha dt \quad ; \\ &\text{nombre, échange} &&: da^\beta_\alpha(t) dX^\gamma_t = \delta^\gamma_\alpha dX^\beta_t \,. \end{aligned}$$

Les opérateurs de nombre correspondent à $\alpha = \beta$, les opérateurs d'échange à $\alpha \neq \beta$. On voit que l'on a défini tous les opérateurs $da^\sigma_\rho(t)$ à l'exception de $da^0_0(t)$, que nous prendrons égal à $I dt$. Dans ces conditions, on a la relation très commode indiquée par Evans

$$(3) \qquad da^\sigma_\rho(t) da^\varphi_\tau = \widetilde{\delta}^\varphi_\rho \, da^\sigma_\tau(t)$$

où $\widetilde{\delta}^\varphi_\rho$ diffère du symbole de Kronecker habituel par le fait que $\widetilde{\delta}^0_0 = 0$.

3) *Noyaux*. Un opérateur associé à un noyau est donné par une expression

$$K = \int K((A_0^\alpha);(A_\alpha^\beta);(A_\alpha^0))\,da_0^\alpha(A_0^\alpha)\dots da_\alpha^\beta(A_\alpha^\beta)\dots da_\alpha^0(A_\alpha^0)\,. \tag{4}$$

On peut imaginer au lieu d'une ligne d'arguments toute une matrice de parties finies A_ρ^σ, avec A_0^0 qui est vide. Les premiers arguments A_0^α correspondent aux créateurs, les derniers A_α^0 aux annihilateurs, et au milieu nous avons les opérateurs de nombre et d'échange. *Toutes ces parties finies sont supposées disjointes.*

Dans la représentation (4), la différentielle du temps $da_0^0(t) = dt$ ne figure pas. En effet, si elle apparaissait, on pourrait la faire disparaître par intégration, en modifiant la fonction K. Cependant, il est intéressant d'avoir une variante de la définition des noyaux dans laquelle le temps $da_0^0(t)$ peut intervenir, parce que de tels "noyaux généralisés" apparaissent naturellement quand on résout des équations différentielles stochastiques quantiques. On perd alors l'unicité de la représentation des opérateurs par leur noyau, mais on y gagne en souplesse. Dans ce cas la formule (4) comporte à droite une différentielle supplémentaire $da_0^0(A_0^0)$, et le sous-ensemble correspondant A_0^0 est écrit comme premier argument de K.

Les *noyaux réguliers* au sens de Maassen sont définis par les deux propriétés qui généralisent la situation de l'espace de Fock ordinaire (voir *Sém. Prob. XX*, p. 306) :

1) une condition de support compact ($K((A_\sigma^\rho)) = 0$ si les arguments ne sont pas tous contenus dans un même intervalle $[0, T]$), ou plus généralement dans un même ensemble de mesure finie)

2) une majoration de la forme

$$|K((A_\sigma^\rho))| \le C M^{\sum |A_\sigma^\rho|}\,. \tag{5}$$

Il est facile de voir que, si la variable supplémentaire $da_0^0(t)$ est éliminée par intégration, alors le vrai noyau obtenu est encore régulier.

3. Effet d'un noyau sur un vecteur. Par raison de symétrie, nous introduisons aussi la différentielle supplémentaire $dX^0(U^0)$ et l'argument correspondant U^0 dans la formule (1)

$$f = \int f(U^0, U^1, \dots, U^\nu)\,dX^0(U^0)dX^1(U^1)\dots dX^\nu(U^\nu)\,. \tag{6}$$

La formule (2) n'est plus valable avec cette nouvelle représentation. Ici aussi, on peut définir des *vecteurs réguliers* (vecteurs-test de Maassen) par une condition de support compact dans le temps, et une propriété de majoration

$$|f((U^\rho))| \le C M^{\sum |U^\rho|}\,. \tag{7}$$

Si l'on revient à la forme (1) en intégrant pour éliminer la variable supplémentaire, la régularité est préservée. Calculons maintenant l'effet d'un opérateur donné par un noyau sur un vecteur donné par le développement (6). On commence par calculer l'effet d'une différentielle d'opérateur $\prod da_\sigma^\rho(S_\sigma^\rho)$ sur une différentielle de vecteur $\prod dX^\tau(U^\tau)$. On pose

$$S_\sigma^\rho \cap U^\tau = B_\sigma^{\rho\tau}\ ,\ S_\sigma^\rho \cap \tilde{U} = A_\sigma^\rho\ ,\ \tilde{S} \cap U^\tau = C^\tau\ ,$$

où $\tilde{S}$ est le complémentaire de $\cup_{\rho\sigma} S^\rho_\sigma$, et $\tilde{U}$ celui de $\cup_\tau U^\tau$. Tous ces ensembles sont disjoints. Alors on voit aisément que le produit est 0, sauf si les seuls ensembles non-vides de ces décompositions sont les C^τ, A^ρ_0 et $B^{\rho\alpha}_\alpha$, et dans ce cas

$$dX^0 \quad \text{est produit par} \quad A^0_0 + \sum_\gamma B^{0\gamma}_\gamma + C^0$$
$$dX^\alpha \quad \text{est produit par} \quad A^\alpha_0 + \sum_\gamma B^{\alpha\gamma}_\gamma + C^\alpha .$$

Alors il est facile de trouver l'expression du vecteur $Kf = g$: le coefficient $g((V^\alpha))$ (*avec* V^0 *vide : ce que l'on obtient est un vrai développement en chaos*) est donné par une somme, sur toutes les décompositions

$$V^\alpha = A^\alpha_0 + \sum_\gamma B^{\alpha\gamma}_\gamma + C^\alpha ,$$

des intégrales suivantes, où les ensembles A^0_0, $B^{0\gamma}_\gamma$ et C^0 apparaissant dans le coefficient de dX^0 sont traités comme des variables d'intégration M, N_γ, P, grâce aux propriétés combinatoires de la mesure

$$(8) \qquad \int K(M,(A^\alpha_0);(A^\beta_\alpha + B^{\beta\alpha}_\alpha);(N_\alpha))f(P,(N_\alpha + \sum_\gamma B^{\gamma\alpha}_\alpha + C^\alpha))\,dM \prod_\alpha dN_\alpha\, dP .$$

Il n'est pas difficile de vérifier que le résultat de l'opération d'un noyau régulier sur un vecteur régulier est encore un vecteur régulier : ceci est le début de l'extension du théorème de Maassen aux espaces de Fock multiples. Nous laisserons au lecteur l'étude de l'adjoint d'un opérateur donné par un noyau, et nous nous occupons de la composition des noyaux, qui est notre but principal.

4. Composition des noyaux. Nous considérons deux noyaux K, L et cherchons à calculer le noyau composé $KL = J$. Nous procédons comme au paragraphe précédent, en calculant d'abord la composition de deux différentielles d'opérateurs

$$da^0_0(R^0_0) \prod da^\alpha_0(R^\alpha_0) \ldots da^\beta_\alpha(R^\beta_\alpha) \ldots da^0_\alpha(R^\alpha_0)$$
$$da^0_0(S^0_0) \prod da^\alpha_0(S^\alpha_0) \ldots da^\beta_\alpha(S^\beta_\alpha) \ldots da^0_\alpha(S^\alpha_0)$$

Dans le cas de vrais noyaux R^0_0 and S^0_0 ne figurent pas dans cette représentation, et on les interprète comme l'ensemble vide. Désignons par $\tilde{R}$ le complémentaire de $\cup_{\rho\sigma} R^\rho_\sigma$ et de même pour $\tilde{S}$. Nous définissons

$$R^\rho_\sigma \cap \tilde{S} = A^\rho_\sigma \quad ; \quad R^\rho_\sigma \cap S^\tau_\xi = B^{\rho\tau}_{\sigma\xi} \quad ; \quad \tilde{R} \cap S^\tau_\xi = C^\tau_\xi .$$

Ces ensembles sont deux à deux disjoints, et nous utilisons la relation $da^\epsilon(U+V) = da^\epsilon(U)da^\epsilon(V)$ pour U, V disjoints, afin d'écrire chacune des deux différentielles d'opérateurs comme un produit comportant les morceaux élémentaires A^ρ_σ, $B^{\rho\tau}_{\sigma\xi}$, et C^τ_ξ. Ensuite nous multiplions ces produits en utilisant les règles d'Evans, et nous trouvons que le produit est

0 sauf si les seuls ensembles non vides sont de la forme A^{ρ}_{σ}, $B^{\rho\alpha}_{\alpha\sigma}$, C^{τ}_{ξ}. Si ces conditions sont satisfaites, le produit est égal à

$$G\prod da^{\alpha}_{0}(T^{\alpha}_{0})\dots da^{\beta}_{\alpha}(T^{\beta}_{\alpha})\dots da^{0}_{\alpha}(T^{0}_{\alpha})$$

avec

$$T^{\rho}_{\sigma}=A^{\rho}_{\sigma}+\sum_{\gamma}B^{\rho\gamma}_{\gamma\sigma}+C^{\rho}_{\sigma}$$

et

$$G=d(A^{0}_{0}+\sum_{\gamma}B^{0\gamma}_{\gamma 0}+C^{0}_{0})\,.$$

Il est maintenant facile d'obtenir la formule définitive du type de Maassen : on a pour le (vrai) noyau composé $J((T^{\alpha}_{0}),(T^{\beta}_{\alpha}),(T^{0}_{\alpha}))$ l'expression suivante, en remplaçant les ensembles A^{0}_{0}, $B^{0\alpha}_{\alpha 0}$, C^{0}_{0} par des variables d'intégration M, N_{α}, P

$$\int \sum_{T^{\rho}_{\sigma}=A^{\rho}_{\sigma}+\sum_{\gamma}B^{\rho\gamma}_{\gamma\sigma}+C^{\rho}_{\sigma}} K(\,M, A^{\alpha}_{0}\,,\, A^{\beta}_{\alpha}+\sum_{\rho}B^{\beta\alpha}_{\alpha\rho}\,, A^{0}_{\alpha}+\sum_{\gamma}B^{0\alpha}_{\alpha\gamma}+N_{\alpha}\,)\times$$

$$L(\,P, N_{\alpha}+\sum_{\gamma}B^{\gamma\alpha}_{\alpha 0}+C^{\alpha}_{0}\,,\,\sum_{\rho}B^{\rho\beta}_{\beta\alpha}+C^{\beta}_{\alpha}\,,\, C^{0}_{\alpha}\,)\,dM\,dP\prod_{\alpha}dN_{\alpha} \tag{9}$$

REFERENCES

[1] Berezin (F.A.). *The method of second quantization*. Academic Press, New York 1966.

[2] Evans (M.P.). Existence of quantum diffusions. *Prob. Th. and Rel. Fields*, 81, 1989, p. 473–483.

[3] Evans (M.P.) et Hudson (R.L.). Multidimensional quantum diffusions. *Quantum Probability III, Oberwolfach 1987*, LN n° 1303, 1988, p. 69–88.

[4] Hudson (R.L.) et Parthasarathy (K.R.). Quantum Ito's formula and stochastic evolutions. *Comm. Math. Phys.*, 93, 1984, p. 301–323.

[5] Krée (P.). Calcul d'intégrales et de dérivées en dimension infinie *J. Funct. Anal.*, 1979.

[6] Krée (P.). La théorie des distributions en dimension quelconque et l'intégration stochastique *Stochastic Analysis and Related Topics, Silivri 1986*, LN n° 1316, 1987, p. 170–233

[7] Krée (P.) et Raczka (R.). Kernels and symbols in quantum field theory. *Ann. Inst. Henri Poincaré, Sect A*, 28, 1978, 41–73.

[8] Maassen (H.). Quantum Markov processes on Fock spaces described by integral kernels *Quantum Probability and Applications II*, LN n° 1136, 1985, p. 361–374.

[9] Meyer (P.A.). Eléments de Probabilités Quantiques. *Sém. Prob. XX, 1984/85* LN n° 1204, 1986, p. 186–312.

Département de Mathématiques Pures
Université de Clermont-Ferrand
Complexe Scientifique des Cézeaux
B.P. 45, F-63170 Aubière

APPLICATION DU CALCUL SYMBOLIQUE AU CALCUL DE LA LOI DE CERTAINS PROCESSUS

d'après A. DERMOUNE [1]

1. Introduction. Nous utilisons ici les notations des exposés "Eléments de probabilités quantiques" ([4]), combinées avec celles de P. Krée [2]. Dans la première partie nous travaillons sur l'espace de Fock symétrique $\Gamma(\mathcal{H})$, où $\mathcal{H}$ est l'espace de Hilbert $L^2(\mathbb{R}_+)$, nous désignons par $\mathcal{U}$ le sous-espace dense des fonctions étagées à support compact, et par $\mathcal{E}$, appelé le *domaine exponentiel*, l'ensemble des combinaisons linéaires finies de vecteurs exponentiels $\mathcal{E}(u)$, $u \in \mathcal{U}$ (toutefois, au début on pourrait prendre $u \in \mathcal{H}$).

Page 248 de [4], on démontre les faits suivants, d'après Hudson-Parthasarathy

1) Les opérateurs

$$X(t) = a_t^+ + a_t^- + c a_t^\circ$$

(où a_t^+, a_t^-, a_t° sont les opérateurs de création, d'annihilation et de nombre) admettent des extensions autoadjointes $\widehat{X}(t)$ qui commutent, et qui forment donc un processus stochastique au sens classique.

2) La loi de ce processus dans l'état vide est celle d'un processus de Poisson compensé, de hauteur de sauts égale à c et d'intensité $1/c^2$. Pour $c = 0$ on trouve un mouvement brownien.

La démonstration de [4] est assez longue et compliquée. En fait, ce que l'on construit, c'est directement (à l'aide des relations de commutation de Weyl) une famille à deux paramètres d'opérateurs unitaires $W(u,t)$ qui commutent tous entre eux, et qui pour tout t fixé constituent un groupe à un paramètre en u. En dérivant par rapport à u pour $u=0$ on obtient alors une famille d'opérateurs autoadjoints $W'(t)$ qui commutent, et on vérifie que $W'(t) = X(t)$ sur le domaine exponentiel $\mathcal{E}$. On prend alors $\widehat{X}(t) = W'(t)$. De plus, connaissant les opérateurs $W(u,t) = e^{iuW'(t)}$ on trouve très facilement la fonction caractéristique des v.a. $W'(t)$ dans l'état vide (et on peut alors trouver la loi jointe du processus en remarquant que celui-ci est à accroissements indépendants).

La démonstration ne prouve pas que l'opérateur $X(t)$ est *essentiellement autoadjoint* sur $\mathcal{E}$ (c'est à dire que $W'(t)$ est la seule extension autoadjointe de $X(t)$). On peut

---

[1] Note de P.A. Meyer. Je remercie vivement A. Dermoune de m'avoir autorisé à extraire cet exposé de sa thèse. Je l'ai rédigé dans le langage de mes exposés antérieurs de ce Séminaire. Pour une présentation moins incomplète du langage des noyaux et symboles, voir les réf. [2],[3] et [5].

démontrer cela en prouvant que les vecteurs exponentiels sont des vecteurs analytiques pour $X(t)$ (théorème de Nelson).

Dans cette note, on va utiliser le calcul symbolique de P. Krée (voir [3]) pour déterminer de manière plus simple la loi de ce processus, et pour étendre le résultat de Hudson–Parthasarathy au cas des espaces de Fock multiples, où l'opérateur de nombre est remplacé par la matrice des opérateurs de nombre et d'échange.

2. Rappels de calcul symbolique. Nous allons adopter une version un peu moins générale que celle présentée dans [3], mais suffisante pour nos besoins. On pourra consulter aussi [5].

Soit A un opérateur défini sur le domaine exponentiel $\mathcal{E}$. Alors le *symbole* $S(A\,;\,u,v)$ de A est la fonction de deux variables $u,v \in \mathcal{U}$

$$S(A\,;\,u,v) = e^{-<u,v>} <\mathcal{E}(u),\, A\mathcal{E}(v)> \,. \tag{1}$$

Dans la théorie plus générale de [2], le domaine de A ne contient pas nécessairement les vecteurs $\mathcal{E}(u)$, $u \in \mathcal{U}$, mais seulement les puissances tensorielles $u^{\otimes n}$, de sorte que (1) est une série formelle et non une vraie fonction.

Puisque les vecteurs exponentiels sont denses, la connaissance du symbole $S(A\,;\cdot,\cdot)$ détermine l'opérateur A sur le domaine exponentiel. Le symbole de l'opérateur adjoint A^* est égal à $\overline{S(A\,;\,v,u)}$. Le symbole est aussi appelé *symbole de Wick*, parce que le symbole du produit de Wick de deux opérateurs est le produit ordinaire de leurs symboles. Indiquons les symboles de quelques opérateurs.

1) Opérateurs de création, d'annihilation, et de nombre

$$S(a_h^+\,;\,u,v) = <u,h> \;,\; S(a_h^-\,;\,u,v) = <h,v> \;,\; S(a_i^\circ\,;\,u,v) = <u,hv> \,. \tag{2}$$

2) *Opérateur de multiplication* W_h *de Wiener par* $\mathcal{E}(h)$ $(h \in \mathcal{H})$. On identifie l'espace de Fock à l'espace $L^2(\Omega)$ associé à la mesure de Wiener. Le vecteur exponentiel $\mathcal{E}(u)$ se lit alors comme l'exponentielle stochastique

$$\mathcal{E}(u) = e^{\int u(s)dX(s) - \int u^2/2}$$

(on note $\int uv$ le produit scalaire bilinéaire $<\bar{u},v>$). On a alors la formule de multiplication suivante pour le produit de Wiener de deux vecteurs exponentiels :

$$\mathcal{E}(h)\mathcal{E}(v) = \mathcal{E}(v+h)e^{\int hv} \,,$$

et on trouve alors facilement le symbole cherché

$$S(W_h\,;\,u,v) = e^{\int hv + <u,h>} \,. \tag{3}$$

3) *Opérateur de multiplication* P_h *de Poisson par* $\mathcal{E}(h)$. Si l'on identifie l'espace de Fock à l'espace $L^2(\Omega)$ associé à un processus de Poisson de hauteur de sauts c et d'intensité $1/c^2$, on a l'expression des vecteurs exponentiels

$$\mathcal{E}(u) = e^{-\int u(s)\,ds/c} \prod_S (1 + cu(s)) \,,$$

S étant l'ensemble des instants de saut de la trajectoire. D'où la formule de multiplication des vecteurs exponentiels $\mathcal{E}(h)\mathcal{E}(v) = \mathcal{E}(v + h + cvh)\,e^{(h,v)}$, et on en déduit l'expression du symbole

$$S(P_h\,;\,u,v) = e^{\int hv + \langle u, h + chv\rangle} \;. \tag{4}$$

Cette formule contient la précédente pour $c = 0$. Il n'est donc pas nécessaire de traiter le cas particulier du processus de Wiener.

4) *Opérateur de multiplication par une intégrale stochastique* $\int h(s)dX(s)$. C'est la dérivée pour $\epsilon = 0$ de l'opérateur de multiplication par $\mathcal{E}(\epsilon h)$. Donc pour le symbole on trouve

$$\langle \bar{h}, v\rangle + \langle u, h\rangle + c\langle u, hv\rangle \;,$$

et si h est réelle, on trouve le même symbole que pour $a_h^- + a_h^+ + ca_h^{\circ}$. Donc l'opérateur de multiplication est une extension de ce dernier opérateur. Comme les opérateurs de multiplication par les intégrales stochastiques sont (par construction) autoadjoints et commutent tous, nous avons construit très simplement les extensions autoadjointes indiquées par Hudson–Parthasarathy. Ici encore il faudrait montrer l'unicité des extensions autoadjointes par le théorème de Nelson.

2. Espace de Fock multiple. Dans la théorie de l'espace de Fock multiple, l'espace de Hilbert $\mathcal{H}$ n'est plus $L^2(\mathbb{R}_+)$ mais $L^2(\mathbb{R}_+, E)$ où E est un espace de Hilbert de dimension finie ν. En choisissant une base orthonormale de cet espace, nous considérons $\mathcal{H}$ comme une somme directe de ν copies de $L^2(\mathbb{R}_+)$. $\Gamma(\mathcal{H})$ est donc le produit tensoriel de ν copies de l'espace de Fock simple. On peut aussi l'identifier à l'espace $L^2(\Omega)$ où Ω est engendré par ν processus indépendants (X_t^i), qui sont des processus de Wiener ou de Poisson du type considéré plus haut (non nécessairement tous de même loi).

Les vecteurs exponentiels s'écrivent maintenant sous la forme $\mathcal{E}(\mathbf{u})$ où $\mathbf{u}$ est un vecteur (u_i) d'éléments de $\mathcal{U}$. Le symbole $S(A\,;\,\mathrm{u},\mathrm{v})$ reste défini par la formule (1). Cependant, la formule (1) est une formule valable pour tous les espaces de Fock, tandis que nous considérons $\mathbf{u}$ comme un vecteur de ν éléments de $\mathcal{U}$, donc le symbole d'un opérateur, tel que nous l'utilisons ici, dépend du choix de la base de E utilisée. On peut noter en revanche que la multiplication des éléments de $L^2(\mathbb{R}_+, E)$ par les fonctions scalaires $h \in \mathcal{U}$ ne dépend pas du choix de la base de E.

On a maintenant toute une matrice d'opérateurs de création, d'annihilation, de nombre et d'échange, indexés par une fonction $h \in \mathcal{U}$ *scalaire* et *réelle* (typiquement, h est l'indicatrice d'un intervalle $]0,t]$). Leur symboles sont

— Pour les opérateurs de création a_h^{i+}, le symbole est $\langle u_i, h\rangle$, et pour les opérateurs d'annihilation correspondants $\langle h, v_i\rangle$.

— Pour les opérateurs de nombre $a_h^{i\circ}$, le symbole est $\langle u_i, hv_i\rangle$, mais on voit aussi apparaître toute une nouvelle série d'*opérateurs d'échange*, de symboles $\langle u_i, hv_j\rangle$.

La notation la plus commode est celle d'Evans (voir les autres articles de ce volume pour plus de détails) qui consiste à introduire des indices grecs ρ, σ prenant les valeurs

$1,\ldots,\nu$ et en plus la valeur 0, à ajouter à tout vecteur-test u une composante $u_0 = 1$, et à noter $a_i^0(h)$, $a_0^i(h)$, $a_i^i(h)$ et $a_i^j(h)$ les opérateurs de création, d'annihilation, de nombre et d'échange. Il y a alors une seule formule pour tous les symboles

(5) $$S(a_\rho^\sigma(h);\, \mathrm{u},\mathrm{v}) = <u_\sigma, hv_\rho> .$$

L'opérateur $a_0^0(h)$ est alors défini par cette formule comme étant le produit de l'identité par l'intégrale de h.

Il est clair que l'opérateur adjoint de $a_\rho^\sigma(h)$ (sur le domaine exponentiel) est égal à $a_\sigma^\rho(h)$. Donc si l'on prend une matrice hermitienne fixe (m_ρ^σ), on obtient en posant

(6) $$X(h) = \sum_{\rho,\sigma} m_\rho^\sigma a_\rho^\sigma(h)$$

une famille d'opérateurs dont les symboles ont la symétrie hermitienne en les variables u, v. On peut donc espérer que ces opérateurs auront des extensions autoadjointes. Il est plus clair de ne pas faire intervenir la composante d'indice 0 dans le produit scalaire, et on a alors un symbole de la forme

$$m\int h + <u, h\mu> + <h\mu^*, v> + <\mathrm{u}, hM\mathrm{v}> ,$$

où m est un scalaire réel, μ est un vecteur, et M est une matrice hermitienne. Nous admettrons ici que ces opérateurs sont en effet essentiellement autoadjoints sur le domaine exponentiel (ce qui pourrait se déduire du théorème de Nelson). Alors si l'on coupe h en la somme de $hI_{]0,t]} = h_1$ et $hI_{]t,\infty]} = h_2$, les opérateurs $X(h_1)$ et $X(h_2)$ opèrent sur deux facteurs différents de la décomposition de l'espace de Fock en produit tensoriel à l'instant t, et cela entraîne que les deux opérateurs commutent, et que les v.a. qui leurs correspondent sont indépendantes. On en déduit aisément que les v.a. $X(h)$ peuvent s'interpréter comme les intégrales stochastiques $\int h(s)dX(s)$ relativement à un processus à accroissements indépendants $X(t)$, dont nous voulons déterminer la loi dans l'état vide.

Nous allons faire un "changement de base" dans l'espace de Fock pour simplifier la matrice M. Les éléments de l'espace de Fock se développent en intégrales stochastiques multiples par rapport aux ν courbes $X^i(t)$, à accroissements orthogonaux, et mutuellement orthogonales, et ces développements ont une signification indépendante de l'interprétation probabiliste utilisée. Mais on peut aussi bien utiliser un système de courbes $Y^i(t) = \sum_j \lambda_j^i X^j(t)$, où $\Lambda = (\lambda_j^i)$ est une matrice unitaire. Si u est un vecteur d'éléments de $L^2(\mathbb{R}_+)$, le vecteur noté maintenant $\mathcal{E}(\mathrm{u})$ est l'exponentielle de l'élément $\sum_i \int u_i(s)dY^i(s)$, et correspond donc à l'ancien vecteur $\mathcal{E}(\Lambda\mathrm{u})$, et le symbole de l'opérateur A dans la nouvelle base est donc égal à $S(A\,;\Lambda\mathrm{u},\Lambda\mathrm{v})$, et en particulier le nouveau symbole de $X(h)$ est

$$m\int h + <u, h\theta> + <h\theta^*, v> + <\mathrm{u}, hN\mathrm{v}> ,$$

où $\theta = \Lambda\mu$ et $N = \Lambda^* M\Lambda$. Choisissant Λ de telle sorte que N soit diagonale, nous voyons que le symbole de $X(h)$ s'écrit comme la somme de la constante $m\int h$ (correspondant à l'addition au processus $X(t)$ d'un terme déterministe mt) et de ν termes de la forme

$$p_i(\int bu_i, h + \int hv_i) + q_i \int h\bar{u}_i v_i ,$$

où p_i et q_i sont réels. La forme diagonale de cette somme signifie que l'on va ajouter des processus indépendants. Si $p_i = 0$, $q_i \neq 0$, le symbole correspond à un processus p.s. nul dans l'état vide (mais qui est un processus de Poisson à sauts égaux à q_i dans les états cohérents différents de l'état vide). Si $p_i \neq 0$ on peut le mettre en facteur, et on tombe alors sur le cas particulier traité par Hudson–Parthasarathy et rappelé dans la première partie : pour $q_i \neq 0$ un processus de Poisson compensé de hauteur de sauts q_i et d'intensité $(p_i/q_i)^2$, pour $q_i = 0$ un mouvement brownien de variance p_i^2. Ainsi la loi est complètement déterminée.

REFERENCES

[1] : Hudson R.L., Parthasarathy K.R., Quantum Ito's formula and stochastic evolutions. *Comm. Math. Phys*, 93, 1984, 301-323.

[2] : Krée P., La théorie des distributions en dimension quelconque et l'intégration stochastique. *Stochastic Analysis and Related Topics, Proc. Silivri 1986*, Springer LN 1316, 170–233.

[3] : Krée P., Raczka R., Kernels and symbols in quantum field theory. *Ann. Inst. Henri Poincaré, Sect A*, 28, 1978, 41–73.

[4] : Meyer P.A., Eléments de Probabilités Quantiques, *Sém. Prob. XX*, Springer LN 1204.

[5] : Meyer P.A., Distributions, noyaux, symboles d'après P. Krée. *Sém. Prob. XXI*, Springer LN 1321, 467–476.

Pour obtenir le texte original de la thèse, s'adresser à :

A. Dermoune, Département de Mathématiques Pures
Université de Clermont-Ferrand
Complexe Scientifique des Cézeaux
BP 45, F–63170 Aubière.

ON TWO TRANSFER PRINCIPLES
IN STOCHASTIC DIFFERENTIAL GEOMETRY

M. Emery(*)

A well known rule of thumb in stochastic differential geometry is what Malliavin calls "the transfer principle": Geometric constructions involving manifold-valued curves can be extended to manifold-valued processes by replacing classical calculus with Stratonovich stochastic calculus. This is explained by Stratonovich differentials obeying the ordinary chain-rule, and also by an approximation result when the random process is smoothed by some convolution or a polygonal interpolation. Extending Bismut's work on Brownian diffusions [1], Schwartz [10], [11] and Meyer [9] have given a rigorous content to this principle, the former by defining intrinsic stochastic differential equations in manifolds and the latter by establishing the approximation theorem in a very general setting. On the other hand, Meyer [8] has shown how to compute intrinsic Itô integrals in a manifold endowed with a connection. This leads to another transfer principle, transforming ordinary into Itô differential equations. We shall give an approximation scheme for this principle too, generalizing at the same time the approximate construction of Itô diffusions by Bismut [1] and that of Itô integrals of first order forms due to Duncan [4] and Darling [2].

These two transfer principles don't have the same properties. Whereas the Stratonovich one respects all submanifolds (that is, every submanifold preserved by the ordinary differential equation is also by the Stratonovich one), the Itô one respects only the totally geodesic ones. On the other hand, the Itô transfer requires less smoothness and extends better to operations depending upon t and ω; but it also requires a richer geometry: every manifold must be endowed with a connection.

The Itô transfer principle explains a posteriori the discovery by Meyer [9] of a correspondence between all stochastic extensions of the equation of parallel transport of vectors and all extensions to the tangent bundle TM of the connection on M; the stochastic parallel transports studied by Meyer are exactly the Itô extensions of the deterministic parallel transport, and they depend upon the choice of the connection in TM.

In the case when the ordinary differential equation transforms geodesics into geodesics, we shall see that the approximate constructions of the Stratonovich and Itô extensions are one and the same. As a consequence, the Stratonovich and Itô equations are identical, and the Stratonovich equation, being also an Itô one, transforms

---

*) This work, written while visiting UBC and McGill University, stems from stimulating conversations with J.C. Taylor.

martingales into martingales. This can be used to explain why the development in a manifold of a Brownian motion (or, more generally, a martingale) in the tangent space is itself a Brownian motion (or a martingale), even though this development is defined using a Stratonovich differential equation, simply by noticing that the development of a straight line is a geodesic.

All the manifolds considered are real, finite-dimensional, of class $C^{2,Lip}$ at least (all admissible changes of chart are C^2, with locally Lipschitz second derivatives), and arcwise connected. This last assumption is quite mild: since we shall be interested in manifold-valued, continuous, adapted processes, by conditioning on $\underline{\underline{F}}_0$, everything happens in an arcwise connected component of the manifold. The word "smooth" will mean "as smooth as possible", that is, having the same regularity as the manifold itself. When using local coordinates, the Einstein summation convention on once up, once down indices is in force.

I. SECOND-ORDER GEOMETRY

This section recalls a few fundamental definitions in Schwartz' second order geometry.

If x is a point in a manifold M, the <u>second-order tangent space</u> to M at x, denoted $\tau_x M$, is the vector space of all differential operators on M, at x, of order at most 2, with no constant term. If $\dim M = m$, $\tau_x M$ has $m + \frac{1}{2} m(m+1)$ dimensions; using local coordinates $(x^i)_{1 \le i \le m}$ near x, every $L \in \tau_x M$ can be written in a unique way $L = \ell^i D_i + \ell^{ij} D_{ij}$, with $\ell^{ij} = \ell^{ji}$, where $D_i = \frac{\partial}{\partial x^i}$ and $D_{ij} = \frac{\partial^2}{\partial x^i \partial x^j}$ are differential operators at x. The elements of $\tau_x M$ are called <u>second-order tangent vectors</u> (or tangent vectors of order 2)$^{(*)}$; the elements of the dual vector space $\tau_x^* M$ are called <u>second-order forms</u> (or <u>second-order covectors</u>) <u>at</u> x; a covector field of order 2 is simply called a <u>second-order form</u> on M.

If M and N are two manifolds, and if $\phi : M \to N$ is at least C^2, tangent vectors of order 2 are pushed-forward by ϕ : for $L \in \tau_x M$, it is possible to define $\vec{\phi}_x L \in \tau_{\phi(x)} N$ by $(\vec{\phi}_x L) f = L(f \circ \phi)$; dually, for $\theta \in \tau^*_{\phi(x)} N$, one can define the pulled-back $\overleftarrow{\phi}_x \theta \in \tau^*_x M$ by $\langle \overleftarrow{\phi}_x \theta, L \rangle = \langle \theta, \vec{\phi}_x L \rangle$ for all L. If x is a point in a submanifold M of a manifold N, one says that $L \in \tau_x N$ is tangent$^{(**)}$ to M if $L \in \vec{i}_x(\tau_x M)$, where $i : M \to N$ is the identity; this is equivalent to requiring $Lu = 0$ for every smooth $u : N \to \mathbb{R}$ such that $u = 0$ on M.

If $\gamma : I \to M$ is a twice differentiable curve in M (with I an open interval in $\mathbb{R}$),

---

(*) A shorter, but less informative name, could be "diffusors"; and forms of order 2 could be called "codiffusors".

(**) This definition is not ambiguous: it agrees with the classical one when L has order one.

for $\gamma \in I$ the <u>acceleration</u> $\ddot{\gamma}(t) \in \tau_{\gamma(t)} M$ is defined as $\vec{\gamma}_t\left(\frac{d^2}{ds^2}\right)$; in other words, for $f : M \to \mathbb{R}$, $\ddot{\gamma}(t)f = \frac{d^2}{dt^2}[f(\gamma(t))]$. Using local coordinates, one sees easily that every $L \in \tau_x M$ is a linear combination of accelerations of curves (the set of accelerations linearly spans all of $\tau_x M$); if L is tangent to a submanifold, these curves can be chosen in the submanifold.

Schwartz has noticed that, if X is a continuous semimartingale in M, the Itô differentials dX^i and $\frac{1}{2} d[X^i,X^j]$ (where $(x^i)_{1\le i\le m}$ is a local chart and X^i the i-th coordinate of X in this chart) behave formally in a change of coordinates as the coefficients of a second order tangent vector: the (purely formal) stochastic differential

$$\underline{dX}_t = dX^i_t\, D_i + \frac{1}{2}\, d[X^i,X^j]_t\, D_{ij}$$

is a (symbolic) second order tangent vector to M at $X_t(\omega)$. This is but a heuristic statement, but it has rigorous consequences, the foremost one being the possibility of integrating second-order forms along semimartingales: If X is a continuous semimartingale and θ a second-order form on M, the real semimartingale $\int\langle\theta,\underline{dX}\rangle$ can be defined; in local coordinates, $\langle\theta,\underline{dX}_t\rangle = \theta_i(X_t)dX^i_t + \frac{1}{2}\theta_{ij}(X_t)d[X^i,X^j]_t$ (where θ_i and θ_{ij} are the coefficients of θ in those coordinates). More generally, this extends to the case where θ is not everywhere defined, but only along the path of X, and may depend predictably upon t and ω. In this case, the above integrands $\theta_i(X_t)$ and $\theta_{ij}(X_t)$ must be replaced with the coefficients $\theta_{it}(\omega)$ and $\theta_{ijt}(\omega)$ of the predictable second-order form $\theta_t(\omega) \in \mathbb{T}^*_{X_t(\omega)}M$ (see Schwartz [10] prop. 2.7, Meyer [8] 4.6 or [6] 6.24).

To each $L \in \tau_x M$, written $\ell^i D_i + \ell^{ij} D_{ij}$ in local coordinates, is canonically associated the symmetric tensor $\hat{L} = \ell^{ij} D_i \otimes D_j \in T_x M \odot T_x M$, characterized intrinsically by

$$\langle\, df \otimes dg,\ \hat{L}\,\rangle = \frac{1}{2}\,[L(fg) - fLg - gLf].$$

If you know $\hat{L}$, L is determined up to terms of order 1, so the quotient vector space $\tau_x M/T_x M$ is canonically isomorphic to $T_x M \odot T_x M$. This can be illustrated with an exact sequence

$$0 \to T_x M \to \tau_x M \to T_x M \odot T_x M \to 0.$$

<u>Definition</u> Let M and N be manifolds, x be a point in M, y a point in N. A linear mapping $f : \tau_x M \to \tau_y N$ is called a <u>Schwartz morphism</u> if

(i) fL has order at most one if L has (equivalently : $\hat{L} = 0 \Rightarrow \widehat{fL} = 0$); let $f^1 : T_x M \to T_y N$ denote the restriction of f to $T_x M$;

(ii) for every $L \in \tau_x M$, $\widehat{fL} = (f^1 \otimes f^1)\hat{L}$.

The (non-linear) space of Schwartz morphisms from $\tau_x M$ to $\tau_y N$ will be denoted $\mathrm{SM}_{xy}(M,N)$ (the first two letters stand for "Schwartz Morphisms"; only the second M is the name of the manifold!).

Remark An attempt to merge these two conditions into one could be $\widehat{f(AB)} = f(A) \odot f(B)$ where $A \in T_xM$ and B is a (first order) vector field near x, since the only possibility for this formula to make sense is by requiring that f(A) and f(B) are themselves first order vectors; but of course this is cheating!

These conditions (i) and (ii) can be restated as existence of a f^1 making the following diagram commutative:

$$\begin{array}{ccccccccc} 0 & \to & T_xM & \to & \tau_xM & \to & T_xM \odot T_xM & \to & 0 \\ & & \downarrow f^1 & & \downarrow f & & \downarrow f^1 \otimes f^1 & & \\ 0 & \to & T_yN & \to & \tau_yN & \to & T_yN \odot T_yN & \to & 0. \end{array}$$

In local coordinates $((x^i)_{1\le i\le m}$ near x, $(y^\alpha)_{1\le\alpha\le n}$ near y), a linear $f : \tau_xM \to \tau_yN$ is characterized by its coefficients f_i^α, f_{ij}^α, $f_i^{\alpha\beta}$, $f_{ij}^{\alpha\beta}$ (symmetric in i,j, or α,β, wherever possible), such that, if $L = \ell^i D_i + \ell^{ij} D_{ij} \in \tau_xM$,

$$fL = (f_i^\alpha \ell^i + f_{ij}^\alpha \ell^{ij})\, D_\alpha + (f_i^{\alpha\beta}\ell^i + f_{ij}^{\alpha\beta}\ell^{ij})\, D_{\alpha\beta} \in \tau_y N;$$

and f is a Schwartz morphism if and only if

$$\text{(SM)} \qquad \begin{cases} f_i^{\alpha\beta} = 0 \\ f_{ij}^{\alpha\beta} = \frac{1}{2}\,(f_i^\alpha f_j^\beta + f_j^\alpha f_i^\beta). \end{cases}$$

PROPOSITION 1. Given $x \in M$ and $y \in N$, a mapping $f : \tau_xM \to \tau_yN$ is a Schwartz morphism if and only if there exists a smooth $\phi : M \to N$, with $\phi(x) = y$ and $f = \vec{\phi}_x$.

PROOF In local coordinates,

$$\begin{aligned} \vec{\phi}_x L &= L\phi^\alpha\, D_\alpha + \langle d\phi^\alpha \otimes d\phi^\beta, \hat{L}\rangle\, D_{\alpha\beta} \\ &= [\ell^i D_i\phi^\alpha(x) + \ell^{ij} D_{ij}\phi^\alpha(x)]\, D_\alpha + \ell^{ij} D_i\phi^\alpha(x) D_j\phi^\beta(x) D_{\alpha\beta}, \end{aligned}$$

so $f = \vec{\phi}_x$ is given by $f_i^\alpha = D_i\phi^\alpha(x)$, $f_{ij}^\alpha = D_{ij}\phi^\alpha(x)$ and by conditions (SM); it is a Schwartz morphism.

Conversely, if f is any Schwartz morphism, the same formula shows that, for a $\phi : M \to N$ with $\phi(x) = y$, $f = \vec{\phi}_x$ if and only if $D_i\phi^\alpha(x) = f_i^\alpha$ and $D_{ij}\phi^\alpha(x) = f_{ij}^\alpha$, and the proposition holds since it is always possible to construct a function with prescribed partial derivatives up to order 2 at one given point. ∎

COROLLARY 2. Let M, N, P be manifolds and $x \in M$, $y \in N$, $z \in P$. Let $f : \tau_xM \to \tau_zP$ be a Schwartz morphism and suppose $\psi : M \to N$ is a C^2 immersion at x with $\psi(x) = y$. There exists a Schwartz morphism $g : \tau_yN \to \tau_zP$ such that $f = g \circ \vec{\psi}_x$.

Proof. By Proposition 1, there is a $\phi : M \to P$ with $f = \vec{\phi}_x$. Since ψ is an immersion at x, there are a neighbourhood V of x in M and a C^2 function $\rho : N \to P$ with $\rho(y) = z$ such that $\phi = \rho \circ \psi$ on V. This gives $f = \vec{\phi}_x = \vec{\rho}_y \circ \vec{\psi}_x$; the result follows since, by Proposition 1 again, $\tau_y\rho$ is a Schwartz morphism. ∎

DEFINITION. Let M and N be manifolds, and P be a submanifold of the product M x N. One says that a Schwartz morphism $f \in SM_{xy}(M,N)$ is constrained to P if $(x,y) \in P$ and if ϕ in Proposition 1 can be chosen such that $(\xi,\phi(\xi)) \in P$ for every ξ in a neighbourhood of x in M.

For $(x,y) \in P$, the set of Schwartz morphisms from $\tau_x M$ to $\tau_y N$ constrained to P will be denoted $SM_{xy}(M,N;P)$. Remark that $SM_{xy}(M,N) = SM_{xy}(M,N;M\times N)$.

The next proposition, a characterization of constrained Schwartz morphisms, will make use of the following notations: for $L \in \tau_x M$ and $(x,y) \in M \times N$, $(L)_M \in \tau_{(x,y)}(M\times N)$ will be the differential operator defined by $(L)_M u = Lv$, where $v(\xi) = u(\xi,y)$; that is, by letting L act on the first variable only, the second one being kept fixed. Similarly, for $L \in \tau_y N$, one defines $(L)_N \in \tau_{(x,y)}(M \times N)$.

PROPOSITION 3. Let P be a submanifold of M x N, $(x,y) \in P$ and $f \in SM_{xy}(M,N)$. The Schwartz morphism f is constrained to P if and only if, for every $L \in \tau_x M$, the second-order vector(*) $(L)_M + (fL)_N + \hat{f}\hat{L} \in \tau_{(x,y)}(M \times N)$ is tangent to P, where $\hat{f}$ is the linear mapping from $T_x M \odot T_x M$ to $\tau_{(x,y)}(M \times N)$ defined by

$$\hat{f}(A \odot B) = (fA)_N(B)_M + (fB)_N(A)_M.$$

In the above product $(fA)_N(B)_M$, the two first-order differential operators $(fA)_N$ and $(B)_M$ act on independent variables, so they commute, and the product is well-defined even though each of them is only defined at the point (x,y).

PROOF. Let $L^f = (L)_M + (fL)_N + \hat{f}\hat{L}$.

First, suppose f is constrained to P, so there exists a smooth $\phi : M \to N$, with $\phi(x) = y$, $\vec{\phi}_x = f$ and $\mathrm{graph}(\phi) \subset P$. Letting $\psi(\xi) = (\xi,\phi(\xi))$ define a smooth $\psi : M \to M \times N$, we shall show that, for every $L \in \tau_x M$, $L^f = \vec{\psi}_x L$; in other words, $L^f u = L(u \circ \psi)$ for every smooth u on M x N. As both sides depend linearly on L, it suffices to see it when L is the acceleration $\ddot{\gamma}(0)$ of some curve $\gamma : \mathbb{R} \to M$ with $\gamma(0) = x$. In that case, $\vec{\psi}_x L = \ddot{\Gamma}(0)$, where $\Gamma : \mathbb{R} \to M \times N$ is the curve $\psi \circ \gamma(t) = (\gamma(t),\delta(t))$, with $\delta = \phi \circ \gamma$. So its acceleration is the vector

$$u \to \frac{d^2}{dt^2}\Big|_{t=0} u(\gamma(t),\delta(t)),$$

giving $\vec{\psi}_x L = (\ddot{\gamma}(0))_M + (\ddot{\delta}(0))_N + 2(\dot{\gamma}(0))_M(\dot{\delta}(0))_N$. But $\ddot{\gamma}(0) = L$, $\ddot{\delta}(0) = fL$ and $\hat{L} = \dot{\gamma}(0) \odot \dot{\gamma}(0)$, so the last term is precisely $\hat{f}\hat{L}$, and $\vec{\psi}_x L = L^f$.

(*) A probabilistic interpretation of this vector will be given in terms of stochastic differential equations by Proposition 5.

Taking now any u that vanishes identically on P gives $u\circ\psi \equiv 0$, hence $L^f u = L(u\circ\psi) = 0$; this shows that L^f is tangent to P at (x,y).

Conversely, if L^f is tangent to P for each L, taking $L \in T_xM$ gives a $L^f \in T_{(x,y)}(M\times N)$ tangent to P, with first projection L. So the first projection $(\xi,z) \to \xi$ from P to M is a submersion at x, and, replacing if necessary M with a neighbourhood of x, we can suppose that the first projection is onto. By replacing N with a neighbourhood of y and choosing suitably the chart (y^α), the equations of P have the form

$$y^\alpha = e^\alpha(x^1,\dots,x^m,y^1,\dots,y^q) \qquad q < \alpha \le n$$

for some functions e^α of m + q variables(*). Letting $u^\alpha(\xi,\eta) = \eta^\alpha - e^\alpha(\xi,\eta^1,\dots,\eta^q)$ gives $u^\alpha = 0$ on P for $\alpha > q$, whence $L^f u^\alpha = 0$ for every L. This can be written

$$(*) \qquad \begin{cases} f_i^\alpha = f_i^\beta\, D_\beta e^\alpha + D_i e^\alpha \\ f_{ij}^\alpha = D_{ij} e^\alpha + f_{ij}^\beta\, D_\beta e^\alpha + 2f_i^\beta\, D_{j\beta} e^\alpha + f_i^\beta\, f_j^\gamma\, D_{\beta\gamma} e^\alpha \end{cases}$$

(with $\alpha > q$ and the summation indices β and γ ranging from 1 to q).

Now choose any $\psi : M \to N$ such that $\vec{\psi}_x = f$ (this is possible because f is a Schwartz morphism). Define $\phi : M \to N$ by

$$\phi^\alpha(\xi) = \begin{cases} \psi^\alpha(\xi) & \text{if } \alpha \le q \\ e^\alpha(\xi,\psi^1(\xi),\dots,\psi^q(\xi)) & \text{if } \alpha > q. \end{cases}$$

As the graph of ϕ is included in P by construction, the proposition will be proved if we verify that $f = \vec{\phi}_x$. But the Schwartz morphism $g = \vec{\phi}_x$ is constrained to P; so (first part of this proof) $L^g u^\alpha = 0$ for every L, and g also verifies (*). Since these formulae give, for $\alpha > q$, the coefficients f_i^α and f_{ij}^α in terms of f_i^β and f_{ij}^β with $\beta \le q$, and since $g_i^\beta = f_i^\beta$, $g_{ij}^\beta = f_{ij}^\beta$ for $\beta \le q$ by definition of ϕ, all coefficients of f and g agree. ∎

II. INTRINSIC STOCHASTIC DIFFERENTIAL EQUATIONS

Suppose given two manifolds, M and N, a filtered probability space $(\Omega,\underline{\underline{F}},P,(\underline{\underline{F}}_t)_{t\ge 0})$ verifying the usual completeness and right-continuity conditions, a M-valued semimartingale X with continuous paths, and a $\underline{\underline{F}}_0$-measurable, N-valued random variable y_0.

We are going to deal with a stochastic differential equation of the form

$$\text{(SDE)} \qquad \underline{d}Y_t(\omega) = F(Y)_t(\omega)\ \underline{d}X_t(\omega),\quad Y_0 = y_0$$

where $\underline{d}X$ and $\underline{d}Y$ are the symbolic Schwartz differentials of X and Y. Since, formally,

---

(*) If q = n, that is, if P is open in M x N, the result is trivial.

$\underline{dX}_t(\omega) \in \tau_{X_t(\omega)}M$ and $\underline{dY}_t(\omega) \in \tau_{Y_t(\omega)}N$, the coefficient $F(Y)_t(\omega)$ should be a linear mapping from $\tau_{X_t(\omega)}M$ to $\tau_{Y_t(\omega)}N$. So, in local coordinates, it will be given by coefficients F_i^α, F_{ij}^α, $F_i^{\alpha\beta}$, $F_{ij}^{\alpha\beta}$, all depending upon Y, t and ω. Now express $\underline{dX}$ and $\underline{dY}$ in local coordinates to transform (SDE) into the system

$$\begin{cases} dY^\alpha = F_i^\alpha(Y)dX^i + \frac{1}{2} F_{ij}^\alpha(Y)\ d[X^i,X^j] \\ \frac{1}{2}\, d[Y^\alpha,Y^\beta] = F_i^{\alpha\beta}(Y)dX^i + \frac{1}{2} F_{ij}^{\alpha\beta}(Y)\ d[X^i,X^j]. \end{cases}$$

But this system is overdetermined: the rules of stochastic calculus make it possible to compute $\frac{1}{2}\, d[Y^\alpha,Y^\beta]$ from the differential dY^α and dY^β; more precisely, the first equation(s) implies

$$d[Y^\alpha,Y^\beta] = F_i^\alpha(Y)\ F_j^\beta(Y)\ d[X^i,X^j].$$

To make this compatible with the second equation(s), it is reasonable to assume that

$$F_i^{\alpha\beta} = 0\ ,\ F_{ij}^{\alpha\beta} = \frac{1}{2}\,(F_i^\alpha F_j^\beta + F_j^\alpha F_i^\beta),$$

or, equivalently, that <u>each</u> $F(Y)_t(\omega)$ <u>is a Schwartz morphism</u>.

With a Lipschitz hypothesis on F, we shall state and prove an existence and uniqueness theorem for equations of this type. Although the proof consists only in extending to manifolds results that are well-known in the vector case, it is long and boring; so it is worth trying to maximize the efficiency of the theorem by gaining generality, and we shall also take into account the case when the solution Y remains linked to X by one or more relation. Technically, this is done by considering a closed submanifold P of M x N and considering only Schwartz morphisms $F(Y)_t(\omega)$ that are constrained to P. This situation arises, for instance, when the stochastic differential equation represents a lifting of X in some fiber bundle N above M; in that case, the solution Y has to live above X, the equation is defined for those Y only, and the constraint P is the submanifold of M x N consisting of the points (x,y) such that y is above x.

THEOREM 4. <u>Given</u> M, N, Ω, $\underline{F}$, P, $(\underline{F}_t)$, X, y_0 <u>as above</u>, <u>let</u> P <u>be a closed submanifold of</u> M x N, <u>and suppose that</u> $(X_0,y_0) \in P$. <u>For every predictable time</u> ζ <u>and every</u> N-<u>valued</u>, <u>continuous semimartingale</u> Y <u>with</u> $Y_0 = y_0$, <u>defined on</u> $[[0,\zeta[[$, <u>and verifying</u> $(X,Y) \in P$ <u>on this interval</u>, <u>suppose given a predictable process</u> F(Y), <u>also defined on</u> $[[0,\zeta[[$, <u>such that</u>

(i) <u>for every</u> $(\omega,t) \in [[0,\zeta[[$,

$$F(Y)_t(\omega) \in SM_{X_t(\omega)\ Y_t(\omega)}(M,N;P);$$

(ii) F(Y) <u>is locally bounded</u> : <u>there are stopping times</u> T_n <u>with limit</u> ζ <u>such that the image by</u> F(Y) <u>of each random interval</u> $[[0,T_n]] \cap (\{T_n>0\}\times\mathbb{R}_+)$ <u>is relatively compact in the manifold</u> SM(M,N;P));

(iii) F <u>is non-anticipating : for any predictable time</u> T, <u>the restriction of</u> $F(Y)$ <u>to</u> $[[0,\zeta[[\cap[[0,T]]$ <u>depends only upon the restriction of</u> Y <u>to this interval</u>;

(iv) F <u>is local</u>(*): <u>for every non-negligible</u> $A \in F$, <u>the restriction of</u> $F(Y)$ to $[[0,\zeta[[\cap(A \times \mathbb{R}_+)$ <u>depends only upon the restriction of</u> Y <u>to this set</u>;

(v) F <u>is locally Lipschitz : for every compact</u> $K \subset N$, <u>there exists a measurable (not necessarily adapted) increasing process</u> $L(K,t,\omega)$ <u>such that, if</u> $Y'_s(\omega)$ <u>and</u> $Y''_s(\omega)$ <u>are in</u> K <u>for</u> $0 \le s \le t$,

$$d(F(Y')_t(\omega),\ F(Y'')_t(\omega)) \le L(K,t,\omega) \sup_{0\le s\le t} d(Y'_s(\omega),\ Y''_s(\omega)).$$

<u>There exists a unique pair</u> (Y,ζ) <u>as above, with</u> $0 < \zeta \le \infty$, <u>such that</u> Y <u>explodes at time</u> ζ <u>if</u> ζ <u>is finite (i.e. the path</u> $(Y_t(\omega))_{t<\zeta(\omega)}$ <u>is not relatively compact in</u> N) <u>and verifies on</u> $[[0,\zeta[[$ <u>the stochastic differential equation</u>

$$\underline{dY}_t(\omega) = F(Y)_t(\omega)\ \underline{dX}_t(\omega)$$

(this means, for every smooth second-order form θ on N,

$$\int \langle \theta, \underline{dY} \rangle = \int \langle F(Y)^*\theta(Y), \underline{dX} \rangle).$$

<u>Moreover, if</u> (Y',ζ') <u>is another solution to this equation starting from the same initial condition</u> y_0, <u>then</u> $\zeta' \le \zeta$ <u>and</u> $Y' = Y$ <u>on</u> $[[0,\zeta'[[$.

REMARKS. In hypothesis (v), d denotes any Riemannian distances on the manifolds N and $SM(M,N;P)$; the statement does not depend on the specific choice of d since the ratio of any two Riemannian distances on a manifold is always bounded above and below on compact sets.

Hypothesis (iv) is used only once, to transform the process $L(K,t)$ in (v) into a deterministic process. When $L(K,t)$ does not depend on ω, that step is not necessary, and the result holds without assuming (iv).

PROOF.

<u>First step</u>: The theorem is true with the additional assumptions that $M = \mathbb{R}^m$, $N = \mathbb{R}^n$, $P = M \times N$ (that is, no constraint at all).

Taking the canonical global coordinates $(x^i)_{1\le i\le m}$ and $(y^\alpha)_{1\le\alpha\le n}$ on M and N transforms the given equation into a system

$$\begin{cases} dY^\alpha_t = F^\alpha_i(Y)_t\ dX^i_t + \frac{1}{2} F^\alpha_{ij}(Y)_t\ d[X^i,X^j]_t \\ \frac{1}{2} d[Y^\alpha,Y^\beta]_t = F^{\alpha\beta}_i(Y)_t\ dX^i_t + \frac{1}{2} F^{\alpha\beta}_{ij}(Y)_t\ d[X^i,X^j]_t . \end{cases}$$

As observed above, the last n^2 equations are a consequence of the first n ones and of $F(Y)_t$ being a Schwartz morphism; so we may forget about them.

(*)This hypothesis is not necessary if the increasing processes $L(K,t)$ in (v) are deterministic.

Let $\psi_p : [0,\infty) \to [0,1]$ be compactly supported in $[0,p]$ and equal to 1 on $[0,p-1]$. Define a new system of equations

$$(*) \qquad dY_t^\alpha = G_i^{p\alpha}(Y)_t + \frac{1}{2} G_{ij}^{p\alpha}(Y)_t \, d[X^i,X^j]_t$$

by $G_i^{p\alpha}(Y)_t = \psi_p(\sup_{0\le s\le t} \|Y_s\|) F_i^\alpha(Y)_t$, $G_{ij}^{p\alpha}(Y)_t = \psi_p(\sup_{0\le s\le t} \|Y_s\|) F_{ij}^\alpha(Y)_t$.

For each p, this new system is globally Lipschitz in space. Indeed, supposing $\sup_{0\le s\le t} \|Y'_s\| \ge \sup_{0\le s\le t} \|Y''_s\|$ (else, exchange Y' and Y"),

$$\begin{aligned} |G_i^{p\alpha}(Y')_t - G_i^{p\alpha}(Y'')_t| &\le \psi_p(\sup_{s\le t}\|Y'_s\|)\,|F_i^\alpha(Y')_t - F_i^\alpha(Y'')_t| \\ &\quad +|\psi_p(\sup_{s\le t}\|Y'_s\|) - \psi_p(\sup_{s\le t}\|Y''_s\|)|\ |F_i^\alpha(Y'')_t| \\ &\le L(\bar B(p),t,\omega)\ \sup_{s\le t}\|Y'_s - Y''_s\| \\ &\quad +\sup|\psi'|\ (\sup_{s\le t}\|Y'_s\| - \sup_{s\le t}\|Y''_s\|)\ L(\bar B(p),t,\omega) \\ &\qquad (|F_i^\alpha(0)_t|+p) \\ &\le L'(t,\omega)\ \sup_{0\le s\le t}\|Y'_s - Y''_s\| \end{aligned}$$

with $L'(t,\omega) = L(\bar B(p),t,\omega)\ [1+\sup|\psi'|\ (p+\sup_{0\le s\le t}|F_i^\alpha(0)_s|)]$; and similarly for G_{ij}^{pk}.

For $t,q > 0$, let $\Omega_{tq} = \{\omega : L'(t,\omega) \le q\} \in \underline{\underline{F}}$. Since F, and hence also G^p, is local, it is possible to solve the globally Lipschitz system (*) on $\Omega_{tq} \times [0,t]$ with the given initial condition y_0 (see Métivier [7]); and for $q_1 < q_2$ the solutions agree on $\Omega_{tq_1} \times [0,t]$ by uniqueness. Letting $q \to \infty$ shows that (*) has a unique solution on $[[0,t]]$. Similarly, letting $t \to \infty$ and using the non-anticipation assumption gives a unique solution to (*) on $\Omega \times \mathbb{R}_+$, starting from y_0. Let Y(p) denote this solution.

If $T(p) = \inf\{t : \|Y(p)_t\| \ge p-1\}$, $Y(p)^{|T(p)}$ is a solution to (*) with X replaced by $X^{|T(p)}$, so it is also a solution to $\underline{dY} = F(Y)\ \underline{dX}^{|T(p)}$; conversely, if Y is any solution to $\underline{dY} = F(Y)\ \underline{dX}$ starting from y_0 and if S(p) is the first time when $\|Y\| \ge p-1$, then, on $[[0,T(p)\wedge S(p)]]$, Y and Y(p) are two solutions of (*), hence $Y = Y(p)$ on this interval, and $S(p) = T(p)$. This implies that $T(p) \le T(p+1)$ and $Y(p) = Y(p+1)$ on $[[0,T(p)]]$. So letting $\zeta = \sup_{p\in\mathbb{N}} T(p)$, the conclusion of Theorem 4 holds; ζ is predictable as the explosion time of the continuous, adapted process Y.

<u>Second step</u>: We still assume $M = \mathbb{R}^m$ and $N = \mathbb{R}^n$, but P is now a closed submanifold in $M \times N$ (it is not arbitrary: the very existence of the Schwartz morphism $F(Y)_t(\omega)$ constrained to P implies that the projection of P on M contains a neighbourhood of

$X_t(\omega))$.

We are now given $F(Y)$ only for those semimartingales Y such that (X,Y) is P-valued; we shall first extend the definition of $F(Y)$ to all N-valued continuous semimartingales. Let $\rho : M \times N \to N$ denote the second projection.

There exists an open neighbourhood Q of P in $M \times N$ such that the mapping $\pi : Q \to P$ with $\pi(z)$ the point of P closest to z (for the Euclidean distance on $M \times N$) is well-defined and smooth on Q.(*) Let $\psi : M \times N \to [0,1]$ be smooth, with $\psi = 1$ on P and support $\psi \subset Q$. For every N-valued continuous semimartingale Y defined on some $[[0,\zeta[[$, letting $Z = (X,Y)$, define, for $(\omega,t) \in [[0,\zeta[[$

$$G^\alpha_i(Y)_t = F^\alpha_i(\rho\pi Z)_t \inf_{0\le s\le t} \psi(Z_s)$$

$$G^\alpha_{ij}(Y)_t = F^\alpha_{ij}(\rho\pi Z)_t \inf_{0\le s\le t} \psi(Z_s)$$

with the convention " undefined x 0 = 0".

This G is an extension of F to all N-valued continuous semimartingales. Each $G(Y)$ is a locally bounded, predictable process in $SM(M,N)$, above (X,Y); clearly, G is also non-anticipating and local. It is also locally Lipschitz for, if Y' and Y'' are semimartingales in N, taking their values in a compact K, letting $C(t,\omega)$ denote the compact $\{X_s(\omega),\ 0\le s\le t\} \subset M$ and $\Gamma(t,\omega)$ the compact $[C(t,\omega) \times K] \cap \text{support}(\psi)$, one has, if for instance $\inf_{0\le s\le t} \psi(Z'_s) \le \inf_{0\le s\le t} \psi(Z''_s)$,

$$\begin{aligned}|G^\alpha_i(Y')_t - G^\alpha_i(Y'')_t| &\le |F^\alpha_i(\rho\pi Z')_t - F^\alpha_i(\rho\pi Z'')_t| \inf_{s\le t} \psi(Z'_s) \\ &\quad + |\inf_{s\le t} \psi(Z'_s) - \inf_{s\le t} \psi(Z''_s)|\ |F^\alpha_i(\rho\pi Z'')_t| \\ &\le L(\rho\pi\Gamma(t,\omega),t,\omega)\ \Lambda(\Gamma(t,\omega)) \sup_{s\le t} \|Y'_s - Y''_s\| \\ &\quad + \sup_{\Gamma(t,\omega)} \|\nabla\psi\| \sup_{s\le t} \|Y'_s - Y''_s\|\ |F^\alpha_i(\rho\pi Z'')_t|\end{aligned}$$

(where $\Lambda(\Gamma)$ is a Lipschitz constant for $\rho\pi$ on the compact Γ), and the last factor $|F^\alpha_i(\rho\pi Z'')_t|$ is estimated by

$$|F^\alpha_i(\rho\pi Z'')_t| \le L(\rho\pi\Gamma(t,\omega),t,\omega)\ \Lambda(\Gamma(t,\omega))\ [\sup_{s\le t} |F^\alpha_i(y_0)_s| + \text{diam}(K)],$$

using the fact that $F^\alpha_i(y_0)$ is locally bounded.

So the first step, applied to this G, shows the existence of a unique Y in N, solution to $\underline{dY} = G(Y)\ \underline{dX}$, exploding at some time ζ. Using the hypothesis that F is constrained to P, we proceed to show that the $(M \times N)$-valued process $Z = (X,Y)$ spends all its life-time $[[0,\zeta[[$ in P.

If such is not the case, there is a stopping time $T < \zeta$ with $Z \in P$ on $[[0,T]]$ and

$$\mathbb{P}[T = \inf\{t : Z_t \notin P\}] > 0.$$

Without loss of generality, it is possible to suppose that $T = 0$ (define $\tilde{\underline{F}}_t = \underline{F}_{T+t}$,

---

(*) This argument corrects a mistake in Emery [6]: I erroneously assumed the existence of a neighbourhood of P diffeomorphic to $P \times \mathbb{R}^q$, but there may be topological obstructions to this.

$\tilde{X}_t = X_{T+t}$ and, for a N-valued $(\tilde{\underline{\underline{F}}}_t)$-semimartingale $\tilde{Y}$ with $\tilde{Y}_0 = Y_T$,

$$\bar{Y}_t = \begin{cases} Y_t & \text{if } t \le T \\ \tilde{Y}_{t-T} & \text{if } t \ge T \end{cases}$$

and $\tilde{F}(\tilde{Y})_t = F(\bar{Y})_{T+t}$; all the hypotheses are preserved by this time-translation).

Let P' be the open subset of P consisting of the points z such that the first projection $p : P \to M$ is a submersion at z; by hypothesis (i), $SM_{X_0,Y_0}(M,N;P)$ is not empty and so (X_0,Y_0) is in P'. But P' is the union of countably many open sets, each of them diffeomorphic to a product M' x R, with M' open in M and the first projection preserved by the diffeomorphism.

Hence, for one of these open sets, say D, the $\underline{\underline{F}}_0$-event $\{Z_0 \in D \text{ and } \inf\{t:Z_t \notin P\} = 0\}$ is not negligible; conditioning on it allows us to suppose it has probability 1. Call δ the diffeomorphism from M' x R to D.

The equation $\underline{dY} = F(Y)\ \underline{dX}$ will now be transformed, using this δ, into an equation $\underline{dU} = H(U)\ \underline{dX}$ with unknown U in R. If U is a R-valued continuous semimartingale with $\delta(X_0,U_0) = (X_0,Y_0)$, define $\bar{Y}$ in N by $(X,\bar{Y}) = \delta(X,U)$ (that is, $\bar{Y} = \rho\delta(X,U)$), and, for fixed t and ω, $\phi : M \to N$ such that $(\xi,\phi(\xi)) \in D$ for ξ close enough to $X_t(\omega)$ and

$$\vec{\phi}_{X_t(\omega)} = F(\bar{Y})_t(\omega) : \tau_{X_t(\omega)}M \to \tau_{\bar{Y}_t(\omega)}N;$$

define $\psi : M' \to R$ by $\delta(\xi,\psi(\xi)) = (\xi,\phi(\xi))$ and call $H(U)_t(\omega)$ the Schwartz morphism $\vec{\psi}_{X_t(\omega)} \in SM_{X_t(\omega)U_t(\omega)}(M,R)$.

By a bicontinuous time-change, the first time when X exits from M' can be made infinite, and the first step of the proof, applied this time to equation $\underline{dU} = H(U)\ \underline{dX}$, produces a solution U on some interval $[[0,\zeta_U[[$ with $\zeta_U > 0$.

Now the N-valued $\bar{Y} = \rho\delta(X,U)$ verifies

$$\underline{d\bar{Y}} = \underline{d(\rho\delta(X,U))} = \overrightarrow{\rho\delta\circ(Id,\psi)}\ \underline{dX} = \vec{\phi}\ \underline{dX} = F(\bar{Y})\ \underline{dX},$$

so it is also a solution to $\underline{d\bar{Y}} = G(\bar{Y})\ \underline{dX}$ and it must agree with Y; but Y leaves P at time 0 whereas $\bar{Y}$ does not, giving the required contradiction.

Third step: Getting rid of the hypothesis that N is a vector space.

Since N is arcwise connected, it is paracompact, and hence it can be imbedded as a closed submanifold of some $\mathbb{R}^n$. So M x N is imbedded in M x $\mathbb{R}^n$, and P is a closed submanifold of M x $\mathbb{R}^n$. Denote by $i : N \to \mathbb{R}^n$ and $j : P \to M \times \mathbb{R}^n$ those imbeddings; $j(x,y) = (x,iy)$.

For each $f \in SM_{xy}(M,N;P)$, let $\mathring{f} : \tau_x M \to \tau_y \mathbb{R}^n$ be defined by $\mathring{f} : \vec{i}\circ f$. This is a Schwartz morphism constrained to jP. Indeed, there is a $\phi : M \to N$ with $(\xi,\phi(\xi)) \in P$ and $\vec{\phi} = f$; for $\psi = i\circ\phi$, $(\xi,\psi(\xi)) \in jP$ and $\mathring{f} = \vec{\psi}$. So the equation $\underline{dY} = F(Y)\ \underline{dX}$ can be transformed into an equation $\underline{dZ} = \mathring{F}(Z)\ \underline{dX}$, with unknown Z in $\mathbb{R}^n$, constrained to jP; and $Y = j^{-1}Z$ is the unique solution to the given equation; since jP is closed in M x $\mathbb{R}^n$, both Y and Z explode at the same time.

Last step: Removing the assumption $M = \mathbb{R}^m$.

By Lemma (3.5) of [6], there is an increasing sequence of predictable times T_k, with $T_0 = 0$ and $\sup_k T_k = \infty$, such that, on each interval $[[T_k, T_{k+1}]]'$, X remains in the domain of some local chart (we denote by $[[S,T]]'$ the interval $[[S,T]] \cap (\{T>S\} \times \mathbb{R}_+)$, equal to $[S,T]$ if $S < T$ and empty if $S \geq T$). By induction on k, the equation $\underline{dY} = F(Y)\ \underline{dX}$ has a unique solution on $[[0,T_k]]$ (with a possible explosion). Indeed, supposing that this holds on $[[0,T_k]]$, letting $\tilde{\Omega} = \{T_{k+1} > T_k,\ \zeta > T_k\} \in \underline{\underline{F}}_{T_k}$, $\tilde{\underline{\underline{F}}}_t = \underline{\underline{F}}_{T_k+t}$, $\tilde{X}_t = X_{T_k+t}$ (on the interval $[[0,T_{k+1}-T_k]]'$, this process lives in the domain of a local chart, so we may see it as $\mathbb{R}^m$-valued), $\tilde{F}(\tilde{Y})_t = F(Y)_{T_k+t}$, where

$$Y_t = \begin{cases} \text{the solution to } \underline{dY} = F(Y)\ \underline{dX} \text{ on } [[0,T_k]] \\ \\ \tilde{Y}_{t-T_k} \text{ if } t \geq T_k \end{cases}$$

(this is defined only for $\tilde{Y}_0 = Y_{T_k} \in \tilde{\underline{\underline{F}}}_0$) gives a solution $\tilde{Y}$ on $[[0,T_{k+1}-T_k]]'$ (with a possible explosion); and the process equal to

$$\begin{cases} Y_t \text{ if } t \leq T_k \\ \tilde{Y}_{t-T_k} \text{ if } T_k \leq t \leq T_{k+1} \text{ and } \omega \in \tilde{\Omega} \end{cases}$$

is the unique solution to $\underline{dY} = F(Y)\ \underline{dX}$ on $[[0,T_{k+1}]]$. As its restriction to $[[0,T_k]]$ is the solution to the same equation on the latter interval, these processes can be patched up together, thus proving the theorem. ∎

Given $L \in \tau_x M$ and $f \in SM_{xy}(M,N)$, the second-order vector

$$L^f = (L)_M + (fL)_N + \hat{f}\hat{L} \in \tau_{(x,y)}(M,N)$$

introduced in Proposition 3 can be given an interpretation in terms of stochastic differential equations.

PROPOSITION 5. a) Given $f \in SM_{xy}(M,N)$, the linear mapping $\bar{f} : \tau_x M \to \tau_{(x,y)}(M \times N)$ defined by $\bar{f}L = L^f$ is a Schwartz morphism : $\bar{f} \in SM_{x,(x,y)}(M, M \times N)$.

b) Let (X,Y) be a continuous semimartingale in $M \times N$ and F be a locally bounded, predictable process in $SM(M,N)$ such that for all t and ω, $F_t(\omega) \in SM_{X_t(\omega)Y_t(\omega)}(M,N)$. The stochastic differential equations

$$\underline{dY}_t(\omega) = F_t(\omega)\ \underline{dX}_t(\omega)$$

and

$$\underline{d(X,Y)}_t(\omega) = \bar{F}_t(\omega)\ \underline{dX}_t(\omega)$$

are equivalent : Y solves the former if and only if (X,Y) solves the latter.

PROOF. a) By Proposition 1, there is a smooth $\phi : M \to N$ with $\phi(x) = y$ and $f = \vec{\phi}_x$. Define $\psi : M \to M \times N$ by $\psi(\xi) = (\xi, \phi(\xi))$. We have seen, in the proof of Proposition 3 that $\overline{f} = \vec{\psi}_x$; so applying Proposition 1 again gives the result.

b) Of course, the rigorous meaning of $\underline{dY} = F\,\underline{dX}$ is that, for every smooth second order form θ on N,

$$\int \langle \theta, \underline{dY} \rangle = \int \langle F^*\theta(Y), \underline{dX} \rangle;$$

and similarly for $\underline{d(X,Y)} = \overline{F}\,\underline{dX}$. In local coordinates ($(x^i)$ on M, (y^α) on N), using the fact that F and $\overline{F}$ are Schwartz morphisms, $\underline{dY} = F\,\underline{dX}$ is equivalent to

$$dY^\alpha = F_i^\alpha\, dX^i + \frac{1}{2} F_{ij}^\alpha\, d[X^i,X^j]$$

and $\underline{d(X,Y)} = \overline{F}\,\underline{dX}$ to

$$\begin{cases} dX^k = \overline{F}_i^k\, dX^i + \frac{1}{2}\overline{F}_{ij}^k\, d[X^i,X^j] \\ dY^\alpha = \overline{F}_i^\alpha\, dX^i + \frac{1}{2}\overline{F}_{ij}^\alpha\, d[X^i,X^j], \end{cases}$$

and if suffices to check that $\overline{F}_i^k = \delta_i^k$, $\overline{F}_{ij}^k = 0$, $\overline{F}_i^\alpha = F_i^\alpha$ and $\overline{F}_{ij}^\alpha = F_{ij}^\alpha$. These formulae are direct consequences of

$$\overline{F}(D_i) = (D_i)_M + (FD_i)_N$$
$$\overline{F}(D_{ij}) = (D_{ij})_M + (FD_{ij})_N + \frac{1}{2}\hat{F}(D_i \odot D_j)$$

and of the fact that $\hat{F}(D_i \odot D_j)$ is in the vector space spanned by the $D_{k\alpha}$'s and does not contribute to $\overline{F}_{ij}^k$ nor $\overline{F}_{ij}^\alpha$. ∎

III. ORDINARY DIFFERENTIAL EQUATIONS

Since our goal is to transform deterministic geometric constructions into stochastic ones, this section describes those deterministic operations. Everything is similar to what has been seen in the stochastic case, and may be much simpler, since only first-order geometry is involved.

Let M and N be manifolds. The vector space $T_x^*M \otimes T_yN$ of all linear maps from T_xM to T_yN will also be denoted by $L_{xy}(M,N)$; remark that Proposition 1 has no interesting analogue at order 1, since every element of $L_{xy}(M,N)$ has the form $\vec{\phi}_x$ for a smooth $\phi : M \to N$ with $\phi(x) = y$. If P is a submanifold of M x N and (x,y) a point in P, a linear $e : T_xM \to T_yN$ (that is, an element of $L_{xy}(M,N)$) is said to be <u>constrained to</u> P if there exists a smooth $\phi : M \to N$, with $\phi(x) = y$, $\vec{\phi}_x = e$, and $(\xi,\phi(\xi)) \in P$ for ξ close enough to x in M. The so-defined (affine) subset of $L_{xy}(M,N)$ will be denoted $L_{xy}(M,N;P)$. Of course, the analogue of Proposition 3 holds.

PROPOSITION 6. <u>Let</u> P <u>be a submanifold of</u> M x N, (x,y) <u>a point in</u> P, <u>and</u> $e \in L_{xy}(M\times N)$. <u>The linear mapping</u> e <u>is constrained to</u> P <u>if and only if</u>, <u>for every</u> $A \in T_xM$, <u>the tangent vector</u> (<u>of order</u> 1) $(A)_M + (eA)_N \in T_{xy}(M\times N)$ <u>is tangent to the submanifold</u> P.

The proof is quite similar to that of Proposition 3, with simpler computations since second-order terms are no longer considered; so we omit it.

THEOREM 7. <u>Suppose given two manifolds</u> M <u>and</u> N, <u>a closed submanifold</u> P <u>of</u> MxN, <u>a curve</u> $(x(t))_{t\geq 0}$ <u>of class</u> C^1 <u>in</u> M <u>and a point</u> y_0 <u>in</u> N, <u>with</u> $(x(0),y_0) \in P$. <u>For every</u>

$0 < \zeta \le \infty$ *and every* C^1 *curve* $(y(t))_{0\le t<\zeta}$ *with* $y(0) = y_0$ *and* $(x(t),y(t)) \in P$ *for* $t < \zeta$, *suppose given a family* $(e(y)_t)_{0\le t<\zeta}$ *such that*

(i) $e(y)_t$ *is in* $L_{x(t)y(t)}(M,N;P)$;

(ii) $e(y)$ *is locally bounded: for* $\epsilon > 0$, *the set* $\{e(y)_s,\ 0 \le s \le \zeta - \epsilon\}$ *is relatively compact in the manifold* $\bigcup_{x,y} T^*_x M \otimes T_y N$;

(iii) e *is non-anticipating: for each* $t < \zeta$, *the restriction of* $e(y)$ *to* $[0,t]$ *depends only upon the restriction of* y *to* $[0,t]$;

(iv) e *is locally Lipschitz: for every compact* $K \subset N$ *there is an increasing function* $L(K,t)$ *such that, if* $y'(s)$ *and* $y''(s)$ *are in* K *for* $0 \le s \le t$, *then*

$$d(e(y')_t,\ e(y'')_t) \le L(K,t) \sup_{0\le s\le t} d(y'(s),y''(s)).$$

There exists a unique pair (y,ζ) *as above, with* $0 < \zeta \le \infty$, *such that* y *explodes at time* ζ *if* $\zeta < \infty$ *and verifies on* $[0,\zeta)$ *the ordinary differential equation*

$$\dot y(t) = e(y)_t\ \dot x(t)$$

Moreover, uniqueness holds for this equation: for every $0 < \zeta' \le \infty$ *and every curve* $(y'(t))_{0\le t<\zeta'}$ *with* $y'(0) = y_0$ *and* $(x(t),y'(t)) \in P$ *verifying* $\dot y'(t) = e(y')_t\ \dot x(t)$, *one has* $\zeta' \le \zeta$ *and* $y' = y$ *on* $[0,\zeta')$.

The proof is very similar to that of Theorem 4 (with simpler computations since first order geometry only is involved); we omit it.

IV. THE STRATONOVICH TRANSFER PRINCIPLE

This section deals with transforming an ordinary differential equation between manifolds into a stochastic one, via Stratonovich stochastic calculus. This is, of course, quite classical and has been extensively used by many authors (a typical example is Bismut [1]), mostly in the framework of Brownian motions or diffusions; it was extended to manifold-valued semimartingales by Schwartz [10] and Meyer [8]. The setting chosen here is borrowed from [6]; the only new feature is the constraint P. Notice that the ordinary differential equations to be transferred by Theorem 8 below are much less general than those considered in Theorem 7. This is the main weakness of the Stratonovich transfer principle: it requires some smoothness(*) and the coefficients in the equation should not depend on the past values of the curves considered (though time itself can be incorporated in these curves, by the usual space-time trick).

If X is a continuous semimartingale in a manifold M, and if we are given for each t and ω a 1-form $\Psi_t(\omega)$ on M at $X_t(\omega)$ (that is, $\Psi_t(\omega) \in T^*_{X_t(\omega)}M$), such that the T^*M-valued process Ψ is a continuous semimartingale, it is possible to define the Stratonovich integral $\int_0^t \Psi_s\ \delta X_s$ as a real semimartingale (see [8] or [10]). It is characterized by the two properties, where f is an arbitrary smooth function on M

$$\int_0^t df(X_s)\ \delta X_s = f(X_t) - f(X_0);$$

(*) but T. Lyons told me that, for reversible Dirichlet processes X, the Stratonovich integal $\int_0^1 f(X)\delta X$ can be defined for any bounded, Borel f.

$$\text{if } I_t = \int_0^t \Psi_s \delta X_s, \text{ then } \int_0^t [f(X_s)\Psi_s]\delta X_s = \int_0^t f(X_s)\, \delta I_s;$$

the last integral is a Stratonovich integral of real semimartingales.

This makes it possible to give a meaning to Stratonovich stochastic differential equations of the form

$$\delta Y = e(Y)\delta X$$

where X is a given M-valued, continuous semimartingale, the unknown Y is a N-valued continuous semimartingale, and $e(Y)_t(\omega)$ is a linear mapping from $T_{X_t(\omega)}M$ to $T_{Y_t(\omega)}N$: A solution Y to this equation is a semimartingale Y such that, for every 1-form α on N, the Stratonovich integrals $\int \alpha(Y)\delta Y$ and $\int [e^*(Y)\ \alpha(Y)]\ \delta X$ exist and are equal ($e^*(Y)$ is the adjoint of $e(Y)$, so it transforms $\alpha(Y_t) \in T^*_{Y_t}N$ into an element of $T^*_{X_t}M$).

The Stratonovich transfer principle for equations between manifolds of the type considered here can now be stated.

THEOREM 8 (Stratonovich transfer principle). Let M and N be manifolds, P be a closed submanifold of MxN, and, for each $(x,y)\epsilon P$, $e(x,y)$ be in $L_{xy}(M,N;P)$. Suppose that the mapping $e:P \to L(M,N;P)$ is of class $C^{1,\mathrm{Lip}}$.

There exists a unique family $(f(x,y))_{(x,y)\epsilon P}$, where each $f(x,y)$ is a linear mapping from $\tau_x M$ to $\tau_y N$, such that for every curve $(x(t),y(t))$ of class C^2 in P verifying the ordinary differential equation $\dot{y}(t) = e(x(t),y(t))\ \dot{x}(t)$, one has also $\ddot{y}(t) = f(x(t),y(t))\ \ddot{x}(t)$.

Moreover, each $f(x,y)$ is a constrained Schwartz morphism : $f(x,y) \in SM_{xy}(M,N;P)$, depending in a locally Lipschitz fashion upon (x,y); and the intrinsic stochastic differential equations

$$\underline{dY}_t = f(X_t,Y_t)\ \underline{dX}_t$$

and

$$\delta Y_t = e(X_t,Y_t)\ \delta X_t$$

are equivalent: given X and Y_0, every solution Y to one of them is also a solution to the other.

Remark that Theorem 4 applies here, showing existence and uniqueness of the solution of $\underline{dY} = f(X,Y)\underline{dX}$; so these existence and uniqueness properties transfer to the Stratonovich equation $\delta Y = e(X,Y)\delta X$.

PROOF. The case when P = MxN (no constraint at all) is proved in (7.22) of [6]; so we just have to reduce the general case to that one. [Observe that the proof of this particular case consists, first in computing the f such that $\dot{y} = e\dot{x}$ implies $\ddot{y} = f\ddot{x}$, second in computing the f such that $\underline{dY} = f\underline{dX}$ and $\delta Y = e\delta X$ are equivalent, and finally in verifying that both results agree. But not only are both results the same: the computations are step by step identical; and this suggests that some computation-free proof might predict that both f agree without actually calculating them.]

In the general case, since P is closed, it is possible to extend the given family $(e(x,y))_{(x,y)\in P}$ into a family $(\tilde{e}(x,y))_{x\in M, y\in N}$ such that $\tilde{e} = e$ on P, $\tilde{e}(x,y) \in L_{xy}(M,N) = T^*_xM\otimes T_yN$, and $\tilde{e}$ is of class $C^{1,\mathrm{Lip}}$. [This can be done, for instance, using a partition of unity (ϕ_α) of some neighbourhood of P in MxN such that each ϕ_α is compactly supported in a domain D_α with the following two properties: D_α is included in a product $D'_\alpha x D''_\alpha$, with D'_α (respectively D''_α) the domain of some local chart in M (respectively N), and D_α is diffeomorphic to a vector space, with $P \cap D_\alpha$ corresponding to a linear subspace. Using these local coordinates, extend the restrictions e_α of e to D_α into some $\tilde{e}_\alpha$ defined in D_α, and set $\tilde{e} = \sum_\alpha \phi_\alpha \tilde{e}_\alpha$.]
The unconstrained theorem (P = MxN) gives a family $(\tilde{f}(x,y))_{x\in M, Y\in N}$ of unconstrained Schwartz morphisms, such that $\ddot{y} = \tilde{f}(x,y)\ddot{x}$ for every curve (x,y) verifying $\dot{y} = \tilde{e}(x,y)\dot{x}$. Denoting by f the restriction of $\tilde{f}$ to P, one has $\ddot{y} = f(x,y)\ddot{x}$ for every curve (x,y) in P verifying $\dot{y} = e(x,y)\dot{x}$, whence existence. Uniqueness stems from the fact that accelerations of curves linearly span the vector space τ_xM : given a point (x,y) in P and an acceleration $a \in \tau_xM$, there is a curve x(t) in M with x(0) = x and $\ddot{x}(0) = a$; solving the differential equation

$$\dot{y}(t) = e(x(t),y(t))\dot{x}(t), \quad y(0) = y$$

gives a curve y(t); and y(0) is the only possible value of f(x,y)a.

To verify that the Schwartz morphism f(x,y) is constrained to P, we shall use Proposition 3: it suffices to verify that, for every $L \in \tau_xM$, $\bar{L} = (L)_M + (fL)_N + \hat{f}\hat{L}$ is tangent to P. As $\bar{L}$ depends linearly on L, it suffices to verify it when L is the acceleration $\ddot{x}(0)$ of some curve x(t). In that case, fL is the acceleration $\ddot{y}(0)$ of the curve y(t) just constructed, $\hat{L}$ is just the tensor product $\dot{x}(0)\otimes\dot{x}(0)$, and, since f restricted to first order is e, $\hat{f}\hat{L} = 2(\dot{y}(0))_N(\dot{x}(0))_M$. Finally,

$$\bar{L} = (\ddot{x}(0))_M + 2(\dot{x}(0))_M(\dot{y}(0))_N + (\ddot{y}(0))_N$$

is nothing but the acceleration in MxN of the curve (x(t),y(t)). As this curve sits in P, $\bar{L}\in\tau_{xy}P$ as was to be shown.

Last, since equations $\underline{dY} = \tilde{f}(X,Y)\underline{dX}$ and $\delta Y = \tilde{e}(X,Y)\delta X$ are equivalent, and since every solution to the former starting in P remains in P (by identification with the solution to $\underline{dY} = f(X,Y)\underline{dX}$), it also holds for the latter, which can hence be replaced with $\delta Y = e(X,Y)\delta X$. ∎

Observe that the Stratonovich transfer principle (Theorem 8) deals with ordinary equations less general than Theorem 7. This is not a minor technical difficulty, but an essential limitation of the method itself (emphasized by Schwartz [10] p.111) : if $e(X_t,Y_t)$ is also allowed to depend on t (in a non-smooth fashion) or on ω (for instance as a functional of the past of X or Y), the construction of f from e described in the above statement does not give an intrinsic stochastic differential equation equivalent to the Stratonovich one--if it can be performed at all!

As is well known to practitioners of stochastic differential geometry, this transfer principle is as easy to apply as it is general: Write the ordinary differential equation you have to transfer in local coordinates (multiplying everything by dt if necessary to replace derivatives with differentials), then make everything random, with Stratonovich differentials δY^α and δX^i instead of dy^α and dx^i.

For the sake of a future comparison with the Itô transfer principle, this section ends with a deterministic approximation to Stratonovich equations. We shall need three definitions.

DEFINITION. An <u>interpolation rule</u> on a manifold M is a measurable mapping $I: M \times M \times [0,1] \to M$ such that

(i) $I(x,x,t) = x$, $I(x,y,0) = x$, $I(x,y,1) = y$;

(ii) $I(x,y,\cdot)$ is a curve of class C^2;

(iii) for every compact $K \subset M$ and every smooth $f: M \to \mathbb{R}$, there are a constant c_K and a function ψ_K on $K \times K$, with $\lim \psi_K(x,y) = 0$ when $d(x,y) \to 0$ such that, for all s and t in [0,1] and x and y in K, the function $h(t) = f(I(x,y,t))$ verifies

$$|h''(t)| \le c_K \, d^2(x,y)$$

$$|h'(t) - h'(s) - (t-s)h''(s)| \le \psi_K(x,y) \, d^2(x,y).$$

(As above, d denotes any Riemannian distance on M; the choice of d is irrelevant since any two such distances are equivalent on compacts).

This definition is slightly more general than the one in [6]: the bound (of order 3) on the third derivative has essentially been replaced with a Lipschitz condition (with a constant of order more than 2) on the second derivative. Notice than an easy integration gives here

$$|h(t) - h(s) - (t-s)h'(s) - \tfrac{1}{2}(t-s)^2 h''(s)| \le \psi_K(x,y) \, d^2(x,y).$$

Examples of such interpolation rules are the Euclidean interpolation, if M is equal (or diffeomorphic) to $\mathbb{R}^m$, or, more generally, the geodesic interpolation, where M is endowed with a connection and $I(x,y,t)$ is the small goedesic linking x and y if x and y are close enough, and an arbitrary smooth curve if (x,y) is outside some neighbourhood of the diagonal. (See Proposition (7.13) of [6].)

DEFINITION. Given $(\Omega, \underline{\underline{F}}, P, (\underline{\underline{F}}_t)_{t\ge0})$, a <u>subdivision</u> is an increasing sequence $(T_n)_{n\ge0}$ of stopping times such that $T_0 = 0$ and $\sup_n T_n = \infty$.

The <u>size</u> $|\sigma|$ of a subdivion $\sigma = (T_n)_{n\ge0}$ is the number

$$\sum_{k\ge1} 2^{-k} E[1 \wedge \sup_n ((T_{n+1} \wedge k) - (T_n \wedge k))]$$

so that, for a sequence (σ^q) of subdivisions, $|\sigma^q| \to 0$ if and only if, for every compact $K \subset [0,\infty)$, the distance $\inf_{t\in\sigma} \inf_{s\in K} |t-s|$ between K and the subdivision tends to zero in probability).

DEFINITION. Let N be a manifold. On the set of all pairs (Y,ζ), with ζ a random variable in $(0,\infty]$ and Y a N-valued, continuous, measurable process defined on $[[0,\zeta[[$, the topology of <u>uniform convergence on compacts in probability</u> is defined by the following property: A sequence (Y^n,ζ^n) converges to a limit (Y,ζ) iff

$\zeta^n \wedge \zeta$ tends to ζ in probability and, for every $k > 0$, the random variable

$$\sup_{0 \le t \le k \wedge (\zeta - \frac{1}{k})} d(Y_t^n, Y_t)$$

tends to zero in probability.

Remark that this does not depend on the choice of the Riemannian distance d. Since $\zeta^n \wedge \zeta$ tends to ζ in prbability, the random variable above is well-defined except on an event whose probability tends to zero, and convergence in probability makes sense. As each point has a countable basis of neighbourhoods, the topology can be defined with sequences only.

THEOREM 9. (Stratonovich approximation). Let M,N,P,e be as in Theorem 8, X be a continuous semimartingale in M, and y_0 a $\underline{\underline{F}}_0$-measurable random variable in N such that (X_0, y_0) belongs to P. Let I be an interpolation rule on M and, for each subdivion σ, let X^σ denote the (non adapted) piecewise smooth process

$$X_t^\sigma = I(X_{T_n}, X_{T_{n+1}}, \frac{t-T_n}{T_{n+1}-T_n}), \quad T_n \le t \le T_{n+1}$$

When the size $|\sigma|$ tends to zero, the piecewise smooth solution Y^σ to the (pathwise ordinary) differential equation

$$\dot{Y}^\sigma = e(X^\sigma, Y^\sigma)\dot{X}^\sigma \quad , \quad Y_0^\sigma = y_0$$

converges uniformly on compacts in probability to the solution Y to the Stratonovich differential equation

$$\delta Y = e(X,Y)\delta X \quad , \quad Y_0 = y_0 \ .$$

This general form of a classical result may be found in [6], so we won't prove it. Though the definitions of an interpolation rule and of the size of a subdivision are stronger in [6] than here, it is easily verified that only the weaker properties taken here as definitions are used in the proof.

Remark that Theorem 9 easily bootstraps itself: Y^σ converges to Y, not only uniformly on compacts in probability, but also in a stronger sense: For every other Stratonovich stochastic differential equation from N to another manifold Q, $\delta Z = g(Y,Z)\delta Y$, the solution Z^σ to the equation driven by Y^σ converges to the solution Z. This is obtained by considering the process (Y,Z) in NxQ as the solution to an equation driven by X, and applying Theorem 9 to this enlarged equation.

V. THE ITÔ TRANSFER PRINCIPLE

In this section, ordinary differential equations between manifolds are transformed into stochastic ones using what Meyer calls Itô integrals on manifolds. They extend the usual Itô calculus in a flat space, not to an arbitrary manifold, but to a less general geometric structure: a manifold endowed with a connection.

Recall Meyer's interpretation of a connection in the frame of second order geometry [8]: If a manifold M is endowed with a connection, there exists for each $x \in M$ a linear mapping $\mathbb{F}: \tau_x M \to T_x M$ such that, if A and B are vector fields on M, $\mathbb{F}(A) = A$ and $\mathbb{F}(AB) = \nabla_A B - \frac{1}{2}T(A,B)$ (all these vectors are evaluated at x; AB is the second order differential operator obtained when composing the first order ones A and B; T is the torsion of ∇). This $\mathcal{F}$ does not characterize the connection, but only its torsion-free part: two connections yield the same $\mathcal{F}$ if and only if they have the same geodesics (or the same convex functions, or the same martingales). Conversely, every family of linear mappings $\mathcal{F}:\tau_x M \to T_x M$, depending smoothly on x, and such that $\mathcal{F}(A) = A$ for every first-order vector A can be obtained this way, from a unique torsion-free connection. (The letter $\mathcal{F}$ stands for "first-order part".) In local coordinates, if Γ^i_{jk} are the Christoffel symbols of the connection,

$$\mathcal{F}(\ell^{ij}D_{ij}+\ell^i D_i) = [\ell^i + \tfrac{1}{2}(\Gamma^i_{jk}+\Gamma^i_{kj})\ell^{jk}]\ D_i .$$

If M is a vector space with the flat connection, $\mathcal{F}L$ is obtained from L by keeping only the first-order terms, and killing the second-order ones (in any system of linear coordinates). If M is an arbitrary manifold (with an arbitrary connection), every $x\in M$ is the origin of a system of normal coordinates (they are linear functions of the inverse exponential map at x); the functions $\Gamma^i_{jk} + \Gamma^i_{kj}$ for this chart vanish at x, so, at x, $\mathcal{F}L$ consists simply in reading L in some normal coordinates and deleting the second-order terms.

For each $x\in M$, the linear $\mathcal{F} : \tau_x M \to T_x M$ has an adjoint $\mathcal{F}^* : T^*_x M \to \tau^*_x M$ that makes first-order forms into second-order ones. This enables Meyer [8] to define the Itô integral of a first-order form α along a continuous, M-valued semimartingale X as $\int \langle \mathcal{F}\alpha, \underline{dX} \rangle$ (the first definition of those Itô integrals is due to Duncan [4], in the Riemannian case). Clearly, this requires no regularity for α : the Itô integral $\int \langle \mathcal{F}\Psi , \underline{dX} \rangle$ can be defined if Ψ is any locally bounded, predictable, T^*M-valued process above X.

DEFINITION. Let M and N be endowed with connections, $x\in M$ and $y\in N$. A linear mapping $f : \tau_x M \to \tau_y N$ is <u>semi-affine</u> if

$$\mathcal{F}_N[f(L)] = f(\mathcal{F}_M L)$$

for every $L\in\tau_x M$.

The previous description of $\mathcal{F}$ in normal coordinates can be restated with this definition : for $x\in M$, denoting by $\phi = \exp_x$ and $\psi = \exp_x^{-1}$ the exponential mapping at x and its inverse, the inverse linear mappings

$$\vec{\phi}_0 : \tau_0 T_x M \to \tau_x M\ ,\ \vec{\psi}_x : \tau_x M \to \tau_0 T_x M$$

are semi-affine (the vector space $T_x M$ is endowed with the flat connection).

The prefix semi in 'semi-affine' recalls that f does not necessarily commute with the connections themselves, but only with their torsion-free parts; nothing is said about how f carries over the torsion. This is expressed more rigorously in the next proposition, that will not be used in the sequel (so we content ourselves with a very elliptical proof, leaving the details as an exercise to the reader).

PROPOSITION 10. <u>Let</u> M <u>and</u> N <u>be endowed with connections</u> ∇_M <u>and</u> ∇_N; <u>denote by</u> ϕ : M → N <u>a smooth mapping</u>. <u>The following statements are equivalent</u>:

(i) <u>for every</u> $x \in M$, <u>the push-forward</u> $\vec{\phi}_x : \tau_x M \to \tau_{\phi(x)} N$ <u>is semi-affine;</u>

(ii) <u>for every geodesic</u> $g : U \to M$, <u>with</u> U <u>an open interval in</u> $\mathbb{R}$, $\phi \circ g : U \to N$ <u>is a geodesic;</u>

(iii) ϕ <u>is affine from</u> (M, ∇'_M) <u>to</u> (N, ∇'_N), <u>where</u> ∇'_M <u>and</u> ∇'_N <u>are the torsion-free parts of</u> ∇_M <u>and</u> ∇_N.

PROOF. Denoting by $\Gamma'^{i}_{jk} = \frac{1}{2}(\Gamma^i_{jk} + \Gamma^i_{kj})$ and $\Gamma'^{\alpha}_{\beta\gamma} = \frac{1}{2}(\Gamma^\alpha_{\beta\gamma} + \Gamma^\alpha_{\gamma\beta})$ the Christoffel symbols of ∇'_M and ∇'_N respectively, it is easy to check in local coordinates ((x^i) on M, (y^α) on N) that each of the three conditions amounts to the relations

$$D_{ij}\phi^\alpha - \Gamma'^{k}_{ij} D_k\phi^\alpha + \Gamma'^{\alpha}_{\beta\gamma} D_i\phi^\beta D_j\phi^\gamma = 0$$

for all indices α, i and j. ∎

Before stating the Itô transfer principle itself, here is its geometric part. It is simpler than the Stratonovich one in that it is punctual (and not only local); on the other hand, it is more complicated to constraint it to submanifolds since they must be totally geodesic.

LEMMA 11. <u>Let</u> M <u>and</u> N <u>be endowed with connections</u>, $x \in M$ <u>and</u> $y \in N$. <u>Let</u> e <u>be a linear mapping from</u> $T_x M$ <u>to</u> $T_y N$. <u>There exists a unique Schwartz morphism</u> $f \in SM_{xy}(M,N)$ <u>such that</u>

(i) f <u>is semi-affine;</u>

(ii) e <u>is the restriction of</u> f <u>to first order vectors</u>.

<u>It is given by</u> $f = \vec{\phi}_x$ <u>where</u> ϕ, <u>defined in a neighbourhood of</u> x, <u>is the mapping</u>

$$\phi = \exp_y \circ e \circ \exp_x^{-1}.$$

<u>In local coordinates</u> ((x^i) <u>on</u> M, (y^α) <u>on</u> N), f <u>is given by the coefficients</u>

$$f^\alpha_i = e^\alpha_i \; ; \; f^\alpha_{ij} = \frac{1}{2}\,[e^\alpha_k(\Gamma^k_{ij} + \Gamma^k_{ji}) - e^\beta_i\, e^\gamma_j\, (\Gamma^\alpha_{\beta\gamma} + \Gamma^\alpha_{\gamma\beta})].$$

<u>If moreover</u> (x,y) <u>is in a totally geodesic submanifold</u> P <u>of</u> $M \times N$ (<u>for the product connection</u>), <u>and if</u> e <u>is constrained to</u> P, <u>then</u> f <u>too is constrained to</u> P.

PROOF. The coefficients of e and f are defined by

$$e(D_i) = e^\alpha_i D_\alpha \; ; \; f(D_i) = f^\alpha_i D_\alpha \; ; \; f(D_{ij}) = f^\alpha_{ij} D_\alpha + f^\alpha_i f^\beta_j D_{\alpha\beta}.$$

Condition (ii) means $e^\alpha_i = f^\alpha_i$, and (i) is equivalent to $f(\mathbb{F}_M D_{ij}) = \mathbb{F}_N f(D_{ij})$, that is, to

$$f(\tfrac{1}{2}(\Gamma^k_{ij} + \Gamma^k_{ji}) D_k) = f^\alpha_{ij} D_\alpha + f^\beta_i f^\gamma_j \tfrac{1}{2}(\Gamma^\alpha_{\beta\gamma} + \Gamma^\alpha_{\gamma\beta}) D_\alpha,$$

yielding $f^\alpha_k \frac{1}{2}(\Gamma^k_{ij} + \Gamma^k_{ji}) = f^\alpha_{ij} + f^\beta_i f^\gamma_j \frac{1}{2}(\Gamma^\alpha_{\beta\gamma} + \Gamma^\alpha_{\gamma\beta})$, and giving f^α_{ij} in terms of f^β_k and the connections. This proves existence, uniqueness and gives the expression in local coordinates.

To verify that $f = \vec{\phi}_x$, if suffices to check that $\vec{\phi}_x$ has properties (i) and (ii). The first one holds because the push-forward by $\exp_x^{-1}$ and $\exp_y$ are semi-affine at the centre, and e is linear (hence affine); the second one because the push-forward by

$\exp_x^{-1}$ and $\exp_y$ at the centre are the identity on first-order vectors.

If e is constrained to a totally geodesic P, let $\xi \in M$ be close enough to x and let $\eta = \phi(\xi)$. Let u(t) and v(t) denote respectively the geodesics in M and N such that $u(0) = x$, $v(0) = y$, $\dot{u}(0) = \exp_x^{-1}(\eta)$, $\dot{v}(0) = \exp_y^{-1}(\eta) = e(\dot{u}(0))$. The curve $g(t) = (u(t),v(t))$ is a geodesic in the product manifold M x N; its velocity at the origin is $\dot{g}(0) = (\dot{u}(0), \dot{v}(0)) = (\dot{u}(0), e(\dot{u}(0)))$. As e is constrained to P, $\dot{g}(0)$ is tangent to P; as P is totally geodesic, the whole geodesic $(g(t))_{0\le t\le 1}$ is in P, and $(\xi,\eta) = g(1) \in P$. So the graph of ϕ is included in P (at least, near (x,y)), and $e = \vec{\phi}_x$ is constrained to P. ∎

As the Stratonovich one, the Itô transfer principle transforms ordinary differential equations into stochastic ones, involving this time the Itô differentials $F_M\underline{dX}$ and $F_N\underline{dY}$ instead of the Stratonovich ones δX and δY.

DEFINITION. Let X (respectively Y) be a continuous semimartingale in a manifold M (respectively N) endowed with a connection. For each (t,ω), let $e_t(\omega)$ be a linear mapping from $T_{X_t(\omega)}M$ to $T_{Y_t(\omega)}N$; dually, $e_t^*(\omega)$ maps $T^*_{Y_t(\omega)}N$ to $T^*_{X_t(\omega)}M$. One says that Y is a solution to the Itô stochastic differential equation

$$F_N\underline{dY} = eF_M\underline{dX}$$

if, for every first order form α on N, the real semimartingales $\int \langle \alpha(Y), F_N\underline{dY} \rangle$ and $\int \langle e^*\alpha(Y), F_M\underline{dX} \rangle$ are equal.

The reader familiar with manifold-valued continuous martingales (see Meyer [8]) will remark immediately that Itô differential equations make martingales into martingales : if X is a M-valued martingale, every Itô integral along X is a local martingale, so by the above definition every Itô integral of a smooth first order form along Y is a local martingale, and this in turn shows that Y itself is a N-valued martingale.

THEOREM 12 (Itô transfer principle). If the process e is predictable, the Itô stochastic differential equation $F_N\underline{dY} = e\,F_M\underline{dX}$ is equivalent to the intrinsic stochastic differential equation $\underline{dY} = f\underline{dX}$, where $f_t(\omega) : \tau_{X_t(\omega)}M \to \tau_{Y_t(\omega)}N$ is the unique semi-affine Schwartz morphism with restriction $e_t(\omega)$ to first order.

PROOF. Given the continuous semimartingales X and Y, let T be the first time when exactly one of the equations is satisfied. If with positive probability T is neither infinite nor an explosion time for X or Y, there are local charts (x^i) on M and (y^α) on N such that X_T and Y_T are in the domains of those charts with positive probability. So, by conditioning, we may work in local coordinates.

Denoting by Γ^i_{jk} and $\Gamma^\alpha_{\beta\gamma}$ the Christoffel symbols of the connections, the Itô equation is equivalent to

$$dY^\alpha + \frac{1}{2}\,\Gamma^\alpha_{\beta\gamma}(Y)\; d[Y^\beta,Y^\gamma] = e^\alpha_i(dX^i + \frac{1}{2}\,\Gamma^i_{jk}(X)\; d[X^j,X^k]),$$

where the symmetry of the brackets $d[Y^\beta, Y^\gamma]$ and $d[X^j, X^k]$ make it possible to use the Christoffel symbols of the given connections, without having to remove the torsion. Since this implies

$$d[Y^\beta, Y^\gamma] = e^\beta_j \, e^\gamma_k \, d[X^j, X^k],$$

it is equivalent to

$$dY^\alpha = e^\alpha_i (dX^i + \tfrac{1}{2}\,\Gamma^i_{jk}(X)\; d[X^j, X^k]) - \tfrac{1}{2}\,\Gamma^\alpha_{\beta\gamma}(Y)\; e^\beta_j \, e^\gamma_k \; d[X^j, X^k];$$

direct inspections of the coefficients show that this intrinsic equation is but

$$dY^\alpha = f^\alpha_i \, dX^i + \tfrac{1}{2}\, f^\alpha_{ij} \; d[X^i, X^j],$$

with f^α_i and f^α_{ij} given by Lemma 11. ∎

COROLLARY 13. <u>In theorem 4, assume furthermore that both M and N are endowed with connections, and that P is totally geodesic; replace the constrained Schwartz morphisms by the constrained linear mappings</u>

$$E(Y)_t(\omega) \in L_{X_t(\omega)\; Y_t(\omega)}(M, N; P)$$

<u>verifying the same hypotheses.</u>

<u>The Itô stochastic differential equation</u>

$$\mathbf{F}_N \underline{dY} = E(Y)\; \mathbf{F}_M \underline{dX}, \quad Y_0 = y_0$$

<u>has a unique maximal solution, exploding at some predictable time</u> $\zeta \le \infty$.

PROOF. Use Theorem 12 to transform this Itô equation into $\underline{dY} = F(Y)\; \underline{dX}$, and apply Theorem 4. ∎

REMARKS. 1) As shown by the proof of 11, the Itô transfer principle is as simple to use in practice as the Stratonovich one. To transform an ordinary differential equation $\dot{y} = e(x,y)\dot{x}$ into a stochastic one, simply rewrite it $dy = e(x,y)\; dx$ and replace x, y, dx and dy by their stochastic counterparts X, Y, $\mathbf{F}\underline{dX}$ and $\mathbf{F}\underline{dY}$; in local coordinates, dx^i is to be transformed into $dX^i + \frac{1}{2}\,\Gamma^i_{jk}(X)\; d[X^j, X^k]$.

2) The stochastic differential equations we have dealt with are of three types: $\underline{dY} = f\; \underline{dX}$ (intrinsic), $\delta Y = e\; \delta X$ (Stratonovich) and $\mathbf{F}\underline{dY} = e\mathbf{F}\underline{dX}$ (Itô). Is it possible to define equations of mixed types, for instance $\delta Y = e\mathbf{F}\underline{dX}$ or $\mathbf{F}\underline{dY} = e\;\delta X$? It seems that the only mixed equations that make sense are those of the form

$$\mathbf{F}\underline{dY} = g\; \underline{dX},$$

with a coefficient $g : \tau_{X_t(\omega)} M \to T_{Y_t(\omega)} N$ and a connection on N. Two particular cases of this equation are the integral of a second-order form along X (here, $N = \mathbb{R}$) and the Itô equation $\mathbf{F}\underline{dY} = e\mathbf{F}\underline{dX}$ (here, M is endowed with a connection too and $g = e\mathbf{F}$). But besides these two examples, these equations don't look very interesting.

As is the case with Stratonovich equations, it is possible to approximate the solution of an Itô equation by discretizing time, interpolating X, and performing a deterministic operation on the so obtained piecewise smooth curve. In the Stratonovich case, much freedom was left in the choice of the interpolation rule; here, the geodesic interpolation only can be used: this is where the connection on M comes in. The connection on N will be used in the deterministic construction yielding the approximate Y: this operation will involve the construction of a geodesic with prescribed initial position and velocity. Remark that, since both connections are taken into account through their geodesics only, this construction is insensitive to a change of torsion (we already know that such is the case for Itô integrals, and hence also for the Itô equation itself).

Recall that an interpolation rule is called geodesic if there is a neighbourhood V of the diagonal in M x M such that for (x,y) in V, the curve $t \to I(x,y,t)$ is a geodesic. Given a connection, a geodesic interpolation rule always exists, and is essentially unique: any two agree on some neighbourhood of the diagonal.

THEOREM 14 (Itô approximation) Let M and N be endowed with connections, and P be a totally geodesic, closed submanifold of M x N. Let $e : \mathbb{R}_+ \times \Omega \times P \to L(M,N;P)$ be such that

(i) $e(t,\omega,x,y) \in L_{xy}(M,N,;P)$;

(ii) $\omega \mapsto e(t,\omega,x,y)$ is $\underline{\underline{F}}_t$-measurable for fixed t,x,y;

(iii) $t \mapsto e(t,\omega,x,y)$ is left-continuous with limits on the right for fixed ω,x,y;

(iv) for each compact $K \subset P$, there is a measurable (not necessarily adapted) increasing process $L(K,t,\omega)$ such that, for (x,y) and (ξ,η) in P,

$$d(e(t,\omega,x,y),e(t,\omega,\xi,\eta)) \le L(K,t,\omega)\ d((x,y),(\xi,\eta)).$$

Let X be a continuous semimartingale in M, and y_0 a $\underline{\underline{F}}_0$-measurable, N-valued random variable with $(X_0,y_0) \in P$. Let I be a geodesic interpolation rule on M, and, for every subdivision $\sigma = (T_n)_{n\ge0}$, define

$$X_t^\sigma = I(X_{T_n}\ ,\ X_{T_{n+1}}\ ,\ \frac{t-T_n}{T_{n+1}-T_n})\ \text{if}\ T_n \le t \le T_{n+1}$$

and denote by $\dot{X}_t^\sigma$ the right derivative of X_t^σ. Define inductively a continuous, N-valued process Y^σ on each interval $[[T_n,T_{n+1}]]$ by

$Y_0^\sigma = y_0$;

on each interval $[[T_n,T_{n+1}]]$, Y^σ is the geodesic with initial condition

$\dot{Y}_{T_n}^\sigma = e(T_n,\omega,X_{T_n},Y_{T_n}^\sigma)\ \dot{X}_{T_n}^\sigma$.

When the size $|\sigma|$ tends to zero, the process Y^σ, well-defined up to a random time $\zeta \le \infty$(*), converges uniformly on compact sets in probability(**) to the solution (Y,ζ) of

$$F dY_t(\omega) = e(t,\omega,X_t(\omega),Y_t(\omega))\ F\ dX_t(\omega)\ ,$$
$$Y_0 = y_0\ .$$

REMARKS. 1) A particular case of this Itô equation is the computation of an Itô integral

$$Y_t = \int_0^t \langle\ \alpha_s\ ,\ F dX_s\ \rangle\ ,$$

where α is a first-order form on M and N = ℝ. In that case, Theorem 13 reduces to

(*)If N is not complete, some geodesics may explode in finite time.

(**)Recall the definition before Theorem 9.

Darling's approximation result [2].

2) In the case when M is a Euclidean space, X a Brownian motion and e does not depend on ω or x (this is meaningful since, M being a vector space, all tangent spaces T_xM can be identified with M), this result is due to Bismut [1] (and Y is called an Ito diffusion).

PROOF. First, by induction on the interval $[[T_n,T_{n+1}]]$, remark that the process (X^σ,Y^σ) takes its values in P, so the very definition $\dot{Y}^\sigma_{T_n} = e(T_n,X_{T_n},Y^\sigma_{T_n})\dot{X}^\sigma_{T_n}$ is meaningful. Indeed, since both curves X^σ and Y^σ are geodesics in the interval $[[T_n,T_{n+1}]]$, (X^σ,Y^σ) is also a geodesic (for the product connection) in this interval; and since P is totally geodesic and closed, the geodesic (X^σ,Y^σ) remains in P (as long as it is itself defined) provided its initial velocity $(\dot{X}^\sigma_{T_n},\dot{Y}^\sigma_{T_n})$ is tangent to P. But this is a consequence of the definition of $\dot{Y}^\sigma_{T_n}$ and the fact that e is constrained by P.

Observe also that the Ito differential equation given by e is a particular case of those considered in Theorem 11; whence the existence and uniqueness of Y on a maximal interval $[[0,\zeta[[$.

The first step in the proof consists in replacing M and N with the vector spaces $\mathbb{R}^m$ and $\mathbb{R}^n$ respectively. Indeed, it is possible to imbed properly M and N into such vector spaces, and by Lemma 15 below to extend to $\mathbb{R}^m$ and $\mathbb{R}^n$ the connections ∇^M and ∇^N. Since the injections $M \hookrightarrow \mathbb{R}^m$ and $N \hookrightarrow \mathbb{R}^n$ are affine, P is still (closed and) totally geodesic in the larger product $\mathbb{R}^m \times \mathbb{R}^n$, Y is still the solution to $\mathbf{F}\underline{dY} = e(t,X,Y)\mathbf{F}\underline{dX}$ (with $\mathbf{F}$ denoting now the extended connections), and Y^σ remains the same. So no generality is lost when supposing $M = \mathbb{R}^m$ and $N = \mathbb{R}^n$; we shall freely use the global coordinates (x^i) on M and (y^α) on N, the Euclidean distances and norms, the vector-valued velocities and accelerations.

For a compact $K \subset P$ and a positive a, let $T = a \wedge \inf\{t:(X_t,Y_t) \notin K\}$. It suffices to show that Y^σ tends to Y uniformly on $[[0,T]]$, and, by replacing (X,Y) with $(X^{|T},Y^{|T})$, we may suppose that (X,Y) takes its values in compact set, and restrict ourselves to a compact time-interval. Also, replacing $e(t,\omega,x,y)$ with $\phi(x,y)e(t,\omega,x,y)$, where ϕ is a scalar function with compact support, equal to 1 on a neighbourhood of K, we may suppose that e = 0 on a neighbourhood of infinity.

Now, it suffices to prove $Y^\sigma \to Y$ along a sequence of subdivisions with size tending to zero; and a classical argument shows that we need to prove convergence for some subsequence only; so we may suppose that $\sup_\ell(T_{\ell+1}-T_\ell)$ tends to zero a.s. This implies $\sup_\ell d(X_{T_\ell},X_{T_{\ell+1}}) \to 0$ a.s. by uniform continuity of the paths; and, using a property of interpolation rules, $\sup_\ell \|\dot X^\sigma_{T_\ell}\| \to 0$ a.s. In particular, all the vectors $\dot X^\sigma_{T_\ell}$ remain in a (random) compact set, independent of σ and ℓ. Using now the boundedness of $e(.,\omega,.,.)$ on compacts (this is a consequence of (iii) and (iv); the existence of right limits is used), this shows that $e(T_\ell,\omega,X_{T_\ell},y)\dot X^\sigma_{T_\ell}$ remains in a random compact $R \subset TN$ when σ,ℓ and y vary with y in a fixed compact and $(X_{T_\ell},y)\in P$. But for y outside some compact, $e(\ldots,y) = 0$; so $e(T_\ell,X_{T_\ell},y)\dot X^\sigma_{T_\ell}$ remains in $R \cup$ Null (where Null is the null section in TN, the set of all null tangent vectors) when σ, ℓ and y vary, and in particular $\dot Y^\sigma_{T_\ell}$ is in $R \cup$ Null for all σ and ℓ such that $\dot Y^\sigma_{T_\ell}$ exists (that is, $\zeta^\sigma > T_\ell$).

Now, the life-duration of a geodesic γ is a lower semi-continuous function of the initial condition $\dot\gamma(0)$, so the set U^ϵ of all vectors $v\in TN$ such that the geodesic γ with $\dot\gamma(0) = v$ is well-defined on $[0,\epsilon]$, is open. As $U^\epsilon\uparrow TN$ when $\epsilon\downarrow 0$, the compact R is included in U^ϵ for some (random) $\epsilon > 0$; as $U^\epsilon \supset$ Null, $\dot Y^\sigma_{T_\ell}$ is in U^ϵ for all σ and ℓ such that $\dot Y^\sigma_{T_\ell}$ exits. Neglecting a (random) finite number of terms in the sequence of subdivisions, we have $\sup_\ell(T_{\ell+1} - T_\ell) < \epsilon$; this implies that each geodesic arc $(Y^\sigma_t)_{T_\ell\le t\le T_{\ell+1}}$ is well-defined; and the life-duration ζ^σ of Y^σ is identically infinite.

[In the Riemannian case, the above argument is not necessary since the connection on N can easily be made complete by a modification near infinity; but for arbitrary connections, geodesics may "explode" while remaining in a compact set, because their speed may become infinite.]

To simplify the notations, let $\Delta_\ell Z$ stand for the increment of the process Z from T_ℓ to $T_{\ell+1}$: $\Delta_\ell Z = Z_{T_{\ell+1}} - Z_{T_\ell}$ (all our processes are now vector-valued). As Y^σ and its velocity $\dot Y^\sigma$ live in a (random) compact independent of σ,

$\Delta_\ell Y^{\sigma\alpha} = (T_{\ell+1}-T_\ell)\dot Y^{\sigma\alpha}_{T_\ell} + \frac{1}{2}(T_{\ell+1}-T_\ell)^2\ddot Y^{\sigma\alpha}_{T_\ell} + \mathcal{O}(\|\Delta_\ell Y^\sigma\|^2)$ with a $\mathcal{O}$ not depending upon σ and ℓ. Using the equation of geodesics $\ddot Y^{\sigma\alpha}_{T_\ell} = -\Gamma^\alpha_{\beta\gamma}(Y^\sigma_{T_\ell})\dot Y^{\sigma\beta}_{T_\ell}\dot Y^{\sigma\gamma}_{T_\ell}$ and the boundedness of $\|\Delta_\ell Y^\sigma\|/\|\Delta_\ell X\|$ for $(T_{\ell+1} - T_\ell)$ small enough gives

$$\Delta_\ell Y^{\sigma\alpha} = (T_{\ell+1}-T_\ell)\dot Y^{\sigma\alpha}_{T_\ell} - \frac{1}{2}(T_{\ell+1}-T_\ell)^2\Gamma^\alpha_{\beta\gamma}(Y^\sigma_{T_\ell})\dot Y^{\sigma\beta}_{T_\ell}\,\dot Y^{\sigma\gamma}_{T_\ell} + \epsilon^{\sigma\alpha}_\ell$$

with $\quad \sum_\ell|\epsilon^{\sigma\alpha}_\ell| \to 0$ a.s.

Similarly,

$$\Delta_\ell X^i = (T_{\ell+1}-T_\ell)\,\dot X^{\sigma\alpha}_{T_\ell} - \frac{1}{2}(T_{\ell+1}-T_\ell)^2\,\Gamma^i_{jk}(X_{T_\ell})\,\dot X^{\sigma j}_{T_\ell}\,\dot X^{\sigma k}_{T_\ell} + \mathcal{O}(\|\Delta_\ell X\|^2),$$

whence

$$(T_{\ell+1}-T_\ell)\,\dot X^{\sigma i}_{T_\ell} = \Delta_\ell X^i + \frac{1}{2}\Gamma^i_{jk}(X_{T_\ell})\,\Delta_\ell X^j\,\Delta_\ell X^k + \epsilon^{\sigma i}_\ell$$

with another $\epsilon^{\sigma i}_\ell$ verifying also $\sum_\ell |\epsilon^{\sigma i}_\ell| \to 0$ a.s.

Now the definition $\dot Y^{\sigma\alpha}_{T_\ell} = e^\alpha_i(T_\ell, X_{T_\ell}, Y^\sigma_{T_\ell})\,\dot X^\sigma_{T_\ell}$ of Y^σ gives

$$\Delta_\ell Y^{\sigma\alpha} = F^\alpha_{iT_\ell}\,\Delta_\ell X^i + \frac{1}{2}F^\alpha_{jkT_\ell}\,\Delta_\ell X^j\,\Delta_\ell X^k + \epsilon^{\sigma\alpha}_\ell$$

with $\sum_\ell |\epsilon^{\sigma\alpha}_\ell| \to 0$ and with coefficients

$$\begin{cases} F^\alpha_{iT_\ell} = e^\alpha_i(T_\ell, X_{T_\ell}, Y^\sigma_{T_\ell}) \\ F^\alpha_{jkT_\ell} = F^\alpha_{iT_\ell}\,\Gamma^i_{jk}(X_{T_\ell}) - F^\beta_{jT_\ell}\,F^\gamma_{kT_\ell}\,\Gamma^\alpha_{\beta\gamma}(Y^\sigma_{T_\ell}). \end{cases}$$

For $T_\ell \le t < T_{\ell+1}$, let $u(t) = T_\ell$ and

$$Z^{\sigma\alpha}_t = Y^{\sigma\alpha}_{T_\ell} + F^\alpha_{iT_\ell}(X^i_t - X^i_{T_\ell}) + \frac{1}{2}F^\alpha_{jkT_\ell}(X^j_t - X^j_{T_\ell})(X^k_t - X^k_{T_\ell}).$$

The process Z^σ is a (non-continuous) semimartingale, verifying

$$Z^{\sigma\alpha}_t = H^{\sigma\alpha}_t + \int_0^t F^\alpha_{iu(s)}\,dX^i_s + \frac{1}{2}\int_0^t F^\alpha_{jku(s)}\,[d(X^jX^k)_s - X^j_{u(s)}dX^k_s - X^k_{u(s)}dX^j_s]$$

with $H^{\sigma\alpha}_t = y^\alpha_0 + \sum_{T_\ell \le t} \epsilon^{\sigma\alpha}_\ell$. Since $H^\sigma \to y_0$ uniformly a.s., we claim that Z^σ tends uniformly on compacts in probability to the (continuous) solution Z of the equation

$$Z^\alpha_t = y^\alpha_0 + \int_0^t G^\alpha_{is}\,dX^i_s + \frac{1}{2}\int_0^t G^\alpha_{jks}\,[d(X^jX^k)_s - X^j_s\,dX^k_s - X^k_s\,dX^j_s],$$

with $G^\alpha_{it} = e^\alpha_i(t, X_t, Z_t)$ and

$$G^\alpha_{jkt} = G^\alpha_{it}\,\Gamma^i_{jk}(X_t) - G^\beta_{jt}\,G^\gamma_{kt}\,\Gamma^\alpha_{\beta\gamma}(Z_t).$$

This claim is a particular instance of Theorem 1.d of [5], except that we have a family H^σ with limit H instead of just a fixed H. But it is very easy to see that 1.d remains true in that case, since the proof of 1.d consits in applying Proposition 5 of the same paper, which in turn refers to Proposition 4 where H is allowed to vary!(*)

Now, since $X^jX^k - \int X^j dX^k - \int X^k dX^j = [X^j, X^k]$, and since the coefficients G^α_i and G^α_{jk} of the equation giving Z are identical to those giving Y (see the proof of Theorem 12), Z = Y; since $Z^\sigma_{T_\ell} = Y^\sigma_{T_\ell}$,

---

(*) This shows once again that one should never give up generality for the sake of simplicity ... or laziness!

$$\|Y_t^\sigma - Y_t\| \le \|Y_t^\sigma - Y_{u(t)}^\sigma\| + \|Z_{u(t)}^\sigma - Z_{u(t)}\| + \|Y_t - Y_{u(t)}\|.$$

All three terms tend to zero uniformly in probability: the second one by what has just been seen, the third one by uniform continuity of the paths of Y, and the first one since geodesics with initial velocities in a (random, but) fixed compact and time-duration at most $\eta > 0$ have their Euclidean lengthes tending to zero uniformly when η tends to zero.

The proof of Theorem 14 is now complete, but for the next Lemma, that was admitted a moment ago.

LEMMA 15. Let M be endowed with a connection ∇^M, and $i : M \to \mathbb{R}^n$ be a proper imbedding. There exists a connection on $\mathbb{R}^n$ such that i is affine (in particular, M is totally geodesic in $\mathbb{R}^n$, for this connection).

PROOF. Since the imbedding is proper, iM is a closed submanifold of $\mathbb{R}^n$. So each point of iM has an open, relatively compact neighbourhood V in $\mathbb{R}^n$ diffeomorphic to $\mathbb{R}^m \times \mathbb{R}^{n-m}$, with $iM \cap V$ corresponding to $\mathbb{R}^m \times \{0\}$; and each point of $\mathbb{R}^n - iM$ has an open, relatively compact neighbourhood that does not meet iM. All these open sets form a covering of $\mathbb{R}^n$; there exists a partition of unity (ψ_α) subordinated to that covering (to each α is associated one of these sets, V_α, and ψ_α is compactly supported in V_α; the sum $\sum_\alpha \psi_\alpha$ is locally finite and identically equal to 1). If V_α meets iM, it is possible to endow V_α with a connection ∇^α such that i is affine from $i^{-1}(V_\alpha)$ to V_α: Using the above mentioned diffeomorphism, this amounts to extending a connection ∇^m from $\mathbb{R}^m \times \{0\}$ to $\mathbb{R}^m \times \mathbb{R}^{n-m}$, and this can be done by taking the product of ∇^m with an arbitrary connection on $\mathbb{R}^{n-m}$. If V_α does not meet iM, just endow V_α with an arbitrary connection ∇^α. Now the sum $\sum_\alpha \psi_\alpha \nabla^\alpha$ is locally finite and defines a connection ∇ on $\mathbb{R}^n$; if A and B are vector fields on M, $\vec{i}A$ and $\vec{i}B$ are the corresponding vector fields on iM, and

$$\nabla_{\vec{i}A} \vec{i}B\,(ix) = \sum \psi_\alpha(ix)\,(\nabla^\alpha_{\vec{i}A} \vec{i}B)(ix) = \sum \psi_\alpha(ix)\, \vec{i}(\nabla^M_A B(x)) = \vec{i}(\nabla^M_A B(x))$$

shows that i is affine. ∎

As in the Stratonovich case, this Itô approximation result can be bootstrapped to show that, if Y is used to direct another differential equation $\underline{FdZ} = \epsilon(Y,Z)\,\underline{FdY}$ to a third manifold, then, to construct the appromixation Z^σ of Z we may use, instead of the geodesic interpolation of Y, the Y^σ constructed in Theorem 14.

VI. COMPARING BOTH TRANSFER PRINCIPLES; APPLICATION.

Given an ordinary differential equation $\dot{y} = e(x,y)\dot{x}$ between manifolds, we have seen two ways of extending it into a stochastic one $\underline{dY} = f(X,Y)\underline{dX}$. Both agree of course at order 1, which means that, in local coordinates, the first coefficients f_i^α of the Schwartz morphism f are just the coefficients e_i^α of e. But they don't agree in general at order 2: the coefficient f^{α}_{ij} of the Stratonovich extension is given by $(D_j+e^{\beta}_j D_{\beta})e^{\alpha}_i$ (to be symmetrized in i,j) and that of the Itô extension is $e^{\alpha}_k\Gamma^k_{ij}-e^{\beta}_i e^{\gamma}_j\Gamma^{\alpha}_{\beta\gamma}$ (to by symmetrized in i,j if the connections are not torsion-free). The geometric condition, linking e with the connections, that ensures equality between both extensions, is easy to see on those formulae in local coordinates: the ordinary equation $\dot{y} = e(x,y)\dot{x}$ must make geodesics into geodesics. But all the computations have been done previously, so this result is an immediate consequence of what we already know:

COROLLARY 16. Let M and N be endowed with connections, and P be a closed, totally geodesic submanifold of M x N. Let $e : P \to L(M,N;P)$ be of class $C^{1,Lip}$ and such that $e(x,y)$ is in $L_{xy}(M,N;P)$ for all (x,y) in P.

Suppose that, if $x(t)$ is any geodesic in M and y_0 any point in N with $(x(0),y_0)\in P$, the solution y to the ordinary differential equation

$$\dot{y}(t) = e(x(t),y(t))\,\dot{x}(t),\ y(0) = y_0.$$

is a geodesic too. Then, for every continuous semimartingale X in M and every $\underline{\underline{F}}_0$-measurable y_0 with $(X_0,y_0)\in P$, the stochastic Itô and Stratonovich equations

$$\underline{\text{P}dY} = e(X,Y)\ \underline{\text{P}dX},\ Y_0 = y_0$$

$$\delta Y = e(X,Y)\ \ \delta X,\ Y_0 = y_0$$

are equivalent.

PROOF. The solutions Y^I and Y^S to these equations can be approximated by discretizing time and applying respectively Theorems 14 and 9. But the approximation Y^{σ} to Y^S is piecewise geodesic (hypothesis on e), so it coincides identically with the approximation to Y^I; finally, letting $|\sigma| \to 0$, $Y^S = Y^I$. ∎

REMARKS. 1) This result is still true if e is only once differentiable, with first-order partial derivatives locally bounded. In that case, uniqueness of Y^S is not obvious, but existence and uniqueness hold for Y^I by Corollary 13, and the equivalence between both equations can be verified directly, in local coordinates. So uniqueness holds also for Y^S; the reason is that, though the partial derivatives of e are not locally Lipschitz, some combinations of them are, namely $(D_j+e^{\beta}_j D_{\beta})e^{\alpha}_i$ (symmetrized in i,j) because, by the geometric hypothesis on e, this is precisely $e^{\alpha}_k\ \Gamma^k_{ij} - e^{\beta}_i\ e^{\gamma}_j\ \Gamma^{\alpha}_{\beta\gamma}$ (symmetrized); and these combinations are of course those appearing in the Stratonovich equation.

2) If X is a continuous semimartingale in M and Φ a continuous semimartingale in T*M, above X, the Stratonovich integral $\int\Phi\delta X$ and, if M is endowed with a connection, the Itô integral $\int\Phi\underline{\text{P}dX}$ can both be defined. They are shown in Lemma (8.24) of [6] to be equal if, for every parallel transport $U \in TM$ along X, the real semimartingale $\langle U,\Phi \rangle$ has finite variation. This result does not seem to be obtainable as a consequence of Corollary 16. The reason is that the Stratonovich integral $\int\Phi\delta X$ is not a particular case of the Stratonovich stochastic differential equations considered in Theorem 8; as mentioned earlier, this is not due to our hypotheses being too

restricted, but to an essential limitation of the Stratonovich transfer principle itself.

3) In Corollary 16, the hypothesis that the ordinary differential equation e transforms geodesics into geodesics can be replaced by

<u>for every</u> $(\Omega,\underline{\underline{F}},P,(\underline{\underline{F}}_t)_{t\geq 0})$, <u>every martingale</u> X <u>in</u> M <u>and every</u> $\underline{\underline{F}}_0$<u>-measurable</u> $y_0 \in N$ <u>with</u> $(X_0,y_0)\in P$, <u>the solution</u> Y <u>to the Stratonovich equation</u>

$$\delta Y = e(X,Y)\delta X,\ Y_0 = y_0$$

<u>is a martingale in</u> N.

Indeed, this new hypothesis implies the former. For let $x : I \to M$ be a geodesic, where I is an open interval, and let $y : J \to N$ be a solution to $\dot{y} = e(x,y)\dot{x}$, with $J \subset I$ an open interval. For every J-valued continuous local martingale U, $X = x\circ U$ is a martingale in M. Denote by Y the semimartingale $y\circ U$. As the push-forward $\vec{y}$ factorizes as $e(x,y)\circ\vec{x}$ (applied to $\frac{d}{dt} \in T\mathbb{R}$, this reduces to the equation giving y), one can write for every smooth form α on N

$$\int \langle \alpha(Y),\delta Y \rangle = \int \langle \alpha(Y),\ \delta(y\circ U) \rangle = \int \langle \overleftarrow{y}\ \alpha(Y),\ \delta U \rangle$$

$$= \int \langle \overleftarrow{x}\ e^*(X,Y)\ \alpha(Y),\ \delta U \rangle = \int \langle e^*(X,Y)\ \alpha(Y),\ \delta(x\circ U) \rangle$$

$$= \int \langle e^*(X,Y)\ \alpha(Y),\ \delta X \rangle\ ;$$

so Y is also a solution to $\delta Y = e(X,Y)\delta X$, and our hypothesis implies that $Y = y\circ U$ is a martingale. Since U is arbitrary, y must be a geodesic.

But one can say a little more: this new hypothesis is in fact equivalent to the old one. This is obvious by remarking that, by Corollary 16 itself, the hypothesis that the ordinary differential equation preserves geodesics implies that the associated Stratonovich equation is in fact an Itô one, so it must preserve martingales. This is an extension to differential equations of the equivalence between preserving geodesics and preserving martingales for smooth functions between manifolds (both amount to the function being semi-affine).

4) For a given X in M, the proof and the conclusion of the corollary still hold if one does not require all geodesics of M to be made into geodesics of N by e, but only those geodesics that are needed to interpolate X (or, in the bootstrap case when X is already the result of a previous equation, those geodesics used in the approximation X^σ of X).

As an application of all this, we now turn to the problem of extending to semimartingales such geometric operations as parallel transport of vectors and rolling without slipping.

If M is endowed with a connection, the parallel transport $u(t)\in T_{x(t)}M$ of a vector $u(0)\in T_{x(0)}M$ along a curve $x(t)$ can be considered as the solution to the ordinary differential equation $\dot{u}(t) = e(x(t),u(t))\dot{x}(t)$, where $e(x,u) : T_xM \to T_uTM$, defined for $\pi u = x$ only (that is, $u \in T_xM$) is the horizontal lifting: $e(x,u)$ transforms a vector $A \in T_xM$ into the only horizontal vector in T_uTM with projection A itself: $\vec{\pi}_u e(x,u)$ is the identity on T_xM. This equation is constrained to the submanifold P of M x TM consisting of all (x,u) with $\pi u = x$. (Remark that P is trivially diffeomorphic to TM itself!) The Stratonovich transfer principle applied to this ordinary differential equation yields the <u>Stratonovich stochastic parallel transport</u> along semimartingales. All this is classical, save the name: The eponym 'Stratonovich' is usually omitted, so one is not tempted to worry about the possible existence of an Itô one. But this is of course what we are going to do.

To construct the "Itô stochastic parallel transport" along a semimartingale, that is, to apply the Itô transfer principle to the equation $\dot{u}(t) = e(x(t),u(t))\dot{x}(t)$ of parallel transport, we need a connection on M and a connection on TM. We already have one on M; so the Itô transfer principle explains a posteriori a phenomenon emphasized by Meyer [9]: <u>there is a one-one correspondence between extensions of ordinary parallel transport to semimartingales and extensions of the connection in</u> M <u>to</u> TM (Meyer's work is more general, TM being replaced with an artitrary vector bundle over M; this makes no essential difference).

To make the above statement a little more precise, observe first that the connection on TM cannot be completely arbitrary: since the ordinary equation is constrained to the submanifold P M x TM, we must choose the connection on TM in such a way that P is totally geodesic in the product M x TM. This is clearly equivalent to the requirement that the map $u \to (\pi u, u)$ from TM to M x TM transform geodesics into geodesics; in other words, $\pi : TM \to M$ must be semi-affine. Since, when applying the Itô transfer principle, the torsions of the connections are not taken into account, there is no loss of generality in requiring π to be affine.

[Another requirement of Meyer is that each fiber T_xM, with its flat connection of vector space, be a totally goedesic submanifold of TM, with the induced connection. With this proviso, the equation of stochastic parallel transport will be linear. This requirement is quite reasonable, but not logically necessary - and not used in the sequel.]

Now, given any such connection on the manifold TM, it is possible to define the Itô stochastic parallel transport associated with this connection; moreover, this transport can be approximated in the following way, as a direct application of Theorem 14: Given the subdivision σ and the continuous semimartingale X in M, and supposing that the approximate parallel transport U^{σ} along X has already been constructed up to time T_n, its restriction to the interval $[[T_n, T_{n+1}]]$ is the geodesic in TM, above the geodesic X^{σ} (because P is totally geodesic), starting from the previously obtained $U^{\sigma}_{T_n}$, with the same initial velocity $\dot{U}^{\sigma}_{T_n}$ as a (ordinary) parallel transport along the curve X^{σ}. Two particular choices of this connection on TM are specifically interesting in stochastic (and ordinary) differential geometry.

The first one, called by Yano and Ishihara [12] the horizontal lift to TM of the connection in M, can be characterized (up to a torsion term, but the Itô transfer neglects it) by the property that each parallel transport along a geodesic of M is a geodesic of TM. For a proof, see Bismut [1] page 450. As a consequence, by Corollar

16, <u>the Itô parallel transport</u> (<u>defined with this horizontal connection</u>) <u>is the same as the Stratonovich one</u>. (This can also be seen as a consequence of Meyer's Theorem 5 in [9], using the third remark following Corollary 16.) Of course, for this connection, the approximate parallel transport is exactly the ordinary parallel transport along X^σ (by the very proof of Corollary 16, the Itô and Stratonovich approximations are identical).

The other important connection on TM is the "complete lift" of Yano and Ishihara [12]. Meyer has observed in [9] that the stochastic parallel transport corresponding to this connection is (an extension to the non-Riemannian case of) the one introduced by Dohrn and Guerra [3] under the name "geodesic correction to parallel transport". It is defined by the same approximation procedure as above, but the geodesics in TM are replaced with Jacobi fields along geodesics in M. This strongly suggests the following explanation:

LEMMA 17. <u>Let</u> M <u>be a manifold endowed with a connection</u>; <u>endow</u> TM <u>with the complete lift of this connection</u>. <u>The geodesics of</u> TM <u>are exactly the uniform motions in each fibre and the Jacobi fields along the geodesics of</u> M.

PROOF. From the explicit formulae I.6.2 of [12], it is clear that removing the torsion of the connection commutes with extending it to TM. So, noticing that this does not change the geodesics or the Jacobi fields, we may and will suppose that the connections are torsion-free.

Now, in local coordinates, still using I.6.2, the equation of geodesics in TM is

$$\begin{cases} \ddot{u}^i = - u^\ell D_\ell \Gamma^i_{jk} \dot{x}^j \dot{x}^k - (\Gamma^i_{jk}+\Gamma^i_{kj}) \dot{x}^j \dot{u}^k \\ \ddot{x}^i = - \Gamma^i_{jk} \dot{x}^j \dot{x}^k , \end{cases}$$

where Γ^i_{jk} are the Christoffel symbols of the connection in M. Since the connection has no torsion, the equation of a Jacobi field u along a geodesic x is

$$\nabla_{\dot{x}} \nabla_{\dot{x}} u = R(\dot{x},u)\dot{x}.$$

It is not difficult to rewrite this equation in local coordinates and to identify it with the first equation above; the computation is still simpler if one performs it at the center of some normal coordinates. There, because the connection is torsion-free, all Christoffel symbols vanish and one is left with

$$(\nabla_{\dot{x}} \nabla_{\dot{x}} u)^i = \ddot{u}^i + \dot{x}^\ell D_\ell \Gamma^i_{jk} \dot{x}^j u^k .$$

Using $(R(\dot{x},u)\dot{x})^i = R_j{}^i{}_{k\ell} \dot{x}^j \dot{x}^k u^\ell$ with $R_j{}^i{}_{k\ell} = D_k \Gamma^i_{j\ell} - D_\ell \Gamma^i_{jk}$ gives the result. ∎

So the general theorem on Itô approximations sheds a new light on the Dohrn-Guerra construction and explains in particular why the first derivative $\nabla_{\dot{x}} u$ is reset at zero at every step: this is where the ordinary equation comes in; this initial condition (common to all these procedures, whatever the connection on TM) is the one that forces the stochastic parallel transport to agree with the ordinary one on smooth curves.

A last remark on Itô stochastic transports: one might be tempted to rewrite the equation of ordinary parallel transport as

$$\frac{d}{dt} A_t f = \nabla df(\dot{x}, A_t)$$

(A_t is a parallel transport along a curve $x(t)$, and f a smooth function on M; Af is just $\langle A, df \rangle$). This amounts to using only functions of the type df as test-functions on TM, instead of all possible smooth functions on TM. Rewritten

$$A_t f - A_0 f = \int_0^t \langle \nabla df(\cdot, A_s), dx_s \rangle,$$

everything is M or $\mathbb{R}$-valued and one may forget about TM. Applying the Stratonovich transfer gives $\delta A_t = \langle \nabla df\ (\cdot, A_t), \delta X_t \rangle$, which is of course equivalent to the Stratonovich parallel transport; so one might hope to define an Itô parallel transport, without any connection on TM, by

$$A_t f - A_0 f = \int_0^t \langle \nabla df(\cdot, A_s), \underline{\mathrm{F}dX}_s \rangle.$$

But this fails, simply by lack of intrinsicness: if this holds for some functions $f^1, \ldots, f^p$, it need not hold for a function of the form $g(f^1, \ldots, f^p)$; the reason is that both sides of this equation do not obey the same change of variable formula, the left-hand side involving the third derivatives of g, the right-hand one stopping at order 2. Another way of saying it is that the left-hand side cannot be considered as an Itô integral along A; the Hessian of the function df on TM cannot have a null projection on M simultaneously for all smooth functions f.

As an application of parallel transport, we shall now discuss <u>liftings</u> and <u>developments</u>. Recall that the lifting $y(t)$ in $T_{x(0)}M$ of a curve $x(t)$ in a manifold M endowed with a connection, is constructed by choosing a frame $F = (U_1, U_2, \ldots, U_m)$ of $T_{x(0)}M$, transporting it as $F(t) = (U_\alpha(t))_{1 \le \alpha \le m}$ along the curve $x(t)$, in such a way that each $U_\alpha(\cdot)$ is a parallel transport, reading the velocity $\dot{x}(t)$ in the frame $F(t)$ (this gives $\dot{x}(t) = v^\alpha(t) U_\alpha(t)$, with $v^\alpha(t) \in \mathbb{R}$), and finally letting $y(t) = (\int_0^t v^\alpha(s)ds) U_\alpha \in T_{x(0)}M$. Since the equation of parallel transport is linear, it is very easy to see that the curve y in $T_{x(0)}M$ does not depend upon the choice of the frame $F = F(0)$.

Using the Stratonovich transfer principle, the extension to semimartingales is straightforward: If X is a M-valued continuous semimartingale with $X_0 = x$, choose a frame F of $T_x M$, transport it as $F_t = (U_{\alpha t})$ along X using the Stratonovich stochastic parallel transport, define the dual frame (η_t^α) by $\eta_t^\alpha \in T^*_{X_t} M$ and $\langle U_{\alpha t}, \eta_t^\beta \rangle = \delta_\alpha^\beta$, and let $Y_t = (\int_0^t \langle \eta_s^\alpha, \delta X_s \rangle) U_\alpha$. All of this is well-known, and widely used. See Bismut [1] for a general presentation when X is a Brownian diffusion.

The development is the inverse operation: given the continuous semimartingale Y_t in $T_x M$ with $Y_0 = 0$, find X. Of course, this is done by following the same path backwards, that is, constructing simultaneously X_t and the attached parallel moving frame F_t. We shall not go into details here, referring the reader to [6] for instance. Liftings and developments are both used in the definition(*) of rolling

(*)In classical mechanics, rolling and slipping are defined in terms of instantaneous rotations, and the definition given here is, for 2-manifolds imbedded in $\mathbb{R}^3$, a theorem.

without slipping: Given two manifolds of M and N with connections, two points $x \in M$ and $y \in N$, a linear bijection $\ell : T_xM \to T_yN$ and a continuous semimartingale (or smooth curve) X in M starting from x, the semimartingale in N obtained by rolling M on N along X without slipping is by definition the development in N of the curve $\ell(Z) \in T_yN$, where Z is the lifting of X in T_xM. So this operation of rolling without slipping is just obtained by composing a lifting, the linear mapping ℓ, and a development; lifting and development are two particular cases of rolling without slipping.

Rolling without slipping preserves geodesics (in other words, the lifting in $T_{x(0)}M$ of a curve x(t) in M is a uniform motion if and only if x is a geodesic) and manifold-valued martingales (in other words, the lifting in $T_{X_0}M$ of a continuous semimartingale X_t in M is a local martingale if and only if X is a martingale). This result, implicit in Bismut [1], is explicitly stated by Meyer [9]; but its Brownian version is much older: stochastic developments have long been used to construct manifold-valued Brownian motions from Euclidean ones. It is also a little surprising: why should such a Stratonovich procedure preserve martingales? Corollary 16 seems to imply that this can be derived from the preservation of geodesics, for in that case the Stratonovich equation is also an Itô one, therefore it preserves martingales. But it does not apply here, at least not directly, since liftings (and developments, and also a fortiori rolling without slipping) are not operations of the type considered in that corollary, but combinations of such operations. Lifting, for instance, is not constructed directly from M to T_xM, but needs an intermediate step in a larger manifold, the frame bundle FM. Hence, to derive rigorously martingale preservation from geodesic preservation by using Corollary 16, one needs the existence of a connection on FM such that geodesics are preserved at each step of the construction $M \to FM \to T_xM$. And in general, such a connection does not exist! The reason is that the only possible choice, the obvious extension to FM of the horizontal connection on TM described earlier, does not work. Indeed, by Proposition II.9.1 of [12], its geodesics are exactly the curves $F(t) = (U_\alpha(t))_{1\le\alpha\le m}$ in FM such that $x(t) = \pi F(t)$ is a geodesic in M and each $U_\alpha(t)$ has the form $V_\alpha(t) + tW_\alpha(t)$, where $V_\alpha(t)$ and $W_\alpha(t)$ are parallel transports along x. But only if $W_\alpha = 0$ does the second step

$$y(t) = \left(\int_0^t \langle \eta^\alpha(s), \dot{x}(s)\rangle\, ds\right) U_\alpha(0)$$

where (η^α) is the frame dual to (U_α)) transform the geodesic F into a straight line. The point is, of course, that those geodesics with $W_\alpha = 0$ are the only ones obtained from the first step $M \to FM$; so even though Corollary 16 does not apply, Remark 4 following it does, and gives the result.

More generally, if TM is endowed with a connection of the type considered above (that is, making π affine), and if the Stratonovich parallel transport is replaced with the corresponding Itô one in the definition of liftings, the same proof shows that martingales are still preserved. This can also be seen as a consequence of Lemma (8.24) of [6]. Indeed, in local coordinates, the equation of any stochastic parallel transport (Stratonovich or Itô) is

$$dU^i_t = -\Gamma^i_{jk}(X_t)\,dX^j_t\,U^k_t + \text{fv},$$

where fv denotes a correction term with finite variation; hence the dual frame (η^α) to a stochastic parallel frame (U_α) is made of forms verifying

$$d\eta_{kt} = \Gamma^i_{jk}(X_t)\,dX^j_t\,\eta_{it} + \text{fv}.$$

So, if U is a Stratonovich parallel transport and η an element of the dual frame to an Itô parallel frame, the pairing $\langle U_t, \eta_t \rangle = U^i_t\,\eta_{it}$ has finite variation; and by Lemma (8.24), the Stratonovich integral $\int \langle \eta, \delta X \rangle$ is identical with the Itô one $\int \langle \eta, \underline{\mathrm{F}dX} \rangle$, yielding the result.

REFERENCES

[1] J.M. Bismut. Mécanique aléatoire. Lecture Notes in Mathematics 866, Springer 1981.

[2] R.W.R. Darling. Martingales in manifolds and geometric Itô calculus. Ph.D. Thesis, University of Warwick, 1982.

[3] D. Dohrn, F. Guerra. Nelson's stochastic mechanics on Riemannian manifolds. Lettere al nuovo cimento 22, 121-127, 1978.

[4] T.E. Duncan. Stochastic integrals in Riemannian manifolds. J. Multivariate Anal. 6, 397-413, 1976.

[5] M. Emery. Stabilité des solutions des équations différentielles stochastiques; application aux intégrales multiplicatives. Z. Wahrscheinlichkeitstheorie verw. Gebiete 41, 241-262, 1978.

[6] M. Emery, P.A. Meyer. Stochastic calculus in manifolds. Universitext, Springer 1989.

[7] M. Métivier. Semimartingales. A course on stochastic processes. de Gruyter, 1982.

[8] P.A. Meyer. Géométrie stochastique sans larmes. Séminaire de Probabilités XV, Lecture Notes in Mathematics 850, Springer 1981.

[9] P.A. Meyer, Géométrie différentielle stochastique (bis). Séminaire de

Probabilités XVI, Supplément: Géométrie différentielle stochastique, Lecture Notes in Mathematics 921, Springer 1982.

[10] L. Schwartz. Géométrie différentielle du 2e ordre, semimartingales et équations différentielles stochastiques sur une variété différentielle. Séminaire de Probabilités XVI, Supplément: Géométrie différentielle stochastique, Lecture Notes in Mathematics 921, Springer 1982.

[11] L. Schwartz. Semimartingales and their stochastic calculus on manifolds. Presses de l'Université de Montréal, 1984.

[12] K. Yano and S. Ishihara. Tangent and cotangent bundles. Marcel Dekker, 1973.

Université de Strasbourg
Séminaire de Probabilités

SUR LES MARTINGALES D'AZÉMA (Suite)

par M. Emery

Ces quelques pages sont la suite de l'exposé de l'an dernier "On the Azéma martingales" (volume XXIII du Séminaire), ou plutôt elles sont le développement des deux notes que la rédaction du Séminaire avait appendues à cet exposé. (Elles doivent donc être considérées comme une tentative de m'approprier lesdites notes, au détriment de la rédaction!)

Nous conserverons les notations et la numérotation des énoncés de l'exposé de l'an dernier, mais, pour plus de clarté, nous parlerons français plutôt que pidgin.

Commençons par la seconde des remarques de la rédaction. Des lecteurs m'ont à juste titre reproché de ne pas avoir indiqué de références pour la proposition 4. La représentation chaotique pour les mélanges déterministes de Poisson et de brownien a été exposée par Dermoune à l'École d'été de Saint Flour, en Juillet 1987 (à paraître aux Annales de l'I.H.P.); c'est aussi un cas particulier du théorème 3.1 de He et Wang (Chaos Decomposition and Property of Predictable Representation, Science in China (Series A) Vol. 32 No. 4, 1989) qui n'imposent pas la condition $\langle X, X\rangle_t = t$, d'où une difficulté suplémentaire due à la présence de discontinuités fixes.

La démonstration donnée ici est l'adaptation immédiate de celle rédigée par Neveu pour les processus de Poisson (Processus aléatoires gaussiens, Presses de l'Université de Montréal). Celle de Dermoune, plus courte, repose sur la structure algébrique de l'espace de Fock. Une autre démonstration courte, probabiliste cette fois, est la technique de Biane (exposée par Meyer dans ce volume), qui s'adapte sans difficulté à ce cas non homogène.

La réciproque (tout P.A.I. donnant lieu à représentation chaotique est un mélange Poisson–brownien) semble a priori plus délicate, mais on sait (He et Wang, Séminaire XVI p. 353) que cette propriété est encore vraie sous l'hypothèse plus faible de représentation prévisible; dans le cas chaotique, elle a été réétablie indépendamment par Dermoune.

Passons maintenant à la première des deux notes, dans laquelle Azéma indique que l'estimation de Cramer permet d'établir l'unicité en loi des martingales d'Azéma pour $\beta > 0$. Ce cas ressemble beaucoup au cas $\beta < -2$, avec une petite difficulté en plus due à la présence d'une infinité d'excursions, et une grosse difficulté en plus dans l'équation obtenue, que l'on peut surmonter grâce à l'estimation de Cramer (obtenue ici par un astucieux changement de variable dû à Feller).

Soit donc l'équation de structure

$$(*) \qquad d[X,X]_t = dt + \beta X_{t-} dX_t$$

où $\beta > 0$ et où X_0 est un réel donné. Il s'agit de démontrer que toutes les martingales qui vérifient cette équation ont même loi. Si X est une telle martingale, on pose, pour $\varepsilon > 0$,

$$S_0^\varepsilon = 0\,, \quad T_0^\varepsilon = \inf\{t : X_t = 0\}$$

$$\ldots$$

$$S_{n+1}^\varepsilon = \inf\{t \geq T_n^\varepsilon : |X_t| > \varepsilon\}$$

$$T_{n+1}^\varepsilon = \inf\{t \geq S_{n+1}^\varepsilon : X_t = 0\}.$$

Sur l'intervalle $[\![S_n^\varepsilon, T_n^\varepsilon[\![$, X est obtenu en résolvant le système

$$\begin{cases} X_{S_n^\varepsilon + t} = X_{S_n^\varepsilon}\,(1+\beta)^{N_{A_t^n}}\, e^{-\beta A_t^n} \\ dA_t^n = \dfrac{dt}{\beta^2 X^2_{S_n^\varepsilon + t}} \end{cases}$$

où N est un processus de Poisson standard, indépendant de $\mathcal{F}_{S_n^\varepsilon}$ (même démonstration que la proposition 1, en conditionnant tout par $\mathcal{F}_{S_n^\varepsilon}$).

Posons $a = \beta/\log(1+\beta) > 1$, remarquons que

$$(1+\beta)^{N_{A_t^n}} e^{-\beta A_t^n} = (1+\beta)^{N_{A_t^n} - aA_t^n} \leq (1+\beta)^{C - \frac{a-1}{2} A_t^n}$$

(où C est aléatoire et dépend de n), donc $dA_t^n \geq \dfrac{dt}{\beta^2 X^2_{S_n^\varepsilon}}\,(1+\beta)^{\frac{a-1}{2} A_t^n - C}$. Ceci est de la forme $dA_t/dt \geq pe^{qA_t}$ avec p et q strictement positifs, et montre que A_t^n explose pour t fini; donc T_n^ε est fini si S_n^ε l'est. D'autre part, si T_n^ε est fini, S_{n+1}^ε l'est aussi sinon la trajectoire de X serait bornée, ce qui contredit $\langle X,X\rangle_t = t$. Donc *les temps* S_n^ε, T_n^ε *sont tous finis* (et tendent évidemment vers $+\infty$ car X a des limites à gauche).

Toujours si X résout $(*)$, soient $\tau_t^\varepsilon = \int_0^t \sum_{n\geq 0} I_{[\![S_n^\varepsilon, T_n^\varepsilon]\!]}(s)\,ds$, C_t^ε l'inverse continu à droite de τ_t^ε, et $X_t^\varepsilon = X_{C_t^\varepsilon}$ (X^ε est obtenu à partir de X en oubliant tous les intervalles $[\![T_n^\varepsilon, S_{n+1}^\varepsilon[\![$ où celui-ci quitte zéro). Il se trouve que pour $\varepsilon \to 0$ les X^ε convergent vers X p.s. selon la topologie de Skorokhod; en effet, X_t vaut X_{t-} ou $(1+\beta)X_{t-}$ selon qu'un saut a lieu ou non, mais ceci entraîne $\{X=0\} = \{X_- = 0\}$ et

$$\int I_{\{X_t=0\}}\,dt = \int I_{\{X_{t-}=0\}}\,dt = \int I_{\{X_{t-}=0\}}\,d\langle X,X\rangle_t^c = 0\,,$$

de sorte que le temps passé par X en zéro est nul.

En conséquence, pour connaître la loi de X, il suffit de connaître celle de X^ε; compte tenu de l'étude faite plus haut (loi de X sur $[\![S_n^\varepsilon, T_n^\varepsilon[\![$), l'unicité résulte du lemme suivant.

LEMME 8. — *Il existe une probabilité Π^ε sur $[-(1+\beta)\varepsilon, -\varepsilon] \cup [\varepsilon, (1+\beta)\varepsilon]$ telle que, si X est une solution de $(*)$ et si S_n^ε, T_n^ε sont définis à partir de X comme ci-dessus, $X_{S_{n+1}^\varepsilon}$ est indépendant de $\mathcal{F}_{T_n^\varepsilon}$ et de loi Π^ε.*

Si X_t vérifie $(*)$, $\dfrac{1}{\varepsilon}X_{\varepsilon^2 t}$ aussi; pour prouver le lemme, on peut donc par changement d'échelle supposer $\varepsilon = 1$. Comme la loi conditionnelle du processus $X_{T_n^1+t}$ sachant $\mathcal{F}_{T_n^1}$ est celle d'une solution de $(*)$ issue de zéro, on peut supposer $X_0 = 0$ et il suffit de montrer que, si $R = \inf\{t : |X_t| > 1\}$, *la loi de X_R ne dépend que de β.*

Nous venons de nous débarrasser de ε, S_n^ε, T_n^ε, réintroduisons-les! (Avec la même définition que plus haut, et avec $0 < \varepsilon < (1+\beta)^{-1}$.) Pour un $n \geq 1$ aléatoire, on a $S_n^\varepsilon \leq R \leq T_n^\varepsilon$; donc pour A borélien de $[1, 1+\beta]$ et $s = \pm 1$ (de sorte que sA est un borélien de $[-1-\beta, -1] \cup [1, 1+\beta]$),

$$(**) \qquad \begin{aligned} \mathbb{P}[X_R \in sA] &= \sum_{n\geq 1} \mathbb{P}[X_R \in sA\,,\ S_n^\varepsilon \leq R \leq T_n^\varepsilon] \\ &= \mathbb{E} \sum_{n \geq 1} I_{\{R \geq S_n^\varepsilon\}}\, \mathbb{P}[X_R \in sA\,,\ S_n^\varepsilon \leq R \leq T_n^\varepsilon \,|\mathcal{F}_{S_n^\varepsilon}] \\ &= \mathbb{E} \sum_{n\geq 1} I_{\{R \geq S_n^\varepsilon\}}\, \phi_{s,A}(X_{S_n^\varepsilon}) \end{aligned}$$

où $\phi_{s,A}$ peut être calculée à l'aide de la loi de X sur $[\![S_n^\varepsilon, T_n^\varepsilon[\![$: Si N est un processus de Poisson standard, $\phi_{s,A}(x)$ est le produit de $I_{\text{signe } x = s}$ par la probabilité pour que $|x|\,(1+\beta)^{N_t - at}$ dépasse 1 pour un t et soit dans A au premier instant où cela se produit. En d'autres termes, en notant $z = \dfrac{1}{\log(1+\beta)} \log \dfrac{1}{|x|}$ (de sorte que $|x| = (1+\beta)^{-z}$), $V_z = \inf\{t : N_t - at > z\}$ et B l'image de A par l'application $y \mapsto \dfrac{\log y}{\log(1+\beta)}$ (de sorte que $B \subset [0,1]$), on peut écrire

$$\phi_{s,A}(x) = I_{\text{signe } x = s}\, \mathbb{P}[V_z < \infty\,,\ N_{V_z} - aV_z - z \in B]\,.$$

LEMME 9 (Cramer, Feller). — *Fixons $\beta > 0$ et $a = \beta/\log(1+\beta) > 1$. Pour tout borélien $B \subset [0,1]$, la limite*

$$L(B) = \lim_{z \to +\infty} (1+\beta)^z\, \mathbb{P}[V_z < \infty\,,\ N_{V_z} - aV_z - z \in B]$$

existe et est finie.

[On peut en fait expliciter L : c'est la mesure $\dfrac{(1+\beta)^{1-x} - 1}{1+\beta-a}\, dx$ sur $[0,1]$ nous n'en aurons pas besoin.]

Admettons ce résultat le temps de finir de démontrer le lemme 8.

Par le lemme 9, si x tend vers zéro avec un signe s fixé, $\frac{1}{|x|}\,\phi_{s,A}(x)$ tend vers $L(B) = \tilde{L}(A)$ où $\tilde{L}$ est la composée de L et de la transformation $A \mapsto B$ introduite plus haut. Pour A fixé il existe donc une fonction $\delta(\varepsilon)$ tendant vers zéro avec ε, telle que pour $0 < |x| \leq (1+\beta)\varepsilon$ et signe $x = s$ on ait

$$\tilde{L}(A) - \delta(\varepsilon) \leq \frac{1}{|x|}\,\phi_{s,A}(x) \leq \tilde{L}(A) + \delta(\varepsilon)\ ;$$

il en découle

$$I_{\{\mathrm{signe}\, X_{S_n^\varepsilon} = s\}}\big(\tilde{L}(A) - \delta(\varepsilon)\big) \leq \frac{1}{|X_{S_n^\varepsilon}|}\,\phi_{s,A}(X_{S_n^\varepsilon}) \leq I_{\{\mathrm{signe}\, X_{S_n^\varepsilon} = s\}}\big(\tilde{L}(A) + \delta(\varepsilon)\big)\,.$$

Utilisant (**), on en déduit

$$\big(\tilde{L}(A) - \delta(\varepsilon)\big)\,e(\varepsilon) \leq \mathbb{P}[X_R \in sA] \leq \big(\tilde{L}(A) + \delta(\varepsilon)\big)\,e(\varepsilon)\,,$$

où

$$\begin{aligned} e(\varepsilon) &= \mathbb{E}\Big[\sum_{n\geq 1} I_{\{R\geq S_n^\varepsilon\}}\, I_{\{\mathrm{signe}\, X_{S_n^\varepsilon} = s\}}\, |X_{S_n^\varepsilon}|\Big] \\ &\leq \mathbb{E}\Big[\sum_{n\geq 1} I_{\{R\geq S_n^\varepsilon\}}\, I_{\{\mathrm{signe}\, X_{S_n^\varepsilon} = s\}}\Big]\,(1+\beta)\,\varepsilon \end{aligned}$$

est borné uniformément en ε (car $\sum_{n\geq 1} I_{\{R\geq S_n^\varepsilon\}}\, I_{\{\mathrm{signe}\, X_{S_n^\varepsilon} = s\}}$ est le nombre de montées sur $[0,\varepsilon]$ de la martingale bornée X^R si $s = +1$, et le nombre de descentes sur $[-\varepsilon, 0]$ si $s = -1$).

Faisons maintenant tendre ε vers zéro. Si $\tilde{L}(A) = 0$, $\big(\tilde{L}(A) + \delta(\varepsilon)\big)\,e(\varepsilon)$ tend vers zéro, donc $\mathbb{P}[X_R \in sA] = 0$. Si $\tilde{L}(A) \neq 0$, $e(\varepsilon)$ doit tendre vers une limite $\ell(s) = \dfrac{\mathbb{P}[X_R \in sA]}{\tilde{L}(A)}$ qui dépend du signe s et de la loi de X, mais non de A. On a alors $\mathbb{P}[X_R \in sA] = \tilde{L}(A)\,\ell(s)$, donc la valeur absolue et le signe de X_R sont des variables aléatoires indépendantes et, puisque $\mathbb{E}[X_R] = 0$, la loi du signe de X_R est uniforme sur $\{-1, 1\}$. En fin de compte, la loi de X_R ne dépend que de β puisqu'elle s'exprime uniquement en termes de la fonction $\tilde{L}$ du lemme 9 :

$$\mathbb{P}[X_R \in sA] = \frac{\tilde{L}(A)}{2\tilde{L}([1, 1+\beta])}\,,$$

et le lemme 8 est démontré. ∎

Démonstration du lemme 9.

Nous avons donc un processus de Poisson standard N et pour $z \geq 0$ nous étudions $\mu_z(B) = \mathbb{P}[V_z < \infty\,,\ N_{V_z} - aV_z - z \in B]$ où $V_z = \inf\{t : N_t - at > z\}$. La propriété de Markov du processus $N_t - at$ à l'instant V_0 fournit immédiatement l'équation de renouvellement, valable pour $z > 1$

$$\mu_z(B) = \int_0^1 \mu_0(dx)\,\mu_{z-x}(B)\,.$$

La mesure[1] μ_0 possède deux propriétés qui nous seront utiles : elle est absolument continue par rapport à dx (car $\mu_0(B) \leq \sum_{n\geq 1} \mathbb{P}[N_{U_n} - aU_n \in B]$, où U_n est le $n^{\text{ième}}$ instant de saut de N), et elle vérifie

$$\int_0^1 (1+\beta)^x \, \mu_0(dx) = 1$$

(par le théorème d'arrêt appliqué à la martingale $(1+\beta)^{N_t - at}$ arrêtée à V_0, qui est bornée par $1+\beta$).

Posant $g(z) = (1+\beta)^z \mu_z(B)$ (ce truc est dû à Feller), on voit que

$$g(z) = \int_0^1 g(z-x)\,(1+\beta)^x \, \mu_0(dx) \qquad (z > 1)$$

et le lemme résulte du théorème de renouvellement (Feller, Volume II, XI, 1), qui montre que $g(z)$ a une limite quand z tend vers $+\infty$. Ce théorème utilise deux hypothèses : Primo, la mesure $(1+\beta)^x \, \mu_0(dx)$ est une probabilité (nous venons de le vérifier); secundo, la fonction $g(z) - \int_0^{1\wedge z} g(z-x)\,(1+\beta)^x \, \mu_0(dx)$, dont nous savons qu'elle est nulle sur $[1,\infty[$, doit être intégrable au sens de Riemann sur $[0,\infty[$, c'est-à-dire sur $[0,1]$. Mais la continuité absolue de μ_0 jointe à l'équation de renouvellement montre que g est continue sur $]1,\infty[$. Il suffit donc de tout décaler d'une unité, remplaçant $g(z)$ par $\tilde{g}(z) = g(z+1)$ pour avoir une fonction continue $\tilde{g}$ vérifiant les mêmes hypothèses, d'où le résultat. ∎

REMARQUE. — Il est signalé plus haut que pour $a > 1$, en posant $Q_t = N_t - at$ et $V = \inf\{t : Q_t > 0\}$, alors la "loi" μ_0 de la "variable aléatoire" Q_V est la mesure uniforme sur $[0,1]$, de masse totale $1/a$. C'est bien entendu un cas très particulier de formules figurant chez Feller; on peut y parvenir par le calcul de la transformée de Laplace de μ_0 à partir de celle de $\sup_t Q_t$. Mais un résultat d'allure aussi élémentaire doit bien avoir une raison probabiliste! En voici une, que m'a fournie J. Pitman.

Observons tout d'abord que, si $p = \mathbb{P}[\exists t : Q_t > 0] = \mathbb{P}[V < \infty]$, la variable aléatoire

$$H(x) = \text{nombre de } t \text{ tels que } Q_t = x$$

suit pour tout $x \leq 0$ la loi géométrique $\mathbb{P}[H(x) = n+1] = p^n(1-p)$, d'espérance $\mathbb{E}[H(x)] = 1/(1-p)$. (Pour $x = 0$, appliquer la propriété de Markov aux instants où $Q = 0$; pour $x < 0$, cela résulte de ce que $(Q_t)_{t\geq 0}$ et $(Q_{S+t} - x)_{t\geq 0}$ ont même loi, où $S = \inf\{t : Q_t = x\}$ est p.s. fini.) Comme les trajectoires de Q ont pour pente $-a$, on en déduit que la mesure aléatoire d'occupation

$$\rho(A) = \lambda(\{t : Q_t \in A\}) ,$$

de densité $\frac{1}{a} H(x)$, a une espérance uniforme (égale à $\frac{1}{a(1-p)} \lambda$) sur la demi droite négative. Autrement dit, pour une fonction g portée par $]-\infty, 0]$ e

1. Il se trouve que μ_0 est la mesure uniforme sur $[0,1]$ de masse totale $1/a$; voir la remarqu plus bas.

intégrable sur cette demi-droite,

$$\mathbb{E}\int_0^\infty g(Q_s)\,ds = \frac{1}{a(1-p)}\int_{-\infty}^0 g(x)\,dx\,.$$

En appliquant la propriété de Markov à l'instant $W = \inf\{t > 0 : Q_t = 0\}$, qui vérifie $\mathbb{P}[W < \infty] = \mathbb{P}[V < \infty] = p$, on en déduit, puisque Q_s est positif sur $[V, W[$, que

$$\begin{aligned}\mathbb{E}\int_0^V g(Q_s)\,ds &= \mathbb{E}\int_0^\infty g(Q_s)\,ds - \mathbb{E}\int_W^\infty g(Q_s)\,ds\\ &= (1-p)\,\mathbb{E}\int_0^\infty g(Q_s)\,ds = \frac{1}{a}\int_{-\infty}^0 g(x)\,dx\end{aligned}$$

(remarquer que l'on n'a pas à calculer p, qui s'élimine identiquement; il vaut bien entendu $1/a$, la masse totale de μ_0).

Et c'est presque terminé! Le générateur infinitésimal de Q n'étant autre que $Lf(x) = f(x+1) - f(x) - af'(x)$, pour f de classe C^∞ et à support dans $[0,1]$, on peut écrire

$$\begin{aligned}\mathbb{E}[f(Q_V)] &= \mathbb{E}\Big[f(0) + \int_0^V Lf(Q_s)\,ds\Big]\\ &= \mathbb{E}\int_0^V f(Q_s+1)\,ds \qquad \text{car } Q_s < 0 \text{ dans }]0, V[\\ &= \frac{1}{a}\int_0^1 f(x)\,dx\end{aligned}$$

par la formule précédente appliquée à $g(x) = f(x+1)$.

Ceci démontre le résultat annoncé pour $a > 1$. Lorsque $a = 1$, c'est-à-dire lorsque Q_t est la martingale $N_t - t$, un passage à la limite sans difficulté montre que ce résultat subsiste, ainsi que le lemme d'uniformité de la mesure d'occupation [si $g(x) = 0$ pour $x > 0$, $\mathbb{E}\int_0^V g(Q_s)\,ds = \int_{-\infty}^0 g(x)\,dx$]. En revanche, lorsque $a < 1$, R. Pemantle a remarqué que l'uniformité de la loi de Q_V est en défaut : quand $a \to 0+$, Q_V converge manifestement en loi vers 1.

Université de Strasbourg
Séminaire de Probabilités

SUR UNE FORMULE DE BISMUT

par M. Emery et R. Léandre

Soit V une variété riemannienne compacte. Désignons par $r(dx)$ la mesure riemannienne normalisée sur V, par $P_t(x,dy) = p_t(x,y)r(dy)$ les probabilités de transition du mouvement brownien sur V et par Π^x la loi du pont brownien issu de x (c'est-à-dire du mouvement brownien sur V, issu de x et conditionné pour revenir en x à l'instant 1; on ne s'intéresse qu'à l'intervalle de temps $[0,1]$). Dans ses travaux sur le théorème de l'indice[1], Bismut munit l'espace des lacets (applications continues de $[0,1]$ dans V, qui prennent la même valeur en 0 et 1) de la probabilité

$$\mathbb{\Pi} = \frac{\int \Pi^x \, p_1(x,x) \, r(dx)}{\int p_1(x,x) \, r(dx)} \,,$$

qui s'interprète comme la loi du mouvement brownien X conditionné par l'événement $\{X_1 = X_0\}$. (En réalité, dans le travail de Bismut, Π^x n'est pas exactement la loi du pont en x, mais cela ne change rien à la discussion qui suit). Pourquoi la «trace» $p_1(x,x)$ apparaît-elle, alors que la probabilité $\int \Pi^x \, r(dx)$ semblerait à première vue un choix parfaitement raisonnable? Nous allons tenter de l'expliquer à l'aide de quelques arguments heuristiques.

Remarquons tout d'abord que conditionner un processus de Markov Y par $\{Y_1 = Y_0\}$ est une opération encore moins évidente[2] que la construction des ponts, c'est-à-dire le conditionnement du processus issu de y par $\{Y_1 = y\}$. En effet, en notant $\mathbb{L}^\lambda(Y)$ la loi du processus sous une mesure initiale λ, l'égalité classique $\int \mathbb{L}^y(Y) \, \lambda(dy) = \mathbb{L}^\lambda(Y)$ n'entraîne pas la relation analogue entre lois conditionnelles : en général, si A est une partie de l'espace d'états,

$$\int \mathbb{L}^y[Y | Y_1 \in A] \, \lambda(dy) \neq \mathbb{L}^\lambda[Y | Y_1 \in A] \,.$$

1. Index Theorem and Equivariant Cohomology on the Loop Space, Comm. Math. Phys 98 (1985).
2. Sur la difficulté de définir les ponts, voir L. Schwartz, Le mouvement brownien sur $\mathbb{R}^N$ en tant que semimartingale dans S_N, Ann. I.H.P. 21 (1985).

C'est pourquoi, alors que seules les probabilités de transition du processus interviennent dans la construction des ponts, il faut également faire intervenir la loi initiale pour conditionner par $\{Y_1 = Y_0\}$.

Si l'espace d'états de Y est fini (ce qui simplifie les notations et évite bien des difficultés techniques), en notant λ la loi initiale et $q_t(y,z)$ les probabilités de transition, la loi conditionnelle du processus sachant $\{Y_1 = Y_0\}$ est donnée pour $0 < t_1 < \ldots < t_n < 1$ par

$$\begin{aligned}\mathbb{L}^\lambda\left[Y_0 = y_0, \ldots, Y_{t_n} = y_{t_n} \mid Y_1 = Y_0\right] &= \frac{\lambda(y_0) q_{t_1}(y_0, y_{t_1}) q_{t_2 - t_1}(y_{t_1}, y_{t_2}) \ldots q_{t_n - t_{n-1}}(y_{t_{n-1}}, y_{t_n}) q_{1-t_n}(y_{t_n}, y_0)}{\sum_{y \in E} \lambda(y) q_1(y,y)} \\ &= \frac{\lambda(y_0) q_1(y_0, y_0) \Pi^{y_0}\left[Y_0 = y_0, \ldots, Y_{t_n} = y_{t_n}\right]}{\sum \lambda(y) q_1(y,y)}\end{aligned}$$

puisque Π^{y_0} est donné par la même formule où λ est remplacé par une masse unité en y_0. La trace $q_1(y,y)$ apparaît donc naturellement, avec une interprétation bien intuitive : elle vient modifier la mesure λ de manière à mettre plus de poids sur les positions initiales pour lesquelles la trajectoire a le plus de chances de se refermer en un lacet (non continu ici).

Ceci explique la formule de Bismut $\amalg = \int \Pi^x p_1(x,x)\, r(dx) \,/ \int p_1(x,x)\, r(dx)$, mais en partie seulement, parce qu'il nous faut aussi choisir, non seulement une mesure initiale pour le processus (λ dans l'exemple ci-dessus), mais une mesure de référence servant à définir les densités $p_t(x,y)$ des probabilités de transition $P_t(x,dy)$ (la mesure de comptage dans l'exemple ci-dessus). Changer de mesure de référence multiplie en effet les $p_t(x,y)$ par une fonction positive $g(y)$ arbitraire et modifie donc $\amalg$. Or, si le choix de la mesure riemannienne r paraît s'imposer comme mesure initiale pour le brownien (si V est connexe c'est l'unique loi invariante et elle est réversible), il est bien moins clair que c'est aussi elle que nous devons prendre comme référence; après tout, dans ces questions de lacets, la mesure $p_1(x,x)\, r(dx)$ apparaît, nous allons le voir, de façon parfaitement naturelle, alors pourquoi ne pas baser tous les calculs sur elle? Ou encore, pourquoi ne pas choisir comme référence la mesure $p_1(x,x)^{-1} r(dx)$, qui présente l'avantage de fournir la formule plus simple $\amalg = \int \Pi^x r(dx)$?

Un premier argument consiste à remarquer qu'un changement de mesure de référence peut aussi s'interpréter comme un changement de mesure initiale, tous deux se traduisant par l'introduction d'une fonction $g(x)$ dans la formule. En particulier, la formule obtenue n'est pas modifiée si l'on multiplie les deux mesures (initiale et de référence) par la même fonction, et l'on obtiendrait le même résultat que Bismut en remplaçant r par une mesure équivalente quelconque, pourvu que les densités p_t soient calculées à l'aide de cette même mesure. En d'autres termes, la mesure $p_1(x,x)\, r(dx)$ est intrinsèquement liée au processus non conditionné, elle ne dépend d'aucun choix arbitraire. (On pourrait la noter $P_1(x,dx)$, mais cette notation est dangereuse : elle masque le fait que l'on a utilisé de bonnes versions des densités.)

Mais il y a aussi une autre raison, bien plus importante par ses conséquences : *Si V est connexe, le choix fait par Bismut est le seul pour lequel toutes les v. a. X_t ont même loi sous $\mathbb{\Pi}$. En outre, le processus $(X_t)_{t\in\mathbb{R}/\mathbb{Z}}$ est alors stationnaire et réversible.*

La stationnarité signifie que la loi du processus est invariante sous l'action du groupe des rotations $S^1 \simeq \mathbb{R}/\mathbb{Z}$; elle va résulter de l'égalité entre les mesures initiales et de référence et elle n'est absolument pas liée à l'invariance de la mesure riemannienne, mais seulement au caractère markovien homogène du brownien. La réversibilité signifie que la loi est invariante par le changement de t en $1-t$, et découlera de celle de la mesure riemannienne pour le brownien. Si V n'est pas connexe, on peut pondérer chaque composante à l'aide d'un facteur arbitraire, et on perd donc l'unicité.

Tout ceci reste probablement vrai pour des processus de Markov plus généraux, pourvu que le semi-groupe ait de bonnes versions et que les ponts existent; l'hypothèse de connexité sera bien sûr remplacée par une condition d'ergodicité.

Avant de vérifier l'assertion ci-dessus, remarquons que la loi des lacets vérifie aussi une autre propriété, la propriété de Markov circulaire : Si $a < b$ sont deux points de l'ensemble des temps $[0,1[$, ils découpent le cercle $\mathbb{R}/\mathbb{Z}$ en deux arcs connexes $[a,b]$ et $[b,1[\cup[0,a]$, et les comportements du processus sur ces deux arcs sont conditionnellement indépendants étant donné le couple (X_a, X_b). Mais cette propriété ne peut pas servir à caractériser la bonne loi parmi les autres, parce qu'elle est commune à toutes les probabilités de la forme $\mathbb{\Pi}^g = \int \Pi^x p_1(x,x)\, g(x)\, r(dx)$. En effet, puisque Π^x est donnée pour $0 < t_1 < \ldots < t_n < 1$ par l'intégrale

$$\Pi^x[(X_{t_1},\ldots,X_{t_n}) \in A] =$$

$$\int I_A(x_1,\ldots,x_n) P_{t_1}(x,dx_1) P_{t_2-t_1}(x_1,dx_2)\ldots P_{t_n-t_{n-1}}(x_{n-1},dx_n)\frac{p_{1-t_n}(x_n,x)}{p_1(x,x)},$$

on obtient

$$\begin{aligned}\mathbb{\Pi}^g[(X_0,\ldots,X_{t_n}) \in A] &= \int g(x)\, I_A(x,x_1,\ldots,x_n)\, P_{t_1}(x,dx_1) P_{t_2-t_1}(x_1,dx_2)\ldots \\ &\qquad \ldots P_{t_n-t_{n-1}}(x_{n-1},dx_n)\, p_{1-t_n}(x_n,x)\, r(dx),\end{aligned}$$

d'où, pour $0 < u_1 < \ldots < u_k < a < v_1 < \ldots < v_\ell < b < w_1 < \ldots < w_m < 1$,

$$\begin{aligned}&\mathbb{\Pi}^g[(X_0,\ldots,X_{u_k}) \in A,\ (X_{v_1},\ldots,X_{v_\ell}) \in B,\ (X_{w_1},\ldots,X_{w_m}) \in C \mid X_a, X_b] \\ &= \int I_A(x_0,\ldots,x_k)\, I_B(y_1,\ldots,y_\ell)\, I_C(z_1,\ldots,z_m) \\ &\qquad g(x_0)\, P_{u_1}(x_0,dx_1)\ldots P_{u_k-u_{k-1}}(x_{k-1},dx_k)\, p_{a-u_k}(x_k,X_a) \\ &\qquad P_{v_1-a}(a,dy_1)\ldots P_{v_\ell-v_{\ell-1}}(y_{\ell-1},dy_\ell)\, p_{b-v_\ell}(y_\ell,X_b) \\ &\qquad P_{w_1-b}(b,dz_1)\ldots P_{w_m-w_{m-1}}(z_{m-1},dz_m)\, p_{1-w_m}(z_m,x_0)\, r(dx_0)\end{aligned}$$

et la propriété de Markov circulaire a lieu car cette intégrale se factorise en le produit d'une intégrale par rapport aux y et d'une intégrale en les x et les z.

Supposant V connexe, nous allons maintenant montrer que parmi les probabilités $\mathbb{\Pi}^g$, seule celle qui correspond à g constante donne la même loi à tous les X_t. L'hypothèse $\mathbb{\Pi}^g[X_t \in A] = \mathbb{\Pi}^g[X_0 \in A]$ pour un $t \in]0,1[$ se réécrit

$$\int_A p_1(y,y)\, g(y)\, r(dy) = \int_{y\in A}\int_x \Pi^x[X_t \in dy]\, p_1(x,x)\, g(x)\, r(dx)$$
$$= \int_A r(dy) \int p_t(x,y)\, p_{1-t}(y,x)\, g(x)\, r(dx)\ ;$$

on en déduit que pour presque tout y

$$(*) \qquad p_1(y,y)\, g(y) = \int p_t(x,y)\, p_{1-t}(y,x)\, g(x)\, r(dx)\ .$$

Supposons que g n'est pas constante. Soit $\gamma = \operatorname{ess\,inf} g \geq 0$. L'ensemble $\{g > \gamma\}$ n'est pas négligeable, donc, pour presque tout y dans $\{g = \gamma\}$,

$$\gamma\, p_1(y,y) = g(y)\, p_1(y,y) = \int p_t(x,y)\, p_{1-t}(y,x)\, g(x)\, r(dx)$$
$$> \int p_t(x,y)\, p_{1-t}(y,x)\, \gamma\, r(dx) = \gamma\, p_1(y,y)$$

(la connexité de V a été utilisée sous la forme $p_t(x,y)\, p_{1-t}(y,x) > 0$) ; il s'ensuit que $\{g = \gamma\}$ est négligeable. Posons $A_\varepsilon = \{\gamma \leq g \leq \gamma + \varepsilon\}$, de sorte que $r(A_\varepsilon)$ tend vers zéro avec ε. En minorant g par $\gamma + \varepsilon - \varepsilon I_{A_\varepsilon}$ dans $(*)$ on trouve, pour presque tout y,

$$g(y)\, p_1(y,y) \geq (\gamma + \varepsilon)\, p_1(y,y) - \varepsilon \int_{A_\varepsilon} p_t(x,y)\, p_{1-t}(y,x)\, r(dx)\ .$$

Si l'on pose $C = \sup_{x,y} p_t(x,y)p_{1-t}(y,x) / \inf_y p_1(y,y)$, ceci entraîne

$$g(y) \geq (\gamma + \varepsilon) - C\varepsilon\, r(A_\varepsilon)\ ;$$

mais pour ε assez petit, $Cr(A_\varepsilon)$ est plus petit que $\frac{1}{2}$, et $g(y) \geq \gamma + \varepsilon - \frac{1}{2}\varepsilon = \gamma + \frac{1}{2}\varepsilon$ pour presque tout y, ce qui est absurde : g doit être constante.

Il ne nous reste plus qu'à vérifier que, la fonction g étant choisie constante ($g = c = \left[\int p_1(x,x)\, r(dx)\right]^{-1}$), la loi des lacets est stationnaire et réversible. C'est très facile ! Recopions la formule donnant $\mathbb{\Pi}$:

$$\mathbb{\Pi}[(X_{t_1}, \ldots, X_{t_n}) \in A]$$
$$= c\int I_A(x_1, \ldots, x_n)\, P_{t_1}(x, dx_1) P_{t_2-t_1}(x_1, dx_2) \ldots$$
$$\ldots P_{t_n - t_{n-1}}(x_{n-1}, dx_n)\, p_{1-t_n}(x_n, x)\, r(dx)$$
$$= c\int I_A(x_1, \ldots, x_n)\, p_{t_1}(x, x_1) p_{t_2-t_1}(x_1, x_2) \ldots$$
$$\ldots p_{t_n - t_{n-1}}(x_{n-1}, x_n)\, p_{1-t_n}(x_n, x)\, r(dx) r(dx_1) \ldots r(dx_n)\ .$$

En se débarassant de x par intégration, on remplace $p_{1-t_n}(x_n, x)\, r(dx)\, p_{t_1}(x, x_1)$ par $p_{t_1+1-t_n}(x_n, x_1)$, et les t_i n'interviennent plus que par leurs différences deux à deux, d'où la stationnarité (on observera, comme il a été annoncé plus haut, que l'invariance de la mesure r n'a pas été utilisée). Quant à la réversibilité, elle est vraie pour toutes les $\mathbb{\Pi}^g$, et se déduit directement par intégration de celle des ponts Π^x, qui résulte immédiatement de la symétrie $p_t(y,z) = p_t(z,y)$. ∎

CALCULS FORMELS SUR LES E.D.S. DE STRATONOVITCH

par Yao-Zhong HU
Institute of Mathematical Physics
Academia Sinica, Wuchang

On trouve des articles difficiles dans les volumes précédents sur les équations différentielles stochastiques au sens de Stratonovitch, mais il y a aussi des choses simples qui manquent. Le premier problème que les mathématiciens se demandent est l'existence et l'unicité de la solution, mais pour les ingénieurs, ils s'intéressent surtout à trouver une forme de calcul explicite. Il y a de nombreux travaux sur la question. Ils reposent sur des résultats de la théorie des équations différentielles qui font partie du "folklore" pour les spécialistes. Ici nous essayons de les présenter avec une technique tout à fait simple. Suivant les conseils de Fliess [5], nous avons regardé les articles de Chen [2][3]. Un travail moderne et plus occupé par les probabilités est l'article de Ben Arous [1], et il y a aussi depuis peu de temps l'article de Strichartz [11] qui est très intéressant. On peut lire notre exposé facilement (par exemple en prenant le TGV de Strasbourg à Paris).

Je remercie P.A. Meyer d'avoir relu cette note et fait plusieurs suggestions pour la clarté.

1. Calculs sur l'exponentielle. Nous commençons par des calculs dans lesquels les grandes lettres $X, Y, Z \ldots$ peuvent avoir (au moins) trois significations différentes : des champs de vecteurs sur une variété (le cas intéressant, pour lequel l'analyse est difficile) des matrices réelles ou complexes (pour lesquelles il y a encore de l'analyse, mais facile) ou simplement des indéterminées non commutatives (pour lesquelles l'analyse n'est presque rien). Les séries formelles non commutatives dépendant d'un paramètre réel t peuvent bien sûr être dérivées ou intégrées par rapport au paramètre, coefficient par coefficient.

L'exponentielle $\xi_t = e^{tX}$ est définie par la série habituelle dans le cas des matrices ou des séries formelles. Dans le troisième cas, celui d'une variété V (supposons la compacte pour simplifier), on peut encore lui donner un sens comme opérateurs en dimension infinie. Le champ de vecteurs X est une *dérivation* de l'algèbre $C^\infty(V)$, et ξ_t est un *automorphisme* de l'algèbre $C^\infty(V)$. On considère la solution $\varphi(t,x)$ de l'équation différentielle

$$(0) \qquad \dot\varphi(t,x) = X(\varphi(t,x)) \quad ; \quad \varphi(0,x) = x$$

et $\xi_t(f)$ pour $f \in C^\infty(V)$ est la fonction $f \circ \varphi(t,\cdot)$. On a alors

$$d\xi_t(f) = \xi_t(Xf)dt \quad ; \quad \xi_0(f) = f .$$

L'automorphisme ξ_t est bien donné par la série exponentielle sous la forme

$$\xi_t(f) = \sum_n \frac{t^n}{n!} X^n f ,$$

pour t petit, sous des conditions d'analyticité (de la variété, du champ de vecteurs et de la fonction f), auxquelles nous ne nous intéressons pas dans la note. Même sans elles la formule est correcte pour calculer les dérivées n-ièmes.

Un problème important est celui d'avoir une formule de perturbations donnant $e^{t(X+Y)}$ à partir de e^X lorsque X et Y ne commutent pas. Il y a pour cela une formule générale :

$$e^{X+Y} = \sum_n \int_{1>s_1>\ldots>s_n>0} e^{(1-s_1)X} Y e^{(s_1-s_2)X} Y \ldots Y e^{s_n X} \, ds_1 \ldots ds_n \,. \tag{1}$$

La démonstration se fait ainsi : si nous posons $U_t = e^{tX}$, $V_t = e^{t(X+Y)}$, on a

$$\frac{dV_t}{dt} = (X+Y)V_t = XV_t + F(t) \,.$$

Si on fait semblant de connaître le dernier terme $F(t) = YV_t$, la solution de l'équation est alors

$$V_t = U_t + \int_0^t U_{t-s} F(s) \, ds \,.$$

Dans notre cas, on trouve

$$V_t = U_t + \int_0^t U_{t-s} Y V_s \, ds \,,$$

qui donne alors (1) par itération. La formule (1) est utilisée pour calculer la perturbation d'un générateur X de semi-groupe fortement continu sur un espace de Banach, par un opérateur borné Y : c'est alors de l'analyse un peu sérieuse (Kato [6], p. 497).

En dérivant, on obtient (D désignant $\frac{d}{dt}\big|_{t=0}$)

$$D e^{X+tY} = \int_0^1 e^{(1-u)X} Y e^{uX} \, du = e^X \int_0^1 e^{-uX} Y e^{uX} \, du \,. \tag{2}$$

En particulier, on trouve une formule utile pour plus tard : si $Z(t)$ dépend différentiablement du paramètre t

$$\frac{d}{dt} e^{Z(t)} = e^{Z(t)} \int_0^1 e^{-uZ(t)} \dot{Z}(t) e^{uZ(t)} \, du \,. \tag{3}$$

Maintenant on voit arriver l'algèbre de Lie : on a la formule

$$e^{-uX} Y e^{uX} = \exp(-u \operatorname{ad}(X)) Y \tag{4}$$

où $\operatorname{ad}(X)Y = XY - YX$, et nous définissons $\operatorname{ad}^p(X)$ par récurrence, et $\exp(\operatorname{ad}(X))$ est la série exponentielle. Dans le cas des matrices c'est presque évident, car pour chaque X on a deux groupes à un paramètre d'applications linéaires de l'espace des matrices Y dans lui même, et il suffit de vérifier qu'ils ont la même tangente pour $u=0$. Pour les autres cas il faut peut être réfléchir plus. Dans la formule (2) à droite nous faisons le changement (4) dans l'intégrale et nous intégrons la série (dans le cas des matrices ce n'est pas trop difficile à justifier)

$$D e^{X+tY} = e^X \sum_p \frac{(-1)^p}{(p+1)!} \operatorname{ad}^p(X) Y = e^X f(\operatorname{ad}_X) Y \tag{5}$$

où $f(z)$ est la fonction entière $(1-e^{-z})/z$. C'est une formule très connue dans la théorie des groupes de Lie, elle donne l'application linéaire tangente à l'exponentielle avec les crochets de Lie itérés. On peut d'ailleurs faire la même chose avec l'exponentielle toute entière en sortant juste e^X à gauche des intégrales dans (1).

Maintenant nous faisons encore une remarque : on peut faire l'inversion de la formule

$$X = \int_0^1 e^{-uZ} Y e^{uZ}\, du .$$

En effet, cette relation est de la forme

$$X = Y + \sum_{m+n>0} a_{mn} Z^m Y Z^n , \tag{6}$$

avec des coefficients $a_{mn} = (-1)^m/m!n!(m+n+1)$. Ecrivons cela sous la forme

$$Y = X - \sum \dots$$

et itérons :

$$Y = X - \sum a_{mn} Z^m X Z^n + \sum a_{mn} a_{pq} Z^{m+p} X Z^{n+q} - \dots$$

Comme il n'y a qu'un nombre fini de termes d'un type $Z^j X Z^k$ donné, cela définit une série formelle non commutative (dans le cas des matrices on voit facilement que la série converge pour $\|Z\|$ assez petit). Une meilleure façon de faire l'inversion est de partir de (5) et de poser $g(z) = z/(1-e^{-z})$, analytique au voisinage de 0 (ses coefficients g_p sont à peu près les nombres de Bernoulli). On a alors

$$Y = g(\mathrm{ad}\, _Z) X . \tag{7}$$

2. Equations dépendant du temps (et de Stratonovitch). Maintenant nous regardons une équation différentielle comme (0), mais le champ de vecteurs dépend du temps

$$dx(t) = X(t, x(t))dt \quad ; \quad x(0) = x \tag{8}$$

(nous écrirons quelquefois $X_t(x)$, quelquefois $X(t)$). Un cas intéressant est celui des champs de vecteurs constants par morceaux (donc non continus). Par exemple Y pour $0 \le t \le 1$ et X pour $1 < t \le 2$, et alors on calcule e^{X+Y}. En probabilités, on s'intéresse à des équations à "plusieurs temps"

$$dx(t) = \sum_{i=0,\dots,d} X_i(t, x(t))\, dt^i \tag{9}$$

parce que le premier temps sera $dt^0 = dt$, et les autres seront par exemple $dt^i = g^i(t)\,dt$ (équations avec contrôle) ou bien $dt^i = dB^i(t)$ (équations différentielles stochastiques de Stratonovitch pour des mouvements browniens, ou même pour des semimartingales continues). Les calculs formels sont les mêmes pour les mouvements browniens que pour les équations avec contrôle, en remplaçant $g_i(t)$ par le "bruit blanc" $\dot{B}^i(t)$, c'est le "principe de transfert" des équations de Stratonovitch, bien connu des ingénieurs (McShane [9]).

Donc il suffit d'obtenir les formules explicites dans le cas des termes de contrôle, et alors on est ramené à l'équation (8) plus simple en posant

$$X_t(x) = X_0(t,x) + \sum_{i>0} X_i(t,x) y^i(t) \,. \tag{10}$$

Donc il suffit d'étudier (8).

Comme pour (0) on peut regarder l'équation (8) comme la définition d'un automorphisme $\xi_t(f) = f \circ \varphi(t)$ de $C^\infty(V)$

$$d\xi_t(f) = \xi_t(X_t f)\, dt \quad ; \quad \xi_0 = I \,. \tag{11}$$

Dans le cas des matrices ou des séries formelles, il faut faire attention car il y a deux équations différentielles qui s'écrivent $\dot{\xi}_t = \xi_t X_t$ ou bien $X_t \xi_t$: c'est la première qu'on étudie. La série exponentielle est remplacée par des intégrales multiples

$$\xi_t = \sum_n \int_{0<s_1<\ldots<s_n<t} X_{s_1} \ldots X_{s_n} \, ds_1 \ldots ds_n \,. \tag{12}$$

Bien sûr pour traiter le cas des équations différentielles stochastiques il faut remplacer X_t par sa valeur (10) et développer toutes les intégrales, ce qui donne un grand nombre d'intégrales multiples de Stratonovich. Ceci est étudié chez Ben Arous [1]. Maintenant, ce qu'on essaye de faire, c'est d'écrire pour chaque t

$$\xi_t = e^{Z(t)} \,, \tag{13}$$

où $Z(t)$ est un champ de vecteurs (dans le cas des é. d. s. un champ de vecteurs aléatoire). Le résultat important, c'est qu'on peut en principe calculer $Z(t)$ par une formule universelle d'algèbre de Lie sur les champs $X(t)$. Cela s'appelle la *formule de Campbell-Hausdorff*, ou pour ne pas faire de la peine, Baker–Campbell–Hausdorff–Dynkin, mais on a quand même fait de la peine à Chen qui a généralisé la formule BCHD des groupes de Lie, et peut être à Strichartz qui a donné une nouvelle formule. On trouve la formule de BCHD classique quand le champ $X(t)$ est constant par morceaux. Plutôt, on va avoir deux formules universelles, une avec les développements de Volterra et une avec les crochets de Lie. Nous les prenons dans Strichartz [11] qui est le travail le plus récent.

Peut être on peut remarquer la relation entre ces calculs sur les équations différentielles et les intégrales itérées de Chen [2] [3] : une seule courbe $u(t)$ dans $\mathbb{R}^n$ détermine un champ de vecteurs dépendant du temps $X(t) = \sum_i u^i(t) D_i$ et on a $\xi_t(f) = f(\cdot + (u(t) - u(0))$. Si on résout l'équation différentielle par la méthode ci-dessous (en oubliant que les D_i commutent : il ne faut pas regrouper les termes) on voit apparaître la série de Chen du chemin $u(t)$.

3. Résolution formelle de l'équation différentielle. Pour essayer de calculer $Z(t)$, la première idée vient d'écrire

$$Z_t = \log \Big(I + \sum_{n>0} \int_{0<s_1<\ldots<s_n<t} X_{s_1} \ldots X_{s_n} \, ds_1 \ldots ds_n \Big)$$

c'est à dire

$$Z(t)=\sum_m \frac{(-1)^{m+1}}{m}\Big(\sum_{n>0}\int_{0<s_1<\ldots<s_n<t} X_{s_1}\ldots X_{s_n}\,ds_1\ldots ds_n\Big)^m .$$

Cela a l'air très compliqué, mais on peut quand même s'en servir. Appelons $J(n)$ l'intégrale multiple d'ordre n et considérons les $X(s)$ comme des indéterminées (de degré 1). Alors le terme $Z_r(t)$ de degré r dans $Z(t)$ est une somme sur toutes les décompositions en entiers $p_1+\ldots+p_m=r$ (m est maintenant le nombre d'entiers) et on a

$$Z_r(t)=\sum_{(p_j)} \frac{(-1)^{m+1}}{m} J(p_1)\ldots J(p_r)\,. \tag{14}$$

Ce produit d'intégrales est aussi l'intégrale de $X(s_1)\ldots X(s_r)$ sur le domaine $0<s_1<\ldots<s_{q_1}<t$; $0<s_{q_1+1}<\ldots<s_{q_2}<t$; ... en posant $q_j=p_1+\ldots+p_j$.

Nous allons maintenant arranger la formule (14) en recopiant Strichartz [11]. On ne voit peut être pas clairement en lisant Strichartz que ce calcul est fait *avant* de passer aux crochets de Lie. Nous considérons d'abord chaque facteur $X(s_1)\ldots X(s_r)$, et cherchons son coefficient dans la somme (14). On appelle e le nombre d'erreurs d'ordre (inversions) dans la suite s_i, c'est à dire le nombre d'entiers i tels que $s_i>s_{i+1}$. On compte d'abord le nombre $\nu(m)$ de fois qu'il apparaît dans la somme avec le même entier m. Il s'agit de placer les $m-1$ "barrières" $0<q_1<\ldots<q_{m-1}<r$ de manière que les s_i croissent entre 0 et q_1, entre q_1+1 et q_2, ... q_{m-1} et r. On doit obligatoirement placer une barrière aux endroits i où il y a une erreur. Cela fixe e barrières, et il en reste à placer $m-1-e$ (bien sûr on doit avoir $m\geq e+1$) ce qui laisse $\binom{r-e-1}{m-1-e}$ possibilités. Maintenant le coefficient total est (en posant $m=e+1+j$, $0\leq j\leq r-e-1$)

$$\sum_{m=e+1}^{r-1}\frac{(-1)^m\nu(m)}{m+1}=(-1)^e\sum_{j=0}^{r-e-1}\frac{(-1)^j}{e+1+j}\binom{r-e-1}{j}$$

Le coefficient binômial est le coefficient de x^j dans $(1-x)^{r-e-1}$ et on fait apparaître le dénominateur en multipliant par x^e et en intégrant de 0 à 1. Il reste donc

$$(-1)^e\int_0^1(1-x)^{r-e-1}x^e\,dx=(-1)^e\frac{(r-e-1)!\,e!}{r!}\,.$$

Maintenant on revient à (14) et on veut intégrer juste sur le simplexe croissant $0<t_1<\ldots<t_r<t$ en faisant opérer les permutations σ de $1,\ldots,r$. On désigne par $e=e(\sigma)$ le nombre d'erreurs dans l'ordre des entiers $\sigma(i)$. Alors $Z_r(t)$ est égal à

$$\sum_{\sigma\in S_r}(-1)^e\frac{e!\,(r-1-e)!}{r!}\int_{0<t_1<\ldots<t_r<t} X(t_{\sigma(1)})\ldots X(t_{\sigma(r)})\,dt_1\ldots dt_r\,. \tag{15}$$

4. La formule de B-C-H-D .Maintenant on revient au calcul avant la formule (14) et on utilise à partir de (12) une méthode moins brutale. On dérive (12) par rapport à t et on compare les formules (11) et (3). On obtient

$$e^{Z(t)} \int_0^1 e^{-uZ(t)} \dot{Z}(t) e^{uZ(t)} \, du = e^{Z(t)} X(t) .$$

Mais on sait inverser cette équation par la formule (6), qui est de la forme

$$\dot{Z}(t) = X_t + \sum_{m+n>0} b_{mn} Z_t^m X_t Z_t^n . \tag{16}$$

Pour faire apparaître l'algèbre de Lie on utilise plutôt la formule (7) : on a $Z_0 = 0$ et

$$\dot{Z}_t = g(\mathrm{ad}(Z_t)) X_t = \sum_p \mathrm{ad}^p(Z_t) X_t , \tag{17}$$

donc la série (16) est en fait d'une forme très spéciale. Si on résout l'équation (17) par approximations successives, on a d'abord

$$Z_t^1 = \int_0^t X(s) ds$$

ensuite

$$Z_t^2 = \sum_p g_p \int_0^t \mathrm{ad}^p(X_s) X_t \, ds$$

et ainsi de suite. Il est clair par récurrence que $Z(t)$ est un élément de Lie, c'est à dire que les coefficients $Z_r(t)$ du développement de $Z(t)$ en série formelle s'expriment complètement au moyen des crochets de Lie d'ordre r formés avec les champs $X(s_i)$. Bien sûr ici ce n'est pas tout à fait de l'algèbre car on a une infinité d'indéterminées et des intégrales, mais on peut prendre des champs constants par morceaux et passer à la limite après.

On arrive au point amusant d'algèbre : quand on sait d'avance qu'un polynôme homogène de degré r est un élément de Lie, on peut arranger automatiquement ce polynôme pour l'écrire avec les crochets de Lie. Voilà comment on fait (cette idée a été inventée par Dynkin avant de faire des probabilités). Un polynôme homogène P de degré r en des indéterminées X_i est une combinaison linéaire unique de monômes $X_{i_1} \dots X_{i_r}$ (on n'écrit pas de puissances : on répète les indéterminées s'il le faut). On définit le *monôme de Lie* $[X_{i_1} \dots X_{i_r}]$ par récurrence

$$[X_{i_1} \dots X_{i_r}] = [\, [X_{i_1} \dots X_{i_{r-1}}], X_{i_r} \,] ,$$

et on définit un polynôme $[P]$ en remplaçant dans P les monômes par les monômes de Lie. *Alors si P est déjà un élément de Lie, on a* $[P] = rP$. Ceci est un peu d'algèbre mais pas difficile, voir Postnikov [10] p. 104. On peut alors transformer directement la formule (15) en une formule d'algèbre de Lie. Voilà comment Strichartz écrit sa formule (on a juste mis des crochets dans (15) et divisé par r)

$$Z(t) = \sum_r \sum_{\sigma \in S_r} \frac{(-1)^{e(\sigma)}}{r^2 \binom{r-1}{e(\sigma)}} \int_{0<t_1<\dots<t_r<t} [\, X(t_{\sigma(1)}) \dots X(t_{\sigma(r)}) \,] \, dt_1 \dots dt_r \tag{18}$$

Strichartz explique bien au début de son article que cette formule a moins de termes inutiles que la formule BCHD qu'on trouve dans les livres. Tout de même, quand on se rend compte qu'on n'a pas du tout utilisé la symétrie des crochets de Lie on se dit qu'on doit pouvoir la réduire encore.

On ne s'est pas du tout occupé de la convergence de la série. Le problème est bien sûr tout à fait différent dans le cas déterministe et probabiliste. Pour ce dernier cas il faut surtout consulter Ben Arous [1].

REFERENCES

[1] Ben Arous (G.). Flots et séries de Taylor stochastiques. *Prob. Th. Rel. Fields,* 81, 1989, p. 29–77.

[2] Chen (K.T.). Integration of paths, geometric invariants and a generalized Baker–Hausdorff formula. *Ann. Math.*, 65, 1957, p. 163–178.

[3] Chen (K.T.). Expansion of solutions of differential systems. *Arch. Rat. Mech. Anal.*, 13, 1963, p. 348–363.

[4] Davies (E.B.). *One Parameter Semi-groups,* Academic Press, 1980.

[5] Fliess (M.) et Norman-Cyrot (D.). Algèbres de Lie nilpotentes, formule de Campbell-Baker-Hausdorff et intégrales itérées de Chen. *Sém. Prob. XVI,* LN 920, p. 257–267, Springer 1982.

[6] Kato (T.). *Perturbation theory for linear operators,* 2nd edition, Springer 1976.

[7] Kunita (H.). On the representation of solutions of stochastic differential equations. *Sém. Prob. XIV,* LN 784, p. 282–304, Springer 1980.

[8] Marcus (S.I.). Modeling and approximation of stochastic differential equations driven by semimartingales. *Stochastics,* 4, 1981, p. 223–245.

[9] McShane (E.J.). Stochastic differential equations *J. Multiv. Anal.*, 6, 1975, p. 121–177.

[10] Postnikov (M.M.). *Leçons de géométrie : Groupes et algèbres de Lie.* Editions MIR, Moscou 1982.

[11] Strichartz (R.S.). The Campbell-Baker-Hausdorff-Dynkin formula and solutions of differential equations. *J. Funct. Anal.*, 72, 1987, p. 320–345.

Appendice. Pour éviter aux lecteurs de consulter un livre, voici le schéma de la démonstration du lemme de Dynkin utilisé à la fin de l'exposé. Chaque étape exige un calcul très simple, que nous ne détaillons pas. La lettre X désigne n'importe laquelle des indéterminées X^i.

Pour la clarté, nous réservons le crochet aux commutateurs; nous notons $X^{[\alpha]}$ le monôme de Lie $[X^\alpha]$, et si $P \in \mathcal{P}$ (l'algèbre des polynômes non commutatifs) nous écrirons comme Postnikov $\sigma(P)$ au lieu de $[P]$.

1) On commence par démontrer que le crochet $[X^{[\alpha]}, X^{[\beta]}]$ de deux monômes de Lie est une combinaison linéaire de monômes de Lie. C'est trivial pour tout α si $X^{[\beta]} = X$, et on raisonne par récurrence sur la longueur de β : il n'y a là dedans que l'identité de Jacobi. Par conséquent les combinaisons linéaires de monômes de Lie forment une sous-algèbre de Lie $\mathcal{L}$ de $\mathcal{P}$.

2) On définit une application bilinéaire $M, P \longmapsto \theta_M(P)$ de $\mathcal{P} \times \mathcal{P}$ dans $\mathcal{P}$ par les règles suivantes

$$\theta_1(P) = P \ , \ \theta_X(P) = [P, X] \ , \ \theta_{RS} = \theta_S \theta_R \ .$$

On a alors trois lemmes faciles

— *Si* $M \in \mathcal{L}, P \in \mathcal{P}$ *on a* $\theta_M(P) = [P, M]$.

— *Si* $M \in \mathcal{P}, P \in \mathcal{P}$ *on a* $\theta_M(\sigma(P)) = \sigma(PM)$.

— *Si* $M \in \mathcal{L}, P \in \mathcal{L}$ *on a* $\sigma([M,P]) = [\sigma(P), M] + [P, \sigma(M)]$.

Le premier : on peut supposer que M est un monôme de Lie. On raisonne par récurrence en montrant que si la propriété est vraie pour M (quel que soit P) elle est aussi vraie pour $[M, X]$. Le second : on se ramène à vérifier que si la propriété est vraie pour M (quel que soit P) elle l'est pour MX, et c'est facile. Pour le troisième, il suffit de remplacer $[M, P]$ par $MP - PM$ et d'appliquer le lemme précédent.

Alors le théorème de Dynkin :

— *Si* $P \in \mathcal{L}$ *est homogène de degré* n *on a* $\sigma(P_n) = nP_n$,

se démontre par récurrence sur n : il suffit de démontrer que s'il est vrai pour P il l'est aussi pour $[P, X]$. Cela découle très facilement du dernier lemme. Ce théorème a été démontré indépendamment de Dynkin par W. Specht et par F. Wever, dans les mêmes années 1948–49.

Référence supplémentaire : P. Cartier, Démonstration algébrique de la formule de Hausdorff, *Bull. SMF*, 84, 1956, p. 241–249.

POSITIVITÉ SUR L'ESPACE DE FOCK

par J. RUIZ de CHAVEZ[1] et P.A. MEYER

Introduction. Nous nous proposons dans cette note de regrouper divers résultats simples sur le thème suivant : comment reconnaître qu'une v.a. f sur l'espace de Wiener est positive en connaissant, soit son développement suivant les chaos de Wiener $f = \int \hat{f}(A)dX_A$ (notation courte des intégrales stochastiques multiples, *cf. Sém. Prob. XXI*, p. 34), soit sa "fonction caractéristique" $\tilde{f}(u) = <\mathcal{E}(u), f>$ ($\mathcal{E}(u)$ est le vecteur exponentiel $\exp(\int u_s dX_s - \frac{1}{2}\int u_s^2 ds)$).

1. Recherche d'un "théorème de Bochner" Soit G un groupe localement compact commutatif, et soit $\hat{G}$ son groupe dual (noté additivement : $\chi_{x+y} = \chi_x \chi_y$). Le théorème de Bochner caractérise les fonctions continues $\hat{f}$ sur $\hat{G}$ qui sont transformées de Fourier de mesures positives bornées, par la propriété de "type positif"

$$\sum_i \overline{\lambda}_i \lambda_j \hat{f}(x_j - x_i) \geq 0 \tag{1}$$

pour toute suite finie de nombres complexes λ_i et d'éléments x_i de $\hat{G}$. On peut aussi mettre le théorème de Bochner sous la "forme continue"

$$\int_{\hat{G}} (\check{\varphi} * \varphi)(x) \hat{f}(x) dx \geq 0 \tag{2}$$

où $\varphi(x)$ est une fonction continue à support compact sur $\hat{G}$, et $\check{\varphi}(x) = \overline{\varphi(-x)}$.

Appliquons cela au cas trivial du jeu de pile ou face (le "bébé Fock") : le groupe G est ici l'ensemble $\Omega = \{-1,1\}^N$ (avec ses coordonnées x_i et sa mesure de Haar $\mathbb{P}$ sous laquelle les x_i sont des v.a. de Bernoulli symétriques indépendantes). Le groupe $\hat{G}$ est l'ensemble des parties A de $\{1,\ldots,N\}$, l'addition étant la différence symétrique Δ, et le caractère correspondant x_A étant le produit des x_i, $i \in A$. La transformée de Fourier d'une v.a. f sur Ω correspond au "développement en chaos" $f = \sum_A \hat{f}(A) x_A$. Les caractères étant tous réels, il est inutile de s'encombrer des fonctions complexes, et la v.a. (réelle) f est positive si et seulement si

$$\sum_i \lambda_i \lambda_j \hat{f}(A_i \Delta A_j) \geq 0 \tag{3}$$

pour toute suite d'ensembles A_i et de nombres réels λ_i. La "forme continue" (2) du théorème s'écrit

$$\sum_H \hat{f}(H) \sum_{A \Delta B = H} \lambda(A)\lambda(B) \geq 0\,. \tag{4}$$

[1] 1. Le séjour en France de J. Ruis de Chaves a été subventionné par une bourse de coopération scientifique avec les pays en développement de la Communauté Européenne.

Rappelons maintenant l'analogie entre les développements en chaos pour le jeu de pile ou face et pour le mouvement brownien : Ω est à présent l'espace de Wiener, et la v.a. réelle $f \in L^2$ admet un développement suivant les chaos de Wiener, écrit en "notation courte" $f = \int \hat{f}(A)dX_A$. Il doit y avoir un "théorème de Bochner" permettant de reconnaître sur la fonction $\hat{f}$ la positivité de f. Nous ne nous demanderons pas si toute fonction ou classe de fonctions $\hat{f}(A)$ satisfaisant à la condition de "type positif" est le développement en chaos d'une mesure positive sur Ω.

Nous commençons par rappeler un lemme bien connu, avec sa démonstration pour éviter des recherches inutiles au lecteur. Nous disons qu'une v.a. est *d'ordre fini* si son développement en chaos de Wiener ne comporte qu'un nombre fini d'intégrales multiples.

THÉORÈME. *Les combinaisons linéaires de vecteurs exponentiels, $\mathcal{E}(u)$ (u réelle) sont denses dans tout L^p, $1 < p < \infty$. Il en est de même des v.a. d'ordre fini.*

DÉMONSTRATION. Un argument simple de transformation de Fourier montre que les combinaisons linéaires de vecteurs exponentiels $\mathcal{E}(iu)$ (u réelle) sont denses dans L^p. Soit alors $\varphi \in L^q$ (l'exposant conjugué de p) orthogonale aux vecteurs exponentiels réels; la fonction entière $<\varphi, \mathcal{E}(zu)>$ est nulle sur l'axe réel, donc nulle, et il en résulte que $\varphi = 0$. Quant aux vecteurs d'ordre fini, il suffit de démontrer que le développement de Wiener d'un vecteur exponentiel $\mathcal{E}(u)$ converge dans L^p. Le cas $p \leq 2$ est évident. Pour $p > 2$, la norme L^2 du terme d'ordre n est de la forme $K^n/\sqrt{n!}$, tandis que le rapport de la norme L^p à la norme L^2 est en C^n, donc la série est normalement convergente. □

Considérons une v.a. d'ordre fini $\ell = \int \lambda(A)\, dX_A$. D'après le lemme précédent, les v.a. de ce type sont denses dans L^4, donc leurs carrés sont denses dans le cône positif de L^2, et pour tester la positivité d'une v.a. $f \in L^2$ il suffit d'écrire que $\mathbb{E}[f\ell^2] \geq 0$, ce qui s'écrit grâce à la formule de multiplication des intégrales stochastiques

$$\int \hat{f}(H) \sum_{A+B=H} \lambda(A+C)\lambda(B+C)\, dH\, dC \geq 0 \tag{5}$$

Ceci est l'analogue exact de (4). On peut encore transformer l'intégrale suivant une formule connue (*Sém. Prob. XX*, p. 308, formule (7))

$$\int \lambda(A+C)\lambda(B+C)\hat{f}(A+B)\, dA\, dB\, dC \geq 0 . \tag{6}$$

REMARQUES. 1) On pourrait écrire formellement des choses analogues pour le produit de Poisson, mais le problème de densité serait plus délicat, et la formule encore moins utilisable.

2) On peut estimer l'inefficacité de la forme (5) en y portant le développement de Wiener d'un carré $f = g^2$, calculé au moyen de la formule de multiplication. Le résultat devrait être évident, mais ne l'est pas.

Passons aux critères utilisant les vecteurs exponentiels. Les vecteurs exponentiels $\mathcal{E}(u)$, où u est réelle — et peut si on le désire être choisie C^∞ à support compact dans $\mathbb{R}^*$ — forment un ensemble total dans L^4, et il suffit d'écrire que $\mathbb{E}[f\ell^2] \geq 0$, ℓ désignant maintenant une combinaison linéaire réelle finie $\sum_i \lambda_i \mathcal{E}(u_i)$ de vecteurs exponentiels. La condition de positivité est alors, compte tenu de la formule $\mathcal{E}(u)\mathcal{E}(v) = e^{<u,v>}\mathcal{E}(u+v)$, et en introduisant la fonction caractéristique $\tilde{f}(u) = <\mathcal{E}(u), f>$ (produit scalaire réel!)

$$\sum_i \lambda_i \lambda_j e^{<u_i,u_j>} \tilde{f}(u_i + u_j) \geq 0 .$$

Cela signifie que le noyau sur $L^2(\mathbb{R}_+) \times L^2(\mathbb{R}_+)$

$$K_f(u,v) = \tilde{f}(u+v)e^{<u,v>} \tag{7}$$

est de type positif.

Une variante consiste à utiliser, toujours pour u réelle, les vecteurs exponentiels complexes $\mathcal{E}(iu)$ et à poser $Tf(u) = e^{-\|u\|^2/2}\tilde{f}(u)$: ceci correspond à la définition de la transformation T de Hida, *Brownian Motion*, p. 137, et pour cette "transformée de Fourier" on retombe sur une propriété de type positif (en $u \in C_c^\infty$) de type classique, dans l'esprit des travaux de Hida et plus récemment de Krée.

2. Opérateurs de seconde quantification. Nous allons utiliser le critère (7) pour démontrer rapidement le théorème de Glimm et Jaffe (*cf.* [1], [2]) suivant lequel la seconde quantification P d'une contraction T du premier chaos est un noyau markovien sur l'espace de Wiener (on rappelle que P est définie par la relation $P\mathcal{E}(u) = \mathcal{E}(Tu)$). Nous restons dans le cas réel.

Soit f une v.a.; calculons la fonction caractéristique $\tilde{g}$ de $g = Pf$, en commençant par le cas où f est un vecteur exponentiel $\mathcal{E}(v)$. Alors

$$\tilde{g}(u) = <\mathcal{E}(u), Pf> = <\mathcal{E}(u), \mathcal{E}(Tv)> = e^{<u,Tv>} = e^{<T^*u,v>} = \tilde{f}(T^*u) . \tag{8}$$

Cette relation s'étend à une fonction f arbitraire, par linéarité et densité. Il s'agit alors de démontrer que si le noyau K_f est de type positif, (*cf.* (7)) il en est de même du noyau K_g, où $g = Pf$. Or on a

$$K_g(u,v) = \tilde{g}(u+v)e^{<u,v>} = \tilde{f}(T^*u + T^*v)e^{<T^*u,T^*v>}\, e^{<u,v> - <T^*u,T^*v>} .$$

Cette expression apparaît comme le produit ponctuel de deux noyaux de type positif

$$\tilde{f}(T^*u + T^*v)e^{<T^*u,T^*v>} \quad \text{et} \quad e^{B(u,v)} ,$$

où $B(u,v)$ est la forme bilinéaire symétrique positive $<u,v> - <T^*u, T^*v>$. C'est donc encore un noyau de type positif, et le théorème est établi, plus simplement que dans les références citées plus haut.

Notons que des résultats analogues (sous des conditions plus fortes sur T) ont été établis par Surgailis dans le cas Poissonien (*cf.* [3]), à partir d'une interprétation probabiliste des opérateurs de seconde quantification.

3. Opérateurs carré du champ itérés. Désignons par $L = -N$ le laplacien d'Ornstein-Uhlenbeck sur l'espace de Wiener. Bakry a défini les opérateurs carré du champ itérés par récurrence, de la manière suivante

$$\Gamma_0(f,g) = fg$$
$$2\Gamma_{n+1}(f,g) = L\Gamma_n(f,g) - \Gamma_n(Lf,g) - \Gamma_n(f,Lg)\,,$$

et il a montré la positivité des fonctions $\Gamma_n(f,f)$. Nous allons chercher à retrouver, par nos méthodes, ce résultat de Bakry. On supposera pour simplifier que f,g sont ici des v.a. d'ordre fini, ou des combinaisons linéaires finies de vecteurs exponentiels, de sorte qu'il n'y a aucune difficulté à appliquer L autant de fois qu'on le désire.

Il est facile de calculer le développement en chaos de Wiener de la fonction $\Gamma_n(f,g)$: il ressemble beaucoup à la formule de multiplication des intégrales stochastiques

$$\hat{h}(H) = \sum_{A+B=H} \int \hat{f}(A+M)\hat{g}(B+M)|M|^n dM\,, \tag{9}$$

où $|M|$ est le nombre d'éléments de M. En prenant $f=\mathcal{E}(a)$, $g=\mathcal{E}(b)$ on obtient

$$\Gamma_n(\mathcal{E}(a),\mathcal{E}(b)) = \langle a,b\rangle^n e^{\langle a,b\rangle}\mathcal{E}(a+b)\,, \tag{10}$$

formule qu'il est d'ailleurs facile de démontrer directement, sans passer par (9). En particulier, la fonction caractéristique de $\Gamma_n(\mathcal{E}(a),\mathcal{E}(b))$ est égale à $\langle a,b\rangle^n e^{\langle a,b\rangle} e^{\langle a+b,u\rangle}$. La positivité de Γ_n peut maintenant s'énoncer ainsi : soit f une fonction de la forme $\sum_{\alpha\beta}\theta_\alpha\theta_\beta\Gamma_n(\mathcal{E}(a_\alpha),\mathcal{E}(a_\beta))$. Alors le noyau associé à f par (7)

$$K_f(u,v) = \sum_{\alpha\beta}\theta_\alpha\theta_\beta\langle a_\alpha,a_\beta\rangle^n e^{\langle a_\alpha,a_\beta\rangle} e^{\langle a_\alpha+a_\beta,u+v\rangle} e^{\langle u,v\rangle} \tag{11}$$

est de type positif. On est amené à écrire que les formes quadratiques $\sum_{ij}\lambda_i\lambda_j K_f(u_i,u_j)$ sont positives, et il suffit pour cela que le noyau

$$K(a,u\,;\,b,v) = \langle a,b\rangle^n e^{\langle a,b\rangle} e^{\langle a+b,u+v\rangle} e^{\langle u,v\rangle}$$

soit de type positif. Or si on supprime le premier facteur la propriété est vraie, car on est alors en train d'écrire la positivité de Γ_0, propriété triviale. Et introduire alors le premier facteur revient à faire le produit ponctuel de deux noyaux de type positif, ce qui préserve la propriété désirée. La démonstration est achevée.

4. Remarques sur le "bébé Fock". Comme nous l'avons rappelé au début de cette note, le "bébé Fock" est l'espace $L^2(\Omega)$, où $\Omega = \{-1,1\}^N$ est muni de la loi qui fait des coordonnées x_i des v.a. de Bernoulli indépendantes. Une base orthonormale de cet espace de Hilbert est formé des v.a. $x_A = \prod_{i\in A} x_i$, A parcourant l'ensemble des parties de $\{1,\ldots,N\}$, et le produit ordinaire ("produit de Bernoulli") de deux v.a. développées dans cette base correspond à la table de multiplication $x_A x_B = x_{A\Delta B}$, découlant par associativité des relations $x_i^2 = 1$. Nous allons aussi introduire un autre produit associatif, le *produit de Wick*, donné par la formule $x_A \,\vdots\, x_B = x_{A+B} = x_{A\cup B}$ si $A\cap B = \emptyset$, 0 sinon (découlant par associativité des relations $x_i^2 = 0$, qui correspond à $dX_i^2 = 0$ pour le produit de Wick continu). Si $f = \sum_A \hat{f}(A) x_A$, $g = \sum_A \hat{g}(A) x_A$, le développement en chaos de $h = f \,\boldsymbol{:}\, g$ est donné par la formule

$$\hat{h}(A) = \sum_{B+C=A} \hat{f}(B)\hat{g}(C) ,$$

exactement la même que sur le vrai Fock. L'existence de ce produit donne un sens à la notion de seconde quantification sur le "bébé Fock" : étant donné un opérateur linéaire T sur le premier chaos

$$T(x_i) = \sum_j t_i^j x_j ,$$

nous définissons sa seconde quantification $\tilde{T}$ par la relation

$$\tilde{T}(x_A) = \mathop{:\!\prod\!:}_{i\in A} T(x_i) ,$$

le produit à droite étant un produit de Wick. Cela a un sens puisque les x_A forment une base.

Pour $u = (u_i) \in \mathbb{C}^N$, identifié à l'élément $\sum_i u_i x_i$ du premier chaos, l'exponentielle $\mathcal{E}(u)$ est la variable aléatoire $\prod_i (1 + u_i x_i)$ (cela correspond exactement à l'exponentielle stochastique de la martingale discrète d'accroissement $u_i x_i$ à l'instant i). Il est intéressant de remarquer que $\mathcal{E}(u)$ est, comme dans le cas du vrai Fock l'exponentielle de Wick $\sum_n u^{:n}/n!$. En revanche, on n'a pas $\tilde{T}\mathcal{E}(u) = \mathcal{E}(Tu)$.

Les définitions précédentes permettent de donner un sens au problème de la positivité des opérateurs de seconde quantification, mais pour l'instant nous n'avons pas de résultats sur ce sujet.

REFERENCES

[1] Ruiz de Chavez (J.). Espaces de Fock pour les processus de Wiener et de Poisson. *Sém. Prob. XIX*, Springer LN n° 1123, 1985, p. 230–241.

[2] Simon (B.). *The $P(\varphi)_2$ euclidean quantum field theory*. Princeton University Press, 1974.

[3] Surgailis (D.). On multiple Poisson stochastic integrals and associated Markov semi-groups. *Prob. and Math. Stat.*, 3, 1984, p. 217–239.

Juan RUIZ de CHAVEZ, Universidad Autónoma Metropolitana (Iztapalapa), Mexico D.F. (Mexique), et Laboratoire de Probabilités, Université de Paris VI.

P.A. MEYER, Université Louis-Pasteur, Strasbourg.

The excessive domination principle is equivalent to the weak sector condition

ZORAN VONDRAČEK

University of Florida and University of Zagreb

1. Introduction.

Let $X=(\Omega,F,F_t,X_t,\theta_t,P^x)$ be a transient Hunt process with lifetime ζ on a locall compact space $(E,\mathcal{E})$ with countable base. Assume that there is an excessive referenc measure $\xi(dx)$ also denoted by dx and a potential kernel $u = u(x,y)$ such that for al nonnegative Borel functions f

$$Uf(x) = E^x\left[\int_0^{\infty} f(X_t)\,dt\right] = \int u(x,y)\,f(y)\,dy. \tag{1.1}$$

Let(P_t) be the transition semigroup of X. A Borel measurable function $s \geq 0$ is calle excessive if

$$P_t s \leq s \text{ and } \lim_{t\to 0} P_t s = s. \tag{1.2}$$

An excessive function s is called a natural potential function, if s is finite and

$$\lim_{n\to\infty} P_{T_n} s(x) = 0 \tag{1.3}$$

for every x, whenever $\{T_n\}$ is an increasing sequence of stopping times with limit $T \geq$ almost surely P^x. Here $P_{T_n} s(x) = E^x[s(X_{T_n}); T_n < \zeta]$.

It is well known that each natural potential function s is generated by a uniqu integrable natural additive functional A, i.e.,

$$s(x) = E^x(A_\infty). \tag{1.4}$$

Let us recall the definition of the energy of the natural potential function. Detai may be found in [6]. Definitions given there are for almost everywhere finite class (D potential functions. Since every natural potential function is of class (D), the results ar applicable here as well.

The mass functional of an excessive function s is defined as

$$L(s) = \sup\left\{\int s\,d\lambda\,;\ \lambda U \leq \xi\right\}. \tag{1.5}$$

Let s be a natural potential function and A the corresponding natural additive fun tional. If $p = E^{\cdot}(A_\infty^2)$ is finite, then p is necessarily a natural potential function. $L(p) < \infty$, we say that s has finite energy and put

$$\|s\|_e^2 = L(p). \tag{1.6}$$

If r and s are natural potential functions of finite energy generated by natural additi functionals A and B, respectively, their mutual energy is defined by

$$(r,s)_e = L(E^{\cdot}[A_\infty B_\infty]). \tag{1.7}$$

Let $\mathcal{R}$ denote the linear space of differences of natural potential functions of finit energy. The above definition extends to $\mathcal{R}$.

Let us now introduce the excessive domination principle.

(**ED**): there exists a positive constant K such that for every $s \in \mathcal{R}$ there exists a atural potential function p satisfying $|s| \leq p$ and $\|p\|_e \leq K\|s\|_e$.

In [7] it was proved that if (**ED**) holds, then Hunt's hypothesis (**H**) holds, i.e., every xcessive function is regular.

In this note we give a sufficient condition such that (**ED**) holds. We prove our result in he setting of the dual Hunt processes as described in [**1-VI**]. We show that the excessive omination principle is equivalent to the weak sector condition (**S**) defined as follows:

(**S**): for each signed measure ν such that $(U|\nu|, |\nu|) < \infty$ and for each positive measure , $(U\nu, \mu)^2 \leq M(U\nu, \nu)(U\mu, \mu)$ where M is a positive constant not depending on μ and .

This result gives the potential-theoretic characterization of the weak sector condition.

The main tools in proving this result are capacitary inequalities for energy established y M.Rao in [7]. He proves that the energy of a natural potential function is comparable ith its capacitary integral. Precisely,

$$\frac{1}{2}\|s\|_e^2 \leq \int_0^\infty tC(s > t)\, dt \leq 2\|s\|_e^2$$

ee Thm.3.1). He also proves that for $s \in \mathcal{R}$ the capacitary integral $\int_0^\infty tC(|s| > t)\, dt$ finite and that there exists a natural potential function p dominating $|s|$ such that $\|p\|_e^2 \leq \int_0^\infty tC(|s| > t)\, dt \leq M\|p\|_e^2$ where m and M are positive constants not depend-g on s (see Theorem 3.2).

The missing link was the estimate of the capacitary integral of $s \in \mathcal{R}$ in terms of the ergy of s. In Proposition 2.2 we obtain this estimate for the not necessarily Markov rnel U which satisfies the weak sector condition and both U and $\hat{U}$ satisfy the weak aximum principle. We use the symmetric kernel $V = U + \hat{U}$ and modify the argument om [5].

In Section 2. we provide the details of the estimate, while in Section 3. we recall all ecessary results and obtain the announced equivalence.

The Estimate.

Let E be a locally compact space with countable base. A kernel on E is a nonnegative wer semi-continuous function u defined on the product $E \times E$.

For a positive Radon measure μ we define

.1) $$U\mu(x) = \int u(x,y)\,\mu(dy) \text{ and } \hat{U}\mu(x) = \int u(y,x)\,\mu(dy).$$

We also define $U\mu$ and $\hat{U}\mu$ for a signed measure μ. For signed measures μ and ν let denote

.2) $$(U\mu, \nu) = \int U\mu(x)\nu(dx) \text{ whenever } \int U|\mu|(x)|\nu|(dx) < \infty.$$

Then

$$(U\mu, \mu) = \iint u(x,y)\mu(dy)\mu(dx) = (\hat{U}\mu, \mu).$$

Let $v(x,y) = u(x,y) + u(y,x)$ and $V\mu(x) = \int v(x,y)\mu(dy)$. Hence $V = U + \hat{U}$ and v the symmetric kernel.

We define the capacities with respect to U and V as follows: for $A \subset E$,

3) $$C_U(A) = \sup\{\mu(E); \mu \text{ measure with compact support } S(\mu) \subset A \text{ and } U\mu \leq 1 \text{ on } S(\mu)\},$$

(2.4) $C_V(A) = \sup\{\mu(E); \mu$ measure with compact support $S(\mu) \subset A$
and $V\mu \leq 1$ on $S(\mu)\}$.

It is well known that such capacities are inner regular (e.g., [2] p.153)

$$C_U(A) = \sup\{C_U(K)\ ;\ K \subset A,\ K \text{ compact}\} \tag{2.5}$$

and similarly for V.

From now on we assume that U satisfies the weak sector condition (**S**) as defined i Section 1.

The weak sector condition immediately implies the positivity of U: if ν is a signe measure such that $(U|\nu|, |\nu|) < \infty$, then $(U\nu, \nu) \geq 0$. Thus both U and $\hat{U}$ are positive Therefore V is also positive and by using symmetry we have

$$(V\mu, \nu) \leq (V\mu, \mu)^{\frac{1}{2}}(V\nu, \nu)^{\frac{1}{2}} \tag{2.6}$$

for μ, ν signed measures.

For each compact set K there exists a positive measure λ with the support in K suc that

$$(V\lambda, \lambda) = C_V(K) = \lambda(K),\ V\lambda \leq 1 \text{ in } S(\lambda) \text{ and } V\lambda \geq 1\ C_V-\text{a.e. on } K \tag{2.7}$$

(e.g., [2] p.159). λ is called the equilibrium measure for K.

It is necessary to compare the capacities with respect to U and V. The followin lemma shows that they are comparable.

LEMMA 2.1. *For every set A*

$$C_V(A) \leq C_U(A) \leq 2C_V(A). \tag{2.8}$$

PROOF: By the inner regularity of C_U and C_V it is enough to show the inequalities f compact sets.

Let K be compact, μ a measure such that $S(\mu) \subseteq K$ and $V\mu \leq 1$ on $S(\mu)$. The $U\mu \leq 1$ on $S(\mu)$, so trivially $C_V(K) \leq C_U(K)$. Therefore, if $C_U(K) = 0$, then $C_V(K)$ 0.

Assume that $C_U(K) > 0$; then there is a measure μ on K such that $U\mu \leq 1$ on $S($ and $\mu(E) = \mu(K) > 0$. For the symmetric kernel V,

$$C_V(K) = [\inf(V\nu, \nu)]^{-1}$$

where ν ranges over all measures concentrated on K ([2]). Let $\lambda = \mu/\mu(E)$; then $(V\nu, \nu)$ $(V\lambda, \lambda) = 2(U\lambda, \lambda) = 2/\mu(E) < \infty$ which implies $C_V(K) > 0$.

Hence, the sets of C_V-capacity zero are precisely these which are of C_U-capacity zer

Now we show the second inequality in (2.8). We may assume that $C_U(K) > 0$. L μ be a measure on K such that $U\mu \leq 1$ on $S(\mu)$ and let ν be a V-equilibrium measu of K. Since $(U\mu, \mu) \leq (1, \mu) < \infty$, μ does not charge sets of C_U-capacity zero, and hen C_V-capacity zero. Therefore

$$\mu(E) = (1, \mu) \leq (V\nu, \mu) \leq (V\nu, \nu)^{\frac{1}{2}}(V\mu, \mu)^{\frac{1}{2}} = C_V(K)^{\frac{1}{2}}[2(U\mu, \mu)]^{\frac{1}{2}} \leq \sqrt{2}C_V(K)^{\frac{1}{2}}\mu(E$$

so $\mu(E) \leq 2C_V(K)$. Hence $C_U(K) \leq 2C_V(K)$. ∎

For the following result we need an additional assumption on U. We assume th both U and $\hat{U}$ satisfy the weak maximum principle:

($\mathbf{M_W}$): there exists a positive constant A such that for every positive measure μ wi compact support, $U\mu \leq 1$ on $S(\mu)$ implies $U\mu \leq A$ everywhere.

$(\hat{\mathbf{M}}_\mathbf{W})$ is defined similarly. Then V also satisfies the weak maximum principle (with onstant $2A$).

Now we prove the main estimate.

PROPOSITION 2.2. *Assume that* $(\mathbf{S})$,$(\mathbf{M}_\mathbf{W})$, $(\hat{\mathbf{M}}_\mathbf{W})$ hold for U. Let ν be a signed measure uch that $U\nu \geq 0$ and

$$\int_0^\infty tC_U(U\nu > t)\,dt < \infty. \tag{2.9}$$

Then

$$\int_0^\infty tC_U(U\nu > t)\,dt \leq 24MA^2(U\nu, \nu). \tag{2.10}$$

PROOF: For each integer n let $B_n = \{U\nu > 2^n\}$. Then

(2.11)

$$\begin{aligned}\int_0^\infty tC_U(U\nu > t)\,dt &= \sum_n \int_{2^{n-1}}^{2^n} tC_U(U\nu > t)\,dt \\ &\geq \sum_n \int_{2^{n-1}}^{2^n} tC_U(U\nu > 2^n)\,dt = \frac{3}{8}\sum_n 2^{2n}C_U(B_n)\end{aligned}$$

Similarly

$$\int_0^\infty tC_U(U\nu > t)\,dt \leq \frac{3}{2}\sum_n 2^{2n}C_U(B_n). \tag{2.12}$$

Let $\epsilon > 0$. For each integer n let K_n be a compact subset of B_n such that

$$C_V(B_n) \leq C_V(K_n) + \epsilon_n, \tag{2.13}$$

here $\sum_n 2^{2n}\epsilon_n < \epsilon$.

Let μ_n be a V-equilibrium measure of K_n, i.e. μ_n is a positive measure on K_n, $_n(E) = C_V(K_n)$ and $V\mu_n \leq 1$ on $S(\mu_n)$. By the weak maximum principle $V\mu_n \leq 2A$ erywhere. Define the measure μ as

$$\mu = \sum_n 2^n \mu_n. \tag{2.14}$$

Then

$$\begin{aligned}(V\mu, \mu) &= \sum_n\sum_m 2^{n+m}(V\mu_n, \mu_m) \\ &\leq 2\sum_n \sum_{m\leq n} 2^{n+m}(V\mu_m, \mu_n) \leq 2\sum_n \sum_{m\leq n} 2^{n+m}(2A, \mu_n) \\ &= 4A\sum_n C_V(K_n)\sum_{m\leq n} 2^{n+m} = 4A\sum_n 2^{2n}C_V(K_n).\end{aligned} \tag{2.15}$$

Using (2.11), (2.9) and Lemma 2.1, we get $(V\mu, \mu) < \infty$.

On K_n we have $U\nu > 2^n$. Hence

$$\sum_n 2^{2n} C_V(K_n) = \sum_n 2^{2n}(1,\mu_n) = \sum_n 2^n(2^n,\mu_n)$$
$$\le \sum_n 2^n(U\nu,\mu_n) = (U\nu,\mu) \le \sqrt{M}(U\nu,\nu)^{\frac{1}{2}}(U\mu,\mu)^{\frac{1}{2}}$$
$$= \frac{\sqrt{M}}{\sqrt{2}}(U\nu,\nu)^{\frac{1}{2}}(V\mu,\mu)^{\frac{1}{2}} \le 2\sqrt{2}\sqrt{M}A(U\nu,\nu)^{\frac{1}{2}}\left[\sum_n 2^{2n}C_V(K_n)\right]^{\frac{1}{2}}.$$

Therefore

$$\sum_n 2^{2n} C_V(K_n) \le 8MA^2(U\nu,\nu). \tag{2.16}$$

Further, by (2.13),

$$\sum_n 2^{2n} C_V(K_n) \ge \sum_n 2^{2n} C_V(B_n) - \epsilon$$

Using the above, (2.16), (2.12) and Lemma 2.1 we get

(2.17)
$$\int_0^\infty tC_U(U\nu > t)\,dt \le 3\sum_n 2^{2n}C_V(B_n)$$
$$\le 3\sum_n 2^{2n}C_V(K_n) + 3\epsilon \le 24MA^2(U\nu,\nu) + 3\epsilon.$$

Thus (2.10) holds. ∎

Now we show that the excessive domination principle for this situation implies th weak sector condition.

PROPOSITION 2.3. *Assume that for each signed measure ν such that $(U|\nu|,|\nu|) < \infty$ there exists a positive measure λ satisfying $|U\mu| \le U\lambda$ and $(U\lambda,\lambda) \le M(U\nu,\nu)$, wher M is a positive constant not depending on ν.*

Then the weak sector condition holds.

PROOF: Let ν be a signed measure and μ a positive measure. Then

$$(U\nu,\mu)^2 \le (|U\nu|,\mu)^2 \le (U\lambda,\mu)^2 \le (U\lambda,\lambda)(U\mu,\mu) \le M(U\nu,\nu)(U\mu,\mu). \quad ∎$$

3. Proof of the equivalence.

In this section we assume that X and $\hat{X}$ are transient Hunt processes on the LCC space $(E,\mathcal{E})$ with respect to a σ-finite excessive measure $\xi(dx)$ as described in [**1-VI**]. Let $u(x,y)$ be the potential density of the potential operator U which is excessive in th first variable and coexcessive in the second variable. We assume that U and $\hat{U}$ satisf conditions (2.1), (2.2), (4.1) and (4.2) from [**1-VI**]. Then u is a lower semi-continuou function. By Proposition 2.10 in [**1-VI**] every natural potential function s is a potentia of measure.

We assume that U satisfies the weak sector condition (**S**). Then U and $\hat{U}$ are pos itive kernels. By Theorem 3.2 in [**3**], both U and $\hat{U}$ satisfy the maximum principle (i particular, hypothesis (**H**) holds). Therefore, we may apply the results from Section 2.

In this setting the energy of a natural potential function $s = U\mu$ is simply $2(U\mu, \mu)$ see [6]).

In [1-VI] the capacity $C(B)$ of a relatively compact Borel set B is defined as

3.1)
$C(B) = \sup\{\mu(E);\ \mu$ positive measure with support B and $U\mu \le 1$ everywhere $\}$.

By the maximum principle, $C(B) = C_U(B)$ where C_U is defined in Section 2.

The following two theorems are Theorem 2.4 and Theorem 2.5 from [7].

THEOREM 3.1. *Let s be a natural potential function of finite energy. Then*

$$\frac{1}{2}\|s\|_e^2 \le \int_0^\infty tC(s > t)\,dt \le 2\|s\|_e^2. \tag{3.2}$$

THEOREM 3.2. *Let F be a Borel measurable function. Put $g(x) = E^x[F^*]$, where $F^* =$ ups$_{t>0}|F(X_t)|$. Then g is excessive, $g \ge |F|$ except for a semipolar set and*

$$\|g\|_e^2 \le 16\int_0^\infty tC(|F| > t)\,dt. \tag{3.3}$$

urther, if F is finely lower semi-continuous, then $g \ge |F|$ everywhere and

$$\int_0^\infty tC(|F| > t)\,dt \le 2\|g\|_e^2. \tag{3.4}$$

By Theorem 3.1 we get that for $s = s_1 - s_2 \in \mathcal{R}$

$$\int_0^\infty tC(|s| > t)\,dt < \infty. \tag{3.5}$$

Indeed, $|s| \le s_1 + s_2$ and $s_1 + s_2$ is the natural potential function of finite energy. ence

$$\int_0^\infty tC(|s| > t)\,dt \le \int_0^\infty tC(s_1 + s_2 > t)\,dt \le 2\|s_1 + s_2\|_e^2 < \infty.$$

We are now ready to prove

ROPOSITION 3.3. *Let $s \in \mathcal{R}$ and assume $s \ge 0$. Then there is a natural potential nction p of finite energy such that*

$$s \le p \text{ and } \|p\|_e^2 \le K\|s\|_e^2, \tag{.6}$$

here K is independent of s.

ROOF: By the remarks above, $s = U\nu$ for a signed measure ν and $\int_0^\infty tC(U\nu > t) < \infty$. sing Proposition 2.2, we get

$$\int_0^\infty tC(U\nu > t)\,dt \le 24M(U\nu, \nu) = 12M\|U\nu\|_e^2. \tag{.7}$$

Since $U\nu$ is finely continuous, we may apply the second part of Theorem 3.2. The nction $p(x) = E^x(s^*)$ is finite, $p \ge s = U\nu$ and

$$\|p\|_e^2 \le 16\int_0^\infty tC(U\nu > t)\,dt. \tag{.8}$$

p is necessarily a natural potential function, so by combining (3.7) and (3.8) we get 6) with $K = 172M$. ∎

We have obtained the excessive domination principle for $s \in \mathcal{R}$ nonnegative. To extend the result to an arbitrary $s \in \mathcal{R}$ we need the following result which is proved in [4] (see Theorem 5).

PROPOSITION 3.4. *Let $s \in \mathcal{R}$. Then $u = |s| \in \mathcal{R}$ and $\|u\|_e \leq \|s\|_e$.*

Using the last two propositions, for each $s \in \mathcal{R}$ there is a natural potential function p such that $|s| \leq p$ and $\|p\|_e^2 \leq K\|s\|_e^2$. Together with Proposition 2.3 this gives

THEOREM 3.5. *Excessive domination principle* (**ED**) is equivalent to the weak sector condition (**S**).

Acknowledgement. The author thanks Prof.M.Rao for his valuable comments and many inspiring discussions. Without his help this note would have never been written.

REFERENCES

1. R.M.Blumenthal and R.K.Getoor, "Markov Processes and Potential Theory," Academic Press, New York, 1968.
2. B.Fuglede, *On the theory of potentials in locally compact spaces*, Acta Math. **103** (1960), 139–215.
3. J.Glover, *Topics in energy and potential theory*, in Seminar on Stochastic Processes (1983), 195–202 Birkhäuser, Boston.
4. J.Glover and M.Rao, *Symmetrizations of Markov Processes*, Journal of Theoretical Probability (1988), 305–325.
5. K.Hansson, *Imbedding theorems of Sobolev type in potential theory*, Math.Scand. **45** (1979), 77–102
6. Z.Pop-Stojanovic and M.Rao, *Convergence in Energy*, Z.Wahrsch.verw.Geb. **69** (1985), 593–608.
7. M.Rao, *Capacitary inequalities for energy*, Israel Journal of Math. **61**,**No.2** (1988), 179–191.

Department of Mathematics, University of Florida, Gainesville, FL 32611, USA

UNE REPRÉSENTATION DES SOUSMARTINGALES POSITIVES ET SES APPLICATIONS

Par N.V. KRYLOV [1]

RÉSUMÉ. Nous proposons une représentation d'une sousmartingale positive à l'aide d'un processus croissant, puis nous l'utilisons pour donner une démonstration plus simple du théorème de Doob-Meyer.

1. Soient $(\Omega, \mathcal{F}, \mathbb{P})$ un espace probabilisé complet, $\{\mathcal{F}(t) \subset \mathcal{F},\ t \in [0,\infty[\}$ une filtration de tribus croissantes complètes par rapport à $\mathcal{F}$, $\xi(t)$ une sousmartingale positive par rapport à $\{\mathcal{F}(t)\}$ définie pour $t \in [t,\infty]$. Sous certaines hypothèses assez générales, Smirnov [1] a montré l'existence d'un processus positif croissant $\eta(t)$ tel que

$$(1) \qquad \xi(t) = \mathbb{E}\{\eta(t) \mid \mathcal{F}(t)\} \qquad (\text{p.s.}) \qquad \forall t \in [0,\infty]$$

Si $\xi(t)$ est une martingale, on peut évidemment prendre $\eta(t) = \xi(\infty)$. En outre, si $\eta(t)$ est un processus croissant quelconque, $\mathbb{E}\,|\eta(t)| < \infty$, $\forall t$, alors le deuxième membre de (1) est toujours une sousmartingale. Donc la représentation (1) est une généralisation bien naturelle de celle des martingales arbitraires.

Dans cette note nous voulons montrer d'abord que la représentation (1) reste valable en ne supposant que les conditions citées dans la première phrase. Ensuite, nous l'appliquons à la démonstration du théorème de Doob-Meyer. A notre avis cette nouvelle démonstration est plus simple et plus courte que celles déjà connues, et elle est basée sur les faits les plus élémentaires de la théorie des martingales. En revanche, il faut avouer que nous démontrons le théorème de Doob–Meyer seulement dans l'énoncé de Meyer [2], c'est à dire sans l'affirmation de Doléans qu'un processus croissant naturel est prévisible (voir [3]).

Signalons que la possibilité de la représentation (1) peut être expliquée facilement à l'aide de la décomposition multiplicative : $\xi(t) = A(t)M(t)$ où $A(t)$ est $\mathcal{F}(t)$-mesurable et croissant, $M(t) = \mathbb{E}\{M(\infty) \mid \mathcal{F}(t)\}$: en l'occurence on peut prendre $\eta(t) = A(t)M(\infty)$.

Signalons enfin que les notes présentées ici ont résulté de quelques entretiens avec S.N. Smirnov à qui l'auteur exprime ses remerciements sincères.

2. Soit $Q = \{q_1, q_2 \ldots\}$ une partie dense de $[0,\infty]$ contenant tous les points de discontinuité de la fonction croissante $\mathbb{E}\,\xi(t)$. On suppose $q_1 = 0$, $q_2 = \infty$. Pour tout n,

[1] **La rédaction du Séminaire est heureuse de publier cette note de N.V. Krylov. La présente démonstration du théorème de décomposition des sousmartingales est plus simple, dans le cas des sousmartingales positives (ou des surmartingales positives majorées par une martingale : le cas de la classe (D) exigerait les considérations habituelles d'intégrabilité uniforme) que la démonstration classique de Murali Rao (*Math. Scand.* 24, 1969).** Pour les représentations du type (1), voir J. Azéma : Représentation multiplicative d'une surmartingale bornée, ZW 45, 1978, 191-211.

n, appelons Q_n l'ensemble des n premiers points de Q, que nous rangeons en ordre croissant : $q_n(i)$, $i = 1, \dots, n$. Choisissons pour $i \le n-1$ des fonctions $f_n(i)$ $\mathcal{F}(q_n(i))$-mesurables et telles que

$$(2) \qquad \xi(q_n(i)) = f_n(i)\,\mathbb{E}\{\,\xi(q_n(i+1)) \mid \mathcal{F}(q_n(i))\}\,.$$

Comme par définition pour $s \le t$

$$(3) \qquad \xi(s) \le \mathbb{E}\{\,\xi(t) \mid \mathcal{F}(s)\},$$

on peut supposer que les fonctions $f_n(i)$ sont telles que $0 \le f_n(i) \le 1$. Enfin posons pour $i = 1, \dots, n-1$

$$\zeta(t) = f_n(i) \cdots f_n(n-1) \qquad \text{quand } t \in [q_n(i), q_n(i+1)[\,.$$

Pour $i = n$, $q_n(i) = \infty$, $\zeta(\infty) = 1$. L'itération de (2) donne immédiatement

$$(4) \qquad \xi(t) = \mathbb{E}\{\,\xi(\infty)\zeta_n(t) \mid \mathcal{F}(t)\} \qquad \text{(p.s.)} \qquad \forall t \in Q_n\,.$$

En outre, il est immédiat que $\zeta_n(t)$ est fonction croissante de t et que $0 \le \zeta_n(t) \le 1$. Vu la dernière inégalité il existe une sous-suite $\{n'\}$ telle que pour tout $q \in Q$ la suite $\zeta_{n'}(q)$ converge faiblement dans $L_2(\Omega, \nu)$ où $\nu(d\omega) = \xi(\omega, \infty)\mathbb{P}(d\omega)$ vers une limite que nous désignons par $\zeta(q)$. Soit pour tout $t \in [0, \infty$

$$(5) \qquad \alpha(t) = \inf_{q \ge t} \zeta(q)$$

où, comme partout ci-dessous, q (avec des indices éventuels) est un élément arbitraire de Q.

Puisque $\zeta_n(t)$croît par rapport à t, on a sur Q $\alpha(q) = \zeta(q)$ (p.s.). Pour $t \notin Q$ on voit que

$$(6) \qquad \alpha(t) = \lim_{q \downarrow t} \zeta(q) = \alpha(t) = \lim_{q \downarrow t} \alpha(q)$$

où la première limite existe presque sûrement et la deuxième pour tout $\omega \in \Omega$. On multiplie les deux membres de (4) par $I(A)$ où $A \in \mathcal{F}(t)$, on calcule les espérances mathématiques et, en remplaçant n par n', on fait tendre $n' \to \infty$. Alors pour $q \in Q$ on trouve

$$(7) \qquad \xi(q) = \mathbb{E}\{\xi(\infty)\zeta(q) \mid \mathcal{F}(q)\} = \mathbb{E}\{\xi(\infty)\alpha(q) \mid \mathcal{F}(q)\} \qquad \text{(p.s.)}$$

De plus, en vue de (3), (7) pour $t < q$

$$\xi(t) \le \mathbb{E}\{\xi(q) \mid \mathcal{F}(t)\} = \mathbb{E}\{\xi(\infty)\alpha(q) \mid \mathcal{F}(t)\}$$

ce qui avec (6) donne

$$(8) \qquad \xi(t) \le \mathbb{E}\{\xi(\infty)\alpha(t) \mid \mathcal{F}(t)\}\,.$$

Pour vérifier l'égalité des deux membres il suffit de montrer qu'ils ont même espérance. Cela a lieu pour $t \in Q$, et pour $t \notin Q$ le choix de Q et les formules (7), (6) impliquent

$$\mathbb{E}\,\xi(t) = \lim_{q \downarrow t} \mathbb{E}\,\xi(q) = \lim_{q \downarrow t} \mathbb{E}\,\xi(\infty)\,\alpha(q) = \mathbb{E}\,\xi(\infty)\alpha(t)\,.$$

Nous avons ainsi démontré (7) pour tout $t \in [0,\infty]$, et par suite (1) avec $\eta(t) = \xi(\infty)\alpha(t)$.

REMARQUE. (cf [1]). Il est très facile de vérifier que les limites à gauche et à droite de la sousmartingale sont données par

$$\xi(t-) = \mathbb{E}\{\xi(\infty)\alpha(t-) \mid \mathcal{F}(t-)\} \quad ; \quad \xi(t+) = \mathbb{E}\{\xi(\infty)\alpha(t+) \mid \mathcal{F}(t+)\} \qquad \text{(p.s.)}$$

On en déduit sans peine que si la fonction $\mathbb{E}\,\xi(t)$ est continue à droite (resp. à gauche) on a p.s.

$$\xi(t) = \mathbb{E}\{\xi(\infty)\alpha(t+) \mid \mathcal{F}(t)\} \quad ; \qquad \text{resp.} \quad \xi(t) = \mathbb{E}\{\xi(\infty)\alpha(t-) \mid \mathcal{F}(t)\}\,.$$

Autrement dit, le processus croissant peut être choisi continu à droite (resp. à gauche).

3. Passons au théorème de Doob–Meyer. Complétons les hypothèses du §1 par la suivante : $\mathbb{E}\,\xi(t)$ *est continue à droite,* et prenons pour $\eta(t)$ dans (1) un processus continu à droite. Pour toute variable aléatoire bornée λ posons $m_t(\lambda) = \mathbb{E}\{\lambda \mid \mathcal{F}(t)\}$. Comme il est connu d'après le théorème de Doob sur le nombre de montées, avec la probabilité 1, pour tous les $t \in [0,\infty]$ à la fois il existe

$$m_{t-}(\lambda) = \lim_{q \uparrow t} m_q(\lambda)$$

et le processus $m_{t-}(\lambda)$ est continu à gauche. Si $\lambda = I(B)$, $B \in \mathcal{F}$, nous écrirons simplement $m_t(B)$, $m_{t-}(B)$. Pour toute suite d'évènements $B_n \downarrow \emptyset$ on a

$$\sup_{t>0} m_{t-}(B_n) = \sup_{q \in Q} m_q(B_n) \downarrow 0\,.$$

Comme $m_{r-}(B) \leq 1$ et $\eta(\infty) = \xi(\infty)$ est intégrable, nous définissons une mesure bornée sur $\mathcal{F}$, absolument continue par rapport à $\mathbb{P}$, par la formule

$$\mu_t(B) = \mathbb{E} \int_0^t m_{r-}(B)\, d\eta(r) \tag{9}$$

Soit $A(t)$ la densité de μ_t par rapport à $\mathbb{P}$. En procédant comme au §2, nous pouvons supposer que $A(t)$ est, pour tout $\omega \in \Omega$ une fonction croissante et continue à droite de t, et que $A(\infty) = \lim_{t \uparrow \infty} A(t)$.

Un raisonnement classique d'approximation montre que, pour toute v.a. bornée λ, et pour $0 \leq s \leq t \leq \infty$ on a

$$\mathbb{E}\{\lambda(A(t) - A(s))\} = \mathbb{E}\{\int_s^t m_{r-}(\lambda)\, d\eta(r)\}\,. \tag{10}$$

Si λ est $\mathcal{F}(s)$-mesurable, on a $m_{r-}(\lambda) = \lambda$ pour $r > s$, et il découle de (10) et de (1) que

$$\mathbb{E}\{\lambda(A(t) - A(s))\} = \mathbb{E}\{\lambda(\eta(t) - \eta(s))\} = \mathbb{E}\{\lambda(\xi(t) - \xi(s))\}\,. \tag{11}$$

En outre, on a évidemment $m_{r-}(m_t(\lambda) = m_{r-}(\lambda)$ p.s. pour tout $r \leq t$; il en résulte

$$\mathbb{E}\{\lambda A(t)\} = \mathbb{E}\{\int_0^t m_{r-}(m_t(\lambda))\, d\eta(r)\} = \mathbb{E}\{m_t(\lambda) A(t)\} = \mathbb{E}\{\lambda m_t(A(t))\}\,.$$

Cela veut dire que la v.a. $A(t)$ est $\mathcal{F}(t)$-mesurable et avec (11) on voit que $\xi(t) - A(t)$ est une martingale $M(t)$. Ainsi nous avons obtenu la représentation de Doob-Meyer : $\xi(t) = A(t) + M(t)$, où $M(t)$ est une martingale, et $A(t)$ est un processus croissant adapté.

Enfin, à partir de (10) et en approchant l'intégrale d'un processus borné continu à gauche par des sommes de Riemann, on démontre que

$$\mathbb{E}\{\int_0^\infty m_{r-}(\lambda)\, dA(r)\} = \mathbb{E}\{\int_0^\infty m_{r-}(\lambda)\, d\eta(r)\} = \mathbb{E}\{\lambda A(\infty)\}.$$

Ceci établit que le processus croissant $A(t)$ est naturel au sens de Meyer [2].

REFERENCES

[1] SVERTCHKOV (M. Yu.) et SMIRNOV (S.N.). Sur une représentation des surmartingales. Annales de l'Université de Moscou, Sér. 15, Calcul Math. et Cybernétique (à paraître).

[2] MEYER (P.A.). *Probability and Potentials*, Blaisdell 1966.

[3] DELLACHERIE (C.). *Capacités et Processus Stochastiques*, Springer 1972.

N.V. Krylov
Département de Mathématiques et Mécanique
Université d'Etat de Moscou, Moscou, URSS
et (jusqu'à la fin de 1990)
Université d'Antsiranana
B.P. 0, Antsiranana 201
Madagascar

TEMPS LOCAL DU PRODUIT ET DU SUP DE DEUX SEMIMARTINGALES

par Y. Ouknine

Nous nous proposons dans ce travail de donner des formules pour le temps local du produit de deux semimartingales, et du *sup* de deux semimartingales continues. P.A. Meyer nous a signalé que de telles formules ont été obtenues avant nous par Yan [3] et [4] (en chinois). Comme elles sont peu connues, nous les présentons ici tout de même : pour la première, nous donnons une démonstration très voisine de la démonstration de Yan, qui était plus courte que la nôtre.

Temps locaux. Soit $(\Omega, \mathcal{A}, \mathbb{P}, (\mathcal{F}_t)_{t\geq 0})$ une base stochastique fixée, vérifiant les conditions habituelles de la théorie générale des processus. Le temps local de la semimartingale Z en 0 est défini par la "formule de Tanaka"

$$(1) \qquad Z_t^+ = Z_0^+ + \int_0^t 1_{\{Z_s>0\}}\, dZ_s + \sum_{s\leq t} (1_{\{Z_{s-}\leq 0\}}\, Z_s^+ + 1_{\{Z_{s-}<0\}}\, Z_s^-) + \tfrac{1}{2} L_t(Z)\,.$$

En utilisant le fait que la mesure $dL_s(Z)$ est diffuse et portée par $\{s : Z_s = 0\}$, on déduit de (1) la formule très simple (donnée par Yan [3])

$$\tfrac{1}{2} L_t(Z) = PC \int_0^t 1_{\{Z_{s-}=0\}}\, dZ_s^+ = \tfrac{1}{2} L_t(Z^+)\,.$$

où la notation PC appliquée à un processus à variation finie signifie que l'on en garde seulement la partie continue. Nous désignons aussi par $L_t^-(Z)$ le temps local de $-Z$, donné par

$$\tfrac{1}{2} L_t^-(Z) = PC \int_0^t 1_{\{Z_{s-}=0\}}\, dZ_s^-\,.$$

Temps local du produit. Voici la première formule :

THÉORÈME. *Soient X et Y deux semimartingales. Alors le temps local en 0 de leur produit $Z = XY$ est donné par*

$$L_t(Z) = \int_0^t X_{s-}^+\, dL_s(Y) + \int_0^t Y_{s-}^+\, dL_s(X) + \int_0^t X_{s-}^-\, dL_s^-(Y) + \int_0^t Y_{s-}^-\, dL_s^-(X)\,.$$

DÉMONSTRATION. Nous calculons la partie continue $PC(1_{\{Z_{s-}=0\}}\, dZ_s^+)$. Nous avons $Z^+ = X^+Y^+ + X^-Y^-$. La formule d'intégration par parties donne trois termes contenant X^+, Y^+

$$(a) : 1_{\{Z_{s-}=0\}}\, X_s^+\, dY_s^+\,,\ (b) : 1_{\{Z_{s-}=0\}}\, Y_s^+\, dX_s^+\,,\ (c) : 1_{\{Z_{s-}=0\}}\, [dX_s^+, dY_s^+]\,,$$

et trois termes analogues avec X^-, Y^-, qui feront appararaître des temps locaux L^-. Commençons par (c) : il s'agit d'un processus à variation finie, valant

$$[1_{\{X_{s-}=0\}}\, dX_s^+, dY_s^+] + [dX_s^+, 1_{\{X_{s-}\neq 0, Y_{s-}=0\}}\, dY_s^+]$$

et donc purement discontinu : l'application de l'opérateur PC donne donc 0. Ensuite, le terme (a)

$$1_{\{Y_{s-}=0\}}\, X_s^+\, dY_s^+ + 1_{\{X_{s-}=0, Y_{s-}=0\}}\, X_s^+\, dY_s^+ .$$

L'application de PC au premier terme donne $\frac{1}{2}X_s^+ dL_s(Y)$, et l'application de PC au second donne 0. Le terme (b) se traite de même, et on obtient l'énoncé en ajoutant les termes analogues pour X^-, Y^-. □

REMARQUE. Le même raisonnement conduit à une formule plus agréable (*cf.* [3]) si l'on utilise le temps local symétrique $d\hat{L}_t(Z) = dL_t(Z) + dL_t(-Z) = 2PC(1_{\{Z_{s-}=0\}}\, d|Z|_s)$, car alors on a simplement $|Z| = |X||Y|$.

Temps local d'un sup. Ici aussi, il existe un travail de Yan [4], mais il est plus difficilement accessible. Il semble que nous n'obtenons pas exactement la même formule que Yan.

THÉORÈME. *Soient X et Y deux semimartingales continues. Alors le temps local en 0 de leur sup $Z = X \vee Y$ est donné par*

$$L_t(Z) = \int_0^t 1_{\{Y_s\le 0\}}\, dL_s(X) + \int_0^t 1_{\{X_s<0\}}\, dL_s(Y) + \int_0^t 1_{\{X_s=Y_s=0\}}\, dL_s(Y^+ - X^+) .$$

DÉMONSTRATION. Nous avons

$$\tfrac{1}{2} dL_s(Z) = 1_{\{Z_s=0\}}\, dZ_s^+ = 1_{\{Y_s<X_s=0\}}\, dZ_s^+ + 1_{\{X_s<Y_s=0\}}\, dZ_s^+ + 1_{\{X_s=Y_s=0\}}\, dZ_s^+ .$$

Appelons ces trois termes (a), (b), (c). Dans l'ouvert aléatoire prévisible $\{Y < X\}$ les semimartingales Z et X^+ sont égales, donc (a) vaut (*cf.* [5]) $1_{\{Y_s<0\}} 1_{\{X_s=0\}}\, dX_s^+ = \frac{1}{2} 1_{\{Y_s<0\}}\, dL_s(X)$. De même, (b) vaut $\frac{1}{2} 1_{\{X_s<0\}}\, dL_s(Y)$. Pour (c), nous pouvons écrire $(X \vee Y)^+ = X^+ \vee Y^+ = X^+ + (Y^+ - X^+)^+$, et par conséquent

$$(c) = \tfrac{1}{2} 1_{\{Y_s=0\}}\, dL_s(X) + \tfrac{1}{2} 1_{\{X_s=Y_s=0\}}\, dL_s(Y^+ - X^+) .$$

Le premier de ces deux termes s'ajoute à (a) pour former le premier terme de (2), et le second donne le dernier terme de (2).

Un cas où ce dernier terme est nul est celui où $L(Y - X) = 0$. En effet, on établit dans ce cas, grâce au nombre de montées et à l'approximation du temps local que

$$L_t(Y^+ - X^+) = \int_0^t 1_{\{Y_s<0\}}\, dL_s(Y)$$

(voir Weinryb [2]). Par suite

$$1_{\{X_s=Y_s=0\}}\, dL_s(Y^+ - X^+) = 1_{\{X_s=Y_s=0\}} 1_{\{Y_s<0\}}\, dL_s(Y) = 0 .$$

REMARQUE. Yan indique dans [4] la formule

$$L(X \vee Y) + L(X \wedge Y) = L(X) + L(Y)$$

qui est démontrée dans [1] à partir de l'approximation du temps local par les nombres de montées. En voici une démonstration purement algébrique. Nous rappelons d'abord que $L(Z) = L(Z^+)$ pour toute semimartingale Z. Cela permet de se ramener au cas où X et Y sont positives. La formule revient à vérifier

$$1_{\{X=Y=0\}} d(X \vee Y) + (1_{\{0=X<Y\}} + 1_{\{0=Y<X\}} + 1_{\{X=0=Y\}}) d(X \wedge Y) = \\ = 1_{\{X=0\}} dX + 1_{\{Y=0\}} dY$$

On remplace $d(X \wedge Y)$ par dY dans l'ouvert aléatoire prévisible $\{Y < X\}$, et par dX dans $\{X < Y\}$. On remplace aussi $d(X \vee Y)$ par $dX + dY - d(X \wedge Y)$, et alors on obtient le résultat cherché.

Ce résultat s'étend aux semimartingales discontinues, en remplaçant X, Y par X_-, Y_- dans les indicatrices et en appliquant l'opérateur PC. Il y a cependant une difficulté : l'ensemble prévisible $H = \{Y_- < X_-\}$, par exemple, n'est plus un ouvert aléatoire, et on ne peut appliquer automatiquement la théorie de [5] pour remplacer la semimartingale $X \vee Y$ par la semimartingale X qui lui est égale dans H. Cependant, la semimartingale $Z = X \vee Y - X$ est telle que $Z_- = 0$ dans H, donc $1_H dZ = 1_H (1_{\{Z_-=0\}} dZ)$, et cette dernière semimartingale est à variation finie, et nulle dans tout intervalle ouvert où Z est constante, donc dans l'intérieur de H. Donc $PC(1_H dZ) = 0$ et le remplacement est permis.

Je remercie P.A. Meyer pour ses commentaires sur la première rédaction de ce travail, qui ont permis de l'améliorer.

REFERENCES

[1] OUKNINE (Y.). Généralisation d'un lemme de S. Nakao et applications. *Stochastics,* **29**, 1988, p. 149–157.

[2] WEINRYB (S.). Etude d'une équation différentielle stochastique avec temps local. *C.R.A.S. Paris,* **296**, 1985, p. 519–521.

[3] YAN (J.A.). Some formulas for the local time of semimartingales *Chinese Ann. of M.,* 1980, p. 545–551.

[4] YAN (J.A.). A formula for local times of semimartingales. *Dong Bei Shu Xue,* 1, 1985, p. 138–140.

[5] ZHENG (W.A.). Semimartingales in predictable random open sets. *Sém. Prob. XVI,* Lect. Notes in M. 920, 1982, p. 370–379.

Département de Mathématiques
Faculté des Sciences
Université Cadi Ayyad
Marrakech, MAROC

ON A CONJECTURE OF F.B. KNIGHT
TWO CHARACTERIZATION RESULTS RELATED TO PREDICTION PROCESSES

A. Goswami

Stat–Math Division, Indian Statistical Institute, Calcutta

ABSTRACT. In this paper, we answer a question raised by F.B. Knight on the characterization of processes whose prediction process is of pure jump type. Another characterization result corresponding to a conjecture of Knight is also obtained.

1. Introduction. In [2], F.B. Knight posed the question : for which cadlag processes (or, in his set–up, for which probabilities on the space of cadlag paths), is the prediction process a pure–jump process ? He also put forth a conjecture as a possible answer. In this paper, we completely characterize processes for which the prediction processes evolves purely through jumps (that do not accumulate in finite time). The necessary and sufficient condition that we get turns out to be a little more restrictive than that conjectured by F.B. Knight. However, in the course of our analysis, we show that processes of the type suggested by Knight can also be characterized by a property of their prediction process, slightly less obvious than the pure–jump property.

2. Preliminaries. We start with a summary of the notion of prediction process, as introduced by F.B. Knight. All this is adapted from [2].

Let Ω denote the space of all $\overline{\mathbb{R}}$–valued right–continuous functions on $[0,\infty[$ with left–limits on $(0,\infty)$, and let $\{X_t, t \geq 0\}$ be the coordinate process defined on Ω by $X_t(\omega) = \omega(t)$ for $t \geq 0$ and $\omega \in \Omega$. As usual, let $\mathcal{F}^\circ = \sigma\{X_t, t \geq 0\}$, and, for $t \geq 0$, $\mathcal{F}_t^\circ = \sigma\{X_s, s \leq t\}$, $\mathcal{F}_{t+}^\circ = \cap_{\epsilon>0}\mathcal{F}_{t+\epsilon}^\circ$. Also, let θ_t, $t \geq 0$ denote the usual shift operators defined as $\theta_t\omega(\cdot) = \omega(t+\cdot)$, $\omega \in \Omega$, $t \geq 0$. $\mathbb{P}$ will denote the space of all probabilities on $(\Omega, \mathcal{F}^\circ)$, and for $P \in \mathbb{P}$, $\mathcal{F}^P$ is the P–completion of $\mathcal{F}^\circ$. For $t \geq 0$, $\mathcal{F}_t^P$, (*resp.* $\mathcal{F}_{t+}^P$) is the augmentation of $\mathcal{F}_t^\circ$ (*resp.* $\mathcal{F}_{t+}^\circ$) by P–null sets in $\mathcal{F}^P$.

Let ρ denote a homeomorphic mapping between $\overline{\mathbb{R}}$ and $[0,1]$. Then the topology on Ω generated by the functions $\int_0^t \rho(\omega(s))ds$ $(t \geq 0)$ makes it a metrizable Luzin space with $\mathcal{F}^\circ$ as its Borel σ–field, and $\mathbb{P}$, equipped with the topology of weak convergence, also becomes a metrizable Luzin space with its Borel σ–field $\mathcal{P}$ coinciding with that generated by all mappings $P \longmapsto P(S)$, $S \in \mathcal{F}^\circ$.

F.B. Knight has shown that, for each $P \in \mathbb{P}$, there is a process Z_t^P, $t \geq 0$ on $(\Omega, \mathcal{F}^\circ, P)$, taking values in $(\mathbb{P}, \mathcal{P})$ with the following properties :

(i) *For any* $P \in \mathbb{P}$, *any* $(\mathcal{F}_{t+}^P)$*–stopping time* T *and any* $S \in \mathcal{F}^\circ$,

$$Z_t^P(S) = P\,[\theta_T^{-1}S \,|\, \mathcal{F}_{T+}^P] \quad P\text{–a.s. on } \{T < \infty\} \quad .$$

(ii) *For any* $P \in \mathbb{P}$, *the trajectory* $t \longmapsto Z_t^P(\omega)$ *is cadlag (in* $\mathbb{P}$*) for* P*–a.e.* ω.

(iii) All the processes $\{Z_t^P,\ t \geq 0\}$, $P \in \mathbb{P}$, *are homogeneous strong Markov processes with* the same *transition function* q *defined on* $[0,\infty[\times \mathbb{P} \times \mathcal{P}$ *by*

$$q(t,P,A) = P[\omega : Z_t^P \in A], \quad t \geq 0,\ P \in \mathbb{P},\ A \in \mathcal{P}\ .$$

More explicitly, for every $(\mathcal{F}_{t+}^P)$*-stopping time* T

$$P[Z_{T+t}^P \in A \mid \mathcal{F}_{T+}^P] = q(T, Z_T^P, A) \quad P\text{-a.s. on } \{T < \infty\} \quad .$$

(iv) For any $P \in \mathbb{P}$, *for* P*-a.e.* ω, *for all* $t \geq 0$, *the distribution of* X_0 *under the law* $Z_t^P(\omega)$ *is the unit mass at the point* $X_t(\omega)$.

3. Step processes with exponential waiting. To begin with, let Ω_s (for *step*) denote the set of all $\omega \in \Omega$ which are step functions, with jump times (assumed to be finite for simplicity) $0 = t_0 < \ldots < t_n \uparrow \infty$. It is quite easy to check that $\Omega_s \in \mathcal{F}^\circ$. Let $\mathbb{P}_0$ be the set of all laws $P \in \mathbb{P}$ carried by Ω_s. Since Ω_s is stable under the shift, for any $P \in \mathbb{P}_0$ one has $P\{Z_t^P \in \mathbb{P}_0 \forall t \geq 0\} = 1$.

The jump times are uniquely determined by the function ω, and we denote by $T_n(\omega)$, $n \geq 0$ the successive jump times, by S_n $(n \geq 1)$ the differences $T_n - T_{n-1}$ between jump times, and by J_n $(n \geq 1)$ the jumps $X_{T_n} - X_{T_{n-1}}$. Clearly, any law $P \in \mathbb{P}_0$ is uniquely determined by the family $\mu_0^P, \nu_n^P, \mu_n^P$, where μ_0^P is the P-distribution of X_0, ν_n^P is a (regular) conditional distribution under P of S_n given X_0, S_i, J_i $(i \leq n-1)$, and μ_n^P is a (regular) conditional distribution under P of J_n given X_0, S_i, $(i \leq n)$, J_i $(i \leq n-1)$.

We are specially interested in the subclass $\mathbb{P}_1$ of those probabilities $P \in \mathbb{P}_0$ under which the conditional laws ν_n^P are *exponential*. In that case, we denote by $\lambda_n^P(X_0, S_1, \ldots, S_{n-1}, J_1, \ldots, J_{n-1})$ the parameter of this exponential law, which completely determines ν_n^P. A moment's reflection tells us that $P[Z_t^P \in \mathbb{P}_1 \forall t \geq 0] = 1$ for any $P \in \mathbb{P}_1$. Indeed we have

THEOREM 3.1. *Let* $P \in \mathbb{P}_1$. *Then* $P[Z_t^P \in \mathbb{P}_1 \forall t \geq 0] = 1$. *Moreover, if we denote by* Z *the measure* $Z_t^P(\omega)$ *to abbreviate notation, we have on* $\{T_{n-1}(\omega) \leq t < T_n(\omega)\}$

$$\mu_0^Z = \delta_{X_{T_{n-1}}(\omega)}$$

$$\lambda_k^Z(X_{T_{n-1}}, s_1, \ldots, s_{k-1}, j_1, \ldots, j_{k-1}) =$$
$$\lambda_{n+k-1}^P(X_0, S_1, \ldots, S_{n-1}, s_1 + t - T_{n-1}, s_2, \ldots, s_{k-1}, J_1, \ldots, J_{n-1}, j_1, \ldots, j_{k-1})$$
$$\mu_k^Z(X_{T_{n-1}}, s_1, \ldots, s_k, j_1, \ldots, j_{k-1}) =$$
$$= \mu_{n+k-1}^P(X_0, S_1, \ldots, S_{n-1}, s_1 + t - T_{n-1}, s_2, \ldots, s_k, J_1, \ldots, J_{n-1}, j_1, \ldots, j_{k-1})\ .$$

The proof of this theorem being an immediate consequence of the definition of prediction process and the so-called "memoryless" property of the exponential distribution, we do not write the proof here. Instead, we remark that for $P \in \mathbb{P}_1$, eventhough $\{Z_t^P,\ t \geq 0\}$ is P-a.s. continuous on each interval $[T_{n-1}, T_n[$, it does not necessarily remain constant on that interval. Therefore, contrary to the comments made on page 39 of [2], the prediction process isn't a pure-jump process for $P \in \mathbb{P}_1$. However, the processes $\mu_0^{Z_t^P}$ and $\lambda_1^{Z_t^P}$ do remain constant on each interval $[T_{n-1}, T_n[$, and in particular $\{Z_t^P\text{-law of } (X_0, S_1),\ t \geq 0\}$ is, for $P \in \mathbb{P}_1$, a pure-jump process with $\{T_n,\ n \geq 0\}$ as its successive times of jump.

We now proceed to show that the converse is also true, namely, that $\mathbb{P}_1$ is precisely the class of probabilities for which the prediction process has this property.

Following the notations already introduced, let us keep denoting, even for $P \in \mathbb{P}$, the P-distribution of X_0 by μ_0^P and put (to simplify notations) $\mu_t = \mu_0^{Z_t^P}$.

Let $P \in \mathbb{P}$ be fixed. Define $\tau_0 = 0$ and recursively $\tau_n = \inf\{t \geq \tau_{n-1} : \mu_t \neq \mu_{\tau_{n-1}}\}$. Clearly, $\{\tau_n\}$ is a non decreasing sequence of (possibly infinite) $(\mathcal{F}_{t+}^P)$-stopping times.

LEMMA 3.2. *If $P\{0 < \tau_1 < \ldots, < \tau_n \uparrow \infty\} = 1$, then $P \in \mathbb{P}_0$, and $P\{T_n = \tau_n\} = 1$ for all n.*

PROOF. By the basic property (iv) of section 2, the law of X_0 under Z_t^P (which is constant in any interval $[\tau_{n-1}, \tau_n[$), is a unit mass at X_t. Now consider any real valued function $x(t)$, and the measure valued function $\varepsilon_{x(t)}$: obviously if one of them is a step function so is the other, and they have the same jumps.

LEMMA 3.3. *If, besides the hypothesis of lemma 3.2., the prediction process also has the property that for all n and all $t \in [T_{n-1}, T_n[$*

$$Z_t^P\text{-law of } S_1 = Z_{T_{n-1}}^P\text{-law of } S_1 \quad ,$$

then, the P-conditional distributions of S_1 given X_0 and of S_k given X_0, S_i, J_i ($1 \leq i \leq k-1$), must all be exponential.

PROOF. Let T be the stopping time T_{k-1}, and let f denote any bounded $\mathcal{F}_{T+}^P$-measurable random variable. Then we have for $s, t > 0$

$$\begin{aligned} E^P[f,\ S_k > s+t] &= E^P[f,\ S_k > t,\ S_1 \circ \theta_{T+t} > s] \\ &= E^P[f,\ S_k > t,\ Z_{T+t}^P\{S_1 > s\}] \\ \text{(by hypothesis)} \quad &= E^P[f,\ S_k > t,\ Z_T^P\{S_1 > s\}] \\ &= E^P[f,\ S_k > t,\ P[S_k > t \mid \mathcal{F}_{T+}^P]] \\ &= E^P[f,\ P[S_k > s \mid \mathcal{F}_{T+}^P]\, P[S_k > t \mid \mathcal{F}_{T+}^P]]\ . \end{aligned}$$

Thus the multiplicative property of the exponential holds a.s. for given $s, t > 0$, and it is an easy matter to regularize the conditional distributions into true exponential laws. Note that if we hadn't assumed for simplicity that the number of jumps is infinite, a slightly awkward discussion of finiteness would be necessary, and the (random) parameter of the exponential laws could be $+\infty$.

Combining lemmas 3.2 and 3.3 and the remarks made before that, we get a characterization of the class $\mathbb{P}_1$ of jump processes with exponential waiting times, considered by Knight :

THEOREM 3.4. *Let $P \in \mathbb{P}$. Then the measure valued process $\{Z_t^P\text{-law of } (X_0, S_1)\}$ $(t \geq 0)$ is a pure-jump process (with no finite time accumulation of jumps) if and only if $P \in \mathbb{P}_1$. Moreover, in this case the successive jump times of this measure valued process are the same as those of (X_t).*

4. Step processes with pure-jump prediction. In this section we formulate necessary and sufficient conditions on $P \in \mathbb{P}$ for its prediction process to be a pure-jump process.

We define $\mathbb{P}_2$ as the subclass of $\mathbb{P}_1$ consisting of the laws P for which

$$\lambda_n^P(x_0, s_1, \ldots, s_{n-1}, j_1, \ldots, j_{n-1}) \quad \text{and} \quad \mu_n^P(x_0, s_1, \ldots, s_n, j_1, \ldots, j_{n-1}\,;\,\cdot)$$

depend only on $(x_0, j_1, \ldots, j_{n-1})$. This means that we can completely describe the process $\{X_t,\ t \geq 0\}$ by giving ourselves the discrete process $\{X'_n = X_{T_n}\}$, of positions at the successive jumps, and for each discrete time n the interval between jumps $S_n = \lambda_n e_n$, (e_k) being a sequence of independent exponential r.v.'s of parameter 1, and λ_n being a positive r.v. which depends only on the process $\{X'_k\}$ up to time $n-1$.

A close look at the formula given in theorem 3.1 shows that for $P \in \mathbb{P}_2$ $\{Z_t^P,\ t \geq 0\}$ is a pure jump process with T_n, $n \geq 1$ as its successive jump times. We will now show that the converse is also true, namely that if the prediction process for P is of pure-jump type (without accumulation of jumps, as always), then P must belong to $\mathbb{P}_2$.

We denote by $0 = \tau_0 < \ldots < \tau_n \uparrow \infty$ the successive jumps of the prediction process (assumed to be in infinite number for simplicity). Note that the meaning of τ_n isn't the same here as in lemma 3.2 where the jump was that of the initial measure of Z_t^P. Since the weaker condition for theorem 3.4 is clearly satisfied, P belongs to $\mathbb{P}_1 \subset \mathbb{P}_0$, and we may denote by (T_n) the sequence of jumps of $\{X_t,\ t \geq 0\}$.

LEMMA 4.1. *We have P-a.s. $T_n = \tau_n$ for all n.*

PROOF. According to the argument in lemma 3.2, the prediction process jumps at each T_n. Thus the union of the graphs $[T_n]$ of the jump stopping times is contained in $\cup_n [\tau_n]$. On the other hand, since $\{Z_t^P,\ t \geq 0\}$ is a pure-jump strong Markov process, its successive jump times τ_n are all totally inaccessible $(\mathcal{F}_{t+}^P)$ stopping times. Now, $\{X_t,\ t \geq 0)$ is also of pure-jump type, and it is a well known fact (see [1] for example) that if τ is any totally inaccessible $(\mathcal{F}_{t+}^P)$-stopping time, then its graph $[\tau]$ is contained in the union of the graphs $[T_n]$ of the jump stopping times. Thus we have the inverse inclusion, and the lemma follows.

We may now answer F.B. Knight's question :

THEOREM 4.2. *For a probability P on $(\Omega, \mathcal{F}^\circ)$ to have a pure-jump prediction process $\{Z_t^P,\ t \geq 0\}$ (with no finite accumulation of jumps), it is necessary and sufficient that P belong to $\mathbb{P}_2$. Moreover, in this case, the successive jump times of the prediction process a.s. coincide under P with those of the coordinate process.*

PROOF. The only point we have to prove is that the pure-jump property of the prediction process implies $P \in \mathbb{P}_2$. For each index k we define the following σ-fields

$$\mathcal{J}_k \ \text{ generated by } \ X_0, J_1, \ldots, J_k \quad ; \quad \mathcal{S}_k \ \text{ generated by } \ S_1 \ldots, S_k \quad ;$$

For $k=0$ we may replace $\mathcal{J}_0$ by $\mathcal{F}^{\circ}_{0+}$, and take for S_0 the trivial σ-field. Note that $\mathcal{J}_k \vee S_k = \mathcal{F}^{\circ}_{T_k+}$ up to sets of measure 0 under P. We consider also for $k \geq 1$ the σ-field

$$\mathcal{T}_k \quad \text{generated by} \quad J_k, S_{k+1}, J_{k+1} S_{k+2}, J_{k+2} \dots .$$

The theorem will follow if we prove that, for every $k \geq 1$, the σ-fields $\mathcal{T}_k$ and S_k are conditionally independent under P given $\mathcal{J}_{k-1}$. For every $n \geq 1$ we denote by W_n a random variable of the form

$$W_n = g(J_n, J_{n+1}, S_{n+1}, J_{n+2}, S_{n+2}, \dots),$$

where g is a borel bounded function on $\mathbb{R}^{\mathbb{N}}$. Thus the property to be proved can be reduced to

$$(*) \qquad E^P[UV1_{\{S_k>t\}} W_k] = E^P[U E^P[V 1_{\{S_k>t\}} \mid \mathcal{J}_{k-1}]\, E^P[W_k \mid \mathcal{J}_{k-1}]]$$

where U and V are two bounded random variables, measurable w.r.t. $\mathcal{J}_{k-1}$ and S_{k-1} respectively.

We begin with the case $k=1$. Then V can be omitted, and we may assume that U is $\mathcal{F}^P_{0+}$-measurable. To prove

$$E^P[U 1_{\{S_1>t\}} W_1] = E^P[U P[S_1 > t \mid \mathcal{F}^P_{0+}]\, E^P[W_1 \mid \mathcal{F}^P_{0+}]],$$

we use the facts that $U 1_{\{S_1>t\}}$ is $\mathcal{F}^{\circ}_{t+}$-measurable and that, on the set $\{S_1 > t\}$, $W_1 \circ \theta_t = W_1$:

$$\begin{aligned} E^P[U 1_{\{S_1>t\}} W_1] &= E^P[U 1_{\{S_1>t\}} E^{Z^P_t}[W_1]] \\ (\text{since } Z^P_t = Z^t_0 \text{ on } S_1 > t) \quad &= E^P[U 1_{\{S_1>t\}} E^{Z^P_0}[W_1]] \\ &= E^P[U 1_{\{S_1>t\}} E^P[W_1 \mid \mathcal{F}^P_{0+}]] \\ &= E^P[U P[S_1 > t \mid \mathcal{F}^P_{0+}]\, E^P[W_1 \mid \mathcal{F}^P_{0+}]]. \end{aligned}$$

We prove the general case by induction on k. The induction hypothesis implies that, for every bounded borel function f on $\mathbb{R}$, $W_k f(J_{k-1})$ being $\mathcal{T}_{k-1}$-measurable,

$$E^P[W_k f(J_{k-1}) \mid \mathcal{J}_{k-2} \vee S_{k-1}] = E^P[W_k f(J_{k-1}) \mid \mathcal{J}_{k-2}]$$

from which we deduce

$$E^P[W_k \mid \mathcal{J}_{k-1} \vee S_{k-1}] = E^P[W_k \mid \mathcal{J}_{k-1}].$$

After this remark, we proceed to the proof. Put $T = T_{k-1}$. Since $UV1_{\{S_k>t\}}$ is $\mathcal{F}^{\circ}_{(T+t)+}$-measurable and on $\{S_k > t\}$ we have $W_k = W_1 \circ \theta_{T+t}$, the l.h.s. of $(*)$ becomes

$$
\begin{aligned}
& = E^P[UV1_{\{S_k>t\}}E^{Z^P_{T+t}}[W_1]] \\
\text{since } Z^P_{T+t} = Z^P_T \text{ on } \{S_k > t\} \quad & = E^P[UV1_{\{S_k>t\}}E^{Z^P_T}[W_1]] \\
& = E^P[UV1_{\{S_k>t\}}E^P[W_k \mid \mathcal{J}_{k-1} \vee \mathcal{S}_{k-1}]] \\
\text{(remark above)} \quad & = E^P[UV1_{\{S_k>t\}}E^P[W_k \mid \mathcal{J}_{k-1}]] \\
& = E^P[U E^P[V1_{S_k>t} \mid \mathcal{J}_{k-1}]\, E^P[W_k \mid \mathcal{J}_{k-1}]]
\end{aligned}
$$

which concludes the proof.

REFERENCES

[1] Bobl (R.), Varaiya (P.) and Wong (E.). Martingales on jump processes. I : Representation results. *SIAM J. Control*, 13, 1975, p. 999–1021.

[2] Knight (F.B.). ***Essays on the Prediction Process***, Essay I, Institute of Math. Statistics Lecture Notes Series, Vol. I, S.S. Gupta ed., Hayward, California, 1981.

UNE REMARQUE SUR LES LOIS ECHANGEABLES

par P.A. Meyer

1. Introduction. Le célèbre théorème de de Finetti sur les lois symétriques affirme que toute loi sur $\mathbb{R}^{\mathbb{N}}$, pour laquelle les coordonnées sont échangeables, est un mélange de lois-produit de facteurs identiques, *i.e.* ces lois constituent les points extrémaux de l'ensemble convexe des lois symétriques. Dans le livre *Probabilités et Potentiel B*, chap.V, n°s 50–52, Dellacherie et moi reproduisons la démonstration de ce théorème par les martingales (due à Doob), et indiquons une intéressante remarque de Cartier sur les suites finies échangeables. Cependant, nous n'indiquons pas quelles sont les lois symétriques extrémales en dimension finie. La présente note a pour objet de combler cette lacune. Tout y est classique (Feller, vol. 1, chap. II §5), et le résultat lui même est immédiat, mais je ne l'ai jamais vu énoncé explicitement. Il ne figure pas dans le cours d'Aldous à Saint-Flour sur l'échangeabilité (LN in M. 1117), bien que l'auteur ait le résultat "sur le bout de la langue".

L'idée d'écrire cette note vient de la lecture d'un passionnant article historique de A. Bach, intitulé *Boltzmann's probability distribution of 1877*. Bach a beaucoup réfléchi sur la notion d'échangeabilité en mécanique quantique et en probabilités, et certains de ses articles sont mentionnés à la fin. J'ai conservé en gros son vocabulaire et ses notations.

2. Nombres d'occupation. Nous considérons d'abord une famille finie de d "urnes" $(U_\alpha)_{\alpha\in\mathcal{U}}$ et une famille finie de n "boules" $(b_i)_{i\in B}$. Une *configuration* est une application ω de l'ensemble B des boules dans l'ensemble $\mathcal{U}$ des urnes; le nombre des configurations est donc d^n. Nous munissons l'ensemble (fini) $\Omega = \mathcal{U}^B$ des configurations de la tribu évidente, engendrée par les coordonnées X_i à valeurs dans $\mathcal{U}$. Le nombre d'éléments d'un ensemble A étant noté $|A|$, nous appelons *nombre d'occupation de l'urne* U_α la v.a. $N_\alpha(\omega) = |\omega^{-1}(\alpha)| = \sum_i I_\alpha(X_i)$ et *vecteur d'occupation* la famille des nombres d'occupation (de somme n). Si l'on ne connaît que le vecteur d'occupation, on sait combien d'éléments contient une urne donnée, et donc *quelles* urnes contiennent k boules : on a donc perdu l'identité des boules, et conservé celle des urnes.

On peut faire opérer le groupe symétrique sur l'ensemble B des boules et donc sur $\mathcal{U}^B$, et il est clair que l'orbite d'une configuration ω est l'ensemble des configurations admettant les mêmes nombres d'occupation $N_\alpha(\omega) = n_\alpha$. Le nombre de ces configurations est $n!/\prod_\alpha n_\alpha!$. Soit $\mathbb{P}$ une loi sur l'ensemble des configurations : si $\mathbb{P}$ est symétrique, les configurations ayant même vecteur d'occupation $N_\alpha = n_\alpha$ sont équiprobables, et par conséquent la probabilité conditionnelle $\mathbb{P}[\omega\,|(N_\alpha = n_\alpha)]$ vaut 0 si les nombres d'occupation $N_\alpha(\omega)$ ne sont pas égaux aux n_α, et $\prod_\alpha n_\alpha!/n!$ dans le cas contraire : cette loi ne dépendant pas de $\mathbb{P}$, le vecteur d'occupation constitue une statistique exhaustive pour les lois symétriques.

Il est alors clair qu'une loi symétrique $\mathbb{P}$ sur l'ensemble des configurations est extrémale si et seulement si le vecteur d'occupation a une loi déterministe sous $\mathbb{P}$.

Rappelons que les lois symétriques $\mathbb{P}$ sur Ω correspondant à l'équiprobabilité *a*) de toutes les configurations, *b*) de tous les vecteurs d'occupation, *c*) de tous les vecteurs d'occupation formés de 0 et de 1, sont appelées respectivement les statistiques de Maxwell–Boltzmann, de Bose–Einstein, et de Fermi–Dirac. Bach fait remarquer que si l'on prend comme ***définition de l'indistinguabilité des boules*** la symétrie de la loi $\mathbb{P}$ (et quelle autre définition prendre ?) les particules de Maxwell–Boltzmann sont indistinguables, contrairement à ce que l'on dit partout.

3. Points extrémaux des lois symétriques. Appliquons cela à la recherche des points extrémaux de l'ensemble des lois symétriques $\mathbb{P}$ sur $\mathbb{R}^n$ (nous appelons X_i les coordonnées). Toute partition finie de $\mathbb{R}$ en ensembles A_α indique un placement des points X_i dans des "urnes" , et le conditionnement par le vecteur d'occupation correspondant fournit une désintégration symétrique de $\mathbb{P}$. L'extrémalité de $\mathbb{P}$ exige alors que le vecteur d'occupation soit déterministe. Comme la partition (A_α) est arbitraire, cela signifie que la mesure $\sum_i \varepsilon_{X_i}$ est une mesure déterministe à valeurs entières : elle est donc de la forme $\sum_\alpha n_\alpha \varepsilon_\alpha$, les points α étant distincts et les entiers $n_\alpha > 0$ ayant pour somme n. Quant à la loi $\mathbb{P}$, elle est portée par l'ensemble fini des points ω de $\mathbb{R}^n$ tels que $|\{i : X_i(\omega) = \alpha\}| = n_\alpha$ pour tout α, chacun d'eux ayant la probabilité $(\prod_\alpha n_\alpha!)/n!$.

4. Remarque. On peut aller un degré de plus dans l'oubli, et cesser de distinguer les urnes elles mêmes. Alors la loi de probabilité symétrique $\mathbb{P}$ est complètement déterminée par la loi des variables aléatoires $M_k = |\{\alpha : N_\alpha = k\}|$ (nombre d'urnes contenant k boules); $\sum_k M_k$ est le nombre d'urnes d, tandis que $\sum_k kM_k$ est le nombre de boules n. Bach poursuit l'étude de cette symétrie supplémentaire (qui ne nous concerne pas ici).

REFERENCES

On trouvera ci–dessous les références de certains articles de A. Bach.

[1] The concept of indistinguishable particles in classical and quantum physics. *Found. Phys*,18 1988, p.639–649.

[2] On the quantum properties of indistinguishable classical particles. *Lett. Nuovo Cimento*, 43, 1985, p.383–387.

1985.

[3] Boltzmann's Probability Distribution of 1877. *Arch. Hist. Ex. Sci.*, à paraître.

[4] Indistinguishability, interchangeability and indeterminism. *Proc. Intern. Conference on "Statistics in Science"*, Luino, 1988. Società Italiana di Logica e Filosofia delle Scienze.

Le texte le plus complet est

[5] Indistinguishable classical particles (Déc. 89).

Quelques corrections et améliorations à mon article "Le Semi-groupe d'une diffusion en liaison avec les trajectoires" paru dans le Séminaire de Probabilités de 1988.

Laurent SCHWARTZ

Cet article contient quelques erreurs, que je corrige ici. En outre, je simplifie certaines démonstrations, et les erreurs signalées ici à partir de III) apportent, par leur correction, un enrichissement aux énoncés de l'article.

(I) A **(0.5.2)**, j'ai écrit que les implications (0.1) $\Rightarrow$ (0.3) et (0.2) $\Rightarrow$ (0.3) étaient triviales. C'est vrai de la deuxième, mais pas de la première. En effet, si on pose $R(\lambda) = \int_0^{+\infty} e^{-\lambda t} P_t dt$, il n'est pas évident que $R(\lambda)g$ soit une fonction barrière pour $L - \lambda I$, pour $g \in C_0(V)$ et ≥ 0 ; car c'est $(\widetilde{L} - \lambda I)R(\lambda)g$ qui est $-g \leq 0$ et non $(L - \lambda I)R(\lambda)g$, et on ne sait justement pas que $\widetilde{L} = L$.

Donc la démonstration prouve seulement que (0.3) $\Leftrightarrow$ (0.2) $\Rightarrow$ (0.1).

Mais de toute façon mon but n'était pas de redémontrer *ici* l'équivalence, qui est traitée dans les références de (3), mais au contraire de démontrer directement (0.1) $\Rightarrow$ (0.2) à (7.3) sans passer par les fonctions-barrières.

(II) Dans la Proposition (6.1), j'ai énoncé : on suppose que tous les points de $\dot{A}$ sont réguliers pour A (en fait il suffit même de supposer que tous les points de $\dot{A}$, réguliers pour $\overline{A}$, sont réguliers pour A) $\cdots$

Ce deuxième énoncé, donné entre parenthèses sans démonstration (c'est toujours dangereux !), et non utilisé dans la suite, est faux.

Cette hypothèse plus faible est bien suffisante pour que, pour tout x_0, $S^{x_0} = T^{x_0}$**P**-ps. En effet, si $x_0 \in V \setminus A$, $X^{x_0}_{S^{x_0}}$ et $X^{x_0}_{T^{x_0}}$ sont dans $\dot{A} \cup \{\infty\} \subset \overline{A} \cup \{\infty\}$; mais $\overline{A} \setminus \overline{A}^r$ est semi-polaire, [1] donc polaire pour une diffusion L, donc n'est jamais rencontré par la trajectoire aux temps > 0 ; donc $X^{x_0}_{S^{x_0}}$ et $X^{x_0}_{T^{x_0}}$ sont **P**-ps. dans $(\dot{A} \cap \overline{A}^r) \cup \{\infty\} = (\dot{A} \cap A^r) \cup \{\infty\}$. Il suffit de reprendre la démonstration de 1) de (6.1) en remplaçant $\dot{A} \cup \{\infty\}$ par $(\dot{A} \cap A^r) \cup \{\infty\}$.

Par contre, cette hypothèse plus faible n'entraîne pas la continuité presque sûre au point x_0 de $x \mapsto S^x$ et $x \mapsto T^x$. La partie 2) de la démonstration reste inchangée, mais 3) ne subsiste que pour $x_0 \in \dot{A} \cap A^r$; pour $x_0 \in \dot{A}$ et irrégulier pour A (donc aussi pour $\overline{A}$), $S^{x_0} = T^{x_0} > 0$ **P**-ps. ; la conclusion pour $r > S^{x_0}(\omega) = T^{x_0}(\omega)$ subsiste et montre que $x \mapsto S^x$ et $x \mapsto T^x$ sont **P**-ps. semi-continues supérieurement au point x_0, mais elles ne sont pas continues, car il existe des $x \in A$ convergeant vers x_0, alors $S^x = T^x = 0$ et $S^{x_0} = T^{x_0} > 0$.

(III.1) Le théorème (4.4) énoncé dans l'article est inexact.

La condition $\mathbf{P}\{\zeta^x = t\} = 0$ pour $x \in V$, $0 \leq t \leq +\infty$ est bien suffisante, mais n'est pas nécessaire ; la démonstration de sa nécessité utilise $t = t_0 - 2\varepsilon_n$, ce qui n'est possible que pour $t_0 > 0$. Le véritable énoncé est le suivant :

Théorème (4.4) modifié.— *Les propriétés (4.0), (4.1), (4.2), (4.3) sont équivalentes à l'ensemble des trois propriétés suivantes :*

a) $x \mapsto \zeta^x$ *est continue en probabilité (ou seulement en loi) sur* V ;

b) *pour* $x \in V, 0 < t < +\infty,\ \mathbf{P}\{\zeta^x = t\} = 0$;

c) *(*$\mathbf{P}\{\zeta^x = 0\}$ *n'est pas forcément nulle, mais)* $x \mapsto \mathbf{P}\{\zeta^x = 0\}$ *est continue sur* V.

Démonstration. Utilisons la remarque suivant (5bis.3.1.5) : la continuité en (t,x) est équivalente à la continuité séparée en t et en x.

Dire que $t \mapsto \mathbf{P}\{t < \zeta^x\} = \zeta^x(\mathbf{P})]t,+\infty]$ est continue, c'est dire que $\zeta^x(\mathbf{P})$ est diffuse sur $]0,+\infty[$, c-à-d. que $\mathbf{P}\{\zeta^x = t\} = 0$ pour $x \in V$, $0 < t < +\infty$, c'est b).

Dire que $x \mapsto \zeta^x(\mathbf{P})(]t,+\infty])$ est continue, et, par complémentarité, que $x \mapsto \zeta^x(\mathbf{P})[0,t]$ est continue, c'est dire pour $t > 0$ de manière que le point frontière t de $]t,+\infty]$ ne porte pas de masse pour les $\zeta^x(\mathbf{P})$, que $x \mapsto \zeta^x(\mathbf{P})$ est étroitement continue, ou que $x \mapsto \zeta^x$ est continue en loi sur V ; sa semi-continuité inférieure presque sûre entraîne sa continuité en probabilité, qui est a). Pour t=0, cela exprime que $x \mapsto \mathbf{P}\{\zeta^x = 0\}$ est continue, qui est c).

Suivant (4.4.1) de l'article, cette dernière condition peut aussi s'écrire : $\mathbf{P}\{\zeta^{x_0} = 0 \text{ et } \zeta^x > 0\}$ tend vers 0 quand x tend vers $x_0 \in V$. ∎

Ce raisonnement est plus simple que celui de l'article publié ; je n'avais pas vu que la continuité en loi. et la semi-continuité inférieure presque sûre entraînaient la continuité en probabilité. C'est en fait ce que j'avais redémontré dans l'article !

Contre-exemple Un contre-exemple simple montre que la condition $\mathbf{P}\{\zeta^x = 0\}$ n'était pas nécessaire. Prenons $P \equiv 0$, $\mathbf{P}(t,x) \equiv 0$. C'est $\mathbf{E}(f(X_t^x)) = 0$ pour toute f borélienne bornée (nulle à l'∞), donc $X_t^x \equiv \infty$, $\zeta^x \equiv 0$. Donc $\mathbf{P}\{\zeta^x = 0\} = 1$ pour tout x.

(III.2) Cette modification en entraîne d'autres dans la suite, nous ne les donnerons que très rapidement, la démonstration simplifiée est la même. Au paragraphe 5, la condition $P_0 f \in CB(V)$ a été oubliée au début de (5.0) ; dans (5.4), on remplace $\mathbf{P}\{\zeta^x = t\} = 0$ par l'ensemble des conditions b) et c) de (4.4) modifié.

(III.3) Au théorème (5bis.1), on remplace $\mathbf{P}\{\zeta^{x_0} = t_0\} = 0$ pour $t_0 \geq 0$ par : $\mathbf{P}\{\zeta^{x_0} = t_0\}$ pour $t_0 > 0$ et $x \mapsto \mathbf{P}\{\zeta^x = 0\}$ est continue au point x_0 ; pour que $(t,x) \mapsto \mathbf{P}(t,x)$ soit étroitement continue aux points (t_0,∞), $t_0 > 0$, il faut et il suffit que ζ^x tende vers 0 en probabilité pour x tendant vers ∞, et pour qu'elle soit continue aux points (t_0,∞), $t_0 \geq 0$, il faut et il suffit que $\mathbf{P}\{\zeta^x = 0\}$ tende vers 1 pour x tendant vers ∞.

(III.4) (5.bis.2) : la continuité partielle en t a été déjà vue au présent problème (4.4) modifié : on trouve la condition $\mathbf{P}\{\zeta^x = t\} = 0$ pour $0 < t < +\infty$.

(5bis.3) : la continuité partielle en x demande le théorème (5bis.3.1) de l'article publié ; il n'y a rien à y modifier sauf quelques coquilles : remplacer (resp. pour $t > 0$) par : (resp. <u>et</u> pour $t > 0$), et supprimer (resp. pour $t > 0$) dans (3.1.3).

(III.5) Il y a deux coquilles dans les exemples (5.4.2) :
dans (5.4.2.2), $X_t^x = \frac{x}{(1-tx)_+} = \frac{1}{(\frac{1}{x}-t)_+}$;

dans (5.4.2.4), $X_t^x = \infty$ pour $x = \infty$.

A la fin de **1.**, j'ai bien indiqué qu'on n'impose plus $X_0^x = x$ $\mathbf{P}$-ps., toutefois on impose quand même $X_t^\infty = \infty$, $\zeta^\infty = 0$, et $(t,x,\omega) \mapsto X_t^x(\omega)$ borélienne.

Note de bas de page

1) Blumenthal-Getoor, Markov Processes and Potential Theory, Acad. Press, prop.3.3, p.80.

Correction à "Les dérivations analytiques" par M. Zinsmeister.
Séminaire de Probabilités XXIII, p.41

Insérer entre la 2e ligne et la 3e ligne de la démonstration de la proposition en bas de la page 41 les deux lignes manquantes :

$C \doteq \{\alpha\in\mathfrak{Z} : x\in\varphi(H_\alpha)\}$. L'ensemble C est analytique car φ est uniformément analytique. Définissons alors une partie analytique P de $X\times\mathfrak{Z}$

LECTURE NOTES IN MATHEMATICS

Edited by A. Dold, B. Eckmann and F. Takens

Some general remarks on the publication of monographs and seminars

n what follows all references to monographs, are applicable also to ultiauthorship volumes such as seminar notes.

1. Lecture Notes aim to report new developments - quickly, informally, and at a high level. Monograph manuscripts should be reasonably self-contained and rounded off. Thus they may, and often will, present not only results of the author but also related work by other people. Furthermore, the manuscripts should provide sufficient motivation, examples and applications. This clearly distinguishes Lecture Notes manuscripts from journal articles which normally are very concise. Articles intended for a journal but too long to be accepted by most journals, usually do not have this "lecture notes" character. For similar reasons it is unusual for Ph.D. theses to be accepted for the Lecture Notes series.

   Experience has shown that English language manuscripts achieve a much wider distribution.

2. Manuscripts or plans for Lecture Notes volumes should be submitted (preferably in duplicate) either to one of the series editors or to Springer- Verlag, Heidelberg. These proposals are then refereed. A final decision concerning publication can only be made on the basis of the complete manuscripts, but a preliminary decision can usually be based on partial information: a fairly detailed outline describing the planned contents of each chapter, and an indication of the estimated length, a bibliography, and one or two sample chapters - or a first draft of the manuscript. The editors will try to make the preliminary decision as definite as they can on the basis of the available information. We generally advise authors not to prepare the final master copy of their manuscript (cf. §4) beforehand.

§3. Final manuscripts should contain at least 100 pages of mathematical text and should include

- a table of contents;
- an informative introduction, perhaps with some historical remarks: it should be accessible to a reader not particularly familiar with the topic treated;
- a subject index: this is almost always genuinely helpful for the reader.

§4. Lecture Notes are printed by photo-offset from the master-copy delivered in camera-ready form by the authors. Springer-Verlag provides technical instructions for the preparation of manuscripts, for typewritten manuscripts special stationery, with the prescribed typing area outlined, is available on request. Careful preparation of the manuscripts will help keep production time short and ensure satisfactory appearance of the finished book. For manuscripts typed or typeset according to our instructions, Springer-Verlag will, if necessary, contribute towards the preparation costs at a fixed rate.

The actual production of a Lecture Notes volume takes 6-8 weeks

§5. Authors receive a total of 50 free copies of their volume, but no royalties. They are entitled to purchase further copies of their book for their personal use at a discount of 33.3 %, other Springer mathematics books at a discount of 20 % directly from Springer-Verlag.

Commitment to publish is made by letter of intent rather than by signing a formal contract. Springer-Verlag secures the copyright for each volume.

Addresses:

Professor A. Dold, Mathematisches Institut, Universität Heidelberg,
Im Neuenheimer Feld 288, 6900 Heidelberg, Federal Republic of Germany

Professor B. Eckmann, Mathematik, ETH-Zentrum
8092 Zürich, Switzerland

Prof. F. Takens, Mathematisch Instituut, Rijksuniversiteit Groningen,
Postbus 800, 9700 AV Groningen, The Netherlands

Springer-Verlag, Mathematics Editorial, Tiergartenstr. 17,
6900 Heidelberg, Federal Republic of Germany, Tel.: (06221) 487-410

Springer-Verlag, Mathematics Editorial, 175 Fifth Avenue,
New York, New York 10010, USA, Tel.: (212) 460-1596

LECTURE NOTES

Springer
Springer-Verlag
Berlin Heidelberg New York
London Paris Tokyo Hong Kong

ESSENTIALS FOR THE PREPARATION OF CAMERA-READY MANUSCRIPTS

ne preparation of manuscripts which are to be reproduced by photo-ffset require special care. Manuscripts which are submitted in tech-ically unsuitable form will be returned to the author for retyping. nere is normally no possibility of carrying out further corrections fter a manuscript is given to production. Hence it is crucial that ne following instructions be adhered to closely. If in doubt, please end us 1 - 2 sample pages for examination.

eneral. The characters must be uniformly black both within a single aracter and down the page. Original manuscripts are required: pho-ocopies are acceptable only if they are sharp and without smudges.

n request, Springer-Verlag will supply special paper with the text rea outlined. The standard TEXT AREA (OUTPUT SIZE if you are using a 4 point font) is 18 x 26.5 cm (7.5 x 11 inches). This will be scale-educed to 75% in the printing process. If you are using computer ypesetting, please see also the following page.

ake sure the TEXT AREA IS COMPLETELY FILLED. Set the margins so that ey precisely match the outline and type right from the top to the ottom line. (Note that the page number will lie outside this area). nes of text should not end more than three spaces inside or outside e right margin (see example on page 4).

ype on one side of the paper only.

acing and Headings (Monographs). Use ONE-AND-A-HALF line spacing in e text. Please leave sufficient space for the title to stand out early and do NOT use a new page for the beginning of subdivisons of apters. Leave THREE LINES blank above and TWO below headings of ch subdivisions.

acing and Headings (Proceedings). Use ONE-AND-A-HALF line spacing the text. Do not use a new page for the beginning of subdivisons a single paper. Leave THREE LINES blank above and TWO below hea-ngs of such subdivisions. Make sure headings of equal importance e in the same form.

e first page of each contribution should be prepared in the same y. The title should stand out clearly. We therefore recommend that e editor prepare a sample page and pass it on to the authors gether with these instructions. Please take the following as an ample. Begin heading 2 cm below upper edge of text area.

MATHEMATICAL STRUCTURE IN QUANTUM FIELD THEORY

John E. Robert
Mathematisches Institut, Universität Heidelberg
Im Neuenheimer Feld 288, D-6900 Heidelberg

ease leave THREE LINES blank below heading and address of the thor, then continue with the actual text on the same page.

otnotes. These should preferable be avoided. If necessary, type em in SINGLE LINE SPACING to finish exactly on the outline, and se-rate them from the preceding main text by a line.

Symbols. Anything which cannot be typed may be entered by hand i BLACK AND ONLY BLACK ink. (A fine-tipped rapidograph is suitable fo this purpose; a good black ball-point will do, but a pencil wil not). Do not draw straight lines by hand without a ruler (not even i fractions).

Literature References. These should be placed at the end of each pa per or chapter, or at the end of the work, as desired. Type them wit single line spacing and start each reference on a new line. Follc "Zentralblatt für Mathematik"/"Mathematical Reviews" for abbreviate titles of mathematical journals and "Bibliographic Guide for Editor and Authors (BGEA)" for chemical, biological, and physics journals Please ensure that all references are COMPLETE and ACCURATE.

IMPORTANT

Pagination. For typescript, number pages in the upper right-hand cor ner in LIGHT BLUE OR GREEN PENCIL ONLY. The printers will insert th final page numbers. For computer type, you may insert page number (1 cm above outer edge of text area).

It is safer to number pages AFTER the text has been typed and correc ted. Page 1 (Arabic) should be THE FIRST PAGE OF THE ACTUAL TEXT. Th Roman pagination (table of contents, preface, abstract, acknowledge ments, brief introductions, etc.) will be done by Springer-Verlag.

If including running heads, these should be aligned with the insic edge of the text area while the page number is aligned with the out side edge noting that right-hand pages are odd-numbered. Runnir heads and page numbers appear on the same line. Normally, the runnir head on the left-hand page is the chapter heading and that on th right-hand page is the section heading. Running heads should not b included in proceedings contributions unless this is being done cor sistently by all authors.

Corrections. When corrections have to be made, cut the new text t fit and paste it over the old. White correction fluid may also b used.

Never make corrections or insertions in the text by hand.

If the typescript has to be marked for any reason, e.g. for provisic nal page numbers or to mark corrections for the typist, this can b done VERY FAINTLY with BLUE or GREEN PENCIL but NO OTHER COLOR: thes colors do not appear after reproduction.

COMPUTER-TYPESETTING. Further, to the above instructions, please not with respect to your printout that
- the characters should be sharp and sufficiently black;
- it is not strictly necessary to use Springer's special typir paper. Any white paper of reasonable quality is acceptable.

If you are using a significantly different font size, you shou modify the output size correspondingly, keeping length to bread ratio 1 : 0.68, so that scaling down to 10 point font size, yields text area of 13.5 x 20 cm (5 3/8 x 8 in), e.g.

Differential equations.: use output size 13.5 x 20 cm.

Differential equations.: use output size 16 x 23.5 cm.

Differential equations.: use output size 18 x 26.5 cm.

Interline spacing: 5.5 mm base-to-base for 14 point characters (sta dard format of 18 x 26.5 cm).
If in any doubt, please send us 1 - 2 sample pages for examinatio We will be glad to give advice.

ol. 1259: F. Cano Torres, Desingularization Strategies for Three-imensional Vector Fields. IX, 189 pages. 1987.

ol. 1260: N.H. Pavel, Nonlinear Evolution Operators and Semi-roups. VI, 285 pages. 1987.

ol. 1261: H. Abels, Finite Presentability of S-Arithmetic Groups. ompact Presentability of Solvable Groups. VI, 178 pages. 1987.

ol. 1262: E. Hlawka (Hrsg.), Zahlentheoretische Analysis II. Seminar, 984–86. V, 158 Seiten. 1987.

ol. 1263: V.L. Hansen (Ed.), Differential Geometry. Proceedings, 985. XI, 288 pages. 1987.

ol. 1264: Wu Wen-tsün, Rational Homotopy Type. VIII, 219 pages. 987.

ol. 1265: W. Van Assche, Asymptotics for Orthogonal Polynomials. , 201 pages. 1987.

ol. 1266: F. Ghione, C. Peskine, E. Sernesi (Eds.), Space Curves. roceedings, 1985. VI, 272 pages. 1987.

ol. 1267: J. Lindenstrauss, V.D. Milman (Eds.), Geometrical Aspects ' Functional Analysis. Seminar. VII, 212 pages. 1987.

ol. 1268: S.G. Krantz (Ed.), Complex Analysis. Seminar, 1986. VII, 95 pages. 1987.

ol. 1269: M. Shiota, Nash Manifolds. VI, 223 pages. 1987.

ol. 1270: C. Carasso, P.-A. Raviart, D. Serre (Eds.), Nonlinear yperbolic Problems. Proceedings, 1986. XV, 341 pages. 1987.

ol. 1271: A.M. Cohen, W.H. Hesselink, W.L.J. van der Kallen, J.R. rooker (Eds.), Algebraic Groups Utrecht 1986. Proceedings. XII, 34 pages. 1987.

ol. 1272: M.S. Livšic, L.L. Waksman, Commuting Nonselfadjoint perators in Hilbert Space. III, 115 pages. 1987.

ol. 1273: G.-M. Greuel, G. Trautmann (Eds.), Singularities, Repre-ntation of Algebras, and Vector Bundles. Proceedings, 1985. XIV, 3 pages. 1987.

l. 1274: N. C. Phillips, Equivariant K-Theory and Freeness of Group tions on C*-Algebras. VIII, 371 pages. 1987.

l. 1275: C.A. Berenstein (Ed.), Complex Analysis I. Proceedings, 85–86. XV, 331 pages. 1987.

l. 1276: C.A. Berenstein (Ed.), Complex Analysis II. Proceedings, 85–86. IX, 320 pages. 1987.

l. 1277: C.A. Berenstein (Ed.), Complex Analysis III. Proceedings, 85–86. X, 350 pages. 1987.

l. 1278: S.S. Koh (Ed.), Invariant Theory. Proceedings, 1985. V, 2 pages. 1987.

l. 1279: D. Ieşan, Saint-Venant's Problem. VIII, 162 Seiten. 1987.

. 1280: E. Neher, Jordan Triple Systems by the Grid Approach. XII, 3 pages. 1987.

. 1281: O.H. Kegel, F. Menegazzo, G. Zacher (Eds.), Group ory. Proceedings, 1986. VII, 179 pages. 1987.

. 1282: D.E. Handelman, Positive Polynomials, Convex Integral ytopes, and a Random Walk Problem. XI, 136 pages. 1987.

l. 1283: S. Mardešić, J. Segal (Eds.), Geometric Topology and ape Theory. Proceedings, 1986. V, 261 pages. 1987.

. 1284: B.H. Matzat, Konstruktive Galoistheorie. X, 286 pages. 87.

. 1285: I.W. Knowles, Y. Saitō (Eds.), Differential Equations and thematical Physics. Proceedings, 1986. XVI, 499 pages. 1987.

. 1286: H.R. Miller, D.C. Ravenel (Eds.), Algebraic Topology. ceedings, 1986. VII, 341 pages. 1987.

. 1287: E.B. Saff (Ed.), Approximation Theory, Tampa. Proceed-s, 1985–1986. V, 228 pages. 1987.

. 1288: Yu. L. Rodin, Generalized Analytic Functions on Riemann faces. V, 128 pages, 1987.

. 1289: Yu. I. Manin (Ed.), K-Theory, Arithmetic and Geometry. minar, 1984–1986. V, 399 pages. 1987.

Vol. 1290: G. Wüstholz (Ed.), Diophantine Approximation and Transcendence Theory. Seminar, 1985. V, 243 pages. 1987.

Vol. 1291: C. Mœglin, M.-F. Vignéras, J.-L. Waldspurger, Correspondances de Howe sur un Corps p-adique. VII, 163 pages. 1987

Vol. 1292: J.T. Baldwin (Ed.), Classification Theory. Proceedings, 1985. VI, 500 pages. 1987.

Vol. 1293: W. Ebeling, The Monodromy Groups of Isolated Singularities of Complete Intersections. XIV, 153 pages. 1987.

Vol. 1294: M. Queffélec, Substitution Dynamical Systems – Spectral Analysis. XIII, 240 pages. 1987.

Vol. 1295: P. Lelong, P. Dolbeault, H. Skoda (Réd.), Séminaire d'Analyse P. Lelong – P. Dolbeault – H. Skoda. Seminar, 1985/1986. VII, 283 pages. 1987.

Vol. 1296: M.-P. Malliavin (Ed.), Séminaire d'Algèbre Paul Dubreil et Marie-Paule Malliavin. Proceedings, 1986. IV, 324 pages. 1987.

Vol. 1297: Zhu Y.-l., Guo B.-y. (Eds.), Numerical Methods for Partial Differential Equations. Proceedings. XI, 244 pages. 1987.

Vol. 1298: J. Aguadé, R. Kane (Eds.), Algebraic Topology, Barcelona 1986. Proceedings. X, 255 pages. 1987.

Vol. 1299: S. Watanabe, Yu.V. Prokhorov (Eds.), Probability Theory and Mathematical Statistics. Proceedings, 1986. VIII, 589 pages. 1988.

Vol. 1300: G.B. Seligman, Constructions of Lie Algebras and their Modules. VI, 190 pages. 1988.

Vol. 1301: N. Schappacher, Periods of Hecke Characters. XV, 160 pages. 1988.

Vol. 1302: M. Cwikel, J. Peetre, Y. Sagher, H. Wallin (Eds.), Function Spaces and Applications. Proceedings, 1986. VI, 445 pages. 1988.

Vol. 1303: L. Accardi, W. von Waldenfels (Eds.), Quantum Probability and Applications III. Proceedings, 1987. VI, 373 pages. 1988.

Vol. 1304: F.Q. Gouvêa, Arithmetic of p-adic Modular Forms. VIII, 121 pages. 1988.

Vol. 1305: D.S. Lubinsky, E.B. Saff, Strong Asymptotics for Extremal Polynomials Associated with Weights on $\mathbb{R}$. VII, 153 pages. 1988.

Vol. 1306: S.S. Chern (Ed.), Partial Differential Equations. Proceedings, 1986. VI, 294 pages. 1988.

Vol. 1307: T. Murai, A Real Variable Method for the Cauchy Transform, and Analytic Capacity. VIII, 133 pages. 1988.

Vol. 1308: P. Imkeller, Two-Parameter Martingales and Their Quadratic Variation. IV, 177 pages. 1988.

Vol. 1309: B. Fiedler, Global Bifurcation of Periodic Solutions with Symmetry. VIII, 144 pages. 1988.

Vol. 1310: O.A. Laudal, G. Pfister, Local Moduli and Singularities. V, 117 pages. 1988.

Vol. 1311: A. Holme, R. Speiser (Eds.), Algebraic Geometry, Sundance 1986. Proceedings. VI, 320 pages. 1988.

Vol. 1312: N.A. Shirokov, Analytic Functions Smooth up to the Boundary. III, 213 pages. 1988.

Vol. 1313: F. Colonius, Optimal Periodic Control. VI, 177 pages. 1988.

Vol. 1314: A. Futaki, Kähler-Einstein Metrics and Integral Invariants. IV, 140 pages. 1988.

Vol. 1315: R.A. McCoy, I. Ntantu, Topological Properties of Spaces of Continuous Functions. IV, 124 pages. 1988.

Vol. 1316: H. Korezlioglu, A.S. Ustunel (Eds.), Stochastic Analysis and Related Topics. Proceedings, 1986. V, 371 pages. 1988.

Vol. 1317: J. Lindenstrauss, V.D. Milman (Eds.), Geometric Aspects of Functional Analysis. Seminar, 1986–87. VII, 289 pages. 1988.

Vol. 1318: Y. Felix (Ed.), Algebraic Topology – Rational Homotopy. Proceedings, 1986. VIII, 245 pages. 1988

Vol. 1319: M. Vuorinen, Conformal Geometry and Quasiregular Mappings. XIX, 209 pages. 1988.

Vol. 1320: H. Jürgensen, G. Lallement, H.J. Weinert (Eds.), Semigroups, Theory and Applications. Proceedings, 1986. X, 416 pages. 1988.

Vol. 1321: J. Azéma, P.A. Meyer, M. Yor (Eds.), Séminaire de Probabilités XXII. Proceedings. IV, 600 pages. 1988.

Vol. 1322: M. Métivier, S. Watanabe (Eds.), Stochastic Analysis. Proceedings, 1987. VII, 197 pages. 1988.

Vol. 1323: D.R. Anderson, H.J. Munkholm, Boundedly Controlled Topology. XII, 309 pages. 1988.

Vol. 1324: F. Cardoso, D.G. de Figueiredo, R. Iório, O. Lopes (Eds.), Partial Differential Equations. Proceedings, 1986. VIII, 433 pages. 1988.

Vol. 1325: A. Truman, I.M. Davies (Eds.), Stochastic Mechanics and Stochastic Processes. Proceedings, 1986. V, 220 pages. 1988.

Vol. 1326: P.S. Landweber (Ed.), Elliptic Curves and Modular Forms in Algebraic Topology. Proceedings, 1986. V, 224 pages. 1988.

Vol. 1327: W. Bruns, U. Vetter, Determinantal Rings. VII,236 pages. 1988.

Vol. 1328: J.L. Bueso, P. Jara, B. Torrecillas (Eds.), Ring Theory. Proceedings, 1986. IX, 331 pages. 1988.

Vol. 1329: M. Alfaro, J.S. Dehesa, F.J. Marcellan, J.L. Rubio de Francia, J. Vinuesa (Eds.): Orthogonal Polynomials and their Applications. Proceedings, 1986. XV, 334 pages. 1988.

Vol. 1330: A. Ambrosetti, F. Gori, R. Lucchetti (Eds.), Mathematical Economics. Montecatini Terme 1986. Seminar. VII, 137 pages. 1988.

Vol. 1331: R. Bamón, R. Labarca, J. Palis Jr. (Eds.), Dynamical Systems, Valparaiso 1986. Proceedings. VI, 250 pages. 1988.

Vol. 1332: E. Odell, H. Rosenthal (Eds.), Functional Analysis. Proceedings, 1986–87. V, 202 pages. 1988.

Vol. 1333: A.S. Kechris, D.A. Martin, J.R. Steel (Eds.), Cabal Seminar 81–85. Proceedings, 1981–85. V, 224 pages. 1988.

Vol. 1334: Yu.G. Borisovich, Yu. E. Gliklikh (Eds.), Global Analysis – Studies and Applications III. V, 331 pages. 1988.

Vol. 1335: F. Guillén, V. Navarro Aznar, P. Pascual-Gainza, F. Puerta, Hyperrésolutions cubiques et descente cohomologique. XII, 192 pages. 1988.

Vol. 1336: B. Helffer, Semi-Classical Analysis for the Schrödinger Operator and Applications. V, 107 pages. 1988.

Vol. 1337: E. Semesi (Ed.), Theory of Moduli. Seminar, 1985. VIII, 232 pages. 1988.

Vol. 1338: A.B. Mingarelli, S.G. Halvorsen, Non-Oscillation Domains of Differential Equations with Two Parameters. XI, 109 pages. 1988.

Vol. 1339: T. Sunada (Ed.), Geometry and Analysis of Manifolds. Procedings, 1987. IX, 277 pages. 1988.

Vol. 1340: S. Hildebrandt, D.S. Kinderlehrer, M. Miranda (Eds.), Calculus of Variations and Partial Differential Equations. Proceedings, 1986. IX, 301 pages. 1988.

Vol. 1341: M. Dauge, Elliptic Boundary Value Problems on Corner Domains. VIII, 259 pages. 1988.

Vol. 1342: J.C. Alexander (Ed.), Dynamical Systems. Proceedings, 1986–87. VIII, 726 pages. 1988.

Vol. 1343: H. Ulrich, Fixed Point Theory of Parametrized Equivariant Maps. VII, 147 pages. 1988.

Vol. 1344: J. Král, J. Lukeš, J. Netuka, J. Veselý (Eds.), Potential Theory – Surveys and Problems. Proceedings, 1987. VIII, 271 pages. 1988.

Vol. 1345: X. Gomez-Mont, J. Seade, A. Verjovski (Eds.), Holomorphic Dynamics. Proceedings, 1986. VII, 321 pages. 1988.

Vol. 1346: O. Ya. Viro (Ed.), Topology and Geometry – Rohlin Seminar. XI, 581 pages. 1988.

Vol. 1347: C. Preston, Iterates of Piecewise Monotone Mappings on an Interval. V, 166 pages. 1988.

Vol. 1348: F. Borceux (Ed.), Categorical Algebra and its Applications. Proceedings, 1987. VIII, 375 pages. 1988.

Vol. 1349: E. Novak, Deterministic and Stochastic Error Bounds in Numerical Analysis. V, 113 pages. 1988.

Vol. 1350: U. Koschorke (Ed.), Differential Topology. Proceedings 1987. VI, 269 pages. 1988.

Vol. 1351: I. Laine, S. Rickman, T. Sorvali, (Eds.), Complex Analysis Joensuu 1987. Proceedings. XV, 378 pages. 1988.

Vol. 1352: L.L. Avramov, K.B. Tchakerian (Eds.), Algebra – Som Current Trends. Proceedings, 1986. IX, 240 Seiten. 1988.

Vol. 1353: R.S. Palais, Ch.-l. Terng, Critical Point Theory ar Submanifold Geometry. X, 272 pages. 1988.

Vol. 1354: A. Gómez, F. Guerra, M.A. Jiménez, G. López (Eds Approximation and Optimization. Proceedings, 1987. VI, 280 page 1988.

Vol. 1355: J. Bokowski, B. Sturmfels, Computational Synthetic Ge metry. V, 168 pages. 1989.

Vol. 1356: H. Volkmer, Multiparameter Eigenvalue Problems ar Expansion Theorems. VI, 157 pages. 1988.

Vol. 1357: S. Hildebrandt, R. Leis (Eds.), Partial Differential Equatio and Calculus of Variations. VI, 423 pages. 1988.

Vol. 1358: D. Mumford, The Red Book of Varieties and Schemes. 309 pages. 1988.

Vol. 1359: P. Eymard, J.-P. Pier (Eds.), Harmonic Analysis. Procee ings, 1987. VIII, 287 pages. 1988.

Vol. 1360: G. Anderson, C. Greengard (Eds.), Vortex Method Proceedings, 1987. V, 141 pages. 1988.

Vol. 1361: T. tom Dieck (Ed.), Algebraic Topology and Transformat Groups. Proceedings, 1987. VI, 298 pages. 1988.

Vol. 1362: P. Diaconis, D. Elworthy, H. Föllmer, E. Nelson, G. Papanicolaou, S.R.S. Varadhan. École d'Été de Probabilités de Sai Flour XV–XVII, 1985–87. Editor: P.L. Hennequin. V, 459 pag 1988.

Vol. 1363: P.G. Casazza, T.J. Shura, Tsirelson's Space. VIII, 2 pages. 1988.

Vol. 1364: R.R. Phelps, Convex Functions, Monotone Operators a Differentiability. IX, 115 pages. 1989.

Vol. 1365: M. Giaquinta (Ed.), Topics in Calculus of Variatio Seminar, 1987. X, 196 pages. 1989.

Vol. 1366: N. Levitt, Grassmannians and Gauss Maps in PL-Topolo V, 203 pages. 1989.

Vol. 1367: M. Knebusch, Weakly Semialgebraic Spaces. XX, 3 pages. 1989.

Vol. 1368: R. Hübl, Traces of Differential Forms and Hochsch Homology. III, 111 pages. 1989.

Vol. 1369: B. Jiang, Ch.-K. Peng, Z. Hou (Eds.), Differential Geome and Topology. Proceedings, 1986–87. VI, 366 pages. 1989.

Vol. 1370: G. Carlsson, R.L. Cohen, H.R. Miller, D.C. Ravenel (Ed Algebraic Topology. Proceedings, 1986. IX, 456 pages. 1989.

Vol. 1371: S. Glaz, Commutative Coherent Rings. XI, 347 pag 1989.

Vol. 1372: J. Azéma, P.A. Meyer, M. Yor (Eds.), Séminaire de Proba tés XXIII. Proceedings. IV, 583 pages. 1989.

Vol. 1373: G. Benkart, J.M. Osborn (Eds.), Lie Algebras, Madis 1987. Proceedings. V, 145 pages. 1989.

Vol. 1374: R.C. Kirby, The Topology of 4-Manifolds. VI, 108 pag 1989.

Vol. 1375: K. Kawakubo (Ed.), Transformation Groups. Proceedings, 19 VIII, 394 pages, 1989.

Vol. 1376: J. Lindenstrauss, V.D. Milman (Eds.), Geometric Aspect Functional Analysis. Seminar (GAFA) 1987–88. VII, 288 pages. 19

Vol. 1377: J.F. Pierce, Singularity Theory, Rod Theory, and Symme Breaking Loads. IV, 177 pages. 1989.

Vol. 1378: R.S. Rumely, Capacity Theory on Algebraic Curves. III, 4 pages. 1989.

Vol. 1379: H. Heyer (Ed.), Probability Measures on Groups Proceedings, 1988. VIII, 437 pages. 1989